Ralf Bürgel | Hans Jürgen Maier | Thomas Niendorf

Handbuch Hochtemperatur-Werkstofftechnik

Aus dem Programm Werkstofftechnik

Festigkeitslehre für Wirtschaftsingenieure
von K.-D. Arndt, H. Brüggemann und J. Ihme

Kunststoffe in der Ingenieuranwendung
von M. Bonnet

Numerische Beanspruchungsanalyse von Rissen
von M. Kuna

Einführung in die Festigkeitslehre
von V. Läpple

Mechanisches Verhalten der Werkstoffe
von J. Rösler, H. Harders und M. Bäker

Technologie der Werkstoffe
von J. Ruge und H. Wohlfahrt

Ermüdungsrisse
von H. A. Richard und M. Sander

Verschleiß metallischer Werkstoffe
von K. Sommer, R. Heinz und J. Schöfer

Werkstoffkunde
von W. Weißbach

Aufgabensammlung Werkstoffkunde und Werkstoffprüfung
von W. Weißbach und M. Dahms

www.viewegteubner.de

Ralf Bürgel | Hans Jürgen Maier | Thomas Niendorf

Handbuch Hochtemperatur-Werkstofftechnik

Grundlagen, Werkstoffbeanspruchungen,
Hochtemperaturlegierungen und -beschichtungen

4., überarbeitete Auflage

Mit 262 Abbildungen und 66 Tabellen

PRAXIS

Bibliografische Information der Deutschen Nationalbibliothek
Die Deutsche Nationalbibliothek verzeichnet diese Publikation in der
Deutschen Nationalbibliografie; detaillierte bibliografische Daten sind im Internet über
<http://dnb.d-nb.de> abrufbar.

1. Auflage 1998
2., überarbeitete und erweiterte Auflage 2001
3., überarbeitete und erweiterte Auflage 2006
4., überarbeitete Auflage 2011

Alle Rechte vorbehalten
© Vieweg+Teubner Verlag | Springer Fachmedien Wiesbaden GmbH 2011

Lektorat: Thomas Zipsner | Imke Zander

Vieweg+Teubner Verlag ist eine Marke von Springer Fachmedien.
Springer Fachmedien ist Teil der Fachverlagsgruppe Springer Science+Business Media.
www.viewegteubner.de

Das Werk einschließlich aller seiner Teile ist urheberrechtlich geschützt. Jede Verwertung außerhalb der engen Grenzen des Urheberrechtsgesetzes ist ohne Zustimmung des Verlags unzulässig und strafbar. Das gilt insbesondere für Vervielfältigungen, Übersetzungen, Mikroverfilmungen und die Einspeicherung und Verarbeitung in elektronischen Systemen.

Die Wiedergabe von Gebrauchsnamen, Handelsnamen, Warenbezeichnungen usw. in diesem Werk berechtigt auch ohne besondere Kennzeichnung nicht zu der Annahme, dass solche Namen im Sinne der Warenzeichen- und Markenschutz-Gesetzgebung als frei zu betrachten wären und daher von jedermann benutzt werden dürften.

Umschlaggestaltung: KünkelLopka Medienentwicklung, Heidelberg
Technische Redaktion: Stefan Kreickenbaum, Wiesbaden
Gedruckt auf säurefreiem und chlorfrei gebleichtem Papier
Printed in Germany

ISBN 978-3-8348-1388-6

Vorwort zur 4. Auflage

Die hohe Nachfrage nach dem *Handbuch Hochtemperatur-Werkstofftechnik* hat den Verlag Vieweg+Teubner bewogen, eine neue Auflage zu planen. Wir haben uns auf Anfrage des zuständigen Lektors des Verlages, Herrn Dipl.-Ing. Thomas Zipsner, gerne bereit erklärt, die hier vorliegende vierte Auflage dieses Handbuchs zu übernehmen, um das Buch im Sinne von Ralf Bürgel fortzuführen.

Wie Ralf Bürgel bereits in seinem Vorwort zur dritten Auflage hervorhob, erfreute sich dieses Buch stets eines guten Zuspruchs bei den Fachleuten in der Industrie, der angewandten Forschung und auch des wissenschaftlichen-technischen Nachwuchs. Da die Zielgruppe des *Handbuch Hochtemperatur-Werkstofftechnik* unverändert geblieben ist, und das Buch bereits in der dritten Auflag sehr umfangreich und inhaltlich umfassend das Themengebiet der Hochtemperaturwerkstofftechnik darstellte, haben wir davon Abstand genommen, größere neue Abschnitte einzuarbeiten. Inhaltlich haben wir alle Kapitel nochmals im Detail überarbeitet, Normen aktualisiert, neuere Literatur hinzugefügt und einige Aspekte erweitert. So wurden z. B. aktuelle Entwicklungen auf den Gebieten der Materialsimulation und der Hochtemperaturlegierungen ergänzt.

Unser Dank gilt allen, die durch ihre Unterstützung letztlich erst die Veröffentlichung dieser vierten Auflage ermöglicht haben. Widmen möchten wir diese aktuelle vierte Auflage dem Begründer dieses Werkes, Ralf Bürgel, welcher dieses Buch durch seine Expertise und einen enorm großen Aufwand an Zeit und Arbeit zu dem Erfolg geführt hat, der ihm nun eine vierte Auflage beschert.

Im März 2011   Hans Jürgen Maier, Thomas Niendorf

Vorwort zur 1. Auflage

Dieses Lehr- und Fachbuch, das in den Jahren 1993–1998 entstand, wendet sich sowohl an Studierende der Werkstoffkunde im fortgeschrittenen Stadium ihrer Ausbildung sowie an Dozenten als auch an Ingenieure in der Industrie und angewandten Forschung und Entwicklung.

Viele Themen der Hochtemperatur-Werkstofftechnik werden in den Standardlehrbüchern recht kurz behandelt, so dass man zur Einarbeitung in dieses Gebiet auf breit gestreute Fachliteratur zurückgreifen muss. Monographien vertiefen dagegen bestimmte Bereiche stark. Das vorliegende Buch versucht, diese Lücke zwischen kurzen Allgemein- und umfassenden Einzeldarstellungen zu schließen. Besondere Aufmerksamkeit wird der Verbindung zwischen Grundlagenverständnis, technischen Schlussfolgerungen und Anwendungen gewidmet.

Das Buch behandelt zum einen die nach *metallphysikalischen* Gesetzmäßigkeiten oberhalb etwa 40 % der absoluten Schmelztemperatur mit technisch bedeutender Geschwindigkeit ablaufenden Werkstoffvorgänge, die für alle metallischen Materialien allgemein gelten. Zum anderen werden Hochtemperaturlegierungen und deren Beanspruchungen in Bauteilen vorgestellt. Als Hochtemperaturwerkstoffe bezeichnet man nach gängigem *technischen* Sprachgebrauch solche, die oberhalb etwa 500 °C langzeitig eingesetzt werden können. Keramische Werkstoffe werden nicht ausführlich behandelt, sondern lediglich an einigen Stellen ergänzend und vergleichend erörtert.

Teile des Buchinhaltes sind Gegenstand der Vorlesungen *Festigkeit und Verformung metallischer Werkstoffe*, *Werkstoffbeanspruchungen in Bauteilen*, *Hochtemperaturwerkstoffe*, *Phasengleichgewichte*, *Metallkunde* sowie *Festigkeitslehre*, die ich an der Fachhochschule Osnabrück halte.

Herr Dr.-Ing. Viktor Guttmann hat nahezu das gesamte Manuskript sehr sorgfältig und kritisch Korrektur gelesen. Frau Beate Trück und Herr Heinz Rechtenbacher, meine ehemaligen Kollegen bei ABB in Mannheim, haben mich bei der Suche nach geeignetem Bildmaterial tatkräftig unterstützt. Ich danke den genannten Personen für ihren kompetenten Einsatz in langjähriger freundschaftlicher Verbundenheit. Dem Lektorat Technik und der Herstellung im Vieweg-Verlag danke ich für die gute Zusammenarbeit.

Die Benutzer dieses Buches bitte ich um Kritik und Verbesserungsvorschläge.

Im Januar 1998 *Ralf Bürgel*

Inhaltsverzeichnis

Vorwort V

Zeichen und Einheiten XIII

Abkürzungen. XVII

1 Grundlagen 1

    1.1   Einführung 1
    1.2   Thermodynamische und kinetische Grundlagen 3
        1.2.1   Temperatur und thermische Energie 3
        1.2.2   Grundbegriffe der Thermodynamik und
                    Kinetik von Reaktionen 5
        1.2.3   Thermodynamische Triebkraft ΔG 5
        1.2.4   Reaktionskinetik 9
    1.3   Diffusion 11
        1.3.1   Mechanismen und Gesetzmäßigkeiten 11
                1.3.1.1   Interstitielle Diffusion 12
                1.3.1.2   Reguläre Gitterdiffusion 15
        1.3.2   Diffusion in Substitutionsmischkristallen 20
        1.3.3   Diffusion entlang von Gitterfehlern 22
                1.3.3.1   Diffusion entlang von Versetzungen 23
                1.3.3.2   Diffusion entlang von Korngrenzen 24
        1.3.4   Diffusion in geordneten Gittern 25
    1.4   Grundlagen der Wärmeübertragung 26
        1.4.1   Begriffe 26
        1.4.2   Wärmedurchgang durch eine Wand 28

2 Gefügestabilität 38

    2.1   Erholung 39
    2.2   Rekristallisation 43
        2.2.1   Allgemeines 43
        2.2.2   Kinetik der Rekristallisation 44
        2.2.3   Mechanismen und Gesetzmäßigkeiten der Rekristallisation .. 46
    2.3   Kornvergröberung 57

2.4 Ausscheidungsvorgänge 64
    2.4.1 Allgemeines 64
    2.4.2 Energiebilanz bei Ausscheidungsvorgängen 67
2.5 Teilchenvergröberung/Ostwald-Reifung 75
2.6 Gefügebedingte Volumenänderungen 85

3 Hochtemperaturfestigkeit und -verformung 88

3.1 Allgemeines 88
3.2 Grundlagen der Hochtemperaturverformung 89
3.3 Kriechen 94
    3.3.1 Kriechkurve 95
    3.3.2 Darstellungsformen der Kriech- und Zeitstanddaten und Aspekte der Bauteilauslegung 99
3.4 Versetzungskriechen 104
    3.4.1 Mikrostrukturelle Interpretation 104
    3.4.2 Gesetzmäßigkeiten des Versetzungskriechens 107
        3.4.2.1 Spannungsabhängigkeit 107
        3.4.2.2 Temperaturabhängigkeit 111
        3.4.2.3 Abhängigkeiten von Werkstoffparametern 114
3.5 Korngrenzengleiten 118
3.6 Diffusionskriechen 121
3.7 Verformungsmechanismuskarten 126
3.8 Kriechen von Legierungen 130
    3.8.1 Mischkristallhärtung 130
        3.8.1.1 Direkte Wechselwirkungen Fremdatome/Versetzungen 131
        3.8.1.2 Veränderung von Werkstoffparametern durch Fremdatome 134
    3.8.2 Teilchenhärtung 136
        3.8.2.1 Mechanismen und Gesetzmäßigkeiten 136
        3.8.2.2 Besonderheiten dispersionsgehärteter Legierungen 145
        3.8.2.3 Hoch γ'-haltige Ni-Basislegierungen 148
        3.8.2.4 Kriechkurvenverlauf teilchengehärteter Legierungen 149
    3.8.3 Kriechen geordneter intermetallischer Phasen 150
3.9 Bruchmechanismuskarten 151
3.10 Kriechschädigung und Kriechbruch 154
    3.10.1 Transkristalline Kriechschädigung 155
    3.10.2 Interkristalline Kriechschädigung 155
        3.10.2.1 Kriechrissinitiierung 158
        3.10.2.2 Kriechrisswachstum 166
    3.10.3 Tertiäres Kriechen 169
3.11 Einfluss der Kornform auf die Zeitstandeigenschaften 170

3.12	Kriechverhalten von Einkristallen		173
3.13	Extrapolation von Zeitstandergebnissen		174
3.14	Zeitstandfestigkeitsnachweis bei veränderlichen Beanspruchungen		179
3.15	Spannungsrelaxation		181
3.16	Kerbzeitstandverhalten		188
3.17	Entwicklung und Auswahl kriechfester Werkstoffe		195

4 Zyklische Festigkeit und Verformung ... 201

4.1	Begriffe und Einführung		201
4.2	Ermüdung bei tiefen Temperaturen		209
4.3	Ermüdung bei hohen Temperaturen		213
4.4	Schädigung und Bruch unter zyklischen Belastungen		222
4.5	Lebensdauerabschätzung für zyklische Belastungskollektive		223
4.6	Lebensdauerabschätzung für kombinierte Kriech- und Ermüdungsbeanspruchung		224
4.7	Thermische Ermüdung		231
	4.7.1	Einführung und Definition	231
	4.7.2	Wärmedehnungen und Wärmespannungen	234
	4.7.3	Prüftechniken zur thermischen Ermüdung	245
	4.7.4	Einflussgrößen auf die thermische Ermüdung	250
		4.7.4.1 Wärmeausdehnungskoeffizient	250
		4.7.4.2 Wärmeleitfähigkeit und Temperaturleitfähigkeit	250
		4.7.4.3 Elastizitätsmodul	252
		4.7.4.4 Korngröße	255
		4.7.4.5 Mechanische Eigenschaften	255
		4.7.4.6 Konstruktive und geometrische Einflüsse	256
		4.7.4.7 Korrosionsbeständigkeit	257
		4.7.4.8 Zusammenfassung der Einflussgrößen auf die thermische Ermüdung	257

5 Hochtemperaturkorrosion ... 260

5.1	Begriffe		260
5.2	Thermodynamik der Metall/Gas-Reaktionen		261
5.3	Oxidation		267
	5.3.1	Einführung und Begriffe	267
	5.3.2	Kinetik der Oxiddeckschichtbildung	267
	5.3.3	Mechanismen des Deckschichtwachstums	273
	5.3.4	Oxidation von Legierungen	278
	5.3.5	Deckschichten auf Legierungen	280
	5.3.6	Zyklisches Oxidationsverhalten	285
	5.3.7	Haftung von Deckschichten und Aktivelementeffekte	288
	5.3.8	Plastisches Verhalten von Oxiddeckschichten	291
	5.3.9	Korngrenzenzerfall (*Pest*)	292

		5.3.10	Zundergrenze	292
	5.4	Aufkohlung		294
		5.4.1	Allgemeines	294
		5.4.2	Besondere Erscheinungsformen der Aufkohlung	298
			5.4.2.1 Metal Dusting	298
			5.4.2.2 Grünfäule	300
	5.5	Entkohlung		301
	5.6	Aufstickung		302
	5.7	Aufschwefelung		304
	5.8	Heißgaskorrosion		307
		5.8.1	Begriffe und Einführung	307
		5.8.2	Korrosive Substanzen bei Verbrennungsprozessen	309
		5.8.3	Prüfmethoden	312
		5.8.4	Mechanismen der Heißgaskorrosion	314
			5.8.4.1 Allgemeines	314
			5.8.4.2 Niedertemperatur- (Typ II-) Heißgaskorrosion	317
			5.8.4.3 Hochtemperatur- (Typ I-) Heißgaskorrosion	321
			5.8.4.4 Einflüsse weiterer Elemente	327
		5.8.5	Zusammenfassung und Aspekte der Werkstoffwahl	329
	5.9	Erosion-Korrosion-Wechselwirkungen		333
	5.10	Korrosionsbedingte Volumenänderungen		334
	5.11	Wechselwirkungen zwischen Korrosion und mechanischen Eigenschaften		335
6	**Hochtemperaturlegierungen**			**340**
	6.1	Definition und Anwendungsgebiete		340
	6.2	Beanspruchungen und Werkstoffanforderungen		340
	6.3	Auswahlkriterien für Basiselemente und Übersicht über Hochtemperatur-Werkstoffgruppen		343
	6.4	Hochtemperaturlegierungen auf Fe-Basis		348
		6.4.1	Übersicht	348
		6.4.2	Hitzebeständige Stähle	352
		6.4.3	Warmfeste Stähle	356
		6.4.4	Hochwarmfeste Stähle	357
	6.5	Hochtemperaturlegierungen auf Co-Basis		363
		6.5.1	Allgemeines und Vergleich	363
		6.5.2	Legierungsaufbau, Gefüge und Eigenschaften	364
	6.6	Hochtemperaturlegierungen auf Ni-Basis		369
		6.6.1	Allgemeines und Vergleich	369
		6.6.2	Mikroseigerungsverhalten bei der Erstarrung	375
		6.6.3	Phasen in Ni-Basislegierungen	380
			6.6.3.1 Der γ-Mischkristall	380
			6.6.3.2 Die γ'-Phase	381
			6.6.3.3 Karbide	392

		6.6.3.4 TCP-Phasen und Phaseninstabilitäten 394	
		6.6.3.5 Weitere Phasen 399	
	6.6.4	Wärmebehandlung γ'-gehärteter Ni-Basislegierungen 401	
		6.6.4.1 Allgemeines 401	
		6.6.4.2 Ausgangswärmebehandlung 402	
		6.6.4.3 Heiß-isostatisches Pressen (HIP) 416	
		6.6.4.4 Regenerierende Wärmebehandlung 418	
	6.6.5	Korrosionseigenschaften 418	
6.7	Gerichtet erstarrte Superlegierungen 420		
	6.7.1	Allgemeines 420	
	6.7.2	Herstellung 421	
		6.7.2.1 Prinzip der gerichteten Erstarrung 421	
		6.7.2.2 Verfahrensparameter und Gefügefehler 424	
	6.7.3	Besondere Eigenschaften gerichtet erstarrter Legierungen .. 431	
	6.7.4	Rekristallisation gerichtet erstarrter Bauteile 436	
6.8	Gerichtet rekristallisierte Dispersions-Superlegierungen 439		
	6.8.1	Allgemeines 439	
	6.8.2	Legierungstypen 441	
	6.8.3	Herstellung 441	
	6.8.4	Rekristallisation 443	
	6.8.5	Legierungsaufbau und besondere Eigenschaften 446	
	6.8.6	Blechlegierungen 447	
	6.8.7	Korrosions- und Beschichtungsverhalten 448	
6.9	Hochschmelzende Legierungen 450		
	6.9.1	Allgemeines 450	
	6.9.2	Festigkeitssteigerung und Legierungsaufbau 453	
	6.9.3	Aktuelle Entwicklungen 453	
6.10	Intermetallische Phasen als Konstruktionswerkstoffe 455		
	6.10.1	Allgemeines 455	
	6.10.2	Klassifizierung der intermetallischen Phasen 456	
	6.10.3	Besondere Eigenschaften der intermetallischen Phasen 460	
	6.10.4	Potenzielle intermetallische Konstruktionswerkstoffe 462	
6.11	Edelmetalllegierungen 469		
6.12	Verunreinigungen und Reinheitsgradverbesserung 470		
	6.12.1	Allgemeines 470	
	6.12.2	Einflüsse von Verunreinigungen auf die Eigenschaften 471	
	6.12.3	Maßnahmen zur Reinheitsgradverbesserung 475	
6.13	Vergleich von Hochtemperaturwerkstoffen und Aspekte der Werkstoffwahl 476		

7 Hochtemperaturbeschichtungen 485

7.1 Hochtemperatur-Korrosionsschutzschichten 485
    7.1.1 Funktion 485
    7.1.2 Beanspruchungen und Anforderungen 486

7.1.3 Aufbringverfahren 487
      7.1.3.1 CVD-Verfahren 489
      7.1.3.2 PVD-Verfahren 494
      7.1.3.3 Thermische Spritzverfahren 495
      7.1.3.4 Plattieren 499
7.1.4 Beschichtungsarten und Eigenschaften 499
      7.1.4.1 Diffusionsschichten 500
      7.1.4.2 Auflageschichten 502
7.1.5 Thermisch-mechanisches Verhalten beschichteter Bauteile 508
      7.1.5.1 Wärmespannungen in Werkstoffverbunden 508
      7.1.5.2 Physikalische und mechanische Eigenschaften von Beschichtungen 512
      7.1.5.3 Thermozyklisches Verhalten 516

7.2 Wärmedämmschichten 520
    7.2.1 Funktion 520
    7.2.2 Anforderungen 525
    7.2.3 Aufbringverfahren für Keramikschichten 526
    7.2.4 Arten und Eigenschaften 526
      7.2.4.1 Keramikschichten 527
      7.2.4.2 Haftschichten 532

8 Maßnahmen an betriebsbeanspruchten Bauteilen 535

8.1 Zustandsbeurteilungen 535
8.2 Rekonditionierungsmaßnahmen 543

Literatur 546

Anhänge

Anhang 1: Berechnung von Volumenanteilen der γ'-Phase 562
Anhang 2: Chemische Zusammensetzungen 566
Anhang 3: Handelsnamen 573

Werkstoffverzeichnis 574

Sachwortverzeichnis 578

Zeichen und Einheiten

Gleiche Zeichenverwendungen für andere Größen sind im Text besonders vermerkt.

a	Gitterparameter	[nm]
a	Temperaturleitfähigkeit	[m²/s]
a	(chemische) Aktivität	[–]
A	Fläche, siehe S_0	[mm²]
A	Mittelspannungsverhältnis ($A = |\sigma_a|/\sigma_m$)	[–]
A_u	Zeitbruchdehnung [1]	[–, %]
b	Betrag des Burgers-Vektors	[nm]
c	Konzentration (meist bezogen auf Masseanteile, siehe x)	[–, %]
c_p	spezifische Wärmekapazität (bei konstantem Druck)	[J kg⁻¹ K⁻¹]
d_K	mittlerer Korndurchmesser	[µm]
d_T	mittlerer Teilchendurchmesser	[µm]
D	Schädigungsparameter	[–]
D	Diffusionskoeffizient	[m²/s]
$\tilde{D}$	Interdiffusionskoeffizient	[m²/s]
D_0	Diffusions-Vorfaktor	[m²/s]
E	Elastizitätsmodul	[GPa]
f	Anteil (z.B. Teilchenanteil f_T, Volumenanteil f_V)	[–, %]
f	Frequenz	[s⁻¹ = Hz]
F	Kraft, Last	[N]
G	Schubmodul	[GPa]
G	Gibbs'sche Enthalpie	[J]
ΔG^a	freie Aktivierungsenthalpie	[J/Atom, J/mol]
H	Enthalpie	[J]
k	Zeichen für verschiedene Konstanten	
k	Vergröberungskonstante (Reifungskonstante)	[nm³/s]
k	Verteilungskoeffizient (Anteile zwischen verschiedenen Phasen)	[–]
k_B	Boltzmann-Konstante = 1,381·10⁻²³ J K⁻¹ Atom⁻¹	
k_p	parabolische Wachstumskonstante	[kg²m⁻⁴s⁻¹]
K_p	Gleichgewichtskonstante	[–]
L_0	Anfangslänge	[mm]
L_i	momentane Länge	[mm]
m	Masse	[kg]
n	Spannungsexponent	[–]
N_A	Avogadro-Konstante = 6,022·10²³ Atome/mol	
N_B	Zyklenzahl bis zum Bruch	[–]

N_v	Elektronenleerstellenzahl	[–]
P	Larson-Miller-Parameter	[–]
$\dot{q}$	Wärmestromdichte	[W/m²]
Q	Wärmemenge (Wärmeenergie)	[J]
$\dot{Q}$	Wärmestrom	[W]
Q	Aktivierungsenergie	[J/mol]
Q_c	Aktivierungsenergie des Kriechens	[J/Atom, J/mol]
R	Allgemeine Gaskonstante = 8,314 J K⁻¹ mol⁻¹ (R = $N_A \cdot k_B$)	
R_e	Streckgrenze	[MPa]
R_m	Zugfestigkeit	[MPa]
$R_{m\,t/\vartheta}$	Zeitstandfestigkeit für die Zeit t [h] bis zum Bruch bei der Temperatur ϑ [°C] [1]	[MPa]
$R_{mk\,t/\vartheta}$	Zeitstandfestigkeit einer gekerbten Probe	[MPa]
$R_{p\,0,2}$	0,2 %-Dehngrenze	[MPa]
$R_{p\,\varepsilon/t/\vartheta}$	Zeitdehngrenze für die plastische Gesamtdehnung ε [%] nach der Zeit t [h] bei der Temperatur ϑ [°C] [1]	[MPa]
s	Dicke (Wanddicke, Schichtdicke)	[mm]
S	Entropie	[J/K]
S_0	Anfangsquerschnitt (einer Probe)	[mm²]
S_i	momentaner Querschnitt (einer Probe)	[mm²]
t	Zeit	[s, h]
t_m	Belastungsdauer bis zum Bruch [1]	[h]
T	absolute Temperatur, siehe ϑ	[K]
T_ℓ	Lösungstemperatur (Solvustemperatur) einer Phase	[K]
T_L	Liquidustemperatur	[K]
T_R	Rekristallisationstemperatur	[K]
T_S	absolute Schmelztemperatur (bei Legierungen mit einem Schmelzintervall ist die Solidustemperatur gemeint), siehe ϑ_S	[K]
U	innere Energie	[J]
x	Konzentration (meist bezogen auf Atomanteile, siehe c)	[–, %]
Z	Einschnürung	[–, %]
Z_u	Zeitbrucheinschnürung [1]	[–, %]

Zeichen und Einheiten

α	Wärmeübergangskoeffizient	[W m^{-2} K^{-1}]
α_ℓ	thermischer Längenausdehnungskoeffizient	[K^{-1}]

(sofern nicht anders vermerkt, ist der mittlere Wert für das betrachtete Temperaturintervall gemeint: $\alpha_\ell = \dfrac{\Delta L}{L_0} \cdot \dfrac{1}{\Delta T}$)

γ_{KG}	spezifische Korngrenzflächenenergie	[mJ/m^2]
γ_{OF}	spezifische Oberflächenenergie	[mJ/m^2]
γ_{Ph}	spezifische Phasengrenzflächenenergie	[mJ/m^2]
γ_{SF}	(spezifische) Stapelfehlerenergie	[mJ/m^2]
Γ	Sprungrate (bei der Diffusion)	[s^{-1}]
δ	Fehlpassungsparameter (*Misfit*-Parameter)	[–, %]
ε	technische Dehnung = $\dfrac{L_i - L_0}{L_0}$ (·100 %)	[–, %]
ε_f	Kriechdehnung [1]	[–, %]
ε_e	elastische Dehnung [1]	[–, %]
ε_{in}	inelastische Dehnung	[–, %]
ε_m	mechanische Dehnung (in Abgrenzung zur thermischen D.)	[–, %]
ε_p	plastische Dehnung [1]	[–, %]
ε_t	Gesamtdehnung	[–, %]
ε_{th}	thermische Dehnung	[–, %]
ε_w	wahre Dehnung = $\ln(L_i/L_0)$	[–]
$\dot{\varepsilon}$	Dehn- oder Kriechrate	[s^{-1}]
$\dot{\varepsilon}_s$	sekundäre (stationäre) Kriechrate	[s^{-1}]
η	Verformungsgrad (allgemein)	[–, %]
ϑ	Temperatur in °C, siehe T	[°C]
ϑ_S	Schmelztemperatur, siehe Anmerkung bei T_S	[°C]
λ	Wärmeleitfähigkeit	[W m^{-1} K^{-1}]
λ_D	mittlerer Dendritenstammabstand	[µm]
λ_T	mittlerer Teilchenabstand	[µm]
ν	Poisson'sche Zahl	[–]
ρ	Dichte	[g/cm^3]
ρ	Versetzungsdichte	[cm/cm^3]
σ	mechanische (Normal-) Spannung	[MPa]
σ_0	Anfangsspannung (Nennspannung) = F/S_0	[MPa]
$\sigma_1, \sigma_2, \sigma_3$	Hauptnormalspannungen	[MPa]
σ_a	außen anliegende Spannung	[MPa]
σ_a	Spannungsamplitude	[MPa]
σ_{dF}	Druckfließgrenze („d": Druck; „F": Fließen)	[MPa]
σ_i	innere Spannungen	[MPa]
σ_m	Mittelspannung	[MPa]

σ_{th}	thermisch induzierte Spannung, Wärmespannung	[MPa]
σ_w	wahre Spannung = F/S_i	[MPa]
σ_W	Wechselfestigkeit (bei $\sigma_m = 0$)	[MPa]
τ	Schubspannung	[MPa]
Ω	Atomvolumen	[nm³]

[1] Diese Zeichen sind aus DIN 50118 *„Zeitstandversuch unter Zugbeanspruchung"* entnommen. DIN 50118 wurde durch die Europäische Norm DIN EN 10291 vom Jan. 2001 ersetzt. Da abzusehen ist, dass sich die praxisfremden Formelzeichen dieser EN-Norm, die den jahrzehntelangen Gepflogenheiten widersprechen, weder national noch international durchsetzen werden, wird hier bis auf weiteres DIN 50118 für den Zeitstandversuch herangezogen. In Beiblatt 1 zu DIN EN 10291 wird eingeräumt, *„die in langjähriger Praxis bewährten Festlegungen aus DIN 50118 ... auch weiterhin anwenden zu können"*.

Hinweise:
Sofern nicht anders vermerkt, beziehen sich Prozentangaben bei Legierungselementen auf Masseanteile.

Bei zugeschnittenen Größengleichungen, in denen die Größen mit bestimmten Einheiten einzusetzen sind, werden der Übersicht halber die Einheiten separat genannt. Mathematisch streng genommen müsste jede Größe in den Gleichungen durch die gewählte Einheit dividiert werden.

Abkürzungen

APS	atmosphärisches Plasmaspritzen
CC	konventionell gegossen (*conventionally cast*)
CVD	chemische Gasphasenabscheidung (*chemical vapour deposition*)
DS	gerichtet erstarrt mit Stängelkörnern (*directionally solidified*)
EB-PVD	physikalische Gasphasenabscheidung mittels Elektronenstrahlverdampfung (*electron beam-physical vapour deposition*)
GCP	geometrisch dichtest gepackt (*geometrically closed packed*)
HCF	hochzyklische Ermüdung (*high cycle fatigue*)
hdP	hexagonal dichteste Packung
HIP	heiß-isostatisches Pressen (gebräuchliches Kunstwort: *Hippen*)
IPS	Inertgasplasmaspritzen
kfz	kubisch-flächenzentriert
krz	kubisch-raumzentriert
LCF	niederzyklische Ermüdung (*low cycle fatigue*)
lg	Zehnerlogarithmus
ln	natürlicher Logarithmus (lg x ≈ 0,434 ln x)
MK	Mischkristall
ODS	oxiddispersionsgehärtet (*oxide dispersion strengthened*)
PVD	physikalische Gasphasenabscheidung (*physical vapour deposition*)
REM	Rasterelektronenmikroskop
RT	Raumtemperatur (20 °C)
SC od. SX	Einkristall (*single crystal*)
TCP	topologisch dichtest gepackt (*topologically closed packed*)
TEM	Durchstrahlungselektronenmikroskop
TF	thermische Ermüdung (*thermal fatigue*)
VPS	Vakuumplasmaspritzen

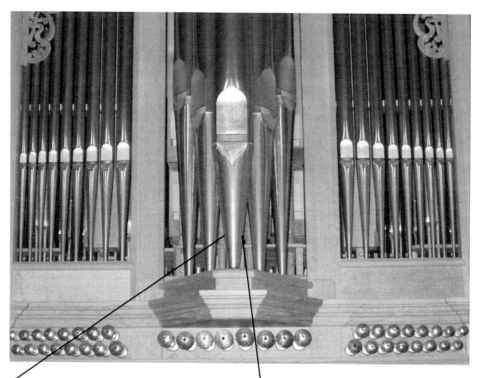

Das Druckkriechen einer Orgelpfeife

Die Orgelpfeife steht mit ihrem gesamten Gewicht auf der Spitze, die in einem Holzkonus fixiert ist. Die Legierung besteht aus Zinn mit ca. 20 % Blei; die Solidustemperatur liegt bei etwa 220 °C.

Selbst in unbeheizten Kirchen herrscht für einen solchen Werkstoff eine metallphysikalisch hohe Temperatur von knapp $0{,}6\,T_S$. Die Legierung kriecht im Laufe der Jahrzehnte unter dem Eigengewicht der Orgelpfeife. An der Spitze bilden sich Beulen und Falten, die auf dem Holz aufliegen.

neu   nach vielen Jahrzehnten

Mit Dank an Fa. Metzler Orgelbau, Dietikon/Schweiz

1 Grundlagen

1.1 Einführung

Zwischen tiefen und hohen Temperaturen, Kaltverformung und Warmverformung, quasistabilem und zeitlich veränderlichem Gefüge bestehen keine scharfen Grenzen. Beispielsweise ist die physikalisch korrekte Feststellung zunächst ungewohnt, dass Kriechverformung nicht auf hohe Temperaturen beschränkt ist, sondern bei allen Werkstoffen und bei allen Temperaturen oberhalb 0 K einsetzt. Zustände, die sich über lange Zeiten – scheinbar „unendlich" lange – nicht ändern, bezeichnet man als stabil, obwohl die meisten davon in Wirklichkeit metastabil sind. Gegenüber den stabilen Gleichgewichtszuständen zeichnen sie sich in vielen Fällen durch technisch attraktive Eigenschaften aus. Beispiele: die hohe Festigkeit von Martensit in C-Stählen verglichen mit einem Gefüge aus Ferrit und Karbiden, die bei tiefen Temperaturen hohe Streckgrenze eines feinkörnigen Gefüges gegenüber einem Einkristall oder die Festigkeit bei feiner Teilchendispersion im Gegensatz zu stark vergröberten Teilchen. Entscheidend für die Frage, wie lange sich ein metastabiler Zustand einfrieren lässt, sind die Gesetzmäßigkeiten der Thermodynamik und Kinetik. Für technische Betrachtungen, d. h. überschaubare Lebensdauern von Konstruktionen, ist das Kriechen der Werkstoffe erst oberhalb etwa 0,4 T_S (T_S: absolute Schmelztemperatur) relevant, darunter vernachlässigbar. In ähnlicher Weise sind viele Grenz- oder Schwellenwerte mehr aus ingenieurmäßig-pragmatischen Gründen eingeführt worden, obwohl sie keine klare Trennung ‚Effekt findet statt oder findet nicht statt' markieren. Die Hochtemperatur-Werkstofftechnik behandelt Temperaturbereiche, in denen die Gefüge nicht dauerhaft eingefroren bleiben, sondern sich Vorgänge in der Mikrostruktur in nennenswerten Zeiten abspielen.

Bei hohen Temperaturen läuft eine Reihe verschiedener Werkstoffzustandsänderungen ab, die in **Tabelle 1.1** aufgelistet sind. Sie lassen sich auf die Einflüsse von Temperatur, mechanischer Spannung, Zeit sowie Umgebungsatmosphäre (einschließlich energiereicher Strahlung) zurückführen. Ein Teil dieser Vorgänge wird gezielt herangezogen, um bestimmte Zustände und Eigenschaften einzustellen, wie z. B. die Rekristallisation. Für das Betriebsverhalten von Bauteilen stellen dagegen nahezu alle aufgeführten Prozesse Schädigungen im Sinne von Verschlechterungen der Gebrauchseigenschaften des Werkstoffes und damit des Gebrauchswertes der Komponente gegenüber dem Neuzustand dar. Eine Ausnahme bildet die Reduktion herstellungsbedingter Seigerungen, die sich positiv bemerkbar macht. Einzelne Eigenschaftsverbesserungen, z. B. in Verbindung mit manchen Korrosionsformen, gibt es selten.

Tabelle 1.1 Arten der Werkstoffzustandsänderungen und deren Einflussgrößen bei hohen Temperaturen (✓: Einfluss ist vorhanden)

Ein Einfluss der Zeit und Temperatur ist bei allen aufgeführten Vorgängen vorhanden.

Einflussgrößen → Zustandsänderungen ↓	Spannung	Atmosphäre	Kap.
Erholung • statisch (nach Verformung) • dynamisch (während der Verformung)	✓		2.1
Rekristallisation • statisch (nach Verformung) • dynamisch (während der Verformung)	✓		2.2
Kornvergröberung	✓		2.3
Teilchenvergröberung (Ostwald-Reifung)	✓		2.5 6.6.2.2
Änderung der Teilchenmorphologie	✓		6.6.2.2
Phasenumwandlungen • Auflösung bestehender Phasen • Bildung neuer Phasen	Einfl. gering	in Verbindung mit Korrosionsprodukten	2.6 5.3–5.8 6.6.2.4
Gefügebedingte Volumenänderungen (Kontraktion, Dilatation)	Einfl. gering	in Verbindung mit Korrosionsprodukten	2.6 5.10
Konzentrationsausgleich; Reduktion von Seigerungen			6.6.3 6.7.2.3
Segregationen			3.10.2.1 6.12
Kriechen Gestaltänderungen; Änderungen der Versetzungsdichte und -anordnung	✓	in Verbindung mit Korrosionsvorgängen	3 5.10
Hohlraum- und Rissbildung	✓	Einfl. auf Oberflächenrisse	3.10 5.11
Äußere und innere Korrosion	Einfl. über Rissbildung	✓	5
Änderung der chemischen Zusammensetzung durch Interdiffusion bei Werkstoffverbunden und bei Korrosion	Einfl. gering	in Verbindung mit Korrosionsprodukten	5 7.1
Erniedrigung der Solidustemperatur		in Verbindung mit manchen Korrosionsvorgängen	5
Strahlungsbedingte Hochtemperaturversprödung		thermische u. schnelle Neutronen	–
Strahlungsbedingtes beschleunigtes Kriechen	✓	schnelle Neutronen	–

Manchmal ist, besonders in Zusammenhang mit dem Kriechverhalten teilchengehärteter Legierungen, eine Unterscheidung der Begriffe *Schädigung* und *Erschöpfung* gebräuchlich. Unter Schädigung werden danach Trennungen im Werkstoff in Form von Hohlraum- und Rissbildung verstanden sowie korrosionsbedingter Abtrag; beide werden als unumkehrbare Prozesse betrachtet. Als Erschöpfung werden demgegenüber Vorgänge bezeichnet, die zwar ebenfalls die Gebrauchseigenschaften verschlechtern, aber prinzipiell durch eine regenerierende Wärmebehandlung reversibel sind. Der Verlust an Teilchenhärtung aufgrund von Teilchenvergröberung fällt typischerweise in diese Kategorie. Die Wiederherstellung der Eigenschaften ist allerdings mehr eine Frage der technischen Möglichkeiten und des vertretbaren Aufwandes. Auch Bauteile mit Hohlraumbildung und Materialabtrag lassen sich mit bestimmten Methoden rekonditionieren. In Verbindung mit den Begriffen Schädigung und Erschöpfung ist also stets anzugeben, welcher Vorgang der Werkstoffzustandsänderung gemeint ist.

1.2 Thermodynamische und kinetische Grundlagen

1.2.1 Temperatur und thermische Energie

Die thermische Energie oder Wärmeenergie stellt den temperaturabhängigen Anteil der inneren Energie eines festen Stoffes dar. Zum Verständnis der Hochtemperaturvorgänge ist es zweckmäßig, sich die thermischen Energiezustände eines Festkörpers und die statistische atomare Definition der Temperatur vor Augen zu führen. Nach dem Einstein'schen Modell schwingen die Atome in Kristallen in drei Translationsfreiheitsgraden um feste Zentren. Die Schwingungsmittelpunkte bilden die Punkte des Kristallgitters. Der kinetische Anteil der Schwingungsenergie ist identisch mit der thermischen Energie (Wärmeenergie). Je höher die Temperatur ist, umso größer ist die Amplitude der Schwingung, und auch der mittlere Atomabstand nimmt zu, was zur thermischen Ausdehnung führt. Am Schmelzpunkt sind die Gitterbausteine schließlich so stark thermisch angeregt, dass das Kristallgitter aufbricht und die Atome freie Beweglichkeit erlangen. Die Oszillation der Atome wird in dem Modell voneinander unabhängig betrachtet; allerdings wird eine Kopplung insoweit angenommen, dass die Atome untereinander thermische Energie austauschen können, also Wärmeleitung stattfindet.

Nach der Quantenmechanik nehmen die Atome diskrete Energieniveaus ein, die stets ein Vielfaches des Wertes $h \cdot \nu$ ausmachen (h: Planck'sche Konstante = $6{,}625 \cdot 10^{-34}$ Js, ν: Frequenz der Eigenschwingung der Teilchen). Das niedrigste Energieniveau besitzen die Atome beim absoluten Nullpunkt. Temperaturerhöhung bedeutet Energiezufuhr, wodurch die Atome auf höhere Quantenzustände gehoben werden. Die Wärmezufuhr ΔQ ist also aufzuteilen in die Anzahl der nicht weiter unterteilbaren Energiequanten $h \cdot \nu$. Eine völlig gleichmäßige Verteilung der Quanten auf alle Atome ist äußerst unwahrscheinlich. Vielmehr werden sie sich ungleichmäßig über alle Atome verteilen, was **Bild 1.1** für unter schiedliche Temperaturen veranschaulicht. Mit steigender Temperatur werden insgesamt mehr Energieniveaus besetzt, und das Niveau, auf dem sich das Maximum der Energie für alle betrachteten Atome befindet, verschiebt sich zu höheren Werten.

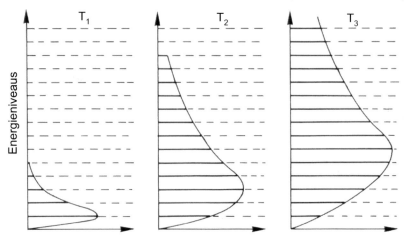

Bild 1.1 Modell der Verteilung der Schwingungsenergie über die diskreten Energie niveaus für drei Temperaturen $T_1 < T_2 < T_3$

Die mikrophysikalische Schwingungsenergie verteilt sich auf die potenzielle und kinetische Energie der Gitterbausteine, analog zur makrophysikalischen Schwingungsenergie eines Pendels. Die Wärmeenergie entspricht dem statistischen *Mittelwert* der kinetischen Energie der schwingenden Teilchen, welche *pro Atom*

$$\overline{u}_{kin}\big|_{Atom} = \frac{3}{2} k_B \cdot T \qquad (1.1)$$

beträgt. Die thermische Energie ist also direkt mit der Temperatur über die Boltzmann-Konstante verknüpft. Die zeitlichen Mittelwerte von kinetischer und potenzieller Energie sind gleich, so dass sich die gesamte mittlere Schwingungsenergie pro Atom oder pro Mol wie folgt errechnet:

$$\overline{u}\big|_{Atom} = 2 \cdot \frac{3}{2} k_B \cdot T = 3 k_B \cdot T \quad \text{oder} \quad \overline{U}\big|_{Mol} = N_A \cdot \overline{u}\big|_{Atom} = 3 R \cdot T \qquad (1.2)$$

(mit $R = N_A \cdot k_B$).
R   Allgemeine Gaskonstante
N_A Avogadro-Konstante
k_B Boltzmann-Konstante

1.2 Thermodynamische und kinetische Grundlagen

Die Verteilung des Energiespektrums der Atome in Abhängigkeit von der Temperatur spielt für die zu diskutierenden Hochtemperaturvorgänge eine entscheidende Rolle.

1.2.2 Grundbegriffe der Thermodynamik und Kinetik von Reaktionen

Tabelle 1.2 zeigt die Zusammenhänge zur Reaktionsgeschwindigkeit in einer Übersicht. Für die Frage, ob eine Reaktion freiwillig ablaufen kann, ist die Änderung der *freien Gibbs'schen Enthalpie* $\Delta G = G_2 - G_1$ bei einer Reaktion von Zustand „1" nach Zustand „2" maßgeblich. ΔG liefert die thermodynamische Triebkraft. Unter Reaktion wird allgemein jegliche Art von Zustandsänderung verstanden. Die freie Enthalpie muss hierbei abnehmen, ΔG also nach obiger internationaler Definition negativ sein. Je stärker negativ ΔG ist, umso höher ist die Triebkraft für die freiwillige Zustandsänderung und umso schneller verläuft die Reaktion. Zusätzlich zu dieser notwendigen thermodynamischen Bedingung entscheidet über die Reaktionsgeschwindigkeit die Mobilität der Reaktionsteilnehmer. Dies wird unter dem Begriff *Kinetik* zusammengefasst. Sie wird bestimmt durch Temperatur, Zeit und die *freie Gibbs'sche Aktivierungsenthalpie* ΔG^a (üblicherweise wird der Index a für „aktivieren" hochgestellt und darf nicht mit einem Exponenten verwechselt werden). Letztere stellt einen Enthalpiebetrag dar, der überwunden werden muss, damit die Reaktion tatsächlich stattfindet. Je geringer die Temperatur und/oder die Zeit ist, umso unwahrscheinlicher die Aktivierung, und die Reaktion ist möglicherweise kinetisch gehemmt.

1.2.3 Thermodynamische Triebkraft

Das Stabilitätsmaß für Werkstoffzustände stellt die *freie Gibbs'sche Enthalpie* G dar, die auch als *thermodynamisches Potenzial*, *Gibbs'sche freie Energie* oder (nach IUPAC-Empfehlung) als *Gibbs-Energie* bezeichnet wird. Sie wird durch drei weitere thermodynamische Zustandsgrößen festgelegt:

1. den Energieinhalt des Zustandes, bezeichnet als *Enthalpie* H;
2. die statistische Wahrscheinlichkeit der Anordnung der Atome oder Bausteine des Werkstoffes, ausgedrückt durch die *Entropie* S;
3. die *Temperatur* T.

Die Verknüpfung dieser Zustandsgrößen liefert die Definition für die freie Enthalpie nach Gibbs:

$$G = H - T \cdot S \tag{1.3}$$

Da das Produkt aus Druck und Volumen *bei Feststoffen* im Vergleich zur inneren Energie U vernachlässigbar ist, kann diese mit der Enthalpie annähernd gleichgesetzt werden: $H = U + p \cdot V \approx U$.

Tabelle 1.2 Abhängigkeit der Reaktionsgeschwindigkeit von den thermodynamischen und kinetischen Größen

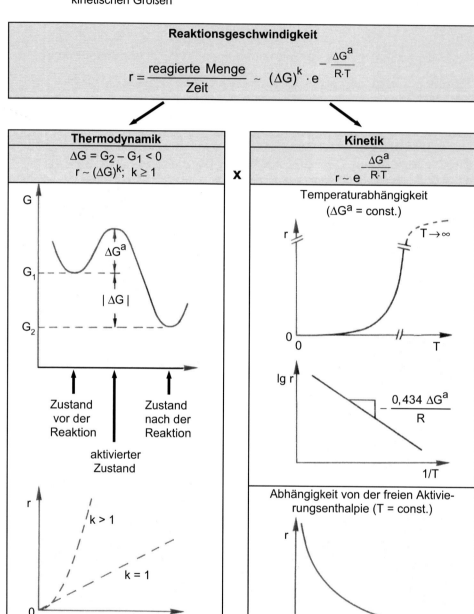

1.2 Thermodynamische und kinetische Grundlagen

Tabelle 1.3 gibt einen Überblick, woraus sich die Enthalpie H in einem kristallin aufgebauten Festkörper zusammensetzt. Alle Teilbeiträge sind den beiden grundsätzlich zu unterscheidenden Energiearten, der potenziellen und der kinetischen Energie, zugeordnet. Für die hier interessierenden Betrachtungen sind stets die mikrophysikalischen Bedeutungen dieser Energien gemeint und nicht die Energie der Lage in einem Gravitationsfeld oder die makroskopische Bewegungsenergie. Zweckmäßigerweise erfolgt eine weitere Unterteilung in *chemische, mechanische* und *thermische* Enthalpieterme. In Realkristallen sind die chemische und mechanische Enthalpie durch Gitterfehler im Vergleich zum perfekt, also völlig fehlerfrei aufgebauten Kristallverband verändert. Diejenigen Gitterfehler, die nicht mit einer nennenswerten Entropieänderung verknüpft sind, nämlich die Versetzungen und Grenzflächen, streben zwecks Minimierung der Enthalpie – und damit der freien Enthalpie – in jedem Fall nach Abbau. Spielt dagegen bei Gitterfehlern die Entropie eine wesentliche Rolle, wie bei den Leerstellen und Fremdatomen, so ist nach der Zustandsgleichung $G = H - T \cdot S$ die energetische Gesamtbilanz für die jeweilige Temperatur zu betrachten. Da das Produkt $T \cdot S$ negativ eingeht, kann die Enthalpie H bei einer Zustandsänderung auch steigen, wenn der zweite Term dominiert.

Durch die Enthalpie allein ist gemäß Gl. (1.3) der Zustand eines Stoffes nicht vollständig beschreibbar. Vielmehr spielt zusätzlich die *statistische Wahrscheinlichkeit der Anordnung der Atome* eine Rolle. Man bezeichnet dies als *Ordnungsgrad*. Die hierfür maßgebliche Zustandsgröße wird *Entropie* genannt. Entropie, Ordnungsgrad und statistische Wahrscheinlichkeit für diesen Ordnungsgrad hängen qualitativ wie folgt zusammen:

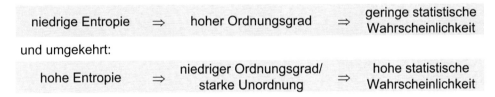

| niedrige Entropie | ⇒ | hoher Ordnungsgrad | ⇒ | geringe statistische Wahrscheinlichkeit |

und umgekehrt:

| hohe Entropie | ⇒ | niedriger Ordnungsgrad/ starke Unordnung | ⇒ | hohe statistische Wahrscheinlichkeit |

Die Natur strebt generell Zustände größtmöglicher Unordnung, d. h. höchstmöglicher Entropie an. Wie aus der Zustandsgleichung (1.3) für die freie Gibbs'sche Enthalpie zu entnehmen ist, wird dieses Bestreben mit steigender Temperatur unterstützt (Produkt $T \cdot S$). Beim Zusammenbrechen des kristallinen Aufbaus am Schmelzpunkt nimmt die Entropie zu, weil ein kristallines Gitter einen Zustand sehr hoher Ordnung bedeutet gegenüber der regellosen Atomanordnung in der Flüssigkeit. Zahlreiche weitere metallkundliche Vorgänge lassen sich durch das Streben nach Entropieerhöhung erklären. Beispiele: – Seigerungen werden durch eine Homogenisierungsglühung beseitigt. – Eine Mischungslücke wird mit steigender Temperatur enger und verschwindet letztlich. – Ausscheidungen lösen sich bei einer Lösungsglühung auf. – Überstrukturphasen gehen bei der kritischen Ordnungstemperatur in einen ungeordneten Zustand über. – Eine ausgeprägte Streckgrenze verschwindet bei höheren Temperaturen durch Auflösen der *Cottrell-Wolken* an den Versetzungen.

Tabelle 1.3 Enthalpiebeiträge in kristallinen Feststoffen

ENTHALPIE H kristalliner Feststoffe

=

POTENZIELLE ENERGIE der atomaren Bausteine und des Gitters + **KINETISCHE ENERGIE** der atomaren Bausteine

CHEMISCHE ENERGIE	+	MECHANISCHE ENERGIE	THERMISCHE ENERGIE

= Bindungsenergie zwischen den atomaren Bausteinen und den Atomen
= Gitterenthalpie
 	
Minimum der Gitterenthalpie = perfektes Gitter
 	
Die Gitterenthalpie wird erhöht durch Gitterfehler infolge Störung der Bindungen durch:
• Leerstellen
• Fremdatome mit einer schwächeren Bindung zu den Matrixatomen
• Versetzungen (Störungen im Versetzungskern)
• Grenzflächen
  - Korngrenzen (Groß- und Kleinwinkelk.)
  - Phasengrenzflächen
  - Antiphasengrenzfl.
  - Stapelfehler
  - Zwillingsgrenzen
• Oberflächen
		= Gitterverzerrungsenthalpie
		
		Die mechanische Energie des Gitters wird erhöht durch die Auslenkung der Atome aus ihrer Ruhelage, hervorgerufen durch:
		• Leerstellen
		• Fremdatome
		• Versetzungen (elastisches Spannungsfeld)
		• weitere Phasen oder bei Phasenumwandlungen
		• elastische Verformung durch äußere Kräfte (energieelastisches Verhalten; im Gegensatz zu entropieelastischem Verhalten bei Polymerwerkstoffen oberhalb der Glasübergangstemperatur)
			= Wärmeenergie
			= *thermische* Auslenkung der Atome aus ihrer Ruhelage
			
			Mittelwert der thermischen (= kinetischen) Energie pro Atom:
			
			$3/2\, k_B \cdot T$
			
			Die Schwingungsenergie setzt sich aus potenzieller und kinetischer Energie zusammen, die im zeitlichen Mittel gleich groß sind (Analogie: Pendel).

1.2.4 Reaktionskinetik

Die Thermodynamik liefert die Antwort auf die Fragen: Kann der Vorgang ablaufen und wie hoch ist die treibende Kraft hierfür? Um zu erfahren, wie schnell die Reaktion oder der Vorgang vonstatten geht, sind die Gesetze der Kinetik zusätzlich zu betrachten.

Der quantitative Einfluss der thermodynamischen Triebkraft auf die Reaktionsgeschwindigkeit kann unterschiedlich ausfallen. In Tabelle 1.2 ist allgemein eine Abhängigkeit

$$r \sim \Delta G^k \quad \text{mit} \quad k \geq 1 \tag{1.4}$$

r   Reaktionsgeschwindigkeit

angegeben. Auf die Reaktionsgeschwindigkeit kann allein aus der Energiebilanz allerdings kein Rückschluss gezogen werden. Man spricht von kinetisch gehemmten Vorgängen, wenn eine energetisch mögliche Reaktion wegen nicht ausreichender Mobilität der Reaktionspartner nicht oder nur sehr langsam abläuft. Es kann sogar vorkommen, dass Reaktionen, welche mit einer sehr hohen Energiefreisetzung verbunden sind, außerordentlich träge verlaufen. Beispiel: Al_2O_3-Deckschichten wachsen verglichen mit den meisten anderen Oxiden extrem langsam, obwohl die Reaktion von Al mit Sauerstoff stark exotherm ist.

Das linke obere Teilbild in Tabelle 1.2 gibt schematisch den Verlauf der freien Gibbs'schen Enthalpie bei einer Reaktion von Zustand „1" nach Zustand „2" wieder, wobei „2" der stabilere sein möge. Für nahezu alle Reaktionen ist charakteristisch, dass zur Überführung in den stabileren Zustand zunächst eine Energiebarriere überwunden werden muss, Beispiele: das Zünden einer Knallgasreaktion oder eines Streichholzes. Andernfalls liefen die Änderungen ungebremst auf den stabilen Endzustand zu. Eine Ausnahme in der Metallkunde stellt die spinodale Entmischung dar. Man spricht von *thermisch aktivierbaren Prozessen*, wenn die Geschwindigkeit des Vorganges temperaturabhängig ist. Die Energiebarriere bezeichnet man als *freie Aktivierungsenthalpie* ΔG^a. Meist findet man zahlenmäßig *Aktivierungsenergien* angegeben, für die in der Regel das Symbol Q anstelle von H benutzt wird. In diesen Fällen geht der zugehörige Entropieterm in eine andere Konstante ein, wie bei der Diffusion in den Diffusionsvorfaktor (siehe Gln. 1.10 und 1.13).

Wie man sich die freie Aktivierungsenthalpie vorzustellen hat, hängt vom jeweiligen zu aktivierenden Vorgang ab. Ein anschauliches Beispiel stellt die Diffusion von Zwischengitteratomen dar. Hierbei muss das Fremdatom einen gegenüber dem Mittelwert überhöhten Energiebetrag in Form momentaner thermischer Energie aufweisen, damit der Sprung in eine benachbarte Position aktiviert werden kann. Bei der Keimbildung von Ausscheidungen, um ein anderes Beispiel zu nennen, muss sich eine gewisse Anzahl von Atomen zusammenfinden, damit ein wachstumsfähiger Keim entsteht. Die freie Aktivierungsenthalpie wird in diesem Fall durch die zufällige thermische Fluktuation der Reaktionspartner erreicht, so dass lokal eine Konfiguration mit ausreichend vielen Atomen für einen stabilen Keim entsteht (Anmerkung: Da ΔG^a für diesen Keimbildungsmechanismus sehr groß ist, ist in technisch reinen Legierungen die Keimbildung über Fremdkeime stark begünstigt.)

Bei allen Reaktionen, für die eine Aktivierungsschwelle überwunden werden muss, stellt sich die Frage nach der *Wahrscheinlichkeit* für die Reaktionspartner, in den aktivierten Zustand zu gelangen. Hierfür sind die Temperatur und Zeit entscheidend. Selbst bei z. B. 1 K existiert eine extrem geringe und daher technisch völlig bedeutungslose Wahrscheinlichkeit für den beschriebenen Atomplatzwechsel oder die Bildung eines stabilen Ausscheidungskeimes aus einem übersättigten Mischkristall. Die thermischen Bewegungen der Gitterbausteine nehmen mit der Temperatur zu, und somit steigt nach dem Energiespektrenmodell (Bild 1.1) die Wahrscheinlichkeit zur Überwindung der freien Aktivierungsenthalpie. Diese Wahrscheinlichkeit erhöht sich mit der Temperatur exponentiell nach einer *Arrhenius-Funktion* und linear mit der Zeit, so dass die Reaktionsgeschwindigkeit wie folgt beschrieben werden kann:

$$r = r_0 \cdot e^{-\frac{\Delta G^a_{(Atom)}}{k_B \cdot T}} \quad \text{oder} \quad r = r_0 \cdot e^{-\frac{\Delta G^a_{(mol)}}{R \cdot T}} \quad (1.5)$$

r_0 — Proportionalitätskonstante (Grenzwert von r für $T \to \infty$)
$\Delta G^a_{(Atom)}$ — freie Aktivierungsenthalpie bezogen auf 1 Atom
$\Delta G^a_{(mol)}$ — freie Aktivierungsenthalpie bezogen auf 1 Mol

Die freie Aktivierungsenthalpie kann entweder auf den Elementarvorgang pro Atom oder – was meist üblich ist – auf 1 Mol bezogen werden.

Die rechten Teilbilder in Tabelle 1.2 geben die Einflüsse von Temperatur und freier Aktivierungsenthalpie auf die Reaktionsrate schematisch wieder. Der gestrichelte Kurvenast im (r; T)-Diagramm würde erst bei extrem hohen Temperaturen zum Tragen kommen, die weit oberhalb aller Schmelztemperaturen liegen. Für $T \to \infty$ geht die e-Funktion gegen 1, so dass der Grenzwert von r gleich dem Vorfaktor r_0 ist. Ein Zahlenbeispiel soll die exponentielle Abhängigkeit der Reaktionsgeschwindigkeit von der Temperatur verdeutlichen. Für die freie Aktivierungsenthalpie wird ein Wert von 250 kJ/mol angesetzt, wie er z. B. typisch für Diffusionsvorgänge regulärer Gitteratome in manchen Metallen ist. Für die Reaktionsgeschwindigkeit errechnen sich bei 20 °C und bei 1000 °C folgende Werte (in Gleichung 1.5 sind absolute Temperaturen einzusetzen):

$$r(20\ °C) = r_0 \cdot 2{,}7 \cdot 10^{-45}$$
$$r(1000\ °C) = r_0 \cdot 5{,}5 \cdot 10^{-11}$$

Falls die Reaktion bei 1000 °C eine Sekunde dauert, ergibt sich bei 20 °C eine Zeit von:

$$t(20\ °C) = \frac{r(1000\ °C)}{r(20°\ C)} \cdot t(1000\ °C) = 2 \cdot 10^{34}\,s = 6{,}5 \cdot 10^{26}\,\text{Jahre}$$

Die Anzahl Atome, welche bei 1000 °C pro Sekunde durch eine bestimmte Fläche diffundiert, benötigt also bei 20 °C hierfür die unvorstellbar lange Zeit von 6,5·10²⁶ Jahren; bei 500 °C sind es 1175 h ≈ 49 Tage. Analoges gilt für alle Vorgänge, die auf Diffusion beruhen, wie z. B. das Auslöschen von Versetzungen bei einer Glühung. Bei Wärmebehandlungen sowie bei allen Hochtemperaturvorgängen wird durch die Wärmezufuhr die Geschwindigkeit einer Reaktion erhöht. Bei tieferen Temperaturen bleiben dagegen thermodynamisch mögliche Vorgänge weitgehend unterdrückt, und die Gefüge der Metalle und Legierungen befinden sich in einem eingefrorenen metastabilen Zustand.

Die *Arrhenius-Funktion* Gl. (1.5) lässt sich für metallkundlich übliche Werte der freien Aktivierungsenthalpie und die infrage kommenden Temperaturbereiche nicht mit linearer Achsenteilung sinnvoll wiedergeben, weil viele Zehnerpotenzen überstrichen werden, wie das obige Zahlenbeispiel zeigt. Es erfolgt daher eine logarithmische Auftragung der Reaktionsrate gemäß:

$$\ln r = c_1 - \frac{\Delta G^a_{(mol)}}{R} \cdot \frac{1}{T} \quad \text{oder} \quad \lg r = c_2 - \frac{0{,}434 \cdot \Delta G^a_{(mol)}}{R} \cdot \frac{1}{T} \quad (1.6)$$

c_1, c_2 = const.

Auf der Abszisse wird die reziproke absolute Temperatur 1/T linear geteilt, so dass die Funktion zweckmäßigerweise als Gerade dargestellt werden kann. Eine solche Arrhenius-Auftragung ist in Tabelle 1.2 gezeigt. Die Steigung der Geraden errechnet sich zu $-\Delta G^a/R$ bei ln-Teilung oder $-0{,}434\,\Delta G^a/R$ bei lg-Darstellung. Die freie Gibbs'sche Aktivierungsenthalpie der Reaktion kann also direkt aus der Steigung bestimmt werden.

1.3 Diffusion

1.3.1 Mechanismen und Gesetzmäßigkeiten

Die Diffusion stellt bei nahezu allen Hochtemperaturvorgängen den entscheidenden Elementarprozess dar. Alle Werkstoffzustandsänderungen nach Tabelle 1.1 basieren auf den Platzwechseln von Atomen. Der Diffusionskoeffizient D ist definiert durch das 1. Fick'sche Gesetz:

$$J = \frac{N}{A \cdot t} = -D \frac{dc}{dx} \qquad (1.7)$$

J   Materiefluss
N   Anzahl der diffundierten Atome
A   betrachtete Diffusionsfläche
c   Konzentration
x   Wegkoordinate

Anstelle von Atomen kann auch eine andere Mengenangabe verwendet werden. dc/dx ist der Konzentrationsgradient, der die Richtung des Diffusionsstromes vorgibt. Das Minuszeichen ergibt sich dadurch, dass der Diffusionsstrom von höherer zu geringerer Konzentration fließt, dc/dx in Diffusionsrichtung folglich negativ ist und J sinnvollerweise als positiver Wert definiert ist. Solange ein Konzentrationsgefälle vorliegt, die Elementeverteilung also inhomogen ist, resultiert im eindimensionalen Fall ein Netto-Materiefluss in *eine* Richtung. Im Fall eines völlig homogenen Werkstoffes ist dc/dx = 0 und somit der Netto-Materiefluss null, d. h. der Hin- und Rückstrom von Atomen durch die betrachtete Fläche sind gleich groß. Der Diffusionskoeffizient kann in Gl. (1.7) nur näherungsweise als unabhängig von der lokalen Zusammensetzung angenommen werden. In der Regel ist D = f(c) und damit D = f(x). Dies wird für überschlägige numerische Behandlungen von Diffusionsvorgängen oft vernachlässigt.

Bei Selbstdiffusion in Reinmetallen oder bei homogener Elementeverteilung in einem Mischkristall lassen sich die statistisch regellosen Atomplatzwechsel nicht ohne weiteres experimentell mit Hilfe von Gl. (1.7) erfassen, weil J = 0 ist. Man schafft sich deshalb einen künstlichen Konzentrationsgradienten durch Dotierung mit radioaktiven Isotopen und kann dann deren Konzentrationsänderungen aufgrund von Diffusion messtechnisch verfolgen und D bestimmen.

Grundsätzlich ist zu unterscheiden, ob die diffundierenden Atome interstitiell, also auf Zwischengitterplätzen gelöst sind oder ob es sich um reguläre Gitteratome handelt. Im letztgenannten Fall kann sowohl Selbstdiffusion in einem Reinmetall vorliegen als auch Fremddiffusion von Substitutionsatomen in einem Mischkristall.

1.3.1.1 Interstitielle Diffusion

Die Wanderung interstitiell gelöster Atome, wozu in den Metallgittern die kleineren Atome H (Atomradius[1] 0,31 Å), O (0,66 Å), N (0,71 Å), C (0,76 Å), B (0,84 Å), S (1,05 Å) sowie einige Elemente der hinteren Hauptgruppen mit niedriger Periodenzahl gehören, kann man sich einfach als Sprung auf einen nächstgelegenen, unbesetzten Zwischengitterplatz vorstellen. Da die Konzentration dieser Fremdelemente stets relativ gering ist, kann von genügend vielen freien Nachbarplätzen ausgegangen werden. Für den Sprung muss eine freie Aktivierungs-

---

[1] Angegeben sind hier die sog. Kovalenzradien, Details siehe [1.12]

enthalpie aufgebracht werden, um das Zwischengitteratom zwischen den umgebenden Gitteratomen hindurchzuzwängen, **Bild 1.2**. Die Schwingungszentren

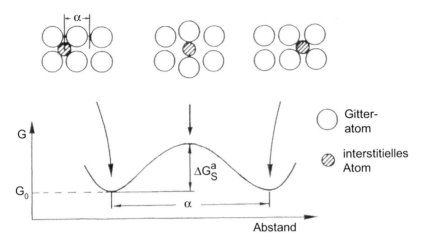

Bild 1.2 Veranschaulichung des Platzwechsels von Zwischengitteratomen sowie Darstellung der freien Aktivierungsenthalpie des Sprunges

der Atome entsprechen der freien Gibbs'schen Enthalpie G_0. Damit ein Atom einen Platzwechsel in eine benachbarte Zwischengitterposition vollziehen kann, müssen die Bindungszustände zu den umgebenden Atomen geändert werden und das Atom muss sich zwischen den Nachbaratomen hindurchquetschen. Das Ändern des Bindungszustands und das Hineindrücken in die Sattelposition bedürfen der erwähnten freien Aktivierungsenthalpie ΔG^a. Diese Energie kommt durch die thermische Auslenkung der Atome aus ihrer mittleren Position zustande. Gemäß Bild 1.1 belegen die Atome ein Energiespektrum, welches mit steigender Temperatur breiter wird. Die über alle Atome *gemittelte* thermische Energie von $3/2\, k_B \cdot T$ ist in der Regel sehr klein gegen ΔG^a. Für *einzelne* Atome mit einer höheren Energie besteht eine gewisse Wahrscheinlichkeit, das Niveau $(G_0 + \Delta G^a)$ zu erreichen. In der Sattelposition ist die erforderliche freie Aktivierungsenthalpie gerade erreicht; eine geringe zusätzliche thermische Energie lässt das Atom in die benachbarte Leerstelle springen und damit Diffusion bewirken.

Die Sprungrate kann analog zu Gl. (1.5) beschrieben werden:

$$\Gamma_i \sim e^{-\frac{\Delta G_s^a}{R \cdot T}} \tag{1.8}$$

Γ_i Sprungrate oder -frequenz interstitieller Atome (Anzahl der Sprünge pro Zeit)

ΔG_s^a freie Aktivierungsenthalpie des Sprunges (hier auf 1 Mol der Legierung bezogen)

Die Sprungrate entspricht damit der in Kap. 1.2 allgemein definierten Reaktionsgeschwindigkeit r. Der Diffusionskoeffizient lässt sich für kubisch primitive Kristalle, in denen die Diffusion isotrop in allen sechs senkrecht aufeinander stehenden Richtungen gleich wahrscheinlich erfolgt, ableiten zu:

$$D = \frac{1}{6} \cdot \alpha^2 \cdot \Gamma \tag{1.9}$$

α Sprungabstand (Abstand der Zwischengitterplätze)

Diese Gleichung gilt für die Diffusion interstitieller sowie regulärer Gitteratome. Die Zwischengitteratome nehmen Positionen zwischen den jeweils größtmöglichen Gitterabständen ein, in kubischen Kristallen also auf den Würfelkanten (<100>-Richtungen) mit dem Abstand a der regulären Gitteratome. Die nächstgelegenen Zwischengitterplätze liegen in der jeweils kürzesten Entfernung zueinander: in kfz-Gittern im Abstand $\alpha = a/\sqrt{2}$ und $\alpha = a/2$ in krz-Gittern.

Aus Gl. (1.8) und Gl. (1.9) ergibt sich die *Arrhenius-Funktion* des Diffusionskoeffizienten:

$$D = D_0 \cdot e^{-\frac{Q_{iD}}{R \cdot T}} \tag{1.10}$$

D_0 temperaturunabhängiger Vorfaktor

Q_{iD} Aktivierungsenergie der <u>i</u>nterstitiellen <u>D</u>iffusion (identisch mit der Aktivierungsenthalpie des Zwischengittersprunges ΔH_s^a)

In den Vorfaktor D_0 gehen α, die Anzahl der nächstgelegenen Zwischengitterplätze, die Schwingfrequenz der Atome sowie die Aktivierungsentropie ein. Die Schwingfrequenz kann nicht als diskreter Wert für alle Atome und stoffunabhängig angegeben werden, weil eine komplexe Schwingungskopplung im Gitter vorliegt. Näherungsweise wird die Debye-Frequenz mit ca. 10^{13} s^{-1} angesetzt, welche sich aus der Debye'schen Theorie als Grenzfrequenz ergibt.

1.3 Diffusion

Der Diffusionskoeffizient D stellt die für Hochtemperaturvorgänge entscheidende Größe dar, ist aber als Wert unanschaulich (Einheit: m²/s). Demgegenüber vermittelt die Angabe der Sprungrate eine bessere Vorstellung über die Mobilität der Atome, wie nachfolgende Beispiele zeigen werden.

Die Aktivierungsenergie der interstitiellen Diffusion ist relativ gering, so dass Zwischengitteratome schon bei homologen Temperaturen deutlich unterhalb von 0,4 T_S rasch diffundieren können. Dies verdeutlicht ein Zahlenbeispiel für C in α–Fe bei 450 °C (= 0,4 T_S für Fe) mit folgenden Daten: Q_{iD} = 76 kJ/mol und $D_0 = 7{,}9 \cdot 10^{-7}$ m²/s. Der Diffusionskoeffizient errechnet sich zu: D_C(450 °C) = $2{,}6 \cdot 10^{-12}$ m²/s. Mit $\alpha = a_{\alpha-Fe}/2 = 1{,}43 \cdot 10^{-10}$ m ergibt sich eine Sprungfrequenz nach Gl. (1.9) von $\Gamma = 7{,}6 \cdot 10^8$ s^{-1}. Jedes C-Atom wechselt also bei 450 °C seinen Zwischengitterplatz im Mittel $7{,}6 \cdot 10^8$ Male pro Sekunde. Trotz dieser unvorstellbar hohen Zahl bedeutet das Ergebnis, dass bei dieser Temperatur durchschnittlich nur etwa jede zehntausendste der etwa 10^{13} Oszillationen eines C-Atoms pro Sekunde zu einem Platzwechsel führt.

1.3.1.2 Reguläre Gitterdiffusion

Die Platzwechselvorgänge regulärer Gitteratome unterscheiden sich in einem wesentlichen Punkt von denen der Zwischengitteratome: Es werden Leerstellen benötigt. Ein direkter Platztausch zweier Gitteratome ist energetisch in den dicht oder dichtest gepackten metallischen Strukturen so unwahrscheinlich, dass er für die gesamte Diffusionsrate keine Rolle spielt. Nennenswerte Diffusion kann nur dann stattfinden, wenn Nachbargitterplätze unbesetzt sind. **Bild 1.3** stellt den Sprungvorgang und den Verlauf der freien Gibbs'schen Enthalpie für die verschiedenen Positionen analog zu Bild 1.2 schematisch dar.

Die Sprungfrequenz eines regulären Gitteratoms beinhaltet daher neben den Parametern nach Gl. (1.8) zusätzlich die Leerstellenkonzentration:

$$\Gamma_G \sim x_L \cdot e^{-\frac{\Delta G_S^a}{R \cdot T}} \qquad (1.11)$$

Γ_G Sprungrate regulärer Gitteratome
x_L Leerstellen-Konzentration (Angabe als Molenbruch oder „Atom"-%)

Um die Wahrscheinlichkeit für Platzwechsel angeben zu können, muss die Leerstellenkonzentration bekannt sein. Leerstellen können bei der Berechnung ihrer Konzentration wie eine Legierungskomponente betrachtet werden, welche in der Matrixkomponente gelöst ist. Durch das Hinzufügen der Leerstellen steigt die Entropie. Allerdings ist dieser Vorgang bei den Leerstellen auch mit einer Enthalpieerhöhung verbunden, weil die Bindungen der Atome um die Leerstelle herum gestört sind und zusätzlich eine elastische Gitterverspannung auftritt (vgl. Tabelle 1.3).

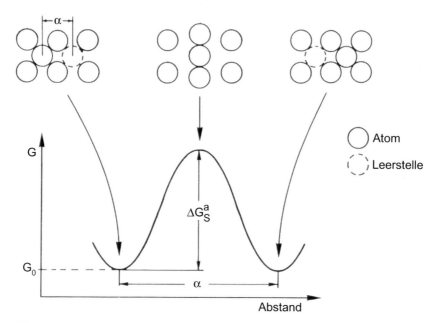

Bild 1.3 Veranschaulichung des Platzwechsels regulärer Gitteratome über Leerstellen sowie Darstellung der freien Aktivierungsenthalpie des Sprunges
Die Atome sind nicht in voller Größe gezeichnet. Nach dem Kugelmodell berühren sich die benachbarten Atome in den dichtest gepackten <110>- bzw. <111>-Richtungen der kubischen Gitter. Die zu verdrängenden Atome gehören zu einer darüberliegenden Stapelebene. Ihre Entfernung zur Leerstelle ist räumlich betrachtet größer als hier dargestellt, so dass α der geringst mögliche Sprungabstand ist.

Im Vergleich zum gedachten leerstellenfreien Gitter ergibt sich insgesamt eine Abnahme der freien Enthalpie, so dass Leerstellen zu den Gitterfehlern gehören, die sich im thermodynamischen Gleichgewicht befinden können. Es lässt sich zeigen, dass sich eine Leerstellen-Gleichgewichtskonzentration nach einer *Arrhenius-Funktion* einstellt gemäß:

1.3 Diffusion

$$x_L(T) = e^{-\frac{\Delta g_L}{k_B \cdot T}} = e^{-\frac{\Delta G_L}{R \cdot T}} = e^{-\frac{\Delta H_L}{R \cdot T}} \cdot \underbrace{e^{\frac{\Delta S_L}{R}}}_{\approx 3} = \frac{n}{N+n} \approx \frac{n}{N} \quad (1.12)$$

Δg_L	freie Enthalpieabnahme durch Hinzufügen *einer* Leerstelle (Δh_L und Δs_L sind die Zunahmen der Enthalpie bzw. Entropie durch Hinzufügen *einer* Leerstelle)
ΔG_L	freie Enthalpieabnahme bei 1 „Mol" hinzugefügter Leerstellen; 1 „Mol" = 6,022·10²³ Leerstellen (Avogadro-Zahl)
ΔH_L	Enthalpiezunahme für 1 „Mol" Leerstellen
ΔS_L	Entropiezunahme für 1 „Mol" Leerstellen
n	Anzahl der Leerstellen
N	Anzahl der Atome
(N + n)	Anzahl der Gesamtgitterplätze, N >> n

Da Δg_L und ΔG_L von der Temperatur abhängen, kann aus den Exponentialfunktionen mit diesen Größen im Exponenten nicht unmittelbar der $x_L(T)$-Verlauf ersehen werden. Teilt man die Exponenten mit $\Delta g_L = \Delta h_L - T \cdot \Delta s_L$ oder $\Delta G_L = \Delta H_L - T \cdot \Delta S_L$ auf, so wird die Abhängigkeit deutlich. Der Term mit dem Exponenten $\Delta S_L/R$ ist temperatur*un*abhängig und beträgt etwa 3 ($\Delta S_L \approx 10$ J mol⁻¹ K⁻¹). Die Bildungsenthalpie für Leerstellen liegt für viele Metalle in der Größenordnung von $\Delta h_L \approx 1$ eV pro hinzugefügter Leerstelle und bei $\Delta H_L \approx 100$ kJ/mol für 1 „Mol" Leerstellen (1 „Mol" Leerstellen bedeutet, dass 1 Mol der Gitteratome durch Leerstellen ersetzt ist). Im ΔH_L-Term tritt die Temperatur also nur im Nenner des Exponenten auf. Die Leerstellenkonzentration ist folglich bei niedrigen Temperaturen extrem gering und nimmt nach einer *Arrhenius*-Funktion gemäß der schematischen Darstellung im rechten oberen Teilbild von Tabelle 1.2 stark mit der Temperatur zu.

Für Ni wird ein Wert von $\Delta h_L \approx 1,36$ eV oder $\Delta H_L \approx 131$ kJ/mol angegeben [1.1]. In **Tabelle 1.4** ist mit diesen Daten für verschiedene Temperaturen errechnet, wie viele besetzte Gitterplätze auf eine Leerstelle entfallen.

Tabelle 1.4 Temperaturabhängige Leerstellenkonzentration in Ni als Anzahl besetzter Gitterplätze pro Leerstelle

ϑ in °C T/T_S	20 0,17	300 0,33	450 0,42	800 0,62	1000 0,74	1200 0,85	1454 (fest) 1
Besetzte Gitterplätze pro Leerstelle	$7,5 \cdot 10^{22}$	$3 \cdot 10^{11}$	10^9	$8 \cdot 10^5$	$8 \cdot 10^4$	$1,5 \cdot 10^4$	$3 \cdot 10^3$

Der Diffusionskoeffizient für Platzwechsel nach dem Leerstellenmechanismus ergibt sich zu:

$$D = D_0 \cdot e^{-\frac{\Delta H_S^a + \Delta H_L}{R \cdot T}} = D_0 \cdot e^{-\frac{Q_{SD}}{R \cdot T}} \quad (1.13)$$

ΔH_S^a Aktivierungsenthalpie für den Sprung

$Q_{SD} \equiv \Delta H_{SD}$ Aktivierungsenergie oder -enthalpie der Selbstdiffusion

Der Vorfaktor D_0 beinhaltet die gleichen Parameter wie in Gl. (1.10), wobei zur Aktivierungsentropie für den Sprung diejenige für die Leerstellenbildung hinzukommt. Der entscheidende Unterschied zur Zwischengitterdiffusion liegt in der höheren Aktivierungsenergie aufgrund des additiven Termes ΔH_L. Diesen kann man sich nicht unmittelbar vorstellen wie die Aktivierungsenthalpie für den eigentlichen Sprung, d. h. die Verzerrung des Gitters am Sattelpunkt, sondern ΔH_L beeinflusst die Leerstellenkonzentration und damit die Sprungwahrscheinlichkeit und den Diffusionskoeffizienten. Für Ni wird eine Sprungaktivierungsenthalpie von Δh_S^a = 1,47 eV oder ΔH_S^a = 142 kJ/mol gefunden [1.1]. Die Addition mit dem ΔH_L-Wert (siehe oben) ergibt 273 kJ/mol. Dieser Wert entspricht der Aktivierungsenergie für Selbstdiffusion in Ni.

Zum Vergleich zur C-Diffusion in Fe (Kap. 1.3.1.1) wird die Sprungrate der Selbstdiffusion in Ni nach den Gln. (1.9) und (1.13) berechnet. Der Sprungabstand α entspricht hierbei der Entfernung der nächsten Nachbarn regulärer Gitteratome. Er beträgt in den dichtest besetzten <110>-Richtungen der kfz-Strukturen $\alpha = a/\sqrt{2}$ (in den krz-Gittern beträgt der Sprungabstand in den dichtest gepackten <111>-Richtungen $a\sqrt{3}/2$). Daten für Ni: $\alpha = a/\sqrt{2} = 2,49 \cdot 10^{-10}$ m, $D_0 = 1,9 \cdot 10^{-4}$ m²/s und Q_{SD} = 280 kJ/mol. Bei 450 °C, was für Ni 0,42 T_S entspricht, beträgt die Sprungfrequenz $\Gamma = 10^{-4}$ s^{-1}, oder anschaulicher ausgedrückt muss ein Atom im Mittel 2,7 Stunden auf einen Platzwechsel warten. Bei 900 °C (0,68 T_S) errechnet sich ein Wert von Γ = 6300 s^{-1}, d. h. ein Atom tauscht im Mittel pro Sekunde 6300 Male seinen Gitterplatz. Bei z. B. 300 °C (0,33 T_S) ist $\Gamma = 5,5 \cdot 10^{-10}$ s^{-1}; jedes Atom wartet also durchschnittlich 58 Jahre auf einen Platztausch.

Am absoluten Nullpunkt ist der Grenzwert für die Exponentialfunktionen in den Gln. (1.10) und (1.13) null, so dass bei 0 K keine Platzwechsel stattfinden. Dies stimmt mit dem Modell überein, dass bei 0 K die Schwingungsamplitude der Atome null ist. Folglich kann es weder zum Erreichen des Aktivierungsberges ΔG_S^a kommen, noch gibt es bei 0 K Leerstellen.

Die Platzwechsel auf regulären Gitterplätzen erfordern bei den typischen Hochtemperaturlegierungen auf Fe-, Co- und Ni-Basis Aktivierungsenergien von ca. 250 bis 300 kJ/mol. Bei diesem Mechanismus können Platzwechsel bei Temperaturen unterhalb ca. 0,4 T_S technisch vernachlässigt werden. Merkliche Diffusion setzt erst bei Temperaturen oberhalb etwa 0,4 T_S ein mit einer entsprechend der Exponentialfunktion starken Beschleunigung mit steigender Temperatur, wie die Beispiele für die Sprungrate zeigen. Hier liegt die Begründung für den fließenden Übergang (nicht Grenzwert!) von tiefen zu hohen Temperaturen im metallphysikalischen Sinne, von Kalt- zu Warmverformung sowie von zeitunabhängigen zu zeitabhängigen Vorgängen.

Die Aktivierungsenergie der Diffusion hängt von den Bindungskräften des Gitters ab. Zum einen ist nach dem Modell in Bild 1.2 und 1.3 ein Platzwechsel umso schwieriger, d. h. die Sprungaktivierungsenergie ist umso höher, je stärker die Bindung zwischen den Atomen ist. Zum anderen ist die Herausnahme eines Atomes aus dem Gitterverband umso energieaufwändiger – die Bildungsenthalpie einer Leerstelle also umso höher –, je stärker die Gitterbindung ist. Die Bindungskräfte wiederum drücken sich in der Höhe des Schmelzpunktes aus. So findet man für kfz- und hdP-Metalle sowie für krz-Übergangsmetalle eine Näherung für den Zusammenhang zwischen der Aktivierungsenergie der Selbstdiffusion und dem Schmelzpunkt:

$$Q_{SD}/T_S \approx 150 \text{ J mol}^{-1} \text{ K}^{-1} \qquad (1.14)$$

(Schwankungsbreite des Zahlenwertes: 126 für Ta bis 181 für Pb). Der Selbstdiffusionskoeffizient der genannten Metalle beträgt knapp unterhalb des Schmelzpunktes etwa 10^{-12} m²/s (Schwankungsbreite: $4,5 \cdot 10^{-14}$ für Pb...$3,1 \cdot 10^{-11}$ für Ta), [1.2]. Hieraus lässt sich ableiten, dass der Diffusionskoeffizient der Metalle, die sich in diese Regeln einordnen lassen, bei derselben homologen Temperatur etwa konstant ist: $D(T/T_S) \approx \text{const}$. Aus dieser Erkenntnis rührt letztlich die Angabe eines für alle Metalle und Legierungen in etwa einheitlichen Überganges von zeitunabhängigen zu zeitabhängigen Vorgängen. Wie erwähnt, beobachtet man diesen bei ca. 0,4 T_S.

Ein weiterer experimenteller Befund kann für die Legierungswahl bei hohen Temperaturen eine Rolle spielen: In den dichtest gepackten kfz- und hdP-Gittern findet Leerstellendiffusion generell deutlich langsamer statt als im „offeneren" krz-Gitter. **Bild 1.4** führt als Beispiel die Selbstdiffusion von Fe an, die sich bei der allotropen Umwandlung α–Fe (krz) → γ–Fe (kfz) bei 911 °C mit $D_\gamma = D_\alpha/350$ verlangsamt. Bei Ti wird am α(hdP) → β(krz)-Übergang bei 882 °C der D-Wert erhöht: $D_\beta = 310 \, D_\alpha$. Diese Beobachtung wird damit begründet, dass ein Atomplatzwechsel in dem nicht dichtest gepackten krz-Gitter mit einer geringeren Sprungaktivierungsenergie möglich ist. Kfz-Legierungen sind u. a. aus diesen Gründen bei hohen Temperaturen vorteilhaft bezüglich der Kriecheigenschaften.

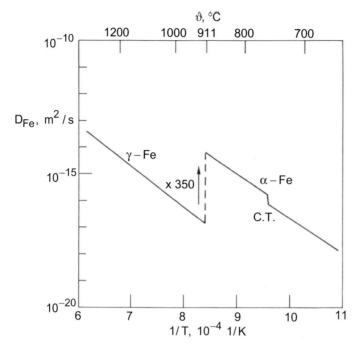

Bild 1.4 Arrhenius-Darstellung für den Selbstdiffusionskoeffizienten von Eisen
(C.T.: Curie-Temperatur)
α-Fe: $D_0 = 5{,}8 \cdot 10^{-4}$ m²/s; $Q = 250$ kJ/mol
γ-Fe: $D_0 = 5{,}8 \cdot 10^{-5}$ m²/s; $Q = 284$ kJ/mol

1.3.2 Diffusion in Substitutionsmischkristallen

In Substitutionsmischkristalllegierungen ist die Definition eines gemeinsamen Interdiffusionskoeffizienten $\tilde{D}$ der Legierung sinnvoll, wenn ein Konzentrationsgradient vorliegt. Dieser hängt von der Konzentration der einzelnen Atomsorten sowie deren spezifischen Diffusionskoeffizienten in der betrachteten Legierung ab. In einem binären Mischkristall aus den Komponenten A und B ergibt sich nach Darken [1.3]:

$$\tilde{D} = x_B \cdot D_A + x_A \cdot D_B \qquad (1.15)$$

x_A, x_B Molenbrüche der Komponenten ($x_A + x_B = 1$)

Die Diffusionskoeffizienten der Komponenten, D_A und D_B, hängen ihrerseits von der Konzentration ab. **Bild 1.5** stellt die Verläufe der Diffusionskoeffizienten in einer binären Legierung mit lückenloser Mischkristallbildung schematisch dar. Gl. (1.15) sowie dem Bild ist zu entnehmen, dass in relativ stark verdünnten Mischungen der Diffusionskoeffizient des jeweiligen *Fremdatoms* maßgeblich ist:

1.3 Diffusion

und
$$\tilde{D} \approx D_B \quad \text{für } x_B \approx 0 \quad \text{und} \quad x_A \approx 1$$
$$\tilde{D} \approx D_A \quad \text{für } x_A \approx 0 \quad \text{und} \quad x_B \approx 1$$

Dieses Ergebnis besagt erwartungsgemäß, dass zum Erreichen einer homogenen Verteilung von A und B in stark verdünnten Mischungen immer die Beweglichkeit der *gelösten* Atomsorte geschwindigkeitsbestimmend ist.

Die Darken'sche Gleichung darf nicht angewandt werden, um die Diffusionskoeffizienten in Mischkristallen zu berechnen, die für diffusionskontrollierte Verformungsvorgänge relevant sind, wie dem kletterkontrollierten Versetzungskriechen und dem Diffusionskriechen. Stattdessen wird für diese Prozesse in binären Mischkristallen folgender effektiver Diffusionskoeffizient näherungsweise ermittelt [1.4, 1.5]:

$$\overline{D} \approx \frac{D_A \cdot D_B}{x_B \cdot D_A + x_A \cdot D_B} = \frac{D_A \cdot D_B}{\tilde{D}} \tag{1.16}$$

Der Verlauf von $\overline{D}$ ist ebenfalls in Bild 1.5 exemplarisch für eine binäre Legierung mit lückenloser Mischkristallbildung eingezeichnet. In stark verdünnten Mischungen kommt folglich das umgekehrte Ergebnis heraus wie bei der Darken'schen Gleichung für die Homogenisierung, nämlich dass $\overline{D} \approx D_A$ ist für $x_B \approx 0$ und $x_A \approx 1$. In diesem Fall spielt die Beweglichkeit des gelösten Elementes B keine Rolle, weil für den gesamten Diffusionsvorgang des Kletterns von Stufenversetzungen oder der Gitterdiffusion beim Diffusionskriechen die Platzwechsel der Hauptelementatome maßgeblich sind. Diese sind in weit überwiegender Mehrzahl vorhanden. Die eventuell erforderlichen Platzwechsel der wenigen Fremdatome fallen nicht ins Gewicht.

Für die genannten Hochtemperatur-Verformungsvorgänge stellt sich die Frage, wie der effektive Diffusionskoeffizient $\overline{D}$ durch geeignete Legierungselemente wirkungsvoll abgesenkt werden kann. Gl. (1.16) ist zu entnehmen, dass hierzu grundsätzlich der Diffusionskoeffizient des Legierungselements D_B möglichst gering und seine Konzentration x_B möglichst hoch sein sollte, damit die Platzwechsel der Fremdatome einen hohen Anteil an der gesamten Diffusionsrate ausmachen. Aus Gründen der Mischkristallhärtung ist man bestrebt, Legierungselemente mit einem deutlich größeren Atomradius gegenüber dem Basiselement zuzugeben. Die Auswirkung des Atomradienunterschiedes auf den Diffusionskoeffizienten lässt sich jedoch nicht eindeutig vorhersagen (z. B. [1.6]). Nach dem Kugelmodell in Bild 1.3 ist die Aktivierungsenergie zum Platzwechsel umso höher, je größer das Fremdatom ist, weil zusätzliche Verzerrungsenergie erforderlich ist, um das Atom auf den Sattelpunkt schwingen zu lassen. D_B müsste in diesem Fall kleiner sein als D_A bei etwa gleichem Vorfaktor D_0. Kleinere Atome sollten nach diesem Modell aufgrund einer geringeren Energiehürde eine höhere Platzwechselwahrscheinlichkeit, d. h. einen höheren D_B-Wert, aufweisen. Andererseits wird argumentiert, dass größere gelöste Atome Leerstellen anziehen, so dass die Wahrscheinlichkeit für einen Platzwechsel größer ist, als es dem statistischen Mittel entspricht.

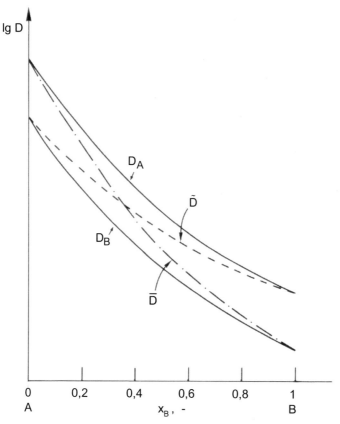

Bild 1.5 Exemplarischer Verlauf der Diffusionskoeffizienten in einer binären Legierung mit lückenloser Mischkristallbildung

1.3.3 Diffusion entlang von Gitterfehlern

In Realkristallen liegen verschiedene weitere Gitterfehler vor, entlang derer eine schnellere Diffusion stattfinden kann verglichen mit der regulären Leerstellendiffusion. Grundsätzlich kommen dabei alle linien-, flächen- und volumenförmigen Fehler infrage, weil diese mit einer weniger dichten Atomanordnung verbunden sind gegenüber dem perfekten Aufbau des Idealkristalls. Eine wesentliche Rolle als „Diffusionsautobahnen" spielen die Versetzungen und Korngrenzen.

1.3.3.1 Diffusion entlang von Versetzungen

Im Versetzungskernbereich liegt eine Störung des Kristallaufbaus vor, weil um die Versetzungslinie herum die Gitterplätze nicht regulär besetzt sind. Da es sich um einen linienförmigen Gitterfehler handelt, kann man sich den gestörten Bereich wie ein Rohr oder einen Tunnel vorstellen. Die Aktivierungsenergie für einen Atomplatzwechsel entlang des Versetzungskernes ist erheblich geringer als bei regulärer Gitterdiffusion: $Q_V \approx 0{,}5$ bis $0{,}7\ Q_G$ (V: Versetzungskerndiffusion, G: reguläre Gitterdiffusion). Für die Transportrate entlang der Versetzungen (*pipe diffusion*) ist der effektive Querschnitt der Versetzungskerne maßgeblich. Außerdem besteht eine Proportionalität mit der Versetzungsdichte. Insgesamt stellt sich ein effektiver Diffusionskoeffizient aus regulärer Gitterdiffusion, für die das gesamte Kristallvolumen zur Verfügung steht, und Versetzungskerndiffusion ein:

$$D_{eff} = D_G + a_V \cdot \rho \cdot D_V \tag{1.17}$$

a_V effektiver Querschnitt des Versetzungskernes ($\approx 5\ b^2 \approx 0{,}3\ nm^2$)

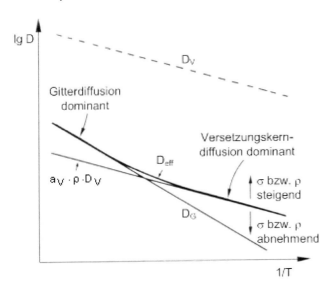

Bild 1.6 Temperaturabhängigkeit des effektiven Diffusionskoeffizienten bei gleichzeitiger Diffusion entlang von Versetzungskernen und im ungestörten Gitter
Die gestrichelte Linie für D_V betrifft den gedachten Fall, dass im gesamten Kristall Diffusion mit einer Aktivierungsenergie wie für Versetzungskerndiffusion abläuft.

Die Versetzungsdichte (ρ) hängt von der Spannung entsprechend $\rho \sim \sigma^2$ ab (siehe Gl. 3.8), so dass der über die Versetzungen ablaufende Diffusionsstrom bei gegebener Temperatur mit der Spannung quadratisch steigt. **Bild 1.6** veranschaulicht die Verläufe der einzelnen Diffusionsbeiträge über der inversen Temperatur. Die Gerade für die Versetzungskerndiffusion verschiebt sich nach den obigen Ausführungen mit der Spannung bzw. der Versetzungsdichte. Die unterschiedlichen Steigungen von D_G und D_V resultieren aus den voneinander abweichenden Aktivierungsenergien. Bei gegebener Versetzungsdichte dominiert bei tieferen Temperaturen die Versetzungskerndiffusion, während für höhere Temperaturen D_G überwiegt aufgrund des weitaus größeren Volumens, welches an der regulären Gitterdiffusion beteiligt ist. Der Übergang verschiebt sich mit steigender Spannung bzw. Versetzungsdichte zu höheren Temperaturen.

1.3.3.2 Diffusion entlang von Korngrenzen

Großwinkelkorngrenzen stellen ebenfalls aufgrund ihrer mehr oder weniger guten Passung der benachbarten Atome nach dem Mott'schen Inselmodell bevorzugte Diffusionswege dar. Die Aktivierungsenergie für Korngrenzendiffusion (Index KG) beträgt etwa: $Q_{KG} \approx 0{,}5$ bis $0{,}6\ Q_G$. In den effektiven Diffusionskoeffizienten gehen die wirksame Korngrenzenbreite sowie der mittlere Korndurchmesser (d_K) ein:

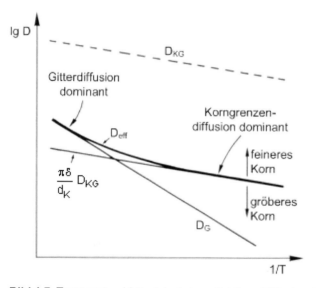

Bild 1.7 Temperaturabhängigkeit des effektiven Diffusionskoeffizienten bei gleichzeitiger Diffusion entlang von Korngrenzen und im ungestörten Gitter
Die gestrichelte Linie für D_{KG} betrifft den gedachten Fall, dass im gesamten Kristall Diffusion mit einer Aktivierungsenergie wie für Korngrenzendiffusion abläuft.

1.3 Diffusion

$$D_{eff} = D_G + \frac{\pi \cdot \delta}{d_K} \cdot D_{KG} \tag{1.18}$$

δ   effektive Korngrenzenbreite (≈ 2 b ≈ 0,5 nm)

Bild 1.7 zeigt schematisch die Verläufe der Diffusionskoeffizienten in der Arrhenius-Darstellung. Bei höheren Temperaturen überwiegt die reguläre Gitterdiffusion, während bei niedrigeren Temperaturen – je nach Korngröße – die Korngrenzendiffusion die Hauptrolle spielt.

Fremdelemente, welche sich auf den Korngrenzen anreichern, füllen den offeneren Korngrenzenaufbau gemäß **Bild 1.8** besser auf. Hierbei sind sowohl kleinere als auch größere Atome als die Matrixatome wirksam. Dadurch wird der Korngrenzendiffusionskoeffizient D_{KG} in jedem Fall verringert, weil Platzwechsel in der dichteren Anordnung mit einer höheren Aktivierungsenergie verbunden sind.

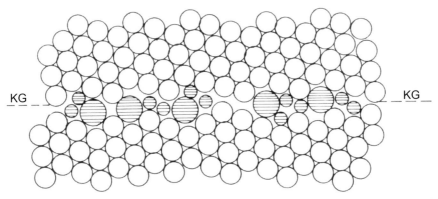

Bild 1.8 Hartkugelmodell einer dichteren Korngrenzenstruktur durch Segregation kleinerer und größerer Atome

1.3.4 Diffusion in geordneten Gittern

Geordnete intermetallische Phasen, die sich allgemein durch hohe Bindungskräfte zwischen den ungleichnamigen Atomen auszeichnen, weisen eine relativ hohe Aktivierungsenergie der Diffusion und damit einen vergleichsweise geringen Diffusionskoeffizienten auf [1.7, 1.8]. Dies lässt sich durch die Änderung der Steigung im (lg D; 1/T)-Verlauf bei der kritischen Ordnungstemperatur experimentell zeigen (z. B. an β-Messing, [1.9]). Liegen besonders hohe Bindungskräfte zwischen den verschiedenen Atomen vor, so kann die Überstruktur sogar bis zum Schmelzpunkt bestehen bleiben, weil die sehr geringe Gitterenthalpie dieser Atomanordnung gegenüber dem Entropieeffekt bis zum Schmelzpunkt dominiert. Solche geordneten intermetallischen Phasen besitzen gleichzeitig einen hohen Schmelzpunkt, bekanntestes Beispiel: NiAl (ϑ_S = 1638 °C).

Bei der Diffusion in geordneten Phasen spielen außerdem so genannte Korrelationseffekte eine Rolle, was bedeutet, dass die Atome nicht unabhängig voneinander ihre Gitterplätze wechseln. Vielmehr diffundieren sie vorwiegend in ihrem eigenen Untergitter, führen also Platzwechsel über mehr als den kleinsten Atomabstand aus, um die Ordnung aufrechtzuerhalten. Dieser Vorgang ist unwahrscheinlicher – ausgedrückt durch eine höhere Aktivierungsenergie – gegenüber der unkorrelierten Diffusion in ungeordneten Kristallen. Aus den geringeren Diffusionsraten resultieren bei gleichen homologen Temperaturen eine höhere thermische Gefügestabilität und eine geringere Erholungsgeschwindigkeit. Beides wirkt sich im Vergleich zu entsprechenden ungeordneten Mischkristallen kriechfestigkeitssteigernd aus.

Häufig weisen geordnete intermetallische Phasen einen relativ breiten Homogenitätsbereich auf, wie z. B. die Phase NiAl. Mit zunehmender Abweichung von der Stöchiometrie wird der Korrelationseffekt geringer, d. h. der Diffusionskoeffizient steigt. Die niedrigste Diffusionsrate ist also bei exakter Stöchiometrie zu erwarten. Dies bestätigen Messungen der Aktivierungsenergie z. B. an NiAl [1.10]: Der Wert ist bei exakter 1:1-Zusammensetzung am höchsten und fällt relativ stark mit abweichender Stöchiometrie ab.

1.4 Grundlagen der Wärmeübertragung

Mit der Hochtemperaturtechnik ist stets Wärmetransport verbunden, weil bei Temperaturunterschieden Wärme von höherem Temperaturniveau auf ein tieferes fließt. Derartige Verhältnisse liegen z. B. bei jedem Wärmetauscher, bei gekühlten Bauteilen und bei heiße Medien führenden Rohrleitungen vor. Zur werkstofftechnischen Beurteilung des Systems „Bauteil/Medium" – besonders in Zusammenhang mit dem Phänomen der thermischen Ermüdung – müssen die Grundlagen der Wärmeübertragung mit ihren Kennwerten bekannt sein. In der Praxis entscheidet an dieser Schnittstelle oft das interdisziplinäre Zusammenspiel zwischen Berechnung, Konstruktion und Werkstofftechnik über die Gebrauchseigenschaften und die Lebensdauer eines Bauteils.

1.4.1 Begriffe

Man unterscheidet drei Arten der Wärmeübertragung:

- Wärmeleitung
- Wärmeströmung = Konvektion
- Wärmestrahlung.

a) Wärmeleitung

Herrschen in einem Körper oder Medium Temperaturunterschiede, so pflanzt sich die Wärme durch Abgabe von Schwingungsenergie fort. Atome, Ionen oder

1.4 Grundlagen der Wärmeübertragung

Moleküle, die sich auf höherer Temperatur befinden, geben thermische Energie an solche auf tieferer Temperatur ab. Wärmeleitung kann folglich bei Feststoffen, Flüssigkeiten und Gasen auftreten; innerhalb von Feststoffen findet sie *ausschließlich* statt.

b) Wärmeströmung/Konvektion

Konvektion tritt in *Gasen* und *Flüssigkeiten* auf. In diesen Medien kommen immer neue Teilchen an die Wärmequelle oder -senke heran und nehmen ihre Wärme dort auf oder geben sie ab. Es findet also *Stoffaustausch* statt. Wärmeübertragung durch Konvektion ist demnach umso ausgeprägter, je stärker der Bewegungszustand des Mediums ist. Dieser wird zum einen durch die Strömungsgeschwindigkeit und zum anderen durch die Gleichmäßigkeit der Strömung bestimmt. Die Wärmeleitung in Gasen und den meisten Flüssigkeiten ist gegenüber der Wärmeübertragung durch Konvektion in der Regel vernachlässigbar, es sei denn das Medium ruht nahezu völlig (Prinzip der Wärmeisolation durch kleine eingeschlossene Gasvolumina, z. B. bei *Styropor*).

c) Wärmestrahlung

Wärmestrahlung wird durch elektromagnetische Wellen im Infrarotbereich hervorgerufen. Sie tritt ein, wenn zwei Oberflächen verschiedener Temperatur voneinander getrennt vorliegen und sich dazwischen ein strahlungsdurchlässiges Medium befindet. Strahlungsdurchlässige Medien sind z. B. Vakuum und reine Luft. Strahlungsundurchlässige Medien sind dagegen Feststoffe, die meisten Flüssigkeiten sowie einige Gase in bestimmten Wellenlängenbereichen, z. B. Wasserdampf.

Weiterhin müssen grundsätzlich zwei Zustände der Wärmeübertragung unterschieden werden:

a) Stationärer Zustand

Im stationären Zustand herrscht ein *gleichmäßiger Wärmestrom*. Die Temperaturen bleiben an jedem Punkt des Körpers oder Mediums zeitlich konstant. Sie sind aber selbstverständlich nicht überall gleich, denn sonst fände kein Wärmestrom statt. Das Temperatur*feld* ist zeitlich und örtlich unveränderlich.

b) Instationärer/transienter Zustand, Übergangszustand

Im Übergangszustand ändern sich die Temperaturen im Körper oder Medium zeitlich. Diese Verhältnisse treten bei allen An- und Abschaltvorgängen oder Beanspruchungsänderungen thermisch belasteter Bauteile auf. Sie sind verantwortlich für die thermische Ermüdung an Bauteilen (Kap. 4.7).

1.4.2 Wärmedurchgang durch eine Wand

Der einfache Fall des Wärmedurchgangs an einer ebenen, einschichtigen Wand ist in **Bild 1.9** dargestellt. Das Medium I möge auf höherem Temperaturniveau liegen als Medium II, es strömt also Wärme von Medium I durch die Wand nach Medium II. Der Wärmedurchgang vollzieht sich in drei Teilschritten:

1. *Wärmeübergang* von Medium I an die Wandoberfläche
   Diese Wärmeübertragung geschieht in Gasen und Flüssigkeiten vorwiegend durch Konvektion, d. h. durch Partikelströmung entlang der Wärmequelle oder -senke. Wärmeleitung spielt nur bei nahezu ruhenden Medien eine Rolle. Eventuelle Wärmestrahlung durch das Medium wird nicht mit betrachtet.
2. *Wärmeleitung* durch die Wand
3. *Wärmeübergang* von der Wandoberfläche an Medium II.
   Hier gelten dieselben Anmerkungen wie unter *1*.

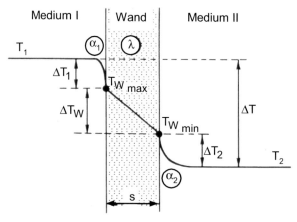

Bild 1.9 Temperaturverlauf beim Wärmedurchgang durch eine ebene Platte
(Bezeichnungen der Parameter siehe Text)

Im Fall der stationären Wärmeströmung herrscht ein zeitlich und örtlich gleichmäßiger Wärmestrom, und die Temperaturen bleiben an jedem Punkt der Wand und der Medien konstant. Das Temperaturfeld ist somit zeitlich unveränderlich. Derartige Verhältnisse stellen sich nach einiger Zeit ein, sofern an dem System „Medium/Bauteil" keine Änderungen von außen vorgenommen werden, d. h. keine Änderung der Wärmezu- oder -abfuhr pro Zeit erfolgt. Der Wärmestrom $\dot{Q} = dQ/dt$ (Q: Wärmemenge) und die Wärmestromdichte $\dot{q} = \dot{Q}/A$ (A: Fläche der Wand) sind bei stationärem Wärmestrom an allen Stellen des Durchgangs konstant, weil die pro Zeit und Fläche zugeführte gleich der abgeführten Wärme ist. Die maßgeblichen Kennwerte werden durch folgende Gleichungen definiert:

1.4 Grundlagen der Wärmeübertragung

$$\dot{Q} = \alpha_1 \cdot A \cdot \Delta T_1 = \frac{\lambda \cdot A \cdot \Delta T_W}{s} = \alpha_2 \cdot A \cdot \Delta T_2 \qquad (1.19)$$

α_1 Wärmeübergangskoeffizient der 1. Grenzfläche, $[\alpha_1]$ = W/(m^2 K)
α_2 Wärmeübergangskoeffizient der 2. Grenzfläche
λ Wärmeleitfähigkeit des Werkstoffs (Wand), $[\lambda]$ = W/(m K)
s Wanddicke
$\Delta T_1, \Delta T_W, \Delta T_2$ siehe Bild 1.9

Der Temperaturverlauf in der Wand ist nur dann – wie in Bild 1.9 dargestellt – geradlinig, wenn die Wand eben und λ temperatur*un*abhängig ist. Letzteres trifft nur näherungsweise für nicht zu große Temperaturdifferenzen zu.

Für den Wärmeübergang ist die α-Zahl maßgeblich. Sie hängt von mehreren Parametern ab, **Tabelle 1.5**:

- *Art des Mediums*
  Beispielsweise ist α in Wasser wesentlich höher als in Luft.
- *Strömungsgeschwindigkeit des Mediums*
  Mit der Strömungsgeschwindigkeit steigt α, weil mehr Stoffaustausch an der Wand stattfindet.
- *Gleichmäßigkeit der Strömung*
  Bei gleichmäßiger, laminarer Strömung ist die Verweilzeit der Mediumpartikel (Atome, Moleküle) an der Wärmequelle/-senke sehr gering, so dass nur wenig Wärme durch Konvektion ausgetauscht wird; α ist dann klein wegen überwiegender Wärmeleitung im Medium. Bei verwirbelter, turbulenter Strömung verweilen die Teilchen länger und die Wärmeübertragung durch Strömung ist intensiv.
- *Oberflächenbeschaffenheit des Festkörpers*
  Je glatter die Oberfläche ist, umso niedriger ist α, weil die Partikel im Mittel eine geringere Verweilzeit an der Oberfläche haben.

Der α-Wert hängt nicht vom Material des Festkörpers ab. Die Verhältnisse nach dem linken Teilbild in Tabelle 1.5 sind immer dann einzustellen, wenn der Wärmeaustausch zwischen dem Medium und dem Festkörper vermindert werden soll. In den meisten technisch vorkommenden Fällen handelt es sich um Prozessmedien mit höheren Temperaturen, wobei Wärmeeinbringung in das feste Material einen Wirkungsgradverlust für den Prozess bedeutet, Beispiel: Verbrennungsvorgänge in Motoren und Turbinen. Werkstofftechnisch kommt als unterstützende Maßnahme eine Oberflächenglättung in Betracht, um die Wärmeübertragung zu reduzieren.

Tabelle 1.5 Einfluss des Wärmeübergangskoeffizienten α auf die Temperaturdifferenz ΔT vor der Wand

ΔT bedeutet im dargestellten Fall die Temperaturdifferenz ΔT_1 vor der Wand auf der heißen Seite; analoge Aussagen gelten für ΔT_2 auf der kälteren Seite. ΔT hängt außerdem von der Wanddicke, der Wärmeleitfähigkeit des Wandmaterials sowie der Wärmeübergangszahl auf der anderen Wandseite ab, siehe Text und Gln. (1.22, 1.23).

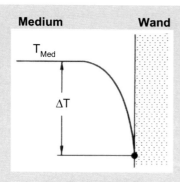	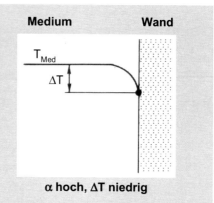
α niedrig, ΔT hoch	α hoch, ΔT niedrig
• Strömungsgeschwindigkeit niedrig; bei ruhendem Medium Wärmeübertragung durch Wärmeleitung im Medium, nicht durch Konvektion	• Strömungsgeschwindigkeit hoch; pro Zeiteinheit findet stärkerer Stoffaustausch an der Wärmequelle/-senke statt als bei geringer Strömungsgeschwindigkeit.
• Bei rein laminarer Strömung ohne Turbulenzen Wärmeübertragung ebenfalls nur durch Wärmeleitung, d. h. geringe Verweilzeit der Partikel an der Wärmequelle/-senke	• Bei stark turbulenter Strömung Wärmeübertragung fast ausschließlich durch Konvektion (turbulente Strömung tritt immer auf bei hohen Strömungsgeschwindigkeiten, ausgedrückt durch die Reynolds-Zahl)
• Eine glattere Wandoberfläche verwirbelt die Strömung weniger (geringere Verweilzeit der Partikel) und reduziert damit α.	• Strömungswiderstände verursachen Verwirbelung der Strömung und damit Erhöhung von α, z. B. durch rauere Oberfläche oder „Stolperkanten".

Umgekehrt ist man bestrebt, Medium- und Wandtemperatur weitgehend anzugleichen, wenn die Wärme entweder absichtlich in das feste Material übertragen werden soll (Beispiel: Wärmetauscher) oder wenn sie möglichst effektiv abgeführt werden muss (Beispiel: gekühlte Komponenten auf der Kühlseite). Der α-Wert ist dann entsprechend dem rechten Teilbild in Tabelle 1.5 möglichst zu erhöhen. Eine stärkere Verwirbelung der Strömung erreicht man durch Strö-

1.4 Grundlagen der Wärmeübertragung

mungswiderstände in Form gezielt eingebrachter Oberflächentopographien („Stolperkanten"), wie Rauigkeiten, Noppen oder Rippen. Eine erhöhte Strömungsgeschwindigkeit wird beispielsweise bei gekühlten Bauteilen durch einen gesteigerten Kühlmediumdurchsatz erreicht. Ab bestimmten Strömungsgeschwindigkeiten in einem gegebenen Medium, ausgedrückt durch die Reynolds-Zahl, schlägt eine laminare Strömung in jedem Fall in eine turbulente um, mit der Folge höherer Verweilzeiten der Partikel an der Wand.

Werkstofftechnisch interessiert der Einfluss der Wärmeübergangskoeffizienten und der Wärmeleitfähigkeit auf die sich einstellenden Wandtemperaturen, weil diese die Materialeigenschaften bestimmen. Um die Abhängigkeiten zu erfassen, wird angenommen, dass die Medientemperaturen T_1 und T_2 konstant sind, d. h. die Medien weisen eine sehr große Wärmekapazität C auf, so dass sich Änderungen in der Wärmezu- oder -abfuhr nicht merklich auf die Medientemperaturen auswirken (Definition der Wärmekapazität: $C = dQ/dT = c \cdot m$; c: spezifische Wärmekapazität des Stoffes; m: Masse des Mediums). Bei technischen Anwendungen trifft dies oft hinreichend genau zu, wenn die Masse des Mediums groß ist. Für den stationären Zustand des Wärmedurchgangs werden die Verknüpfungen aus den Grundgleichungen für die Wärmestromdichte entnommen:

$$\dot{q} = \alpha_1 \underbrace{\left(T_1 - T_{W_{max}}\right)}_{=\Delta T_1} = \frac{\lambda}{s} \underbrace{\left(T_{W_{max}} - T_{W_{min}}\right)}_{=\Delta T_W} = \alpha_2 \underbrace{\left(T_{W_{min}} - T_2\right)}_{=\Delta T_2} \quad (1.20)$$

Die Summe aller Temperaturgefälle ergibt die Gesamtdifferenz ΔT, welche hier, wie oben begründet, als konstant angenommen wird:

$$\Delta T = T_1 - T_2 = \sum_i \Delta T_i = \dot{q}\left(\frac{1}{\alpha_1} + \frac{s}{\lambda} + \frac{1}{\alpha_2}\right) = \text{const.} \quad (1.21)$$

Löst man die Gln. (1.20) nach den Wandtemperaturen auf, so erhält man folgende stationäre Temperaturen:

$$T_{W_{max}} = T_1 - \frac{T_1 - T_2}{1 + \frac{\alpha_1}{\alpha_2} + \frac{s}{\lambda}\alpha_1} \quad (1.22)$$

$$T_{W_{min}} = T_2 + \frac{T_1 - T_2}{1 + \frac{\alpha_2}{\alpha_1} + \frac{s}{\lambda}\alpha_2} \quad (1.23)$$

$$\Delta T_W = \frac{T_1 - T_2}{1 + \frac{\lambda}{s}\left(\frac{1}{\alpha_1} + \frac{1}{\alpha_2}\right)} \quad (1.24)$$

Tabelle 1.6 Wechselwirkungen der charakteristischen Werte beim Wärmedurchgang
↑ Wert nimmt zu ↓ Wert nimmt ab

Auswirkung → Veränderung ↓	$\dot{q}$	$T_{W\,max}$	$T_{W\,min}$	ΔT_W ~ σ_{th}	Bemerkungen
α_1 ↓ (heiße Seite)	↓	↓	↓	↓	Ziel: Wärmeeinbringung in das Bauteil vermeiden! α_1 sinkt bei geringerer Strömungsgeschwindigkeit, bei laminarer Strömung und bei geringerer Wandoberflächenrauigkeit.
α_2 ↑ (kalte Seite)	↑	↓	↓	↑	Ziel: optimale Kühlung des Bauteils! α hängt vom Medium ab, z. B.: α_{Wasser} >> α_{Luft}. Durch eine höhere Strömungsgeschwindigkeit auf der kalten Seite lässt sich α_2 anheben und die Wandtemperaturen sinken. Allerdings steigt die Temperaturdifferenz ΔT_W, jedoch bei insgesamt niedrigeren Temperaturen. Damit steigen möglicherweise die Wärmespannungen [hängt vom Verlauf $\alpha_\ell = f(T)$ ab]. Stärkere Strömungsverwirbelung durch eine rauere Oberfläche erhöht ebenfalls α_2.
λ ↑	↑	↓	↑	↓	Ziel: Material mit höherer Wärmeleitfähigkeit zur Verringerung der Thermoermüdungsanfälligkeit
λ ↓	↓	↑	↓	↑	Ziel: Wärmeeinbringung vermeiden, z. B. durch Isolation mit keramischer Wärmedämmschicht. Die maximale Metalltemperatur unterhalb der Keramikschicht wird reduziert.
s ↓	↑	↓	↑	↓	Ziel: hoher Wärmeaustausch zwischen den Medien. Die Maximaltemperatur sinkt dabei, die Minimaltemperatur steigt. Bei transienten Vorgängen stellen sich stationäre Temperaturwerte umso schneller ein, je dünner die Wand ist.

1.4 Grundlagen der Wärmeübertragung

Tabelle 1.6 gibt die Zusammenhänge aus den Gleichungen für einige technisch interessante Parametervariationen wieder. Zusätzlich ist die Änderung der Wärmestromdichte $\dot{q}$ gemäß Gl. (1.21) angegeben, die sich auf einen neuen Wert einstellt, weil sich die übertragene Wärmemenge Q verändert. Die absolute Höhe der Temperaturen ist entscheidend für die mechanischen und korrosiven Beanspruchungen der Werkstoffe. Die Temperaturdifferenz ΔT_W über der Wanddicke legt zusammen mit dem thermischen Ausdehnungskoeffizienten und den mechanischen Randbedingungen die sich aufbauenden Wärmespannungen fest. Auf der Hochtemperaturseite entstehen bei einem Bauteil mit Dehnungsbehinderung während der Aufheizphase Druckspannungen und auf der Tieftemperaturseite Zugspannungen. Diese Spannungen liegen im Bauteil quasistatisch an, d. h. im stationären Temperaturzustand ändern sie sich nicht, sofern keine Relaxationsvorgänge ablaufen (bei hohen Temperaturen trifft diese Annahme nicht zu, siehe Kap. 3.15).

Nähere Ausführungen über die Verhältnisse bei einer zweischichtigen Wand mit einer Wärmedämmschicht folgen in Kap. 7.2.1.

Werkstofftechnisch ist die Frage nach der Wanddicke aus mehreren Gründen wichtig. Durch eine dünnere Wand wird mehr Wärme pro Zeit transportiert, d. h. $\dot{q}$ nimmt mit abnehmender Wanddicke gemäß Gl. 1.20 zu, und die Wandtemperaturen ändern sich folglich. Bei Wärmetauschern ist daher stets eine möglichst geringe Wanddicke anzustreben. Mit abnehmender Wanddicke wird die Temperaturdifferenz über der Wand ΔT_W kleiner; außerdem verringert sich die maximale Wandtemperatur (siehe Gln. 1.20 und 1.22 sowie Tabelle 1.6). Dadurch werden zum einen die Wärmespannungen geringer, und zum anderen sind bessere mechanische und korrosive Eigenschaften auf der heißen Seite zu erwarten. In bestimmten Fällen kann die gleichzeitig auftretende Anhebung der minimalen Wandtemperatur, siehe Bild 1.10, einen ungünstigen Begleiteffekt hervorrufen, falls diese Temperatur Korrosionsschutzmaßnahmen erforderlich machen sollte; Beispiel: Dünnwandige Turbinenschaufeln können auf der Kühlluftseite so heiß werden, dass sie auch innen beschichtet werden müssen.

ΔT_W hängt nicht linear von der Wanddicke ab, sondern die Steigung des Temperaturgefälles ändert sich mit der Wanddicke. Dies ergibt sich aus der 1. Ableitung von Gl. (1.24) nach der Wanddicke mit Hilfe der Quotientenregel:

$$\Delta T_W = \frac{\Delta T}{1+c/s} = \frac{\Delta T \cdot s}{s+c} \tag{1.24 a}$$

mit $\Delta T = T_1 - T_2 =$ const. und $c = \lambda(1/\alpha_1 + 1/\alpha_2) =$ const.

$$\frac{d(\Delta T_W)}{ds} = \frac{\Delta T(s+c) - \Delta T \cdot s}{(s+c)^2} = \frac{\Delta T \cdot c}{(s+c)^2} \tag{1.25}$$

Mit abnehmender Wanddicke wird demnach der Temperaturgradient über der Wand $d(\Delta T_W)/ds$ steiler, **Bild 1.10**. Im Einzelfall ist zu berechnen, wie stark sich die Steigung ändert; für $c \gg s$, was oft zutrifft, bleibt sie annähernd gleich.

Eine weitere Überlegung bezüglich der Wanddicke betrifft die mittlere Wandtemperatur T_m. Bei linearem Temperaturverlauf über der Wand beträgt sie $T_m = \frac{1}{2}(T_{W\,max} + T_{W\,min})$. Diese Temperatur wird in der Regel für die Kriechfestigkeitsauslegung herangezogen. Setzt man die Gln. (1.22) und (1.23) ein, erhält man:

$$T_m = \frac{1}{2}\left(T_1 + T_2 + \frac{T_1-T_2}{1+\frac{\alpha_2}{\alpha_1}+\frac{s}{\lambda}\alpha_2} - \frac{T_1-T_2}{1+\frac{\alpha_1}{\alpha_2}+\frac{s}{\lambda}\alpha_1}\right) \qquad (1.26)$$

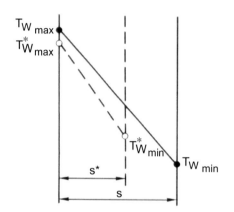

Bild 1.10
Temperaturgefälle über einer Wand für zwei verschiedene Wanddicken
Es gilt:
$$\frac{T_{W_{max}} - T_{W_{min}}}{s} < \frac{T^*_{W_{max}} - T^*_{W_{min}}}{s^*}$$

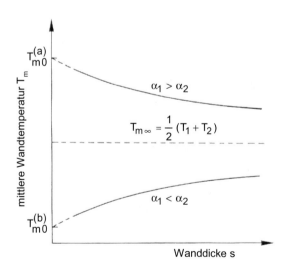

Bild 1.11
Abhängigkeit der mittleren Wandtemperatur von der Wanddicke bei unterschiedlichen Wärmeübergangszahlen α_1 und α_2

Wie sich die mittlere Wandtemperatur mit der Wanddicke ändert, hängt vom Verhältnis α_1/α_2 ab: Bei $\alpha_1 > \alpha_2$ steigt T_m und bei $\alpha_1 < \alpha_2$ sinkt T_m mit abnehmender Wanddicke, **Bild 1.11**. Für den Grenzfall $s \to 0$ strebt die mittlere Wandtemperatur gegen den Wert:

$$T_{m0} = T_1 - \frac{T_1 - T_2}{1 + \alpha_1/\alpha_2} = T_2 + \frac{T_1 - T_2}{1 + \alpha_2/\alpha_1} \qquad (1.27)$$

Mit $s \to \infty$ nähert sich die mittlere Wandtemperatur dem Wert $T_{m\,\infty} = \tfrac{1}{2}(T_1+T_2)$. Sind die Wärmeübergangszahlen α_1 und α_2 gleich, beträgt die mittlere Wandtemperatur konstant $T_m = \tfrac{1}{2}(T_1+T_2)$, d. h. sie ist dann von der Wanddicke unabhängig.

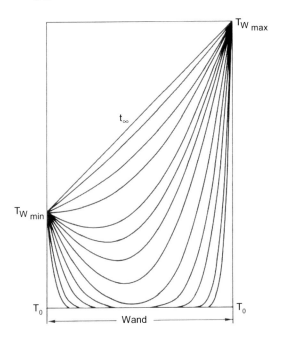

Bild 1.12 Zeitliche Änderungen der Temperaturverläufe über einer Wand beim Aufheizen
Im Ausgangszustand befindet sich die Wand auf der gleichmäßigen Temperatur T_0. Im Betrieb sind beidseitig Medien mit höheren Temperaturen angenommen. t_∞ bedeutet die Zeit nach Erreichen des stationären Wärmeübertragungszustandes.

Die bisher dargestellten Verhältnisse gelten unter stationären Bedingungen, d. h. die Mediumtemperaturen T_1 und T_2 sind konstant und in der Wand haben sich ebenfalls überall feste Temperaturen eingestellt. Dies ist im stationären Betrieb einer Anlage nach einiger Zeit gegeben. Bei transienten Vorgängen, d. h. bei An- und Abfahr- oder Laständerungszyklen, sind die Temperaturen zeitlich veränderlich, **Bild 1.12**. Die sich aufbauenden Temperaturdifferenzen und damit die Wärmespannungen sind in den Oberflächenbereichen erheblich höher als im stationären Zustand. Bei geringen Wanddicken stellen sich die stationären Temperaturverhältnisse schneller ein als bei dickeren Wänden. Folglich bauen sich keine so hohen thermischen Dehnungen und Wärmespannungen auf oder stehen in transienten Phasen zeitlich kürzer an. Die inelastischen Verformungsanteile in (σ; ε)-Zyklen verringern sich, was sich entscheidend auf die Schädigung im Werkstoff auswirkt. Man ist daher bestrebt, bei thermisch beanspruchten Bauteilen besonders wegen eines günstigeren Verhaltens bei Temperaturänderungen möglichst geringe Wanddicken zu realisieren. Natürlich müssen die auftretenden Primärspannungen ertragen werden können (Innendruck, Fliehkraft etc.). Ein höherfester Werkstoff, der diese Primärspannungen bei geringerer Wanddicke erlaubt, bringt daher bezüglich der thermischen Ermüdung Vorteile.

Bei transienten Vorgängen sollte die Temperatur möglichst schnell in einen neuen Beharrungszustand übergehen, damit hohe thermische Dehnungen und Spannungen vermieden werden oder möglichst kurzzeitig anstehen. Während bei stationären Verhältnissen die Wärmeleitfähigkeit für den Wärmefluss im Feststoff maßgeblich ist, entscheidet bei instationären Vorgängen die *Temperaturleitfähigkeit* über die Geschwindigkeit der Temperaturanpassung. Diese Größe beinhaltet neben der Wärmeleitfähigkeit λ die spezifische Wärmekapazität c_p des Werkstoffes sowie dessen Dichte ρ. Die Verknüpfung lautet:

$$a = \frac{\lambda}{c_p \cdot \rho} \qquad (1.28)$$

Die spezifische Wärmekapazität eines Stoffes gibt an, welche Wärmemenge zum Erwärmen von 1 kg um 1 K erforderlich ist. Da für Feststoffe ρ und c_p in einem annähernd konstanten Verhältnis zueinander stehen, ergibt sich zwischen a und λ die Näherungsgleichung [1.11]:

$$a \approx 3 \cdot 10^{-7} \cdot \lambda \quad \text{mit} \quad [a] = m^2/s \text{ und } [\lambda] = W/(m\,K) \qquad (1.29)$$

Die Temperaturleitfähigkeit ist ein Maß für die Fortpflanzungsgeschwindigkeit der Temperatur. Sie weist die gleiche Einheit (Fläche/Zeit) wie der Diffusionskoeffizient auf, und in der Tat lassen sich zwischen der zeitlich veränderlichen Wärmeströmung mit sich veränderndem Temperaturfeld und der gerichteten Diffusion in einem Konzentrationsgradienten Analogien aufstellen.

Tabelle 1.7 stellt typische thermische Eigenschaften bei 20 °C für ferritischen und austenitischen Stahl, Ni-Basislegierungen, Mo, α-reiche Ti-Legierungen und zum Vergleich Al und Al_2O_3 gegenüber. Die Temperatur breitet sich in ferritischem Stahl deutlich schneller aus als in austenitischem oder in Ni-Basislegierungen. Noch rascher erfolgt die Temperaturleitung in Mo, welches eine hohe Wärmeleitfähigkeit und eine geringe spezifische Wärmekapazität besitzt. Zum Vergleich weist Al die schnellste Temperaturfortpflanzung auf aufgrund der sehr hohen Wärmeleitfähigkeit. Die Temperaturleitfähigkeit von Al_2O_3, als Vertreter der keramischen Materialien, liegt bei RT deutlich höher als für austenitische Legierungen. Allerdings ist zu beachten, dass bei Al_2O_3 die Wärmeleitfähigkeit mit steigender Temperatur stark abnimmt (1000 °C: ca. 6 W m^{-1} K^{-1}). Eine gleichzeitig ansteigende spezifische Wärmekapazität lässt die Temperaturleitfähigkeit mit zunehmender Temperatur deutlich sinken. Auch bei den ferritischen Stählen misst man diesen Trend, jedoch bei weitem nicht so drastisch wie bei Al_2O_3. Austenitische Legierungen weisen in der Regel mit steigender Temperatur eine höhere Temperaturleitfähigkeit wegen steigender Wärmeleitfähigkeit auf (c_p steigt allerdings ebenfalls). Für eine exakte Erfassung der thermischen Eigenschaften müssen also unbedingt die für die jeweilige Legierung und Temperatur gültigen Werte herangezogen werden.

Tabelle 1.7 Vergleich der Temperaturleitfähigkeit und ihrer Definitionsgrößen für einige Werkstoffe (Anhaltswerte bei 20 °C)

Eigenschaft → Werkstoff ↓	λ in W/(m K)	c_p in J/(kg K)	ρ in kg/m³	a in m²/s
ferritischer Stahl	45	460	7,8·10³	1,3·10⁻⁵
austenitischer Stahl	15	500	8·10³	3,8·10⁻⁶
Ni-Basislegierungen	11	450	8,2·10³	3·10⁻⁶
Mo	145	240	10,2·10³	5,9·10⁻⁵
Ti-Legierungen (α-reich)	7	530	4,5·10³	2,9·10⁻⁶
Al	210	890	2,7·10³	8,7·10⁻⁵
Al_2O_3	25	800	3,9·10³	8,4·10⁻⁶

Weiterführende Literatur zu Kap. 1

J.D. Fast: Entropie, Philips' Technische Bibliothek, Eindhoven, 1960

D.A. Porter, K.E. Easterling: Phase Transformations in Metals and Alloys, 2nd Ed., Chapman & Hall, London, 1992

P.G. Shewmon: Diffusion in Solids, McGraw-Hill, New York, 1963

2 Gefügestabilität

Aufgrund der Diffusionsvorgänge, die bei hohen Temperaturen mit nicht zu vernachlässigender Geschwindigkeit ablaufen, kann die Mikrostruktur nicht langfristig metastabil eingefroren werden. Die sich in Abhängigkeit von Temperatur und Zeit abspielenden Veränderungen betreffen im Wesentlichen die Versetzungsanordnung, das Korngefüge sowie die Ausscheidungen. Zunächst wird auf die Vorgänge der Erholung, Rekristallisation und Kornvergröberung eingegangen. **Tabelle 2.1** stellt die Parameter und Merkmale dieser Prozesse zusammen.

Tabelle 2.1 Parameter und Merkmale der Erholung, Rekristallisation und Kornvergröberung

Vorgang → Parameter/ Merkmal ↓	Erholung	Rekristallisation (primär)	Kornvergröberung
Korngefüge	bleibt erhalten (nach Kaltverformung mehr oder weniger langgestreckt)	neues, äquiaxiales Korngefüge (in etwa globulare Kornform)	a) Gleichmäßige Größenverteilung (normale = kontinuierliche = stetige Kornvergröberung) b) Ungleichmäßige Größenverteilung (sekundäre Rekr., diskontinuierliche = unstetige Kornvergröberung), vorwiegend bei Legierungen
Versetzungsanordnung	Kleinwinkelkorngr. →Subkorngefüge = Polygonisation (∅ einige µm)	versetzungsarme neue Körner	wie nach primärer Rekristallisation
Mechanismus	Auslöschen von Versetzungen entgegengesetzten Vorzeichens u. Umordnung von Stufenversetzungen gleichen Vorzeichens	In Gebieten starker Gitterstörungen bilden sich Keime eines neuen Kornes	Wachstum größerer Körner auf Kosten kleinerer (durch Wanderung von Korngrenzen)

Forts.

Tabelle 2.1, Forts.

Vorgang → Parameter/ Merkmal ↓	Erholung	Rekristallisation (primär)	Kornvergröberung
Verformungs- grad η	$\eta < \eta_{krit.}$	$\eta > \eta_{krit.}$	unabhängig
Temperatur	> ca. $0,5\ T_S$ (für techn. Glühbeh.)	> ca. $0,6\ T_S$ $T_R = f(\eta, t, d_{K_0}, \text{Leg.})$	oberhalb primärer Re- kristallisation
Treibende Kraft	Abbau mechanischer Energie = Verzer- rungsenergie der Versetzungen: a) Auslöschen (siehe Rekristallisation) b) Umlagern zu Kleinwinkelkorn- grenzen	Abbau mechanischer Energie = Verzer- rungsenergie der Ver- setzungen: $\Delta G \sim \rho \cdot G \cdot b^2$ ΔG Differenz der freien Enthalpie G Schubmodul	Abbau von Korngrenz- flächenenergie ($\gamma_{KG} \approx 0,2$ bis $1\ J/m^2$) $\Delta G \sim \dfrac{\gamma_{KG}}{d_K}$
Versetzungs- dichte nachher	ca. $10^{10}\ cm/cm^3$ nach vorheriger starker Verformung	ca. 10^6 bis $10^8\ cm/cm^3$ (weichgeglüht)	etwa wie nach primärer Rekristallisation, ten- denziell etwas geringer
Inkubationszeit	keine	ja (Keimbildung)	keine
Textur	Verformungstextur bleibt erhalten	Rekristallisationstextur meist abweichend von vorheriger Verfor- mungstextur	Änderung der Orientie- rungsverteilung gegen- über prim. Rekr.; z. B. ausgeprägte Goss- Textur (Trafobleche)

2.1 Erholung

Verformung bewirkt folgende wesentliche Veränderungen der Mikrostruktur:

- Die Versetzungsdichte erhöht sich.
- Die Körner werden in Verformungsrichtung gestreckt.
- Die Körner weisen eine Verformungstextur auf.
- Die Leerstellendichte erhöht sich aufgrund der Bewegung sprungbehafteter Schraubenversetzungen.

Bei der Erholung werden verformungsbedingte Gitterfehler abgebaut und umge- lagert. In Abgrenzung zur Rekristallisation verlagern sich dabei die Großwinkel- korngrenzen nicht, so dass die nach der Verformung längliche Kornform und die Verformungstextur erhalten bleiben. **Bild 2.1** stellt schematisch die wesentlichen

Änderungen in der Versetzungsdichte und -anordnung sowie der Kornform und -größe gegenüber. Die bei der Verformung erzeugten Überschussleerstellen sind unbedeutend, weil sie selbst bei relativ niedrigen Temperaturen rasch ausheilen. Erholungsvorgänge beziehen sich also vornehmlich auf die Umlagerung und den Abbau von Versetzungen.

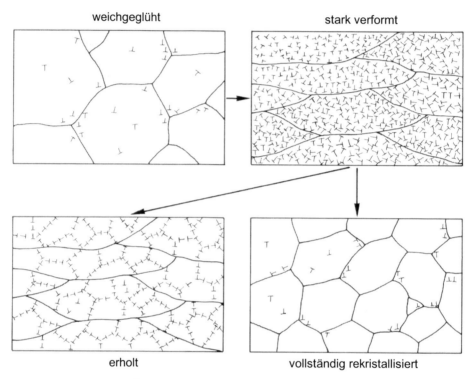

Bild 2.1 Schematische Änderungen der Kornform und -größe sowie der Versetzungsdichte und -verteilung bei der Verformung, Erholung und Rekristallisation im Vergleich zum weichgeglühten Ausgangszustand

Findet Erholung während einer Glühbehandlung ohne äußere mechanische Kraft statt, so bezeichnet man dies als *statische* Erholung. Greift dagegen eine äußere Last an, so ruft diese simultan zur Erholung Verformung hervor und man spricht von *dynamischer* Erholung. Letztere stellt einen entscheidenden Teilschritt beim Kriechen dar.

Mit der Erholung verändern sich die mechanischen und physikalischen Eigenschaften. Dies macht man sich gezielt zunutze bei einer Erholungsglühung, um innere Spannungen abzubauen. Für technisch sinnvolle Zeiten wird bei Temperaturen ab etwa $0{,}5\,T_S$ geglüht, teilweise aber auch erheblich darüber – abhängig von der Werkstofffestigkeit bei der jeweiligen Temperatur. **Bild 2.2**

2.1 Erholung

veranschaulicht, wie sich im Gebiet der Erholung die Festigkeits- und Duktilitätskennwerte, z. B. die Streckgrenze oder Härte und Bruchdehnung, in Abhängigkeit von der Glühtemperatur im Vergleich mit den Vorgängen der Rekristallisation sowie Kornvergröberung verändern.

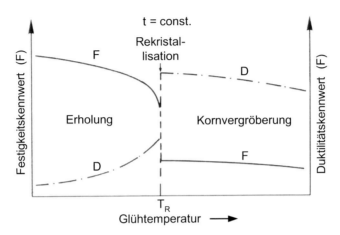

Bild 2.2 Verlauf der Festigkeits- und Duktilitätskennwerte bei der Erholung, Rekristallisation sowie Kornvergröberung

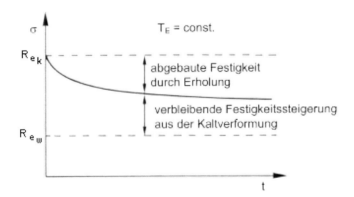

Bild 2.3 Zeitliche Abnahme der Streckgrenze R_e im Bereich der Erholung
(w: weichgeglüht; k: kaltverformt; T_E: Erholungstemperatur)

Bild 2.3 gibt schematisch die Abnahme der Streckgrenze mit der Zeit wieder. Je nach Glühtemperatur und -zeit werden teilentfestigte Werkstoffzustände geschaffen. Dagegen wirken sich bei hochtemperaturbeaufschlagten Bauteilen die unvermeidbar ablaufenden Erholungsvorgänge negativ aus, weil sie die Gebrauchseigenschaften verschlechtern. Wird eine Komponente kaltverfestigt, z. B.

auch durch Kugelstrahlen, um gezielt Druckeigenspannungen in den Oberflächenbereich einzubringen, so erholen sich diese Spannungen im Laufe des Betriebs. Die Erholung stellt außerdem einen der für das technisch unerwünschte Kriechen verantwortlichen Teilschritte dar.

Bei der Erholung spielen sich in der Hauptsache zwei atomistische Prozesse ab, die auf der Kletterbewegung von *Stufen*versetzungen basieren:

- Versetzungen ungleichen Vorzeichens löschen sich aus.
- Versetzungen gleichen Vorzeichens ordnen sich in Kleinwinkelkorngrenzen um mit der Folge der Polygonisation.

Die Bewegung und das Auslöschen von *Schrauben*versetzungen sind beim Erholungsvorgang nicht geschwindigkeitsbestimmend, weil das Quergleiten gegenüber dem Klettern bei gleicher Temperatur mit erheblich höherer Wahrscheinlichkeit thermisch aktiviert abläuft.

Entsprechend Tabelle 1.3 repräsentieren die Versetzungen eine Erhöhung der freien Enthalpie des Werkstoffes, Entropieänderungen sind vernachlässigbar. Bei vorhandener Mobilität versucht die Versetzungsdichte daher ein Minimum einzunehmen. Kaltverformung erhöht – je nach Verformungsgrad – die Versetzungsdichte auf Werte von bis zu etwa 10^{12} cm/cm^3. Nimmt man nicht kompensierte Spannungsfelder der Versetzungen an, so errechnet sich für diesen Höchstwert der Versetzungsdichte z. B. bei Ni eine Gitterverzerrungsenergie von etwa 60 J/cm^3. Aufgrund von Überlappungen der Spannungsfelder und teilweiser Kompensation liegt der tatsächliche Wert zwar tiefer, für die grundsätzliche Betrachtung ist dies jedoch unerheblich. Dieser relativ hohe Energiebetrag liefert die thermodynamische Triebkraft für die Erholung.

Das Klettern der Stufenversetzungen beruht auf Diffusion und hängt damit nach Gl. (1.13) exponentiell von der Temperatur sowie linear von der Zeit ab. Je nach Glühtemperatur und -dauer sinkt die Versetzungsdichte nach vorheriger starker Kaltverformung auf Werte in der Größenordnung von 10^{10} cm/cm^3. Durch die Umlagerung in Kleinwinkelkorngrenzen tritt eine erhebliche gegenseitige Kompensation der Spannungsfelder der Versetzungen auf, so dass die gespeicherte mechanische Energie in stärkerem Maße abnimmt, als es der Versetzungsdichte entspricht. Die Kleinwinkel- oder Subkorngrenzen spannen räumliche Subkörner auf, die typischerweise einige µm Durchmesser aufweisen. Der Vorgang wird auch als Polygonisation bezeichnet, weil durch die leichte kristallographische Winkelabweichung von Subkorn zu Subkorn die Gittervektoren einen Polygonzug bilden.

Für die Kletterbewegung spielt die Aufspaltung der Versetzungen eine Rolle, weil das Stapelfehlerband zuvor zusammengeschnürt werden muss. Die Wahrscheinlichkeit für einen Kletterschritt steigt also mit abnehmender Aufspaltungsweite bzw. steigender Stapelfehlerenergie. Folglich neigen Metalle mit hoher Stapelfehlerenergie, wie die krz-Metalle sowie Al oder Ni, stark zu Erholung, während bei den Metallen mit geringer Stapelfehlerenergie (z. B. Cu, Co, Ag) und den meisten Legierungen diese weniger ausgeprägt ist.

Erholung ist nicht an eine plastische Mindestverformung gebunden, sondern kann prinzipiell nach sehr geringen Verformungsgraden einsetzen. Jedoch ist die thermodynamische Triebkraft umso geringer, je niedriger die Versetzungsdichte ist. Oberhalb eines kritischen Verformungsgrades sowie nach Überschreiten bestimmter Temperatur/Zeit-Kombinationen setzt anstelle der Erholungsvorgänge Rekristallisation ein.

Die Erholung stellt einen kontinuierlich ablaufenden Vorgang ohne Keimbildung dar, welcher im Gegensatz zur Rekristallisation keine Inkubationszeit und auch – bis auf den theoretischen Fall vollständiger Versetzungsauslöschung – kein Ende aufweist. Die freien Versetzungen löschen sich rasch aus oder werden in Subkorngrenzen „eingestrickt". Das weitere Geschehen ist dann durch die Vergröberung der Subkörner geprägt, wodurch die darin gespeicherte Energie weiter abnimmt und sich somit der Prozess von selbst verlangsamt.

Diese mikrostrukturellen Änderungen drücken sich in den Festigkeitskennwerten nach der Erholung aus. Zunächst wird die Festigkeit vorwiegend durch die Versetzungsauslöschung reduziert. Mit zunehmender Subkorngröße sinkt die Festigkeit weiter, analog zur Hall-Petch-Beziehung für reguläre Körner. Da die Subkornvergröberung relativ langsam verläuft, kann in technisch sinnvollen Zeiten allein durch Erholung nur ein Teil der Kaltverfestigung rückgängig gemacht werden (grober Anhaltswert: bis ca. 50 %), Bild 2.2.

Erholung bildet den geschwindigkeitsbestimmenden Teilschritt beim Kriechen. Alle kriechfestigkeitssteigernden Maßnahmen zielen darauf ab, die Erholung zu verzögern. Bei Hochtemperaturlegierungen, die kriechfest sein müssen, liegen daher die Erholungsglühtemperaturen höher als bei üblichen Werkstoffen für Anwendungen im Tieftemperaturbereich. Eine pauschale Angabe ist nicht möglich; vielmehr muss festgestellt werden, ab welcher Temperatur die Kriechfestigkeit deutlich absinkt. Ersatzweise kann der Temperaturverlauf der Streckgrenze herangezogen werden. Bei extrem kriechfesten Ni-Basislegierungen wird nennenswerte Erholung in technisch sinnvollen Zeiten erst bei sehr hohen homologen Temperaturen verzeichnet, die erheblich oberhalb der üblichen Werte von ca. 0,5 T_S liegen.

Wird ein *gleichmäßig* verformtes Werkstück einer Erholungsglühung ausgesetzt, so findet keine makroskopische Formänderung statt. Die durch Versetzungsbewegungen hervorgerufenen Mikroverformungen kompensieren einander in ihren Richtungen.

2.2 Rekristallisation

2.2.1 Allgemeines

Rekristallisation bedeutet Kornneubildung und ist somit an die Bewegung von Großwinkelkorngrenzen geknüpft. Spricht man allgemein von Rekristallisation, so meint man die primäre Rekristallisation, welche von der sekundären abzugrenzen ist, die eine besondere Form der Kornvergröberung darstellt. Bei der primären Rekristallisation entsteht aus dem verformten ein völlig neues, weichgeglühtes Gefüge mit meist globularen Körnern, Bild 2.1. Um Rekristalisation zu erzeugen, bedarf es eines Mindestverformungsgrades und einer Mindesttemperatur. Im Gegensatz zur Erholung nimmt die Versetzungsdichte bei der Kornneubildung drastisch ab auf etwa 10^6 bis 10^8 cm/cm^3. Die durch Versetzungen gespeicherte mechanische Energie beträgt im rekristallisierten Zustand nur noch ca. 0,06 bis 6 mJ/cm^3. Die thermodynamische Triebkraft wird, wie bei der Erholung, durch den Abbau der gespeicherten elastischen Gitterverzerrungsenergie geliefert, d. h. beide Prozesse konkurrieren miteinander. Bei der Rekristallisation ist die sich mit der Korngröße verändernde gesamte Korngrenzflächenenergie in der Energiebilanz zu berücksichtigen.

Will man ein Gefüge gezielt rekristallisieren, sollte rasch auf Rekristallisationstemperatur aufgeheizt werden, um keine Energie vorab durch Erholung abzubauen. Im Gegensatz zur Erholung wird die Verfestigung durch Rekristallisation in relativ kurzer Zeit vollständig abgebaut. Für die Umformtechnik ist dieser Vorgang daher von zentraler Bedeutung, weil er es ermöglicht, viele Verformungsschritte mit Zwischenglühung vornehmen zu können. Bei jeder rekristallisierenden Wärmebehandlung wird ein weicher und duktiler Zustand geschaffen, wie aus Bild 2.2 zu erkennen ist. Außerdem kann mittels der Rekristallisation die Korngröße gezielt eingestellt werden. An fertigen Bauteilen ist Rekristallisation dagegen meist unerwünscht. Ein markantes Beispiel stellt die Vielkornbildung an Einkristall-Turbinenschaufeln dar aufgrund von Guss- oder Bearbeitungseigenspannungen, z. B. nach dem Schleifen.

Wie bei der Erholung wird auch bei der Kornneubildung zwischen *statischer* und *dynamischer* Rekristallisation unterschieden, je nachdem, ob der Vorgang im Anschluss an eine Verformung oder während dieser stattfindet. Dynamische Rekristallisation ist besonders bedeutend für die Warmumformung, weil hierdurch die Umformkräfte klein gehalten werden und das Umformvermögen der Werkstoffe wesentlich höher ist, als es der Verformung ohne gleichzeitige Rekristallisation entspricht. Typischerweise werden bei Umformvorgängen Temperaturen oberhalb ca. 0,7 T_S benötigt, damit die dynamische Rekristallisation in den für den Prozess relevanten Zeiten abläuft. Die Umformgeschwindigkeit und die Temperatur müssen in der Regel so abgestimmt werden, dass die Rekristallisationszeit im Sekundenbereich liegt.

2.2.2 Kinetik der Rekristallisation

Die Kinetik der Rekristallisation verläuft anders als die der Erholung. Der Rekristallisationsvorgang teilt sich in folgende zwei Teilschritte auf:

1. Keimbildung der neuen Körner während einer Inkubationsphase;
2. Wachstum der Rekristallisationskeime bis sich die neu gebildeten Körner gegenseitig berühren und das verformte Gefüge völlig aufgezehrt ist.

2.2 Rekristallisation

Bild 2.4 veranschaulicht den Vorgang schematisch mit einem typischen zeitlichen Verlauf des rekristallisierten Gefügeanteils. Die Keimbildung benötigt meist eine messbare Inkubationszeit, während der Rekristallisationsgrad in der Wachstumsphase etwa linear ansteigt. Die Kurve läuft in eine Sättigung ein, sobald größere Gefügeanteile rekristallisiert sind und die neuen Körner aneinander stoßen. Derartige Inkubations-/Sättigungsformen („S-Form"), die in der Werkstofftechnik öfters auftreten, werden in guter Näherung durch die Avrami-Johnson-Mehl-Funktion beschrieben:

$$f_R(t) = 1 - e^{-(t/t_0)^n} \qquad (2.1)$$

f_R rekristallisierter Gefügeanteil
t_0 Zeitkonstante (für $t = t_0$ ist $f_R = 0{,}63$)
n Zeitexponent

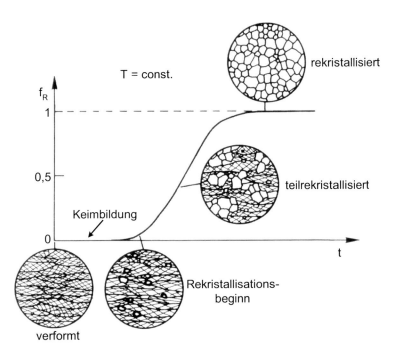

Bild 2.4 Zeitlicher Verlauf der Rekristallisation mit schematischen Gefügebildern in den verschiedenen Stadien (f_R: rekristallisierter Gefügeanteil)

Bild 2.5 gibt Verläufe dieser Funktion für verschiedene t_0- und n-Werte wieder. Mit steigender Temperatur nimmt t_0 ab, so dass das „S" steiler wird. Der Zeitexponent n verdreht die Form des „S" um den Punkt bei (t_0; $f_R = 0{,}63$) in der in Bild 2.5 gezeigten Weise. Er ist bei gleich bleibendem Mechanismus temperaturunabhängig. Typischerweise nimmt n bei der Rekristallisation Werte von etwa 4 an. Die qualitativen Einflüsse von Verformungsgrad η, Temperatur und Ausgangskorngröße d_{K0} auf die Rekristallisationskinetik sind in Bild 2.5 angedeutet.

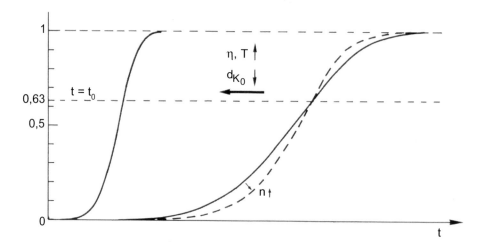

Bild 2.5 Änderung des zeitlichen Rekristallisationsverlaufes mit verschiedenen Parametern (↑ Wert nimmt zu; ↓ Wert nimmt ab)

2.2.3 Mechanismen und Gesetzmäßigkeiten der Rekristallisation

Folgende Parameter beeinflussen die primäre Rekristallisation:

- Kaltverformungsgrad η
- Temperatur T
- Zeit t
- Ausgangskorngröße d_{K0}
- gelöste Fremdelemente der Konzentration c
- zweite Phasen mit den Dispersionsparametern Teilchendurchmesser d_T und Teilchenabstand λ_T.

Tabelle 2.2 fasst die Verknüpfungen dieser Größen in den Gesetzmäßigkeiten der Rekristallisation zusammen.

2.2 Rekristallisation

Tabelle 2.2 Gesetzmäßigkeiten der primären Rekristallisation

	Abhängigkeit	Erläuterung	Bild
1.	$\eta > \eta_{krit}$	Zur Bildung neuer Körner bedarf es eines Mindestumformgrades η_{krit}. Dieser hängt vom Werkstoff, von der Glühtemperatur, der Aufheizzeit und der Ausgangskorngröße ab.	2.7
2.	$d_{K_R} = f(\eta)$	Je höher der Umformgrad ist, umso feiner ist die mittlere Korngröße nach der Rekristallisation d_{K_R}.	2.8
3.	$t_R = f(\eta)$	Mit zunehmendem Umformgrad verringert sich die Rekristallisationszeit.	2.5
4.	$T_R = f(\eta)$	Je höher der Umformgrad ist, umso niedriger ist die Temperatur T_R zur Auslösung der Rekristallisation.	2.9 u. 2.10
5.	$t_R = f(T_R)$	Die Rekristallisationsdauer t_R nimmt nach einer e-Funktion mit steigender Temperatur ab.	2.11 u. 2.5
6.	$d_{K_R} = f(d_{K_0})$	Je geringer die Ausgangskorngröße ist, umso feiner sind die rekristallisierten Körner. Um eine bestimmte Rekristallisationskorngröße zu erzielen, muss bei gröberen Ausgangskörnern ein höherer Umformgrad angesetzt werden als bei feineren.	2.8
7.	$t_R, T_R = f(d_{K_0})$	Je feiner die Ausgangskörner sind, umso rascher rekristallisiert das Gefüge und umso geringer ist die Rekristallisationstemperatur.	2.5
8.	$d_{K_R} \neq f(T_R)$	Die Rekristallisationskorngröße hängt in der Regel nicht oder nur schwach von der Glühtemperatur ab. In Ausnahmefällen kann eine zunehmende Temperatur ein feineres Korn ergeben (bei *primärer* Rekrist.!).	
9.	$T_R, t_R = f(c)$	Gelöste Fremdatome (Konzentration c) bremsen die Rekristallisation und bewirken eine längere Rekristallisationszeit bei gegebener Temperatur oder eine höhere Glühtemperatur bei gleicher Zeit gegenüber dem Reinmetall. Auf die Rekristallisationskorngröße üben sie kaum einen Einfluss aus.	
10.	$T_R, t_R = f(d_T, \lambda_T)$	*Grobe* Teilchen einer zweiten Phase können die Rekristallisation fördern und somit die Rekristallisationstemperatur und -zeit herabsetzen. *Feine* Teilchen behindern dagegen den Rekristallisationsvorgang und machen eine höhere Rekristallisationstemperatur erforderlich. Rekristallisation kann unterdrückt werden bei sehr geringen Abständen feiner Teilchen sowie bei sehr hohen Volumenanteilen und damit sehr geringen Abständen unabhängig von der Größe.	2.13

Die Keimbildung ist maßgebend dafür, ob es überhaupt zu neuen Körnern kommt oder ob ausschließlich Erholung stattfindet. Die Keimbildung und das Keimwachstum entscheiden darüber, wie groß die rekristallisierten Körnern sein werden. Die klassische Keimbildungstheorie, nach der sich durch thermische Fluktuation zufällig eine kritische Anzahl Atome zu einem wachstumsfähigen Keim zusammenfindet, kann für die Rekristallisation ausgeschlossen werden, weil die berechneten Keimgrößen dafür viel zu groß wären. Die gängigen Theorien konzentrieren sich auf folgende zwei Mechanismen der Keimbildung:

a) örtliches Ausbauchen vorhandener Großwinkelkorngrenzen;
b) diskontinuierliche Vergröberung von Subkörnern.

Vorwiegend bei gering, aber oberhalb η_{krit} verformtem Material beobachtet man ein Ausbauchen vorhandener Großwinkelkorngrenzen (Mechanismus *a*), **Bild 2.6**. Die treibende Kraft für die Bewegung dieser Korngrenzenteilstücke nach einer Seite resultiert aus unterschiedlichen Versetzungsdichten oder unterschiedlichen Subkorn- oder Zellgrößen in den benachbarten Körnern. Somit wächst die Korngrenze in das stärker verformte Gefüge hinein und vernichtet dabei die dortigen Versetzungen. Schließlich treffen die sich immer weiter verschiebenden Korngrenzen aufeinander und hinterlassen neue, versetzungsarme Körner. Bei diesem Mechanismus entstehen gröbere Körner als vor der Rekristallisation (siehe Bild 2.8).

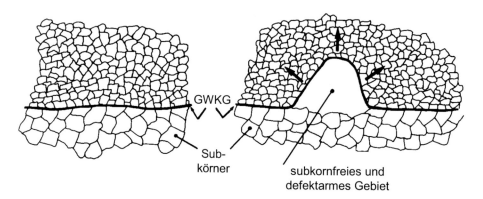

Bild 2.6 Rekristallisation durch Ausbauchen vorhandener Großwinkelkorngrenzenteilstücke in Körner mit kleinerer Subkorn- oder Zellgröße hinein (GWKG: Großwinkelkorngrenze)

Bei der Keimbildung nach Mechanismus *b)* geht man von Subkörnern oder Versetzungszellen aus, die sich durch dynamische Erholungsvorgänge bereits während der Verformung oder während der Inkubationszeit der Rekristallisation in stark verzerrten Bereichen mit hoher Versetzungsdichte formiert haben. Wachsen selektiv einige Subkörner besonders stark unter Aufzehrung kleinerer, so können dabei so große Orientierungsunterschiede entstehen, dass sich lokal Großwinkelkorngrenzen bilden. Auch die Subkornkoaleszenz, d. h. das Zusammenwachsen von Subkörnern, durch einen komplizierten Rotationsvorgang wird angenommen. Durch beide Mechanismen entstehen wachstumsfähige Keime mit sehr geringer innerer Versetzungsdichte und beweglichen Grenzflächen in Form *neu gebildeter* Großwinkelkorngrenzen. Diese Art der Keimbildung führt auf ein feineres Korn als vor der Rekristallisation, weil innerhalb der bestehenden Körner mehrere Keime gebildet werden. Unabhängig von Mechanismus a) der Keimbildung konzentrieren sich auch beim Subkornwachstum die Keime häufig in Korngrenzennähe, denn hier ist die Versetzungsdichte durch Aufstauungen und geometrisch notwendige Versetzungen besonders hoch. Ebenso findet man an Verformungsbändern sowie in der Umgebung grober Teilchen vermehrt Keimbildung aufgrund von Versetzungsanreicherungen.

a) Einfluss des Verformungsgrades

Der Einfluss des Verformungsgrades auf die Rekristallisation ist von großer Bedeutung für die Einstellung der Korngröße. Im Gegensatz zur Erholung wird zur Rekristallisation ein Mindestverformungsgrad η_{krit} benötigt, welcher bei etwa 1 bis 15 % plastischer Dehnung im einaxialen Zugversuch liegt (vgl. Tabelle 2.2). Der kritische Reckgrad nimmt mit steigender Temperatur und fallender Ausgangskorngröße ab, **Bild 2.7**. Außerdem hängt er vom Werkstoff und Werkstoffzustand ab. Unterhalb des kritischen Reck- oder Umformgrades kann lediglich Erholung ablaufen, darüber bilden sich neue Körner bei Überschreiten bestimmter Temperatur/Zeit-Parameter. Bei knappem Überschreiten des Verformungsmindestwertes werden nur wenige Rekristallisationskeime erzeugt, so dass eine

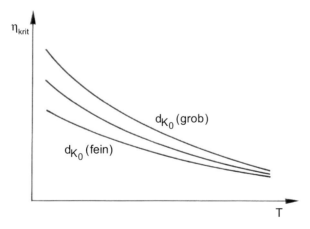

Bild 2.7 Abhängigkeit des kritischen Kaltverformungsgrades von der Glühtemperatur und der Ausgangskorngröße

höhere Korngröße entstehen kann als vor der Rekristallisation, **Bild 2.8**. Da bereits während des Aufheizens auf Rekristallisationstemperatur nennenswerte Erholung stattfinden kann, steigt der kritische Verformungsgrad mit zunehmender Aufheizdauer leicht an.

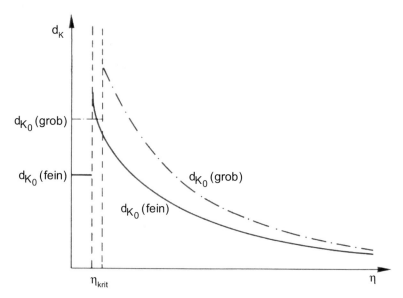

Bild 2.8 Abhängigkeit der Rekristallisationskorngröße vom Kaltverformungsgrad für unterschiedliche Ausgangskorngrößen

Für die sich einstellende Rekristallisationskorngröße ist die Keimbildungsgeschwindigkeit entscheidend. Diese steigt mit der Versetzungsdichte bzw. dem Umformgrad η. Zwar nimmt auch die Wachstumsgeschwindigkeit der Keime mit dem Verformungsbetrag zu aufgrund der stärkeren treibenden Kraft für die sich bewegenden neuen Korngrenzen. Dies würde einer Kornfeinung zuwider laufen. Da jedoch die Keimbildungsrate stärker mit η ansteigt als die Beweglichkeit der Korngrenzen, wird der technisch wichtige Zusammenhang zwischen Umformgrad und Rekristallisationskorngröße entsprechend Bild 2.8 beobachtet. Durch starke Verformung und wiederholtes Rekristallisieren, wobei sukzessiv die Ausgangskorngröße reduziert wird, lassen sich minimale Korngrößen von rund 1 µm herstellen.

Der Zusammenhang zwischen Verformungsgrad und Rekristallisationskorngröße ist u. a. technisch bedeutend bei Werkstücken, die ungleichmäßig verformt werden. In grobkörnig rekristallisierenden Zonen werden z. B. die Streckgrenze, Duktilität, Zähigkeit und Schwingfestigkeit geringer sein als in den feinkörnigen. Feinkörniges Material weist dagegen eine geringere Kriech- und Zeitstandfestigkeit auf. Der Umformprozess sowie die anschließende Wärmebehandlung, bei der möglicherweise auch Kornvergröberung einsetzen kann, z. B. bei einer Lö-

2.2 Rekristallisation

sungsglühung, sind deshalb genau auf die Erfordernisse bezüglich der zu erzielenden Bauteileigenschaften abzustimmen.

Die Erhöhung der Keimbildungsrate *und* der Keimwachstumsgeschwindigkeit mit dem Umformgrad verkürzen die Rekristallisationszeit, Bild 2.5. Aus demselben Zusammenhang lässt sich ableiten, dass bei gleicher Glühdauer die Rekristallisationstemperatur mit steigendem Umformgrad abnimmt, **Bild 2.9**. **Bild 2.10** zeigt den Verlauf der Festigkeitskennwerte über der Temperatur für verschiedene Kaltumformgrade. Stärkere Umformung bewirkt höhere Festigkeit nach Rekristallisation aufgrund des feineren Kornes. Mit weiter steigender Glühtemperatur nimmt sie infolge Kornvergrößerung leicht ab.

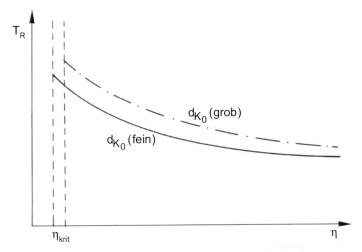

Bild 2.9 Abhängigkeit der Rekristallisationstemperatur vom Kaltverformungsgrad für unterschiedliche Ausgangskorngrößen

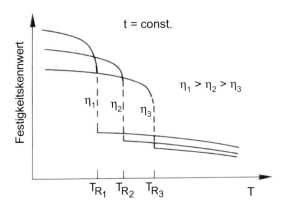

Bild 2.10 Verlauf der Festigkeitskennwerte in Abhängigkeit von der Anlasstemperatur für unterschiedliche Kaltverformungsgrade

b) Rekristallisationszeit und -temperatur

Die Keimbildung sowie das Keimwachstum stellen thermisch aktivierbare Prozesse dar, deren Geschwindigkeiten nach einer Arrhenius-Funktion von der Temperatur abhängen (Gl. 1.3). Dies liegt zum einen darin begründet, dass das Klettern von Stufenversetzungen, welches für Veränderungen des Subkorngefüges erforderlich ist, diffusionskontrolliert abläuft. Zum anderen werden beim Wandern von Großwinkelkorngrenzen Atome von einer Kornseite durch entsprechende thermische Energie abgelöst, um sich an der anderen anzulagern. Folglich ist die Rekristallisationszeit, nach der das gesamte Gefüge vollständig rekristallisiert ist, über eine Funktion der Art $e^{Q_R/(R \cdot T)}$ temperaturabhängig, **Bild 2.11**. Die so ermittelbare Aktivierungsenergie der Rekristallisation Q_R nimmt mit steigendem Kaltverformungsgrad bzw. steigender Versetzungsdichte ab. Die Zeitkonstante t_0 in Gl. (2.1), die ein Maß für die Rekristallisationsgeschwindigkeit darstellt, ist ebenso mit der Temperatur über $e^{Q_R/(R \cdot T)}$ verknüpft (beachte: Hier steht kein Minuszeichen im Exponenten.).

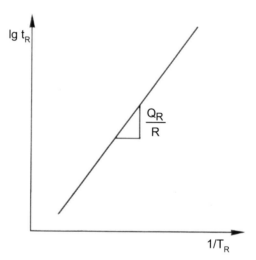

Bild 2.11 Exponentielle Abhängigkeit der Rekristallisationsdauer von der Temperatur

Die Rekristallisationskorngröße ist im Allgemeinen nicht oder nur schwach von der Rekristallisationstemperatur abhängig, was mit den Aktivierungsenergien für die Keimbildung und das Keimwachstum zusammenhängt. In Ausnahmefällen kann eine *Abnahme* der Korngröße mit steigender Temperatur beobachtet werden. Hierbei ist zu beachten, dass nur primäre Rekristallisationskorngrößen miteinander verglichen werden. Die üblichen Rekristallisationsschaubilder in der räumlichen Darstellung der Größen d_{KR}, η und T_R lassen diesen Zusammenhang nicht erkennen. Da mit steigender Temperatur die Rekristallisationszeit

2.2 Rekristallisation

stark abnimmt, beinhalten diese Schaubilder, die für *konstante Glühdauer* gelten, bei höheren Temperaturen bereits Kornvergröberungseffekte, welche die Abläufe der rein primären Rekristallisation überdecken können.

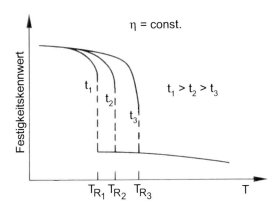

Bild 2.12 Verlauf der Festigkeitskennwerte in Abhängigkeit von der Anlasstemperatur für unterschiedliche Glühzeiten

Aus den Rekristallisationsgesetzen ist zu entnehmen, dass die *Rekristallisationstemperatur* keine feste Größe für ein bestimmtes Metall ist. Neben dem Verformungsgrad und der Glühzeit sowie – in geringerem Maße – der Ausgangskorngröße spielt der Reinheitsgrad der Metalle oder die Konzentration gelöster Legierungselemente sowie die Dispersion von Teilchen eine Rolle. Als technisch brauchbare Definition für die Rekristallisationstemperatur wird diejenige Temperatur verstanden, bei der ein stark kaltverformter Werkstoff innerhalb etwa einer Stunde vollständig rekristallisiert. Da die Rekristallisationszeit nach einer e-Funktion von der Temperatur abhängt (Bild 2.11), ändert sich diese *technische Rekristallisationstemperatur* nur geringfügig, solange die Glühzeit nicht um Größenordnungen variiert. Für *reine* Metalle wird oft eine Rekristallisationstemperatur von $T_R \approx 0{,}4\, T_S$ genannt – auch als *Tammann'sche Regel* bezeichnet – welche *nach starker Kaltverformung* beobachtet wird. Dieser Wert kann jedoch nicht auf technische Legierungen übertragen werden, die meist erst bei Temperaturen von ca. $0{,}6\, T_S$ oder darüber in der Größenordnung von einer Stunde rekristallisieren.

c) Einfluss der Ausgangskorngröße

Die Ausgangskorngröße wirkt sich auf die Rekristallisationskorngröße sowie die Rekristallisationszeit und -temperatur aus, Bild 2.5, 2.8 und 2.9. Dies lässt sich mit der Abhängigkeit der Versetzungsdichte von der Korngröße bei gleichem

Verformungsgrad erklären. Es können die gleichen Modelle herangezogen werden, die auch zur Herleitung der Hall-Petch-Beziehung benutzt werden. Nach dem Aufstaumodell kommt es bei gleichem Verformungsgrad in feinkörnigen Materialien zu einer höheren Versetzungskonzentration an Korngrenzen als in grobkörnigeren Gefügen. Dies erhöht die Keimbildungsrate. Außerdem benötigt ein feinkörniger Werkstoff nach dem Verfestigungsmodell für einen bestimmten Verformungsbetrag eine höhere Versetzungsdichte als ein grobkörniger. Dies lässt sich aus der Proportionalität zwischen der plastischen Verformung und der Dichte mobiler Versetzungen herleiten:

$$\eta \sim \rho_m \cdot \overline{L} \qquad (2.2)$$

ρ_m Dichte gleitfähiger (mobiler) Versetzungen

$\overline{L}$ mittlerer Laufweg der Versetzungen

Die mittlere freie Weglänge korreliert mit dem Korndurchmesser. Mit $\overline{L} \sim d_{K0}$ erhält man:

$$\rho_m \sim \frac{\eta}{d_{K0}} \qquad (2.3)$$

Die höhere Versetzungsdichte in feinkörnigem, verformten Ausgangsmaterial erhöht die Keimbildungsrate und übt damit die in Tabelle 2.2 genannten Einflüsse aus.

Bei *Einkristallen*, die im Hochtemperaturbereich z. B. als Gasturbinenschaufeln aus Ni-Basislegierungen eingesetzt werden, beobachtet man Kornneubildung in einem größeren Bereich plastischer Ausgangsverformung ausschließlich von der Oberfläche her. Keimbildung im Innern ist energetisch erst nach stärkerer Deformation möglich [2.16].

d) Einflüsse gelöster Fremdatome

Die Wirkung gelöster Fremdatome auf den Rekristallisationsvorgang lässt sich so deuten, dass diese die Bewegung der Korngrenzen bremsen. Besonders Atome, welche sich aus energetischen Gründen bevorzugt an Korngrenzen ansammeln, müssen beim Keimwachstum „mitgeschleppt" werden. Dieser Effekt muss kompensiert werden durch eine höhere Glühtemperatur.

e) Mehrphasige Legierungen/Teilcheneinflüsse

Teilchen einer zweiten Phase behindern grundsätzlich die Bewegung wandernder Korngrenzen und somit die Rekristallisation. Allerdings ist dieser Effekt nur bei feinen Teilchen, die in der Regel einen kürzeren Abstand aufweisen, oder bei sehr hohem Teilchenvolumenanteil dominant. Zum einen sind feine Partikel von einer geringeren Dichte geometrisch notwendiger Versetzungen umgeben, so

2.2 Rekristallisation

dass sie die Keimbildung nicht entscheidend fördern. Zum anderen verzögern sie die für die Keimbildung erforderliche Versetzungsbewegung sowie das Subkornwachstum und halten außerdem die neu gebildeten Großwinkelkorngrenzen fest. Eine Befreiung der Korngrenzen von den Partikeln bedeutet zusätzlichen Aufwand an Grenzflächenenthalpie. Legierungen mit fein verteilten Teilchen müssen daher bei höheren Temperaturen rekristallisierend geglüht werden als entsprechende teilchenfreie Werkstoffe oder solche mit grober Dispersion. Es kann sogar zur völligen Unterdrückung der Rekristallisation bis knapp unterhalb des Schmelzpunktes in Gegenwart feindisperser Teilchen kommen.

Bei relativ groben Partikeln mit nicht zu geringem Abstand ist ein anderes Phänomen zu beachten. Beim Aufbringen höherer Verformungsgrade, wie sie zur Auslösung von Rekristallisation erforderlich sind, ist entscheidend, wie der Zusammenhalt zwischen Matrix und Teilchen gewahrt werden kann. Können sich die Partikel selbst gut mitverformen, wird sich kaum ein Unterschied in der Versetzungsdichte zum einphasigen Material einstellen. Liegt allerdings – wie meist üblich – ein plastisch inhomogener Werkstoff vor, bei dem die Teilchen der Matrixverformung nicht oder nicht ausreichend folgen können, so baut sich um die Partikel herum eine Zone auf mit geometrisch notwendigen Versetzungen [2.1]; andernfalls würde es zur Trennung der Grenzfläche Matrix/Teilchen kommen, **Bild 2.13**. Die Dichte *aller* geometrisch notwendigen Versetzungen nimmt bei konstantem Volumenanteil mit steigendem Partikeldurchmesser ab; die Dichte der Versetzungen in der Umgebung *eines* Teilchen steigt jedoch mit dessen Größe. Aufgrund der erhöhten Versetzungsdichte setzt Rekristallisationskeimbildung bevorzugt in den Verformungszonen um gröbere Partikel herum ein. Sofern der Abstand der relativ groben Teilchen weit genug ist, bremsen sie die Bewegung der Korngrenzen nur wenig. Insgesamt fördern sie also den Rekristallisationsvorgang (*PSN – particle stimulated nucleation*).

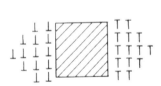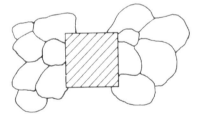

Bild 2.13 Auswirkungen grober Teilchen auf die Rekristallisation
　　a) Geometrisch notwendige Versetzungen nach der Verformung in der Umgebung nicht deformierbarer Teilchen
　　b) Auslösung der Rekristallisation in den versetzungsreichen Zonen

Die Rekristallisationstemperatur und -dauer nehmen mit steigendem Teilchendurchmesser ab. Ebenso ist die Rekristallisationskorngröße umso geringer, je größer die Teilchen sind, weil die Keimzahl steigt. Das *PSN*-Phänomen kommt größenordnungsmäßig bei Teilchendurchmessern oberhalb ca. 1 µm zum Tragen, wobei meist *ein* neues Korn in der Umgebung entsteht, eventuell bei sehr groben Partikeln auch mehrere Körner, wie in Bild 2.13 angedeutet.

Kohärente Ausscheidungen bremsen wandernde Korngrenzen effektiver als inkohärente, weil bei ihnen eine inkohärente Grenzfläche zur neuen Kornseite hin geschaffen werden muss, sobald die Korngrenze auf das Teilchen trifft. Dies bedeutet erhöhten Energieaufwand. Dieser Fall liegt beispielsweise bei γ'-gehärteten Ni-Basislegierungen vor.

Weiterhin ist der *Volumenanteil* der Teilchen zu berücksichtigen, der besonders bei vielen Hochtemperaturlegierungen sehr hoch sein kann. Bei geringem Teilchenabstand überwiegt der Verankerungseffekt für wandernde Subkorn- und Großwinkelkorngrenzen, auch wenn die Partikel relativ grob sind. Rekristallisation kann in diesen Fällen völlig behindert sein. Erst bei Temperaturen, bei denen sich die Ausscheidungen in größerem Maße auflösen, kann bei solchen Werkstoffen Rekristallisation stattfinden. Ein typisches Beispiel hierfür stellen wiederum die hoch γ'-haltigen Ni-Basislegierungen dar [2.16].

Liegt die gewählte Glühtemperatur zwar oberhalb der Rekristallisations-, jedoch unterhalb der Auflösungstemperatur für die Ausscheidungen, so weist das Gefüge anschließend eine Besonderheit auf, **Bild 2.14**. Die ursprünglich auf den Korngrenzen gelegenen Teilchen, meist Karbide, markieren noch das alte Korngefüge, während die neuen Korngrenzen andere Positionen eingenommen haben. Die Ausscheidungen sind somit nach der Rekristallisation transkristallin angeordnet. Ein derartiges Gefüge sollte vermieden werden, wenn die Korngrenzenausscheidungen gezielt zur Behinderung des Korngrenzengleitens dienen.

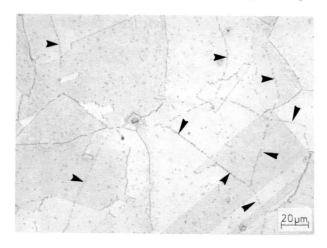

Bild 2.14 Anordnung ursprünglicher Korngrenzen- und Zwillingsgrenzenausscheidungen (Pfeile) nach der Rekristallisation; Werkstoff: *Nimonic 80A*

Tritt während der Bewegung von Großwinkelkorngrenzen eine Ausscheidung aus einem übersättigten Mischkristall auf, so weist die sich hinter der Korngrenze gebildete zweite Phase eine langgestreckte, oft gefiederte Form auf. Man bezeichnet dies als *diskontinuierliche Ausscheidung* oder als zellförmige Ausscheidung (*cellular precipitation*). **Bild 2.15** veranschaulicht die Gefügeausbildung an der γ'-gehärteten Ni-Basislegierung *Udimet 720* nach einer Lösungsglühung und anschließender langsamer Abkühlung (ca. 5 K/min bis 650 °C). Während der Abkühlung findet bei hohen Temperaturen noch weiteres Kornwachstum statt. Gleichzeitig scheidet sich die γ'-Phase aus. Die Korngrenzendiffusion bewirkt die bevorzugte Keimbildung der Ausscheidungen an diesen Fehlstellen sowie das Anwachsen an bereits gebildete Teilchen. Dadurch erscheinen die Teilchen durch die wandernde Korngrenze in die Länge gezogen, bis die Temperatur soweit abgesunken ist, dass die Korngrenzenbewegung zum Stillstand kommt. Danach tritt weitgehend homogene Keimbildung der γ'-Phase auf.

Bild 2.15 Diskontinuierliche Ausscheidung der γ'-Phase in der Legierung *Udimet 720* nach Lösungsglühung bei 1170°C/4 h und langsamer Abkühlung mit ca. 5 K/min bis 650 °C

2.3 Kornvergröberung

Die Rekristallisation baut die mechanische Gitterverzerrungsenergie auf einen sehr geringen Wert ab. In den neu entstandenen Großwinkelkorngrenzen ist jedoch chemische Energie gespeichert, die etwa 200 mJ pro m^2 Korngrenzfläche bei Sn bis ca. 1000 mJ/m^2 bei W beträgt. Folglich besteht eine treibende Kraft zur Kornvergröberung, um diese Grenzflächenenergie zu reduzieren. Verglichen mit der Triebkraft für Rekristallisation nach starker Kaltverformung ist diejenige zur Reduktion der Korngrenzfläche allerdings gering. Zahlenbeispiel: Bei einer Korngröße von 20 µm beträgt die gesamte Korngrenzfläche ungefähr 0,2 m^2/cm^3 (vereinfacht mit Würfelform der Körner gerechnet). Bei einer spezifischen Korngrenzflächenenergie von $\gamma_{KG} \approx$ 500 mJ/m^2 ergibt sich somit eine Gesamtkorngrenzenenergie von 0,1 J/cm³ gegenüber ca. 60 J/cm³ an Gitterverzerrungsenergie nach starker Kaltverformung z. B. bei Ni. Im Anschluss an die primäre Rekristallisation versuchen die neu gebildeten Körner bei genügend hoher Temperatur und/oder ausreichend langen Glühzeiten, durch Vergröberung die Gesamtkorngrenzenenergie weiter zu verringern.

Als Folge der Kornvergröberung nehmen die mechanischen Kurzzeitfestigkeitswerte, wie z. B. die Härte oder Streckgrenze, gemäß der Hall-Petch-Beziehung ab. Dies ist in Bild 2.2, 2.10 und 2.12 durch einen leichten Festigkeitsabfall nach höheren Glühtemperaturen angedeutet. Auch die Duktilitätskennwerte sinken mit zunehmender Korngröße.

Bei der Kornvergröberung vergrößern sich die ohnehin schon größeren Körner auf Kosten kleinerer Nachbarkörner. Diese Erscheinung bedarf einer genaueren Betrachtung der Korn- und Korngrenzengeometrie. Wesentlich ist dabei die Tatsache, dass die Korngrenzflächen nicht völlig eben sind. Dies wiederum ist eine Folge davon, dass sich an den Kornkanten und -ecken aus energetischen Gründen jeweils allseits gleiche Winkel einzustellen versuchen, was sich bei Zusammenstoßen dreier Körner an einer Kante als 120°-Winkel (Tripelpunkt in ebener Darstellung) und als 109°-Winkel an Kornecken beim Treffen von vier Körnern äußert. Aufgrund der in einem Realgefüge ungleichen Seitenflächenzahl der polyedrischen Körner muss es deshalb zu Krümmungen der Kornflächen kommen, wie dies in **Bild 2.16** für die Ebene angedeutet ist. Größere Körner weisen im Mittel eine größere Seitenflächenzahl auf und damit gegenüber kleineren Körnern mehr nach innen gekrümmte Korngrenzenbereiche. Nun streben die Korngrenzflächen zwecks Minimierung ihrer Grenzflächenenergie stets nach einer ebenen Ausrichtung, so dass sich eine gekrümmte Korngrenze in Richtung

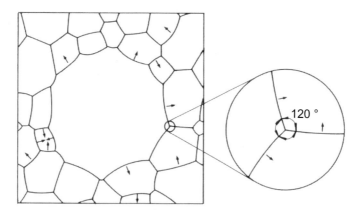

Bild 2.16 Veranschaulichung der Kornvergröberung
Die gekrümmten Korngrenzen wandern in Richtung des Krümmungsmittelpunktes. An Tripelpunkten stellt sich im Gleichgewicht stets ein 120°-Winkel ein. In der Mitte wächst ein Korn durch sekundäre Rekristallisation.

2.3 Kornvergröberung

des Krümmungsmittelpunktes bewegen wird – also zugunsten der Vergrößerung des jeweils größeren Kornes (siehe Pfeile in Bild 2.16). Der Vorgang der Winkel-Gleichgewichtseinstellung an den Kornkanten und -ecken und die Korngrenzenwanderung setzen sich so lange fort, bis ein kleineres Nachbarkorn völlig aufgezehrt ist.

Bei der Korngrenzenwanderung lösen sich Atome auf der Seite des schrumpfenden Kornes ab und lagern sich auf der anderen Seite der wachsenden Nachbarkörner an. **Bild 2.17** stellt den Prozess schematisch dar mit der Zuordnung der freien Enthalpie für die jeweiligen Körner. Die freie Aktivierungsenthalpie kommt zustande über die thermische Fluktuation der Atome wie beim regulären Platzwechsel von Atomen. Allerdings sind keine Leerstellen hierfür erforderlich. Die freie Aktivierungsenthalpie entspricht somit der für den Sprung, wie in Bild 2.17 dargestellt. Die Anzahl der Körner wird insgesamt reduziert und somit die mittlere Korngröße erhöht. Theoretisch ist dieser Vorgang erst abgeschlossen,

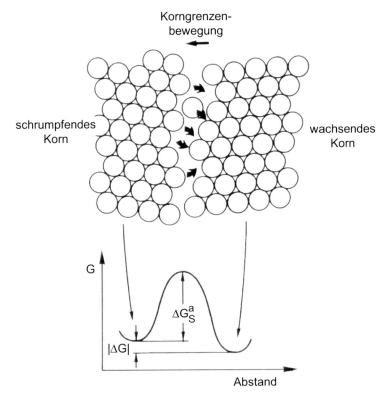

Bild 2.17 Modell der Korngrenzenbewegung bei der Kornvergröberung und Zuordnung der freien Enthalpie

ΔG_S^a ist die freie Aktivierungsenthalpie des Sprunges der Atome.

wenn der Werkstoff nur noch aus einem Korn besteht. Da sich aber mit der Vergröberung die treibende Kraft immer weiter verringert, verlangsamt sich der Prozess von selbst, so dass die Körner kaum noch weiter vergröbern.

Die *freie Gibbs'sche Enthalpie*, welche die thermodynamische Triebkraft für die Kornvergröberung liefert, weist folgende Proportionalität auf:

$$\Delta G \sim \frac{\gamma_{KG}}{d_K} \tag{2.4}$$

Je feiner die Körner sind, umso mehr Korngrenzfläche ist vorhanden, und folglich muss die treibende Kraft zur Änderung dieses Zustandes umso größer sein.

Die Kinetik der Kornvergröberung wird bestimmt durch die Temperatur und die freie Aktivierungsenthalpie für die Ablösung der Atome vom schrumpfenden Korn. Die Wahrscheinlichkeit, die freie Aktivierungsenthalpie ΔG^a zu erreichen, steigt mit der Temperatur nach der Arrhenius-Funktion $e^{-\Delta G^a/R \cdot T}$, siehe Gl. (1.5). Dieser kinetische Ausdruck gibt die Mobilität M der Korngrenzen an. Die mittlere Wanderungsgeschwindigkeit der Korngrenzen v_{KG}, welche der zeitlichen Zunahme der mittleren Korngröße $d(d_K)/dt$ entspricht, zeigt eine etwa lineare Abhängigkeit von der *freien Gibbs'schen Enthalpie* ΔG sowie der Korngrenzenmobilität M. Insgesamt ergeben sich die Zusammenhänge:

$$v_{KG} \sim \frac{d(d_K)}{dt} \sim \Delta G \cdot M \sim \frac{\gamma_{KG}}{d_K(t)} \cdot e^{-\frac{\Delta G^a}{R \cdot T}} \tag{2.5}$$

Die Beziehung $d(d_K)/dt = C_1/d_K$ mit C_1 = const. für T = const. wird nach Trennung der Variablen integriert:

$$\int d_K \cdot d(d_K) = \int C_1 \cdot dt \tag{2.5 a}$$

$$\frac{d_K^2}{2} = C_1 \cdot t + C_2 \quad \text{mit} \quad C_2 = \text{Integrationskonstante} \tag{2.5 b}$$

Für die mittlere Korngröße vor der Kornvergröberung gilt $d_K(t=0) = d_{K\,0}$. Die Integrationskonstante ergibt sich aus dieser Randbedingung zu $C_2 = d_{K\,0}^2/2$, und das Kornvergröberungsgesetz lässt sich in folgender Form schreiben:

$$d_K^2 = d_{K_0}^2 + K \cdot t \tag{2.5 c}$$

K Kornvergröberungskonstante = $f(T, \gamma_{KG}, \Delta G^a)$; $K = 2 \cdot C_1$

2.3 Kornvergröberung

Meist werden Exponenten > 2 gefunden, d. h. die Vergröberung verläuft langsamer als nach der Theorie zu erwarten wäre. Hierfür spielt der Gehalt an Fremdelementen eine wesentliche Rolle.

Bei den bisherigen Betrachtungen wurde von einer gleichmäßigen Zunahme der mittleren Korngröße ausgegangen, was man als normale, stetige oder kontinuierliche Kornvergröberung oder allgemein als Kornvergröberung bezeichnen. Das sich einstellende Korngefüge nennt man *monomodal*. Daneben kann eine Erscheinung auftreten, bei der nur wenige Kristalle zu Riesenkörnern heranwachsen und dadurch eine stark ungleichmäßige Durchmesserverteilung mit einem *bimodalen* Korngefüge ergeben, **Bild 2.18**. Dieser Vorgang wird *sekundäre Rekristallisation*, unstetige oder diskontinuierliche Kornvergröberung genannt. (Anm.: Als Oberbegriff ist in den vorliegenden Erörterungen – entsprechend dem technisch üblichen Sprachgebrauch – stets von Kornvergröberung die Rede.)

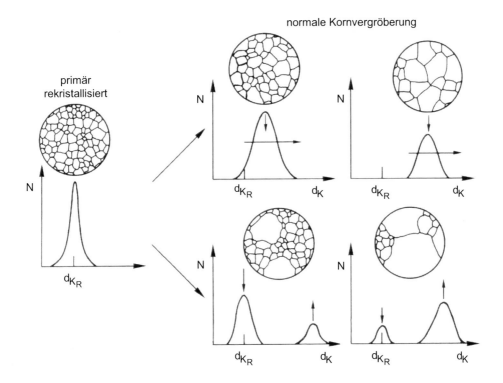

Bild 2.18 Änderungen der Korngrößenverteilungen bei der Kornvergröberung
(d_{K_R} : mittlere primäre Rekristallisationskorngröße; N: Häufigkeit), (nach [2.2])

Das Korngefüge bei normaler Kornvergröberung ist monomodal, das bei sekundärer Rekristallisation bimodal.

Manchmal findet man dafür auch die Bezeichnung Korn*vergrößerung*, welche unterteilt wird in die stetige Kornvergrößerung, dann Kornvergröberung genannt, und die unstetige Kornvergrößerung = sekundäre Rekristallisation.) Sekundäre Rekristallisation kommt vorwiegend in Legierungen vor, bei denen eine kontinuierliche Kornvergröberung durch Ausscheidungen verhindert wird. Liegt nämlich die Glühtemperatur so hoch, dass sich die Teilchen stark vergröbern oder in Auflösung befinden, so können sich einige Korngrenzen eher von ihren Hindernissen befreien als andere und damit ungleichmäßige Kornvergröberung in Gang setzen.

Die Kornvergröberung spielt bei vielen technischen Anwendungen keine kritische Rolle. Dies liegt darin begründet, dass zum einen kriechfeste Legierungen grobkörnig sind und damit ΔG gering ist. Zum anderen befinden sich auf den Korngrenzen solcher Werkstoffe Ausscheidungen, welche die Korngrenzen auch langzeitig wirkungsvoll verankern. Es gibt jedoch einige Fälle, in denen sich Kornvergröberung unerwünscht auswirkt. Beispiele:

a) Bei Lösungsglühungen können sich die Korngrenzen mit relativ hoher Geschwindigkeit bewegen, weil die Ausscheidungen aufgelöst werden. Die Glühtemperatur und -zeit sind so zu optimieren, dass sich eine Korngröße einstellt, welche noch ausreichende Kurzzeit- und Schwingfestigkeiten, Duktilität sowie Zähigkeit gewährleistet, denn diese Eigenschaften verschlechtern sich mit gröber werdendem Korn. **Bild 2.19** zeigt am Beispiel der γ'-gehärteten, geschmiedeten Ni-Basislegierung *Udimet 720*, wie in einem engen Temperaturbereich von ca. 10 °C plötzliche Kornvergröberung einsetzt, sobald sich die γ'-Ausscheidungen auflösen. Gemäß obiger Ausführungen bewirken die sich in Auflösung befindlichen γ'-Ausscheidungen ein bimodales Korngefüge. Da der Ausgangszustand mit ca. 20 µm relativ feinkörnig war, bestand in diesem Fall eine recht große treibende Kraft für Kornvergröberung. Ein Kornmischgefüge, wie es bei der sekundären Rekristallisation entsteht und beispielhaft in Bild 2.19 b) und c) dargestellt ist, verhält sich hinsichtlich der mechanischen Kennwerte fast immer ungünstig.

b) Hochtemperaturlegierungen ohne nennenswerte Anteile härtender Teilchen, wie sie typischerweise als Heizleiterwerkstoffe im Ofenbau verwendet werden, neigen stark zur Kornvergröberung. Dies wirkt sich besonders nachteilig auf die Duktilität und Zähigkeit aus, was z. B. von langzeitexponierten Ofenwicklungen bekannt ist. Zudem werden diese Bauteile im Ausgangszustand zwecks besserer Verformbarkeit relativ feinkörnig eingesetzt, so dass die treibende Kraft zur Kornvergröberung verhältnismäßig groß ist.

Die sekundäre Rekristallisation lässt sich gezielt nutzen, um durch einen Zonenglühprozess gerichtete Rekristallisation herbeizuführen. Dies wendet man z. B. bei mechanisch legierten, oxiddispersionsverfestigten (ODS-) Werkstoffen an, die langgestreckte Körner aufweisen sollen. Unter einem Temperaturgradienten parallel zur Längsachse der Körner wachsen dabei sekundäre Großkörner. Die

2.3 Kornvergröberung

Riesenkornbildung kann außerdem zur Herstellung kleinerer Einkristalle genutzt werden, die dann z. B. als Starter beim Gießen größer Einkristalle eingesetzt werden können. Auch die für Transformatorenbleche wesentliche Goss-Textur ist auf sekundäre Rekristallisation zurückzuführen.

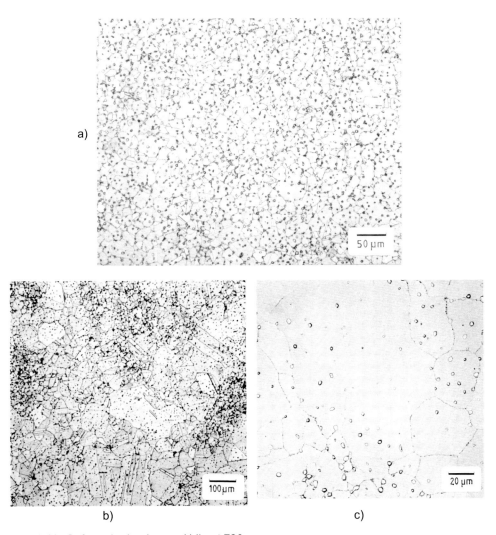

Bild 2.19 Gefüge der Legierung *Udimet 720*
a) Nach Glühung 1140 °C/2 h: gleichmäßig feinkörniges, teillösungsgeglühtes Gefüge mit stark vergröberten restlichen γ'-Ausscheidungen
b, c) Nach Glühung 1150 °C/2 h: ungleichmäßige Korngrößenverteilung aufgrund sekundärer Rekristallisation; in Grobkornbereichen ist die γ'-Phase fast vollständig aufgelöst.

2.4 Ausscheidungsvorgänge

2.4.1 Allgemeines

Ausscheidungshärtung oder kurz Aushärtung ist möglich bei Legierungen, die in einem homogenen Mischkristallgebiet lösungsgeglüht werden können und bei der Abkühlung in ein Mehrphasengebiet hineinlaufen. Dabei unterdrückt man in der Regel zunächst die Ausbildung des Phasengleichgewichtes durch geeignet schnelle Abkühlung und schafft mit einem übersättigten Mischkristall eine treibende Kraft für gezielte Ausscheidung bei der nachfolgenden Auslagerung bei erhöhter Temperatur.

Der Ausscheidungsprozess spielt sich in drei möglichen Stadien ab:

1. Keimbildung
2. Keimwachstum
3. Vergröberung/Reifung.

Der Volumenanteil f_V der Teilchen sowie der mittlere Durchmesser d_T werden als Dispersionsparameter bezeichnet. Der mittlere Teilchenabstand λ_T kann aus diesen beiden Parametern unter bestimmten Annahmen berechnet werden. Bei statistisch regelloser räumlicher Verteilung der Teilchen ist irgendeine Schnittebene, welche nur groß genug zu sein braucht, repräsentativ für den Teilchenvolumenanteil, so dass dieser über die Flächenanteile bestimmt werden kann:

$$f_V = \frac{\sum \text{Fläche aller Teilchen}}{\text{Gesamtfläche}} \qquad (2.6\,a)$$

Für runde Teilchen sowie einen geringen Volumenanteil, d. h. $d_T \ll \lambda_T$, ergibt sich bei n Teilchen in einer Schnittfläche, die für die Berechnung der Einfachheit halber als quadratisch angenommen wird:

$$f_V = \frac{n \cdot \frac{\pi\, d_T^2}{4}}{\left(\sqrt{n} \cdot \lambda_T\right)^2} = \frac{\pi\, d_T^2}{4\, \lambda_T^2} \qquad (2.6\,b)$$

Der mittlere Teilchenabstand beträgt folglich:

$$\lambda_T = \frac{\sqrt{\pi}}{2} \cdot \frac{d_T}{\sqrt{f_V}} \approx 0{,}9 \cdot \frac{d_T}{\sqrt{f_V}} \qquad (2.6\,c)$$

Bei höheren Volumenanteilen muss der Durchmesser abgezogen werden, um den effektiven Abstand von Oberfläche zu Oberfläche der Teilchen zu erhalten:

2.4 Ausscheidungsvorgänge

$$\lambda_T \approx 0.9 \cdot \frac{d_T}{\sqrt{f_V}} - d_T \qquad (2.6\text{ d})$$

Bild 2.20 stellt die Abhängigkeit des Teilchenvolumenanteils f_V, des Teilchendurchmessers d_T sowie des Teilchenabstandes λ_T in den drei Stadien von der Zeit dar. In der Inkubationszeit bilden sich Keime der kritischen Größe d*. Danach setzt Teilchenwachstum ein, welches häufig einem $\sqrt{t}$-Gesetz gehorcht. Der Volumenanteil nimmt in der Wachstumsphase stetig, in etwa linear mit der Zeit zu, bis er den Gleichgewichtsendwert erreicht hat. Im dritten Stadium des Ausscheidungsprozesses kommt es bei annähernd konstantem Volumenanteil f_V zu einer Umlösung des Teilchengefüges mit Vergröberung. Dieser Vorgang wird als *Ostwald-Reifung* bezeichnet. Der Teilchendurchmesser wächst dabei meist nach einem $t^{1/3}$-Gesetz.

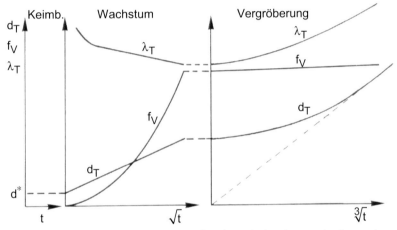

Bild 2.20 Zeitlicher Verlauf der Teilchengröße, des -abstandes sowie des -volumenanteils bei der Keimbildung, dem Wachstum und der Vergröberung (nach [2.3])

Sowohl für die Gefügestabilität als auch für die mechanischen Eigenschaften spielt der Aufbau der Phasengrenzen zwischen Matrix und Teilchen eine bedeutende Rolle. Je nachdem, wie gut die Passung im atomaren Aufbau an dieser Grenze ist, unterscheidet man kohärente, semikohärente und inkohärente Phasengrenzen, **Bild 2.21**. Die Passung wird ausgedrückt durch den Fehlpassungsparameter (*Misfit*-Parameter) δ. Er ist definiert als die Differenz der Gitterparameter von Teilchen und Matrix – und zwar bei nicht verspannten Gittern – bezogen auf den mittleren Gitterparameter beider Phasen:

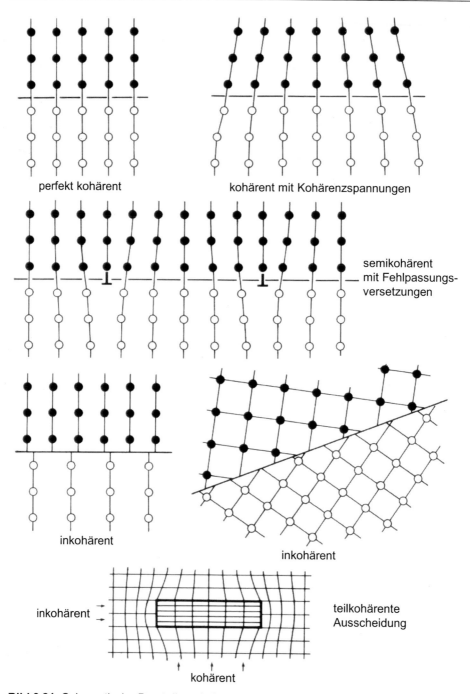

Bild 2.21 Schematische Darstellung kohärenter, semikohärenter und inkohärenter Grenzflächen sowie einer teilkohärenten Ausscheidung

2.4 Ausscheidungsvorgänge

$$\delta = \frac{a_T - a_M}{\frac{1}{2}(a_M + a_T)} \approx \frac{\Delta a}{a_M} (\cdot 100\%) \qquad (2.7)$$

a_M Gitterabstand der Matrix in der betrachteten Ebene
a_T Gitterabstand des Teilchens in der betrachteten Ebene

Die Näherung gilt für den Fall nicht zu großer Abweichung der beiden Parameter. Als Voraussetzung für eine kohärente Phasengrenze muss eine ähnliche Atomanordnung in den aneinander grenzenden kristallographischen Ebenen sowie ein $|\delta|$-Wert < ca. 5 % vorliegen. Ist erstere Bedingung erfüllt, jedoch 5 % < $|\delta|$ < 25 %, so liegen in regelmäßigen Abständen Fehlpassungsversetzungen in der Grenzfläche vor. Dies bezeichnet man als semikohärente Grenzfläche. Bei ungleicher Atombelegung der Ebenen oder bei $|\delta|$ > ca. 25 % besteht keinerlei Passung zwischen den Grenzflächen, die dann inkohärent ist.

Oft werden die Passungsverhältnisse an den Grenzflächen Matrix/Teilchen auf das ganze Teilchen bezogen. Hierbei ist zu beachten, dass in den einzelnen Grenzflächen sowohl unterschiedliche Atombelegungen bei unterschiedlichem Gittertyp als auch z. T. stark voneinander abweichende δ-Werte vorliegen können. Von einem kohärenten Teilchen spricht man dann, wenn in allen Grenzebenen Kohärenz besteht; klassisches Beispiel: θ''-Phase in α-Al-Matrix einer Al-Cu-Legierung. Inkohärent ist ein Teilchen, wenn keine Ebene mit der angrenzenden zusammenpasst; Beispiel: θ-Phase = Al_2Cu in α-Al-Matrix. Obwohl in der Literatur nicht ganz einheitlich verfahren wird, ist es zweckmäßig, ein Teilchen als *teil*kohärent zu bezeichnen, wenn es sowohl kohärente oder semikohärente als auch inkohärente Grenzflächen mit der Matrix aufweist (Beispiel: θ'-Phase in α-Al-Matrix), Bild 2.21.

2.4.2 Energiebilanz bei Ausscheidungsvorgängen

Wie bei allen Phasenreaktionen und Phasengleichgewichtsbetrachtungen stellt die Änderung der gesamten freien Enthalpie die thermodynamische Triebkraft für Ausscheidungsvorgänge dar. ΔG_{ges} muss negativ sein, damit es zur Ausscheidung kommen kann. Die gesamte freie Enthalpie bei der Phasenumwandlung setzt sich aus mehreren Teilbeträgen zusammen:

$$\Delta G_{ges} = \Delta G_V + \Delta G_{Ph} + \Delta G_m + \Delta G_{Def} \qquad (2.8)$$

Vorzeichen   −   +   +   −

ΔG_{ges} Änderung der gesamten freien Enthalpie
ΔG_V freie Bildungsenthalpie (freie Volumenenthalpie)
ΔG_{Ph} freie Enthalpie der Phasengrenzfläche Matrix/Ausscheidung
ΔG_m freie Gitterverzerrungsenthalpie (mechanisch)
ΔG_{Def} Einsparung freier Enthalpie bei Keimbildung der Ausscheidungen an Gitterdefekten im Vergleich zu homogener Keimbildung

a) ΔG$_V$

Die freie Volumenenthalpie ergibt sich im Falle der Ausscheidungsbildung zu (MK: Mischkristall):

$$\Delta G_V = G_{\text{gesätt. Matrix + Aussch.}} - G_{\text{übers. MK}} < 0$$

Die freie Volumenenthalpie stellt von den energetischen Teilbeträgen die entscheidende treibende Kraft für die Ausscheidungsreaktion dar: Sie muss negativ sein, um die Reaktion zu ermöglichen. Bei der Lösungstemperatur T_ℓ für die betreffende Legierung ist $\Delta G_V = 0$, der Mischkristall ist also gerade gesättigt. Mit abnehmender Temperatur, entsprechend steigender Übersättigung des Mischkristalls, wird ΔG_V stärker negativ.

b) ΔG$_{Ph}$

Der sich aufbauenden Grenzfläche zwischen Matrix und Teilchen ist immer ein positiver Energieterm zuzuordnen. Wie hoch die freie Phasengrenzflächenenthalpie ist, hängt von der chemischen Ähnlichkeit Teilchen-Matrix und der Gitterpassung an der Grenzfläche ab. Mit Letzterem sind nicht die Gitterverspannungen gemeint (siehe unter c), sondern die Bindungsübergänge. Entscheidend für den Term ΔG_{Ph} ist die Phasengrenzflächenenthalpie ΔH_{Ph}. Sie steigt in der Reihenfolge:

kohärente Phasengrenze → semikohärente P. → inkohärente P.

Kohärente Phasengrenzen besitzen aufgrund ihrer guten Passung zum Matrixgitter die geringste Grenzflächenenthalpie, bis zu etwa 200 mJ/m^2. Der Wert für semikohärente Phasengrenzen liegt bei ca. 200…500 mJ/m^2. Inkohärente Phasengrenzen, bei denen keine Passung und auch meist keine chemische Ähnlichkeit der benachbarten Phasen vorliegt, sind mit dem höchsten Energiezuwachs verbunden von etwa 500…1000 mJ/m^2, vergleichbar der Energie von Großwinkelkorngrenzen.

c) ΔG$_m$

Sofern die Passung der Gitterparameter zwischen Teilchen und Matrix nicht perfekt ist, was praktisch nie ganz der Fall ist, tritt eine Gitterverzerrung im Teilchen und in der Matrix auf. Diese entspricht einer mechanischen Energie und bedeutet eine Auslenkung der Atome aus ihrer Ruhelage. In die Grenzfläche eingebaute Versetzungen reduzieren diese elastische Gitterverzerrungsenthalpie. Die Verzerrungen bei kohärenten, semikohärenten und inkohärenten Ausscheidungen sind schematisch in Bild 2.21 dargestellt. **Tabelle 2.3** gibt Auskunft über die energetischen Verhältnisse in Abhängigkeit vom *Misfit*-Parameter. Bei der Ausscheidungsbildung gehen Gitterverzerrungen des zuvor übersättigten Mischkristalls zurück, so dass nur die Differenz zusätzlich bilanziert zu werden braucht.

2.4 Ausscheidungsvorgänge

Tabelle 2.3 Aufbau der Phasengrenzfläche Teilchen/Matrix und Verzerrungsenthalpie sowie Phasengrenzflächenenthalpie in Abhängigkeit vom Fehlpassungsparameter
(ΔV: zusätzlicher oder geringerer Volumenbedarf des Teilchens gegenüber dem Volumen bei herausgelöstem Teilchen)

Fehlpassungs-parameter $|\delta|$	Grenzflächentyp	Verzerrungs-enthalpie	Phasengrenzflächen-enthalpie
0	perfekt kohärent	0	
< ca. 5 %	kohärent (keine oder sehr wenige Fehlpassungsversetzungen)	$\Delta g_m \sim \delta^2$	gering $\gamma_{Ph} < 200$ mJ/m²
5 % < $|\delta|$ < 25 %	semikohärent (Einbau von Fehlpassungsversetzungen)	sehr gering	mittel $\gamma_{Ph} \approx 200...500$ mJ/m²
> ca. 25 % oder ungleiche Atombelegung in der kristallograph. Ebene	inkohärent	$\Delta g_m \sim (\Delta V)^2$	hoch $\gamma_{Ph} \approx 500...1000$ mJ/m²

Den Verlauf der bisher vorgestellten drei Energieterme im Stadium der Keimbildung zeigt **Bild 2.22**. Dabei wird von einem kugelförmigen Ausscheidungskeim mit dem Radius r ausgegangen. Während sich die freie Volumenenthalpie und die freie Gitterverzerrungsenthalpie proportional zum Keimvolumen verhalten, hängt die freie Grenzflächenenthalpie von der Oberfläche ab. Somit erhält man die Änderung der gesamten freien Enthalpie bei der Keimbildung wie folgt:

$$\Delta G_{ges} = \frac{4\pi r^3}{3} \cdot (\Delta g_V + \Delta g_m) + 4\pi r^2 \cdot \gamma_{Ph} \qquad (2.9)$$

Δg_V spezifische freie Volumenenthalpie (auf Einheitsvolumen der Ausscheidung bezogen), $[\Delta g_V]$ = J/m³

Δg_m spezifische freie Gitterverzerrungsenthalpie (auf Einheitsvolumen der Ausscheidung bezogen), $[\Delta g_m]$ = J/m³

γ_{Ph} spezifische freie Phasengrenzflächenenthalpie zwischen Teilchen und Matrix (auf Einheitsfläche bezogen), $[\gamma_{Ph}]$ = J/m²

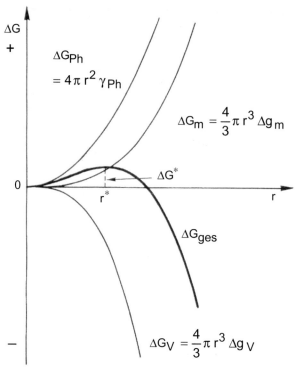

Bild 2.22 Änderung der Anteile der freien Enthalpie mit dem Teilchenradius bei der Keimbildung kugelförmiger Ausscheidungen

Bei unterschiedlichen Grenzflächenarten um das Teilchen herum müssen gegebenenfalls die einzelnen Terme summiert werden entsprechend $A \cdot \gamma_{Ph} = \Sigma(A_i \cdot \gamma_{Phi})$. Die Summenkurve ΔG_{ges} verläuft zunächst im positiven Bereich. Deshalb dürfte die Ausscheidungskeimbildung entsprechend der kategorischen Forderung nach einem negativen ΔG_{ges}-Wert eigentlich gar nicht ablaufen. Aufgrund der thermischen Fluktuation der Atome besteht jedoch eine bestimmte Wahrscheinlichkeit, dass die kritische Anzahl an Atomen sich zusammenfindet und einen stabilen Keim der Größe $r > r^*$ bildet. Diese Wahrscheinlichkeit ist umso höher, je geringer r^* ist. Die Keimbildungswahrscheinlichkeit nimmt mit sinkender freier Aktivierungsenthalpie ΔG^*, die als kritische Keimbildungsarbeit zu interpretieren ist, nach der Arrhenius-Funktion analog zu Gl. (1.5) zu:

$$\dot{N} \sim e^{-\frac{\Delta G^*}{R \cdot T}} \qquad (2.10)$$

$\dot{N}$ Keimbildungsrate = Anzahl der gebildeten Keime pro Zeit

2.4 Ausscheidungsvorgänge

r* und ΔG* sind mit der freien Volumenenthalpie Δg_{Vol} verknüpft, wie aus der 1. Ableitung von Gl. (2.9) hervorgeht. Aus

$$\frac{d(\Delta G_{ges})}{dr} = 0$$

folgt:

$$r^* = \frac{-2\gamma_{Ph}}{\Delta g_V + \Delta g_m} \qquad (2.11)$$

(da der Nenner stets negativ ist, ist r* > 0)

und

$$\Delta G^* = \frac{16\pi}{3} \cdot \frac{\gamma_{Ph}^3}{(\Delta g_V + \Delta g_m)^2} \qquad (2.12)$$

Die freie Volumenenthalpie wird mit sinkender Temperatur stärker negativ, weil die Übersättigung zunimmt. Die Krümmung der Löslichkeitslinie im Phasendiagramm ist ein Maß für diese Temperaturabhängigkeit: Je stärker die Kurve gekrümmt ist, umso stärker negativ wird Δg_V mit abnehmender Temperatur. γ_{Ph} und Δg_m hängen dagegen nur schwach von der Temperatur ab. An der Löslichkeitsgrenze für die Ausscheidungen gilt: $\Delta g_V = 0$, d. h. die ΔG_{ges}-Kurve weist nur positive Werte auf und die Keimbildungswahrscheinlichkeit ist bei dieser Temperatur null.

Gemäß der Gln. (2.11) und (2.12) werden r* und ΔG* immer kleiner, je größer die Übersättigung und je stärker negativ Δg_V werden, **Bild 2.23**. Die Wahrscheinlichkeit für die Bildung eines stabilen Keimes mit r > r* nimmt folglich mit sinkender Temperatur zu. Ist die Aktivierungsschwelle ΔG* überschritten, wachsen die Keime unter Energiefreisetzung weiter. Die ΔG_{ges}-Kurve verläuft zwar bis zu ihrem Schnittpunkt mit der Radiusachse weiterhin im positiven Bereich der freien Enthalpie, jedoch erfolgt ab dem Maximum eine Energieabnahme. Nach Erreichen des Sattelpunktes wird also durch jedes weitere hinzukommende Atom der Keim stabilisiert.

Aus diesen Betrachtungen wird verständlich, dass für die Keimbildung bei einer Phasenumwandlung, wie Erstarrung oder Ausscheidung, immer eine gewisse Unterkühlung oder Übersättigung erforderlich ist, und die treibende Kraft für die Umwandlung wird umso stärker, je größer die Temperaturdifferenz ist. Wiederum ist hierbei zusätzlich die Kinetik der Phasenumwandlung zu betrachten. Da die Atome über größere Distanzen diffundieren müssen, um einen stabilen Keim zu bilden, ist Gl. (1.13) zu beachten. Aus beiden Funktionen – der Arrhenius-Funktion für die Keimbildungswahrscheinlichkeit Gl. (2.10) sowie der Arrhenius-Funktion für den Diffusionskoeffizienten Gl. (1.13) – leitet sich eine optimale Unterkühlung ab, bei der die Umwandlungsrate maximal ist:

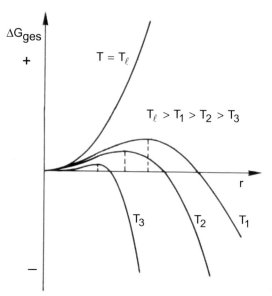

Bild 2.23 Änderung der gesamten freien Enthalpie mit dem Ausscheidungsradius in Abhängigkeit von der Temperatur (T_ℓ: Löslichkeitstemperatur für eine bestimmte Konzentration x_B)

$$\dot{N} \sim e^{-\frac{\Delta G^*}{R \cdot T}} \cdot e^{-\frac{\Delta G_D}{R \cdot T}} \tag{2.13}$$

ΔG_D freie Aktivierungsenthalpie der Diffusion

In beiden Exponenten tritt die Temperatur zwar im Nenner auf, der erste Term wird jedoch bestimmt durch die Abhängigkeit $\Delta G^* = f(T)$, während im zweiten ΔG_D = const. gilt. Aus diesen Zusammenhängen leiten sich die Zeit-Temperatur-Umwandlung-Diagramme (ZTU-Diagramme) ab, **Bild 2.24**. Der obere Ast der C-förmigen Kurve wird von dem ersten thermodynamischen Term dominiert und nähert sich entsprechend den obigen Ausführungen mit zunehmender Zeit asymptotisch der Löslichkeitstemperatur. Der untere Kurventeil wird aufgrund der Kinetik/Diffusion mit sinkender Temperatur zu immer längeren Zeiten verschoben. Die „Nase" der C-Kurve liegt umso weiter oben links, je stärker die Löslichkeitslinie gekrümmt ist.

Wird so schnell aus dem Einphasengebiet abgekühlt, dass Keimbildung und -wachstum unterdrückt werden, bleibt der Mischkristall übersättigt. Ziel einer anschließenden Aushärtungswärmebehandlung ist die optimale Ausscheidung der zweiten Phase nach Volumenanteil und Größe.

Kohärente Keimbildung erfolgt erheblich leichter als inkohärente wegen des Einflusses der Phasengrenzflächenenthalpie gemäß Gl. (2.12) mit der 3. Potenz auf die freie Aktivierungsenthalpie ΔG^*.

2.4 Ausscheidungsvorgänge

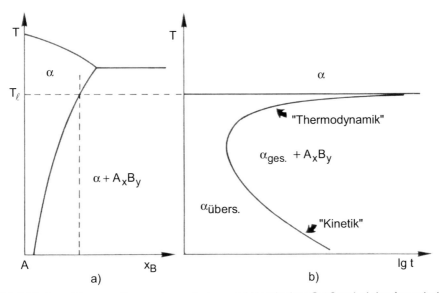

Bild 2.24 Auswirkungen thermodynamischer und kinetischer Größen bei der Ausscheidung einer Phase A_xB_y
a) Ausschnitt aus dem Phasendiagramm (T_ℓ: Löslichkeitstemperatur für eine bestimmte Konzentration x_B)
b) ZTU-Diagramm für die gewählte Zusammensetzung (übers.: übersättigt; ges.: gesättigt); der Übersicht halber ist nur die Kurve für praktisch vollständige Umwandlung (99 %) eingezeichnet, so dass im rechten Feld neben der Phase A_xB_y ein gesättigter α-Mischkristall vorliegt.

d) ΔG_{Def}

Bisher wurde von homogener Keimbildung und Ausscheidung ausgegangen, d. h. die Teilchen bilden sich regellos an irgendeinem, nicht bevorzugten Ort im Gitter. Häufig findet Keimbildung jedoch heterogen an Gitterfehlstellen (Def = Defekte) statt. Im Vergleich zum (gedachten) Fall der homogenen Keimbildung wird dabei Energie eingespart, weil an den Fehlstellen bereits eine Verzerrungs-, Grenzflächen- oder Oberflächenenthalpie vorliegt, die sich mit jeweiligen Energietermen der Teilchen teilweise kompensiert:

$$\Delta G_{Def} = \Delta G_{het} - \Delta G_{hom} < 0 \qquad (2.14)$$

Bild 2.25 zeigt schematisch die möglichen Fehlstellen zur Keimbildung. Bedeutend sind davon vor allem die Ausscheidungsbildung auf Korngrenzen und an Versetzungen. **Bild 2.26** dokumentiert die heterogene Ausscheidung am Beispiel von TiC entlang von Versetzungen in einem hochlegierten austenitischen Stahl. **Tabelle 2.4** gibt einen Überblick über die infrage kommenden Defekte und die energetischen Wechselwirkungen. Besonders bei inkohärenten Teilchen wird die heterogene Keimbildung energetisch bevorzugt, weil der kritische Keimradius r* und die kritische Keimbildungsarbeit ΔG^* bei dieser Grenzflächenart deutlich höher liegen als bei kohärenten Phasen (Gln. 2.11 und 2.12).

Außer der thermodynamischen Ursache hat die heterogene Keimbildung noch einen kinetischen Grund. Da an den Fehlstellen Diffusion schneller abläuft als im ungestörten Gitter, sind sowohl die Keimbildung als auch das Ausscheidungswachstum beschleunigt.

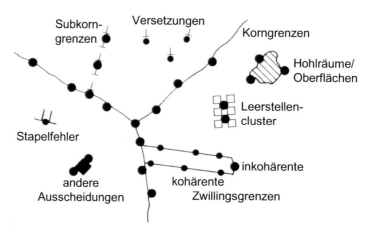

Bild 2.25 Mögliche Gitterfehlstellen für die heterogene Ausscheidungskeimbildung

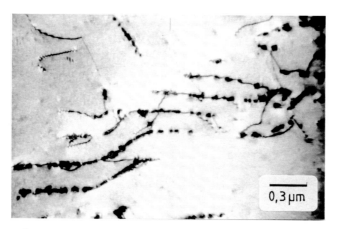

Bild 2.26 Ausscheidung von TiC auf Versetzungen in der Legierung *Alloy 800 H* nach Lösungsglühung 1150 °C/1 h, Wasserabkühlung und anschließender Auslagerung 1000 °C/19 h (TEM-Befund)

Technisch ist die heterogene Keimbildung – besonders an Korngrenzen und Versetzungen – hinsichtlich der Festigkeit, Duktilität und auch bei manchen Korrosionserscheinungen bedeutsam. Je nach Art und Ort der Ausscheidung können sich positive oder negative Effekte ergeben.

Tabelle 2.4 Heterogene Keimbildung an Gitterfehlstellen und maßgebliche Effekte der Enthalpieeinsparung verglichen mit der homogenen Keimbildung (✓: Effekt ist vorhanden)

Einsparung an → Fehlstelle ↓	Verzerrungsenthalpie	Grenzflächenenthalpie	Oberflächenenthalpie
Überschussleerstellen/ Leerstellencluster	✓		
Versetzungen	✓		
Kleinwinkelkorngrenzen	✓		
Stapelfehler		✓	
Zwillingsgrenzen		✓	
Korngrenzen		✓	
andere Teilchen	✓	✓	
Poren/freie Oberflächen			✓

2.5 Teilchenvergröberung/Ostwald-Reifung

Bei der Wärmebehandlung einer aushärtbaren Legierung werden die optimale Art, Menge, Größe, Verteilung und Form der Teilchen eingestellt, damit die geforderten Eigenschaften erreicht werden. Sofern die spätere Betriebstemperatur unter ca. $0{,}4\,T_S$ liegt, kann von einer langzeitig stabilen Teilchendispersion während des Einsatzes ausgegangen werden. Auch wenn die eingestellten Gefügezustände sich nicht im stabilen Gleichgewicht befinden, bleiben sie unter der genannten Voraussetzung metastabil eingefroren. Eine Ausnahme bilden Ausscheidungen, bei denen die Diffusion interstitieller Atome geschwindigkeitsbestimmend für Änderungen ist. Dies trifft z. B. für Fe_3C in einer Fe-Matrix zu, wobei schon deutlich unterhalb $0{,}4\,T_S$ Vergröberungen der Karbide auftreten.

Im Anwendungsbereich hoher Temperaturen $> 0{,}4\,T_S$ besteht dagegen grundsätzlich keine Stabilität des Phasengefüges über beliebig lange Zeiten. Es kommt nach Abschluss der Wachstumsphase, in der sich der Volumenanteil bis zum Gleichgewichtswert erhöht, zur Vergröberung bei konstantem Volumenanteil, Ostwald-Reifung genannt. (Anm.: Eine geringe Erhöhung des Volumenanteils in diesem Abschnitt kommt dadurch zustande, dass die Löslichkeit mit zunehmender Teilchengröße leicht abnimmt.) Hinsichtlich der freien Grenzflächenenthalpie befindet sich eine Dispersion aus vielen kleinen Teilchen nicht im stabilen Gleichgewicht. Da bei gleichem Volumenanteil die Gesamtoberfläche vieler kleiner Ausscheidungen größer ist als die weniger grober, ist auch die gesamte Grenzflächenenthalpie bei feiner Dispersion größer. Der endgültig stabile Gleichgewichtszustand ist erst dann erreicht, wenn in einem Ausscheidungsgefüge auch die Grenzflächenenthalpie minimal ist, also die ausgeschiedene Phase theoretisch nur aus einem Teilchen besteht. Bei der Teilchenvergröberung wachsen – analog zur Kornvergröberung – die großen auf Kosten der kleinen Partikel, d. h. es kommt zu einer Umlösung, bei der die kleinen Teilchen verschwinden. Bei Letzteren ist die freie Enthalpie pro Atom höher als bei großen Teilchen infolge des höheren Oberfläche/Volumen-Verhältnisses. Daher besteht in der Umgebung kleinerer Partikel eine höhere Konzentration der gelösten Elemente in der Matrix gegenüber größeren. Folglich setzt ein Diffusionsstrom ein von den kleineren hin zu den größeren Teilchen mit der Konsequenz, dass erstere immer kleiner werden und sich letztlich auflösen. Da mit zunehmendem Vergröberungsgrad bei konstantem Volumenanteil die Diffusionswege zwischen den einzelnen Partikeln immer größer werden, verlangsamt sich der Reifungsprozess von selbst.

Ein für fluide Medien entwickeltes Gesetz der diffusionskontrollierten Teilchenvergröberung nach Wagner sowie Lifshitz und Slyozov [2.4, 2.5] wurde auch für viele metallische Legierungen bestätigt. Bei zeitunabhängigem Volumenanteil der dispergierten Teilchen gilt:

$$r_T^3 - r_{T_0}^3 = k \cdot t \tag{2.15 a}$$

oder

$$d_T^3 - d_{T_0}^3 = k^* \cdot t \quad \text{mit} \quad k^* = 8k \tag{2.15 b}$$

r_{T_0}; d_{T_0} mittlerer Anfangsradius/-durchmesser der Teilchen

r_T; d_T mittlerer Teilchenradius/-durchmesser nach der Zeit t

k temperaturabhängige Vergröberungs- oder Reifungskonstante

Diese Vergröberungstheorie setzt voraus, dass der Teilchenvolumenanteil hinreichend gering ist, so dass der mittlere Abstand deutlich größer als der Partikeldurchmesser ist. Außerdem wurde das Gesetz zur Umlösung von Teilchen in Flüssigkeiten aufgestellt, in welchen elastische Verspannungen nicht auftreten. Die Veränderung der Verzerrungsenergie beim Zusammenwachsen, wie sie in Feststoffen zu erwarten ist, bleibt also unberücksichtigt.

Meist wird nicht die Differenz der Durchmesserkuben über der Zeit aufgetragen, sondern eine $t^{1/3}$-Darstellung gewählt entsprechend der Umformung:

$$\left(d_T^3 - d_{T_0}^3\right)^{1/3} = k_1 \cdot t^{1/3} \quad \text{mit} \quad k_1 = 2 \cdot k^{1/3} \tag{2.15 c}$$

2.5 Teilchenvergröberung/Ostwald-Reifung

Aufgrund dieser Formulierung spricht man oft vom „$t^{1/3}$-Gesetz". Bei vergleichenden Untersuchungen ist darauf zu achten, dass identisch definierte k-Werte in die Auswertung eingehen. Da die Reifungskonstante k entsprechend dem Originalgesetz nach Gl. (2.15 a) festgelegt wurde, wären Angaben nach Gl. (2.15 b) – hier beträgt die Konstante $k^* = 8\,k$ – oder Gl. (2.15 c) – hier ist $k_1 = 2 \cdot k^{1/3}$ – besonders zu kennzeichnen.

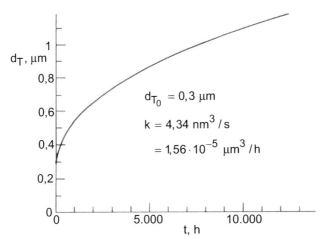

Bild 2.27 Zeitliche Änderung des mittleren Teilchendurchmessers bei der Vergröberung; typische Daten für die γ'-gehärtete Ni-Basislegierung *IN 738 LC* bei 920 °C

In **Bild 2.27** ist exemplarisch dargestellt, wie sich für angenommene Werte von $d_{T0} = 0{,}3$ μm und $k = 1{,}56 \cdot 10^{-5}$ μm³/h der Teilchendurchmesser mit der Zeit bei linearer Achsenteilung ändert (die Werte stammen aus dem nachfolgend vorgestellten Beispiel der γ'-gehärteten Ni-Basislegierung *IN 738 LC*; k gilt hier für 920 °C). **Bild 2.28** gibt die Kurvenverläufe für eine $t^{1/3}$-Abszisse wieder. Die Auftragung $(d_T^3 - d_{T0}^3)^{1/3} = f(t^{1/3})$ ergibt eine Gerade der Steigung k_1; im gewählten Beispiel ist $k_1 = 2\,k^{1/3} = 5 \cdot 10^{-2}$ μm/h$^{1/3}$. Diese Gerade gilt unabhängig vom Ausgangsdurchmesser.

In der Literatur (z. B. in [2.6] für zahlreiche Ni-Basislegierungen) wird meist eine vereinfachte Auftragung der Form $d_T = f(t^{1/3})$ gewählt. Derartige d_T-Kurven sind in Bild 2.28 für drei unterschiedliche Ausgangsdurchmesser zusätzlich eingezeichnet. Unabhängig vom Ausgangsdurchmesser nähern sich die Kurven zu längeren Zeiten asymptotisch der gemeinsamen Geaden mit der Steigung k_1, wenn $d_T^3 \gg d_{T0}^3$ erfüllt ist. Die Werte der d_T-Kurven und der „Meistergeraden" sind etwa ab einer Verdoppelung der Teilchengröße gleich. Je größer der Ausgangsdurchmesser ist, umso länger dauert es folglich, bis die Kurve in die Gerade einmündet (siehe auch Bild 2.20 mit einem nicht linearen Anfangsteil im Vergröberungsbereich).

Für die Praxis kann man aus den Darstellungen ableiten, dass entweder der Ausgangsdurchmesser der Teilchen bekannt sein muss, um die Reifungskonstante zu ermitteln, oder man nur die Werte langer Alterungszeiten berücksichtigen darf. Verbindet man dagegen Kurzzeitwerte durch eine Gerade, welche gar nicht auf einer Geraden liegen dürften, so würde ein viel zu geringer k-Wert vorgetäuscht werden.

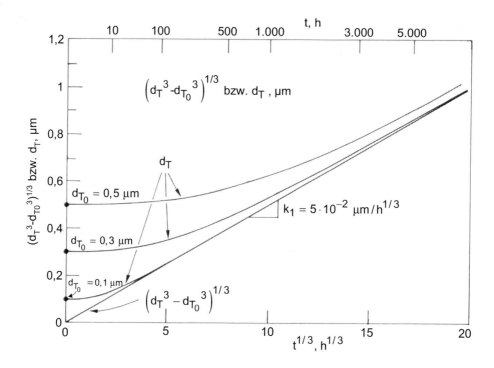

Bild 2.28 Unterschiedliche Darstellungen der Durchmesserverläufe über $t^{1/3}$ für eine Vergröberungskonstante von $k = 1{,}56 \cdot 10^{-5}$ µm³/h $= (k_1/2)^3$
Die Daten wurden für die γ'-gehärtete Ni-Basislegierung *IN 738 LC* bei 920 °C ermittelt.

In Zusammenhang mit dem Reifungsgesetz interessieren zwei Fragestellungen:

1. Wie lässt sich bei der Legierungsentwicklung eine möglichst geringe Teilchenvergröberungskonstante einstellen?
2. Wie lässt sich mit Hilfe dieses Gesetzes die in einem Bauteil eingewirkte Temperatur aus dem Gefüge ermitteln?

2.5 Teilchenvergröberung/Ostwald-Reifung

Zu 1. Aus den grundlegenden Untersuchungen zum Umlösen von Dispersionen [2.4] gehen die Einflussgrößen auf die Reifungskonstante k hervor:

$$k = \alpha \cdot \frac{D \cdot \gamma_{Ph} \cdot c_0 \cdot V_m^2}{R \cdot T} \qquad (2.16\ a)$$

α Konstante; $\alpha = 8/9$ für kugelförmige Teilchen
{Anm.: Für würfelförmige Teilchen wird manchmal $\alpha_W = 64/9$ angegeben [2.7]. Dies resultiert aus dem äquivalenten Radius eines Würfels $r \approx a/2$ (a: Kantenlänge), so dass $a^3 - a_0^3 = k_W \cdot t = 8\ k_K \cdot t$ gilt (k_W, k_K: k-Werte für würfel- bzw. kugelförmige Teilchen). Welcher k-Wert ermittelt wird, ist zu kennzeichnen.}

D Diffusionskoeffizient der langsamsten, d. h. geschwindigkeitsbestimmenden Atomsorte der Teilchen; $[D] = m^2/s$

γ_{Ph} spezifische Phasengrenzflächenenthalpie Matrix/Teilchen; $[\gamma_{Ph}] = J/m^2$

c_0 Sättigungskonzentration des teilchenbildenden Legierungselementes (streng genommen diejenige Konzentration im Gleichgewicht mit „unendlich großen" Teilchen, weil die Teilchengröße die Löslichkeit beeinflusst); $[c_0] = mol/m^3$

V_m Molvolumen der Teilchen; $[V_m] = m^3/mol$ (Anm.: Wird in der Formel statt einer quadratischen eine lineare Abhängigkeit $\sim V_m$ angegeben, so wäre die Konzentration c_0 als dimensionsloser Atombruch zu verstehen.)

Für die gezielte Beeinflussung der Teilchenvergröberungskinetik bei der Legierungsentwicklung sind folgende Einflussgrößen auf die Reifungskonstante wesentlich:

$$k \sim D \cdot \gamma_{Ph} \cdot c_0 \qquad (2.16\ b)$$

Bei der Entwicklung von Hochtemperaturwerkstoffen muss versucht werden, diese Einflussgrößen auf k gezielt zu minimieren. Folgende Möglichkeiten bestehen:

a) Niedriger D-Wert

Bei der Ostwald-Reifung kommt es zur Diffusion der am Aufbau der Teilchen beteiligten Elemente, und zwar findet ein Diffusionsstrom von den sich auflösenden kleineren Partikeln hin zu den sich vergröbernden statt. Geschwindigkeitsbestimmend ist das am langsamsten wandernde Element.

In einer binären Legierung stellt immer das *Legierungs*element den geschwindigkeitsbestimmenden Partner dar, weil das Matrixelement nicht diffundieren muss; es ist bereits vor Ort am vergröbernden Teilchen. Fe_3C vergröbert aus diesem Grund beim Anlassen von Stahl sehr schnell, denn C hat als interstitielles Element einen hohen Diffusionskoeffizienten. Wird dagegen ein Element zulegiert, welches Fe in Fe_3C substituiert oder ein eigenes, stabileres Karbid bildet, so ist der Diffusionskoeffizient dieses Elementes maßgeblich. Beispiel: Mo bildet u. a. Mo_2C-Karbide und diffundiert etliche Größenordnungen langsamer im Fe-Gitter als C.

In $\gamma' = Ni_3(Al, Ti)$-gehärteten Ni-Basislegierungen werden z. B. Nb und/oder Ta legiert, um – neben anderen Effekten – die Vergröberung der γ'-Phase zu verlangsamen. Beide Elemente substituieren zum Teil Al und Ti in diesen Ausscheidungen und weisen einen niedrigen Diffusionskoeffizienten in der Ni-Matrix auf.

b) Niedriger γ_{Ph}-Wert

Je niedriger die Phasengrenzflächenenthalpie der Teilchen zur Matrix ist, umso geringer ist die treibende Kraft, diese Energie durch Vergröberung einzusparen. Ein klassisches Beispiel, bei dem gezielt die Grenzflächenenthalpie der Teilchen minimiert wird, stellen die $\gamma' = Ni_3(Al, Ti)$-gehärteten Ni-Basis-Superlegierungen dar. Üblicherweise treten zwischen γ' und γ Misfit-Werte von $\delta = 0,1$ bis $0,7$ % auf. Durch fein abgestimmte Legierungsmaßnahmen gelingt es, die Gitterparameter auf nahezu identische Werte zu bringen. Damit werden zwar die Verzerrungsenthalpie und die Kohärenzspannungen um die Teilchen herum reduziert mit negativen Auswirkungen auf die Kurzzeitfestigkeit. Gleichzeitig vermindert sich aber die Grenzflächenenthalpie, was sich positiv auf die Langzeitstabilität des γ'-Gefüges bei hohen Temperaturen auswirkt. Die Langzeitfestigkeitswerte werden somit höher liegen als bei vergleichbaren Legierungen mit größerem Fehlpassungsparameter. Zu beachten ist, dass für die treibende Vergröberungskraft der *Misfit* bei der jeweiligen Betriebstemperatur maßgeblich ist. Die bei Raumtemperatur gemessenen Werte sind oft nicht repräsentativ für höhere Temperaturen.

c) Niedriger c_0-Wert

Eine hohe Stabilität einer zweiten Phase bei hohen Temperaturen kommt dann zustande, wenn die Elemente, welche die Phase aufbauen, eine sehr geringe Löslichkeit in der Matrix aufweisen oder – was gleichbedeutend ist – die Phase eine geringe Löslichkeit in der Matrix zeigt. Dies trifft z. B. für viele Oxide in diversen Matrixgittern zu. Hier liegt der Grundgedanke der Dispersionslegierungen, bei denen die Teilchen nicht durch klassische Ausscheidungswärmebehandlung erzeugt, sondern z. B. durch innere Oxidation oder auf pulvermetallurgischem Wege eingebracht werden (siehe Kap. 6.8). Die ersten hochfesten Legierungen dieser Art waren TD-Nickel (*Thorium-dispersed*: ThO_2-dispergiertes Nickel) und seine Weiterentwicklungen sowie SAP-Aluminium (*Sintered Aluminium Powder*: Al_2O_3- und Al_4C_3-dispergiertes Aluminium). Mechanisch legierte

2.5 Teilchenvergröberung/Ostwald-Reifung

ODS-Legierungen stellen moderne Dispersions-Hochtemperaturwerkstoffe dar, bei denen durch Pulvermahlen hyperfeine Y_2O_3-Teilchen mit einer Größe von ca. 20 bis 40 nm in einer Ni- oder Fe-Matrix erzeugt werden (siehe Bild 6.53). Bedingt durch die extrem geringe Löslichkeit dieser Oxide in der Matrix kommt es selbst bei Temperaturen um 1100 °C nur zu relativ geringen Vergröberungserscheinungen der Teilchen. Außerdem diffundieren die oxidbildenden Elemente sehr langsam in der Ni-Matrix (Effekt unter a). ODS-Legierungen zeichnen sich deshalb durch sehr hohe Gefügestabilität und hohe Langzeitfestigkeit aus.

Zu 2. Grundsätzlich bietet sich bei bekannter Vergröberungskinetik für einen bestimmten Werkstoff die Möglichkeit, aus dem Gefüge die eingewirkte Temperatur zu ermitteln, wenn die Zeit der thermischen Beanspruchung bekannt ist. Diese Aufgabe stellt sich häufig in Zusammenhang mit Temperaturabschätzungen bei Schadenuntersuchungen, bei unbeabsichtigten Bauteilüberhitzungen oder ergänzend zu Berechnungen und Messungen an neu entwickelten Anlagen. Um die gemessenen Teilchendurchmesser den (T; t)-Werten zuordnen zu können, muss die Temperaturfunktion der Reifungskonstanten bekannt sein. Diese ergibt sich aus Glühversuchen für den betreffenden Werkstoff bei einigen Temperaturen im interessierenden Bereich. Wenn in einem zu betrachtenden Temperaturintervall die Löslichkeit c_0 der Teilchen in der Matrix als konstant angenommen wird, d. h. der Volumenanteil sich nicht ändert, so wird die Temperaturabhängigkeit der Reifungskonstanten k entsprechend Gl. (2.16 a) ausgedrückt durch:

$$k = C \cdot \frac{D}{T} \qquad C = \text{const.} \tag{2.16 c}$$

Mit der Temperaturabhängigkeit des Diffusionskoeffizienten

$$D = D_0 \cdot e^{-\frac{Q}{R \cdot T}} \qquad \text{s. Gl. (1.13)}$$

ergibt sich nach Logarithmieren der Zusammenhang:

$$\lg(k \cdot T) = C_1 - \frac{0{,}434 \cdot Q}{R} \cdot \frac{1}{T} \qquad C_1 = \text{const.} \tag{2.17}$$

Die Auftragung lg (k·T) gegen 1/T sollte also eine Gerade der Steigung $-0{,}434\,Q/R$ ergeben, aus der sich die Aktivierungsenergie der Teilchenvergröberung ermitteln lässt. Wie zu erwarten, werden dabei meist Werte gefunden, die der Aktivierungsenergie der Fremddiffusion des geschwindigkeitsbestimmenden Elementes der Vergröberung entsprechen. Aus dieser Darstellung und mit Hilfe der dazu bestimmbaren Funktion entsprechend Gl. (2.17) können nun für alle

Temperaturen in dem betrachteten Intervall die k-Werte angegeben und somit die mittleren Teilchendurchmesser nach beliebigen Zeiten errechnet werden. Der mittlere Ausgangsdurchmesser muss dabei nur dann bekannt sein, wenn der Vergröberungsdurchmesser nicht deutlich darüber liegt (siehe Ausführungen zu Bild 2.28). Sollte sich in dem zu untersuchenden Temperaturbereich der Teilchenvolumenanteil nennenswert ändern, so wäre zusätzlich die Abhängigkeit $c_0 = f(T)$ zu betrachten, und es ist dann kein Geradenverlauf mehr zu erwarten. Eine Extrapolation zu Temperaturen, bei denen der Ausscheidungsanteil deutlich abnimmt, ist also nicht zulässig. Bei überhitzten Gefügen ist dies streng zu beachten.

Bei Legierungen mit einem nicht zu hohen Anteil an zweiter Phase und bei monodispersem Gefüge, d. h. bei gleichmäßiger Teilchengröße, -form und -verteilung, lassen sich Auswertungen nach obigen Gesetzmäßigkeiten meist mit ausreichender Genauigkeit durchführen. Bei anderen Gefügezuständen stellen sich jedoch mess- und auswertetechnische Probleme ein. Besonders bei den hoch γ'-haltigen Ni-Basis-Gusslegierungen, wie sie vorwiegend für den Turbinenbau eingesetzt werden, sind die genannten Gefügemerkmale nicht erfüllt. Vielmehr besteht bereits im Ausgangszustand ein erheblicher Unterschied in der γ'-Zusammensetzung, -Größe, -Größenverteilung sowie -Form zwischen den Dendritenkernen und den interdendritischen Gebieten und Korngrenzenbereichen. Bei der Vergröberung können die γ'-Teilchen in unterschiedlichen Formen zusammenwachsen, z. B. kleeblattförmig oder floßartig, so dass die Entscheidung, ob es sich noch um getrennt auszuwertende oder bereits um ein vergröbertes Teilchen handelt, schwer zu treffen ist. Die Angabe eines äquivalenten Durchmessers ist daher oft grob fehlerbehaftet und sollte unterbleiben.

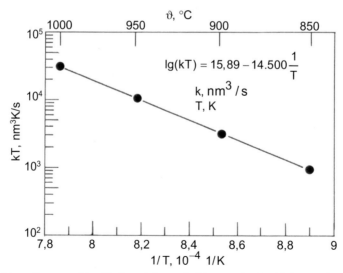

Bild 2.29 Vergröberungskinetik der γ'-Ausscheidungen in der Ni-Basis-Gusslegierung *IN 738 LC* (nach [2.9])

2.5 Teilchenvergröberung/Ostwald-Reifung

Im Übrigen ist auf die eingangs erwähnten Einschränkungen der Lifshitz-Slyozov-Wagner-Theorie zu verweisen, wonach diese streng genommen nur gilt, wenn der Ausscheidungsanteil nicht zu hoch ist und wenn keine elastischen Verspannungen auftreten. Diese Kriterien schließen die Anwendung der Theorie auf die γ'-Phase in Ni-Al-Legierungen jedoch in relativ weiten Grenzen nicht aus [2.7]. Bei sehr hohen Gehalten dieser Phase von ca. 60 Vol.-% wird ein Vergröberungsverhalten nach Gl. (2.15) gefunden, solange die Teilchen kubisch und kohärent sind [2.8]. Verlieren sie ihre Kohärenz, bilden sich Platten, deren Größe sich nicht weiter ändert.

Bild 2.29 stellt das Ergebnis einer Auswertung an der γ'-haltigen Ni-Basislegierung *IN 738 LC* mit ca. 40 bis 45 Vol.-% γ' dar. Hierbei wurden langzeitige Glühversuche zugrunde gelegt, und die γ'-Größenbestimmung erfolgte ausschließlich in den monodispersen Dendritenkernbereichen. Die gewählte Ausgangswärmebehandlung erzeugte in den Dendritenkernen ein annähernd monodisperses und in den interdendritischen Bereichen ein bidisperses Teilchengefüge. Auf diese Weise konnte mit zufriedenstellend geringer Streuung eine Temperaturfunktion für die γ'-Reifungskonstante ermittelt werden. Die zugeschnittene Größengleichung entsprechend Gl. (2.17) lautet in diesem Fall:

$$\lg (k \cdot T) = 15{,}89 - 14{.}500 \cdot \frac{1}{T} \quad \text{mit } [k] = nm^3/s \text{ und } [T] = K \quad (2.18)$$

k ist dabei nach Gl. (2.15 a) definiert. Diese Beziehung kann für die untersuchte Legierung bis etwa 1000 °C angewandt werden, weil der γ'-Volumenanteil bis zu dieser Temperatur noch nicht stark absinkt. Die Aktivierungsenergie errechnet sich gemäß Gln. (2.17) und (2.18) aus dem Vorfaktor von 1/T zu Q = 278 kJ/mol, was gut mit der Aktivierungsenergie für die Al-Diffusion in Ni übereinstimmt.

Bild 2.30 zeigt die aus obiger Gleichung abgeleitete Darstellung $\lg k = f(\vartheta)$, um die k-Werte für verschiedene Temperaturen direkt ablesen zu können. Der in dem betrachteten Temperaturbereich nur leicht gekrümmte Kurvenverlauf lässt sich gut durch eine Gerade anpassen, welche in diesem Fall folgender zugeschnittenen Größengleichung gehorcht:

$$\lg k = -8{,}5131 + 9{,}94 \cdot 10^{-3} \cdot \vartheta \quad \text{mit } [k] = nm^3/s \text{ und } [\vartheta] = °C \quad (2.19 \text{ a})$$

oder

$$\lg k = -13{,}96 + 9{,}94 \cdot 10^{-3} \cdot \vartheta \quad \text{mit } [k] = \mu m^3/h \text{ und } [\vartheta] = °C \quad (2.19 \text{ b})$$

Da für die beschriebene praktische Fragestellung die Temperatur zu ermitteln ist, wird Gl. (2.19) mit Gl. (2.15 b) verknüpft, und man erhält die Beziehung:

$$\vartheta = 1404 + 100{,}6 \cdot \lg \frac{d_T^3 - d_{T_0}^3}{8\,t} \quad \text{mit } [\vartheta] = °C, [d] = \mu m \text{ und } [t] = h \quad (2.20)$$

Bei sehr hohen Temperaturen, bei denen die Löslichkeitslinie für die betreffende Phase stark gekrümmt verläuft, empfiehlt sich eine Temperaturabschätzung über den Volumenanteil dieser Phase anstelle der Durchmesserauswertung. Voraussetzung hierfür ist, dass der Volumenanteil genau genug bestimmbar ist. Bei sehr hohen Temperaturen stellt sich der zugehörige Volumenanteil in recht kurzen Zeiten auf den Gleichgewichtswert ein, so dass der Versuchsaufwand, eine (V_T; T)-Kurve zu erstellen, erheblich geringer ist als für ein Vergröberungsgesetz.

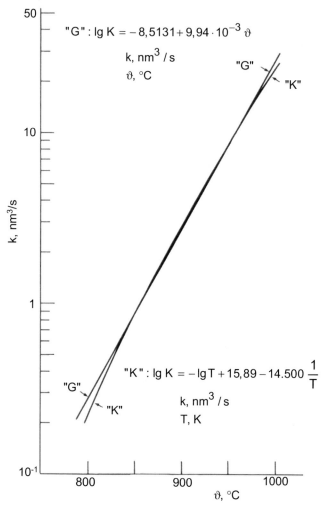

Bild 2.30 Temperaturabhängigkeit der Vergröberungskonstanten für γ'-Ausscheidungen in der Ni-Basis-Gusslegierung *IN 738 LC* (Daten aus [2.9]); „K" gibt die exakte Kurve wieder, „G" die Näherungsgerade

2.6 Gefügebedingte Volumenänderungen

In mehrphasigen Legierungen treten bei hohen Temperaturen oft Gefügeinstabilitäten auf, welche zu Volumenänderungen des Werkstoffes führen. Ohne äußere Belastung werden – je nach Legierung, Legierungszustand, Temperatur und Zeit – Längenkontraktionen von bis zu einigen zehntel % berichtet (Zusammenstellung in [2.10]). Auch Dilatationen sind vereinzelt gemessen worden. Die in Zusammenhang mit Kontraktionen geprägte Bezeichnung *negatives Kriechen* geht auf die Erscheinung zurück, dass unter bestimmten Umständen in Kriechversuchen an den betreffenden Legierungen negative Dehnungen gemessen werden [2.11]. Bei entsprechend geringen äußeren Spannungen kann eine gefügebedingte Probenverkürzung gegenüber der durch tatsächliche Kriechvorgänge hervorgerufenen, positiven Kriechdehnung überwiegen, und es kommt zu negativen Gesamtdehnungen.

Bild 2.31 zeigt ein Beispiel für die Legierung *IN 939* mit sehr langen Laufzeiten. In vergleichbarer Weise kann die Kontraktion zu einem Spannungsanstieg im Relaxationsversuch führen, wie am Beispiel des Werkstoffes *A 286* in **Bild 2.32** veranschaulicht. Überwiegt die normale Kriechdehnung bzw. Spannungsabnahme zu jedem Zeitpunkt, so kann aus den Kriech- oder Relaxationskurven nicht unmittelbar auf eine eventuell vorhandene gefügebedingte Kontraktion geschlossen werden. In der Regel liegt eine überlagerte Volumenänderung durch Gefügeinstabilitäten vor.

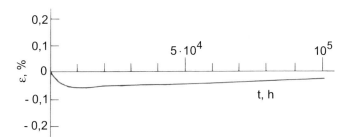

Bild 2.31 Anfangsbereich einer Kriechkurve der Ni-Basis-Gusslegierung *IN 939* mit negativen Dehnungen bei 600 °C und einer für diese Temperatur sehr geringen Spannung von 350 MPa [2.12]

Die mikrostrukturellen Interpretationen zum negativen Kriechen sind keineswegs für alle Werkstoffe einheitlich und in jedem Fall klar [2.10]. Infrage kommen:

- Ausscheidungsvorgänge aus übersättigten Lösungen
- Ausscheidungsumwandlungen
- Ausscheidungsumlösungen (Vergröberung)
- Bildung von Überstrukturphasen, z. B. Ni_2Cr in Ni-Cr-Legierungen.

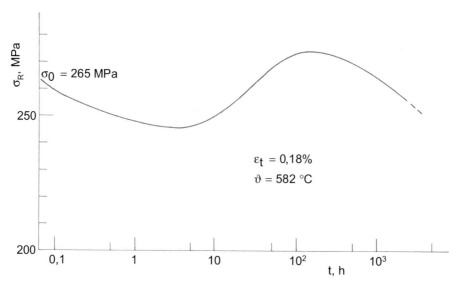

Bild 2.32 Spannungsverlauf im Relaxationsversuch des austenitischen Stahles *A 286* bei 582 °C und einer konstant gehaltenen Dehnung von 0,18 %

Während die Ausscheidungen aus übersättigten Lösungen bei hohen Temperaturen meist nach relativ kurzen Zeiten ihren Gleichgewichtsvolumenanteil erreichen, können sich die Ausscheidungsumwandlungen und -umlösungen über sehr lange Zeiträume abspielen. Letzteres erklärt, warum bei Langzeituntersuchungen an komplexen Hochtemperaturlegierungen gefügebedingte Längenänderungen auch nach z. B. 40.000 h noch keinen Sättigungswert erreichen [2.12, 2.13].

In mehreren Arbeiten wird ein Zusammenhang zwischen der Gitterkonstantenabnahme oder der Volumenkontraktion und der Ausscheidung der γ'-Phase in Ni-Basislegierungen hergestellt [2.14]. Dagegen werden die Vergröberung sowie die Morphologieänderungen der γ'-Phase am Beispiel der Legierung *IN 738 LC* (bei konstantem ausgeschiedenen Volumenanteil) nicht mit den gemessenen langzeitigen Probenkontraktionen in Verbindung gebracht. Auch die in vielen Ni-Basislegierungen vorzufindende Karbidumwandlung

$$MC + \gamma_1 + \gamma'_1 \rightarrow M_{23}C_6 + \gamma_2 + \gamma'_2 \qquad (2.21)$$

kann die Kontraktionen nicht direkt erklären (die Indizes 1 und 2 stehen für leicht unterschiedliche γ- bzw. γ'-Zusammensetzungen). Vielmehr wird angenommen, dass die mit dieser Phasenreaktion verbundenen Änderungen der γ- und γ'-Zusammensetzungen für die Längenabnahmen verantwortlich sind. Während „M" in den MC-Karbiden vorwiegend für Ti, Ta und Nb steht, enthalten die $M_{23}C_6$-Karbide hauptsächlich Cr, Mo und W. Auch die – meist erst nach langen

Zeiten auftretende – topologisch dichtest gepackte TCP-Phase σ mit einer komplexen Zusammensetzung $(Fe,Ni,Co)_x(Cr,Mo,W)_y$ kann kontrahierend wirken (x, y ≈ 1).

Technisch wirken sich Volumenänderungen bei Verformungsbehinderung in Bauteilen aus. Vereinzelte Brüche von Spannbolzen zur Verschraubung von Turbinengehäusen aus der γ'-gehärteten Ni-Basislegierung *Nimonic 80A* wurden u. a. auf diese Effekte zurückgeführt [2.15]. Bei Komponenten, welche unterschiedliche Temperaturen aufweisen, tritt auch ungleichmäßiges negatives Kriechen auf, weil dieser Vorgang temperturabhängig ist. Den Wärmespannungen überlagern sich dann Spannungen aufgrund der Gefügeveränderungen. Bei korrosionsbedingten Volumenänderungen bauen sich ebenfalls inhomogene Spannungs- und Verformungsverteilungen auf (Kap. 5.10). Da diese Vorgänge jedoch kaum rechnerisch zu erfassen sind, bleiben sie gegenüber den Hauptbelastungen in der Regel unberücksichtigt.

Weiterführende Literatur zu Kap. 2

F. Haessner (Ed.): Recrystallisation of Metallic Materials, Dr. Riederer Verlag, Stuttgart, 1978.

J. F. Humphreys, M. Hatherly: Recrystallization and Related Annealing Phenomena, Elsevier Science Pergamon, Oxford, 1995

D.A. Porter, K.E. Easterling: Phase Transformations in Metals and Alloys, 2nd Ed., Chapman & Hall, London, 1992.

3 Hochtemperaturfestigkeit und -verformung

3.1 Allgemeines

Bei einer homologen Temperatur von etwa 0,4 T_S vollzieht sich ein *fließender* Übergang von *zeitunabhängiger* zu *zeitabhängiger* Festigkeit und Verformung. Bei Vorgängen unterhalb rund 0,4 T_S spricht man von Tieftemperatur- oder Kaltverformung, oberhalb etwa 0,4 T_S von Hochtemperatur- oder Warmverformung. Im Gegensatz zu tiefen Temperaturen bleiben die Versetzungen bei hohen Temperaturen nach der Belastung nicht eingefroren, sondern ein Teil von ihnen befindet sich in Bewegung und liefert kontinuierlich Kriechverformung.

Die aus dem Bereich der Kaltverformung bekannten Mechanismen zur Festigkeitssteigerung

- Versetzungshärtung
- Feinkornhärtung
- Mischkristallhärtung
- Teilchenhärtung

sind bei hohen Temperaturen nur eingeschränkt wirksam, **Tabelle 3.1**. Versetzungshärtung durch Kaltverformung ist bei hohen Temperaturen ein untaugliches Mittel zur dauerhaften Festigkeitssteigerung. Die erzeugte Versetzungsstruktur erholt sich im Laufe der Zeit, so dass eine anfänglich hohe Festigkeit allmählich verloren geht. Bei entsprechend hohen Verformungsgraden, ausreichend hohen Temperaturen und genügend langen Zeiten kann es auch zu Rekristallisation kommen mit einer unerwünschten Gefügeausbildung. Der Einfluss einer Kaltvorverformung auf die Zeitbruchverformung und Zeitstandfestigkeit ist in vielen Fällen negativ.

Feinkornhärtung, die bei tiefen Temperaturen die einzige Maßnahme zur *gleichzeitigen* Festigkeits-, Duktilitäts- und Zähigkeitssteigerung darstellt, erweist sich bei hohen Temperaturen ebenfalls als ungeeignete Maßnahme zur Anhebung der Festigkeit. Im Kriechbereich bewirkt vielmehr ein grobkörniges Gefüge eine höhere Festigkeit. Feinkörnigkeit ist bei hohen Temperaturen lediglich dann von Vorteil, wenn hohes Verformungsvermögen gefragt ist, wie z. B. bei Umformprozessen.

Der Mechanismus der Mischkristallhärtung wirkt prinzipiell bis zum Schmelzpunkt. Allerdings lässt die Hinderniswirkung der Fremdatome mit steigender Temperatur nach. Andere mit den Legierungsmaßnahmen verknüpfte Effekte können sich günstig auf die Kriechfestigkeit auswirken, wie z. B. eine Verringerung der Stapelfehlerenergie. Die bei einigen Legierungen im Tieftemperaturbereich sehr wirksame Streckgrenzensteigerung durch interstitiell gelöste Fremdatome, besonders bei C-Stählen, hat bei hohen Temperaturen keinerlei Bedeutung. Die Fremdatomwolken um die Versetzungen lösen sich auf oder es bilden sich Ausscheidungen mit diesen Atomen, wie Karbide oder Nitride.

Die bedeutendste Festigkeitssteigerung bei hohen Temperaturen wird durch Teilchen einer zweiten Phase erreicht. Sie stellen ein wirksames Hindernis für die Versetzungsbewegung dar, wobei allerdings Unterschiede zu den Wechselwirkungen bei tiefen Temperaturen zu diskutieren sein werden. In hoch entwickelten Superlegierungen beträgt der Ausscheidungsvolumenanteil bis zu ca. 60 %. Grundsätzlich besitzen Dispersionslegierungen, bei denen die Teilchen eine vernachlässigbare Löslichkeit in der Matrix aufweisen, das höchste Härtungspotenzial bei sehr hohen Temperaturen.

Tabelle 3.1 Relative Festigkeitssteigerung durch die vier grundlegenden Härtungsmechanismen im Bereich tiefer Temperaturen und beim Kriechen

Mechanismus → Temperaturbereich ↓	Versetzungshärtung	Feinkornhärtung	Mischkristallhärtung	Teilchenhärtung
< ca. $0{,}4 \cdot T_S$; Kaltverformung	stark	mittel	mittel bis stark	mittel bis stark
> ca. $0{,}4 \cdot T_S$; Kriechen	Nur zeitlich begrenzte Festigkeitssteigerung; reduziert meist die Zeitbruchverformung und oft auch die Zeitstandfestigkeit; bewirkt evtl. Rekristallisation zu Feinkorn	Festigkeits*ab*nahme bei feinerem Korn; Grobkorngefüge erforderlich	mittel	mittel bis stark

3.2 Grundlagen der Hochtemperaturverformung

Zur Interpretation der Versetzungsreaktionen während der Verformung teilt man am geeignetsten die außen anliegende Spannung σ_a auf in einen thermisch aktivierbaren Anteil σ_{eff}, auch effektiver oder thermischer Spannungsanteil genannt, und einen nicht thermisch aktivierbaren oder athermischen Term σ_i, die inneren Spannungen, auf:

$$\sigma_a = \sigma_{eff} + \sigma_i \qquad (3.1)$$

mit

$\sigma_{eff} = f(T, \dot{\varepsilon})$ andere Bez.: σ^*, σ_S *thermischer* Anteil, thermisch aktivierbar: • Peierls-Spannung • Schneidspannung • Quergleitspannung	$\sigma_i \neq f(T, \dot{\varepsilon})$; nur leicht von T abhängig über E = f(T) bzw. G = f(T); andere Bez.: σ_G *athermischer* Anteil, nicht thermisch aktivierbar: • innere Spannungen durch Spannungsfelder der Versetzungen

Spannungsanteile in homogenen oder heterogenen Legierungen durch Hindernisse von Fremdatomen und Teilchen sind in dieser Aufteilung noch unberücksichtigt. Die thermisch aktivierbaren Elementarprozesse der Versetzungsbewegung bestimmen die Temperatur- und Zeitabhängigkeit der Verformungsvorgänge:

a) Versetzungsgleiten

Als Minimalbetrag an Spannung muss beim Gleiten die Gitterreibung überwunden werden. Diesen Widerstand, den eine Versetzung beim Gleiten durch ein ansonsten fehlstellenfreies Gitter erfährt, nennt man *Peierls-Nabarro-Spannung* (oft kurz: Peierls-Spannung). Sie ist hoch bei Kristallen mit Ionenbindung oder kovalenter Bindungsart, z. B. Al_2O_3 oder Si und Ge. Bei rein metallischer Bindung nimmt die Peierls-Spannung dagegen nur nennenswerte Beträge bei krz-Metallen an, bei kfz- und hdP-Metallen ist sie bei üblichen Anwendungstemperaturen vernachlässigbar klein.

Die thermische Fluktuation der Atome bewirkt, dass die Gitterreibung auch bei krz-Metallen bereits ab ca. $0,15\,T_S$ vollständig durch thermische Aktivierung überwunden wird. Der mechanisch aufzubringende Anteil der Peierls-Spannung ist oberhalb dieser Temperaturen daher bei krz-Metallen und Legierungen vernachlässigbar. Allerdings ist der Einfluss der Verformungsgeschwindigkeit $\dot{\varepsilon}$ zu beachten: Je höher diese ist, umso höher liegt die Temperatur für vollständige thermische Aktivierung, weil die Wahrscheinlichkeit thermischer Aktivierung mit steigender Verformungs- und damit Laufgeschwindigkeit der Versetzungen bei konstanter Temperatur abnimmt (siehe auch weiter unten stehende Erläuterungen).

b) Schneiden von Versetzungen und Quergleiten von Schraubenversetzungen

Aufgespaltene Versetzungen müssen vor dem Schneiden und dem Quergleiten ihr Stapelfehlerband einschnüren. Dies kann sowohl durch eine entsprechend hohe außen angelegte mechanische Spannung geschehen als auch thermisch aktiviert. Bei ausreichend hohen Temperaturen ist die thermische Schwingung der Atome so stark, dass die Aufspaltung ohne nennenswerte mechanische Spannung rückgängig gemacht wird, wenn der Schneid- oder Quergleitprozess ansteht.

Für die vollständige thermische Aktivierung des Schneidens und Quergleitens reichen homologe Temperaturen von rund 0,2 T_S aus. Zum Einfluss der Verformungsgeschwindigkeit gilt die gleiche Anmerkung wie beim Versetzungsgleiten. Für die Hochtemperaturverformung bei $T >$ ca. 0,4 T_S spielen die drei genannten Elementarvorgänge der Versetzungsbewegung keine beachtenswerte Rolle hinsichtlich ihres Spannungsbedarfs.

c) Klettern von Stufenversetzungen

Im Klettern von Stufenversetzungen, welches schematisch in **Bild 3.1** dargestellt ist, liegt der entscheidende Unterschied der Verformungsvorgänge zwischen tiefen und hohen Temperaturen. Voraussetzung sind Atomplatzwechsel über einen Leerstellenmechanismus. An die Versetzungslinie müssen entweder Atome angelagert werden (*negatives Klettern*) oder es werden Atome von ihr entfernt (*positives Klettern*, wie in Bild 3.1).

Diffusion auf regulären Gitterplätzen findet mit nennenswerter Geschwindigkeit erst oberhalb ca. 0,4 T_S statt. Bei tieferen Temperaturen sind die Stufenversetzungen deshalb so gut wie nicht imstande, ihre Gleitebenen durch Kletterprozesse zu verlassen. Abweichend von den drei anderen thermisch aktivierbaren Elementarprozessen kann der Klettervorgang nicht durch eine mechanische Spannung erwirkt werden, weil eine solche die Diffusion nicht in erheblichem Maße beschleunigt (Anm.: Der Einfluss einer Kletterkraft, der so genannten *Peach-Köhler-Kraft*, sei hier unberücksichtigt). Das Klettern taucht daher in der Erläuterung der Spannungsterme nach Gl. (3.1) nicht auf.

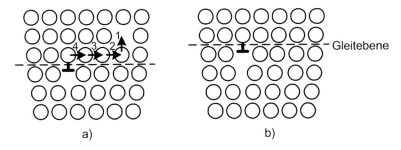

Bild 3.1 Klettern von Stufenversetzungen
Wo die Ziffer 1 steht, möge sich eine Leerstelle befinden. In der Reihenfolge 1 bis 4 müssen die Atome ihre Plätze wechseln. Dadurch wird die Versetzung an dieser Stelle um einen Atomabstand nach oben auf eine parallele Gleitebene angehoben. Das Gleiche geschieht an anderen Positionen entlang der Versetzungslinie.

Bei tiefen Temperaturen bleibt aufgrund der Tatsache, dass die Stufenversetzungen an ihre Gleitebene gebunden sind, eine bei einer bestimmten Spannung und Temperatur eingestellte Versetzungsstruktur über technisch unendlich lange Zeiten eingefroren. Bei hohen Temperaturen gerät sie dagegen unter dem Einfluss von Temperatur und Zeit sowie gegebenenfalls auch einer außen anliegenden Spannung in Bewegung. Folgende Möglichkeiten ergeben sich aufgrund der Mobilität der Stufenversetzungen durch Klettern:

- Stufenversetzungen ungleichen Vorzeichens können aufeinander zuklettern und sich auslöschen, **Bild 3.2 a)**.
- Stufenversetzungen gleichen Vorzeichens können sich energetisch günstiger umordnen in Kleinwinkelkorngrenzen, in denen sich die Spannungsfelder der Versetzungen teilweise kompensieren, **Bild 3.2 b)**.
- Stufenversetzungen können Hindernisse in der Gleitebene überklettern, was besonders für Teilchen bedeutend ist, **Bild 3.2 c)**.
- Sprungbehaftete Schraubenversetzungen können schneller und unter geringerem Kraftaufwand gleiten, weil sich der Sprung, welcher Stufencharakter hat, diffusionsgesteuert mitbewegen kann und sich der Schraubenanteil nicht oder nicht so stark zu Dipolen ausbaucht, **Bild 3.2 d)**.

Der effektive Spannungsanteil in Gl. (3.1) hängt außer von der Temperatur von der Dehnrate $\dot{\varepsilon}$ ab. Dies ist auf den Zeiteinfluss bei der thermischen Aktivierung zurückzuführen. Mit zunehmender Zeit – entsprechend geringerer Dehnrate – wächst die Wahrscheinlichkeit der thermischen Aktivierung eines Elementarvorganges, so dass im Mittel eine geringere mechanische Spannung für dieses Ereignis aufzubringen ist. Da oberhalb ca. 0,2 T_S der thermische Spannungsanteil σ_{eff} vernachlässigbar wird, hält sich bei höheren Temperaturen die außen angelegte Spannung etwa das Gleichgewicht mit den athermischen inneren Spannungen: $\sigma_a \approx \sigma_i$. Die inneren Spannungen stehen mit der Versetzungsdichte in folgendem Zusammenhang:

$$\sigma_i = \alpha \cdot G \cdot b \cdot \sqrt{\rho} \qquad (3.2)$$

α Konstante $\approx$ 0,3 bis 1 (je nach Versetzungsanordnung)

Die inneren Spannungen repräsentieren hier die langreichweitigen Spannungsfelder der Versetzungen, die eine Gitterverzerrung bewirken. Das Hindurchdrücken von Versetzungen durch diese Hindernisse erfordert die so genannte Passierspannung in Höhe von σ_i. Dieser Spannungsanteil ist lediglich über den Schubmodul (G) von der Temperatur abhängig; G nimmt mit steigender Temperatur leicht ab.

Bei Anliegen einer äußeren mechanischen Spannung lassen sich die mikrostrukturellen Vorgänge im Werkstoff bei hohen Temperaturen grundsätzlich in erholende (= entfestigende) und verfestigende Mechanismen aufteilen. Die Erho-

3.2 Grundlagen der Hochtemperaturverformung

lungs- oder Entfestigungsgeschwindigkeit r (*recovery*) ergibt sich aus der Steigung der (σ; t)-Kurve in einem Spannungsrelaxationsversuch (siehe Kap. 3.15, Bild 3.57 und 3.58). Da der Spannungsabbau auf das Auslöschen von Versetzungen zurückzuführen ist, entspricht die Erholungsrate ebenso der zeitlichen Änderung der Versetzungsdichte:

$$r_\sigma = -\frac{d\sigma}{dt} \quad \text{oder} \quad r_\rho = -\frac{d\rho}{dt} \tag{3.3}$$

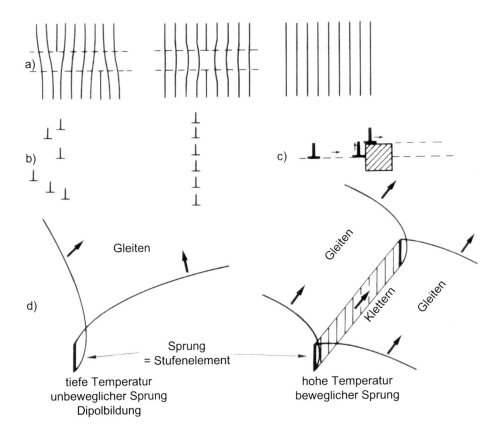

Bild 3.2 Möglichkeiten der Versetzungsbewegung aufgrund des Kletterns von Stufenversetzungen
  a) Auslöschen von Stufenversetzungen ungleichen Vorzeichens
  b) Umordnen von Stufenversetzungen gleichen Vorzeichens in Kleinwinkelkorngrenzen
  c) Überklettern von Hindernissen/Teilchen
  d) Vergleich der Bewegung sprungbehafteter Schraubenversetzungen bei tiefen und hohen Temperaturen

Da die Steigung negativ ist, ergibt sich durch das Minuszeichen definitionsgemäß ein positiver Wert für die Erholungsrate. Die Versetzungsdichte liefert im Sinne von Gl. (3.3) die treibende Kraft für die Erholung. Sie wird kontinuierlich abgebaut, und daher verlangsamt sich die Erholungsrate und strebt gegen null. Sobald Polygonisation eingetreten ist, d. h. eine Versetzungsstruktur mit einem Subkorngefüge und einem versetzungsarmen Subkorninneren, ändert sich die Restspannung nur noch langsam und die Erholungsrate ist entsprechend gering. Weitere Erholung durch Vergröberung der Subkörner verläuft träge, weil darin keine große treibende Kraft steckt aufgrund der bereits teilweise kompensierten Spannungsfelder. Erholung allein verursacht makroskopisch keine Formänderung, weil sich die Versetzungsbewegungen in ihren Richtungen gegenseitig aufheben.

Liegt eine äußere Spannung an, verursacht diese gleichzeitig mit den Erholungsvorgängen eine Verfestigung aufgrund von Versetzungserzeugung. Diese Härtung h (*hardening*) lässt sich als Zunahme der Spannung oder Versetzungsdichte mit der plastischen Verformung ε kennzeichnen:

$$h_\sigma = \frac{d\sigma}{d\varepsilon} \quad \text{oder} \quad h_\rho = \frac{d\rho}{d\varepsilon} \tag{3.4}$$

Entsprechend den wirksamen Spannungskomponenten findet dabei eine *gerichtete* Versetzungsbewegung statt, so dass im Gegensatz zur alleinigen Erholung makroskopische Verformung erzeugt wird.

Das gleichzeitige Auftreten von Erholung/Entfestigung und Verfestigung bei der Hochtemperaturverformung bewirkt, dass ausgelöschte Versetzungen immer wieder durch neu gebildete ersetzt werden können. Hierdurch entsteht die erwähnte Dynamik in der Versetzungsstruktur, die es bei tiefen Temperaturen nicht oder nicht in nennenswertem Maße gibt.

3.3 Kriechen

In **Tabelle 3.2** sind die wesentlichen Merkmale der Verformung bei tiefen und hohen Temperaturen gegenübergestellt. Die Angaben sind vereinfacht und anwendungsbezogen zu verstehen und berücksichtigen nicht die grundsätzlich auch bei tiefen Temperaturen möglichen zeitabhängigen Vorgänge, weil sich diese in technisch irrelevanten langen Zeiträumen abspielen. Liegt oberhalb etwa 0,4 T_S an einem Werkstoff eine Spannung an, so bewirkt das Klettern von Stufenversetzungen zeitabhängige plastische Verformung, die man als *Kriechen* bezeichnet. Mit diesem Begriff ist ein „schleichender" Prozess gemeint, der unter technischen Bedingungen langsam abläuft und nicht zum Stillstand kommt, solange eine äußere Last einwirkt. Die sich einstellende Kriechdehnung ε_f lässt sich durch folgende Parameter beschreiben:

$$\varepsilon_f = f(\sigma, T, t, \text{Werkstoff und Werkstoffzustand}) \tag{3.5}$$

Tabelle 3.2 Vergleich der Merkmale statischer Verformung bei tiefen und bei hohen Temperaturen

Temperaturen < ca. 0,4 T_S	Temperaturen > ca. 0,4 T_S
Die Festigkeitskennwerte sind zeit*un*abhängig (Streckgrenze, Zugfestigkeit).	Die Festigkeitskennwerte sind zeitabhängig (Zeitdehngrenze, Zeitstandfestigkeit).
Stufenversetzungen können ihre Gleitebene nicht verlassen; die Versetzungsanordnung bleibt langzeitig eingefroren.	Stufenversetzungen können ihre Gleitebene durch Klettern verlassen; die Versetzungen sind nicht eingefroren, sondern ständig in Bewegung.
Plastische Verformung findet nur oberhalb einer Mindestspannung (= Fließgrenze) statt.	Kriechverformung ist bei allen Spannungen möglich.
Der Verformungsbetrag bei konstanter Spannung stellt sich praktisch spontan und zeitunabhängig ein.	Der Verformungsbetrag stellt sich zeitabhängig ein.
Weitere Verformung ist nur bei Spannungssteigerung möglich.	Bei konstanter Spannung findet stetige Verformung statt.
Die Versetzungslaufwege sind durch Korngrenzen begrenzt; dies führt auf die Hall-Petch-Beziehung (Feinkornhärtung).	Die Versetzungslaufwege sind viel geringer als der Kornradius; die Hall-Petch-Beziehung gilt im Kriechbereich nicht; grobkörniges Gefüge ist kriechfester.
Die Körner bewegen sich nicht entlang der Korngrenzen gegeneinander.	Die Körner können entlang der Korngrenzen aneinander abgleiten.
Verformung findet nur durch Versetzungsbewegung statt.	Verformung findet durch Versetzungsbewegung und kann außerdem auch durch alleinige Diffusion stattfinden.

3.3.1 Kriechkurve

Die Zeitabhängigkeit der Kriechdehnung wird in Form der Kriechkurve $\varepsilon = f(t)$ dargestellt für konstante Spannung und Temperatur sowie einen zuvor eingestellten Werkstoffzustand. Letzterer bezieht sich auf Gefügekenngrößen, wie die Korngröße und -form, die Teilchendispersionsparameter, eine eventuell vor der Belastung eingestellte Verformung und die kristallographische Ausrichtung bei texturierten Werkstoffen. Bei Reinmetallen und einphasigen Legierungen kann der in **Bild 3.3** gezeigte ideale Kriechkurvenverlauf auftreten. Die Gesamtdehnung ε_t setzt sich zusammen aus der spontan auftretenden, zeitlich unabhängigen und meist geringen Belastungs-Dehnung ε_0, welche wiederum aus einem elastischen Anteil ε_e und einer plastischen, zeit*un*abhängigen Anfangsdehnung ε_i besteht, sowie der zeitabhängigen, von t = 0 bis zum Bruch stetig zunehmenden Kriechdehnung ε_f (Bezeichnungen nach DIN 50 118 ‚*Zeitstandversuch unter Zugbelastung*'; DIN 50 118 ist seit 2001 ersetzt durch DIN EN 10 291):

$$\varepsilon_t = \varepsilon_0 + \varepsilon_f = \varepsilon_e + \varepsilon_i + \varepsilon_f$$

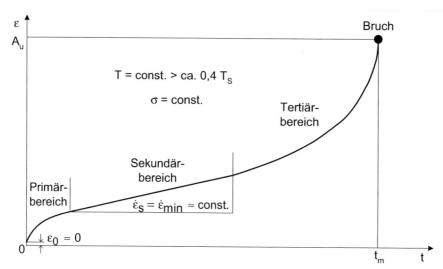

Bild 3.3 Ideale Kriechkurve mit klassischer Dreiteilung der Kriechbereiche

Die Kriechdehnung überwiegt die beiden erstgenannten Anteile bei technisch relevanten Spannungen meist bereits nach kurzer Zeit. Für die Spannung gibt es in der obigen Funktion keine untere Grenze: Kriechen findet bei allen Spannungen $\sigma > 0$ statt. Im Bereich tiefer Temperaturen spielt sich dagegen bei statischer Belastung unterhalb der Streckgrenze keine technisch bedeutsame Verformung ab, und Mikrodehnungen kommen zum Stillstand. Der Kriechkurvenverlauf nach Bild 3.3 ist durch folgende Merkmale gekennzeichnet:

1. Eine plastische Anfangsdehnung kann ausgeschlossen werden, weil die anliegende Spannung in allen praktischen Fällen erheblich unter der Warmstreckgrenze liegt. Bei $t = 0$ tritt die elastische Dehnung $\varepsilon_0 = \varepsilon_e = \sigma/E$ gemäß dem Hooke`schen Gesetz auf, welche relativ zur gesamten Kriechdehnung vernachlässigbar klein ist und in der Kurve nicht erkannt werden kann.
2. *Bereich I = Primär- oder Übergangsbereich*
   In diesem Abschnitt nimmt die Kriechrate, welche die Steigung der Kurve $d\varepsilon/dt = \dot{\varepsilon}$ darstellt, stetig ab.
3. *Bereich II = Sekundärbereich* oder *stationärer Bereich*
   Die Kriechrate $\dot{\varepsilon}$ ist in diesem Bereich minimal und bleibt konstant; Bezeichnung für die stationäre oder sekundäre Kriechrate: $\dot{\varepsilon}_s$. Streng genommen kann (falls überhaupt) eine mit konstanter Rate ansteigende Kriechkurve nur beobachtet werden, wenn die *wahre* Dehnung ε_w gegen die Zeit aufgetragen wird. Dies liegt daran, dass im stationären Bereich die auf die *momentane* Länge L_i bezogene zeitliche Längenänderung konstant ist:

$$\frac{d\varepsilon_w}{dt} = \dot{\varepsilon}_w = \text{const.} = \frac{1}{L_i} \cdot \frac{dL}{dt} \qquad (3.6)$$

Die im Kriechversuch gemessene Verlängerung/Zeit-Kurve (ΔL; t) verläuft im sekundären Bereich also *nicht* geradlinig. Bis zu Dehnungen von ca. 0,1 (10 %) macht sich zwischen der üblichen (ε; t)- und der (ε_w; t)-Auftragung kaum eine Abweichung bemerkbar, so dass sich für Werkstoffe, deren Zeitbruchverformung gering ist, eine Unterscheidung erübrigt.

4. *Bereich III = Tertiärbereich*
Die Kriechrate steigt im dritten Kriechbereich stark an. Kriechduktile Werkstoffe schnüren sich deutlich ein. Der Bereich endet mit dem Bruch des Materials. Die in den (ε; t)-Kurven erfasste Dehnung im Tertiärbereich gibt stets die auf die gesamte Probenlänge bezogene Verlängerung an, weil die wahre Dehnung im Einschnürgebiet nicht ohne weiteres ermittelt werden kann.

Neben der obigen Feststellung, dass bei allen Spannungen Kriechen auftritt, kommt als weitere ungewohnte Erscheinung hinzu, dass unter Kriechbedingungen auch sehr kleine Spannungen irgendwann zum *Bruch* des Werkstoffes führen. Für technische Anwendungen ist man selbstverständlich bestrebt, bei gegebener Spannung und Temperatur ein Material mit möglichst kleiner Dehnrate zu realisieren, damit die Zeit bis zum Bruch oder die technisch nutzbare Lebensdauer den Anforderungen entspricht. Die sich einstellende minimale oder stationäre Kriechrate ist damit ein Maß für die Kriechfestigkeit: Je niedriger sie ist, umso höher ist die Kriechfestigkeit des Werkstoffes. Die *Kriechfestigkeit* kennzeichnet den Werkstoffwiderstand gegen Verformung; die *Zeitstandfestigkeit* ist als der Spannungswert definiert, bei dem der Werkstoff bei einer bestimmten Temperatur und nach einer bestimmten Zeit bricht. Sie beinhaltet damit neben der Kriechfestigkeit auch das Schädigungsverhalten bis zum Bruch.

Typischerweise liegen die minimalen Kriechraten bei technischen Anwendungen unterhalb etwa $5 \cdot 10^{-10}$ s^{-1}. Eine konstante Dehnrate von $2,8 \cdot 10^{-10}$ s^{-1} bedeutet eine Dehnung von 1 % in 10.000 h. Die in Laborversuchen gemessenen Kriechraten liegen überwiegend im Bereich von rund 10^{-6} bis 10^{-10} s^{-1}. Zum Vergleich: Die in einem Zugversuch bei RT eingestellte Dehnrate beträgt ca. 10^{-3} s^{-1} (EN 10002–1), Warmzugversuche werden etwa bei $5 \cdot 10^{-5}$ s^{-1} durchgeführt (EN 10002–5, Angaben jeweils für den Fließbeginn). Für hochtemperaturbeanspruchte Bauteile reichen die Auslegungslebensdauern bis etwa 10^5 Stunden $\approx$ 11,4 Jahre. (Anm.: Da im Labor üblicherweise nicht über so lange Zeiträume geprüft wird, erhält man diese Daten über Extrapolation der im Labor über kürzere Zeiträume bestimmten Daten).

Sofern keine ausgeprägte Hohlraumbildung stattfindet, geschieht die Kriechverformung, wie plastische Verformung allgemein, unter Volumenkonstanz. Die Querkontraktionszahl ist dann $\nu = 0,5$, so dass der Absolutbetrag der Querverformung halb so groß ist wie die Längskriechdehnung; ausgedrückt als Hauptdehnungen: $\varepsilon_2 = \varepsilon_3 = -0,5\, \varepsilon_1$ (bei Rundproben ist die Querverformung gleich der relativen Durchmesserabnahme: $\varepsilon_2 = \varepsilon_3 = \Delta D/D_0$).

Der beschriebene ideale Verlauf der Kriechkurve mit den ausgeprägten drei Abschnitten wird nur bei Reinmetallen und einigen Mischkristalllegierungen beobachtet. Besonders bei teilchengehärteten Legierungen treten dagegen deutliche Abweichungen auf. Die Bedingung der Spannungskonstanz, die dem idealen Verlauf zugrunde liegt, ist bei Bauteilen nicht erfüllt, weil die angreifende *Kraft* konstant bleibt und sich die Spannung aufgrund der Querschnittsabnahme durch das Kriechen erhöht. Labormäßig wird in der Regel unter konstanter Last geprüft. Spannungskonstanz lässt sich zwar realisieren, z. B. durch einen angepassten, gekrümmten Hebelarm, den so genannten *Andrade-Chalmers-Arm*, wird aber nur selten eingesetzt. Die wahre Spannung ist unter der Annahme der Volumenkonstanz, welche bei nicht zu starker Kriechschädigung erfüllt ist, mit der Dehnung wie folgt verknüpft:

$$\sigma_w = \frac{F}{S_i} = \sigma_0 \frac{S_0}{S_i} = \sigma_0 \frac{L_i}{L_0} = \sigma_0(1+\varepsilon) = \sigma_0 \cdot e^{\varepsilon_w} \qquad (3.7)$$

(Formeln für ε und ε_w siehe unter *Zeichen und Einheiten*).
Diese Beziehungen gelten im Bereich der Gleichmaßdehnung. Selbst wenn das beschriebene ideale Kriechverhalten gegeben sein sollte, wäre es unter Lastkonstanz der (ε; t)-Darstellung nicht ohne weiteres zu entnehmen. **Bild 3.4** stellt beide Kurvenverläufe schematisch gegenüber. Der sekundäre Bereich zeichnet sich bei konstanter Last nicht durch einen geradlinigen Anstieg aus, sondern weist eine stetig zunehmende Kriechrate entsprechend der kontinuierlich anwachsenden Spannung auf. Der Bruch erfolgt unter diesen Bedingungen eher als unter konstanter Spannung. Ab wenigen Prozent Kriechverformung macht sich der Unterschied beider Kurvenverläufe bemerkbar, und zwar umso ausgeprägter, je höher die Spannungsabhängigkeit der Kriechrate ist (Kap. 3.4.2.1).

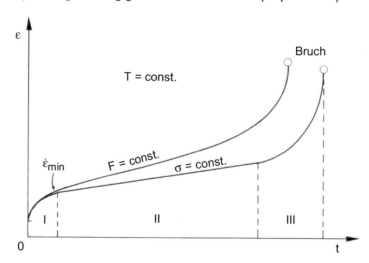

Bild 3.4 Vergleich einer idealen Kriechkurve unter konstanter Spannung mit einer Kriechkurve unter konstanter Last
Die Bereichseinteilung ist nur bei Spannungskonstanz identifizierbar.

3.3 Kriechen

Bild 3.5 gibt zwei unter konstanter Last ermittelte Kriechkurven eines austenitischen Stahles für sehr lange Lebensdauern von ca. 33.000 h ($\approx$ 3,8 Jahre) und 203.000 h ($\approx$ 23 J.) wieder. Die (ε; t)-Darstellung täuscht besonders bei der am längsten getesteten Probe eine klassische Dreiteilung der Kriechkurve vor. Bis ca. 100.000 h Belastungsdauer ist man geneigt, aufgrund des in etwa geradlinigen Kurvenanstiegs einen stationären Bereich anzunehmen, zumal sich bei den auftretenden Dehnungen der Unterschied zwischen Last- und Spannungskonstanz noch nicht deutlich bemerkbar macht. Bei genauerer Auswertung stellt sich jedoch heraus, dass kein stationäres Kriechen im mikrostrukturellen Sinne auftritt. Daher sind minimale anstelle von stationären Kriechraten angegeben.

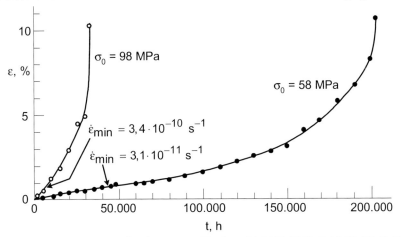

Bild 3.5 Kriechkurven für den austenitischen Stahl X 40 CoCrNi 20 20 (1.4977; S-590) bei 750 °C bis über 200.000 h (23 J.) Belastungsdauer bis zum Bruch [3.1]

3.3.2 Darstellungsformen der Kriech- und Zeitstanddaten und Aspekte der Bauteilauslegung

Die aus Kriechversuchen gewonnenen Daten können in verschiedenen Schaubildern für die Bauteilberechnungen oder für Werkstoffvergleiche aufbereitet werden. **Bild 3.6** stellt die gebräuchlichsten Darstellungsformen gegenüber. Die isochronen Zeitdehn- und Zeitstandlinien werden zusammen mit den Festigkeitsdaten aus Zugversuchen in Abhängigkeit von der Temperatur in Festigkeitsschaubildern zusammengetragen, **Bild 3.7**. Dem Konstrukteur dienen diese Diagramme dazu, für einen gegebenen Werkstoff zu erkennen, welcher Auslegungskennwert bei einer bestimmten Temperatur relevant ist und wie hoch dieser ist.

Verständlicherweise kann beispielsweise eine 10^4 h-Zeitstandfestigkeit oder 1 %/10^4 h-Zeitdehngrenze nicht direkt gemessen werden, denn eine Probe wird nicht exakt nach dieser Zeit brechen bzw. 1 % Dehnung erreichen. In den Kriechversuchen werden zunächst Spannungen angesetzt, die zu abgeschätzten Ziellebensdauern führen. Die Zeitstandfestigkeiten und Zeitdehngrenzen mit glatten

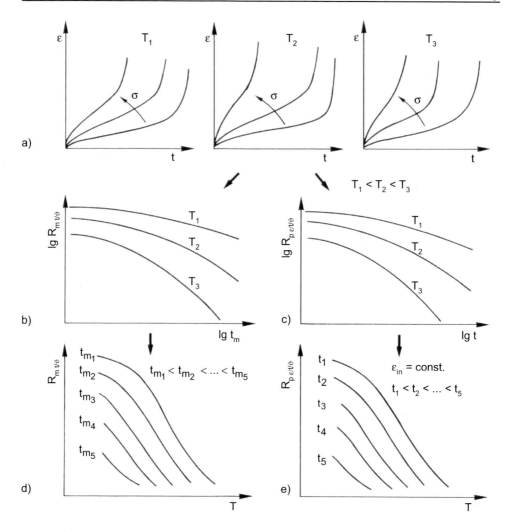

Bild 3.6 Darstellungsformen der Kriech- und Zeitstanddaten
  a) (ε; t)-Kriechkurven
  b) Zeitstanddiagramm
  c) Zeitdehnliniendiagramm
  d) Isochrone Zeitstandlinien
  e) Isochrone Zeitdehnlinien

Zeitangaben werden dann durch Interpolation oder (begrenzte) Extrapolation aus den Zeitstand- bzw. Zeitdehnliniendiagrammen gewonnen.

Grundsätzlich ist bei erhöhten Temperaturen die Frage von Bedeutung, ob die Dimensionierung nach den zeit*un*abhängigen Kennwerten, der Streck- oder 0,2 %-Dehngrenze oder bei spröden Werkstoffen der Zugfestigkeit, erfolgen

3.3 Kriechen

kann, oder ob nach der zeitabhängigen Zeitdehngrenze oder Zeitstandfestigkeit auszulegen ist. Technisch kann beispielsweise die 1 %-Zeitdehngrenze für 10^5 h relevant sein: $R_{p\,1/10^5/\vartheta}$.

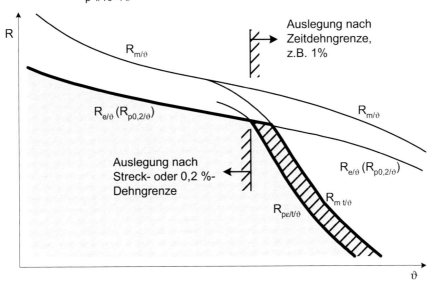

Bild 3.7 Schematisches Festigkeitsschaubild für tiefe und hohe Temperaturen

Nach DIN 50 118 wird bei den Dehnungsangaben stets die gesamte bleibende (= inelastische) Dehnung ε_{in} genannt, einschließlich der eventuell zu berücksichtigenden plastischen Anfangsdehnung. Aufgrund dieser Festlegung nähern sich zu tieferen Temperaturen die Zeitdehnlinien und die betreffenden zeitunabhängigen Dehngrenzen aus Zugversuchen bei derselben Nenndehnung an, ohne sich zu schneiden. Dieser Konvention folgen die praxisüblichen Darstellungen nicht immer, d. h. es werden manchmal Zeitdehngrenzlinien eingetragen, die ausschließlich die Kriechdehnung erfassen. Somit kommt es zum Überschneiden der zeitunabhängigen und der zeitabhängigen Dehngrenzlinien. Für Auslegungskennwerte sind diese Abweichungen streng zu beachten.

Bei den Zugversuchdaten müssen die vorgeschriebenen Dehnraten eingehalten werden, weil die Werte besonders bei hohen Temperaturen sowie – vor allem bei krz-Metallen – bei sehr tiefen Temperaturen zeit- und damit dehnratenabhängig sind. Für Werkstoffe mit geringen Zeitbruchdehnungen erfolgt die Auslegung oft auch nach der Zeitstandfestigkeit mit entsprechenden Sicherheitsabschlägen. Daher wird der Verlauf der Zeitstandfestigkeit für eine bestimmte Lebensdauer über der Temperatur meist zusätzlich eingetragen.

Für ein vollständiges Festigkeitsschaubild ist – mit entsprechender statistischer Absicherung der Werte – eine sehr große Datenbasis erforderlich. Für den zeitabhängigen Festigkeitsbereich zieht sich die Erstellung eines solchen Diagramms daher über viele Jahre, oft sogar Jahrzehnte hin. **Bild 3.8** zeigt ein Beispiel eines Festigkeitsschaubildes für den hochwarmfesten martensitischen 12 %

Cr-Stahl X22CrMoV12-1. Für dieses Material liegt der Schnittpunkt zwischen R_e oder $R_{p\,0,2}$ und $R_{p\,1/10^5/\vartheta}$ bei etwa 300 °C und der mit der Zeitstandfestigkeit $R_{m10^5/\vartheta}$ bei ca. 320 °C. Oberhalb dieser Temperaturen wirken sich Kriechvorgänge bei diesem Werkstoff so stark aus, dass die Auslegung nach zeitabhängigen Kenndaten zu erfolgen hat. Bei geringeren als den hier zugrunde gelegten Lebensdauern von 10^5 h verschiebt sich die Schnitttemperatur zu höheren Werten. Beispielsweise beträgt die 10^5 h-Zeitstandfestigkeit bei 450 °C nur etwa die Hälfte der Warm*zug*festigkeit bei dieser Temperatur, bei 500 °C rund die Hälfte der Warm*streckgrenze*.

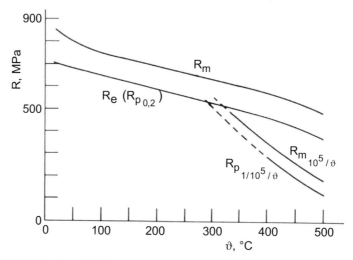

Bild 3.8 Festigkeitsschaubild des martensitischen 12 % Cr-Stahles X22CrMoV12-1
Für die 1 %-Zeitdehnlinie sowie für die Zeitstandlinie sind 100.000 h angesetzt.

Bei Bauteilen, die durch ihr eigenes Gewicht oder – im Falle der Rotation – durch ihre Fliehkraft belastet werden, ist es für den Werkstoffvergleich oft günstiger die Festigkeitswerte auf die Dichte zu normieren. Analog zu tiefen Temperaturen, bei denen die Begriffe Reißlänge oder z. B. 0,2 %-Dehnlänge gebräuchlich sind, kann bei hohen Temperaturen von *Zeitreißlänge* oder *Zeitdehnlänge* gesprochen werden mit den Berechnungsgleichungen:

$$L_{m\,t/\vartheta} = \frac{R_{m\,t/\vartheta}}{\rho \cdot g} \quad \text{und} \quad L_{p\,\varepsilon/t/\vartheta} = \frac{R_{p\,\varepsilon/t/\vartheta}}{\rho \cdot g} \qquad (3.8\text{ a, b})$$

g   Erdbeschleunigung = 9,81 m/s²

Zahlenbeispiel: Bei einer Zeitstandfestigkeit von 100 MPa und einer Dichte von 8 g/cm³ beträgt die Zeitreißlänge 1,274 km. Ein unter Eigengewicht hängender Stab dieser Länge mit gleich bleibendem Querschnitt würde also an der Einspannstelle bei der Temperatur ϑ nach der Zeit t abreißen. Die Zeitdehnlänge besagt analog, dass sich im Einspannbereich eine definierte plastische Dehnung einstellt. Die Dehnung über der Gesamtlänge ist viel geringer, weil die Spannung mit dem Abstand abnimmt.

Bei rotierenden Bauteilen, z. B. Turbinenschaufeln, geht die Dichte ebenfalls direkt proportional in die Berechnung der Spannung in einem beliebigen Querschnitt ein. Bei konstantem Querschnitt über der Bauteillänge gilt für die Radialspannung:

$$\sigma(r) = \frac{\rho \omega^2}{2}\left(r_a^2 - r^2\right) = 19{,}7\, \rho\, n^2 \left(r_a^2 - r^2\right) \tag{3.9}$$

ω Winkelgeschwindigkeit $= 2\pi n$
n Drehzahl
r_a Außenradius des rotierenden Teiles vom Drehmittelpunkt
r Abstand des betrachteten Querschnittes vom Drehmittelpunkt

Der am stärksten kriechbelastete Querschnitt ergibt sich aus derjenigen Kombination aus Spannung und Temperatur, welche die geringste Zeitstandfestigkeit oder Zeitdehngrenze hervorruft. Abhängig vom Temperaturverlauf über der Bauteillänge ist dies nicht unbedingt die Stelle höchster Spannung, also nicht der Einspannquerschnitt oder bei Turbinenschaufeln nicht der Fußquerschnitt. Wie im Falle des eigengewichtbelasteten Stabes bedeutet eine Auslegung nach Zeitdehngrenze, dass sich die vorgegebene Dehnung nur im kritischen Querschnitt einstellt, nicht jedoch über der gesamten rotierenden Bauteillänge.

Ebenso wie bei tiefen Temperaturen die Festigkeitskennwerte R_e oder $R_{p\,0{,}2}$ sowie R_m im einaxialen Zugversuch gewonnen werden, liegen für hohe Temperaturen generell die Zeitdehngrenzen und Zeitstandfestigkeiten aus Kriechversuchen mit einem einachsigen Spannungszustand vor. Bei *mehrachsigen Spannungszuständen* berechnet man im Tieftemperaturbereich nach einer der Festigkeitshypothesen eine Vergleichsspannung σ_V, welche mit der äußeren Spannung im einaxialen Zugversuch gleichwertig ist. Der Ausdruck „gleichwertig" bezieht sich bei den Festigkeitshypothesen auf das Versagen durch Bruch bei spröden Werkstoffen (Normalspannungshypothese) oder den plastischen Fließbeginn (Schubspannungs- und Gestaltänderungsenergiehypothese). Für *Kriechen* unter einem mehrachsigen Spannungszustand liefert die Berechnung einer Vergleichsspannung nach der auf *von Mises* zurückgehenden Gestaltänderungsenergiehypothese oft eine gute Übereinstimmung mit Experimenten [3.2, 3.3]. Eine Kombination der *von Mises*- mit der Normalspannungshypothese ist treffender, wenn für das Zeitstandversagen die maximale Hauptnormalspannung σ_1 maßgebend ist (z. B. [3.4 - 3.6]).

Mehrachsige Zugspannungszustände können an Kleinproben mit Hilfe gekerbter Zeitstandproben nachgebildet werden (Kap. 3.16).

3.4 Versetzungskriechen

3.4.1 Mikrostrukturelle Interpretation

Im Folgenden wird von Versetzungen als den Trägern der Kriechverformung ausgegangen, was als Versetzungskriechen bezeichnet wird. Aufbauend auf den Ausführungen in Kap. 3.1 kann der Kriechprozess versetzungsdynamisch gedeutet werden. Hierzu wird die so genannte Erholungstheorie des Kriechens in ihren Grundzügen vorgestellt. Leitgedanke dieser Theorie, die auf J. Weertman zurückgeht [3.7], ist die vollkommene thermische Aktivierung des thermischen Spannungsanteiles σ_{eff}. Dies bedeutet, dass sich die außen angelegte Spannung das Gleichgewicht hält mit den inneren Spannungen, die von den langreichweitigen Spannungsfeldern der Versetzungen herrühren, siehe Gl. (3.2). Nach dieser Vorstellung setzt sich die verformungstragende Versetzungsbewegung aus schnell ablaufenden Gleitschritten und langsamen Kletterschritten zusammen. Letztere bewirken das Auslöschen von Versetzungen. Die Erholung stellt also den entscheidenden Teilschritt des Versetzungskriechens dar. Da das Klettern geschwindigkeitsbestimmend für die Verformung ist, spricht man auch von *kletter-* oder *erholungskontrolliertem Kriechen*. Sobald sich infolge des Klettervorganges ein Versetzungsteilstück ausgelöscht hat, kann sich ein neues gleicher Länge oder gleicher Energie bilden. Der Verformungsvorgang bleibt hierdurch ständig im Gange, solange äußere Spannung anliegt.

Die Kriechkurve mit ihrer klassischen Dreiteilung lässt sich mit diesen Kenntnissen folgendermaßen interpretieren. Sofern sich der Werkstoff in einem versetzungsarmen Ausgangszustand befindet (gegossen oder rekristallisiert), wird sich die Versetzungsdichte entsprechend der äußeren Spannung nach Lastaufgabe erhöhen. Im Primärbereich werden mehr Versetzungen erzeugt, als in derselben Zeit durch Erholung abgebaut werden. Zunehmende Versetzungsdichte bedeutet ein engmaschigeres Versetzungsnetzwerk und damit stärkere gegenseitige Behinderung der Versetzungsbewegungen. Die Verfestigung h nach Gl. (3.4) überwiegt also im Übergangsbereich, und die Kriechrate nimmt stetig ab.

Nach der Erholungstheorie kann sich die Versetzungsdichte und damit die Verfestigung h maximal soweit erhöhen, bis ein Gleichgewicht zwischen der außen angelegten Spannung und den durch die Versetzungen zustande kommenden inneren Spannungen entsteht. Dieser Zustand kennzeichnet den sekundären Kriechbereich:

$$\sigma_a \approx \sigma_{i_{max}} = \alpha \cdot G \cdot b \cdot \sqrt{\rho_{max}} \qquad (3.10)$$

für $\sigma_{eff} \approx 0$ (Erholungstheorie)

Die Versetzungsdichte nimmt einen maximalen zeitlichen Mittelwert $\bar{\rho}$ an. Sie befindet sich dabei in einem *dynamischen Gleichgewicht*, d. h. die pro Zeiteinheit ausgelöschten Versetzungen werden in derselben Zeiteinheit neu gebildet:

3.4 Versetzungskriechen

$$\left|\frac{d\rho^-}{dt}\right| = \frac{d\rho^+}{dt} \qquad (3.11)$$

und

$$\overline{\rho} = \rho_{max} = \frac{1}{(\alpha \cdot b)^2} \cdot \left(\frac{\sigma_i}{G}\right)^2 \approx \frac{4}{b^2} \cdot \left(\frac{\sigma_a}{G}\right)^2 \quad \text{mit } \alpha \approx 0{,}5 \text{ und } \sigma_i \approx \sigma_a \qquad (3.12)$$

ρ^+ erzeugte Versetzungsdichte
ρ^- vernichtete Versetzungsdichte
$\overline{\rho}$ zeitlich mittlere Versetzungsdichte

Zahlenbeispiel: Für Ni mit b = 2,5·10⁻¹⁰ m und G = 60 GPa (bei hohen Temperaturen) errechnet sich bei einer anliegenden Spannung von σ_a = 100 MPa eine Versetzungsdichte von $\overline{\rho} \approx 2 \cdot 10^8$ m/cm³.

Man bezeichnet den Sekundärbereich auch als *stationären* Kriechbereich, weil sich die Versetzungsdichte zeitlich nicht ändert. Für derartige stationäre Zustände gibt es zahlreiche Analogien, z. B. chemische Gleichgewichte oder die stationäre Strömung eines Mediums oder die von Wärme (einströmende Menge pro Zeit = ausströmende Menge pro Zeit). Die sich einstellende stationäre Kriechrate $\dot{\varepsilon}_s$ ist minimal wegen maximal möglicher Verfestigung, und sie bleibt im stationären Bereich konstant, sofern bei konstanter Spannung geprüft wird. In Gl. (3.12) fällt auf, dass die Versetzungsdichte nur von der Spannung abhängt; eine leichte Temperaturabhängigkeit kommt lediglich über den G-Modul zustande.

Der Kriechvorgang ist über die Erholungsrate r stark temperaturabhängig. Das Gleichgewicht von Entfestigung und Verfestigung im stationären Bereich lässt sich beschreiben, wenn die Gln. (3.3) und (3.4) in Bezug gesetzt werden:

$$\dot{\varepsilon}_s = \frac{\left|\dfrac{d\rho^-}{dt}\right|}{\dfrac{d\rho^+}{d\varepsilon}} = \frac{r}{h} = \text{const.} \qquad (3.13)$$

Die Entwicklung der Versetzungsstruktur in den beiden ersten Kriechbereichen ist schematisch in **Bild 3.9** dargestellt. Während des Übergangskriechens formiert sich aus einer anfänglich regellosen Versetzungsverteilung bei vielen Werkstoffen ein Subkorngefüge. Im stationären Bereich ist diese Entwicklung abgeschlossen und der Subkorndurchmesser d_{SK} ändert sich nicht mehr. Er steht mit der angelegten Spannung in umgekehrt-proportionalem Verhältnis:

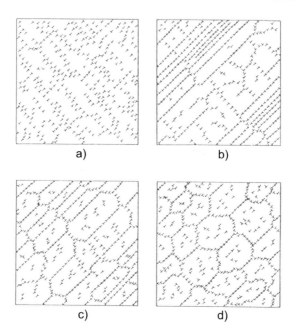

Bild 3.9 Schematische Darstellung zur Entwicklung der Versetzungsstruktur beim Kriechen [3.8]
  a) regellose Verteilung zu Beginn des Primärbereiches
  b) beginnende Bildung von Kleinwinkelkorngrenzen im fortgeschrittenen Primärbereich
  c) fortgeschrittene Bildung von Kleinwinkelkorngrenzen gegen Ende des Primärbereiches
  d) abgeschlossene Subkornbildung im Sekundärbereich

$$d_{SK} \sim \frac{1}{\sigma_a} \tag{3.14}$$

Bild 3.10 zeigt ein Beispiel von Subkorngrenzen in einem austenitischen Stahl nach Kriechbeanspruchung im Sekundärbereich.

Theoretisch könnte sich die Verformung im stationären Bereich nahezu endlos fortsetzen, d. h. die Dehnung könnte so groß werden, bis die auf den Restquerschnitt bezogene Spannung die Trennfestigkeit erreicht. Dies ist praktisch nicht der Fall, weil sich gleichzeitig mit der Verformung Schädigung im Werkstoff entwickelt in Form von Poren und Rissen. Im Tertiärbereich hat sich die innere Werkstoffschädigung so weit fortentwickelt, dass sie eine Beschleunigung des Kriechvorganges hervorruft, die letztlich zum Bruch führt. Bei ausreichend kriechduktilen Werkstoffen tritt an einer zufällig schwächeren Stelle Einschnürung im Bereich III auf.

3.4 Versetzungskriechen

Bild 3.10 Subkorngrenzen im austenitischen Stahl *Alloy 800 H* nach Kriechbeanspruchung im stationären Bereich, TEM-Hellfeld-Bild [3.9]

3.4.2 Gesetzmäßigkeiten des Versetzungskriechens

Die Gesetzmäßigkeiten des Versetzungskriechens werden geeigneterweise auf die sekundäre oder stationäre Kriechrate $\dot{\varepsilon}_s$ bezogen. Zum einen repräsentiert diese Größe die Kriechfestigkeit des Werkstoffes, zum anderen hat sich im stationären Bereich eine gleich bleibende Versetzungsanordnung eingestellt. Im Primärbereich ist diese Bedingung nicht erfüllt, weil sich hier die Versetzungsdichte und -anordnung ändern. Im tertiären Kriechabschnitt liegen ebenfalls keine stabilen strukturellen Verhältnisse vor aufgrund verstärkter Kriechschädigung und eventueller Einschnürung.

3.4.2.1 Spannungsabhängigkeit

Im Bereich mittlerer und niedriger Spannungen folgt die Spannungsabhängigkeit der sekundären Kriechrate mit guter Genauigkeit einem Potenzgesetz, dem *Norton'schen Kriechgesetz*:

$$\dot{\varepsilon}_s = A \cdot \sigma^n \tag{3.15}$$

A   Konstante = f(T, Werkstoff und Werkstoffzustand)
n   Spannungsexponent

Man spricht in diesem Bereich auch vom *Potenzgesetz-Kriechen*. Bei hohen Spannungen, die für kriechbeanspruchte Bauteile uninteressant sind und nur bei der Warmumformung eine Rolle spielen, wurde festgestellt, dass das Potenzgesetz nicht gilt (*power-law-breakdown*), sondern eine Exponentialfunktion die Spannungsabhängigkeit besser beschreibt. Bezogen auf die Dehnrate und den Diffusionskoeffizienten tritt dieser Übergang bei $\dot{\varepsilon}/D \approx 10^{13}$ m^{-2} auf. Anpassungen durch andere Funktionen, z. B. eine sinh-Funktion, können besonders über größere Spannungsbereiche die Messwerte besser beschreiben. Sie werden jedoch selten verwandt, weil das Norton'sche Gesetz einfach ist in Bezug auf Berechnung und Auftragung.

Zweckmäßigerweise werden die Ergebnisse in doppeltlogarithmischer Achsenteilung dargestellt, damit sich gemäß Gl. (3.15) Geradenabschnitte ergeben, wenn der Spannungsexponent konstant ist ($\lg \dot{\varepsilon}_s = a + n \cdot \lg \sigma$, a = const.).
Bild 3.11 zeigt die Auftragung schematisch für eine konstante Temperatur. Der Spannungsexponent nimmt bei Reinmetallen Werte von n ≈ 4 bis 5 an. Bei einphasigen Legierungen kann er darunter liegen (n ≈ 3), bei mehrphasigen Legierungen dagegen deutlich darüber, bis zu n ≈ 40. Bei sehr niedrigen Spannungen oder Kriechraten können Exponenten um n ≈ 1 auftreten. Ein Exponent von n ≈ 1 bedeutet einen Wechsel im Verformungsmechanismus, der ausschließlich auf Diffusion beruht und Diffusionskriechen genannt wird (Kap. 3.6).

Bild 3.12 gibt ein Beispiel für die $\dot{\varepsilon}_s = f(\sigma)$-Abhängigkeit des hochwarmfesten austenitischen Stahls *Alloy 800 H* für 900 und 1000 °C wieder. Der Exponent liegt bei diesem Werkstoff in dem untersuchten Spannungsbereich konstant bei n = 5,1.

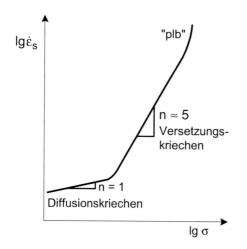

Bild 3.11
Spannungsabhängigkeit der stationären Kriechrate für einphasige Metalle und Legierungen (plb: *power-law-breakdown*)

3.4 Versetzungskriechen

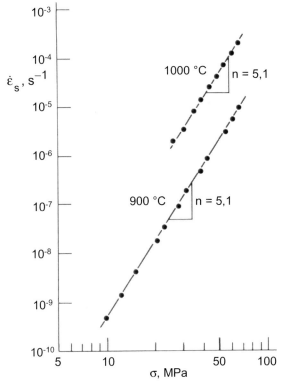

Bild 3.12
Spannungsabhängigkeit der stationären Kriechraten des austenitischen Stahles *Alloy 800 H* bei 900 und 1000 °C [3.9]

Die in Kap. 3.3.1 beschriebene Versuchsführung unter *Last*konstanz lässt sich gezielt nutzen, um aus einem Einzeltest Aussagen über die Spannungsabhängigkeit der Kriechrate zu erhalten, weil die Spannung während des Versuches stetig ansteigt. Dazu muss die jeweils wahre Kriechrate $\dot{\varepsilon}_w$ mit der wahren Spannung σ_w in Beziehung gesetzt werden. Die wahre Spannung wiederum steht bei gegebener Ausgangsspannung mit der technischen Dehnung ε und der wahren Dehnung ε_w im Bereich der Gleichmaßdehnung in einem festen Verhältnis, siehe Gl. (3.7). Die wahren Werte errechnen sich aus:

$$\varepsilon_w = \int_{L_0}^{L_i} \frac{dL}{L} = \ln \frac{L_i}{L_0} = \ln(1+\varepsilon) \tag{3.16}$$

sowie

$$\dot{\varepsilon}_w = \frac{d\varepsilon_w}{dt} = \frac{1}{L_i} \cdot \frac{dL}{dt} \qquad \text{s. Gl. (3.6)}$$

Legt man das Norton'sche Kriechgesetz

$$\dot{\varepsilon}_w = A \cdot \sigma_w^n = A \cdot [\sigma_0(1+\varepsilon)]^n \qquad \text{s. Gln. (3.15) u. (3.7)}$$

zugrunde, folgt durch Logarithmieren:

$$\lg \dot{\varepsilon}_w = \underbrace{\lg A + n \cdot \lg \sigma_0}_{=\text{const.}=b} + n \cdot \lg(1+\varepsilon) = b + 0{,}434 \cdot n \cdot \varepsilon_w \qquad (3.17)$$

b   Konstante

Da es sich hierbei um eine Geradengleichung handelt, geht aus der Auftragung der wahren Kriechrate (logarithmisch) gegen die wahre Dehnung (linear) der Spannungsexponent unmittelbar aus der Steigung hervor:

$$n = 2{,}304 \cdot \frac{d(\lg \dot{\varepsilon}_w)}{d\varepsilon_w} \qquad (3.18)$$

Bild 3.13 stellt die ($\lg \dot{\varepsilon}_w$; ε_w)-Diagramme für Versuchsführung unter konstanter Spannung und konstanter Last bei idealer Dreiteilung der Kriechkurven gegenüber. Neben der Möglichkeit, den Spannungsexponenten aus dieser Auftragung zu ermitteln, besitzt sie den weiteren Vorteil, dass Feinheiten des Kriechverlaufs

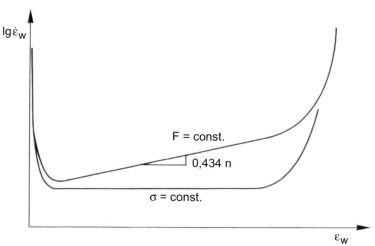

Bild 3.13 Differenzierte Kriechkurve in der Auftragung der wahren Kriechrate (log.) gegen die wahre Dehnung (lin.) für ideale Verläufe unter konstanter Spannung und konstanter Last

3.4 Versetzungskriechen

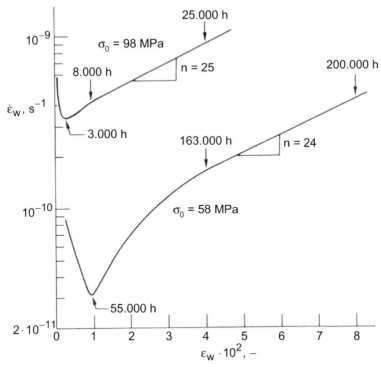

Bild 3.14 Verläufe der wahren Kriechrate gegen die wahre Dehnung des austenitischen Stahles X 40 CoCrNi 20 20 bei 750 °C für sehr niedrige Dehnraten [3.1]

– besonders Abweichungen vom klassischen Verhalten – gut aufgelöst werden können, was bei der üblichen (ε; t)-Darstellung nicht gelingt. **Bild 3.14** zeigt dies an einem Beispiel für die Kriechkurven entsprechend Bild 3.5. Man erkennt gegenüber dem idealen Verhalten nach Bild 3.13 für F = const. bei der lang getesteten Probe einen steilen, gekrümmten Kurvenverlauf nach dem Kriechratenminimum sowie einen sehr hohen Spannungsexponenten im geradlinig ansteigenden Kurventeil bei beiden Versuchen. Beide Erscheinungen deuten nicht auf einen echten stationären Kriechbereich im Anschluss an das Minimum hin. Die Gründe für diese Anomalien hängen u. a. mit der Mehrphasigkeit der Legierung zusammen.

3.4.2.2 Temperaturabhängigkeit

Die Temperaturabhängigkeit der stationären Kriechrate folgt einer Arrhenius-Exponentialfunktion:

$$\dot{\varepsilon}_s = B \cdot e^{-\frac{Q_c}{R \cdot T}} \tag{3.19}$$

B   Konstante = f(σ, Werkstoff und Werkstoffzustand)

In dieser Schreibweise wird die Aktivierungsenergie – wie meist üblich – auf 1 Mol bezogen; bezöge man sie auf 1 Atom, so stünde im Nenner des Exponenten anstelle der allgemeinen Gaskonstanten R die Boltzmann-Konstante k_B (siehe auch Gl. 1.5).

Als grobe Vorstellung über die starke Temperaturabhängigkeit möge folgende Angabe dienen: Eine Temperaturerhöhung um *10 °C* kann eine *Halbierung* der Belastungsdauer bis zum Bruch bewirken. Selbstverständlich gilt dieser pauschale Wert nicht allgemein, vielmehr sind der Werkstoff, die Spannung und die Ausgangstemperatur zu nennen.

Da dem Kriechen als Elementarprozess das Klettern von Stufenversetzungen und somit die Diffusion zugrunde liegt, findet man bei Reinmetallen eine Übereinstimmung der Aktivierungsenergie des Kriechens mit derjenigen der Selbstdiffusion: $Q_c \equiv Q_{SD}$ (c: *creep*). In Legierungen findet zwar derselbe Grundmechanismus statt, die gemessene Aktivierungsenergie kann aber in mehrphasigen Legierungen deutlich vom Wert für die Diffusion abweichen, weil eine so genannte Reibungsspannung zu berücksichtigen ist (Kap. 3.8). Bei der Arrhenius-Auftragung ($\lg \dot{\varepsilon}_s$; $1/T$) kann die Aktivierungsenergie aus der Steigung der Geraden entnommen werden:

$$Q_c = -2{,}304 \cdot R \cdot \frac{d(\lg \dot{\varepsilon}_s)}{d(1/T)} \tag{3.20}$$

Bild 3.15 gibt ein Beispiel für den Stahl *Alloy 800 H* wieder, bei dem stationäre Kriechraten jeweils bei einer Spannung von 28 MPa zwischen 900 bis 1000 °C gemessen wurden. Es errechnet sich nach Gl. (3.20) eine Aktivierungsenergie von 350 kJ/mol. Bei dieser Art der Berechnung wird man auch bei Reinmetallen prinzipiell einen etwas höheren Wert finden, als er der Diffusion entspricht. Der Grund liegt darin, dass sich bedingt durch die Temperaturabhängigkeit der elastischen Moduln bei gleicher Spannung mit steigender Temperatur eine zunehmende Versetzungsdichte einstellt. Dies wiederum ist auf den Einfluss des Schubmoduls auf die elastische Gitterverzerrungsenthalpie durch die Versetzungen zurückzuführen: $U_e \sim G$. Mit zunehmender Temperatur sinkt G; dadurch würden die inneren Spannungen bei gleich bleibender Versetzungsdichte abnehmen. Da aber die äußere Spannung zur Ermittlung der Temperaturabhängigkeit des Kriechens konstant gehalten wird und $\sigma_a \approx \sigma_i$ ist, steigt die Versetzungsdichte mit der Temperatur an (siehe auch Gl. 3.12).

Eine Korrektur auf gleich bleibende Verhältnisse bei der Versetzungsdichte wird rechnerisch dadurch vorgenommen, dass die Spannung auf den E-Modul normiert wird entsprechend der zusammengefassten Gesetzmäßigkeit:

3.4 Versetzungskriechen 113

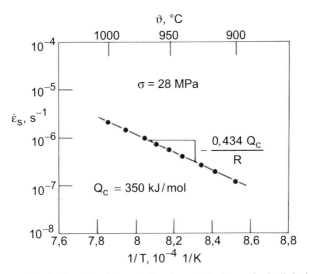

Bild 3.15 Temperaturabhängigkeit der stationären Kriechgeschwindigkeit des austenitischen Stahles *Alloy 800 H* [3.9]

$$\dot{\varepsilon}_s = C \cdot \left(\frac{\sigma}{E(T)}\right)^n \cdot e^{-\frac{Q_C}{R \cdot T}} \tag{3.21 a}$$

C Konstante = f(Werkstoff und Werkstoffzustand)

Aufgrund der Proportionalität E ~ G führt die Normierung mit dem Wert E zum gleichen Ergebnis wie ein ebenfalls möglicher Bezug auf G. Logarithmiert lautet Gl. (3.21 a):

$$\lg \dot{\varepsilon}_s = \underbrace{\lg C + n \cdot \lg \sigma}_{= \text{const.}} - n \cdot \lg[E(T)] - \frac{0{,}434 \cdot Q_C}{R} \cdot \frac{1}{T} \tag{3.21 b}$$

Der Spannungsexponent n sollte sich bei Reinmetallen unter der Voraussetzung konstanten Mikrogefüges als temperatur*un*abhängig erweisen. Auch die werkstoffabhängige Konstante C wird als temperatur*un*abhängig angesetzt. Differenziert man unter diesen Voraussetzungen Gl. (3.21 b) nach 1/T und löst nach Q_C auf, erhält man die korrigierte Kriechaktivierungsenergie zu:

$$Q_C = -2{,}304 \cdot R \cdot \left[\frac{d(\lg \dot{\varepsilon}_s)}{d(1/T)} + n \cdot \frac{d(\lg E)}{d(1/T)}\right] \tag{3.22}$$

Für die Korrektur muss der Verlauf lg E = f(1/T) bekannt sein. Im Beispiel nach Bild 3.15 wurde auf diese Weise eine Aktivierungsenergie von 307 kJ/mol errechnet, welche allerdings immer noch höher als die für die Diffusion der Elemente Fe, Ni, Cr in dem austenitischen Stahl liegt, welche mit ca. 285 kJ/mol angegeben wird.

Die beschriebene Berechnung der Aktivierungsenergie hat nur für wissenschaftliche Zwecke eine Bedeutung, wenn die Aktivierungsenergien des Kriechens und der Diffusion verglichen werden sollen. Für technische Belange interessiert dagegen der direkt nach Gl. (3.20) ermittelte Wert, weil er die tatsächliche Temperaturabhängigkeit der stationären Kriechrate repräsentiert.

3.4.2.3 Abhängigkeiten von Werkstoffparametern

Die Konstante C in Gl. (3.21 a) beinhaltet eine Reihe von Parametern, die den Werkstoff und den Werkstoffzustand charakterisieren. Die wesentlichen Einflussgrößen werden nachfolgend vorgestellt.

a) Diffusionskoeffizient

Eine bedeutende Rolle für die Kriechfestigkeit spielt der Diffusionskoeffizient des betreffenden Werkstoffs. Gl. (1.13) lässt sich direkt in Gl. (3.21 a) einsetzen wegen der Identität $Q_c \equiv Q_{SD}$ (bei Reinmetallen):

$$\dot{\varepsilon}_s = C_1 \cdot \left(\frac{\sigma}{E}\right)^n \cdot D \qquad (3.23)$$

C_1 Konstante = f(Werkstoff und Werkstoffzustand)

Aus den Ausführungen in Kap. 1.3.1.2 geht hervor, dass der Diffusionskoeffizient für die meisten technisch relevanten Metalle bei derselben homologen Temperatur in etwa einen konstanten Wert annimmt: $D(T/T_S) \approx$ const. Für eine hohe Kriechfestigkeit ist es daher wesentlich, einen Werkstoff mit einem möglichst hohen Schmelzpunkt zu wählen. Vergleicht man unterschiedliche Gitterstrukturen miteinander, so stellt man fest, dass die dichtest gepackten kfz- und hdP-Metalle bei denselben homologen Temperaturen einen geringeren Diffusionskoeffizienten aufweisen als die nicht dichtest gepackten krz-Metalle (siehe Bild 1.4). In der Tat besitzen die meisten Hochtemperaturwerkstoffe eine kfz-Struktur, wie die austenitischen Stähle und die Co- sowie Ni-Basislegierungen. Allerdings liegen die Schmelzpunkte der technisch brauchbaren kfz-Werkstoffe im Gegensatz zu einigen krz-Metallen nicht außergewöhnlich hoch. Die hochschmelzenden refraktären krz-Metalle (z. B. Mo, W, Ta) sind aus Korrosionsgründen nur für Anwendungen in Inertatmosphäre geeignet.

b) Elastizitätsmodul

Man stellt einen starken Einfluss des E-Moduls auf die Kriechfestigkeit fest, wenn man verschiedene Werkstoffe unter normierten Bedingungen miteinander vergleicht. Gemäß **Bild 3.16** wird ein Zusammenhang der Form lg σ = const.+ lg E gefunden, wobei in diesem Fall für die Auftragung diejenige Spannung gewählt wurde, welche eine stationäre Kriechrate von $\dot{\varepsilon}_s = 10^{-3}$ s^{-1} erzeugt bei einer Temperatur, die für das jeweilige Metall einen Diffusionskoeffizienten von D = 10^{-14} m²/s ergibt (daraus folgt: $\dot{\varepsilon}_s / D = 10^{11}$ m^{-2}). Auf diese Weise werden nach Gl. (3.23) alle übrigen Größen konstant gehalten, um die (σ; E)-Beziehung zu identifizieren. Allerdings wird dabei der Einfluss der Stapelfehlerenergie ignoriert (siehe unter Punkt c).

Die Korrelation nach Bild 3.16 bestätigt das in Gl. (3.21 a) und (3.23) vorweggenommene Ergebnis, nämlich dass die anzulegende Spannung linear mit dem E-Modul ansteigt, um eine konstante sekundäre Kriechrate hervorzurufen bei ansonsten gleichen übrigen Größen in Gl. (3.23). Die stationäre Kriechrate hängt also mit demselben Exponenten n von 1/E ab wie von der Spannung, d. h. relativ stark. **Bild 3.17** veranschaulicht diesen E-Moduleinfluss schematisch anhand einer ($\lg \dot{\varepsilon}_s$; $\lg \sigma$)-Darstellung.

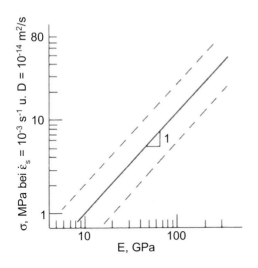

Bild 3.16
Abhängigkeit der angelegten Spannung vom E-Modul unter normierten Bedingungen für verschiedene Metalle

Innerhalb der gestrichelten Linien ordnen sich alle untersuchten Metalle ein; die durchgezogene Linie gibt Mittelwerte an (nach [3.10], [3.11])

Der Einfluss des E-Moduls auf die *elastische* Verformung ist offensichtlich durch das Hooke'sche Gesetz: ε = σ/E. Der E-Modul ist ein Maß für die Bindungskräfte zwischen den Atomen: Je höher der E-Modul ist, umso geringer ist die sich einstellende elastische Verformung bei konstanter Spannung. Die Auswirkung des E-Moduls auf die Kriechverformung ist nicht unmittelbar ersichtlich, beruht aber auf einem ähnlichen Überlegungsansatz. Der E-Modul geht in die Spannungsfelder der Versetzungen ein, wie in Kap. 3.4.2.2 in anderem Zusammenhang erörtert. Die gespeicherte elastische Verzerrungsenthalpie U_e weist eine Proportionalität $U_e \sim G$ und damit $U_e \sim E$ auf. Hieraus lässt sich die innere Spannung gemäß Gl. (3.2) ableiten: $\sigma_i = \alpha \cdot G \cdot b \cdot \sqrt{\rho}$. Bei gleicher angelegter Spannung $\sigma_a \approx \sigma_i$ nimmt mit steigendem E- und G-Modul die Versetzungsdichte ρ ab. Folglich werden im Mittel die Gleitebenenabstände und damit die durch Klettern zu überwindenden Wege zwischen Versetzungen ungleichen Vorzeichens größer, was zu einer geringeren Erholungsrate $r = |d\rho^-/dt|$ führt. Entsprechend Gl. (3.13) sinkt somit die Kriechrate.

Wie aus Bild 3.17 ersichtlich ist, kann es aufgrund dieser Deutung keinen Einfluss des E-Moduls auf die Kriechrate im Bereich des reinen Diffusionskriechens mit $n \approx 1$ geben (siehe Kap. 3.6).

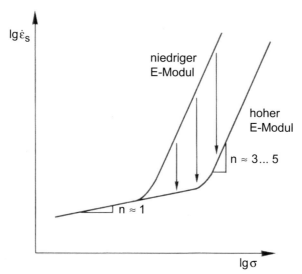

Bild 3.17 Einfluss des E-Moduls auf die stationäre Kriechrate
Die Pfeile geben die Abnahme der Kriechrate mit steigendem E-Modul bei konstanter Spannung an.

c) Stapelfehlerenergie

Vergleicht man die Kriechfestigkeit verschiedener kfz-Metalle bei gleichen σ/E-Werten und gleichen Diffusionskoeffizienten D, so werden Unterschiede deutlich, die eine systematische Abhängigkeit von der Stapelfehlerenergie aufweisen. Ni und Al beispielsweise, die beide eine hohe Stapelfehlerenergie von ca. 300 bzw. 200 mJ/m² besitzen, zeigen unter normierten Versuchsbedingungen relativ hohe Kriechraten gegenüber den Metallen mit geringer Stapelfehlerenergie, wie Cu oder Ag (ca. 60 bzw. 20 mJ/m²). Für die stationäre Kriechrate wird folgender Zusammenhang in Erweiterung von Gl. (3.23) gefunden [3.12]:

3.4 Versetzungskriechen

$$\dot{\varepsilon}_s = C_2 \cdot \gamma_{SF}^{3,5} \cdot \left(\frac{\sigma}{E}\right)^n \cdot D \qquad (3.24)$$

C_2 Konstante = f(Werkstoff und Werkstoffzustand)

Bild 3.18 stellt den Einfluss der Stapelfehlerenergie auf die Kriechfestigkeit schematisch im ($\lg\dot{\varepsilon}_s$; $\lg\sigma$)-Diagramm dar. Da krz-Legierungen grundsätzlich eine hohe Stapelfehlerenergie von ca. 300 mJ/m^2 aufweisen, sind kaum Unterschiede bei diesen Werkstoffen hinsichtlich der Kriechrate unter normierten Bedingungen zu erwarten. Bei anderen Werkstoffen, besonders denen auf Ni-Basis, lässt sich der Stapelfehlerenergieeinfluss gezielt durch Legieren nutzen.

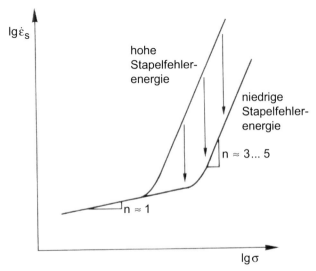

Bild 3.18 Einfluss der Stapelfehlerenergie auf die stationäre Kriechrate
Die Pfeile geben die Abnahme der Kriechrate mit sinkender Stapelfehlerenergie bei konstanter Spannung an.

Die Abhängigkeit von der Stapelfehlerenergie wird damit gedeutet, dass aufgespaltene Stufenversetzungen in ihrer Kletterbewegung behindert sind, weil die Teilversetzungen zunächst rekombinieren müssen, bevor der Klettervorgang ermöglicht wird. Bei gegebener Spannung verzögert das Warten der aufgespaltenen Versetzungen auf die thermische Aktivierung zur Einschnürung des Stapelfehlers den gesamten Erholungsvorgang, so dass die Erholungsrate r in Gl. (3.13) vermindert wird und somit die Kriechrate abnimmt. Andere Interpretationen zum Einfluss der Stapelfehlerenergie sind denkbar [3.10].

Der hohe Einfluss der Stapelfehlerenergie überrascht insofern, als bei den betrachteten Temperaturen oberhalb ca. 0,4 T_S eine weitgehende thermische Aktivierung des Rekombinationsvorganges der Teilversetzungen erwartet werden sollte. Nach gängiger Theorie laufen das Schneiden von Versetzungen sowie das Quergleiten von Schraubenversetzungen, wobei ebenfalls die Stapelfehlerbänder eingeschnürt werden müssen, bereits oberhalb rund 0,2 T_S so rasch thermisch aktiviert ab, dass kein mechanischer Spannungsanteil mehr dafür aufgebracht werden muss. Man kann davon ausgehen, dass der hohe Exponent von 3,5 in Gl. (3.24) nur im Bereich mittlerer Temperaturen gültig ist, nicht jedoch bei sehr hohen Temperaturen.

Im Bereich des Diffusionskriechens mit $n \approx 1$ besteht naturgemäß kein Einfluss der Stapelfehlerenergie auf die Kriechfestigkeit (siehe Kap. 3.6).

d) Korngröße

Korngrenzen stellen grundsätzlich bei allen Temperaturen unüberwindbare Hindernisse für Versetzungen dar und begrenzen somit die maximalen Laufwege der Versetzungen. Bei tiefen Temperaturen ergeben sich hieraus entscheidende Konsequenzen für die Festigkeit der Werkstoffe, welche mit abnehmender Korngröße ansteigt (Feinkornhärtung, Hall-Petch-Beziehung). Im Kriechbereich ist diese Funktion der Korngrenzen jedoch nicht maßgeblich. Wie in Kap. 3.4.1 beschrieben, bilden sich bei vielen Werkstoffen während des Kriechens Subkörner aus, so dass die Subkorngrenzen laufwegbegrenzend für die Versetzungen wirken. Auch bei Abwesenheit von Subkörnern finden die geschwindigkeitsbestimmenden Auslöschvorgänge der Versetzungen innerhalb der Körner statt; die Versetzungen laufen also gar nicht bis zu den Großwinkelkorngrenzen. Hieraus könnte man schließen, dass die Korngröße überhaupt keinen Einfluss auf die Kriechfestigkeit ausübt, solange sie genügend groß gegenüber dem sich bei gegebener Spannung einstellenden Subkorndurchmesser ist. Diese Annahme trifft jedoch nur zu, wenn man allein das kletterkontrollierte Versetzungskriechen innerhalb der Körner betrachtet. Korngrößeneinflüsse machen sich dagegen stark bemerkbar im Bereich des Diffusionskriechens sowie beim zusätzlich auftretenden Korngrenzengleiten.

3.5 Korngrenzengleiten

Korngrenzen spielen bei Kriechvorgängen eine besondere Rolle. Bei hohen Temperaturen gleiten die Körner entlang ihrer Grenzen aneinander ab, was bei tiefen Temperaturen in unmerklich geringem Maße geschieht. Dies wird als *Korngrenzengleiten* bezeichnet. Diese auf die Korngrenzen konzentrierten Kriechvorgänge überlagern sich den in den Körnern stattfindenden Verformungen:

$$\varepsilon_f = \varepsilon_K + \varepsilon_{KG} \tag{3.25}$$

ε_f gesamte Kriechverformung
ε_K Beitrag durch Verformung im Korninnern
ε_{KG} Beitrag durch Korngrenzengleiten

3.5 Korngrenzengleiten

Die für die Abgleitung maßgebliche Spannung ist die entlang der Korngrenzen wirksame Schubspannung. Da diese bei einachsiger Zugbelastung unter 45° zur Belastungsachse maximal ist, wird an 45°-Korngrenzen der größte Gleitanteil erwartet. Durch die Kornvolumen- und Korngrenzenverformung wird ein insgesamt inhomogener Deformationszustand geschaffen, weil die Gesetzmäßigkeiten für beide Vorgänge unterschiedlich sind. Gl. (3.24) beschreibt die gesamte Kriechrate im Bereich des Versetzungskriechens nur dann zuverlässig, wenn der Korngrenzenkriechanteil nicht zu hoch ist. Bei steigendem oder sogar überwiegendem zweiten Term in Gl. (3.25) müssen die für das Korngrenzenkriechen relevanten Größen berücksichtigt werden:

$$\dot{\varepsilon}_{KG} = K \cdot \frac{\delta \cdot \sigma^{n^*}}{\eta_{KG} \cdot d_K} \tag{3.26}$$

K   Konstante
δ effektive Korngrenzenbreite ($\approx 2\,b \approx 0{,}5$ nm)
n*   Spannungsexponent für das Korngrenzengleiten, n* $\approx$ 2 bis 3
η_{KG} Korngrenzenviskosität [N s/m^2]

Die Spannungsabhängigkeit für die Korngrenzengleitgeschwindigkeit ist geringer als die der Kornvolumenverformung. Für n* werden Werte von ca. 2 bis 3 beobachtet (siehe Zusammenstellung in [3.13]). Mit gröber werdendem Korn nimmt der Korngrenzenkriechanteil an der Gesamtverformung ab. Hier liegt *eine* der Abhängigkeiten der Kriechfestigkeit von der Korngröße begründet. Bei steigender Korngröße nimmt die Kriechrate *ab* und somit – umgekehrt wie bei der Kaltverformung – die Kriechfestigkeit *zu*.

Zusätzlich wird der Korngrenzenkriechanteil durch die Festigkeit der Korngrenzen gegen Abgleiten beeinflusst, welche durch die Korngrenzenviskosität ausgedrückt wird. Dieser Begriff wird im übertragenen Sinne wie bei Flüssigkeiten benutzt: Je höher die Viskosität ist, umso zäher fließt der Stoff. In die Korngrenzenviskosität gehen mehrere Parameter ein. Zum einen verhält sie sich umgekehrt-proportional zum Koeffizienten für Korngrenzendiffusion D_{KG}, d. h. $\dot{\varepsilon}_{KG} \sim D_{KG}$. Somit steigt der Anteil des Korngrenzengleitens an der Gesamtverformung u. a. mit der Temperatur. An den Korngrenzen angereicherte Fremdelemente verringern die Korngrenzendiffusion (Kap. 1.3.3.2) und reduzieren folglich den Korngrenzenkriechanteil. Zum anderen nimmt die Korngrenzenviskosität mit Korngrenzenwiderständen zu, welche die Korngrenze fester gegen Abgleiten machen. Mit diesen Widerständen sind Korngrenzenrauigkeiten in Form von Stufen oder Wellen gemeint sowie auf der Korngrenze liegende Ausscheidungen. Gezackte Korngrenzen lassen sich bei einigen Legierungen durch geeignete Wärmebehandlung gezielt einstellen. Korngrenzenausscheidungen stellen eine wirksame legierungstechnische Maßnahme dar, um das Korngrenzengleiten zu behindern. Die Teilchen müssen relativ grob sein und dicht aneinander liegen, allerdings ohne einen durchgehenden Film zu bilden.

Mit zunehmender Spannung und zunehmender Gesamtkriechrate wird der Anteil der Korngrenzenverformung immer geringer, weil die durch Kornvolumenverformung hervorgerufene Kriechrate gemäß dem Norton'schen Kriechgesetz (Gl. 3.15) mit einem höheren Exponenten der Spannung folgt als die Korngrenzenkriechrate nach Gl. (3.26). Die Linien divergieren also in der ($\lg\dot\varepsilon; \lg\sigma$)-Darstellung zu höheren Spannungen. Bei genügend hohen Spannungen spielt das Korngrenzengleiten bezüglich der Gesamtverformung daher keine Rolle mehr. Entsprechend wirkt sich die Korngröße in diesem Gebiet kaum auf die Kriechfestigkeit aus. Dieser Spannungsbereich liegt in der Regel oberhalb technischer Belastungen, so dass allgemein ein gröberes Korn geeignet ist, die Kriechfestigkeit von Bauteilen zu erhöhen.

Bei den bisherigen Betrachtungen wurden Kornvolumen- und Korngrenzenverformung als voneinander unabhängige Vorgänge interpretiert. Tatsächlich erfordern die Verformungen entlang der Korngrenzen jedoch Anpassungsvorgänge im Korninnern. Diese *Akkommodationen* beziehen sich sowohl auf die gesamte Kornverformung, welche aus Kompatibilitätsgründen gleichzeitig zu erfolgen hat, als auch auf den lokalen Bereich beiderseits der Korngrenzen.

Die Körner deformieren nach den vorgestellten Mechanismen des Versetzungskriechens oder – bei sehr geringen Spannungen – durch Diffusionskriechen (Kap. 3.6). Der unmittelbare Bereich entlang der Korngrenzen erfordert Akkommodationen, weil die Korngrenzen von der idealen Planarität abweichen können. Außerdem muss sich die Matrix um Korngrenzenausscheidungen herum anpassen, wenn die zwischen den Teilchen liegenden Korngrenzenflächen aneinander abgleiten. **Bild 3.19** schematisiert den Prozess anhand gewellter Korngrenzen.

Die Akkommodationen im Korngrenzenbereich erfolgen wie im Kornvolumen bei höheren Spannungen durch Versetzungsbewegung und bei niedrigen hauptsächlich durch Diffusion. Das Modell ist auch auf andere Korngrenzenhindernisse, wie Stufen oder Ausscheidungen, übertragbar. An Tripelkanten muss in jedem Fall, also auch wenn die Korngrenzen glatt und ausscheidungsfrei sein sollten, Akkommodation erfolgen, weil sonst die Kompatibilität nicht gewahrt wäre. Wird das Korngrenzengleiten nicht lokal von Materietransport begleitet, kommt es zu starken Spannungsüberhöhungen an den Korngrenzen mit der Folge der Rissbildung (Kap. 3.10.2).

Das Korngrenzengleiten mit Diffusions- und/oder Versetzungsakkommodation leistet den dominanten Beitrag zur superplastischen Umformung, bei der Dehnungen von rund 100 bis 1000 % erreicht werden. Voraussetzung für diese hohen Verformungsgrade sind extrem feine, globulare Körner bis maximal 10 µm Durchmesser. Dadurch wird der Bereich des vorherrschenden Korngrenzengleitens und Diffusionskriechens zu umformtechnisch interessanten Verformungsraten von etwa 10^{-3} bis 10^{-1} s^{-1} verschoben (siehe Bild 3.21). Die Umformung muss auf jeden Fall in dem Dehnratenbereich erfolgen, welcher durch eine geringe Spannungsabhängigkeit von $\dot\varepsilon$ im Bereich von $n \approx 1$ bis 3 gekennzeichnet ist. Die Gegenwart einer zweiten Phase ist zudem erforderlich, um Kornvergröberung während der Umformung zu verhindern. Unter diesen Bedingungen kann prinzipiell jeder metallische Werkstoff superplastisch umgeformt werden.

3.6 Diffusionskriechen

Bei einer Werkstoffentwicklung sowie bei der Optimierung der Wärmebehandlung von Legierungen ist auf ein ausgewogenes Festigkeitsverhältnis zwischen dem Korninnern und den Korngrenzen zu achten. Wäre beispielsweise das Kornvolumen sehr stark durch Teilchen gehärtet und das Korngrenzengleiten nicht in entsprechendem Maße behindert, so würde verstärkt Kriechrissbildung einsetzen. Der Werkstoff würde in diesem Fall eine verhältnismäßig geringe Zeitstandfestigkeit aufweisen, weil die Duktilität niedrig wäre.

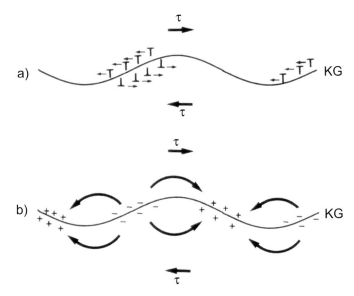

Bild 3.19 Korngrenzengleiten mit notwendigen Akkommodationsvorgängen aufgrund welliger Korngrenzenmorphologie (KG: Korngrenze)
  a) Anpassung durch Versetzungsbewegung
  b) Anpassung durch Diffusion
  Die Pfeile deuten den Materiefluss aus Druckspannungsbereichen (–) in Zugspannungsbereiche (+) an.

3.6 Diffusionskriechen

Bisher wurde stets von Versetzungen als den Trägern der bleibenden Verformung ausgegangen. Grundsätzlich setzt sich die Gesamtkriechverformung ε_t jedoch aus einem durch die Versetzungen hervorgerufenen Anteil ε_V sowie einem davon unabhängigen, durch alleinige Diffusion bewirkten Dehnungsbetrag ε_D zusammen:

$$\varepsilon_t = \varepsilon_V + \varepsilon_D \quad (3.27)$$

Während Gl. (3.25) die Verformungs*gebiete* unterteilt – Kornvolumen und Korngrenzen – bezieht sich Gl. (3.27) auf die *Träger* der Kriechverformung. Sowohl Kornvolumen- als auch Korngrenzenverformung können jeweils durch Versetzungen sowie durch ausschließliche Diffusion zustande kommen.

Bei extrem niedrigen Spannungen stellt sich gemäß Gl. (3.2) eine sehr geringe Versetzungsdichte ein. Der durch Versetzungen getragene Kriechverformungsanteil wird dann vernachlässigbar. In diesem Bereich dominiert ein Verformungsmechanismus, welcher vornehmlich auf Leerstellenwanderung beruht. Dies wird als *Diffusionskriechen* bezeichnet. Der Vorgang basiert auf der *spannungsabhängigen Leerstellenkonzentration*. Immer dann, wenn an einem Kristall mechanische Spannungen anliegen, ist die Leerstellenkonzentration neben der Temperatur zusätzlich eine Funktion der örtlichen Spannung. In Zonen mit Zugspannungen ist die Bildung von Leerstellen erleichtert, ausgedrückt durch eine verringerte Leerstellenbildungsenthalpie. In Druckspannungsgebieten ist dagegen die Leerstellenbildung erschwert. Die temperatur- und spannungsabhängige Leerstellenkonzentration errechnet sich nach der Gleichung:

$$x_L(T,\sigma) = x_L(T) \cdot e^{\pm \frac{\Omega \cdot \sigma}{k_B \cdot T}} \approx x_L(T) \cdot \left(1 \pm \frac{\Omega \cdot \sigma}{k_B \cdot T}\right) \quad (3.28)$$

$x_L(T)$ temperaturabhängige Leerstellen-Gleichgewichtskonzentration ohne Spannung, s. Gl. (1.12)
σ örtlich wirkende Normalspannung
Ω Atomvolumen
k_B Boltzmann-Konstante
Vorzeichen + bei Zugspannung
Vorzeichen – bei Druckspannung

Die Näherung ist gültig für den Fall, dass $\Omega \cdot \sigma \ll k_B \cdot T$ ist, was bei geringen Spannungen und hohen Temperaturen zutrifft (mit typischen Atomvolumina für Metalle ist $k_B/\Omega \approx 1$ MPa/K $\gg \sigma/T$).

Die Korngrenzen dienen als Quellen und Senken für Leerstellen. Um die Richtung des Leerstellen- oder Materieflusses in einem polykristallinen Werkstoff angeben zu können, müssen die Normalspannungskomponenten, welche für die Leerstellenkonzentration entscheidend sind, für die einzelnen Korngrenzenteilflächen eines Kornes identifiziert werden. Haben die Normalspannungen gleiches Vorzeichen, aber unterschiedliche Höhe – wie bei einaxialer Zugbelastung – baut sich ebenfalls ein Leerstellenkonzentrationsgradient zwischen den unterschiedlich belasteten Korngrenzen auf, weil sich nach Gl. (3.28) für $x_L(T, \sigma)$ ungleiche Werte einstellen. Der Konzentrationsunterschied bewirkt einen gerichteten Leerstellenstrom weg von den Korngrenzengebieten erhöhter und hin zu denen gerin-

3.6 Diffusionskriechen

gerer Konzentration. Solange eine äußere Spannung anliegt, ändern sich auch die Normalspannungskomponenten an den Korngrenzflächen nicht, und der Leerstellenstrom wird permanent aufrechterhalten. Da die Atome in entgegengesetzte Richtung zum Leerstellenstrom wandern, findet durch die gerichtete Diffusion ein Materietransport statt, der eine Formänderung der Körner und des gesamten Körpers bewirkt.

Dieser Materiefluss lässt eine Analogie zum elektrischen Stromfluss erkennen: Die Elektronen fließen vom Minuspol, welcher einen Elektronenüberschuss aufweist, zum Pluspol, wo Elektronenmangel herrscht. Durch Anlegen der elektrischen Spannung bleibt der Zustand des Elektronenkonzentrationsgefälles beibehalten, und es fließt elektrischer Strom analog zum Leerstellenstrom.

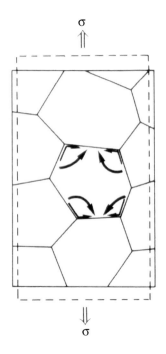

Bild 3.20
Verformung eines Polykristalls durch Diffusionskriechen unter einaxialer Zugspannung
Die dicken Pfeile deuten den Materiestrom nach dem Nabarro-Herring-Mechanismus an, die dünnen den nach dem Coble-Mechanismus.

Bild 3.20 zeigt schematisch die Materieströme in einem polykristallinen Gefüge unter einaxialer Zugbelastung. Zwei voneinander unabhängige Vorgänge liefern additive Beiträge zur Kriechverformung: Je nach Temperatur und Korngröße dominiert Diffusion entweder entlang von Korngrenzen oder durch das Kornvolumen. Die *Nabarro-Herring-Theorie* geht von dominanter Gitterdiffusion aus, während nach der *Coble-Theorie* die Korngrenzen als bevorzugte Wanderungswege der Leerstellen und Atome behandelt werden. Bei Temperaturen oberhalb ca. 0,8 bis 0,9 T_S wird der überwiegende Anteil des Materietransportes durch den Nabarro-Herring-Mechanismus geliefert, weil im Korninneren im Vergleich zu den Korngrenzen mehr Diffusionswege zur Verfügung stehen. Für niedrigere Temperaturen dominiert das Coble-Kriechen aufgrund der geringeren Aktivierungsenergie der Korngrenzendiffusion ($Q_{KG} \approx 0{,}5$ bis $0{,}6\ Q_G$; KG: Korngrenzendiffusion, G: Gitterdiffusion), siehe Kap. 1.3.3.2.

Für beide Mechanismen spielt die Korngröße eine erhebliche Rolle. Für das Nabarro-Herring-Kriechen wird eine Abhängigkeit der Kriechrate $\dot{\varepsilon}_{NH} \sim d_K^{-2}$ gefunden und für das Coble-Kriechen $\dot{\varepsilon}_C \sim d_K^{-3}$. Die Kriechrate hängt darüber hinaus linear von der Spannung ab, d. h. der Norton'sche Spannungsexponent nach Gl. (3.15) ist n = 1. Man spricht dann von viskosem oder Newton'schem Fließen, weil zähe Flüssigkeiten, so genannte Newton'sche Fluide, ein analoges Fließverhalten aufweisen, bei dem die erzeugte Reibungsspannung der Fließgeschwindigkeit proportional ist (der Proportionalitätsfaktor ist die Viskosität). Eine beide Mechanismen zusammenfassende Gleichung lautet [3.14]:

$$\dot{\varepsilon}_D = \dot{\varepsilon}_{NH} + \dot{\varepsilon}_C = \alpha \cdot \frac{\sigma \cdot \Omega}{k_B \cdot T} \left(\frac{D_G}{d_K^2} + \frac{\pi \cdot \delta \cdot D_{KG}}{d_K^3} \right) = \alpha \cdot \frac{\sigma \cdot \Omega}{k_B \cdot T} \cdot \frac{D_{eff}}{d_K^2} \qquad (3.29)$$

α Konstante ≈ 20
δ effektive Korngrenzenbreite ($\approx 2\ b \approx 0{,}5$ nm)
D_G Diffusionskoeffizient der Gitterdiffusion
D_{KG} Diffusionskoeffizient der Korngrenzendiffusion

Der effektive Diffusionskoeffizient D_{eff} stellt die Überlagerung der Gitter- und der Korngrenzendiffusion gemäß Gl. (1.18) dar:

$$D_{eff} = D_G + \frac{\pi \cdot \delta}{d_K} \cdot D_{KG} \qquad \text{s. Gl. (1.18)}$$

Im Falle von $\pi\ \delta\ D_{KG}/d_k \gg D_G$, was für niedrigere Temperaturen zutrifft, ist der Diffusionsbeitrag durch das Gitter vernachlässigbar (siehe Bild 1.7/rechter Kurventeil). In Mischkristallen ist für den Gitterdiffusionskoeffizienten der Wert $\overline{D}_G$ nach Gl. (1.16) einzusetzen. D_{KG} lässt sich durch Fremdelemente herabsetzen, die an die Korngrenzen segregieren.

Die zur Lösung von Gl. (3.29) erforderlichen Größen sind für eine gegebene Legierung meist mit hinreichender Genauigkeit bekannt oder abschätzbar, so dass sich die auf das Diffusionskriechen entfallende Kriechrate größenordnungsmäßig bestimmen lässt. Im Vergleich mit der tatsächlich gemessenen Kriechrate kann dann der Anteil des Diffusionskriechens ermittelt werden. Andererseits kann die Formel benutzt werden, um bei einer Legierung die mindestens durch Diffusionskriechen zu erwartende Kriechrate in Abhängigkeit von Spannung und Temperatur anzugeben. Höhere Dehnraten können nur durch einen anderen Mechanismus – das Versetzungskriechen – erzeugt werden.

3.6 Diffusionskriechen

Die starke Abhängigkeit beider Diffusionskriechvorgänge von der Korngröße bedeutet, dass zum Zwecke einer hohen Kriechfestigkeit ein grobes Korn einzustellen ist. **Bild 3.21** stellt schematisch dar, wie durch ein gröberes Korn die Kriechrate abgesenkt sowie der Übergang vom dominanten Versetzungskriechen zum überwiegenden Diffusionskriechen zu geringeren Spannungen verschoben wird. Vereinfachend ist dabei angenommen, dass die Korngröße das Versetzungskriechen nicht beeinflussen möge. Perfekte Einkristalle weisen ausschließlich Verformung durch Versetzungsbewegung (bzw. Zwillingsbildung) auf; bei ihnen kann kein Diffusionskriechen stattfinden.

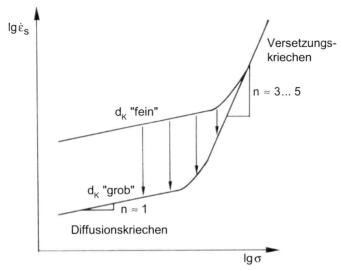

Bild 3.21 Einfluss der Korngröße auf die Kriechfestigkeit
Die Pfeile geben die Abnahme der Kriechrate mit gröber werdenden Körnern bei konstanter Spannung an.

In Gl. (3.29) finden sich außer den genannten Größen keine weiteren festigkeitsbeeinflussenden Parameter wieder. Im Bereich des Diffusionskriechens gehen also im Gegensatz zum Versetzungskriechen die Stapelfehlerenergie sowie der E-Modul nicht in die sich einstellende Kriechrate ein, siehe auch Bild 3.17 und 3.18. Ebenfalls die beim Versetzungskriechen sehr wirksame Teilchenhärtung wirkt sich auf die Diffusionsvorgänge nicht direkt aus, außer einem möglichen Effekt auf die beiden Diffusionskoeffizienten D_G und D_{KG}. Unter den durch das Diffusionskriechen bei einer bestimmten Korngröße und Spannung vorgegebenen Grenzwert nach Gl. (3.29) lässt sich die Kriechrate also nicht drücken.

Eine Möglichkeit, das Diffusionskriechen zu reduzieren, ist prinzipiell über eine Behinderung des Korngrenzengleitens gegeben (siehe Kap. 3.5), weil diese beiden Mechanismen eng miteinander gekoppelt sind [3.14 - 3.16]. Eine Kornverformung durch alleinige Diffusion kann aus Kompatibilitätsgründen nicht ohne gleichzeitiges Korngrenzengleiten ablaufen, **Bild 3.22**. Deformation durch Versetzungsbewegung benötigt dagegen nicht notwendigerweise gleichzeitiges Korngrenzengleiten, wie die Kriechverformung bei hohen Spannungen sowie die Kaltverformung zeigen, bei denen das Korngrenzenkriechen vernachlässigbar ist. Diffusionskriechen und Korngrenzengleiten mit Akkommodation durch Diffusion stellen demgegenüber zwei nicht voneinander trennbare Vorgänge dar.

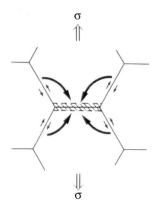

Bild 3.22
Kopplung zwischen Diffusionskriechen und Korngrenzengleiten
Die dicken Pfeile deuten den Materiestrom nach dem Nabarro-Herring-Mechanismus an, die dünnen Pfeile das damit notwendigerweise verbundene Korngrenzengleiten.

3.7 Verformungsmechanismuskarten

Für Reinmetalle, Legierungen und Keramiken kann aus so genannten Verformungskarten abgelesen werden, welcher Verformungsmechanismus in Abhängigkeit von Spannung und Temperatur dominiert. Diese Darstellungsform geht zurück auf J. und J.R. Weertman [3.17]. Nach M.F. Ashby, der diese Diagramme erweitert und für viele Werkstoffe erstellt hat (z. B. in [3.18]), werden die Verformungskarten auch *Ashby-maps* genannt.

Bild 3.23 zeigt eine Verformungskarte schematisch, **Bild 3.24** ein Realbeispiel für Nickel mit einer mittleren Korngröße von 60 µm. Um für vergleichbare Materialien ähnliche Schaubilder zu erhalten, werden auf der Temperaturachse homologe Temperaturen T/T_S aufgetragen und auf der Spannungsachse normierte Spannungswerte. Bezüglich letzterer sind die in der Literatur zu findenden Karten nicht immer einheitlich: Wenn σ/E-Werte angegeben werden, handelt es sich ausschließlich um Zugversuchdaten. σ bedeutet in diesen Fällen die größte Hauptnormalspannung σ_1, welche im einachsigen Spannungszustand mit der angelegten Prüfspannung σ identisch ist. In [3.18] werden dagegen durchgängig die auf den Schubmodul normierten Schubspannungen τ/G angegeben. Dabei ist die für die Versetzungsbewegung relevante größte Schubspannung τ_{max} bestimmt worden. Die τ/G-Werte lassen sich beispielsweise auf den einachsigen Spannungszustand des Zugversuches umrechnen mit den Beziehungen $\tau_{max} = \sigma_1/2$

3.7 Verformungsmechanismuskarten

und $E = 2G(1+\nu)$, d. h. $\tau/G = \sigma_1(1+\nu)/E \approx 1{,}3\,\sigma_1/E$ oder $\sigma_1/E \approx 0{,}77\,\tau/G$ (mit $\nu \approx 0{,}3$, was mit guter Genauigkeit für die meisten Maschinenbauwerkstoffe gilt; eine leichte Temperaturabhängigkeit von ν sei vernachlässigt). Die Unterschiede in den beiden Angaben auf der Spannungsachse sind also nicht erheblich.

Die konstitutiven Verformungsgesetze, die herangezogen werden, um die Karten zu erstellen, basieren auf *stationären Verformungszuständen*, berücksichtigen also keine zeit- oder verformungsabhängigen Effekte. Üblicherweise wird die Korngröße als wichtiger und reproduzierbar einstellbarer Gefügeparameter genannt. Zusätzlich können in die Verformungskarten, wie in Bild 3.24 geschehen, Iso-Dehnraten eingetragen werden, welche es erlauben, die sich zu einem jeweiligen (σ; T)- oder (τ; T)-Paar einstellende stationäre Dehnrate abzulesen.

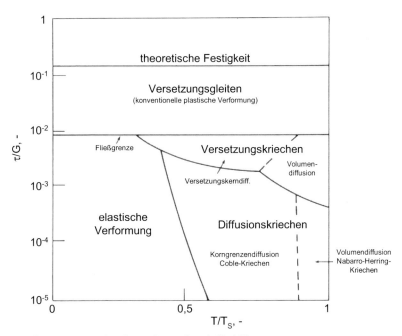

Bild 3.23 Verformungsmechanismuskarte (nach [3.19])

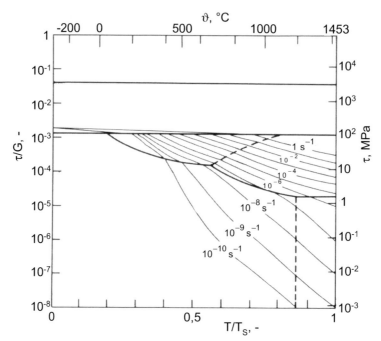

Bild 3.24 Verformungsmechanismuskarte für Nickel mit einer Korngröße von 60 μm. Zusätzlich sind Linien gleicher Dehnrate eingetragen [nach 3.20].

Während die Diagramme für Reinmetalle und Mischkristalllegierungen relativ übersichtlich und auf der Basis überschaubarer Literaturdaten erstellbar sind, ergibt sich besonders für komplexe Hochtemperaturwerkstoffe die prinzipielle Schwierigkeit des Mikrogefügeeinflusses. Abgesehen von verschiedenen möglichen Ausgangszuständen ändert sich die Mikrostruktur oft während der Verformung erheblich, verursacht durch den Zeit- und/oder Verformungseinfluss. Hohe Genauigkeit kann daher von den angegebenen Felderbegrenzungen und Dehngeschwindigkeitsangaben nicht erwartet werden.

Die theoretische Festigkeit eines Werkstoffes beträgt ungefähr $\tau/G \approx 0{,}1$. Dieser Grenzwert hängt über G nur schwach von der Temperatur ab, was im logarithmischen Maßstab nicht erkennbar ist. In den technisch interessierenden $(\tau; T)$-Bereichen unterscheidet man folgende Verformungsmechanismen:

a) Elastische Verformung

Die sich in jedem Bereich spontan einstellende elastische Dehnung kann aus dem Ordinatenwert τ/G unmittelbar bestimmt werden: Sie beträgt $\varepsilon_e \approx 0{,}77\,\tau/G$ (Hooke'sches Gesetz und die oben genannten Beziehungen zwischen τ und σ bzw. E und G eingesetzt). Die elastische Verformung überwiegt in technisch relevanten Zeiten alle mikroplastischen Verformungsbeiträge im Bereich unterhalb der Streckgrenze bis zu Temperaturen von etwa 0,3 bis 0,4 T_S, bei sehr niedrigen

Spannungen auch noch bis zu höheren Temperaturen. In allen anderen (σ; T)-Bereichen dominiert bleibende Verformung nach unterschiedlichen Mechanismen.

In manchen Darstellungen wird der elastische Bereich nicht eingetragen, sondern statt dessen das Feld des Coble-Kriechens bis 0 K und zu geringsten Dehnungen oder Spannungen ausgedehnt. Eine Erläuterung hierzu erfolgt unter *d)*.

b) Versetzungsgleiten/konventionelle plastische Verformung

Die durch Versetzungsgleiten geprägte konventionelle plastische Verformung ohne nennenswerte zeitabhängige Erholungsvorgänge (Klettern) herrscht im gesamten Temperaturbereich von 0 K bis T_S bei hohen Spannungen vor. Bei tiefen Temperaturen < ca. 0,4 T_S wird das Feld nach unten durch die Streckgrenze begrenzt, wie unter *a)* diskutiert. Bei hohen Temperaturen > ca. 0,4 T_S erfolgt zu tieferen Spannungen hin ein Wechsel zum dominierenden Mechanismus des Versetzungskriechens. Der Übergang vom klettkontrollierten Kriechen zur Plastizität mit vorwiegend konservativen Versetzungsbewegungen durch Gleiten ist gekennzeichnet durch den so genannten *power-law-breakdown*. Das Norton'sche Kriechgesetz nach Gl. (3.15) beschreibt bei diesen hohen Spannungen die Spannungsabhängigkeit der Verformungsgeschwindigkeit nicht mehr korrekt.

c) Versetzungskriechen

Das Versetzungskriechen stellt den dominierenden Verformungsmechanismus im Temperaturbereich von ca. 0,4 T_S bis T_S dar. Das Feld des Versetzungskriechens wird meist unterteilt in eines mit vorherrschender Diffusion entlang der Versetzungskerne und eines mit überwiegender Volumendiffusion. Bis zu Temperaturen von 0,5 bis 0,7 T_S laufen die für den Klettervorgang der Stufenversetzungen erforderlichen Diffusionsströme hauptsächlich entlang der Versetzungskerne ab. Bei höheren Temperaturen wird der Hauptanteil der Diffusion über das ungestörte Gittervolumen geliefert.

Nach Gleichung (3.12) ergibt sich die Versetzungsdichte beim Kriechen zu (mit $\sigma_i \approx \sigma_a = \sigma$):

$$\rho = \frac{1}{(\alpha \cdot b)^2} \cdot \left(\frac{\sigma}{G}\right)^2 \approx \frac{4}{b^2} \cdot \left(\frac{\sigma}{G}\right)^2 \qquad \text{für } \alpha \approx 0,5 \qquad \text{siehe Gl. (3.12)}$$

Setzt man diese Gleichung in diejenige für den effektiven Diffusionskoeffizienten Gl. (1.17) ein, so erhält man den Zusammenhang mit der Spannung:

$$D_{eff} = D_G + a_V \cdot \rho \cdot D_V \approx D_G + 20 \cdot \left(\frac{\sigma}{G}\right)^2 \cdot D_V \qquad (3.30)$$

mit $a_V \approx 5 \cdot b^2$

Bei geringeren Temperaturen überwiegt der zweite Term in Gl. (3.30), während für höhere Temperaturen D_G dominiert. Bei gleicher Temperatur nimmt der Einfluss der Versetzungskerndiffusion nach Gl. (3.30) mit steigender Spannung zu, weil hiermit auch die Versetzungsdichte ansteigt. Aus diesem Grunde verschiebt sich die Grenze der beiden Teilfelder des Versetzungskriechens in den Verformungskarten mit der Spannung zu höheren Temperaturen, bei denen der Anstieg von D_G durch die spannungsbedingte Zunahme von ($a_V \cdot \rho$) kompensiert wird.

Bei sehr niedrigen Spannungen und entsprechend langen Belastungszeiten spielen Versetzungen als Verformungsträger keine vorherrschende Rolle mehr. Die Kriechverformung kommt dann trotzdem nicht zum Stillstand, sondern wird überwiegend getragen vom Materietransport allein durch Diffusion.

d) Diffusionskriechen

Prinzipiell umfasst das Coble-Kriechen den gesamten Bereich der Temperaturen von 0 K bis ca. 0,8 T_S sowie niedriger Spannungen, bei denen Versetzungsbewegung gar nicht oder unwesentlich zur Verformung beiträgt. Unterhalb ca. 0,4 bis 0,5 T_S kommt jedoch durch Diffusion so wenig Verformung zustande, dass die sich immer einstellende elastische Formänderung in technisch relevanten Zeiträumen überwiegt (siehe *a*). Nur bei extrem langen, in geologischen Maßstäben relevanten Zeiten liefert das Coble-Kriechen auch bei Temperaturen unterhalb ca. 0,4 T_S einen gegenüber der elastischen Dehnung ins Gewicht fallenden zeitabhängigen Beitrag zur Verformung. Aus diesem Grunde wird manchmal in Verformungskarten das Feld des Coble-Kriechens bis 0 K angegeben.

Wie in Kap. 3.6 erörtert, dominiert bei sehr hohen Temperaturen, etwa oberhalb 0,8 T_S, die Volumendiffusion nach dem Nabarro-Herring-Mechanismus. Der Übergang vom Coble- zum Nabarro-Herring-Kriechen ist korngrößenabhängig.

3.8 Kriechen von Legierungen

Die Kriechfestigkeit lässt sich am wirkungsvollsten durch Legierungsbildung erhöhen. Die beiden Mechanismen Mischkristallhärtung und Teilchenhärtung werden nachfolgend behandelt.

3.8.1 Mischkristallhärtung

Formal lässt sich der Anteil der Mischkristallhärtung im Bereich des Versetzungskriechens durch einen Beitrag σ_{MK} beschreiben, welcher sich den inneren Spannungen aufgrund der Spannungsfelder der Versetzungen (s. Gl. 3.10) additiv überlagert:

$$\sigma_a = \alpha \cdot G \cdot b \cdot \sqrt{\rho} + \sigma_{MK} \tag{3.31}$$

$\quad \sigma_a \quad$ außen anliegende Spannung

3.8 Kriechen von Legierungen

Man bezeichnet σ_{MK} auch als *Mischkristall-Reibungsspannung*. Sie hängt von folgenden Parametern ab: der Fremd- und Matrixatomsorte, der Fremdatomkonzentration, der anliegenden Spannung und der Temperatur. Grundsätzlich beeinflussen gelöste Fremdatome das Kriechverhalten in zweierlei Weise: *1.* direkt durch Wechselwirkungen mit den Versetzungen und *2.* indirekt durch Veränderung bestimmter Werkstoffparameter, welche auf die Kriechfestigkeit einwirken. Die Rolle der Fremdatome beim Diffusionskriechen wird unter letztgenanntem Abschnitt diskutiert (Kap. 3.8.1.2).

3.8.1.1 Direkte Wechselwirkungen Fremdatome/Versetzungen

Versetzungen, die sich in einem Mischkristall bewegen, treten mit den Fremdatomen in ständige Wechselwirkung; man spricht von *Mischkristallreibung*. Interstitielle Elemente, wie C oder N, die besonders in krz-Gittern bei tiefen Temperaturen einen erheblichen Streckgrenzenanstieg hervorrufen, sind als gelöste Fremdatome bei hohen Temperaturen wirkungslos. Zum einen überwiegt der Entropieeffekt bei hohen Temperaturen gegenüber der Enthalpieverringerung, die bei tieferen Temperaturen dominiert. Dies führt dazu, dass sich Zwischengitteratome nicht mehr energetisch bevorzugt als *Cottrell-Wolke* in den Zugspannungsfeldern der Stufenversetzungen anreichern, sondern sich weitgehend gleichmäßig verteilen. Zum anderen ist die thermische Beweglichkeit der interstitiellen Atome bei Temperaturen oberhalb etwa $0{,}4\,T_S$ hoch gegenüber der Versetzungsgeschwindigkeit, so dass praktisch keine Rückhaltekraft mehr auf die gleitenden Versetzungen ausgeübt wird.

Bei der Diskussion der Wechselwirkungen zwischen *Substitutionsatomen* und Versetzungen wird zunächst angenommen, dass Erstere unbeweglich sind und für die gleitenden Versetzungen starre Einzelhindernisse darstellen, **Bild 3.25 a)**. Zwei Hauptmechanismen mit langer Reichweite der Hinderniswirkung lassen sich unterscheiden: die parelastische und die dielastische Wechselwirkung.

a) Parelastische Wechselwirkung aufgrund der Atomgrößendifferenz

Bei der parelastischen Wechselwirkung tritt das Verzerrungsfeld um ein gegenüber den Matrixatomen größeres oder kleineres Substitutionsatom herum in Wechselwirkung mit dem Spannungsfeld einer Stufenversetzung. Zwischen dem Spannungsfeld größerer Fremdatome und dem Zugspannungsbereich der Versetzungen wirkt eine anziehende Kraft, mit dem Druckspannungsbereich eine abstoßende. Umgekehrt üben kleinere gelöste Atome auf die Zugspannungszone eine abstoßende und auf die Druckspannungszone eine anziehende Kraft aus. In jedem Fall ist für die Versetzungsbewegung zusätzlicher Kraftaufwand erforderlich, weil sie aus einer Potenzialmulde herausbewegt oder über einen Potenzialberg hinwegbewegt werden müssen. Für Schraubenversetzungen ergibt sich nur eine geringe Wechselwirkung mit Substitutionsatomen aufgrund der Tatsache, dass deren elastische Verzerrung lediglich Scher- und keine Zug- oder Druckspannungskomponenten enthält.

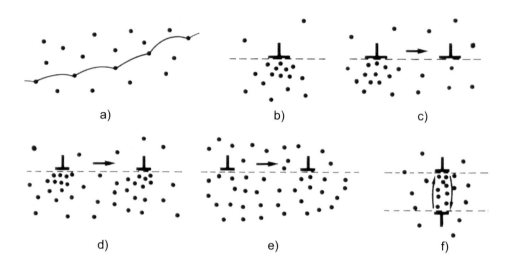

Bild 3.25 Verschiedene Mechanismen der Mischkristallhärtung
a) Parelastische und dielastische Wechselwirkungen zwischen Versetzungen und unbeweglichen Fremdatomen als Einzelhindernisse; tiefe Temperaturen
b) Ruhende Versetzung durch Fremdatomwolke verankert (der Fremdatomdurchmesser sei größer als der Wirtsatomdurchmesser)
c) Gleitende Versetzung reißt sich von Fremdatomwolke los; hohe Spannungen
d) Gleitende Versetzung schleppt Fremdatomwolke mit: viskoses Gleiten
e) Fremdatomwolke kann schneller wandern als Versetzung: keine Rückhaltekraft mehr für die Versetzung; sehr hohe Temperaturen
f) Versetzungsauslöschung durch Klettern; der effektive Diffusionskoeffizient hängt von der lokalen Fremdatomkonzentration ab.

Als Maß für die festigkeitssteigernde Wirkung wird der Atomgrößenparameter δ definiert als relative Gitterparameteränderung bezogen auf die Fremdelementkonzentration:

$$\delta = \frac{1}{c} \cdot \frac{a_L - a_M}{a_M} \quad (3.32)$$

a_L Gitterparameter der Legierung
a_M Gitterparameter des Reinmetalls
c Konzentration des Legierungselementes als Atombruch
typische Werte: $|\delta| \approx 0{,}01$ bis $0{,}1$.

b) Dielastische Wechselwirkung aufgrund lokaler Schubmoduländerung

Fremdatome verändern um sich herum die Bindungskräfte im Gitter, weil ungleichnamige Atombindungen auftreten. Dies äußert sich in einer lokalen Änderung des Schubmoduls, welcher ein Maß für die Gitterbindungskräfte darstellt. Aufgrund der Abhängigkeit der elastischen Verzerrungsenthalpie einer Versetzung vom Schubmodul ($U_e \sim G$) wird eine Versetzung von einem Fremdatom angezogen, wenn lokal ein geringerer Schubmodul herrscht als in der umgebenden Matrix. Die Stelle um das Fremdatom herum ist in diesem Fall elastisch weicher wegen schwächerer Bindungskräfte. Ist der örtliche Schubmodul dagegen höher aufgrund stärkerer ungleichnamiger Bindungen, wird die Versetzung von diesen elastisch härteren Zonen um die Fremdatome herum abgestoßen.

Ähnlich wie bei der parelastischen Wechselwirkung ist in beiden Fällen für die Bewegung der Versetzungen ein erhöhter Kraftaufwand erforderlich, um entweder die Versetzungen aus den Energietälern loszureißen oder um sie durch die harten Zonen, in denen sich ihre Verzerrungsenthalpie erhöhen muss, hindurchzudrücken. Man spricht von einer *dielastischen* Wechselwirkung, welche gleichermaßen bei Stufen- wie bei Schraubenversetzungen auftritt. Aus diesem Grund wird ihr ein stärkerer Härtungseffekt zugeschrieben als dem Atomgrößenunterschied, der sich nur bei Stufenversetzungen auswirkt.

Der Modulparameter η charakterisiert analog zum Atomgrößenparameter die relative Wirksamkeit des Fremdelementes:

$$\eta = \frac{1}{c} \cdot \frac{G_L - G_M}{G_M} \tag{3.33}$$

G_L (makroskopischer) Schubmodul der Legierung
G_M Schubmodul des Reinmetalls
c Konzentration des Legierungselementes als Atombruch
typische Werte: $|\eta| \approx 0{,}5$ bis 1.

Der Moduleffekt ist auch dann wirksam, falls die Atomradiendifferenz null ist. Aus Letzterer allein kann also nicht auf die Höhe der Mischkristallhärtung geschlossen werden.

Diese beiden Mechanismen sollten einen temperatur*un*abhängigen Härtungseffekt hervorrufen – abgesehen von der leichten Temperaturabhängigkeit des Schubmoduls –, wenn man die Fremdatome als starre Hindernisse betrachtet. So findet man in einigen formelmäßigen Beschreibungen zur Substitutionsmischkristallhärtung auch keinen Temperatureinfluss (Übersicht z. B. in [3.21]). Die vereinfachte Vorstellung unbeweglicher Substitutionsatome trifft jedoch bei erhöhten Temperaturen und besonders im Kriechbereich oberhalb etwa $0{,}4\,T_S$ nicht zu. Vielmehr sind sie imstande, sich als *Cottrell-Wolke* in den Spannungsfeldern der Versetzungen anzureichern, so wie es die interstitiellen Atome schon bei geringeren Temperaturen vermögen, **Bild 3.25 b)**. Dieses Bestreben wird vom Atomradienunterschied angetrieben, weil die elastische Verzerrungsenergie durch die Anreicherung reduziert wird.

Mehrere Fälle sind zu unterscheiden. Bei ausreichend hohen Spannungen reißen sich die Versetzungen von den Fremdatomen los, **Bild 3.25 c)**. Ein anderer Extremfall liegt vor, wenn die Temperatur so hoch ist, dass die Diffusionsgeschwindigkeit der Fremdatome die Gleitgeschwindigkeit der Versetzungen übertrifft, **Bild 3.25 e)**. Dann tritt keine Bremswirkung mehr auf. Mischkristallhärtung erfolgt unter diesen beiden Bedingungen ausschließlich über indirekte Effekte (Kap. 3.8.1.2).

Für eine dynamische Wechselwirkung zwischen Fremdatomen und Versetzungen müssen bestimmte Temperatur/Spannung-Kombinationen erfüllt sein, bei denen die Wolke etwa mit der gleichen Geschwindigkeit diffundieren kann wie die Versetzungen gleiten, **Bild 3.25 d)**. Die auf die Versetzung wirkende Spannung schleppt dann die *Cottrell-Wolke* wie einen Bremsklotz mit. Man spricht von *viskosem Gleiten*. Der Gleitvorgang ist unter diesen Bedingungen für das Kriechen geschwindigkeitsbestimmend und nicht das Klettern. Bei Legierungen, für die in bestimmten (σ; T)-Bereichen das mitschleppkontrollierte Kriechen (*viscous-drag-controlled creep*) zutrifft, wird typischerweise ein Spannungsexponent im Norton'schen Kriechgesetz (Gl. 3.15) von $n \approx 3$ gefunden. Dies wird auch als *Class A*-Verhalten bezeichnet (A: *Alloy*).

Der wirksame Diffusionskoeffizient ergibt sich beim viskosen Gleiten aus der Darken'schen Gleichung (Kap. 1.3.2, Bild 1.5):

$$\tilde{D} = x_B \cdot D_A + x_A \cdot D_B \qquad \text{s. Gl. (1.15)}$$

In stark verdünnten Mischkristalllegierungen mit $x_B \ll x_A$ ist demnach bei diesem Mechanismus der Diffusionskoeffizient des *Fremd*elementes D_B dominant. Dies leuchtet unmittelbar ein, weil die gelösten Atome ihre Plätze mit den Matrixatomen tauschen müssen, wenn sie den Versetzungen folgen. Für die Konzentrationen müssten jedoch die lokalen Werte eingesetzt werden, die bei Anreicherung von den globalen deutlich abweichen.

Die Kriechaktivierungsenergie ist beim viskosen Gleiten identisch mit derjenigen der Interdiffusion des Fremdelementes in der Legierung.

3.8.1.2 Veränderung von Werkstoffparametern durch Fremdatome

Fremdatome beeinflussen folgende wesentliche Parameter, die sich auf die Kriechfestigkeit auswirken:

- den wirksamen Diffusionskoeffizienten
- die Solidustemperatur
- die elastische Moduln E und G
- die Stapelfehlerenergie.

3.8 Kriechen von Legierungen

a) Wirksamer Diffusionskoeffizient

Bei sehr hohen Temperaturen spielt sich in Mischkristallen kletterkontrolliertes Kriechen ab, **Bild 3.25 f)**, im Gegensatz zum Mitschleppmechanismus bei geringeren Temperaturen. Die Fremdatome diffundieren bei genügend hohen Temperaturen so rasch, dass sie keine Rückhaltekraft mehr auf die gleitenden Versetzungen ausüben. Ferner kann der kletterkontrollierte Mechanismus bei niedrigen Spannungen auftreten, wobei die Kletterabstände aufgrund geringer Versetzungsdichte so groß werden, dass der Auslöschprozess geschwindigkeitsbestimmend wird.

Der maßgebliche Diffusionskoeffizient beim kletterkontrollierten Kriechen in einer binären Legierung errechnet sich gemäß den Ausführungen in Kap. 1.3.2 zu:

$$\overline{D} \approx \frac{D_A \cdot D_B}{x_B \cdot D_A + x_A \cdot D_B} = \frac{D_A \cdot D_B}{\widetilde{D}} \qquad \text{s. Gl. (1.16)}$$

Der Diffusionskoeffizient des Fremdelementes in stark verdünnten Mischkristallen spielt beim Kletterprozess folglich keine Rolle, sofern keine Anreicherung in Form einer *Cottrell-Wolke* vorliegt (siehe auch Bild 1.5). Die wenigen Platzwechsel der Legierungsatome fallen dann gegenüber den vielen der Matrixatome nicht ins Gewicht. Bei höheren x_B-Werten steigt der Einfluss von D_B gemäß Gl. (1.16). Abweichend von den *Class A*-Mischkristalllegierungen zeigen die einphasigen Legierungen mit kletterkontrolliertem Verhalten einen Spannungsexponenten von $n \approx 5$, wie er für Reinmetalle beobachtet wird (*Class M*-Verhalten; M: *Metal*).

Ebenso wie beim kletterkontrollierten Kriechen ist der nach Gl. (1.16) zu berechnende Diffusionskoeffizient maßgeblich für das Nabarro-Herring-Diffusionskriechen. Der Korngrenzendiffusionskoeffzient, der für den Coble-Diffusionsmechanismus relevant ist, wird grundsätzlich durch Fremdelemente herabgesetzt, weil sie die offenere Struktur der Korngrenzen dichter füllen und Platzwechsel damit erschweren.

Unabhängig vom genauen Mechanismus wird generell die Kriechfestigkeit erhöht, wenn Substitutionselemente in möglichst hoher Konzentration zugegeben werden, die einen geringen Diffusionskoeffizienten in der Legierung aufweisen. In vielen Fällen vermag ein größerer Atomradius des Fremdelementes den $\overline{D}$-Wert zu verringern, jedoch gibt es davon auch Ausnahmen. Der Regel folgen beispielsweise die Metalle W und Mo, welche den effektiven Diffusionskoeffizienten in Legierungen auf Fe-, Co- und Ni-Basis aufgrund ihres größeren Atomradius senken [3.22]. Auch Al ist als Mischkristallelement (neben anderen Effekten) sehr wirksam in diesen Werkstoffen. Wechselwirkungen sind zudem möglich in der Form, dass Legierungselemente die Diffusion anderer verlangsamen.

b) Solidustemperatur

Bei den üblichen Basismetallen Fe, Co und Ni für Hochtemperaturwerkstoffe wird die Solidustemperatur durch Legieren in den meisten Fällen herabgesetzt, weil in den Phasendiagrammen die Soliduslinien auf die niedrigeren eutektischen oder peritektischen Umwandlungstemperaturen zulaufen. Daraus darf man nach der in Kap. 1.3.1.2 vorgestellten allgemeinen Faustregel $D(T/T_S) \approx$ const. nicht folgern, dass der effektive Diffusionskoeffizient grundsätzlich bei einer bestimmten Temperatur erhöht wird. Wie unter *a)* erläutert, sind die tatsächlichen D-Werte zu berücksichtigen. Das Absinken der Solidustemperatur kann jedoch aus anderen Gründen unerwünscht sein, wenn z. B. hohe Lösungsglühtemperaturen erforderlich sein sollten.

c) Elastische Moduln

Werden durch Mischkristallbildung die elastischen Moduln erhöht, so steigt die Kriechfestigkeit gemäß der Deutung in Kap. 3.4.2.3.

d) Stapelfehlerenergie

Die Stapelfehlerenergie nimmt durch Legieren in den meisten Fällen ab. Besonders in Ni-Basislegierungen wird hiervon Gebrauch gemacht, weil Ni selbst eine hohe Stapelfehlerenergie von ca. 300 mJ/m^2 aufweist. Das bekannteste Beispiel, in welchem man die Stapelfehlerenergie in Hochtemperaturlegierungen gezielt reduziert, stellen die Ni-Basis-Superlegierungen sowie die austenitischen Stähle mit bis zu etwa 20 Ma.-% Co dar. Die dadurch hervorgerufene Kriechfestigkeitssteigerung wird allgemein mit der durch Co verminderten Stapelfehlerenergie begründet.

3.8.2 Teilchenhärtung

3.8.2.1 Mechanismen und Gesetzmäßigkeiten

Das Versetzungskriechen wird in erheblichem Maße durch Teilchen einer zweiten Phase beeinflusst, die das wirkungsvollste Mittel zur Kriechfestigkeitssteigerung metallischer Werkstoffe darstellen. Analog zur Mischkristallhärtung wird die Teilchenhärtung am geeignetsten durch einen inneren Spannungsanteil σ_T zum Ausdruck gebracht, der sich demjenigen, der durch die Versetzungen hervorgerufen wird, addiert. Unter der Annahme der Erholungstheorie ($\sigma_a \approx \sigma_i$) gilt dann:

$$\sigma_a \approx \sum \sigma_i = \alpha \cdot G \cdot b \cdot \sqrt{\rho} + \sigma_T \qquad (3.34)$$

σ_a außen anliegende Spannung

3.8 Kriechen von Legierungen

Der Term σ_T wird oft allgemein als *Reibungsspannung* bezeichnet, welcher verschiedene Mechanismen der Versetzungsbewegungsbehinderung zugrunde liegen können. Dieser Spannungsanteil wird am anschaulichsten als der nicht erholbare Teil der inneren Spannungen charakterisiert, während der Versetzungsterm grundsätzlich erholbar ist.

Bild 3.26 stellt im $(\lg\dot\varepsilon_s; \lg\sigma_a)$-Diagramm schematisch dar, wie die Reibungsspannung die Festigkeit gegenüber dem entsprechenden teilchenfreien Material verschiebt, ausgedrückt durch eine höhere ertragbare Spannung bei gleicher Kriechrate oder eine geringere Kriechrate bei gleicher Spannung. Der Verlauf der $(\lg\dot\varepsilon_s; \lg\sigma_a)$-Kurve für einen teilchengehärteten Werkstoff weicht von dem der

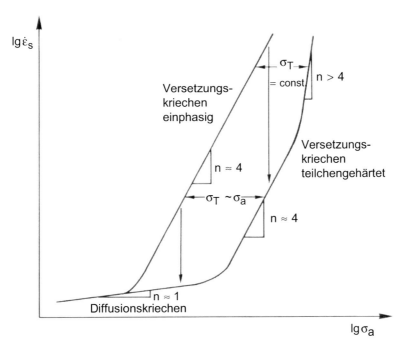

Bild 3.26 Einfluss der Teilchenhärtung auf die Kriechfestigkeit
Die Pfeile geben die Abnahme der stationären Kriechrate bei konstanter Spannung im Vergleich zu einem entsprechenden teilchenfreien Material an. Das Teilchengefüge wird idealisiert als konstant betrachtet.

entsprechenden einphasigen Matrixlegierung stark ab und kann – je nach wirksamem Mechanismus – unterschiedlich aussehen. Bei höheren Spannungen wird meist ein Spannungsexponent n nach Gl. (3.15) deutlich oberhalb von 4 beobachtet, bei geringeren Spannungen dagegen wie für teilchenfreie Werkstoffe bei n ≈ 4. Wie in Kap. 3.6 dargestellt, kann die Kriechrate nicht unter die durch Diffusionskriechen geprägte Grenze gedrückt werden. Allerdings behindern Korngrenzenausscheidungen das Korngrenzengleiten und damit das Diffusionskriechen, was in Bild 3.26 außer Acht gelassen ist.

Neben den Spannungsexponenten, die von denen für einphasige Werkstoffe erheblich abweichen können, misst man auch Kriechaktivierungsenergien nach Gl. (3.20) oder (3.22) bei teilchengehärteten Legierungen, die vielfach weit über denen der Gitterselbstdiffusion liegen. Hierbei handelt es sich um scheinbare Aktivierungsenergien, die durch die Reibungsspannung beeinflusst werden und keineswegs einen völlig anderen Elementarvorgang des Kriechens andeuten. Auch bei mehrphasigen Legierungen stellt selbstverständlich die Diffusion den geschwindigkeitsbestimmenden Schritt des Kriechens dar. Durch rechnerischen Abzug der Reibungsspannung von der angelegten Spannung kann das Kriechverhalten der Mehrphasenlegierungen auf die gleichen charakteristischen Größen n und Q_c wie bei einphasigen Werkstoffen in Gl. (3.21 a) zurückgeführt werden, d. h. man erhält einen Spannungsexponenten $n_0 \approx 4$ und die Aktivierungsenergie der Gitterselbstdiffusion Q_{SD}:

$$\dot{\varepsilon}_s = C \cdot \left(\frac{\sigma_a - \sigma_T}{E}\right)^{n_0} \cdot e^{-\frac{Q_c}{R \cdot T}} \qquad (3.35)$$

C   Konstante = f(Werkstoff und Werkstoffzustand)
$Q_c = Q_{SD}$

Diese Gleichung beschreibt das Kriechverhalten des entsprechenden *teilchenfreien* Materials, dient also mehr wissenschaftlichen Zwecken zur Quantifizierung der genannten Größen n und Q_c.

Der Teilchenhärtungsbeitrag σ_T ist für die Entwicklung kriechfester Legierungen entscheidend. Er kann von verschiedenen Parametern abhängen:

$$\sigma_T = f(\text{Wechselwirkungsmechanismus}, \sigma_a, f_V, d_T, T) \qquad (3.36\ a)$$

Von der Kaltverformung her bekannt sind als Wechselwirkungsmechanismen zwischen Versetzungen und Teilchen das *Schneiden* bei kohärenten Teilchen sowie das *Umgehen* kohärenter oder inkohärenter Partikel nach Orowan, **Tabelle 3.3**. Diese beiden Vorgänge erfordern jeweils eine Mindestspannung, welche sich für gegebene Dispersionsparameter berechnen lässt.

3.8 Kriechen von Legierungen

Tabelle 3.3 Mögliche Mechanismen der Überwindung von Teilchen durch Versetzungen (PGF: Phasengrenzfläche)

Mechanismus	Temperaturen	kohärente u. semi-kohärente PGF	inkohärente PGF
Schneiden	0 K bis T_S	ja	nein
Umgehen (Orowan)	0 K bis T_S	ja	ja
Überklettern	> ca. 0,4 T_S	ja	ja

Während es bei der Kaltverformung bei Unterschreiten der Schneid- oder Orowan-Spannung zum Aufstau der Versetzungen vor den Teilchen und damit zum praktischen Stillstand plastischer Verformung kommt, können bei hohen Temperaturen die Teilchen auch bei geringeren Spannungen als diesen Mindestwerten überwunden werden. Dies wird durch Kletterbewegungen ermöglicht, Tabelle 3.3 und **Bild 3.27**. Geschwindigkeitsbestimmend für den Kriechvorgang ist dann das diffusionskontrollierte *Überklettern* der Teilchen.

Nach G. Schoeck [3.23] und G.S. Ansell und J. Weertman [3.24] hat man sich die Wirkung der Teilchen in der Weise vorzustellen, dass durch die erforderlichen Kletterbewegungen der Versetzungen über die Teilchen im statistischen Mittel der Erholungsvorgang verzögert wird. Der Zähler $|d\rho^-/dt|$ in Gl. (3.13) wird dadurch kleiner, und somit wird die Kriechrate reduziert. Außerdem muss für das Überklettern zusätzliche Versetzungslänge geschaffen werden, ohne dass sich die Gesamtversetzungsdichte ändert. Diese Theorie bedarf sicher einiger Präzisierungen, ist jedoch wegen ihrer Einfachheit sehr anschaulich.

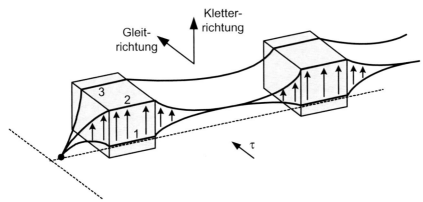

Bild 3.27 Schematische Darstellung des Überkletterns von Teilchen durch eine Versetzung (1, 2, 3: Reihenfolge der Positionen)

Im Bereich hoher anliegender Spannungen, die Schneiden oder Umgehen ermöglichen, ist die Teilchen-Reibungsspannung konstant, wenn die Dispersionsparameter sich nicht ändern: $\sigma_T \equiv \sigma_S$ = const. (S: Schneiden) oder $\sigma_T \equiv \sigma_{OR}$ = const. (OR: Orowan-/Umgehungsmechanismus). Im ($\lg \dot\varepsilon_s$; $\lg \sigma$)-Diagramm, Bild 3.26, müssen die Kurven für das teilchenfreie und das teilchengehärtete Material zu höheren Spannungen also konvergieren (logarithmische Achsenteilung), was bedeutet, dass der Spannungsexponent in diesem Bereich für den mehrphasigen Werkstoff n > 4 ist.

Für den Mechanismus des Überkletterns wird meist eine der außen anliegenden Spannung proportionale Teilchen-Reibungsspannung $\sigma_T \equiv \sigma_{Kl}$ (Kl: Klettern) angesetzt [3.25]:

$$\sigma_{Kl} = c \cdot \sigma_a \qquad (3.36\ b)$$

c = const.

Im ($\lg \dot\varepsilon_s$; $\lg \sigma$)-Diagramm kommt dies einer Parallelverschiebung der Geraden des einphasigen Materials zu höheren Spannungswerten gleich, d. h. der n-Wert des teilchengehärteten Werkstoffes ändert sich gegenüber dem des teilchenfreien in diesem Bereich nicht, siehe Bild 3.26. In vielen Auswertungen wird dieser Sachverhalt tatsächlich beobachtet.

Für die Entwicklung von Legierungen sowie deren Wärmebehandlungen zur Einstellung optimaler Kriechfestigkeit ist die Abhängigkeit der Reibungsspannung σ_T von den Teilchenparametern f_V, λ_T und d_T entscheidend. Grundsätzlich ist plausibel, dass der Härtungsbeitrag σ_T umso höher ist, je mehr Teilchen die Versetzungsbewegung behindern und je mehr Teilchen/Versetzung-Wechselwirkungen vorliegen, d. h. je größer f_V ist. Diese Tatsache bildet die Grundlage der hoch γ'-haltigen Ni-Basis-Superlegierungen mit Teilchenvolumenanteilen von bis zu etwa 60 %. Schwieriger gestaltet sich dagegen der Zusammenhang zwischen der Kriechfestigkeit und der Teilchengröße oder dem -abstand.

Während die Schneidspannung parabolisch mit dem Teilchendurchmesser zunimmt, fällt die Orowan-Spannung hyperbolisch ab, **Bild 3.28 a)**:

$$\sigma_S \sim \sqrt{d_T} \quad \text{und} \quad \sigma_{OR} \sim \frac{1}{d_T} \qquad (3.36\ c),\ d)$$

Bei kohärenten Teilchen findet der Mechanismus mit der für den vorliegenden Teilchendurchmesser geringsten Spannung statt, es gilt also die in Bild 3.28 a) fett durchgezogene Linie. Bei inkohärenten Teilchen ist allein die Hyperbel für den Umgehungsmechanismus maßgeblich. Beide Spannungen hängen nicht von der außen anliegenden Spannung σ_a ab. Der Einfluss der Temperatur ist nur relativ schwach über den Schubmodul gegeben.

3.8 Kriechen von Legierungen

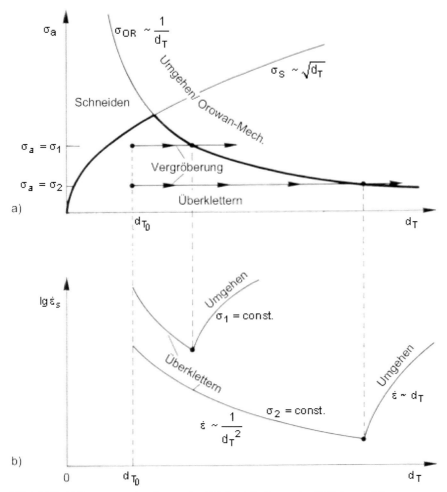

Bild 3.28 Härtungsmechanismen in Abhängigkeit von der Teilchengröße
(d_{T0}: Ausgangsdurchmesser der Teilchen; σ_a: außen anliegende Spannung; σ_1 und σ_2 sind zwei exemplarisch gewählte anliegende Spannungen)
a) Mechanismusfelder für das Passieren von Teilchen durch Versetzungen
Der Schneidmechanismus ist nur für kohärente Teilchen relevant. Die Linien mit mehreren Pfeilen zeigen die Vergröberung bei jeweils konstanter äußerer Spannung.
b) Abhängigkeit der sekundären Kriechrate vom Teilchendurchmesser für zwei verschiedene äußere Spannungen

Bei *geordneten* kohärenten Teilchen, wie den γ'-Ausscheidungen in Ni-Al-Legierungen, findet das Schneiden durch Versetzungspaare, so genannte Superversetzungen, statt [3.26]. Der Grund liegt darin, dass eine schneidende Versetzung die Ordnung innerhalb des Partikels zerstört, eine zweite sie jedoch wiederherstellt. Zwischen der führenden und der nachfolgenden Versetzung entsteht eine Antiphasengrenzfläche, entlang derer die Ordnung aufgehoben ist. Der Abstand zwischen beiden Versetzungen ergibt sich aus dem Gleichgewicht der anziehenden Kraft aufgrund der Antiphasengrenzfläche und der Abstoßung durch die Spannungsfelder der Versetzungen. Ab einer gewissen Partikelgröße durchlaufen die Versetzungspaare die Teilchen in *enger* Kopplung, so dass sie innerhalb desselben Teilchens liegen [3.27]. In diesem Fall nimmt die Schneidspannung hyperbolisch mit dem Partikeldurchmesser ab: $\sigma_{pS} \sim 1/\sqrt{d_T}$ (pS: paarweises Schneiden in enger Kopplung). Bei sehr kleinen Teilchen, die nicht in enger Kopplung geschnitten werden, wächst die Schneidspannung zunächst gemäß Gl. (3.36 c) mit dem Durchmesser an, um nach dem Schnittpunkt mit der σ_{pS}-Funktion wieder abzufallen.

In Bild 3.28 ist der Sonderfall des paarweisen Schneidens geordneter kohärenter Teilchen nicht berücksichtigt. Prinzipiell würde sich ein ähnlicher Kurvenverlauf ergeben, weil der hyperbolische Abfall der Schneidspannung σ_{pS} in den ebenfalls hyperbolischen Kurvenzug für σ_{OR} einmündet.

Wie oben dargestellt, wird der Mechanismuswechsel vom zeit*unabhängigen* Passieren der Teilchen durch den Schneid- oder Orowan-Vorgang zum zeit*abhängigen* Überklettern für die jeweilige Teilchengröße vorgegeben. Wie Bild 3.28 a) erkennen lässt, ist der Schneidmechanismus irrelevant, sofern die Schneidspannung nicht von vornherein überschritten wird. Befindet man sich mit einem Ausgangsgefüge beim Kriechen unter konstanter Spannung im Bereich des Überkletterns, so kann durch Vergröberung immer nur ein Mechanismuswechsel zum Orowan-Prozess stattfinden, nicht zum Schneiden (eng gekoppeltes paarweises Schneiden ist hier, wie erwähnt, außer Acht gelassen).

Um für eine bestimmte äußere Spannung die sich einstellende Kriechrate in Abhängigkeit vom Teilchendurchmesser zu kennen, werden für die verschiedenen Mechanismen Funktionen $\dot{\varepsilon} = f(d_T)$ benötigt. G.S. Ansell und J. Weertman geben für den Bereich des Teilchenumgehens sowie den des Überkletterns solche Zusammenhänge an [3.24]. Beim Umgehungsmechanismus wird – analog zur Kaltverformung – mit einer Kriechfestigkeitsabnahme bei steigender Teilchengröße und steigendem Teilchenabstand gerechnet:

$$\dot{\varepsilon} \sim d_T \qquad (3.37\ a)$$

Im Bereich des Überkletterns der Teilchen durch die Versetzungen wird postuliert, dass die Kriechfestigkeit mit gröber werdenden Teilchen ansteigt:

$$\dot{\varepsilon} \sim \frac{1}{d_T^2} \qquad (3.37\ b)$$

Bild 3.28 b) stellt die Zusammenhänge schematisch dar (man beachte die logarithmische Ordinate, die qualitativ zu der gezeigten Kurvenkrümmung führt). Eine

3.8 Kriechen von Legierungen

mehrphasige Legierung wird im Ausgangszustand so wärmebehandelt, dass eine Teilchengröße entsteht, bei der die Versetzungen über die Ausscheidungen hinwegklettern müssen. Optimal wäre nach den gezeigten Verläufen ein Durchmesser, welcher gerade den Übergang vom Überklettern zum Umgehen markiert. Durch Teilchenvergröberung würde dieses Optimum jedoch schnell verlassen werden, und der Mechanismus würde zum ungünstigeren, zeitunabhängigen Umgehen wechseln. Man wird daher eine feinere Ausgangsdispersion einstellen müssen, etwa wie in Bild 3.28 a) mit d_{T0} eingezeichnet. Durch die Ostwald-Reifung, die durch die Linien mit mehreren Pfeilen bei jeweils konstanter äußerer Spannung angedeutet ist, würde dann gemäß Gl. (3.37 b) die Kriechrate zunächst abfallen, Bild 3.38 b). Sobald der kritische Teilchendurchmesser auf der Orowan-Kurve erreicht ist, steigt die Kriechrate wieder an.

Je geringer die außen anliegende Spannung ist, umso stärker kann die Teilchengröße nach Gl. (3.36 d) anwachsen, bevor es zum Mechanismuswechsel kommt – eine für die technische Praxis wichtige Erkenntnis. Dies zeigt Bild 3.28 für zwei Spannungen $\sigma_1 > \sigma_2$. Da bei niedrigeren Spannungen ohnehin die Kriechrate geringer und die Standzeit länger ist, steht auch mehr Zeit für Vergröberung zur Verfügung.

Auf das $(\lg \dot{\varepsilon}_s; \lg \sigma)$-Diagramm übertragen ergeben sich aus Bild 3.28 schematisch die Verläufe nach **Bild 3.29**. Diese Darstellung ist insofern idealisiert, als von gleich bleibender Teilchengröße entlang eines jeweiligen Kurvenzuges ausgegangen wird, hier qualitativ als „grob" und „fein" bezeichnet. Diese Annahme ist in der Praxis nicht selbstverständlich, weil die Teilchengröße bis zum Erreichen der sekundären oder minimalen Kriechrate unterschiedlich sein kann. Das Diagramm hat daher mehr modellhaften Charakter und soll dem Vergleich mit realen Messungen dienen. Der Übergang vom Mechanismus des Umgehens oder Schneidens zum Überklettern verschiebt sich mit zunehmender Teilchengröße zu geringeren Kriechraten oder Spannungen.

Prinzipiell ließe sich mit dem diskutierten Mechanismusmodell eine Optimierung des Ausgangsgefüges zwecks maximaler Kriech- und Zeitstandfestigkeit vornehmen [3.28]. Dazu müssten die Kinetik der Teilchenvergröberung sowie einige weitere Daten des Werkstoffes bekannt sein. Das Modell beschreibt die tatsächlichen Kriechfestigkeitsverläufe in manchen Fällen korrekt; oft treten jedoch besondere Wechselwirkungseffekte zwischen Versetzungen und Teilchen auf, die darin nicht berücksichtigt werden.

So kann die Überwindung der Teilchen durch die Versetzungen aufgrund direkter Wechselwirkung zusätzlich stark gebremst werden. Ein solcher Mechanismus liegt vor, wenn sich die potenzielle Energie der Versetzung teilweise mit derjenigen der Teilchen kompensiert. Dies kann verschiedene Formen annehmen. In **Bild 3.30** ist ein Fall dargestellt, bei dem sich Karbide aus einem lösungsgeglühten Ausgangszustand während der Kriechbelastung an den Versetzungen gebildet haben. Die Spannungsfelder der Versetzungen haben sich dabei mit denen der Karbide überlagert, und die Versetzungen sind hierdurch nicht oder nur sehr träge erholbar geworden. Der Kriechwiderstand ist bei einer derartigen Konfiguration sehr hoch. Da Karbide jedoch in den üblichen Fe-, Co- oder Ni-

Grundwerkstoffen deutlich zur Ostwald-Reifung neigen und die Anzahl der Teilchen dadurch abnimmt, geht dieser starke Härtungseffekt allmählich verloren. Die Veränderungen in der Teilchen- und damit auch der Versetzungsanordnung machen sich in einem Anstieg der Kriechrate bemerkbar.

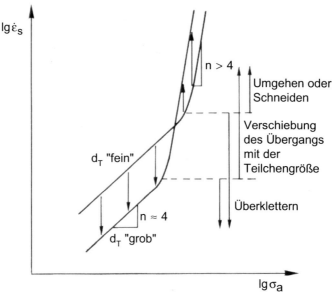

Bild 3.29 Einfluss der Teilchengröße auf die Kriechfestigkeit im Bereich des Übergangs vom Schneid- oder Umgehungsmechanismus zum Überklettern (f_V = const.), (nach [3.28])
Die Pfeile deuten die Verschiebung der Kriechrate mit gröber werdenden Teilchen bei konstanter angelegter Spannung an.

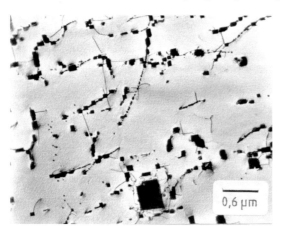

Bild 3.30
Verankerung von Versetzungen durch Karbide bei Kriechbelastung
(*Alloy 802*, 1000 °C, 25 MPa; Karbide vom Typ TiC und $M_{23}C_6$), TEM-Befund [3.9]

3.8.2.2 Besonderheiten dispersionsgehärteter Legierungen

In ausscheidungsgehärteten Werkstoffen geht die Teilchenhärtung nicht nur aufgrund der Ostwald-Reifung allmählich zurück, sondern mit steigender Temperatur lösen sich die Teilchen auch zunehmend in der Matrix auf. Ein deutliches Abknicken der Löslichkeitskurve bedeutet in der Regel, dass die Legierungen in diesem Temperaturbereich für einen technischen Einsatz unbrauchbar werden. Bei dispersionsgehärteten Legierungen lässt sich der hochwirksame Wechselwirkungsmechanismus zwischen Versetzungen und Teilchen über sehr lange Zeiten und bis zu sehr hohen homologen Temperaturen aufrechterhalten. Ein bekanntes Beispiel sind die oxiddispersionsgehärteten ODS-Superlegierungen, die sich durch eine extrem geringe Löslichkeit der dispergierten Teilchen in der Matrix bis zum Schmelzpunkt und damit eine sehr geringe Ostwald-Reifung auszeichnen.

Diese Werkstoffe weisen eine Besonderheit in der Spannungsabhängigkeit der Kriechrate auf, was in **Bild 3.31** dem normalen Verhalten gegenübergestellt ist. Bei ihnen scheint der Kriechprozess unterhalb einer Grenzspannung, welche

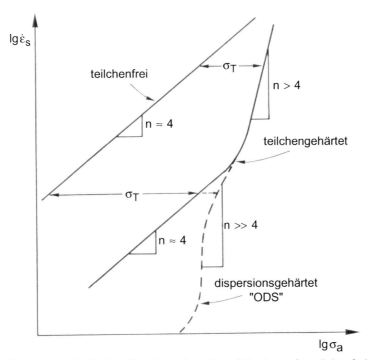

Bild 3.31 Spannungsabhängigkeiten der sekundären Kriechrate für teilchenfreies und teilchengehärtetes Material
Die gestrichelte Linie gibt die Besonderheiten des Verhaltens oxiddispersionsgehärteter Legierungen wieder.

nicht mit der Orowan-Spannung identisch ist, sondern deutlich niedriger liegt, zum Stillstand zu kommen. Man spricht daher in diesem Fall oft von einer Schwellenspannung. Tatsächlich aber kriechen auch diese Legierungen bei niedrigsten Spannungen und brechen letztlich, wie durch das Wiederabbiegen des unteren Kurvenabschnittes in Bild 3.31 angedeutet. Dieser ungewöhnliche Verlauf im ($\lg \sigma$; $\lg \dot\varepsilon$)-Diagramm spiegelt sich im ($\lg t_m$; $\lg \sigma$)-Zeitstanddiagramm wider durch einen extrem flachen Verlauf der Zeitstandlinien, deren Steigung – entgegen dem üblichen Trend – zu geringeren Spannungen hin abnimmt.

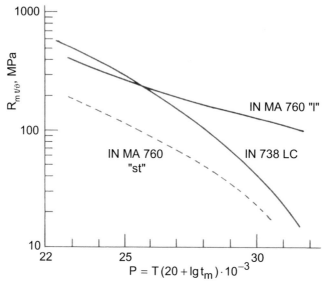

Bild 3.32 Vergleich des Zeitstandverhaltens der γ'-gehärteten Ni-Basis-Gusslegierung *IN 738 LC* mit dem der γ'- und oxiddispersionsgehärteten Ni-Basislegierung *IN MA 760* in einer Larson-Miller-Darstellung (T in K und t_m in h), nach [3.29] l: Längsrichtung der stängelförmigen Körner; st: schmale Querrichtung (*short transverse*)

Bild 3.32 stellt dies in einer Larson-Miller-Auftragung dar, bei der die konventionelle γ'-gehärtete Ni-Basislegierung *IN 738 LC* mit der ähnlichen, aber zusätzlich durch Y-Oxide gehärteten ODS-Legierung *IN MA 760* verglichen wird. Die Werte in Längsrichtung der gerichteten Kornstruktur sind hierbei zu beachten, das abweichende Verhalten in Querrichtung wird in Kap. 3.11 behandelt. Das Wiederabbiegen im ($\lg \sigma$; $\lg \dot\varepsilon$)-Verlauf bei extrem niedrigen Spannungen wird bei den gängigen Prüfzeiten üblicherweise nicht erfasst.

Verantwortlich für die außergewöhnliche Kriechfestigkeitssteigerung bezogen auf den Volumenanteil härtender Phasen ist ein besonderer Wechselwirkungsmechanismus zwischen den Oxiden und den Versetzungen [3.30, 3.31]. TEM-Befunde legen nahe, dass nach dem Überklettern der Teilchen die Versetzungen an ihnen haften bleiben (*backside pinning*), **Bild 3.33**. Geschwindigkeitsbestimmend für den Kriechvorgang ist in diesem Fall nicht mehr das Überklettern, sondern das Ablösen der Versetzungen von den Teilchenrückseiten. Der Zusammenhang nach Gl. (3.37 b) ist bei den Dispersionslegierungen daher nicht anzuwenden.

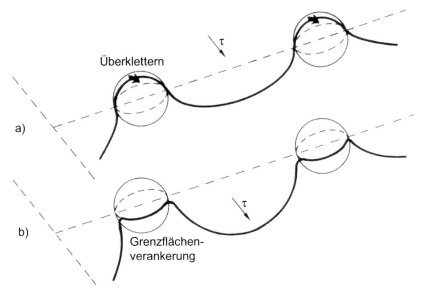

Bild 3.33 Wechselwirkung einer Versetzung mit inkohärenten Teilchen
a) Überklettern
b) Starke Verankerung der Versetzung in der Teilchen/Matrix-Grenzfläche nach dem Überklettern (*backside* oder *interfacial pinning*).

Es besteht offenbar zwischen dieser Art von Teilchen und Versetzungen eine anziehende Kraft. Einerseits wird die lokale Energie herabgesetzt aufgrund des Einbaus der Versetzung in die inkohärente Phasengrenzfläche, andererseits überlappt sich das Spannungsfeld der Versetzung mit dem Verzerrungsfeld in der Matrix um die Teilchen herum [3.30, 3.32]. Man spricht daher auch von Grenzflächenverankerung (*interfacial pinning*).

Aufgrund des starken und sehr temperaturstabilen Härtungseffektes kommen die Dispersionslegierungen mit sehr geringen Volumenanteilen der dispergierten Phase aus, welcher nur ca. 2 % beträgt. Höhere Gehalte würden besonders die Duktilität verschlechtern. Die Teilchengröße muss in diesem Fall sehr fein eingestellt werden mit typischen Durchmessern von etwa 20 bis 40 nm, damit der Teilchenabstand gering ist und möglichst viele Versetzungsverankerungen auftreten.

Bei extrem niedrigen Spannungen kommt auch der Dispersionshärtungsmechanismus nicht mehr zum Tragen, weil die Diffusionskriechvorgänge dominieren.

3.8.2.3 Hoch γ'-haltige Ni-Basislegierungen

In Ni-Basis-Superlegierungen mit extrem hohen Ausscheidungsgehalten der γ'-Phase von bis zu etwa 60 Vol.-%, wie sie bei hoch entwickelten Turbinenschaufelwerkstoffen eingestellt werden, treten einige Besonderheiten bei den Kriechvorgängen auf [3.33]. Bei anwendungsbezogenen Temperatur- und Spannungswerten werden die relativ großen, blockigen γ'-Teilchen (Kantenlänge ca. 0,3 bis 0,5 µm) nicht geschnitten, abgesehen möglicherweise vom technisch uninteressanten tertiären Kriechbereich. Die Kriechverformung resultiert aus Versetzungsbewegungen durch die engen γ-Matrixkanäle zwischen den Ausscheidungen. Materie fließt unter Zugbelastung aus den vertikalen in die horizontalen Kanäle, bezogen auf die Belastungsrichtung. Die Versetzungen werden zu langgestreckten, schmalen Schlingen ausgebaucht, **Bild 3.34**. Der Kriechwiderstand nimmt mit abnehmender Matrixkanaldicke zu (siehe hierzu auch Bild 6.46).

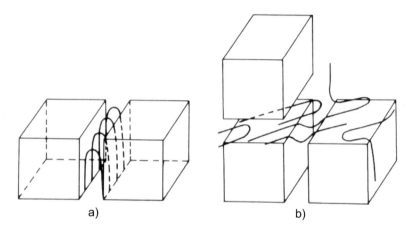

Bild 3.34 Modell der Versetzungsanordnung in Werkstoffen mit sehr hohem Volumenanteil härtender Phasen, hier als Würfel dargestellt [3.34]
    a) Vertikale Matrixkanäle
    b) Horizontale Matrixkanäle

Im Primärbereich des Kriechens füllen sich die Räume zwischen den γ'-Teilchen allmählich mit einem dreidimensionalen Versetzungsnetzwerk. Der quasistationäre Bereich zeichnet sich durch gleichmäßige Belegung der Matrixkanäle aus. Die Versetzungen bauen teilweise die Kohärenzspannungen ab, die durch die Gitterfehlpassung bei der jeweiligen Temperatur zwischen der Matrix und der Ausscheidungsphase entstehen. Dadurch befinden sich diese Versetzungen in einer Potenzialmulde und sind erholungsträger.

3.8.2.4 Kriechkurvenverlauf teilchengehärteter Legierungen

Teilchengehärtete Legierungen zeigen meist recht deutliche Abweichungen im Kriechkurvenverlauf gegenüber dem idealen Verhalten nach Bild 3.3 oder 3.4. Mehrere Effekte können sich überlagern, so dass zunächst alle denkbaren Vorgänge aufgelistet werden, welche den theoretischen Kriechverlauf bei konstanter Nennspannung beeinflussen können:

- Korrosion (probendickenabhängig)
- Spannungsanstieg aufgrund dehnungsbedingter Querschnittabnahme
- Veränderungen in der Versetzungsanordnung, sofern der Ausgangszustand eine besondere Charakteristik hinsichtlich Versetzungsdichte und -anordnung aufweist, z. B. bei vorverformten oder martensitisch gehärteten Werkstoffen
- Poren- und Rissbildung
- Veränderungen im Teilchengefüge bezüglich des Durchmessers und der Form, des Volumenanteils, der Teilchenart sowie der Verteilung und Anordnung.

Während die ersten vier Phänomene grundsätzlich für ein- und mehrphasige Werkstoffe gelten, betrifft der letztgenannte Prozess allein die teilchengehärteten Legierungen.

Bild 3.35 stellt in einer ($\lg \dot{\varepsilon}_w$; ε_w)-Auftragung schematisch dar, wie sich diese verschiedenen Vorgänge auf den Kriechverlauf auswirken *können*. Ein reales Beispiel ist in Bild 3.14 für den massiv durch Karbide und Laves-Phasen gehärteten austenitischen Stahl *S-590* (X 40 CoCrNi 20 20) gezeigt (vgl. Kriechkurven in Bild 3.5). Die klassische Dreiteilung der Kriechkurve wird mehr oder weniger stark verändert. Die Unterschiede werden in der üblichen (ε; t)-Darstellung kaum erkannt, besonders dann nicht, wenn die Versuchsführung unter Lastkonstanz erfolgt. In der differenzierten ($\lg \dot{\varepsilon}$; ε)-Form äußern sich die Abweichungen dagegen u. a. im Auftreten eines ausgeprägten Kriechratenminimums sowie dadurch, dass ein stationärer Kriechbereich meist nicht graphisch identifizierbar ist und oftmals tatsächlich nicht auftritt aufgrund stetiger mikrostruktureller Änderungen. Ohne umfassende Mikrostrukturuntersuchungen ist die Zuordnung des Kurvenverlaufes zu einem oder mehreren der genannten Vorgänge nicht möglich.

Als eine Ursache für die Anomalien im Kriechverhalten teilchengehärteter Legierungen kommen gefügebedingte Volumenänderungen infrage (siehe Kap. 2.6). Vorwiegend ist jedoch der Verlust an Teilchenhärtung für den Anstieg der Kriechrate nach dem ausgeprägten Minimum verantwortlich. Gemäß den Ausführungen in Kap. 3.8.2.1 zum Einfluss der Teilchengröße sollte man erwarten, dass Vergröberung die Kriechrate reduziert, falls nur das Überklettern betrachtet wird. Dies trifft jedoch nicht die tatsächlichen Mechanismen bei sich verändernder Teilchen- und Versetzungsanordnung. Vielmehr müssen die energetischen Wechselwirkungen zwischen Versetzungen und Teilchen berücksichtigt werden. Daraus ergibt sich bei gleich bleibendem Volumenanteil ein umso stärkerer Härtungseffekt, je *mehr* Teilchen mit den Versetzungen verankert sind, d. h. je feiner die Partikel sind. Vergröberung führt deshalb zu dem erwähnten Anstieg der Kriechrate.

Aufgrund der Kriechanomalien besonders bei teilchengehärteten Legierungen besteht die prinzipielle Schwierigkeit, eine stationäre Kriechrate angeben zu können, welche tatsächlich von gleich bleibenden mikrostrukturellen Verhältnissen geprägt ist. Ersatzweise wird daher vielfach die minimale Kriechrate benutzt, die meist nicht mit einem stationären Verformungszustand einhergeht. Dies ist besonders dann zu bedenken, wenn experimentell ermittelte Daten, wie etwa Exponenten für die Spannungsabhängigkeit der Kriechrate nach Gl. (3.15), miteinander verglichen werden.

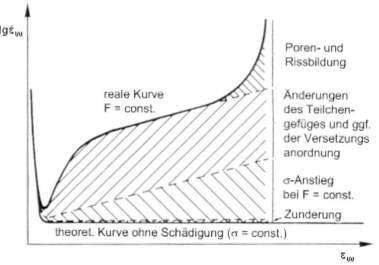

Bild 3.35 Einflüsse verschiedener Schädigungsvorgänge auf den Kriechverlauf in der Darstellung der wahren Kriechrate (log.) gegen die wahre Dehnung (nach [3.35])

3.8.3 Kriechen geordneter intermetallischer Phasen

Geordnete intermetallische Phasen als Matrixwerkstoffe – im Gegensatz zur üblichen Rolle als härtende Teilchen, z. B. als $\gamma' = Ni_3Al$ – bieten einige attraktive Eigenschaften, die sie als Hochtemperaturwerkstoffe zwischen metallischen und keramischen Materialien ansiedeln.

In ideal ferngeordneten Phasen befindet sich jede Atomsorte auf genau definierten Gitterplätzen, vorstellbar als Kristallgitter der einen Komponente im Gitter der anderen. Daher spricht man auch von *Überstrukturphasen*. Für eine bestimmte Zusammensetzung tritt dabei die maximal mögliche Anzahl ungleicher Atombindungen auf. Diese Anordnung mit geringer Mischungsentropie, verglichen mit einer idealen, statistisch regellosen Mischung, ist energetisch möglich aufgrund stark negativer Mischungsenthalpie. Diese wiederum ist zurückzuführen auf stärkere ungleichnamige als gleichnamige Bindungen.

Wie in Kap. 1.3.4 ausgeführt, zeichnen sich geordnete intermetallische Phasen durch einen erheblich geringeren Diffusionskoeffizienten gegenüber einem ungeordneten Mischkristall aus. Daraus resultieren bei vergleichbaren homologen Temperaturen eine höhere thermische Gefügestabilität und eine geringere Erholungsgeschwindigkeit. Beides wirkt sich im Vergleich zu entsprechenden ungeordneten Mischkristallen kriechfestigkeitssteigernd aus.

Die geringste Diffusionsrate wird bei exakter Stöchiometrie der Phase erreicht, weil sich dann die so genannten Korrelationseffekte bei der Diffusion am stärksten auswirken. Folglich ist auch der höchste Kriechwiderstand bei stöchiometrischer Zusammensetzung zu erwarten. Besonders bei intermetallischen Phasen mit einem breiten Homogenitätsbereich, wie z. B. NiAl, ist dieser Effekt zu beachten.

Als eine weitere Auswirkung der starken ungleichnamigen Atombindungen liegen die elastischen Moduln E und G höher und zeigen eine geringere Temperaturabhängigkeit gegenüber vergleichbaren ungeordneten Mischkristallen. Sie beeinflussen die Spannungsfelder der Versetzungen und damit die Versetzungsdichte bei gegebener äußerer Spannung, was letztlich beim Versetzungskriechen auf eine Abhängigkeit $\dot{\varepsilon} \sim 1/E^n$ führt (Gl. 3.23).

Einige geordnete intermetallische Phasen weisen eine deutlich geringere Dichte gegenüber herkömmlichen Hochtemperaturlegierungen auf, wie z. B. TiAl oder NiAl. Bei eigengewicht- und fliehkraftbelasteten Bauteilen muss daher ein Festigkeitsvergleich auf Basis der Zeitreißlänge oder Zeitdehnlänge erfolgen (Gln. 3.8 a, b).

Intermetallische Phasen können durch alle üblichen Methoden gehärtet werden, für den Hochtemperaturbereich also durch Mischkristall- und Teilchenhärtung. (Anm.: Der Begriff Mischkristall kann in dem Sinne verwendet werden, dass zu einem Kristall etwas hinzugemischt wird, ohne das Einphasenfeld der intermetallischen Phase zu verlassen. Diese Art von Mischkristall grenzt also im pseudobinären Phasendiagramm an die intermetallische Ausgangsphase als reiner Komponente an.)

3.9 Bruchmechanismuskarten

Ähnlich wie die Verformungsmechanismen lassen sich auch die Bruchmechanismen in Karten darstellen, z. B. [3.36]. Eine schematische Einteilung der zu unterscheidenden Bruchfelder ist in **Bild 3.36** wiedergegeben mit den für kfz-Metalle und Legierungen typischen Versagenserscheinungen (bei krz- und hdP-Werkstoffen tritt zusätzlich der Sprödbruchbereich bei tiefen Temperaturen auf). Wie bei den Verformungskarten wird auf der Temperaturachse die homologe Temperatur T/T_S aufgetragen. Abweichend findet man jedoch auf der Spannungsachse anstelle von τ/G meist die normierte Zugspannung σ/E angegeben, weil diese für die Schädigung maßgeblich ist. Aus Zugversuchen wird die Zugfestigkeit und aus Kriechversuchen die Nennspannung als Zugspannung eingesetzt.

Ebenso wie die Verformungsmechanismuskarten gelten die Bruchmechanismuskarten für rein *statische Belastung* sowie ohne Einflüsse von Korrosion auf das vorherrschende Bruchbild. Es wird jeweils derjenige Mechanismus als dominant angegeben, der die geringste Bruchdehnung oder Lebensdauer hervorruft. Anteile anderer Schädigungen können gleichzeitig auftreten, leiten aber nicht das Versagen ein. Zusätzlich können in die Bruchkarten Linien konstanter Belastungsdauer bis zum Bruch eingetragen werden, wie in Bild 3.36 geschehen.

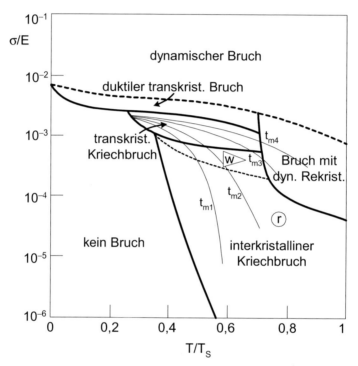

Bild 3.36 Bruchmechanismuskarte für polykristalline kfz-Werkstoffe (*w: wedge-type* = keilförmige Tripelkantenrisse; *r: round-type* = rundliche Poren/ *cavities*)
Zusätzlich sind Linien gleicher Bruchzeiten eingetragen; $t_{m1} > t_{m2} > t_{m3} > t_{m4}$ (nach [3.36]).

Folgende Bruchtypenfelder treten bei kfz-Werkstoffen auf (die Besonderheiten der krz-Materialien bei tiefen Temperaturen sind für Hochtemperaturvorgänge uninteressant):

3.9 Bruchmechanismuskarten

a) Dynamischer Bruch

Dieser Bereich bedeutet sehr hoch liegende Spannungen und damit einen spontan bei der Belastung erfolgenden Bruch, auch als Gewaltbruch bezeichnet. Er ist vergleichbar einem Schlagbiegeversuch und erstreckt sich über den gesamten Temperaturbereich.

b) Duktiler transkristalliner Bruch

In diesem Feld liegen die Spannungen in der Gegend oder knapp oberhalb der Zugfestigkeit, und die Temperaturen reichen bis ca. 0,7 T_S. Dieser Versagenstyp tritt z. B. in Zugversuchen oder in Kriechversuchen mit hohen Spannungen nahe der Warmzugfestigkeit auf. Der Bruch erfolgt mit deutlicher Einschnürung, oft als so genannter *Cup-and-Cone*-Bruch, d. h. die Bruchflächenflanken sind etwa 45° und der Mittenbereich etwa 90° zur Belastungsrichtung geneigt. Hohlräume bilden sich und wachsen an Einschlüssen oder Teilchen im Korninnern. Im Bruchbild erkennt man die typischen Grübchen oder Waben (*dimples*), die duktiles Versagen kennzeichnen.

c) Bruch mit dynamischer Rekristallisation

Bei mittleren bis hohen Spannungen und hohen Temperaturen oberhalb etwa 0,7 T_S schnürt sich der Werkstoff fast auf einen Punkt oder eine Meißelkante ein mit Z > ca. 90 %. Aufgrund der hohen Verformung und Temperatur erfolgt dynamische Rekristallisation. Eine Zuordnung zu einem inter- oder transkristallinen Versagen kann nicht mehr getroffen werden.

d) Transkristalliner Kriechbruch

Dieser tritt bei höheren Spannungen und genügend hohen Temperaturen auf, bei denen Kriechen einen merklichen Verformungsbeitrag liefert.

e) Interkristalliner Kriechbruch

Dies ist für die meisten Werkstoffe der typische Kriechbruch, welcher im anwendungsrelevanten Spannungsbereich in Erscheinung tritt. In diesem Feld beobachtet man oft bei relativ hohen Spannungen Rissbildung an Korngrenzentripelpunkten[1], während bei geringeren Spannungen Poren- und Mikrorissbildung auf den Korngrenzflächen vorherrscht.

f) Kein Bruch

In Abwandlung der üblichen Bruchmechanismuskarten ist in Bild 3.36 ein Bereich eingezeichnet, in dem kein Bruch erfolgt. Hierzu sind prinzipiell die gleichen An-

---

[1] Im zweidimensionalen Schliff sieht man Tripelpunkte, es handelt sich im dreidimensionalen Volumen dabei jedoch meist um Tripellinien.

merkungen zu machen wie bei den Verformungskarten für das Feld der elastischen Verformung. Über extrem lange, technisch irrelevante Zeiten (Jahrtausende, Jahrmillionen) wäre möglicherweise auch in diesem (σ; T)-Feld mit interkristallinem Versagen aufgrund des Diffusionskriechens nach dem Coble-Mechanismus zu rechnen.

3.10 Kriechschädigung und Kriechbruch

Während des Kriechens spielen sich mehrere Zustandsänderungen im Werkstoffgefüge ab, welche die Kriechrate anheben (siehe Bild 3.35). Schädigung durch Poren und Risse übt einen deutlich messbaren Einfluss auf den Kriechverlauf in der Regel erst in einem späteren Kriechstadium aus. Diese Erscheinung wird meist im engeren Sinne als Kriechschädigung bezeichnet. Sie findet auch bei Reinmetallen statt, ist damit also klar zu trennen von anderen Schädigungen aufgrund von Mehrphasigkeit, d. h. Veränderungen im Teilchengefüge. Poren- und Rissbildung sind verantwortlich für das Auftreten des tertiären Kriechbereiches, welcher letztlich zum Bruch führt.

Tabelle 3.4 stellt einige Merkmale der Schädigungs- und Bruchbildung unter statischer Belastung bei tiefen und hohen Temperaturen gegenüber. Bei letzteren beziehen sich die Angaben auf den Kriechbereich bei technisch interessanten Spannungen und Temperaturen.

Tabelle 3.4 Vergleich der Schädigungs- und Bruchmerkmale zwischen Kaltverformung (< 0,4 T_S) und Kriechen bei einsinniger Belastung im technisch relevanten Spannung/ Temperatur-Bereich (ohne Korrosionseinflüsse)

Kaltverformung	Kriechen im technisch relevanten (σ; T)-Bereich
Überwiegend *transkristalline* Schädigung und transkristalliner Bruch	Überwiegend *interkristalline* Schädigung und interkristalliner Bruch
Bruch nur bei Überschreiten einer Mindestspannung (= wahre Bruchspannung ≈ Zugfestigkeit)	Bruch auch bei sehr niedrigen Spannungen
Deutliche Schädigung meist erst kurz vor Bruch (Einschnürbereich)	Mikroskopisch erkennbare Schädigung oft in frühem Kriechstadium
Wachstum der Risse nur bei weiterer Spannungssteigerung	Wachstum der Poren und Risse bei konstanter Spannung
Bruchdehnungen können bis zu einigen zehn % betragen	Bruchdehnungen können niedriger liegen als bei Kaltverformung

3.10.1 Transkristalline Kriechschädigung

Wie aus der Bruchmechanismuskarte zu entnehmen ist, treten vorwiegend bei höheren Spannungen transkristalline Kriechschädigung und -bruch auf. Dieser Bereich stellt den Übergang zum transkristallinen Duktilbruch bei zeitunabhängiger Verformung dar. Die Schädigungsmechanismen sind in beiden Fällen identisch: Versetzungen stauen sich vor harten Hindernissen auf, bis eine so hohe Spannungskonzentration erreicht ist, dass die Grenzfläche aufreißt. Die Hohlräume wachsen durch weitere einmündende Versetzungen und durch Diffusion von Leerstellen, Letzteres bei den hierbei zur Verfügung stehenden Zeiten in geringerem Maße. Die Bruchfläche weist – wie bei tiefen Temperaturen – die typischen Grübchen (*dimples*) auf. Die Zeitbruchdehnung liegt etwa in der gleichen Größenordnung wie die Bruchdehnung im Zugversuch bei tieferen Temperaturen.

Bei Werkstoffen, bei denen interkristalline Kriechschädigung stark unterdrückt ist, erstreckt sich der Bereich transkristalliner Rissbildung auf größere Spannungs- und Lebensdauerbereiche. Beispiele hierfür sind besonders Legierungen mit langgestrecktem Korngefüge und selbstverständlich Einkristalle.

3.10.2 Interkristalline Kriechschädigung

Die typische Kriechschädigung bildet sich entlang der Korngrenzen aus. Man beobachtet keilförmige Tripelkantenrisse (*wedge-type cracks*, kurz: *w-type*) sowie porenartige Schädigung, für die sich der Begriff *cavities* eingeprägt hat (*round-type cracks*, kurz: *r-type*). Aus dem Bruchmechanismusdiagramm, Bild 3.36, geht hervor, unter welchen (σ; T)-Bedingungen diese Arten der Kriechschädigung vorwiegend auftreten. **Bild 3.37** zeigt diese Erscheinungsformen schematisch, und **Bild 3.38** gibt Beispiele für mehrere Hochtemperatur-Werkstoffgruppen wieder.

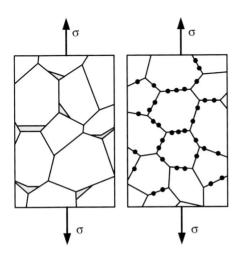

Bild 3.37 Schematische Darstellung interkristalliner Kriechschädigung

a) Keilrisse an Korngrenzentripelpunkten (*wedge-type*)
b) *cavities* (*round-type*)

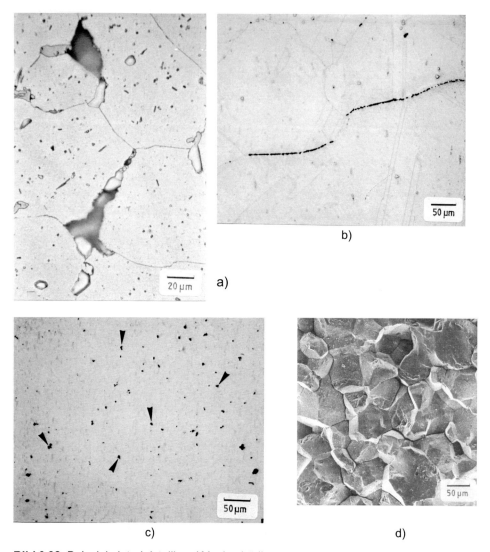

Bild 3.38 Beispiele interkristalliner Kriechschädigung
    a) Korngrenzenkeilrisse in dem austenitischen Stahl *Alloy 802*
    b) Porenketten in der Ni-Basislegierung *Nimonic 91*
    c) *cavities* (einige mit Pfeilen markiert) in dem austenitischen Stahl
       X 40 CoCrNi 20 20 bei 750 °C nach ca. $2 \cdot 10^5$ h Belastungsdauer (rund 1/3
       der Bruchzeit)
       Die extrapolierte Bruchzeit würde bei der wirksamen Spannung
       ca. $6 \cdot 10^5$ h betragen (es handelt sich um den Kopfbereich einer nach
       ca. $2 \cdot 10^5$ h gebrochenen Zeitstandprobe, vgl. Bild 3.5); hellgraue Phasen:
       Karbide und Laves-Phase.
    d) REM-Befund einer Kriechbruchfläche an dem austenitischen Stahl *A 286*
       Man erkennt an zahlreichen Korngrenzen Rissverzweigungen.

3.10 Kriechschädigung und Kriechbruch

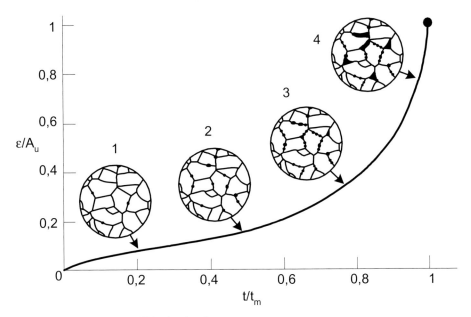

Bild 3.39 Entwicklung der Kriechschädigung
1 Keimbildung; Schädigung mit konventionellen mikroskopischen Mitteln nicht nachweisbar
2 Einzelne Mikroporen/ *cavities*; oft schwierig nachweisbar
3 Mikroporenketten; deutlich nachweisbar
4 Mikrorisse
• Bruch durch Makrorisse

In **Bild 3.39** ist schematisch dargestellt, wie die Kriechschädigung mit der Kriechdehnung und -zeit fortschreitet. Die Dehnung ist dabei auf die Zeitbruchdehnung (A_u) und die Zeit auf die Bruchzeit (t_m) normiert, um zu verdeutlichen, dass die Schädigungsentwicklung in gewissen Lebensdauer- und Duktilitätsbereichen in etwa ähnlich verläuft. Der gezeigte Schädigungsablauf und die Zuordnung zu Lebensdaueranteilen ist für viele Werkstoffe in weiten Spannungs- und Temperaturbereichen typisch, jedoch nicht generell übertragbar.

Bis zum Bruch vollzieht sich die Kriechschädigung in drei Hauptabschnitten: *a)* Rissinitiierung, *b)* langsames Risswachstum und *c)* schnelles Wachstum sowie Zusammenwachsen der Risse bis zum Bruch. Im Detail beobachtet man bei vielen Werkstoffen eine Schädigungsentwicklung von den Risskeimen bis zum Bruch in der Reihenfolge:

Risskeime → Wachstum zu einzelnen Mikroporen (= cavities)
→ Porenketten → Mikrorisse → Makrorisse → Bruch

Nach gängiger Theorie beginnt die Risskeimbildung bereits im Primärbereich des Kriechens, kann jedoch mit konventionellen mikroskopischen Mitteln in diesem Frühstadium nicht nachgewiesen werden. Die untere Nachweisgrenze liegt hierbei bei etwa 0,1 µm Durchmesser. Die Anzahl der *cavities* steigt in etwa proportional zur Kriechdehnung an. Spürbare Auswirkungen auf das Kriechgeschehen übt die Rissbildung erst im Tertiärbereich aus. Der Zeitpunkt, zu dem erste Poren und eventuell Porenketten und Mikrorisse festgestellt werden, kann deutlich vor dem Beginn des dritten Kriechabschnittes liegen (siehe auch Kap. 8.1 und Bild 8.3).

3.10.2.1 Kriechrissinitiierung

Nach dem Stand der Kenntnisse erfordert die Risseinleitung die meiste Zeit des Schädigungsprozesses und ist damit maßgeblich für den Kriechbruch. Grundsätzlich können sich Hohlräume entweder durch Ansammlung von Leerstellen unter einer wirksamen Zugspannung bilden oder dadurch, dass sich die Bindungszustände im Werkstoff ändern. Eine Porenkeimbildung allein durch Leerstellenkondensation in Gebieten hoher Zugspannungskomponenten wird beim Kriechen ausgeschlossen. Hierfür errechnen sich Spannungen gemäß Gl. (3.28) in der Größenordnung von 10^4 MPa [3.37], also erheblich oberhalb der Werkstofffestigkeit.

Vielmehr wird interkristalline Risskeimbildung in Zusammenhang gebracht mit dem Korngrenzengleiten. Die Relativbewegungen der Körner entlang ihrer Korngrenzen verursachen *Spannungskonzentrationen* an Korngrenzentripelpunkten (**Bild 3.40**), Korngrenzenstufen sowie Korngrenzenteilchen. Werden diese Spannungen nicht oder unvollständig durch plastische oder diffusionsgetragene Anpassungsprozesse im Kornvolumen relaxiert, kommt es zur Rissinitiierung an den genannten Stellen. Aus diesem Grund wird im Folgenden allgemein von *Riss* gesprochen, auch wenn die winzigen Anrisse im späteren Stadium mehr als rundliche Poren im Gefüge zu beobachten sind.

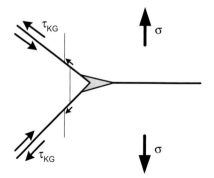

Bild 3.40
Mechanismus der Keilrissbildung (*w-type*) durch Korngrenzengleiten

Die dünne, versetzte Linie gibt die Verschiebung der Körner gegeneinander an.

3.10 Kriechschädigung und Kriechbruch

Die weitaus größte Bedeutung als Risskeimstellen kommt den Korngrenzenausscheidungen zu, während Spannungskonzentrationen an Korngrenzenstufen oder -wellen sowie Tripelpunkten bei normalen Betriebsspannungen eher schwach ausgeprägt sind [3.38].

Betrachtet man die Energiebilanz eines sich bildenden Risses, so sind ein mechanischer und ein chemischer Term zu berücksichtigen. In dem Moment, in dem der Riss entsteht, stellt sich eine Verlängerung des Körpers unter konstanter Last ein. Das Rissvolumen V_R wird letztlich außen angesetzt und bewirkt die (unmessbar kleine) Verlängerung ΔL. Die dabei geleistete Formänderungsarbeit W ergibt sich als Fläche unter der Kraft/Verlängerung-Kurve im Intervall von L_1 (vor der Rissbildung) bis L_2 (nach der Rissbildung):

$$W = \int_{L_1}^{L_2} F \, dL = \underbrace{\sigma \, A}_{=F} \cdot L \Big|_{L_1}^{L_2} = \sigma \, A \, \Delta L = \sigma \cdot V_R \qquad (3.38)$$

F   anliegende Zugkraft in Richtung der Verlängerung
σ   anliegende Zugspannung in Richtung der Verlängerung
A   Querschnittsfläche des Körpers senkrecht zur anliegenden Zugkraft

Herrschen ausschließlich Druckspannungen, wie im Falle einer einaxialen Druckbelastung, können keine Hohlräume entstehen. Diese Tatsache wird in Druckkriechversuchen manchmal ausgenutzt, um Effekte durch überlagerte Rissbildung zu eliminieren.

Des Weiteren muss freie Oberflächenenergie für den Hohlraum geschaffen werden, während an der betreffenden Stelle die freie Energie der gerissenen Korngrenze gewonnen wird. Bei beiden handelt es sich um chemische Energieanteile. Die Energiebilanz für einen Korngrenzenriss lautet insgesamt:

$$\Delta G = A_R \cdot \gamma_{OF} - V_R \cdot \sigma - A_{KG} \cdot \gamma_{KG} \qquad (3.39)$$

A_R Oberfläche des Risses
γ_{OF} spezifische freie Oberflächenenthalpie des Werkstoffes
A_{KG} Fläche des bei der Rissbildung verschwundenen Korngrenzstückes
γ_{KG} spezifische freie Korngrenzflächenenthalpie

(Anm.: Theoretisch müsste in die Bilanz noch die Oberflächenvergrößerung des Körpers einfließen. Diese ist jedoch verschwindend gering gegenüber der Rissoberfläche.)

Spielt sich die Rissbildung an Korngrenzenteilchen ab, ist in der Bilanz außerdem der Energieterm für die Schaffung freigelegter Teilchenoberfläche (+) sowie für vernichtete Teilchen/Matrix-Phasengrenzfläche (–) zu berücksichtigen. Zudem ist die in der Regel vorhandene Gitterverzerrung in und um Teilchen herum einzubeziehen, weil der Riss die Gitter entspannt.

Es muss eine kritische Keimgröße überschritten werden, damit wachstumsfähige Risse entstehen. Die energetischen Betrachtungen zur Risskeimbildung laufen analog zur Ausscheidungskeimbildung ab, Kap. 2.4.2 und Bild 2.21. Für einen kugelförmigen Risskeim auf Korngrenzen ohne Ausscheidungen und unter der Annahme, dass das verschwundene Korngrenzenstück die Großkreisfläche der Pore darstellt, errechnet sich nach Gl. (3.39) folgende Änderung der freien Enthalpie:

$$\Delta G = 4\pi r^2 \cdot \gamma_{OF} - \frac{4}{3}\pi r^3 \cdot \sigma - \pi r^2 \cdot \gamma_{KG} \qquad (3.40)$$

Die kritische Risskeimgröße r* ergibt sich aus dem Maximum der Funktion $\Delta G(r)$ und folglich aus $\Delta G'(r^*) = 0$:

$$r^* = \frac{2 \cdot \gamma_{OF} - 0{,}5 \cdot \gamma_{KG}}{\sigma} \qquad (3.41)$$

Mit typischen Werten von $\gamma_{KG} \approx 0{,}3$ bis $0{,}5\, \gamma_{OF}$ beträgt der kritische Keimradius $r^* \approx 1{,}8\, \gamma_{OF}/\sigma$. Setzt man beispielsweise den für Ni gültigen Wert von $\gamma_{OF} = 1{,}7\, J/m^2$ ein, so errechnet sich bei einer Spannung von 500 MPa ein kritischer Risskeimradius von etwa 6 nm, was im Durchmesser etwa 50 Gitterparameterabständen entspricht.

Um die Wahrscheinlichkeit der Rissinitiierung zu verringern, müssen die kritische Risskeimgröße r* oder die zugehörige freie Enthalpieänderung ΔG^* möglichst hoch sein. Generell sind all diejenigen Maßnahmen geeignet, die Rissgefahr zu mindern, welche die spezifische *Oberflächenenthalpie* γ_{OF} erhöhen und die *Korngrenzflächenenthalpie* γ_{KG} reduzieren. Im Übrigen muss erreicht werden, dass die lokalen Zugspannungen möglichst klein bleiben.

Als Einflussgrößen auf die Rissinitiierung und somit letztlich auf das Zeitstandverhalten der Werkstoffe sind folgende Parameter zu nennen: Temperatur, Spannung (oder Belastungsdauer oder Kriechrate), Korngröße, Korngrenzenausscheidungen, plastische Vorverformung, Spurenelemente sowie innerer Gasdruck.

a) Temperatur

Mit steigender Temperatur wächst der Anteil des Korngrenzengleitens an der Gesamtverformung, weil der Korngrenzendiffusionskoeffizient ansteigt und somit die Korngrenzenviskosität abnimmt (Gl. 3.26). Folglich steigt auch die Wahrscheinlichkeit, dass es an Korngrenzen zu Inkompatibilitäten kommt. Andererseits werden mit zunehmender Temperatur die Anpassungsprozesse erleichtert aufgrund schnellerer Diffusion im Kornvolumen. R. Raj [3.39] ermittelte bei mittleren Temperaturen von ca. $0{,}5\, T_S$ die höchste Rissbildungswahrscheinlichkeit und somit ein Zeitbruchverformungsminimum, **Bild 3.41**. Dies steht in Einklang mit vielen experimentellen Befunden.

3.10 Kriechschädigung und Kriechbruch

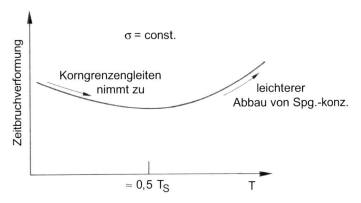

Bild 3.41 Einfluss der Temperatur auf die Zeitbruchverformung

b) Spannung, Belastungsdauer, Kriechrate

Bei hohen Spannungen und damit hohen Kriechraten und geringen Standzeiten ist der Beitrag des Korngrenzengleitens an der Gesamtverformung gering. Somit ist in diesem Bereich mit geringer Rissinitiierungswahrscheinlichkeit und höherer Zeitbruchverformung zu rechnen. Der Kriechbruch erfolgt unter diesen Bedingungen oft transkristallin. Zu niedrigen Spannungen hin nimmt zwar der Korngrenzengleitanteil zu, gleichzeitig wird aber die Zeit länger, in der die aufgebauten Spannungskonzentrationen relaxieren können, so dass die Risswahrscheinlichkeit abnimmt. Man erwartet daher ein Duktilitätsminimum bei mittleren Spannungen und Kriechraten. **Bild 3.42** stellt dies in der Auftragung über der Bruchzeit dar, wobei entsprechend den vielfach beobachteten experimentellen Befunden der Wiederanstieg der Duktilität bei längeren Zeiten nur schwach ausgeprägt ist.

Gelegentlich wird die Frage nach einer Schwellenspannung für Kriechrissbildung aufgeworfen (z. B. in [3.37] behandelt). Sollte ein solcher Grenzwert existieren, würde Kriechbruch unterhalb einer bestimmten, sehr niedrigen Spannung nicht mehr auftreten. Für die Technik ist diese Spekulation eher beiläufig, weil bisher auch mit extrem langen Versuchszeiten getestete Proben und Bauteile nach einigen 10^5 h entweder gebrochen sind oder zumindest metallographisch nachgewiesene Kriechschädigung erkennen ließen (siehe z. B. die in Bild 3.5, 3.38 c sowie 8.2 a dargestellten Fälle).

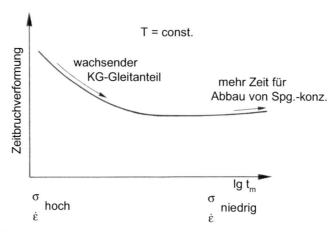

Bild 3.42 Einfluss der Belastungsdauer bis zum Bruch auf die Zeitbruchverformung

c) Korngröße

Der *Gesamt*anteil des Korngrenzengleitens nimmt gemäß Gl. (3.26) mit abnehmender Korngröße zu, so dass hinsichtlich der Kriechfestigkeit, z. B. ausgedrückt als minimale Kriechrate, ein möglichst grobes Korn einzustellen ist. Der Einfluss auf die Kriech*schädigung* stellt sich wie folgt dar. Für jede einzelne Korngrenze sinkt die Abgleitrate mit fallender Korngröße, weil die Tripelpunkte das Abgleiten behindern. Die freie Gleitlänge verhält sich also proportional zur Korngröße. Tendenziell steigt somit die Wahrscheinlichkeit der Kriechrisseinleitung mit gröber werdendem Korn. Dies ist *ein* Grund, warum die Zeitbruchverformung mit zunehmender Korngröße abnimmt, **Bild 3.43**. Bei grobkörnigen Gefügen verteilen sich des Weiteren Spurenelemente über weniger Korngrenzenfläche und erreichen damit lokal einen höheren Segregationsgrad (siehe *f*). Dies kann eine zusätzliche Ursache für geringere Zeitbruchverformung grobkörniger Gefügezustände sein.

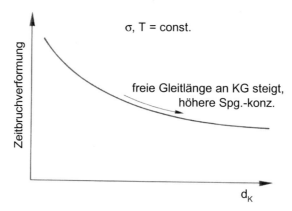

Bild 3.43 Einfluss der Korngröße auf die Zeitbruchverformung

Der Einfluss der Korngröße auf die Zeitstand*festigkeit* geht allerdings einher mit dem Zusammenhang zwischen Korngröße und *Kriechfestigkeit*, welche nicht durch Schädigung beeinflusst wird. Gröberes Korn erhöht die Zeitstandfestigkeit trotz des gegenläufigen Effektes auf die Zeitbruchverformung. Der Grund liegt darin, dass die Auswirkungen der Korngröße auf die Festigkeit gegenüber denen auf die Schädigung über die gesamte Standzeit hinweg überwiegen.

d) Korngrenzenausscheidungen

Korngrenzenausscheidungen spielen für die Zeitstandfestigkeit und -duktilität eine wichtige Rolle. Grundsätzlich ist an einer Teilchen/Matrix-Phasengrenzfläche die Rissbildungswahrscheinlichkeit gegenüber dem ungestörten Gitter erhöht, weil hier bereits eine Phasengrenzflächenenthalpie $\gamma_{Ph} \cdot A_{Ph}$ vorliegt, die bei der Rissbildung zugunsten der Oberflächenenthalpie frei wird (A_{Ph}: aufgerissene Grenzfläche Teilchen/Matrix). Die Rissenergiehürde oder die kritische Risskeimgröße sind an vorhandenen Störstellen umso geringer, je größer die betreffende Phasengrenzflächenenthalpie ist. Kohärente Phasengrenzflächen sind folglich weniger rissanfällig als inkohärente. Da Korngrenzenausscheidungen in der Regel nur mit einer Kornseite kohärent sein können, stellt die inkohärente Phasengrenzfläche die Schwachstelle dar.

Weiterhin hängt die Phasengrenzflächenenthalpie von der Teilchen*art* ab. Sulfide und Oxide weisen beispielsweise eine schwache Bindung zur metallischen Matrix auf, d. h. γ_{Ph} ist hoch und die kritische Risskeimgröße somit geringer. Erschwert wird dagegen die Rissbildung an Teilchen mit guter Bindung zur Matrix (γ_{Ph} niedrig), was meist für Karbide und Boride zutrifft.

Des Weiteren ist die Gitterverspannung in und um Teilchen herum bei der energetischen Bilanz der Rissbildung zu berücksichtigen. Je höher die Gitterverzerrungsenergie ist, umso leichter findet Rissbildung statt, weil der Riss das Gitter entspannt.

Zusammenfassend besteht also an kohärenten Ausscheidungen mit minimaler Gitterfehlpassung die geringste Rissgefahr. Ein markantes Beispiel hierfür stellen die γ'-Ausscheidungen in Ni-Basislegierungen dar.

Die Ursache für die Anrissbildung an Teilchen liegt in Spannungskonzentrationen aufgrund des Korngrenzengleitens. Dieser Effekt ist umso ausgeprägter, je gröber die Körner sind, weil die freie Abgleitlänge der Korngrenzen zunimmt (siehe c). Um möglichst geringe Kriechschädigung zu verwirklichen, stellt sich die Frage nach der optimalen Ausbildung der Korngrenzenausscheidungen.

Sehr feine Teilchen rufen zwar geringe Spannungskonzentrationen hervor, sind aber technisch uninteressant, weil sie einerseits das Korngrenzengleiten nicht stark behindern und andererseits bei ihnen langzeitig mit Vergröberung zu rechnen ist. Sehr große und relativ dicht in der Korngrenze liegende Ausscheidungen bieten geringe Kriechrissgefahr, denn sie setzen den Widerstand gegen Abgleiten so weit herab, dass nur geringe Spannungskonzentrationen entstehen.

Eine Legierung mit hohem Ausscheidungsanteil in den Körnern sowie einer dichten Belegung der Korngrenzen kann sowohl sehr kriechfest als auch kriechduktil sein. **Bild 3.44** gibt hierfür ein Beispiel eines am Rand aufgekohlten austenitischen Stahls wieder, welcher in dieser Zone eine sehr dichte Karbidbelegung im Korninnern und an den Korngrenzen aufweist. Während der weitgehend unbeeinflusste Kernbereich starke Kriechschädigung zeigt, ist der aufgekohlte Rand fast frei von Rissen. Insgesamt ist hierbei der stark aufgekohlte Zustand sowohl kriechfester wegen des hohen Karbidvolumenanteils als auch kriechduktiler [3.9].

Die größte Wahrscheinlichkeit der Kriechrissbildung besteht bei mittleren Teilchengrößen mit größerem Abstand. Eine solche Konfiguration sollte technisch vermieden werden.

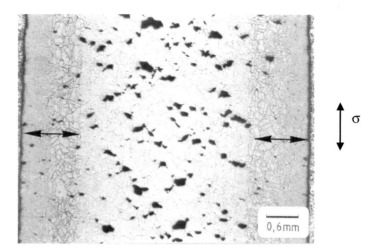

Bild 3.44 Ungleichmäßige Kriechschädigung in einer randaufgekohlten Probe aus *Alloy 800 H* nach Kriechbelastung bei 1000 °C (t_m = 175 h, A_u = 44 %), [3.9] Die Pfeile markieren die Zone mit einer sehr dichten Karbidbelegung im Korninnern und auf Korngrenzen. In diesem Bereich ist die Schädigung erheblich geringer als im nicht aufgekohlten Probenkern.

e) Vorverformung

Im Allgemeinen werden kriechbelastete Bauteile nicht vorher kaltverformt, weil eine Verformungsverfestigung bei entsprechend hohen Temperaturen nur vorübergehend das Kriechen behindern würde und die Gefahr der Rekristallisation gegeben wäre. Eine gewisse plastische Vorverformung (ohne anschließende Rekristallisation) ist bei manchen kriechbeanspruchten Bauteilen während der Herstellung jedoch unvermeidbar, z. B. durch behinderte Erstarrungsschrumpfung beim Gießen oder durch Richten. Diese relativ geringe Deformation kann die Zeitbruchverformung und Zeitstandfestigkeit nennenswert reduzieren (z. B. [3.40]). Abgesehen von möglichen Korngrenzenanrissen aufgrund der Vorverformung, die unter Kriechbedingungen wachstumsfähig sind, werden an den Korngrenzen vermehrt Stufen erzeugt durch einmündende Gleitbänder. Diese stellen beim Korngrenzengleiten Orte erhöhter Rissgefahr dar. An Korngrenzenteilchen kann es durch die Vorverformung zu Versetzungsaufstauungen und folglich Spannungskonzentrationen kommen; möglicherweise reißt die Grenzfläche mit der Matrix dabei bereits ein. Ein Spannungsarmglühen nach der Verformung ist oft nicht Erfolg versprechend, weil nach der Wärmebehandlung bereits *cavities ohne* äußere Spannung auftreten können (z. B. [3.41]).

f) Spurenelemente

Verunreinigungen können einen drastischen Effekt auf die Zeitbruchverformung ausüben und damit ebenfalls die Zeitstandfestigkeit erheblich vermindern (siehe auch Kap. 6.12 und Tabelle 6.17, Übersichten z. B. in [3.42, 3.43]). Typische Elemente mit schädlicher Wirkung sind z. B. S, P, Bi, As, Se, Ag, Pb, Sb, Te, Tl... Solche Atomsorten segregieren in bestimmten Temperaturbereichen besonders an Korngrenzen und andere Grenzflächen aufgrund geringer Löslichkeit in der Matrix und weil sie mit anderen Bestandteilen nicht reagieren oder weil ein geeigneter Bindungspartner nicht vorhanden ist. Dabei werden lokal relativ hohe Konzentrationen erreicht. Die offenere Struktur der Grenzflächen wird dadurch besser gefüllt, was einer Enthalpieverringerung des Systems entspricht. Eine statistisch regellose Verteilung durch den Entropieeffekt wäre bei den üblichen Spurenelementgehalten, die oft im Bereich weniger ppm oder sogar darunter liegen, unschädlich. Die treibende Kraft für die Anreicherungen liegt in der Reduktion der gesamten freien Enthalpie, wobei die Minderung der (Korn-) Grenzflächenenthalpie bis zu relativ hohen Temperaturen ausschlaggebend ist. Dies allein wäre sogar positiv bezüglich der Rissgefahr zu werten. Jedoch wird die Oberflächenenthalpie fast doppelt so stark herabgesetzt wie die Korngrenzflächenenthalpie, so dass gemäß Gl. (3.41) der Term der Oberflächenenthalpie weit überwiegt (Zusammenstellung einiger Werte in [3.44]). Durch die segregierenden schädlichen Spurenelemente wird daher insgesamt die kritische Risskeimgröße und die Energiehürde erheblich abgesenkt.

In manchen Fällen kommt es zur Bildung von Ausscheidungen mit den Spurenelementen, wie z. B. Sulfiden, an denen die Rissbildung aufgrund hoher Phasengrenzflächenenthalpie wahrscheinlicher ist. Manche Verunreinigungen lassen sich gezielt durch hoch affine Elemente abbinden und so größtenteils unschädlich im Kornvolumen festhalten, Beispiel: S mit Mn, Ce oder Zr.

Neben den schädlichen Verunreinigungen existieren mehrere so genannte korngrenzenwirksame Spurenelemente, die sich in kontrollierten Konzentrationen positiv auf das Werkstoffverhalten auswirken, wie z. B. B und Zr. Zu hohe Gehalte können dagegen die Herstellbarkeit und die mechanischen Eigenschaften drastisch verschlechtern. Die Wirkungsweise dieser Elemente kann unterschiedlich sein. Hinsichtlich der Riss*initiierung* spielt die Erhöhung der Bindungskräfte an Korngrenzen eine Rolle [3.45]. Besonders wirksam sind hierbei z. B. die Elemente C, B, W, Re. Das Riss*wachstum* beeinflussen die Spurenelemente über den Korngrenzendiffusionskoeffizienten, der generell herabgesetzt wird, weil die

Korngrenzenstruktur sowohl durch kleinere (z. B. B) als auch durch größere Atome (z. B. Zr) dichter wird. Ein indirekter Effekt über die Abbindung schädlicher Spurenelemente, wie im Falle des Zr oder Ce mit S, erklärt ebenfalls die Wirkung dieser Elemente.

g) Innerer Gasdruck

Ein innerer Gasdruck wirkt sich in gleicher Weise stabilisierend auf einen Risskeim aus wie eine Zugnormalspannung nach Gl. (3.41). So wird beispielsweise bei einigen Ni-Legierungen bei sehr hohen Temperaturen ein sprödes Versagen in Kriechversuchen beobachtet, welches auf die Bildung von CO_2- und CO-Gasblasen aus einer Reaktion des von außen eindringenden Sauerstoffs direkt mit C oder mit Karbiden der Matrix zurückgeführt wird [3.46]. In Gegenwart hoch sauerstoffaffiner Elemente, wie Cr, Al und eventuell Y oder Zr, sind unter Gleichgewichtsbedingungen die berechneten CO_2- und CO-Gasdrücke jedoch so gering, dass sie die Porenbildung kaum beeinflussen können [3.47]. Versprödungseffekte durch andere Gase, wie z. B. durch H aufgrund von Reaktion mit C unter Bildung von CH_4 oder He durch Neutronenbestrahlung, werden bei einigen Werkstoffen unter bestimmten Bedingungen beobachtet.

3.10.2.2 Kriechrisswachstum

Beim Risswachstum ist grundsätzlich zu klären, welcher Mechanismus den Riss wachsen lässt und wie das dadurch entstehende innere Materievolumen an die Umgebung übertragen wird. Die Vergrößerung von Hohlräumen kann nicht ungehindert, d. h. frei von Zwängungen des umgebenden Materials, ablaufen. Innen erzeugtes Rissvolumen wird durch verschiedene Kopplungen des Materietransports, so genannte Akkommodationen, letztlich außen angesetzt; die Dichte des geschädigten Werkstoffs verringert sich folglich. Für das Kriechrisswachstum kommen folgende Mechanismen infrage:

- Wachstum durch Diffusion
- Wachstum durch Korngrenzengleiten und Versetzungskriechen in den Körnern
- sowie Wachstum durch gekoppelte Diffusion und Versetzungskriechen.

a) Risswachstum durch Diffusion

Jedes Atom, welches aus der Umgebung eines Risskeimes entfernt wird, vergrößert den Hohlraum, verringert die freie Enthalpie des Werkstoffs (siehe Energiebilanz, Gl. 3.39) und dehnt diesen gleichzeitig. Herrscht an einer Korngrenze eine höhere Zugspannung, als sie der Oberflächenspannung des Risses entspricht, so erzeugt dieser Gradient einen gerichteten Materiefluss vom Riss weg und einen Leerstellenstrom in entgegengesetzte Richtung (analog zur Diskussion des Diffusionskriechens in Kap. 3.6). Der Transport erfolgt hauptsächlich entlang der diffusionsbevorzugten Korngrenzen, und die Risswachstumsgeschwindigkeit verhält

3.10 Kriechschädigung und Kriechbruch

sich folglich in weiten Temperaturbereichen proportional zum Korngrenzendiffusionskoeffizienten. Die von den Hohlräumen abgelösten Atome lagern sich an den Korngrenzen an und erzeugen so über die erwähnte Kopplung des Materietransports eine Dehnung des Materials. Fremdelemente, die an die Korngrenzen segregieren, setzen den Korngrenzendiffusionskoeffizienten herab. Sofern sie die Oberflächenenthalpie nicht gleichzeitig herabsetzen, bremsen sie dadurch das Risswachstum. Bei schädlichen Spurenelementen überwiegt dagegen der Einfluss auf die Oberflächenenthalpie, wodurch die Risskeimbildung und das -wachstum beschleunigt werden.

Hohlraumwachstum durch Diffusion findet umso schneller statt, je größer die Zugspannungskomponente an der geschädigten Korngrenze ist. Hierdurch werden Korngrenzen in Richtung einer 90°-Orientierung zur äußeren Zugspannung beim Diffusionswachstum bevorzugt (Anm.: Die Riss*keimbildung* wird in diese Betrachtung nicht einbezogen).

Die Modelle des Kriechrisswachstums durch Diffusion vermögen die experimentell beobachteten Standzeiten der Werkstoffe nicht befriedigend zu erklären. Man geht davon aus, dass verformungskontrollierte Vorgänge für das Wachstum mitentscheidend sind.

b) Risswachstum durch Korngrenzengleiten und Versetzungskriechen in den Körnern

Risskeime an Korngrenzenstufen oder -ausscheidungen wachsen durch Korngrenzengleiten in gleichem Maße wie die Abgleitrate mit, **Bild 3.45** und **3.46**. In einen Riss hineinlaufende Versetzungen oder Leerstellen aus der umgebenden Matrix vergrößern diesen. In sehr kriechfesten Werkstoffen mit geringer Versetzungsbewegung wird Diffusion hauptsächlich zum Risswachstum beitragen. Gemäß **Bild 3.47** wird des Weiteren angenommen, dass das Korngrenzengleiten und das Wachstum von Hohlräumen auf unter *Zug*spannungen stehenden Korngrenzen zusammenwirken. Durch das Abgleiten vergrößern sich die Anrisse und Poren auf den senkrecht zur Zugspannung eingezeichneten Korngrenzen. Dabei müssen die schraffierten, noch ungeschädigten Korngrenzenabschnitte zwischen

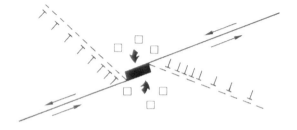

Bild 3.45
Risswachstum durch Korngrenzengleiten an einer Korngrenzenstufe

In den Riss diffundierende Leerstellen sowie einmündende Versetzungen vergrößern ihn.

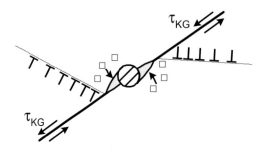

Bild 3.46
Risswachstum durch Korngrenzengleiten an einer Korngrenzenausscheidung

In den Riss diffundierende Leerstellen sowie einmündende Versetzungen vergrößern ihn.

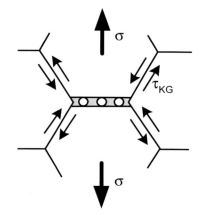

Bild 3.47
Modell des Zusammenwirkens zwischen Korngrenzengleiten und Risswachstum an zugbelasteten Korngrenzen

den Hohlräumen im Zuge des gesamten Anpassungsprozesses durch Materiefluss aufgefüllt werden, oder die Brücken reißen auf.

Die beobachtete Orientierungsverteilung der geschädigten Korngrenzen in Bezug auf die Hauptzugspannungsachse lässt sich mit den Theorien zur Risskeimbildung und zum -wachstum in folgender Weise deuten. Die größte Schubspannung und damit die größte Korngrenzengleitgeschwindigkeit tritt an 45°-Korngrenzen auf (Anm.: Winkelangaben beziehen sich immer auf die Neigung zur Hauptzugspannungsachse). Hier erscheint somit auch die stärkste Spannungsüberhöhung an Widerständen. Bei relativ hohen äußeren Spannungen, bei denen das Korngrenzengleiten die Risse sowohl initiiert als auch wachsen lässt, findet man *cavities* daher vorherrschend auf etwa 45°-Korngrenzen. Bei sehr niedrigen Spannungen, die den Betriebsspannungen bei Langzeitkomponenten entsprechen, zeigt sich eine Tendenz zu vermehrter Kriechschädigung in Richtung der 90°-Korngrenzen. Zu bedenken ist allerdings, dass immer nur die Orientierung in der jeweiligen Schliffebene betrachtet werden kann. Das Modell nach Bild 3.47 vermag ein bevorzugtes *Wachstum* auf etwa 90°-Korngrenzen zu erklären; bei allen anderen Mechanismen sollte eine Neigung zur Hauptzugspannungsachse

3.10 Kriechschädigung und Kriechbruch

von ≠ 90° vorhanden sein. Poren*keimbildung* auf exakt 90°-Korngrenzen wird mit keiner dieser Theorien begründet.

3.10.3 Tertiäres Kriechen

Definitionsgemäß kennzeichnet der tertiäre Kriechbereich denjenigen Abschnitt, in welchem die Kriechschädigung einen deutlich erkennbaren Einfluss auf den Kriechkurvenverlauf ausübt. Der Übergang vollzieht sich allmählich, so dass er vielfach schwer identifizierbar ist, besonders bei Versuchen unter Lastkonstanz (siehe Bild 3.4). Manchmal werden auch Beschleunigungen des Kriechvorganges als tertiäres Kriechen bezeichnet, welche durch andere Schädigungsvorgänge, wie z. B. Teilchenvergröberung, ausgelöst werden. Dadurch ist dieses Kriechstadium nicht immer eindeutig mit *einem* Schädigungsmechanismus verknüpft. Um Missverständnisse zu vermeiden, sollte man von tertiärem Kriechen jedoch nur in Zusammenhang mit Kriechrissbildung als dem in diesem Bereich dominierenden Schädigungsvorgang sprechen.

Die Beschleunigung des Kriechprozesses durch Rissbildung im Tertiärbereich hat mehrere Ursachen, die gleichzeitig in Erscheinung treten:

a) Abnahme des tragenden Querschnittes

Der effektiv tragende Querschnitt nimmt sowohl durch das Wachstum einzelner Risse als auch durch das Zusammenwachsen mehrerer Risse ab, indem die Verbindungsstege aufreißen. Die Spannung steigt in den geschädigten Querschnitten entsprechend an, wodurch das Kriechen beschleunigt wird.

b) Zunahme des Werkstoffvolumens

Rissbildung und -aufweitung vergrößern das Werkstoffvolumen und rufen folglich eine Verlängerung hervor. Bei wenigen Einzelporen, Porenketten und kleineren Mikrorissen, wie sie schon im früheren Kriechstadium auftreten, wirkt sich dies kaum auf die gemessene Kriechrate aus, bei vielen und größeren Hohlräumen dagegen deutlicher.

c) Einschnürung

Falls Einschnürung auftritt, wird das Kriechen bei konstanter äußerer Last im Einschnürquerschnitt beschleunigt, und der nicht eingeschnürte Probenteil nimmt – anders als in einem Zugversuch bei konstanter Abzuggeschwindigkeit – weiter an der Verformung teil. Insgesamt steigt also die Kriechrate progressiv. Bei kriechfesten und im Allgemeinen nicht besonders kriechduktilen Werkstoffen wird meist keine deutlich ausgeprägte Einschnürung beobachtet.

d) Beschleunigung des Versetzungskriechens

Bei dieser Theorie wird angenommen, dass das Klettern von Stufenversetzungen in der Umgebung von Rissen deshalb verstärkt abläuft, weil die Hohlräume als Quellen und Senken für Leerstellen dienen [3.48]. Die Kriechrate steigt folglich mit der Anzahl der gebildeten Hohlräume an. Dieser Mechanismus ist zwar denkbar, wird aber zur Deutung des tertiären Kriechens zusätzlich zu den anderen nicht benötigt.

3.11 Einfluss der Kornform auf die Zeitstandeigenschaften

In den bisherigen Betrachtungen zur Kriechfestigkeit und -duktilität wurde eine globulare Kornform angenommen, wie sie den technischen Regelfall darstellt. Für manche Anwendungen erzeugt man gezielt Gefüge mit stängelförmigen Körnern durch gerichtete Erstarrung oder gerichtete Rekristallisation. Mit diesen Vorgängen ist gleichzeitig eine Textur verbunden, die man im Falle der Erstarrung vorgibt oder die sich bei der Rekristallisation aufgrund von Vorzugswachstum der Körner einstellt. Diese herstellungstechnisch sehr aufwändigen Maßnahmen lohnen sich dann, wenn das Kornvolumen extrem kriechfest entwickelt ist, z. B. durch hohe γ'-Anteile in Ni-Basislegierungen und/oder feinste Oxiddispersion, und die Korngrenzen dadurch noch ausgeprägter die Schwachstellen verkörpern.

Bild 3.48 stellt schematisch ideale und reale gerichtete Kornstrukturen gegenüber. Im Idealfall eines Korngefüges ohne Querkorngrenzen in Belastungsrichtung kann es keine interkristalline Kriechschädigung geben, weil an den Korngrenzflächen keine Schubspannungskomponente und damit auch kein Korngrenzengleiten auftritt. Für derartige Werkstoffe wäre in Längsrichtung ausschließlich die Festigkeit des Korninnern relevant. Die tatsächlichen Gefüge von Bauteilen weichen jedoch insofern ab, als Querkorngrenzen auftreten. Diese liegen räumlich nicht exakt in einem rechten Winkel zur Hauptachse und gleiten somit unter der Wirkung der inneren Schubspannung aneinander ab. Als Folge können an den transversalen Korngrenzen Risse erzeugt werden, für deren Keimbildung und Wachstum die gleichen Mechanismen zum Tragen kommen wie in Kap. 3.10.2 beschrieben. **Bild 3.49** gibt ein Beispiel der ODS-Legierung *IN MA 6000* wieder, bei der unter den gegebenen Versuchsbedingungen sowohl inter- als auch transkristalline Rissbildung erkennbar ist.

Für die Zeitstandfestigkeit sowie das Kriechschädigungs- und -bruchverhalten spielt das Kornstreckungsverhältnis, d. h. das Verhältnis von Kornlänge zu Kornbreite (*GAR – grain aspect ratio*), eine wichtige Rolle, was für einige oxiddispergierte Ni-Legierungen bereits recht früh erkannt wurde [3.49]. Beispielsweise wird bei der gerichtet rekristallisierten ODS-Legierung *IN MA 6000* mit zunehmendem Streckungsgrad bis zu etwa 15 ein Anstieg der Zeitstandfestigkeit verzeichnet mit interkristallinem Versagen [3.50]. Oberhalb eines Verhältnisses von ca. 15 ist die Standzeit bei gleicher Spannung unabhängig vom *GAR*-Wert und der Bruch er-

3.11 Einfluss der Kornform auf die Zeitstandeigenschaften

folgt transkristallin. Diesen Untersuchungen liegen allerdings nur kurze Versuchszeiten zugrunde.

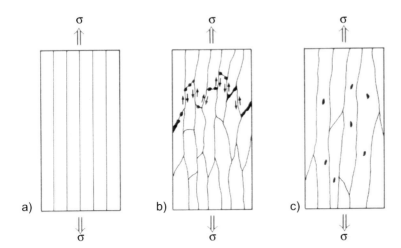

Bild 3.48 Gerichtete Kornstrukturen und deren Kriechschädigungsmechanismen
a) Ideale Kornstruktur ohne Transversalkorngrenzen; interkristalline Kriechschädigung ist bei Belastung in Längsrichtung ausgeschlossen.
b) Reale Kornstruktur mit geringem Kornstreckungsverhältnis; interkristalline Kriechschädigung dominiert aufgrund von Akkommodation durch Korngrenzengleiten entlang longitudinaler Korngrenzenabschnitte. Ein möglicher Schädigung/Abgleit-Pfad ist eingezeichnet.
c) Reale Kornstruktur mit hohem Kornstreckungsverhältnis; interkristalline Kriechschädigung wird unterdrückt durch sehr lange Längskorngrenzabschnitte. Die Schädigung und der Bruch erfolgen überwiegend transkristallin.

Bild 3.48 b) veranschaulicht die interkristalline Kriechschädigung bei geringem Kornstreckungsgrad. Es ist ein Pfad eingezeichnet, bestehend aus geschädigten Querkorngrenzen mit dazwischenliegenden kurzen Abschnitten von Längskorngrenzen. In diesem Fall sind die Rissbildung und das -wachstum an transversalen Korngrenzen erleichtert, weil die Längskorngrenzen aufgrund der geringen Gleitlänge wenig am Abgleiten behindert sind. Sie liefern somit gemäß dem Modell in Bild 3.47 die für die Schädigung nötige Akkommodation.

Mit steigendem Kornstreckungsverhältnis nimmt in Realgefügen die Verzahnung der Körner zu, d. h. der mittlere Abstand zwischen den Querkorngrenzen benachbarter Körner wächst. Bei hohem Streckungsverhältnis, Bild 3.48 c), werden das Korngrenzengleiten und damit die interkristalline Rissinitiierung und das Risswachstum stark behindert durch große Längsflächen der Korngrenzen, so dass letztlich transkristallines Versagen überwiegt.

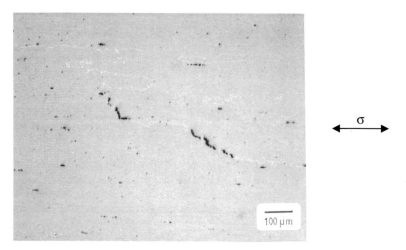

Bild 3.49 Inter- und transkristalline Kriechschädigung in der ODS-Legierung
IN MA 6000 (750 °C, 400 MPa, t_m = 4022 h, A_u = 4 %)

Diese Theorie der geometrischen Anpassung der Schädigung durch Korngrenzengleiten erklärt den Einfluss des Kornstreckungsgrades. Akkommodation durch Versetzungskriechen in den Körnern [3.51] läuft in den betreffenden Legierungen mit sehr geringer Geschwindigkeit ab und dürfte daher eher eine untergeordnete Rolle im Vergleich zu den relativ weichen Korngrenzen spielen.

Lokale Feinkornbereiche müssen bei gerichteten Kornstrukturen mit hohem Streckungsverhältnis vermieden werden, weil sie anfällig sind für interkristalline Kriechschädigung, **Bild 3.50**. Von diesen Anrissen können transkristalline Risse in das grobe Gefüge hineinwachsen und vorzeitiges Versagen auslösen.

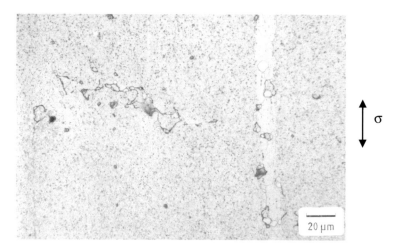

Bild 3.50 Kriechschädigung im Bereich nicht sekundär rekristallisierter kleiner Körner (*freckles*) in der ODS-Legierung *IN MA 754* (950 °C; 135 MPa; t_m = 3464 h; A_u = 14,6 %)

Besonders kritisch wirken sich bei kolumnaren Kornstrukturen Belastungen in Querrichtung der Körner aus. Da Proben und dünnwandige Bauteile manchmal nur ein oder zwei Körner in der Querachse aufweisen, läuft das Korngrenzengleiten wenig behindert ab, **Bild 3.51**. Folglich werden unter diesen Belastungen meist sehr geringe Zeitstandfestigkeiten und Zeitbruchverformungen gemessen, was Bild 3.32 für die ODS-Legierung *IN MA 760* im Vergleich zur Festigkeit in Längsrichtung dokumentiert (Erläuterung zu den Bezeichnungen: Bei nicht quadratischen Querschnitten unterscheidet man eine schmale Querrichtung und eine breite Querrichtung: *st – short transverse, lt – long transverse*).

Bild 3.51
Belastung eines dünnwandigen Bauteils mit gerichteter Kornstruktur in Querrichtung (hier in breiter Querrichtung – *lt*)

3.12 Kriechverhalten von Einkristallen

Polykristalline Werkstoffe mit gerichteten Kornstrukturen können das Problem der ‚Schwachstelle Korngrenze' nur teilweise lösen. Dies gelingt vollständig mit Einkristallen, welche folgende Vorteile im Kriechverhalten gegenüber Vielkristallen aufweisen:

a) Die Korngrenzengleitverformung fehlt. Dadurch wird die Gesamtkriechrate reduziert. Weiterhin kann nur transkristalline Kriechschädigung stattfinden, welche träger abläuft als intergranulare und eine höhere Zeitbruchverformung mit sich bringt. Dadurch wird auch die Zeitstandfestigkeit angehoben. Gegenüber langgestreckten Kornformen sind die Quereigenschaften erheblich verbessert.
b) Diffusionskriechen tritt nicht auf. Da das Versetzungskriechen mit einem vergleichsweise hohen Spannungsexponenten von $n \geq$ ca. 4 erfolgt, können mit abnehmender Spannung niedrigere Kriechraten realisiert werden (siehe Bild 3.11 und 3.26). Das übliche Abbiegen der Zeitstandisothermen bei geringeren Spannungen aufgrund von Diffusionskriechen mit $n = 1$ fehlt, eine Krümmung aufgrund von Gefügealterung ist davon allerdings unabhängig (siehe Bild 3.6 b und c).
c) Die Legierungen können ausschließlich auf hohe Matrixfestigkeit getrimmt werden. Sämtliche korngrenzenverfestigenden Maßnahmen – oft mit negativen Begleiterscheinungen verbunden – erübrigen sich.

d) Bevorzugte Korngrenzenkorrosion entfällt; die korrosionsunterstützte Bildung und das Wachstum interkristalliner Kriechrisse unterbleiben. Daraus resultiert eine höhere Zeitstandfestigkeit und Zeitbruchverformung.

Weitere Vorteile von Einkristallen werden in Kap. 4.7.4.3 und 6.7.3 behandelt.

3.13 Extrapolation von Zeitstandergebnissen

Bei der Entwicklung neuer Legierungen müssen relativ schnell Aussagen getroffen werden u. a. über das Festigkeitspotenzial einzelner Kandidaten. Des Weiteren müssen für Konstruktionen langzeitige Auslegungskennwerte verfügbar sein, die bei neueren Legierungen meist nicht bis zu der geforderten Lebensdauer – eventuell bis 10^5 h = 11,4 Jahre – experimentell abgesichert sein können. Außerdem kann im Zuge von Zustandsbeurteilungen betriebsbeanspruchter Bauteile die möglichst rasche Ermittlung der Restlebensdauer der Teile gefragt sein.

Die Langwierigkeit der Zeitstanduntersuchungen unter realitätsnahen Bedingungen hat zu zahlreichen Ansätzen für Extrapolationsmethoden geführt. Die heute gängigen Verfahren sind rein empirischer Natur und können mit großen Ungenauigkeiten verbunden sein. Strukturabhängige Modelle, welche die gefügemäßigen Vorgänge und Mikromechanismen im Werkstoff während der Zeitstandbeanspruchung berücksichtigen, sind wegen der Vielzahl der Parameter entweder nicht verfügbar oder noch recht ungenau. Nur in wenigen Einzelfällen sind solche Modelle mit zufriedenstellender Genauigkeit erstellt worden. Auf einige empirische Methoden wird nachfolgend eingegangen.

Einen einfachen Zusammenhang zwischen der sekundären oder minimalen Kriechrate und der Belastungsdauer bis zum Bruch stellt die *Monkman-Grant-Beziehung* her [3.52]:

$$t_m = \frac{K}{\dot{\varepsilon}_s^{\,m}} \qquad (3.42\ \text{a})$$

oder

$$\lg t_m = K_1 - m \cdot \lg \dot{\varepsilon}_s \qquad (3.42\ \text{b})$$

K, K_1 Konstanten
m   Konstante, meist ≈ 1

Diese Regel verknüpft die Zeitstandlebensdauer allein mit der sekundären oder minimalen Kriechrate. Die Länge des primären und tertiären Kriechbereiches sowie die Zeitbruchdehnung werden spannungs*un*abhängig von der Konstanten K und dem Exponenten m erfasst. Die Temperatur geht in die Beziehung ebenfalls nicht ein, so dass oft ($\dot{\varepsilon}_s$; t_m)-Wertepaare für unterschiedliche Temperaturen durch eine einzige Funktion $t_m = f(\dot{\varepsilon}_s)$ beschrieben werden.

3.13 Extrapolation von Zeitstandergebnissen

Bild 3.52 zeigt ein Beispiel für den warmfesten Stahl 10CrMo9-10 (2¼ % Cr-1 % Mo). Die eingezeichneten Streubandeinhüllenden weisen eine Steigung von −1,09 auf, d. h. m = 1,09 nach Gl. (3.42). Die Konstante K streut zwischen K ≈ 9,5·10^{-6} bis 5,1·10^{-7} (entsprechend K_1 ≈ − 5 bis − 6,3) bei t_m in h und $\dot{\varepsilon}$ in s^{-1}.

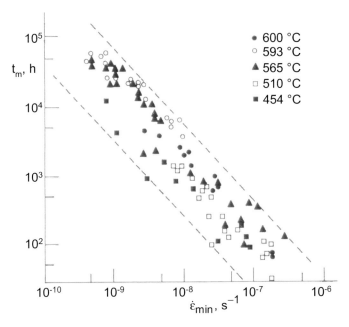

Bild 3.52 Zusammenhang zwischen der minimalen Kriechrate und der Belastungsdauer bis zum Bruch für den warmfesten Stahl 10CrMo9-10 (2¼ Cr-1 Mo) [3.53]

Die Monkman-Grant-Beziehung ist geeignet, die Lebensdauer allein auf Basis der relativ schnell ermittelbaren sekundären oder minimalen Kriechrate abzuschätzen, wenn zuvor für genügend viele Wertepaare ($\dot{\varepsilon}_s$; t_m) der Geradenverlauf in doppeltlogarithmischer Auftragung für den betreffenden Werkstoff oder die Werkstoffcharge ermittelt wurde.

Um bei den Zeitstandversuchen Zeit zu sparen, hat man nach Möglichkeiten des „Austausches Zeit gegen Temperatur" gesucht, d. h. bei gleicher Spannung sollte man von kürzeren Versuchen bei höherer Temperatur auf das Langzeitverhalten bei betriebsrelevanter Temperatur schließen können. Die bekannteste derartige Extrapolationsmethode stellt die nach *Larson und Miller* dar [3.54]. Zu ihrer Herleitung wird die Monkman-Grant-Regel mit der Temperaturabhängigkeit der sekundären Kriechrate verknüpft. Die sekundäre Kriechrate weist eine exponentielle Abhängigkeit von der Temperatur über eine Arrhenius-Beziehung auf:

$$\dot{\varepsilon}_s = B \cdot e^{-\frac{Q_c}{R \cdot T}} \qquad \text{s. Gl. (3.19)}$$

oder

$$\lg \dot{\varepsilon}_s = B_1 - \underbrace{\frac{0{,}434 \cdot Q_c}{R}}_{\text{const.}} \cdot \frac{1}{T} = B_1 - B_2 \cdot \frac{1}{T} \qquad (3.19\text{ b})$$

B_1, B_2 Konstanten

Dabei wird angenommen, dass die Aktivierungsenergie des Kriechens Q_c temperatur*un*abhängig ist, so dass der Vorfaktor von 1/T konstant ist. Bezieht man die Monkman-Grant-Regel nach Gl. (3.42 b) ein, so erhält man den Zusammenhang zwischen Temperatur und Bruchzeit bei einer vorgegebenen Spannung:

$$\lg t_m = \underbrace{K_1 - m \cdot B_1}_{\text{const.}} + \underbrace{m \cdot B_2}_{\text{const.}} \cdot \frac{1}{T} = K_3 + P \cdot \frac{1}{T} \qquad (3.43\text{ a})$$

K_3, P Konstanten

Die Beziehung besagt, dass bei *konstanter* Spannung immer ein fester Zusammenhang zwischen der Temperatur und der Bruchzeit besteht. In der Auftragung lg t_m gegen 1/T sollte sich nach Gl. (3.43 a) eine Gerade ergeben, **Bild 3.53**.

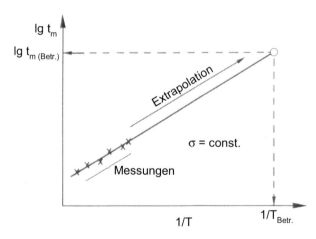

Bild 3.53 Schematische Darstellung des Extrapolationsverfahrens nach Larson-Miller für konstante Spannung (Betr.: Werte für den Betrieb des Bauteils)

3.13 Extrapolation von Zeitstandergebnissen

Somit können experimentell bei einer bestimmten Spannung kürzere Zeitstandversuche bei höherer Temperatur durchgeführt werden, und man leitet daraus die Lebensdauer bei niedrigerer, betriebsrelevanter Temperatur ab. In anderer Schreibweise ergibt sich die Formulierung des Gesetzes nach Larson-Miller:

$$T \cdot (C + \lg t_m) = P \qquad (3.43 \text{ b})$$

C = const. für alle σ; C ≈ 20 mit T in K und t_m in h
P = const. für σ = const.

Diese Verknüpfung von Bruchzeit und Temperatur bei konstanter Spannung nennt man Larson-Miller-Parameter P. Man trägt die aus Zeitstandversuchen nach obiger Beziehung ermittelten Larson-Miller-Parameter für *verschiedene* Spannungen meist mit C = 20 im Larson-Miller-Diagramm auf, welches **Bild 3.54** schematisch zeigt.

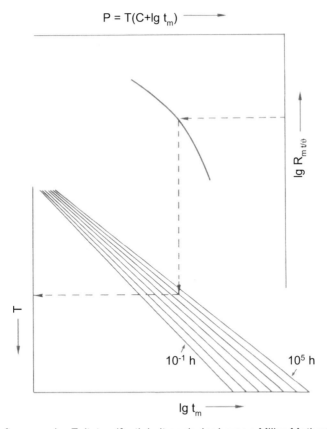

Bild 3.54 Auftragung der Zeitstandfestigkeit nach der Larson-Miller-Methode
Das Diagramm ist so erweitert, dass gleichzeitig ohne Umrechnung aus dem Larson-Miller-Parameter die (T; t_m)-Wertepaare abgelesen werden können.

Es ergibt sich der dargestellte typische gekrümmte Kurvenverlauf. Das Diagramm wird zweckmäßigerweise so erweitert, dass sich für beliebige Kombinationen von Spannung, Temperatur und Standzeit sofort die Verknüpfungen ablesen lassen, z. B. welche Temperatur ertragen werden kann bei einer vorgegebenen Spannung und einer geforderten Lebensdauer. Je nach Legierung ist unter Umständen eine bessere Anpassung der Messwerte an einen gemeinsamen Kurvenzug durch eine von 20 abweichende Konstante C gegeben.

Ebenso wie Zeitstandfestigkeiten lassen sich Zeitdehngrenzwerte nach Larson-Miller auftragen, weil man die Monkman-Grant-Regel auch für Zeiten bis zu bestimmten Dehnungen aufstellen kann, z. B. $t_{p\,1}$ als Zeit bis zu 1 % plastischer Dehnung.

Die zur Herleitung der Larson-Miller-Beziehung getroffenen Annahmen weichen von den tatsächlichen Verhältnissen mehr oder weniger ab. Dennoch ist diese empirische Extrapolationsmethode bei den eingangs erwähnten Aufgabenstellungen unerlässlich und Stand der Technik. Des Weiteren können für einen bestimmten Werkstoff aus einem einzigen Diagramm die Zeitstanddaten abgelesen oder es können die Larson-Miller-Kurven für verschiedene Werkstoffe in *ein* Diagramm eingezeichnet werden, was bei Werkstoffvergleichen übersichtlich ist.

Als ein weiteres empirisches Verfahren zur Extrapolation von Zeitstandergebnissen wird die so genannte *Iso-Stress-Methode* eingesetzt. Sie basiert – wie die nach Larson und Miller – auf dem Prinzip ‚Austausch Zeit gegen Temperatur'. Während beim Larson-Miller-Verfahren die Monkman-Grant-Regel sowie die Arrhenius-Gleichung einfließen, postuliert die Iso-Stress-Methode ohne weitere Annahmen einen Zusammenhang der Form:

$$\lg t_m = c_1 - c_2 \cdot T \qquad \text{für } \sigma = \text{const.} \tag{3.44}$$

c_1, c_2 = const.

Es wird also eine lineare Beziehung zwischen dem Logarithmus der Bruchzeit und der Temperatur bei konstanter Spannung erwartet, **Bild 3.55**. Um bei einer Nennspannung die Standzeit für die betriebsrelevante Temperatur zu erhalten, werden Versuche bei derselben Spannung und erhöhten Temperaturen durchgeführt. Die Methode soll eine Zeitextrapolation bis zu einem Faktor 100 erlauben.

Nach Larson-Miller besteht entsprechend Gl. (3.43 a) ein linearer Zusammenhang zwischen $\lg t_m$ und der inversen Temperatur, d. h. in der Auftragung $\lg t_m$ gegen T ergibt sich eine Hyperbel. **Bild 3.56** stellt die beiden Extrapolationsmethoden in einem ($\lg t_m$; T)-Diagramm gegenüber. Bei denselben Messdaten liefert das Larson-Miller-Verfahren höhere Schätzwerte, je nach Krümmung der Hyperbel gegenüber der Geraden im Extrapolationsbereich. Aufgrund der einfachen Parameterdarstellung ist die Larson-Miller-Methode gebräuchlicher.

3.14 Zeitstandfestigkeitsnachweis bei veränderlichen Beanspruchungen

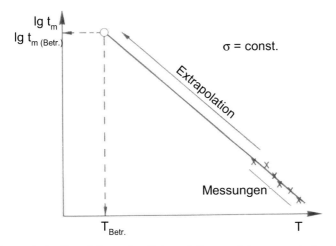

Bild 3.55 Schematische Darstellung des Extrapolationsverfahrens nach der Iso-Stress-Methode (Betr.: Werte für den Betrieb des Bauteils)

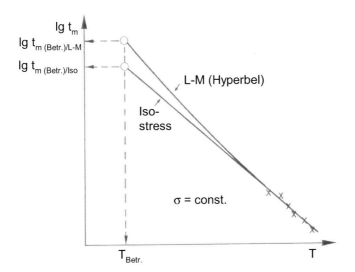

Bild 3.56 Vergleich der Extrapolationsmethoden nach Larson-Miller und der Iso-Stress-Methode

3.14 Zeitstandfestigkeitsnachweis bei veränderlichen Beanspruchungen

Dem Konstrukteur stellt sich ein erweitertes Problem der Lebensdauerberechnung unter Kriechbedingungen, wenn Spannung und Temperatur im zeitlichen

Verlauf nicht gleich bleiben. Dies ist bei Bauteilen oft der Fall, z. B. bei wechselndem Voll- und Teillastbetrieb oder auch bei vorübergehenden Überbelastungen. Die dabei zusätzlich auftretende zyklische Komponente wird bei dieser Betrachtung zunächst außer Acht gelassen. Es stellt sich die Frage, wie sich die einzelnen Zeitstandabschnitte lebensdauermäßig aneinander reihen lassen.

Die einfachste und am häufigsten benutzte Regel für derartige Lebensdauerberechnungen basiert auf der statischen *linearen Schädigungsakkumulation* nach *Robinson*. Dabei geht man von der Annahme aus, dass sich in jedem Belastungsabschnitt eine Kriechschädigung ausbildet, die sich als verbrauchter linearer Anteil der Beanspruchungsdauer bis zum Bruch ausdrücken lässt. Der Schädigungsanteil während *eines* konstanten Belastungsintervalls, d. h. bei gleich bleibender Spannung und Temperatur, berechnet sich demnach zu:

$$D_i = \frac{t_i}{t_{m_i}} \qquad (3.45)$$

D_i Schädigungsanteil im Intervall „i"
t_i Zeitintervall „i"
t_{m_i} Beanspruchungsdauer bis zum Bruch für die Parameter σ und T im Intervall „i"

Zur Berechnung von D_i muss die Zeitstandlinie für die betreffende Temperatur bekannt sein. In der Regel benötigt man dazu Zeitstandisothermen in 10 °C-Abstufungen, welche durch Interpolation der gemessenen Kurven, die meist in 50 °C- oder eventuell auch 25 °C-Abständen vorliegen, gewonnen werden (siehe z. B. DIN EN 10 216-2 (ehemals: DIN 17 175) für warmfeste Stähle). Näherungsweise können die Daten aus einer Larson-Miller-Darstellung berechnet werden. Als weitere Annahme der Robinson-Regel werden die einzelnen Schädigungsanteile für alle Intervalle mit beliebigen (σ; T)-Kombinationen addiert:

$$\sum_i D_i = \frac{t_1}{t_{m_1}} + \frac{t_2}{t_{m_2}} + \ldots + \frac{t_k}{t_{m_k}} = \sum_{i=1}^{k} \frac{t_i}{t_{m_i}} = D_t \qquad (3.46)$$

Diese Addition liefert die Gesamtschädigung D_t, die so genannte Zeitstanderschöpfung. Bei monotoner Belastung (σ; T konstant) ergibt sich bei Bruch definitionsgemäß $D_t = 1$. Bei der linearen Schadensakkumulation unter veränderlichen Zeitstandbelastungen geht man ebenfalls von einer Schadenssumme $D_t = 1$ beim Bruch aus.

Die getroffenen Annahmen zur Berechnung einer Gesamtschädigung halten einer Überprüfung anhand der ablaufenden Mikromechanismen der Schädigung nicht stand. Vor allem entwickelt sich die Schädigung nicht linear über der Belastungszeit und nicht bei allen Spannungen und Temperaturen in gleicher Weise. Unter Beachtung entsprechender Sicherheitsabschläge, etwa $D_t \leq 0{,}75$, hat sich die Robinson-Regel jedoch bewährt, zumal exaktere Berechnungsmethoden fehlen. Sofern den t_{mi}-Werten untere Streubandgrenzen oder Mittelwerte abzüglich 20 % zugrunde liegen, ist die Zeitstanderschöpfungsberechnung meist konservativ. Der tatsächliche Schädigungszustand eines Bauteiles kann in Ergänzung zu der rechnerischen Abschätzung über eine metallographische Untersuchung erfasst werden (Kap. 8.1).

3.15 Spannungsrelaxation

Unter Spannungsrelaxation wird a) jede Minderung von Eigenspannungen sowie b) der Abbau einer von außen angelegten Spannung bei gleich bleibender Gesamtdehnung verstanden.

Tabelle 3.5 gibt einen Überblick über die verschiedenen Arten von Eigenspannungen und ihrer Merkmale. Spricht man allgemein von Eigenspannungen, so meint man damit die weitreichenden Eigenspannungen I. Art. Die zu unterscheidenden Fälle der Spannungsrelaxation sind in **Tabelle 3.6** gegenübergestellt. Der Abbau von Eigenspannungen III. Art in Form von Versetzungen kennzeichnet den Vorgang der Erholung. Hierbei kommt es zwar zu Mikroverformungen durch die Versetzungsbewegung, diese heben sich allerdings in ihren Richtungen gegenseitig auf, so dass keine äußere Gestaltänderung resultiert. Anders liegen die Verhältnisse, wenn in einem Werkstück inhomogene innere Spannungen über größere Reichweiten vorliegen oder wenn die freie Verformung von außen behindert wird. Der erstgenannte Fall entspricht einer Spannungsarmglühung zur Minderung von Eigenspannungen I. Art, der zweite spiegelt die Verhältnisse wider, wie sie im Spannungsrelaxationsversuch simuliert werden. In beiden Fällen werden durch Erholungsvorgänge innere Spannungen reduziert. Allerdings werden durch die inneren oder äußeren Zwängungen Kriechprozesse ausgelöst, die eine *gerichtete* Verformung hervorrufen. Je nach Höhe der Kriechverformung hinterlassen diese Formen der Spannungsrelaxation also mehr oder weniger große bleibende Maßänderungen am Bauteil.

Am anschaulichsten verdeutlicht man sich die Vorgänge anhand eines Spannungsrelaxationsversuches, **Bild 3.57**. Eine Probe wird bis zu einer bestimmten Verformung (zug-)belastet, und dann misst man bei konstanter Gesamtverformung die zeitliche Abnahme der Spannung. Der elastische Verformungsanteil ε_e nimmt proportional zur Spannung ab, in gleichem Maße wird Kriechverformung ε_f erzeugt. Der Relaxationsversuch stellt also einen Kriechversuch unter stetig abnehmender Spannung dar. Der Austausch von elastischer gegen Kriechverformung lässt sich wie folgt formulieren:

Tabelle 3.5 Unterscheidung verschiedener Eigenspannungen (ES) und deren Merkmale

ES →	I. Art	II. Art	III. Art
Definition	Keine äußeren Kräfte oder Momente; Summe aller inneren Kräfte und Momente in jeder Schnittebene bzw. um jede Achse ist null		
Charakter	Makro-ES	Mikro-ES	Mikro-ES
Ursache	Inhomogene plastische Verformung in einem Werkstück Stets in Verbindung mit Mikro-ES III. Art (Versetzungen), ggf. auch II. Art	• Verformungsanisotropien von Korn zu Korn durch Orientierungsunterschiede • in mehrphasigen Gefügen durch Unterschiede in der therm. Ausdehnung oder unterschiedl. Volumina bei Phasenumwandlungen Die Anpassung erfolgt durch geometrisch notwendige Versetzungen oder Fehlpassungsversetzungen (ES II. Art kommen nicht vor in einphasigen Einkristallen)	Gitterstörungen, die Gitterverzerrungen hervorrufen: • Leerstellen • Fremdatome • Versetzungen • Kleinwinkelkorngrenzen • Teilchen ES III. Art kommen bei jeder plastischen Verformung vor durch Versetzungen
Reichweite	• Über viele Körner oder ganzes Werkstück • Änderungen in Größe und Vorzeichen über größere Bereiche (oft mm)	• Innerhalb eines Kornes oder über wenige Körner hinweg • Änderungen in Größe und Vorzeichen im μm-Bereich	• Auf Umgebung der Gitterstörung begrenzt; weiter entfernt stark abklingend • Änderungen in Größe und Vorzeichen im atomaren Bereich
Bei Störung des inneren Gleichgewichts der Kräfte u. Momente:	makroskopische Maßänderungen	geringe makroskopische Maßänderungen möglich	keine Maßänderungen
engl. Bezeichnung (*residual stresses*)	*body stresses*	*textural stresses*	

3.15 Spannungsrelaxation

Tabelle 3.6 Fallunterscheidungen bei der Spannungsrelaxation (ES: Eigenspannungen)

Fall → Vorgang ↓	ES III. Art (Mikro-ES) gleichmäßig über gesamtes Material verteilt	ES I. Art (Makro-ES) = langreichweitige ES; ungleichmäßig über das Werkstück verteilt	äußere Verformungsbehinderung; gleich bleibende Gesamtverformung
Vorgang bei der Spannungsrelaxation	Versetzungen löschen sich aus und lagern sich um; Abbau von ES III. Art: = *Erholung*	Elastische Verformung wird *lokal* in Kriechverformung umgesetzt; Abbau von ES I. und III. Art: = *Spannungsarmglühung*	Elastische Verformung wird über *gesamtes* Material in Kriechverformung umgesetzt; Spannung im Werkstück nimmt ab: = *Spannungsrelaxationsversuch*
äußere Formänderung	keine; Mikroverformungen durch Versetzungsbewegungen heben sich in ihren Richtungen auf	ja, je nach Höhe und Reichweite der abgebauten ES	ja, je nach Höhe der Kriechdehnung

$$t = 0 \quad \rightarrow \quad \varepsilon_t = \varepsilon_e(t=0) + \varepsilon_i = \text{const.} \tag{3.47 a}$$

$$t > 0 \quad \rightarrow \quad \varepsilon_t = \varepsilon_e(t) + \varepsilon_i + \varepsilon_f(t) = \text{const.} \tag{3.47 b}$$

ε_t konstante Gesamtverformung = Anfangsverformung
ε_i plastische Anfangsverformung

Die zeitlich abnehmende Restspannung $\sigma_R(t)$ ist nach dem Hooke'schen Gesetz mit dem elastischen Dehnungsanteil verknüpft, und Einsetzen von Gl. (3.47 b) ergibt:

$$\sigma_R(t) = E \cdot \varepsilon_e(t) = E[\varepsilon_t - \varepsilon_i - \varepsilon_f(t)] = E[\varepsilon_e(t=0) - \varepsilon_f(t)] = \sigma_0 - E \cdot \varepsilon_f(t) \tag{3.48 a}$$

Für die zeitlich zunehmende Kriechdehnung erhält man folglich:

$$\varepsilon_f(t) = \frac{\sigma_0 - \sigma_R(t)}{E} \tag{3.48 b}$$

Nimmt man für die Abhängigkeit der Kriechrate von der Spannung das Norton'sche Kriechgesetz nach Gl. (3.15) an, wie es für stationäre Mikrostrukturverhältnisse in weiten Spannungsbereichen meist gilt, so lässt sich eine Verknüpfung zwischen der Restspannung und der Zeit herstellen. Bei der zeitlichen Ableitung von Gl. (3.47 b) werden die Terme $\dot{\varepsilon}_t$ und $\dot{\varepsilon}_i$ null, weil ε_t und ε_i konstant sind:

$$\dot{\varepsilon}_t = 0 = \dot{\varepsilon}_e + \dot{\varepsilon}_f \qquad (3.49)$$

Mit $\dot{\varepsilon}_e = \dot{\sigma}_R / E$ (zeitliche Ableitung von Gl. 3.48 a) und $\dot{\varepsilon}_f = A \cdot \sigma_R^n$ (s. Gl. 3.15) folgt aus Gl. (3.49):

$$\frac{1}{E} \cdot \frac{d\sigma_R}{dt} = -A \cdot \sigma_R^n \qquad (3.50\ a)$$

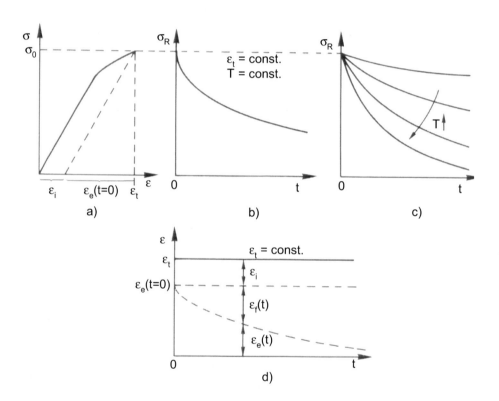

Bild 3.57 Verlauf der Kennwerte bei der Spannungsrelaxation
    a) Zugbelastung bis $(\sigma_0, \varepsilon_t)$
    b) zeitliche Abnahme der Restspannung
    c) Einfluss der Temperatur auf die zeitliche Abnahme der Restspannung
        (↑ Die Kurven verlaufen in die eingezeichnete Richtung mit steigender Temperatur)
    d) zeitliche Aufteilung der Dehnanteile

3.15 Spannungsrelaxation

Trennung der Variablen und Integration liefern:

$$\frac{1}{E} \int \frac{d\sigma_R}{\sigma_R^n} = -A \int dt \qquad (3.50\ b)$$

$$\frac{1}{E} \cdot \frac{\sigma_R^{1-n}}{1-n} = -A \cdot t + C \qquad C:\ \text{Integrationskonstante} \qquad (3.50\ c)$$

Für $t = 0$ ist $\sigma_R = \sigma_0$ und damit $C = (1/E) \cdot (\sigma_0^{1-n}/1-n)$, so dass sich folgender Zusammenhang ergibt:

$$\sigma_R = \left[\sigma_0^{1-n} + (n-1) \cdot A \cdot E \cdot t\right]^{\frac{1}{1-n}} \qquad (3.51)$$

Man beachte, dass Gl. (3.51) für $n = 1$, dem Norton-Exponenten bei reinem Diffusionskriechen, nicht definiert ist. Für $n \to 1$ nähert sich die Relaxationskurve dem konstanten Wert $\sigma_R = \sigma_0$, d. h. Relaxation würde nicht stattfinden – was plausibel ist, denn Spannungsabbau bedeutet Auslöschen und Umlagern von Versetzungen. Reines Diffusionskriechen leistet dies nicht.

In dem Faktor A stecken die Temperaturabhängigkeit und die Werkstoffparameter des Kriechvorganges (s. Gl. 3.15 und 3.24). A ist ein Maß für die Kriechfestigkeit: Je geringer der Wert von A bei einer bestimmten Temperatur ist, umso kriechfester ist der Werkstoff. Folglich verlaufen die Spannungsrelaxationskurven nach Bild 3.57 b) umso flacher, je kleiner A und außerdem je kleiner der Spannungsexponent n ist, **Bild 3.58**. Einen raschen Spannungsabbau zeigen dagegen Werkstoffe mit hohem Spannungsexponenten n. Diese Erkenntnis spielt u. a. eine Rolle bei der Spannungsumverteilung im Bereich von Kerben bei hohen Temperaturen (Kap. 3.16).

Eine übersichtlichere Beziehung $\sigma_R = f(t)$ erhält man, wenn man anstelle des Norton'schen Kriechgesetzes eine Exponentialfunktion ansetzt, welche den Kriechvorgang allerdings nur bei hohen Spannungen und folglich hohen Kriechraten besser beschreibt:

$$\dot{\varepsilon}_f = B \cdot e^{\beta \cdot \sigma_R} \qquad B,\ \beta:\ \text{Konstanten} \qquad (3.52)$$

Die Herleitung der $\sigma_R = f(t)$-Beziehung vollzieht sich dann in analoger Weise wie oben durch Verknüpfen der Gln. (3.48 a), (3.49) und (3.52):

$$\frac{1}{E} \cdot \frac{d\sigma_R}{dt} = -B \cdot e^{\beta \cdot \sigma_R} \qquad (3.53\ a)$$

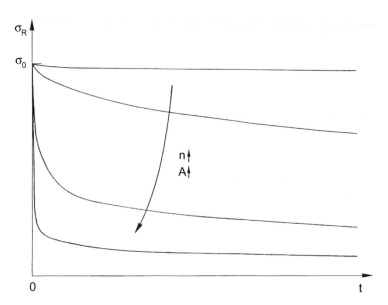

Bild 3.58 Verlauf der Spannungsrelaxation für unterschiedliche Spannungsexponenten n und Parameter A gemäß Gln. (3.15) und (3.51)
Den Kurven liegen Beispiele mit realen Werten für n und A zugrunde.
(↑ Die Kurven verlaufen in die eingezeichnete Richtung mit steigendem Wert des Parameters)

Nach Trennung der Variablen kann integriert werden:

$$\frac{1}{E}\int e^{-\beta\sigma_R}\, d\sigma_R = -B\int dt \qquad (3.53\ \text{b})$$

$$\frac{1}{E}\cdot\frac{1}{-\beta}\cdot e^{-\beta\sigma_R} = -B\cdot t + C \qquad (3.53\ \text{c})$$

Die Integrationskonstante ergibt sich mit der Randbedingung $\sigma_R(t=0) = \sigma_0$ zu $C = -[1/(E\,\beta)]\,e^{-\beta\sigma_0}$ und somit:

$$\frac{1}{E\,\beta}\cdot e^{-\beta\sigma_R} = B\cdot t + \frac{1}{E\,\beta}\cdot e^{-\beta\sigma_0} \qquad \Big|\cdot E\,\beta\cdot e^{\beta\sigma_0} \qquad (3.53\ \text{d})$$

$$e^{-\beta(\sigma_R-\sigma_0)} = E\beta B\cdot e^{\beta\cdot\sigma_0}\cdot t + 1 \qquad (3.53\ \text{e})$$

3.15 Spannungsrelaxation

Logarithmieren und Auflösen nach σ_R ergeben:

$$-\beta(\sigma_R - \sigma_0) = \ln\left(1 + E\beta B \cdot e^{\beta \cdot \sigma_0} \cdot t\right) \qquad (3.53\text{ f})$$

$$\sigma_R = \sigma_0 - \frac{1}{\beta} \cdot \ln\left(1 + \frac{t}{t_0}\right) \quad \text{mit} \quad t_0 = \left(E\beta B \cdot e^{\beta \cdot \sigma_0}\right)^{-1} \qquad (3.53\text{ g})$$

Für lange Zeiten wird $t/t_0 \gg 1$, so dass dann die Näherungsfunktion

$$\sigma_R \approx \sigma_0 - \frac{1}{\beta} \cdot \ln\frac{t}{t_0} \qquad (3.54)$$

eine Gerade bei logarithmischer Zeitauftragung aufweist. Ein solcher Verlauf kann in manchen Fällen in gewissen Zeitbereichen beobachtet werden, in denen obige Bedingung für die Gültigkeit der Exponentialfunktion erfüllt ist und die Zeiten nicht zu lang werden, weil sich sonst nach Gl. (3.54) negative Restspannungen ergäben.

Sind die Werkstoffkonstanten n und A aus Kriechversuchen sowie E bekannt, so kann der Verlauf $\sigma_R = f(t)$ für beliebige Anfangsspannungen errechnet werden. In der Technik muss man derartige Abschätzungen allerdings kritisch würdigen, weil sich bei Gefügeinstabilitäten ein erheblich abweichender Verlauf von dem berechneten ergeben kann, abgesehen davon, dass die zugrunde gelegten Kriechgesetze bei der Spannungsrelaxation meist nur näherungsweise und bei konstanter Mikrostruktur gelten.

Ein mit Eigenspannungen I. Art behaftetes Bauteil erfährt bei einer Spannungsarmglühung oder durch Abbau dieser Spannungen während des Hochtemperatureinsatzes lokal bleibende Verformungen aufgrund der Kriechvorgänge. Diese können äußere Geometrieänderungen hervorrufen – je nach Höhe und Reichweite der abgebauten Eigenspannungen, siehe Tabelle 3.5 und 3.6.

Bei Hochtemperaturlegierungen müssen relativ hohe Glühtemperaturen einwirken, um Spannungen beabsichtigt zu relaxieren. Da diese Werkstoffgruppe kriechfest ausgelegt ist, reichen die sonst üblichen Temperaturen von ca. $0,5\,T_S$ oft bei weitem nicht aus, um in technisch sinnvollen Zeiten Eigenspannungen in ausreichender Höhe abzubauen. Die Spannungsarmglühtemperaturen richten sich nach der Höhe der Kriechfestigkeit und deren Temperaturabhängigkeit.

3.16 Kerbzeitstandverhalten

Zeitstandversuche werden in der Regel an glatten Proben mit einaxialer äußerer Belastung und homogener Spannungsverteilung über dem Querschnitt durchgeführt. Unter dem sich einstellenden einachsigen Spannungszustand werden die Basisdaten geschaffen für Berechnungen bei Mehrachsigkeit. Wie bei tiefen Temperaturen bestimmt man bei mehrachsigen Spannungszuständen mit den maximal drei von null verschiedenen Hauptnormalspannungen $\sigma_1 > \sigma_2 > \sigma_3$ eine Vergleichsspannung σ_V, welche der Hauptnormalspannung σ_1 im einachsigen Kriechzugversuch äquivalent ist. Dies geschieht nach gängiger Praxis – ebenfalls wie bei tiefen Temperaturen – mittels der von Mises'schen Gestaltänderungsenergiehypothese:

$$\sigma_V^{(v.M.)} = \sqrt{\frac{(\sigma_1 - \sigma_2)^2 + (\sigma_2 - \sigma_3)^2 + (\sigma_3 - \sigma_1)^2}{2}} \qquad (3.55)$$

Alternativ kann auch nach der einfacheren Tresca'schen Schubspannungshypothese verfahren werden, die beispielsweise der Wanddickenberechnung von Rohrleitungen unter innerem Überdruck gemäß der Arbeitsgemeinschaft Druckbehälter (AD-Merkblatt B1) zugrunde liegt:

$$\sigma_V^{(T)} = 2\,\tau_{max} = \sigma_1 - \sigma_3 \qquad (3.56)$$

Mehrachsige Spannungszustände sind bei Bauteilen die Regel. Sie können über das ganze Volumen aufgrund mehrachsiger äußerer Belastung auftreten sowie lokal an Querschnittsübergängen und Kerben mit inhomogener Spannungsverteilung, auch wenn die äußere Belastung homogen einaxial erfolgt. Bei hohen Temperaturen und *inhomogener* Spannungsverteilung bleibt das Spannungsfeld zeitlich nicht konstant; es verteilt sich mit der Zeit um in Richtung gleichmäßigerer Spannungswerte, was im Folgenden erläutert wird.

An Proben sind mehrachsige Spannungszustände mit homogener, zeitlich konstanter Spannungsverteilung schwierig nachzubilden. Deshalb werden in der Regel Kerbproben geprüft, in denen sich ein dreiachsiger Zugspannungszustand mit inhomogener und zeitabhängiger Spannungsverteilung einstellt. Die Auswertung beschränkt sich dabei auf einen Vergleich der Zeiten bis zum Bruch zwischen glatten und gekerbten Proben bei gleicher Nennspannung. Der Einfluss von Kerben auf die Zeitstandfestigkeit wird in Deutschland meist an Rundproben gemäß DIN EN 10 291 (ehemals: DIN 50 118) ermittelt (zu Abweichungen in anderen Ländern siehe u. a. [3.55, 3.56]).

Ein Beispiel für kerbbedingtes vorzeitiges Versagen sind Schraubenbolzen, die bei hohen Temperaturen betrieben werden, und bei denen schon nach kurzen Einsatzzeiten Brüche u. a. wegen Kerbzeitstandentfestigung vorgekommen sind [2.15]. Ein weiteres Beispiel mit größter Bedeutung für die Sicherheit und Zuver-

3.16 Kerbzeitstandverhalten

lässigkeit stellen Rotoren, sowohl für Flugtriebwerke als auch für Kraftwerksturbinen, dar. Sie weisen stets konstruktive Kerben auf, können aber auch herstell- und betriebsbedingte Fehlstellen enthalten. Das Kerbzeitstandverhalten entsprechender Werkstoffe, z. B. der CrMoV-Stähle, wurde daher besonders intensiv untersucht (z. B. [3.57, 3.58]).

Das Zeitstand-Kerbfestigkeitsverhältnis γ_k ist analog zum Verhältnis der Zugfestigkeiten R_{mk}/R_m bei tiefen Temperaturen definiert:

$$\gamma_k = \frac{\text{Zeitstandfestigkeit gekerbt}}{\text{Zeitstandfestigkeit ungekerbt}} = \frac{R_{mk\ t/\vartheta}}{R_{m\ t/\vartheta}} \qquad (3.57)$$

γ_k hängt vom Werkstoff und Werkstoffzustand, der Kerbgeometrie, der Temperatur sowie von der Nennspannung und der Beanspruchungsdauer bis zum Bruch ab. Bei $\gamma_k > 1$ spricht man von Kerbzeitstandverfestigung, bei $\gamma_k < 1$ von Kerbzeitstandentfestigung (manchmal auch als Kerbversprödung bezeichnet, was nicht ganz zutreffend ist, weil es sich um eine *Festigkeits*minderung handelt). In vielen Fällen wird folgendes Verhalten im Hochtemperaturbereich gefunden:

- Bei geringeren Temperaturen, etwa um 0,4 T_S, tritt Kerbzeitstandverfestigung im gesamten technisch relevanten Spannungsbereich auf. Diese Erscheinung deckt sich mit der bei Temperaturen unterhalb 0,4 T_S, vorausgesetzt der betreffende Werkstoff ist hinreichend duktil.
- Im mittleren Temperaturbereich liegt bei hohen Spannungen, also im Kurzzeitbereich, zunächst Kerbzeitstandverfestigung vor, dann überschneiden sich jedoch die Zeitstandisothermen, und es wird Kerbzeitstandentfestigung beobachtet. Damit geht eine Abnahme der Kriechduktilität an glatten Probestäben einher, besonders deutlich ausgedrückt durch die Zeitbrucheinschnürung Z_u. **Bild 3.59** zeigt dieses Verhalten beispielhaft für einen warmfesten ferritisch-bainitischen CrMoV-Stahl. Im Langzeitbereich bei sehr niedrigen Spannungen kann es zum nochmaligen Überschneiden kommen, die Entfestigung verschwindet also wieder, üblicherweise verbunden mit einer Wiederzunahme der Duktilität.
- Bei sehr hohen Temperaturen liegen die Zeitstandlinien für glatte und gekerbte Stäbe recht dicht beieinander ohne eine ausgeprägte Kerbent- oder -verfestigung.

Aus diesen Beobachtungen erkennt man, dass in der Regel das Kerbzeitstandverhalten mit der Duktilität im Zeitstandversuch korreliert: Bei einigermaßen hoher Kriechduktilität, ausgedrückt durch die Zeitbruchdehnung oder – meist ausgeprägter – durch die Zeitbrucheinschnürung der glatten Proben, tritt Kerbzeitstandverfestigung ein, bei geringer Kriechduktilität Kerbzeitstandentfestigung.

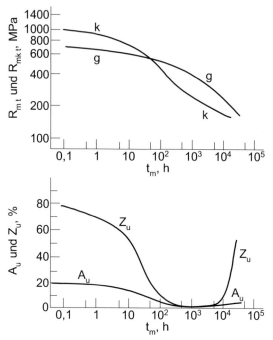

Bild 3.59 Zeitstandverhalten für glatte Proben und für Kerbproben nach DIN 50 118 des Stahles 21CrMoV5-7 (Anlassbehandlung: 670 °C/2 h, Luft) bei 550 °C [3.57]
a) Zeitstandfestigkeiten der glatten (g) und gekerbten (k) Proben
b) Zeitbruchdehnung und -einschnürung der glatten Proben

Zum besseren Verständnis der Vorgänge bei hohen Temperaturen werden einige Grundlagen der Kerbspannungslehre für zeitunabhängige Verformung rekapituliert. Generell entsteht an der Oberfläche des gekerbten Bereiches ein ebener und im Innern ein dreiachsiger Zugspannungszustand mit inhomogener Spannungsverteilung, wenn die äußere Belastung einachsig erfolgt, wie in **Bild 3.60** für eine Rundprobe bei rein elastischer Verformung gezeigt. Das Kerbverhalten hängt unter anderem von der Kerbform ab. Diese wird allgemein charakterisiert durch die *Formzahl* K_t (t: theoretisch; bedeutet hier rein elastisch; anderes gebräuchliches Symbol: α_k), auch als *Kerbfaktor* oder als *elastischer Spannungskonzentrationsfaktor* bezeichnet. K_t gibt für rein elastomechanisches Verhalten das Verhältnis der maximalen Axialspannung im Ligament $\sigma_{a\,max}$, die unmittelbar an der Kerbspitze wirkt, zur Kerbnennspannung σ_{nk} an:

$$K_t = \frac{\sigma_{a\,max}^{(e)}}{\sigma_{nk}} \tag{3.58}$$

3.16 Kerbzeitstandverhalten

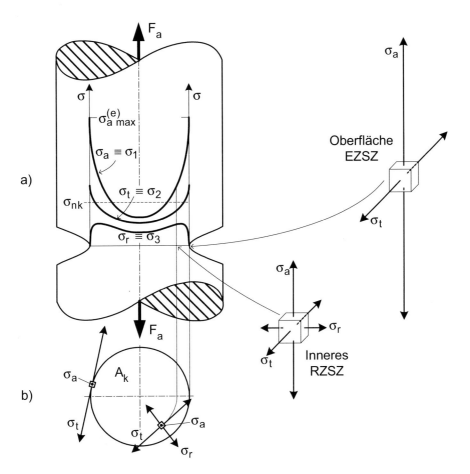

Bild 3.60 Elastische Spannungsverteilungen und Spannungszustände an einer runden Kerbzugprobe (F_a: außen anliegende Last; σ_a: Axialspannung; σ_t: Tangential-/Umfangsspannung; σ_r: Radialspannung)
Die Spannungspfeillängen sind konform mit den Verläufen in Teilbild a).
a) Verteilung der drei Hauptnormalspannungen im Kerbquerschnitt (Ligament) bei elastischer Verformung an allen Stellen
Die beiden infinitesimalen Hauptspannungselemente deuten die Spannungszustände an der Oberfläche und an einer beliebigen Stelle des Ligamentes im Innern an   (EZSZ: ebener Zugspannungszustand; RZSZ: dreiachsiger Zugspannungszustand).
b) Draufsicht des Kerbquerschnitts A_k mit den Spannungszuständen im Kerbgrund und an einer beliebigen Stelle im Innern (der Vektor von σ_a zeigt aus der Zeichenebene heraus.)

Das hochgestellte (e) des Spannungsspitzenwertes deutet an, dass es sich um den elastischen Wert handelt. Aus der Formzahl kann zwar nicht direkt auf den quantitativen Verlauf der Spannungsverteilung über dem Querschnitt geschlossen werden (dieser müsste z. B. mit der Finite-Element-Methode berechnet werden), qualitativ wird jedoch sofort ersichtlich, dass mit steigendem K_t-Wert die Ungleichmäßigkeit der Spannungswerte zunimmt.

Durch den mehrachsigen Zugspannungszustand im Kerbbereich wird die plastische Verformung behindert. **Bild 3.61** zeigt diesen Sachverhalt für den Fließbeginn bei tiefen Temperaturen anhand der Mohr'schen Spannungskreise im Vergleich zwischen dem einachsigen Spannungszustand im Zugversuch an glatten Proben und einem dreiachsigen Spannungszustand mit axialen (σ_1), tangentialen (σ_2) und radialen (σ_3) Hauptnormalspannungen im Ligament. Für den mehrachsigen Fall ist die Vergleichsspannung wegen der besseren Anschaulichkeit nach der Tresca'schen Schubspannungshypothese (Gl. 3.56) berechnet. Zeitunabhängige plastische Verformung setzt bei $\sigma_V = R_e$ ein. Beim einachsigen Spannungszustand ohne Kerbe ist $\sigma_2 = \sigma_3 = 0$, so dass Fließen erwartungsgemäß bei $\sigma_1 = R_e$ beginnt. Bei einem dreiachsigen Zugspannungszustand, wie er im Kerbbereich vorliegt, errechnet sich dagegen eine Vergleichsspannung, die niedriger

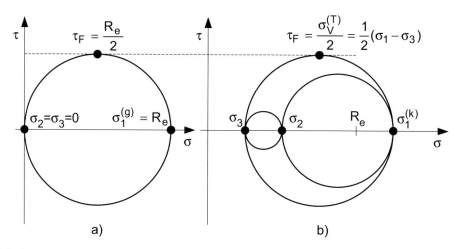

Bild 3.61 Mohr'sche Spannungskreise für den zeitunabhängigen Fließbeginn im Kerbbereich unter der Oberfläche
  a) Einachsiger Zugspannungszustand eines glatten (g) Zugstabes; Fließbeginn bei $\sigma_1^{(g)} = R_e = 2\,\tau_F$ (τ_F: Fließschubspannung)
  b) Räumlicher Zugspannungszustand eines gekerbten (k) Stabes; Fließbeginn nach der Schubspannungshypothese bei
  $\sigma_V = \sigma_1^{(k)} - \sigma_3 = R_e = 2\,\tau_F$, d. h. $\sigma_1^{(k)} = \sigma_1^{(g)} + \sigma_3$

als die maximale Hauptnormalspannung σ_1 liegt. σ_1 kann folglich bis zum Fließbeginn auf den Wert $(R_e + \sigma_3)$ ansteigen (nach der von Mises-Hypothese übertrifft σ_1 den Wert der Streckgrenze um einen noch höheren Betrag als σ_3). Mit anderen Worten: Es kann sich bis zum Fließbeginn eine höhere Nennspannung aufbauen; die plastische Verformung ist – wie eingangs erwähnt – beim mehrachsigen Zugspannungszustand behindert.

Die Überhöhung der Axialspannung σ_1 im mehrachsigen Spannungszustand bis zum Fließbeginn gegenüber der Streckgrenze drückt man durch den Laststeigerungsfaktor $L = \sigma_{1\,max}/R_e$, (engl. *plastic constraint factor*) bezeichnet, aus.

Mit der gleichen Überlegung wie für den Fließbeginn lässt sich für ausreichend duktile Werkstoffe das Kerbfestigkeitsverhältnis R_{mk}/R_m für tiefe Temperaturen erklären, welches > 1 ist. Bis eine kritische plastische Verformung den Bruch hervorruft, kann sich bei Mehrachsigkeit eine höhere Nennspannung als die Zugfestigkeit für glatte Stäbe aufbauen.

Kommt es zur Plastifizierung im Kerbgrund bei $\sigma_V > R_e$, so nimmt die nach Gl. (58) elastisch gerechnete Axialspannung im Kerbgrund ab auf einen Wert auf der Fließkurve des Werkstoffes (nach der Neuber'schen Hyperbelregel). Aus Gründen des Gleichgewichts der inneren Teilkräfte mit der außen anliegenden Kraft steigen gleichzeitig die Spannungen im Mittenbereich der Kerbe. Plastifizierung führt also zur Umverteilung der Spannungen in Richtung gleichmäßigerer Werte. Die rein elastisch ermittelte Formzahl K_t verliert bei Plastifizierung ihre Bedeutung, weil die Axialspannung im Kerbgrund abnimmt.

Im Kerbzeitstandversuch soll nach DIN EN 10 291 (ehemals: DIN 50 118) die Formzahl der Kerbe $K_t = 4{,}5 \pm 0{,}5$ betragen. Dieser hohe Wert entspricht etwa der Kerbschärfe eines Normalgewindes (allerdings nur für *einen* Gewindegang als Einzelkerbe betrachtet; der effektive K_t-Wert bei einem Gewinde wäre geringer). Er führt bei hohen Temperaturen meist zur spontanen Anfangsplastifizierung im Kerbgrund mit der Folge, dass sich bereits zu Anfang die Spannungen nach den vorigen Erläuterungen umverteilen. Mit dem Kriechen wird die Spannungsumverteilung kontinuierlich fortgesetzt, weil sich die einzelnen Volumina im Kerbbereich nicht frei gemäß ihrer lokalen Spannungen verformen können. Vielmehr stützen sie sich aufeinander ab, was dazu führt, dass die höheren Spannungen relaxieren und die geringeren ansteigen (Kräftegleichgewicht!). Das gesamte Spannungsfeld im Kerbbereich ändert sich also zeitlich. Die Spannung im Kerbgrund $\sigma_{1\,max}$ nähert sich der Kerbnennspannung $\sigma_{n\,k}$.

Allgemein findet unter Zeitstandbelastung bei inhomogener Spannungsverteilung eine Überlagerung der Vorgänge aus Relaxation der höheren Spannungsbeträge und Anstieg der geringeren statt bei gleichzeitiger Vorwärtskriechverformung im gesamten belasteten Bereich. Diese Feststellung gilt unabhängig vom Spannungszustand; sie trifft auch bei reiner Biegung zu, die zwar einen einachsigen Spannungszustand hervorruft, jedoch mit einem Spannungsgradienten über dem Querschnitt.

Eventuell stellt sich ein quasi-stationäres, sich im weiteren Kriechverlauf nicht mehr veränderndes Spannungsfeld ein, falls sich bis dahin die Kriechschädigung nicht ausgewirkt hat, d. h. falls der Werkstoff eine ausreichende Kriechduktilität aufweist [3.59].

Beim Abbau der Spannungsspitzen sind außer dem Verformungsvermögen der Spannungsexponent n des Norton'schen Kriechgesetzes sowie die Kriechfestigkeit in Form des Parameters A in Gl. (3.15) bedeutend. Ist der Wert von n und/oder A niedrig, findet Relaxation sehr träge statt, siehe Gl. (3.51) und Bild 3.58. Bei geringer Duktilität, niedrigem Spannungsexponenten und/oder hoher Kriechfestigkeit beobachtet man folglich Kerbzeitstandentfestigung, weil die Kriechschädigung unter der Wirkung der hohen, wenig relaxierenden Spannungen im Kerbgrundbereich vorzeitig den Bruch einleitet. Ein markantes Beispiel für Kerbzeitstandentfestigung bei geringer Duktilität, hoher Kriechfestigkeit, jedoch hohem Spannungsexponenten sind die ODS-Legierungen (Kap. 6.8).

Die Berechnung der Vergleichsspannung nach der Finite-Element-Methode ist für rein elastische Verhältnisse mit üblichen Rechenprogrammen problemlos und sehr genau durchführbar. Um die Vergleichsspannung im Hochtemperaturbereich in Abhängigkeit von Ort und Zeit sowie die auftretenden Verformungen bestimmen zu können, müssen dagegen aufwändige numerische Berechnungen vorgenommen werden. Dazu müssen Stoffgesetze verfügbar sein, welche die Kriechverformung bei der jeweiligen Temperatur in Abhängigkeit von der Spannung für den betreffenden Werkstoff beschreiben. Außerdem muss eine Hypothese aufgestellt werden, wie die effektive Kriechdehnung inkrementell zu berechnen ist in einem zeitlich veränderlichen Spannungsfeld, wie es im Kerbbereich vorliegt: $\varepsilon_f = f\,[\sigma(t)]$.

Will man eine Vorhersage über die Kriechanrissdauer (bei einer zu definierenden „technischen" Anrisslänge, z. B. 1 mm) und die Kerbbruchzeit treffen, muss darüber hinaus ein Kriechschädigungs- oder ein Kriechbruchmechanikkonzept angewandt werden. In [3.58] wurde an 1 %-CrMoV-Stählen eine derartige, sehr aufwändige Gesamtanalyse durchgeführt.

Mit den bisherigen Erläuterungen lässt sich das beispielhaft in Bild 3.59 dargestellte Kerbzeitstandverhalten qualitativ wie folgt interpretieren: Der dreiachsige Zugspannungszustand im Kerbbereich behindert die Kriechverformung auf die gleiche Weise wie bei tiefen Temperaturen die zeitunabhängige plastische Verformung. Es kommt dadurch zu geringerer Schädigung, sofern der Werkstoff in dem betreffenden Spannungs- und Temperaturbereich ausreichend duktil ist. Der Bruch wird gegenüber dem einachsigen Spannungszustand bei glatten Proben hinausgezögert; es liegt also Kerbzeitstandverfestigung vor.

Befindet sich der Werkstoff dagegen in einem Duktilitätsminimum, wie es in Bild 3.42 schematisch angedeutet oder in Bild 3.59 an einem Realbeispiel zu erkennen ist, kerbentfestigt er im Zeitstandversuch, weil durch die hohen Spannungen im Kerbgrund rasch Schädigung in Form von Rissbildung einsetzt. Dieses Phänomen ist vergleichbar mit der Kerbentfestigung spröder Werkstoffe bei tiefen Temperaturen ($R_{mk} < R_m$), welche dadurch zustande kommt, dass die größte Hauptnormalspannung σ_1 die Trennfestigkeit überschreitet oder die Kerbgrunddehnung das geringe Verformungsvermögen übersteigt. Die Gelegenheit, die Spannungsspitzen durch Relaxation abzubauen und die Axialspannungen über dem Kerbquerschnitt anzugleichen, bietet sich bei wenig duktilen Werkstoffen nicht, weil das Kriechrisswachstum dominiert.

Zusammenfassend wird Kerbzeitstand*entfestigung* gefördert durch folgende Einflussgrößen:

- mittlere Temperaturen etwa um 0,5 T_S (siehe hierzu die Erläuterungen in Kap. 3.10.2.1 a), verbunden mit
- geringer Kriechduktilität, besonders ausgedrückt durch eine niedrige Zeitbrucheinschnürung an glatten Proben;
- hohe Kriechfestigkeit;
- einen geringen Spannungsexponenten n gemäß Gl. (3.15), siehe Kap. 3.15;
- hohe Kerbschärfe, ausgedrückt durch einen hohen Formfaktor K_t, bei *gleichzeitig* geringer Zeitstandzähigkeit (umgekehrt nimmt bei *hohem* Verformungsvermögen die Kerb*verfestigung* mit der Kerbschärfe *zu*, ähnlich wie bei duktilen Werkstoffen im Tieftemperaturbereich).

Kerbzeitstandverfestigung wird umgekehrt unter gegenteiligen Bedingungen zu den oben genannten beobachtet. Zu beachten ist ferner, dass bei hohen Temperaturen viele Legierungen einer zeitabhängigen Werkstoffversprödung unterliegen aufgrund von Korngrenzenseigerungen oder durch Ausscheiden versprödender Phasen. Damit geht meist Kerbzeitstandentfestigung einher.

3.17 Entwicklung und Auswahl kriechfester Werkstoffe

In **Tabelle 3.7** werden generelle Aspekte aus den vorangegangenen Kapiteln zusammengefasst, die für die Entwicklung oder Auswahl kriechfester Legierungen relevant sind. Die Auflistung soll Hinweise geben, welche Möglichkeiten grundsätzlich zur Beeinflussung der Kriechbeständigkeit bestehen. Selbstverständlich sind die Maßnahmen an das jeweilige Anforderungsprofil für den Werkstoff und das Bauteil anzupassen, wobei in der Regel auch andere als die Kriecheigenschaften zu berücksichtigen sind. **Bild 3.62** zeigt in Form eines Vektordiagramms die relativen Auswirkungen einiger Einflussgrößen auf die Zeitstandfestigkeit und Zeitbruchverformung. Der Referenzzustand „0" bedeutet, dass der betreffende Parameter entweder null oder ein beliebiger Vergleichswert ist. Richtung und Länge der Vektoren sind als qualitative Angaben zu verstehen. Diese Darstellung ist auch geeignet, die Ursachen der Streuung von Zeitstanddaten zu veranschaulichen.

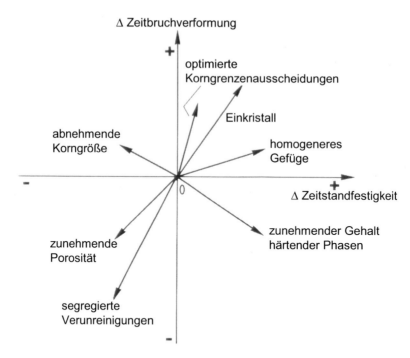

Bild 3.62 Vektordiagramm zur qualitativen Veranschaulichung einiger Einflussgrößen auf die Zeitstandfestigkeit und Zeitbruchverformung (nach [3.60])

Tabelle 3.7 Mögliche Maßnahmen zur Erhöhung der Kriechfestigkeit metallischer Werkstoffe (→ bedeutet: daraus folgt...)

Maßnahme	Begründung	Kap.
Hoher Schmelzpunkt	• Hohe Aktivierungsenergie der Diffusion wegen hoher Gitterbindungskräfte • Möglichst geringe homologe Temperatur bei Betriebstemperatur, weil $D(T/T_S) \approx$ const.	1.3.1.2
kfz-Werkstoff	Geringerer Diffusionskoeffizient gegenüber vergleichbaren krz-Werkstoffen	1.3.1
Hoher E-Modul[1]	Geringere Versetzungsdichte, dadurch geringere Versetzungsauslöschrate bei gleicher Spannung	3.4.2.3
Werkstoff mit niedriger Stapelfehlerenergie	Verzögerung nicht konservativer Versetzungsbewegung (Klettern)	3.4.2.3

Forts.

---

[1] Bei zyklischen Belastungen ist ein hoher E-Modul eher ungünstig, vgl. Kapitel 4.

3.17 Entwicklung und Auswahl kriechfester Werkstoffe

Tabelle 3.7, Forts.

Maßnahme	Begründung	Kap.
Mischkristallhärtung	• Reibungsspannung durch gebremste Versetzungsbewegung (viskoses Gleiten) • Verringerung des effektiven Diffusionskoeffizienten (wirksam für Versetzungs- und Diffusionskriechen) • Erhöhung des E- und G-Moduls • Erniedrigung der Stapelfehlerenergie	3.8.1
Teilchenhärtung	Blockierung/Verzögerung der Versetzungsbewegung; reduzierte Erholungsrate	3.8.2
Hoher Teilchenvolumenanteil	Je mehr Teilchen/Versetzung-Wechselwirkungen, umso stärkere Blockierung/Verzögerung der Versetzungsbewegung	3.8.2
Kohärente Teilchen mit geringer Grenzflächenenthalpie zur Matrix	Geringe Vergröberungsneigung der Teilchen	2.5
Teilchen mit geringer Löslichkeit in der Matrix (Dispersionshärtung)	• Sehr geringe Vergröberungsneigung der Teilchen • Besonders starke Wechselwirkung Teilchen/Versetzungen (*interfacial pinning*)	2.5 3.8.2
Teilchen mit geringem Diffusionskoeffizienten des betreffenden Legierungselementes	Geringe Vergröberungsneigung der Teilchen	2.5
Grobkorngefüge	• Geringer Korngrenzengleitanteil insgesamt, dadurch geringere Kriechverformung • Geringer Verformungsanteil durch Diffusionskriechen • Der Übergang vom Versetzungs- zum Diffusionskriechen wird zu geringeren Kriechraten verschoben; dadurch geringere Kriechrate bei gleicher Spannung in diesem Bereich. • Allerdings geringere Zeitbruchverformung gegenüber Feinkorn aufgrund größerer freier Gleitlängen der Korngrenzen	3.5 3.6 3.6 3.10.2.1
Verzahnung der Korngrenzen durch Ausscheidungen	• Behindertes des Korngrenzengleitens und geringere Rissgefahr bei optimaler Größe und Dichte der Ausscheidungen • Reduzierter Diffusionskriechanteils wegen behinderter Korngrenzengleitung (Diffusionskriechen setzt Korngrenzengleiten voraus)	3.10.2.1 3.6

Forts.

Tabelle 3.7, Forts.

Maßnahme	Begründung	Kap.
Karbide oder Boride als Korngrenzenausscheidungen; Oxide, Sulfide... vermeiden	Gute Bindung zur Matrix = geringe Phasengrenzflächenenthalpie, damit wird die kritische Risskeimgröße höher	3.10.2.1
Optimierte Wärmebehandlung	• Optimalen Teilchendurchmesser gezielt einstellen • Seigerungen bei Gussgefügen beseitigen; dadurch Vermeidung seigerungsbedingter Sprödphasen • Evtl. Korngrenzenrauigkeiten gezielt einstellen; dadurch Behinderung des Korngrenzengleitens (gezackte Korngrenzen)	3.8.2 6.6.3 6.7.2.3 6.6.3.2
Kaltvorverformung vermeiden	• Induziert Korngrenzenstufen oder sogar Anrisse • Kann im Betrieb zu Rekristallisation führen • Festigkeitssteigerung ist nur vorübergehend; geht durch Erholung zurück	3.10.2.1 2.2 3.1
Positiv wirksame Korngrenzenelemente in genau kontrollierter Dosierung zugeben, z. B. B, C, Zr, Ce	• Dichterer Korngrenzenaufbau und Verringerung des Korngrenzendiffusionskoeffizienten: → höhere Korngrenzenviskosität und damit geringerer Korngrenzengleitanteil → verlangsamtes Risswachstum • Erhöhung der Korngrenzenkohäsion, dadurch geringere Anrissgefahr • Wirken z. T. als Getter-Elemente für schädliche Korngrenzenverunreinigungen	1.3.3.2 3.5 3.10.2.2 3.10.2.1
höherer Reinheitsgrad der Legierung	• Unerwünschte Phasen vermeiden • Korngrenzenkohäsion nicht durch schädliche Spurenelemente mindern; dadurch verringerte Rissgefahr	6.12 3.10.2.1
Getter-Elemente zugeben	Binden segregierende und schädliche Verunreinigungen ab; z. B. wird S durch Zr und Ce abgebunden	3.10.2.1
Geringe Dendritenarmabstände bei Gussgefügen	Seigerungen erstrecken sich über kürzere Distanzen, dadurch: • bessere Homogenisierung möglich • Vermeidung seigerungsbedingter Sprödphasen • gleichmäßigere Mikroeigenschaftsverteilung	6.7.2.3

Forts.

Tabelle 3.7, Forts.

Maßnahme	Begründung	Kap.
Gerichtete Kornstruktur in Hauptbelastungsrichtung	• Wenig Korngrenzengleiten, weil viele Längskorngrenzen vorhanden sind • Behinderung interkristalliner Rissbildung u. interkrist. Risswachstums bei hohem Streckungsgrad • Gleichzeitig kann die optimale Textur der Körner eingestellt werden • Aber: verschlechterte Quereigenschaften	3.11

Einkristall	• Alle auf die Korngrenzen konzentrierten Effekte entfallen:
	  → kein Korngrenzengleiten
	  → keine interkristalline Schädigung
	  → kein Diffusionskriechen, nur Versetzungskriechen (mit rel. hohem Spannungsexponenten, dadurch Vorteil bei geringeren Spannungen)
	• Orientierung in günstiger Richtung möglich
	• Keine korngrenzenverfestigenden Elemente/ Ausscheidungen erforderlich → höhere Solidustemperatur → höhere Lösungsglühung möglich → optimiertes Teilchengefüge einstellbar
	• Fehlende Korngrenzenkorrosion, keine korrosionsunterstützte interkristalline Kriechrissbildung
		3.12
		
		3.4.2.1
		
		6.7.1 und 6.7.3

Hohe Korrosionsbeständigkeit oder angepasste Beschichtung	Ansonsten: • schneller Abtrag des tragenden Querschnitts • korrosionsbedingte Gefügeveränderungen mit negativen Auswirkungen auf die Kriechfestigkeit	5.11
Geringe Dichte bei eigengewichtbelasteten u. rotierenden Bauteilen	Die Spannungen werden verringert; die Zeitreiß- oder Zeitdehnlänge sind maßgeblich für die Bauteilauslegung.	3.3.2

Weiterführende Literatur zu Kap. 3

H.E. Boyer (Ed.): Atlas of Stress-Strain Curves, Amer. Soc. for Metals Int. (ASM), Metals Park Ohio, 1986

H.E. Boyer (Ed.): Atlas of Creep and Stress-Rupture Curves, Amer. Soc. for Metals Int. (ASM), Metals Park Ohio, 1988

R. Bürgel: Festigkeitslehre und Werkstoffmechanik, Bd. 1 und 2, Vieweg, Wiesbaden, 2005

R.W. Cahn (Ed.): Physical Metallurgy, North-Holland Publ., Amsterdam, 1970

R.W. Cahn, P. Haasen, E.J. Kramer (Eds.): Materials Science and Technology, Vol. 6, Plastic Deformation and Fracture, H. Mughrabi (Volume Editor), VCH, Weinheim, 1993

H.E. Evans: Mechanisms of Creep Fracture, Elsevier Appl. Sci. Publ., London, 1984

H.J. Frost, M.F. Ashby: Deformation-Mechanism Maps, Pergamon, Oxford, 1982

D.J. Gooch, I.M. How (Eds.): Techniques for Multiaxial Creep Testing, Elsevier Appl. Sci. Publ., London, 1986

D. Hull, D.J. Bacon: Introduction to Dislocations, Pergamon, Oxford, 1984

B. Ilschner: Hochtemperatur-Plastizität, Springer, Berlin, 1973

M.S. Loveday, T.B. Gibbons (Eds.): Harmonisation of Testing Practice for High Temperature Materials, Elsevier Appl. Sci. Publ., London, 1992

R.K. Penny, D.L. Marriott: Design for Creep, 2nd ed., Chapman & Hall, London, 1995

H. Riedel: Fracture at High Temperatures, Springer, Berlin, 1987

O.D. Sherby, P.M. Burke: Mechanical Behavior of Crystalline Solids at Elevated Temperature, Progress in Materials Science, **13**, Pergamon, Oxford, 1967

4 Zyklische Festigkeit und Verformung

4.1 Begriffe und Einführung[1]

Unter zyklischer Beanspruchung wird eine zeitliche Änderung der Spannung oder der Temperatur verstanden. Der Begriff *Wechselbeanspruchung* wird in diesem Zusammenhang vermieden, weil im engeren Sinne nach DIN 50 100 im Wechselbereich die Spannung ihr Vorzeichen während eines Zyklus ändert, was technisch nicht immer der Fall ist. Als *Ermüdung* wird die werkstoffschädigende Folgeerscheinung der zyklischen Beanspruchung in Form von Rissbildung und langsamem Risswachstum bezeichnet, unabhängig von der Temperatur. Damit grenzt sich diese Art der Schädigung ab von Kriechrissbildung und -wachstum, welche unter statischer Belastung bei hohen Temperaturen stattfinden.

Tabelle 4.1 stellt in einer Übersicht die verschiedenen Begriffe und Merkmale der zyklischen Beanspruchung und Ermüdung zusammen. Bei tiefen Temperaturen ist die Einteilung in einen Zeit- und einen Dauerfestigkeitsbereich gebräuchlich. **Bild 4.1** verdeutlicht dies anhand einer Wöhler-Kurve. Erfolgt der Übergang zu einem Dauerniveau in ausgeprägter Form, Bild 4.1 a), spricht man von Typ I-Verhalten, welches für die meisten krz-Stähle typisch ist. Oberhalb etwa 10^6 Zyklen tritt bei diesen Werkstoffen im Allgemeinen kein Ermüdungsbruch mehr auf. Aktuelle Forschungsergebnisse zeigen jedoch, dass bei sehr hohen Zyklenzahlen (very high cycle fatigue (VHCF) bis 10^9 - 10^{11} Zyklen) auch bei diesen Werkstoffen Versagen ggf. eintreten kann. Das Typ II-Verhalten, Bild 4.1 b), kennzeichnet kfz-Metalle und die meisten kfz-Legierungen, bei denen auch bei höheren Zyklenzahlen noch Brüche verzeichnet werden. Man definiert in diesen Fällen die Dauerschwingfestigkeit für eine Grenzschwingspielzahl von 10^7 bis $5 \cdot 10^7$ (vgl. DIN 50 100, *Dauerschwingversuch*').

Bauteile werden bei tiefen Temperaturen in der Regel dauerschwingfest ausgelegt, so dass besonders die Einflussgrößen und Gesetzmäßigkeiten zur Dauerschwingfestigkeit von Interesse sind. Da sich unter diesen Bedingungen die Spannung zyklisch ändert, werden Spannung-Wöhler-Kurven in der Auftragung der Spannungsamplitude (Absolutbetrag) gegen die Bruchzyklenzahl bei jeweils konstanter Mittelspannung und gegebener Temperatur dargestellt, wie in Bild 4.1 geschehen.

---

[1] Das folgende Kapitel bezieht sich primär auf die Ermüdung von Hochtemperaturbauteilen, so dass die verwendeten Begriffe und Versuche teilweise nur für diesen Bereich gelten.

Bei hohen Temperaturen existiert eine Dauerschwingfestigkeit ebensowenig wie eine statische „Dauerstandfestigkeit". Die Einteilung in einen Zeit- und einen Dauerschwingfestigkeitsbereich ist also bei hohen Temperaturen gegenstandslos. Vielmehr hat sich besonders unter diesen Bedingungen eine andere Begriffsfestlegung eingeprägt, die aus Tabelle 4.1/mittlerer Teil hervorgeht. Man spricht vom *Low-Cycle-Fatigue*-Bereich (*LCF*) bei Bruchzyklenzahlen bis ca. 10^4 bis 10^5 und vom *High-Cycle-Fatigue*-Bereich (*HCF*) bei höheren Werten (auf den Grund für die Abgrenzung bei diesen Zyklenzahlen wird noch näher eingegangen). Im deutschen Sprachgebrauch wird neben der englischen auch z. B. die Bezeichnungen *Niedriglastwechselermüdung* für den LCF-Bereich verwendet (nicht niederfrequente Ermüdung, weil hier nicht die Frequenz ausschlaggebend ist, sondern die Bruchzyklenzahl). Historisch betrachtet wurden diese Begriffe deshalb eingeführt, weil mit LCF *thermische Ermüdung* (*TF – thermal fatigue*) simuliert werden soll, Tabelle 4.1/rechter Teil. Darunter versteht man Rissbildung und -wachstum, hervorgerufen durch zeitlich veränderliche Temperaturen, woraus thermische Dehnungen resultieren. Bei äußerer oder innerer Dehnungsbehinderung werden Spannungen induziert, als Wärmespannungen oder thermische Spannungen bezeichnet, welche Risse auslösen können.

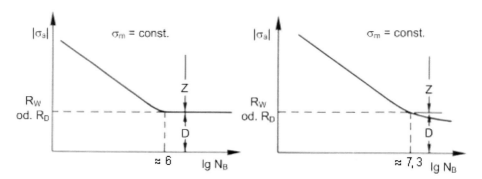

Bild 4.1 Wöhler-Diagramme für Temperaturen < ca. $0,4\ T_S$
(Z: Zeitschwingfestigkeitsbereich; D: Dauerschwingfestigkeitsbereich; R_W: Wechselfestigkeit = Dauerschwingamplitude für $\sigma_m = 0$; R_D: Dauerschwingamplitude für $\sigma_m \neq 0$ nach DIN 50 100)
a) Typ I-Verhalten mit ausgeprägter Dauerschwingfestigkeit ab ca. 10^6 Zyklen
b) Typ II-Verhalten mit nicht ausgeprägter Dauerschwingfestigkeit
Vereinbarungsgemäß wird die Dauerschwingfestigkeit meist ab ca. $2 \cdot 10^7$ Zyklen festgesetzt, $\lg(2 \cdot 10^7) = 7{,}3$.

4.1 Begriffe und Einführung

Tabelle 4.1 Begriffsbestimmungen der zyklischen Beanspruchung und Ermüdung

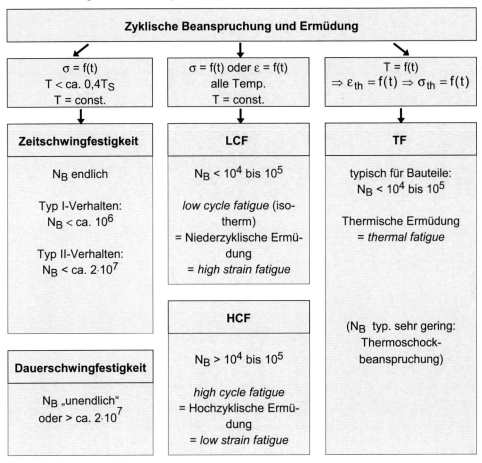

Der in der Technik oft gebräuchliche Begriff *Thermoschock* bezeichnet einen Sonderfall der thermischen Ermüdung, bei dem oft nur ein Temperaturwechsel zu Anrissen oder zum Bruch führt, wie dies z. B. beim Abschrecken von einer Wärmebehandlungstemperatur geschehen kann. Auch bei sehr geringen Anriss- oder Bruchzyklenzahlen spricht man meist noch von Thermoschockbelastung.

Typischerweise ergeben sich an thermisch beaufschlagten Bauteilen durch An- und Abschaltvorgänge und sonstige Temperaturänderungen Zyklenzahlen bis zu Anrissen oder bis zum Bruch von maximal etwa 10^4 bis 10^5. Daher rührt die nicht strenge Abgrenzung der beiden Bereiche LCF und HCF. Die isotherme LCF-Prüfung stellt also lediglich eine labormäßige Vereinfachung der thermischen Ermüdung dar. Da im LCF-Bereich relativ hohe Gesamtdehnungen in den Zyklen auftreten – hervorgerufen durch einen höheren plastischen Anteil –, spricht man manchmal auch von *high strain fatigue* und entsprechend bei HCF von *low strain fatigue*. Auch den Begriff *Dehnungswechselermüdung* findet man oft für LCF, besonders in Verbindung mit dehnungsgesteuerter Versuchsführung (siehe unten).

Das Phänomen der thermischen Ermüdung ist nicht auf den Bereich hoher Temperaturen oberhalb ca. 0,4 T_S beschränkt, sondern tritt grundsätzlich an Bauteilen auf, die bei Temperaturen betrieben werden, welche von der Umgebungstemperatur nennenswert abweichen. Die oben vorgenommene Einteilung in die Ermüdungsbereiche LCF und HCF kann daher auch unterhalb ca. 0,4 T_S sinnvoll sein, so dass sie prinzipiell für alle Temperaturen gilt.

In **Bild 4.2** sind die Kennwerte der Spannungen und Dehnungen für einen geschlossenen Hysteresezyklus wiedergegeben, wie er nach genügend vielen Zyklenzahlen auftritt, wenn zeitabhängige Verformungsvorgänge keine Rolle spielen. Dies ist bei tiefen Temperaturen der Fall sowie bei hohen Temperaturen näherungsweise dann, wenn die Belastungsfrequenz hoch ist.

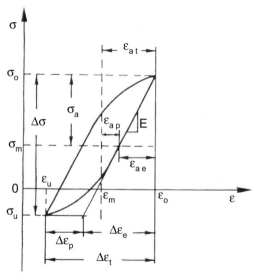

Bild 4.2 Geschlossene (σ; ε)-Hystereseschleife bei $\sigma_m > 0$ oder $\varepsilon_m > 0$ mit Bezeichnungen und Messgrößen

σ_o	Oberspannung	ε_{a_e}	elastische Dehnungsamplitude
σ_u	Unterspannung	$\Delta\varepsilon_e$	elastische Dehnungsschwingbreite (= $2\varepsilon_{a_e}$)
σ_m	Mittelspannung	ε_{a_p}	plastische Dehnungsamplitude
σ_a	Spannungsamplitude	$\Delta\varepsilon_p$	plastische Dehnungsschwingbreite (= $2\varepsilon_{a_p}$)
$\Delta\sigma$	Spannungsschwingbreite = $2\sigma_a$	ε_{a_t}	Gesamtdehnungsamplitude (= $\varepsilon_{a_e} + \varepsilon_{a_p}$)
ε_o	Oberdehnung	$\Delta\varepsilon_t$	Gesamtdehnungsschwingbreite (= $2\varepsilon_{a_t}$)
ε_u	Unterdehnung	E	E-Modul (= $\sigma_a/\varepsilon_{a_e}$)
ε_m	Mitteldehnung		

4.1 Begriffe und Einführung

Um experimentell eine Wöhler-Kurve für tiefe Temperaturen aufzustellen und daraus die Dauerschwingfestigkeit zu bestimmen, wird üblicherweise bei konstanter Mittelspannung die Spannungsamplitude von Versuch zu Versuch variiert, ohne gleichzeitig die Probendehnung messtechnisch zu erfassen. Sie ist im technisch nutzbaren Dauerschwingfestigkeitsbereich sehr gering und praktisch ausschließlich elastisch. Plastische Mikrodehnungen spielen in diesem Gebiet an sich keine Rolle (Anm.: Im VHCF-Bereich treten Mikroplastizitäten z. B. in der Nähe von Einschlüssen auf.). Bei höheren Spannungen, im LCF-Bereich, treten dagegen größere plastische Dehnanteile auf. Zwei Versuchstechniken sind bei der LCF-Prüfung gebräuchlich.

a) Spannungsgeregelte Versuchsführung mit fester Mittelspannung und Spannungsamplitude, **Bild 4.3 a)**

Wie beim klassischen Wöhler-Versuch wird bei einer bestimmten Mittelspannung geprüft und die Spannungsamplitude von Versuch zu Versuch variiert. Dabei ändern sich die Gesamtdehnung sowie die elastischen und plastischen Dehnanteile im Laufe des Versuchs. Die Mitteldehnung nimmt mit der Zyklenzahl zu. Dies wird als *zyklisches Kriechen* oder auch als *Ratcheting* bezeichnet (*ratchet*: Zahnstange, Ratsche). Bei der Bezeichnung *zyklisches Kriechen* wird hierbei unter Kriechen allgemein die „schleichende" Akkumulation inelastischer Verformung verstanden, nicht notwendigerweise nur Kriechverformung bei hohen Temperaturen. Die mit zunehmender Zyklenzahl fortschreitende gesamte plastische (= inelastische) Verformung bewirkt, dass ggf. die Hystereseschleifen bezüglich der Verformung nicht geschlossen sind; die Dehnungsinkremente „schaukeln" sich dann – bildhaft wie bei einer Ratsche – von Zyklus zu Zyklus „hoch". **Bild 4.4** zeigt dies für einen Zyklus, wobei abweichend von Bild 4.3 a) zusätzlich Kriechhaltezeiten bei konstanter Spannung sowohl im Zug- als auch im Druckbereich eingebaut sind, was für Beanspruchungen bei hohen Temperaturen typisch ist.

Die Resultate der spannungskontrollierten LCF-Versuche werden für verschiedene Spannungsamplituden bei konstanter Mittelspannung in Abhängigkeit von der Anriss- oder Bruchzyklenzahl in konventionellen Spannungsschaubildern nach Wöhler aufgetragen.

b) Dehnungsgeregelte Versuchsführung mit fester Mitteldehnung und Gesamtdehnungsamplitude, **Bild 4.3 b)**

Bei dieser Versuchsmethode variieren die Ober- und Unterspannung, während die Ober- und Unterdehnung konstant gehalten werden. In der Regel wird die Gesamtdehnung geregelt; in besonderen Fällen kann auch die plastische Dehnungsamplitude durch entsprechende Rechnererfassung konstant gehalten werden. In dehnungskontrollierten Versuchen kommt es zur *zyklischen Mittelspannungsrelaxation*, d. h. im Laufe des Versuchs nimmt die Mittelspannung ab, wie aus Bild 4.3 b) zu erkennen ist. Bei Experimenten mit der Mitteldehnung

$\varepsilon_m = 0$ kann verfolgt werden, ob ein Werkstoff Wechselver- oder Wechselentfestigung aufweist, **Bild 4.5**. Bei der Wechselverfestigung nimmt die Spannungsschwingbreite mit der Zyklenzahl zu, die Einhüllenden der (σ; t)-Zyklen divergieren also. Bei Wechselentfestigung liegen die Verhältnisse umgekehrt.

Man trägt die Ergebnisse aus dehnungsgeregelten Versuchen in Dehnung-Wöhler-Schaubildern für verschiedene Dehnungsamplituden bei konstanter Mitteldehnung in Abhängigkeit von der Anriss- oder Bruchzyklenzahl auf. Allgemein simuliert diese Versuchsführung die Verhältnisse der thermischen Ermüdung realistischer, weil Dehnungen für diese Art der Ermüdung ausschlaggebend sind.

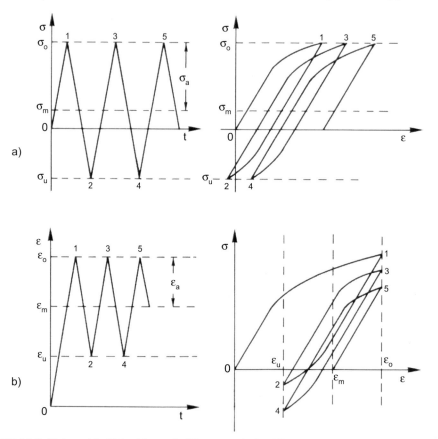

Bild 4.3 Unterschiedliche Versuchsführungen bei zyklischer Belastung im LCF-Bereich
  a) spannungsgeregelte Versuchsführung (σ_m, σ_a = const.)
     Die Mitteldehnung nimmt mit steigender Zyklenzahl zu: *zyklisches Kriechen, Ratcheting* (ausgeprägt bei hohen σ_m und hohen Temperaturen)
  b) dehnungsgeregelte Versuchsführung (ε_m, ε_{at} = const.)
     Die Mittelspannung nimmt mit steigender Zyklenzahl ab: *zyklische Mittelspannungsrelaxation*

4.1 Begriffe und Einführung

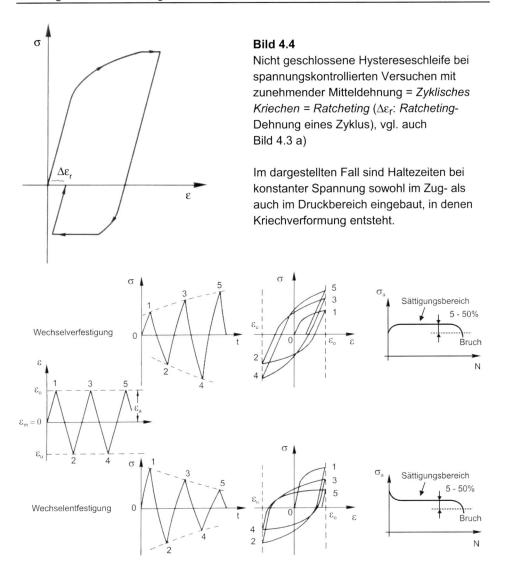

Bild 4.4
Nicht geschlossene Hystereseschleife bei spannungskontrollierten Versuchen mit zunehmender Mitteldehnung = *Zyklisches Kriechen = Ratcheting* ($\Delta\varepsilon_r$: Ratcheting-Dehnung eines Zyklus), vgl. auch Bild 4.3 a)

Im dargestellten Fall sind Haltezeiten bei konstanter Spannung sowohl im Zug- als auch im Druckbereich eingebaut, in denen Kriechverformung entsteht.

Bild 4.5 Unterschiedliches Materialverhalten in dehnungsgeregelten Versuchen mit $\varepsilon_m = 0$

Für die Ermüdungslebensdauer gibt es verschiedene Definitionen. Zum einen kann einfach die Zyklenzahl bis zum Bruch N_B angesetzt werden was sich gut in spannungsgeregelten Versuchen umsetzen lässt. Bei dehnungsgeregelten Ermüdungsversuchen, bei denen man die Spannungsverläufe mit aufzeichnet, werden meist andere Kriterien herangezogen, um Anrissbildung und Bruch zu kennzeichnen. Eine Reduktion der maximalen Spannung, d. h. der oberen Einhüllenden der zyklischen Werte, um 2 % entspricht der Bildung von Anrissen der

Länge von etwa 0,5 mm für typische Probengeometrien. Dies ergibt die Anrisszyklenzahl N_A. Bruch wird mit einer viel höheren Spannungsabnahme, je nach Werkstoffverhalten etwa 5 bis 50 %, definiert. Diese Kriterien sind allerdings nicht einheitlich und müssen zu Vergleichszwecken jeweils genannt werden.

Tabelle 4.2 stellt die wesentlichen Merkmale zyklischer Beanspruchung und Ermüdung für tiefe und hohe Temperaturen gegenüber.

Tabelle 4.2 Vergleich der Merkmale zyklischer Beanspruchung und der Ermüdung bei tiefen und hohen Temperaturen (ohne Berücksichtigung von Korrosionseinflüssen)

Temperaturen < ca. 0,4 T_S	Temperaturen > ca. 0,4 T_S
Dauerschwingfestigkeit existiert	Dauerschwingfestigkeit existiert nicht
Einteilung in Zeit- und Dauerschwingfestigkeitsbereich üblich; es kann alternativ auch in LCF und HCF unterteilt werden	Einteilung in LCF- und HCF-Bereich üblich
Beanspruchungsfrequenz hat kaum Einfluss auf den Ermüdungsablauf und N_B	Beanspruchungsfrequenz hat großen Einfluss auf den Ermüdungsablauf und N_B (z. B. Kriech-Ermüdung-Wechselwirkung)
Bruch i.d. Regel transkristallin	Bruch i.d. Regel transkristallin; bei hohen Kriechanteilen zunehmend interkristallin (sofern reiner Kriechbruch bei dem betreffenden Werkstoff interkristallin)
Mit empirischen Regeln wird der Einfluss der Mittelspannung auf die Dauerschwingfestigkeit beschrieben, z. B. durch die Goodman-Gerade oder die Gerber-Parabel	Empirische Regeln zur Beschreibung des Mittelspannungseinflusses auf die zyklische Festigkeit sind nicht weit verbreitet
Lebensdauerabschätzung bei zyklischen Belastungskollektiven nach der linearen Schädigungsakkumulationsregel (Palmgren-Miner-Regel)	Lebensdauerabschätzung bei Kriech-Ermüdung-Wechselwirkungen nach empirischen Regeln, z. B. additive lineare Schädigungsakkumulation für Kriechen und Ermüdung oder *Strain-Range Partitioning*-Methode
Mechanische Randzonenverfestigung (z. B. Kugelstrahlen) erhöht die Schwingfestigkeit	Mechanische Randzonenverfestigung kaum wirksam, weil Druckeigenspannungen relaxieren

4.2 Ermüdung bei tiefen Temperaturen

Die Vorgänge und Gesetzmäßigkeiten im HCF- und LCF-Bereich werden zunächst für den Fall diskutiert, dass zeitabhängige Verformungsprozesse vernachlässigt werden können. Dies gilt für den Bereich tiefer Temperaturen sowie bei hohen Temperaturen unter der Annahme vernachlässigbarer Kriechanteile.

Wie Bilder 4.4 erkennen lässt, können sich bei beiden Versuchsarten die Anteile von elastischer und plastischer Dehnung von Zyklus zu Zyklus ändern. Bei tiefen Temperaturen stabilisieren sich die Werte jedoch meist nach hinreichend vielen Zyklen (Anhaltswert: nach ca. 100 Zyklen bei genügend hoher Gesamtzyklenzahl), so dass sich die Zyklusform praktisch nicht mehr ändert und ein stationärer zyklischer Zustand eintritt. Die Hystereseschleifen sind dann geschlossen und symmetrisch bezüglich der Mittelspannungs- oder Mitteldehnungsachse, wie in Bild 4.2 dargestellt. Man spricht auch von Sättigungszyklen. Die Gesamtdehnungsamplitude setzt sich stets aus einem elastischen und einem plastischen Anteil zusammen:

$$\varepsilon_{a_t} = \varepsilon_{a_e} + \varepsilon_{a_p} \tag{4.1}$$

Für beide Anteile sind empirische Beziehungen gefunden worden, welche die Werte in stationären Zyklen bei reiner Wechselbelastung, also bei $\sigma_m = 0$ oder $\varepsilon_m = 0$, mit der Ermüdungslebensdauer verknüpfen. *Basquin* (1910) stellte fest, dass die Wöhler-Linie für $\sigma_m = 0$ im gesamten Zeitschwingfestigkeitsbereich von einer einmaligen Belastung entsprechend einem Zugversuch bis zur Dauerschwingfestigkeit einen geradlinigen Verlauf nimmt, wenn auf der Ordinate die wahre Spannungsamplitude logarithmisch aufgetragen wird, **Bild 4.6**. Folglich gilt nach Basquin ein Potenzgesetz für reine Wechselbelastung:

$$\sigma_a = \sigma_B^* \cdot (2\, N_B)^b \tag{4.2}$$

σ_a wahre Spannungsamplitude
σ_B^* Ermüdungs-Festigkeitskoeffizient
     σ_B^* ist etwa gleich der wahren Bruchspannung im Zugversuch:
     $\sigma_B = F_m/S_u$ (F_m: Höchstzugkraft, S_u: kleinster Probenquerschnitt nach dem Bruch)
$2\, N_B$ Anzahl der Belastungsumkehrungen bis zum Bruch
     (1 Zyklus = 2 Umkehrungen)
b   Ermüdungs-Festigkeitsexponent, $b \approx -0{,}05$ bis $-0{,}12$

Die auf den ersten Blick unübliche Auftragung der Belastungsumkehrungen $2\, N_B$ anstelle der Bruchzyklenzahl N_B wird oft aus historischen Gründen verwendet.

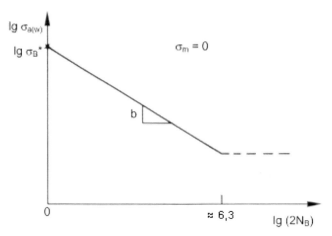

Bild 4.6 Wöhler-Diagramm in der doppeltlogarithmischen Auftragung nach Basquin bei Mittelspannung $\sigma_m = 0$.
Auf der Ordinate ist der Logarithmus der *wahren* Spannungsamplitude (Index w) aufzutragen. Die Basquin-Funktion gilt nur im Zeitschwingfestigkeitsbereich. Dauerschwingfestigkeit tritt – falls überhaupt – bei $N_B >$ ca. 10^6 Zyklen auf, d. h. lg($2 N_B$) > ca. 6,3.

Nach dem Hooke'schen Gesetz gilt (siehe Bild 4.2):

$$\sigma_a = E \cdot \varepsilon_{a_e} \qquad (4.3)$$

Eine Zusammenfassung der Gleichungen (4.2) und (4.3) liefert eine Beziehung, die den Zusammenhang zwischen der Bruchzyklenzahl und der elastischen Dehnungsamplitude zum Ausdruck bringt:

$$\varepsilon_{a_e} = \frac{\sigma_a}{E} = \frac{\sigma_B^*}{E} \cdot (2 N_B)^b \qquad (4.4)$$

Manson (1952) und *Coffin* (1954) fanden im Rahmen ihrer Untersuchungen zur thermischen Ermüdung heraus, dass sich auch der plastische Dehnungsanteil, wenn man ihn aus den stationären Zyklen bestimmt, durch ein Potenzgesetz mit der Bruchzyklenzahl verknüpfen lässt:

$$\varepsilon_{a_p} = \varepsilon_B^* \cdot (2 N_B)^c \qquad (4.5)$$

4.2 Ermüdung bei tiefen Temperaturen

ε_B^* Ermüdungs-Duktilitätskoeffizient
ε_B^* ist proportional der wahren Bruchdehnung ε_B des monotonen Zugversuchs, $\varepsilon_B^* \approx 0{,}35$ bis $1 \cdot \varepsilon_B$; $\varepsilon_B = \ln(S_0/S_U) = -\ln(1-Z)$; (Z: Einschnürung)

c Ermüdungs-Duktilitätsexponent, $c \approx -0{,}5$ bis $-0{,}7$

In dieser Form beschreibt die Coffin-Manson-Regel lediglich das Verhalten ohne Kriechanteile in den Zyklen, wie es bei tiefen Temperaturen sowie bei höheren Temperaturen mit hohen Belastungsfrequenzen vorkommt.

Die Gesamtdehnungsamplitude ergibt sich nach Gl. (4.1) aus der Summe der beiden Gesetze:

$$\varepsilon_{a_t} = \underbrace{\frac{\sigma_B^*}{E} \cdot (2N_B)^b}_{\substack{\text{elastisch}\\\text{"Basquin"}}} + \underbrace{\varepsilon_B^* \cdot (2N_B)^c}_{\substack{\text{plastisch}\\\text{"Coffin–Manson"}}} \qquad (4.6)$$

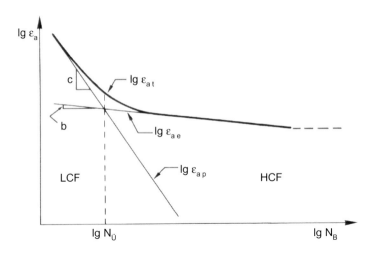

Bild 4.7 Dehnung-Wöhler-Schaubild[1] für Mittelspannung $\sigma_m = 0$ oder Mitteldehnung $\varepsilon_m = 0$
Die Kurve für die Gesamtdehnungsamplitude ergibt sich aus der Superposition der Basquin-Gleichung und der Coffin-Manson-Gleichung (bei der Addition ist die logarithmische Achsenteilung zu beachten). Die gestrichelte Linie deutet eine eventuell auftretende Dauerschwingamplitude an.

---

[1] In dieser Auftragung ist N_B und nicht $2N_B$ üblich, so dass sich die Konstanten ändern, was oftmals zu Schwierigkeiten bei der Verwendung von Konstanten aus unterschiedlichen Quellen führt.

Bild 4.7 zeigt die Auftragung aller drei Dehnungsverläufe im Dehnung-Wöhler-Schaubild. Im Bereich hoher Gesamtdehnungsamplituden oder geringer Bruchzyklenzahlen ist der elastische Anteil vernachlässigbar; die Hystereseschleifen sind unter diesen Bedingungen sehr weit geöffnet. Umgekehrt verschwindet der plastische Anteil nahezu und die Hystereseschleifen entarten fast zur Hooke'schen Geraden, wenn die Gesamtdehnung gering oder die Zyklenzahl entsprechend hoch ist.

Gemessene $(\varepsilon_a; N_B)$-Wertepaare aus dehnungsgeregelten Versuchen liegen typischerweise auf einer Linie, wie sie durch die Summenkurve in Bild 4.7 schematisch repräsentiert wird (siehe auch Bild 4.9 in Kap. 4.3). Die seitlichen Kurvenäste können durch Geraden angenähert werden, und die Parameter nach Gl. (4.6) lassen sich bestimmen. Damit sind die elastischen und plastischen Dehnungsanteile der jeweiligen Sättigungszyklen bekannt.

Die Übergangszyklenzahl $N_{Ü}$, bei der sich die Basquin-Gerade und die Coffin-Manson-Gerade schneiden, errechnet sich zu:

$$N_{Ü} = \frac{1}{2}\left(\frac{E \cdot \varepsilon_B^*}{\sigma_B^*}\right)^{\frac{1}{b-c}} \tag{4.7}$$

(Man beachte: Der Exponent ist korrekterweise positiv, weil c und b negativ sind und $|c| > |b|$ ist.)

Manchmal wird diese Übergangsbruchzyklenzahl als Grenze zwischen dem LCF- und dem HCF-Bereich gewählt. Dies bedeutet, dass im LCF-Gebiet die plastische Dehnung überwiegt und bei HCF die elastische. Der Übergang ist insofern exakt definiert und berechenbar. Allerdings leitet sich daraus aus technischer Sicht keine besondere Bedeutung ab. Wie man an Bild 4.7 erkennt, kommt es auch bei vorherrschender elastischer Dehnung noch in einem relativ breiten Zyklenzahlbereich zum Werkstoffversagen. Erst bei plastischen Dehnungsamplituden in der Größenordnung von 10^{-2} bis 10^{-3} % wird Dauerschwingfestigkeit erreicht, d. h. es existiert eine plastische Dauerdehnungsamplitude bei tiefen Temperaturen (z. B. [4.1]).

Mit der in Kap. 4.1 genannten Abgrenzung zwischen LCF und HCF bei etwa 10^4 bis 10^5 Bruchzyklen steht obige Definition in keinem ursächlichen Zusammenhang. In einigen Fällen errechnet sich jedoch nach Gl. (4.7) ein $N_{Ü}$-Wert von ca. 10^4, allerdings nicht höher. Werkstoffe und Werkstoffzustände mit geringer wahrer Bruchspannung und hoher Einschnürung weisen entsprechend Gl. (4.7) eine hohe Übergangszyklenzahl auf und umgekehrt. Für Hochtemperaturlegierungen, mit meist hoher Festigkeit bei geringerer Duktilität, ergibt sich eher ein $N_{Ü}$-Wert deutlich kleiner als 10^4. Typisches Zahlenbeispiel: Mit E = 200 GPa; $\varepsilon_B^* = 0{,}1$; $\sigma_B^* = 2000$ MPa; c = − 0,6 und b = − 0,09 beträgt $N_{Ü} \approx 50$. Hierbei handelt es sich um eine geringe Zyklenzahl, und es ist nicht üblich, bei $N_B > 50$ bereits vom HCF-Bereich zu sprechen. Die vom Werkstoff und Werkstoffzustand unabhängige Abgrenzung bei ca. 10^4 bis 10^5 Bruchzyklen trifft den technischen Sprachgebrauch daher in der Regel besser.

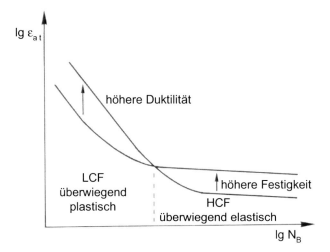

Bild 4.8 Einfluss von Festigkeit und Duktilität auf das LCF- und HCF-Verhalten
Die eine Kurve repräsentiert einen Werkstoff oder Werkstoffzustand mit geringerer Festigkeit und höherer Duktilität und die andere einen mit höherer Festigkeit und geringerer Duktilität.

Der Basquin-Gleichung ist zu entnehmen, dass bei überwiegender elastischer Dehnung die statische Festigkeit des Werkstoffes für die Ermüdungsbeständigkeit ausschlaggebend ist. Die Duktilität spielt eine untergeordnete Rolle, beeinflusst allerdings eventuelle Plastifizierungsvorgänge im Kerb- oder Rissgrund. Bei höheren plastischen Dehnanteilen wird die Bruchzyklenzahl dagegen umso höher sein, je duktiler der Werkstoff ist. Ein Material mit geringerer statischer Festigkeit aber höherem Verformungsvermögen kann im LCF-Gebiet einem mit hoher Festigkeit und niedrigerer Duktilität überlegen sein. **Bild 4.8** veranschaulicht diesen Sachverhalt schematisch für unterschiedliche Festigkeits- und Duktilitätszustände eines Werkstoffes.

4.3 Ermüdung bei hohen Temperaturen

Bei Temperaturen oberhalb etwa $0{,}4\,T_S$ treten zeitabhängige Vorgänge der zyklischen Verformung mit nennenswerter Geschwindigkeit auf (Tabelle 4.2). Man spricht auch von *Hochtemperatur-LCF* und *Hochtemperatur-HCF* (HT-LCF/HT-HCF). Die Gesamtdehnungsamplitude in den Zyklen setzt sich dann aus der elastischen Dehnung, der spontan auftretenden (zeit*un*abhängigen) plastischen Dehnung ε_p sowie der zeitabhängigen Kriechdehnung ε_f zusammen. Die übliche Unterscheidung in plastische Verformung und Kriechverformung ist begrifflich leider irreführend, weil die Kriechdehnung auch eine plastische Verformung darstellt. Die gesamte plastische Dehnung bezeichnet man, um Verwechslungen zu vermeiden, als *inelastische* Dehnung:

$$\varepsilon_t = \varepsilon_e + \varepsilon_p + \varepsilon_f = \varepsilon_e + \varepsilon_{in} \tag{4.8}$$

Um betriebsnahe Kriech- und Relaxationsprozesse zu simulieren, werden in die Zyklen Haltezeiten bei bestimmten Spannungen oder Dehnungen eingebaut.

Bild 4.9 zeigt am Beispiel eines warmfesten Stahls den Einfluss von Temperatur und Haltezeit. Folgende, allgemein gültige Beobachtungen werden aus der Darstellung deutlich:

- Im Bereich tiefer Temperaturen, hier zwischen 20 und 400 °C, liegen die LCF-Daten relativ dicht beieinander. Ein Einfluss von Haltezeiten – durchaus auch von längerer Dauer – macht sich kaum bemerkbar. Würde man noch geringere Dehnungsamplituden, im HCF-Gebiet, prüfen, träte zyklische Dauerfestigkeit auf, etwa oberhalb 10^6 Zyklen. Extrapoliert man für 20 °C grob auf diese Zyklenzahl, so entspräche dies einer Gesamtdehnungsamplitude von ca. 0,1 %. Da es sich dabei praktisch ausschließlich um elastische Dehnung handelt, errechnet sich die reine Wechselfestigkeit ($\sigma_m = 0$) nach dem Hooke'schen Gesetz mit E = 210 GPa zu $\sigma_W \approx 210$ MPa. Dieser Wert stimmt mit dem für den Stahl 10CrMo9-10 aus Dauerschwingversuchen überein.

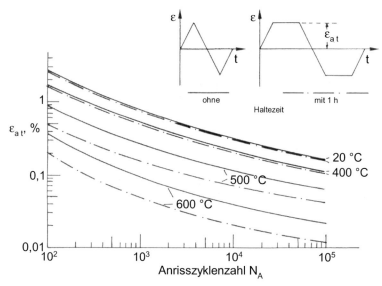

Bild 4.9 Dehnung-Wöhler-Schaubild des warmfesten ferritisch-bainitischen Stahls 10CrMo9-10 in Abhängigkeit von Temperatur und Haltezeit
Die Zyklusformen mit $\varepsilon_m = 0$ ($R_\varepsilon = \varepsilon_u/\varepsilon_o = -1$) und der Einbau der Haltezeiten im Dehn- und Stauchbereich sind aus den oberen Teilbildern zu entnehmen.

- Wird die homologe Temperatur von ca. 0,4 T_S überschritten, was im gewählten Beispiel bei rund 450 °C der Fall ist, verringern sich die Anrisszyklenzahlen bei gleicher Gesamtdehnungsamplitude drastisch. Hier macht sich der

4.3 Ermüdung bei hohen Temperaturen

zeitabhängige Verformungs- und Schädigungsanteil bemerkbar. Eine zyklische Dauerfestigkeit kann es in diesem Bereich nicht geben.
- Durch den Einbau von Haltezeiten werden die ertragbaren Zyklenzahlen bei hohen Temperaturen erheblich vermindert. Bei dehnungsgeregelten Versuchsführung tritt Spannungsrelaxation während der konstant gehaltenen Gesamtdehnung auf (Kap. 3.15). Der dabei teilweise in Kriechverformung umgesetzte elastische Dehnungsanteil wird begleitet von zusätzlicher Schädigung in Form von Rissbildung und -wachstum, so dass die LCF-Festigkeit abnimmt.

Prinzipiell zeigen die Kurven in Bild 4.9 einen Verlauf, wie er schematisch in Bild 4.7 dargestellt ist. Die Krümmung deutet an, dass sich die Messwerte im Übergangsgebiet von der Basquin-Geraden zur Coffin-Manson-Geraden befinden. Legt man (wiederum recht grob) an die Kurven bei *tiefen* Temperaturen seitlich Tangenten an, so lassen sich deren Steigungen gemäß Gl. (4.4) und (4.5) bestimmen. Man erhält die Ermüdungsexponenten zu $b \approx -0,1$ und $c \approx -0,6$, was den Werten entspricht, die in der Literatur universell für die Steigungen angegeben werden (z. B. [4.1]; siehe auch die Angaben zu Gl. 4.2 a und 4.5 a). Bei hohen Temperaturen gilt die Coffin-Manson-Regel nicht mehr in der Form wie nach Gl. (4.5).

Bei den Ausführungen über Ermüdung bei niedrigen Temperaturen in Kap. 4.2 spielte die Frequenz keine Rolle, die Zeit beeinflusste die Anriss- oder Bruchzyklenzahl also praktisch nicht, so dass gemäß $t_m = N_B/f$ bei N_B = const. die Beanspruchungsdauer bis zum Bruch (oder Anriss) nach einer Hyperbel mit steigender Frequenz abnimmt. Dies trifft in weiten Grenzen zu, sofern keine Korrosionseinwirkung zu berücksichtigen ist.

Bei hohen Temperaturen ergeben sich demgegenüber erhebliche Unterschiede in der Bruchzyklenzahl in Abhängigkeit von der Belastungsfrequenz. Die Frequenz oder die Prüfdauer ist also unbedingt anzugeben. Es zeigt sich schematisch ein Verlauf gemäß **Bild 4.10** (die einzelnen Methoden zur Lebensdauerabschätzung werden in Kap. 4.5 und 4.6 diskutiert). Um ausschließlich den Frequenzeinfluss $N_B(f)$ zu verdeutlichen, wird von gleich bleibender inelastischer Dehnungsschwingbreite entlang der Kurve ausgegangen, d. h. die Anteile ε_p und ε_f verändern sich wie in den schematischen Zyklen angedeutet (der elastische Anteil ε_e verändert sich zwangsläufig auch, weil die Spannungshöhe nicht konstant bleibt). Bei hohen Frequenzen wird ein Zyklus schnell durchlaufen, und der

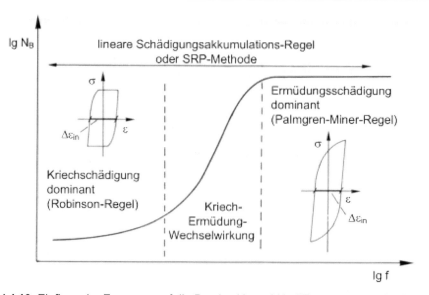

Bild 4.10 Einfluss der Frequenz auf die Bruchzyklenzahl bei Temperaturen oberhalb etwa 0,4 T_S ($\Delta\varepsilon_{in}$ = const., T = const.) (nach [4.2])
Die Zyklen zeigen schematisch die sich verschiebenden Anteile von plastischer und Kriechdehnung bei dehnungsgeregelter Versuchsführung. Die Bereiche geben die jeweils vorherrschenden Schädigungsmechanismen an und Beispiele für mögliche Methoden der Lebensdauerabschätzung (SRP: *Strain-Range Partitioning*).

Kriechanteil ε_f ist vernachlässigbar, so dass $\varepsilon_{in} \approx \varepsilon_p$ gilt. Zeitabhängige Verformungs- und Schädigungsprozesse machen sich kaum bemerkbar; die Ermüdungsschädigung dominiert in diesem Bereich, und die Bruchzyklenzahl ist nahezu frequenzunabhängig. Unter diesen Bedingungen kann der Zusammenhang zwischen der Gesamtdehnungsamplitude und der Bruchzyklenzahl gut mit Gl. (4.6) beschrieben werden (für $\varepsilon_m = 0$).

Im Gebiet sehr langsamer Belastungsänderungen beobachtet man ebenfalls kaum einen Einfluss der Frequenz auf die Bruchzyklenzahl. Dies liegt daran, dass die weit überwiegende inelastische Verformung durch Kriechen zustande kommt ($\varepsilon_{in} \approx \varepsilon_f$) und somit die Kriechschädigungsvorgänge dominieren. Die Bruchzyklenzahl ist unter diesen Bedingungen am geringsten. Den Übergangsbereich, in dem die Bruchzyklenzahl eine starke Abhängigkeit von der Frequenz aufweist, bezeichnet man als den der *Kriech-Ermüdung-Wechselwirkung*. Er ist am schwierigsten zu beschreiben. Bei der so genannten *frequenzmodifizierten Coffin-Manson-Regel* ist gegenüber derjenigen für tiefe Temperaturen (Gl. 4.5) ein zusätzlicher Frequenzfaktor enthalten:

$$\varepsilon_{a_{in}} = c_1 \cdot N_B^{c_2} \cdot f^{c_3} \qquad c_1, c_2, c_3 = \text{const.} \qquad (4.9)$$

Die Parameter der frequenzmodifizierten Coffin-Manson-Funktion zu bestimmen ist sehr aufwändig, was den praktischen Wert dieser Gleichung einschränkt.

Während mit HT-LCF oft die thermische Ermüdung simuliert werden soll, werden im Bereich von Zyklenzahlen oberhalb etwa 10^5, also im HCF-Gebiet, Schwingungen von Bauteilen erfasst, bei denen die Spannungs- oder Dehnungsamplituden entsprechend geringer sind. Mit Zyklenzahlen von > ca. 10^5 sind in der technischen Praxis immer höhere Frequenzen verbunden. Bei niedrigen Frequenzen müssten im HT-HCF-Bereich die Spannungen sehr gering sein, damit eine hohe Zyklenzahl zustande kommen könnte, denn – anders als bei tiefen Temperaturen – ist N_B stark von der Frequenz abhängig (Bild 4.10). Dieser Fall ist technisch unrealistisch.

Wie schon anhand von Bild 4.9 diskutiert, existiert bei Temperaturen oberhalb etwa 0,4 T_S eine Dauerschwingfestigkeit nicht, ebenso wenig wie eine plastische oder inelastische Dauerdehnungsamplitude. Bei spannungskontrollierter Versuchsführung erhöht sich die inelastische Dehnung kontinuierlich mit der Zeit durch Kriechen. Wird die Dehnung fixiert, relaxiert die Spannung in jedem Zyklus, d. h. es kommt ebenfalls zum Kriechen, indem sich elastische in Kriechverformung umwandelt (siehe Erläuterungen zu Bild 4.9). Auch bei sehr geringer Belastungshöhe wird irgendwann Bruch eintreten. Die Bruchzyklenzahlen werden unter diesen Bedingungen zwar sehr hoch, aber in jedem Fall endlich sein. Die für tiefe Temperaturen gebräuchlichen Dauerschwingfestigkeitsschaubilder, wie das nach Smith oder Haigh, lassen sich für hohe Temperaturen nicht in der üblichen Weise konstruieren. Näherungsverfahren zum raschen Aufstellen solcher Diagramme, z. B. mit Hilfe der Goodman-Geraden oder der Gerber-Parabel, gibt es für hohe Temperaturen nicht.

Bild 4.11 gibt ein Wöhler-Diagramm für die geschmiedete γ'-haltige Ni-Basislegierung *Nimonic 101* (= *IN 597*) wieder. Es wurden Versuche bei 750 °C, entsprechend 0,67 T_S, mit unterschiedlichen Spannungsverhältnissen $R = \sigma_u/\sigma_o$ durchgeführt. Abweichend von der üblichen Darstellung mit jeweils konstanter Mittelspannung für eine Versuchsreihe sind hier Kurven mit jeweils konstantem R-Wert angegeben. Dies bedeutet, dass entlang einer Bruchlinie mit der Spannungsamplitude auch die Mittelspannung abnimmt.

Die zusätzlich genannten Bruchdehnungen lassen erkennen, dass aufgrund der ablaufenden Kriechvorgänge nennenswerte Verformungen stattfinden, die bei tiefen Temperaturen im Bereich hoher Zyklenzahlen praktisch ausschließlich elastisch wären. Entsprechend Bild 4.3 a) wächst die gesamte inelastische Dehnung bei dieser Versuchsführung durch zyklisches Kriechen (*Ratcheting*) an. Bei $R \geq 0$ liegen stets nur Zugspannungen an, und folglich nimmt die Dehnung auf-

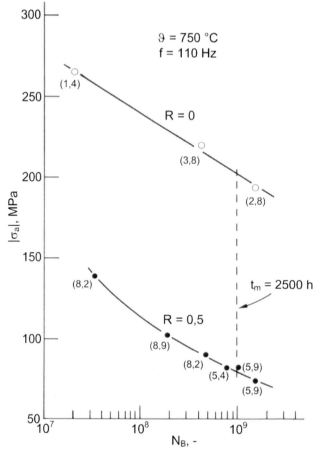

Bild 4.11 Wöhler-Diagramm für die HT-HCF-Eigenschaften der Ni-Basis-Schmiedelegierung *Nimonic 101* [4.3]

Hier ist entlang einer Kurve nicht die Mittelspannung, sondern das Spannungsverhältnis $R = \sigma_u/\sigma_o$ konstant gehalten. Die Werte in Klammern geben die Bruchdehnungen in % an.

grund der Kriechvorgänge von Zyklus zu Zyklus kontinuierlich zu. Mit steigendem R-Verhältnis steigen die Bruchdehnungen aufgrund höherer Mittelspannungen und damit höherer Kriechdehnanteile.

Die in Bild 4.11 dargestellten Wöhler-Linien gelten nur für die gewählte Prüffrequenz. Mit abnehmender Frequenz würden die Kurven zu geringeren N_B-Werten bei denselben Spannungen verrücken, weil die Kriechverformung pro Zyklus zunimmt. Gemäß Bild 4.10 entspräche dies einer Verschiebung nach links in Richtung dominierender Kriechschädigung.

Analog zu den Dauerschwingfestigkeitswerten bei tiefen Temperaturen lassen sich HT-HCF-Daten am übersichtlichsten im Haigh-Diagramm auftragen, **Bild 4.12**. Die Begrenzung auf der Mittelspannungsachse für $\sigma_a = 0$, d. h. ruhende Belastung mit $R = 1$, stellt die Zeitstandfestigkeit $R_{m\,t/\vartheta}$ für die zu betrachtende Bruchzeit und die betreffende Temperatur dar. Auf der Ordinate wird die reine Wechselfestigkeit $\sigma_{W\,t/\vartheta}$ ($\sigma_m = 0$, $R = -1$) ebenfalls für dieselbe (t_m; ϑ)-Kombination aufgetragen. Die Daten für jeweils gleiche Bruchzeit t_m ergeben sich durch Interpolation (oder begrenzte Extrapolation) aus den Wöhler-Linien.

4.3 Ermüdung bei hohen Temperaturen

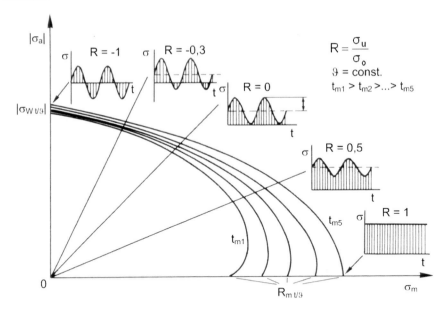

Bild 4.12 Haigh-Schaubild für Temperaturen > 0,4 T_S mit den schematischen Verläufen für fünf verschiedene Belastungsdauern bis zum Bruch (nach [4.4])
Die Abszissenwerte stellen die jeweiligen Zeitstandfestigkeiten dar, die Ordinatenwerte die reinen Wechselfestigkeiten für die gewählte Temperatur und Bruchzeit. Zusätzlich sind Linien konstanter Spannungsverhältnisse R eingetragen mit schematischen Zyklusformen.

Bild 4.13 zeigt ein Haigh-Diagramm, welches für die Legierung *Nimonic 101* bei 750 °C und einer Belastungsdauer bis zum Bruch von 2500 h gewonnen wurde (Bild 4.11 zeigt einen Teil der Daten). Zum Vergleich sind Werte der hoch γ'-haltigen Ni-Basis-Gusslegierung *IN 792* in einer nachverdichteten (HIP-behandelten), relativ feinkörnigen Variante bei gleicher Temperatur und Bruchdauer eingetragen [4.5]. Bei positiven R-Werten, also im Bereich der Zeitstandfestigkeit mit hoher Mittelspannung und nur geringen Spannungsamplituden, weist die Gusslegierung *IN 792* aufgrund des wesentlich höheren γ'-Gehaltes eine höhere Festigkeit auf. Mit abnehmender Mittelspannung und zunehmendem Ermüdungsanteil der Schädigung zeigt sich demgegenüber die Knetlegierung *Nimonic 101* überlegen.

An diesem Vergleich kann beobachtet werden, dass – entgegen dem Trend bei tiefen Temperaturen – eine hohe statische (Zeitstand-)Festigkeit nicht zwangsläufig mit einer hohen HT-HCF-Festigkeit verbunden ist. Hier sind die Schädigungsabläufe unter den jeweiligen Belastungen maßgeblich. Eine Rolle spielt in diesem Zusammenhang die Korngröße, neben anderen Einflussgrößen.

Feinkorn verbessert bei tiefen Temperaturen sowohl die statische Festigkeit als auch die Schwingfestigkeit, **Bild 4.14 a)**. Bei hohen Temperaturen trifft Letzteres zwar im Bereich der Wechselfestigkeit auch zu, jedoch weisen feinkörnige

Gefüge mit zunehmendem Mittelspannungseinfluss eine geringere Festigkeit auf, **Bild 4.14 b)**. Dies ist eine Folge des Einflusses der Korngröße auf die Kriechfestigkeit.

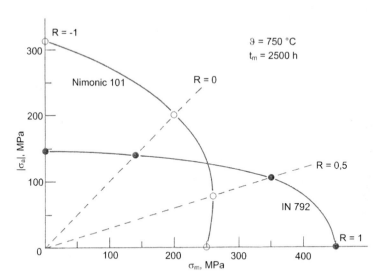

Bild 4.13 Vergleich der HT-HCF-Eigenschaften der Ni-Basis-Gusslegierung *IN 792* mit der Ni-Basis-Knetlegierung *Nimonic 101* in der Haigh-Darstellung (nach [4.3, 4.5])

Manche Werkstoffe, wie z. B. die Legierung *Nimonic 101* in Bild 4.13, zeigen bei geringeren Spannungen und längeren Lebensdauern bei positiven R-Werten höhere ertragbare Mittelspannungen als die reine Zeitstandfestigkeit, was sich in der Ausbauchung der Kurve im Bereich positiver R-Werte bemerkbar macht. Dieses Phänomen kann umso ausgeprägter sein, je höher die Zeiten bis zum Bruch sind (Bild 4.12). Zur Klärung dieses Phänomens müssten die Versetzungs- und Schädigungsreaktionen genauer untersucht werden.

Es erfordert einen hohen experimentellen Aufwand, das Langzeitverhalten im HT-HCF-Bereich zu erfassen. Bauteilauslegungen berücksichtigen das HT-HCF-Verhalten nur in seltenen Fällen quantitativ. Meist werden die Schwingamplituden durch Dämpfungsmaßnahmen gemindert, so dass keine kritischen Mittelspannungsverhältnisse überschritten werden, die gegenüber der reinen Zeitstandfestigkeit erhebliche Abschläge ausmachen würden. Es kommen jedoch in der Technik immer wieder Schadenfälle vor, bei denen auf HT-HCF zurückzuführende Risse oder Brüche zu verzeichnen sind. Die Schwierigkeit liegt dabei in einer exakten Modalanalyse der Bauteile sowie einer Lebensdauerberechnung.

4.3 Ermüdung bei hohen Temperaturen

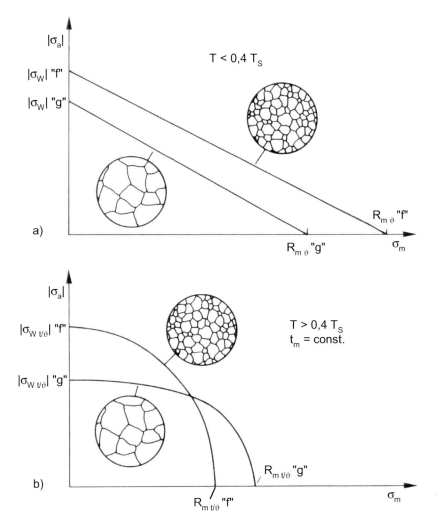

Bild 4.14 Haigh-Diagramme zum Einfluss der Korngröße auf die HCF-Festigkeit in unterschiedlichen Temperaturbereichen („f": feinkörniges Gefüge, „g": grobkörniges Gefüge), (nach [4.6])

  a) Tiefe Temperaturen
  Die Abszissenwerte stellen die Zugfestigkeiten, die Ordinatenwerte die reinen Wechselfestigkeiten dar. Für Spannungsverhältnisse zwischen 1 und -1 ist ein linearer Verlauf nach der Goodman-Regel angenommen.

  b) Hohe Temperaturen
  Die Abszissenwerte stellen die Zeitstandfestigkeiten, die Ordinatenwerte die reinen Wechselfestigkeiten bei der jeweiligen Temperatur und Belastungsdauer bis zum Bruch dar. Für Spannungsverhältnisse zwischen 1 und -1 sind beliebige Verläufe angenommen; empirische Regeln dafür existieren nicht.

4.4 Schädigung und Bruch unter zyklischen Belastungen

Der typische Ermüdungsbruch bei tiefen Temperaturen verläuft – unabhängig von der Höhe der Mittelspannung – transkristallin. Er weist charakteristische Merkmale auf in Form eines meist gut identifizierbaren Bruchausganges mit den sich darum herum bogenförmig ausbreitenden Schwingstreifen (*fatigue striations*) sowie möglicher Rastlinien. Es können zwar in der Initiierungsphase Nebenrisse auftreten, beim Wachstum dominiert jedoch in der Regel ein Riss, welcher den Bruch hervorruft. Die Schwingungsbruchfläche ist, abgesehen von der Restgewaltbruchfläche, relativ glatt und kaum zerklüftet.

Bei hohen Temperaturen kann dieses Bruchverhalten bei überwiegender zyklischer Komponente der Belastung ebenfalls in Erscheinung treten. Diese Voraussetzungen sind bei geringeren Mittelspannungen sowie kurzen oder fehlenden Haltezeiten gegeben. Mit zunehmendem Kriechanteil mischen sich interkristalline Schädigungen in das Bild, welche sich mehr oder weniger gleichmäßig über das Werkstoffvolumen verteilen. **Tabelle 4.3** stellt die qualitativen Einflüsse der Parameter auf den interkristallinen Bruchanteil zusammen. Ermüdungsrisse, die sich gewöhnlich transkristallin bilden und ausbreiten, können interkristallin weiterwachsen, wenn sie auf kriechgeschädigte Korngrenzen stoßen. Porenketten vor einer Ermüdungsrissfront brechen dabei reißverschlussartig auf.

Fraktographische Untersuchungen an den gemäß Bild 4.13 getesteten Proben belegen den Einfluss der Mittelspannung auf das Schädigungsverhalten [4.7]. Bei der Legierung *Nimonic 101* treten bei einem Spannungsverhältnis von R = 0,5 inter- und transkristalline Bruchanteile auf, wobei Erstere überwiegen. Bei R = 0 sind die Verhältnisse umgekehrt. Die zeitstandfestere Gusslegierung *IN 792* neigt dagegen weniger zu interkristalliner Schädigung, was sich bereits in einem geringeren Korngrenzenbruchanteil bei R = 0,5 dokumentiert.

Zunehmender interkristalliner Bruchanteil	
Temperatur	↑
Zug-Haltezeiten	↑
Spannungsverhältnis R = σ_u/σ_o	↓
Zug-Mittelspannung	↑
Frequenz oder Dehngeschwindigkeit	↓

Tabelle 4.3
Einflüsse verschiedener Parameter auf den interkristallinen Bruchanteil bei der Hochtemperaturermüdung
↑ Parameterwert nimmt zu
↓ Parameterwert nimmt ab

4.5 Lebensdauerabschätzung für zyklische Belastungskollektive

Die konventionelle Ermüdungsprüfung erzeugt Kennwerte für jeweils konstante Spannungs- oder Dehnungsamplituden bei festem Mittelwert der Spannung oder Dehnung. Bauteile sind jedoch in der Regel veränderlichen zyklischen Belastungen unterworfen, d. h. die Mittelwerte und Amplituden können in gewissen Zeitabschnitten schwanken. Auch die Temperatur, Zyklusform und Belastungsfrequenz können sich ändern.

Eine einfache Methode zur Abschätzung der Lebensdauer unter zyklischen Belastungskollektiven stellt die *lineare zyklische Schädigungsakkumulationsregel* nach *Palmgren* und *Miner* dar, meist kurz *Miner-Regel* genannt. Sie wird sowohl für den LCF- als auch den HCF-Zeitschwingfestigkeitsbereich angewandt. Diese Methode geht davon aus, dass in jedem einzelnen Zyklus eine Werkstoffschädigung erzeugt wird, die sich linear anteilig errechnen lässt aus der Bruchzyklenzahl bei der jeweiligen Beanspruchung, welche durch die Parameter Mittelwert und Amplitude der Spannung oder Dehnung, Temperatur, Frequenz und Zyklusform festgelegt ist. Ein einzelner Zyklus ruft folglich bei einer beliebigen Parameterkombination „i" die Schädigung hervor:

$$\Delta D_i = \frac{1}{N_{B_i}} \tag{4.10}$$

Für eine bestimmte Zyklenzahl N bei dieser Kombination summieren sich nach der Miner-Regel die Einzelschädigungen linear:

$$D_i = N_i \cdot \Delta D_i = \frac{N_i}{N_{B_i}} \tag{4.11}$$

Schwinganteile unterhalb der Dauerschwingfestigkeit – falls eine solche existiert – werden berücksichtigt, indem die Wöhler-Linie mit einer flacheren Neigung als im Zeitschwingfestigkeitsbereich über den Abknickpunkt hinaus verlängert wird, denn durch Belastungen oberhalb der Dauerschwingfestigkeit wird diese gemindert (genauere Angaben zum Vorgehen in einem solchen Fall sind z. B. [4.8] zu entnehmen).

Ändern sich nun Beanspruchungsparameter, wie Mittelwert oder Amplitude von Spannung oder Dehnung, so wird die Gesamtschädigung D_t, auch als Ermüdungserschöpfung bezeichnet, aus der Summe der Teilschädigungen errechnet:

$$D_t = \sum_i D_i = \frac{N_1}{N_{B_1}} + \frac{N_2}{N_{B_2}} + \ldots + \frac{N_k}{N_{B_k}} = \sum_{i=1}^{i=k} \frac{N_i}{N_{B_i}} \tag{4.12}$$

Falls die der Miner-Regel zugrunde liegenden Annahmen der linearen Schädigungsakkumulation zutreffen, so sollte sich bis zum Bruch für das gesamte Belastungsspektrum eine Gesamtschädigung von $D_t = 1$ ergeben. Eine Bauteilauslegung wäre dann bei einer berechneten Totalschädigung von $D_t < 1$ sicher gegen Bruchversagen. In der Praxis werden jedoch z. T. erheblich abweichende Werte von $D_t = 1$ beobachtet, und zwar sowohl höhere als auch geringere. Dies liegt u. a. an der Reihenfolge der Belastungen und deren jeweiliger Höhe von Mittelwert und Amplitude. Dennoch wird die Miner-Regel weit verbreitet benutzt, besonders wenn verfeinerte Methoden für bestimmte Werkstoffe und bestimmte Belastungskollektive nicht vorliegen. Bei Mehrstufenbelastungen geht man oft von einem konservativen Grenzwert von $D_t = 0{,}4$ aus.

Im Bereich hoher Temperaturen kann die Miner-Regel in der vorgestellten einfachen Form lediglich dann angewandt werden, wenn zeitabhängige Verformungs- und Schädigungsanteile vernachlässigbar sind.

4.6 Lebensdauerabschätzung für kombinierte Kriech- und Ermüdungsbeanspruchung

Die in Kap. 3.14 und Kap. 4.5 vorgestellten Methoden der Erschöpfungsberechnung basieren auf reiner Kriech- bzw. reiner Ermüdungsbeanspruchung. Hochtemperaturkomponenten sind jedoch i.d. Regel beiden Schädigungsmechanismen ausgesetzt, wobei sich die Frage stellen kann, ob einer der beiden Vorgänge derart dominiert, dass der andere vernachlässigbar wird. So ist z. B. bei solchen Bauteilen, welche lange Zeitabschnitte statisch belastet und darüber hinaus langsam an- und abgefahren werden, eine reine Kriechauslegung gestattet mit Hilfe der Robinson-Regel (Gl. 3.46). Dieser Bereich sehr niedriger Laständerungsfrequenzen tritt in Bild 4.10 im unteren Kurvenabschnitt auf. In der Praxis werden in diesen Fällen Laständerungen nicht separat berechnet, sondern oft durch eine pauschale äquivalente Zeitstandbelastungsdauer berücksichtigt, z. B.: 1 Start kommt 10 h Kriechdauer gleich. Man spricht dann von bewerteten Betriebsstunden (EOH: *equivalent operating hours*), auf deren Grundlage Revisionsintervalle und Lebensdauern angegeben werden. Dieses Vorgehen hat sich in manchen Fällen bewährt und lässt sich einfach in Lebensdauerzähler implementieren. Bei sehr häufigen Belastungsänderungen, was in praktischen Fällen meist Schwingungen bei hohen Frequenzen bedeutet und zu HT-HCF führt, wird eine Ermüdungserschöpfung nach der Miner-Regel berechnet auf der Basis von Daten aus Wöhler-Diagrammen, wie z. B. nach Bild 4.11.

Zahlreiche Anwendungen liegen zwischen diesen beiden Extremen, so dass eine *Kriech-Ermüdung-Wechselwirkung* in die Lebensdauerberechnung einfließen muss. Als einfachste Methode bietet sich hierzu eine Kombination der linearen Schädigungsakkumulationsregeln nach Robinson für das Kriechen und nach Palmgren-Miner für die Ermüdung an. Dieses Vorgehen bildet die Grundlage des ASME Code Case N–47 für Druckbehälterkomponenten und ist für viele Bauteile

4.6 Lebensdauerabschätzung

gebräuchlich [4.9]. Die zusammengesetzte Gesamtschädigung errechnet sich nach dieser Regel additiv aus der gesamten Zeitstanderschöpfung D_{tZ} (Gl. 3.46) und der gesamten Ermüdungserschöpfung D_{tE} (Gl. 4.12):

$$D_t = D_{tZ} + D_{tE} = \sum_{i=1}^{i=k} \frac{t_i}{t_{m_i}} + \sum_{i=1}^{i=l} \frac{N_i}{N_{B_i}} \qquad (4.13)$$

Bei Bruch müsste sich rechnerisch $D_t = 1$ ergeben, was praktisch meist nicht zutrifft. Es können sowohl Abweichungen zu geringeren als auch höheren Werten auftreten. Zum einen stellen die Annahmen für die einzelnen Akkumulationsregeln grobe Näherungen dar. Zum anderen bringen das Kriechen und die Ermüdung meist voneinander verschiedene Schädigungsphänomene mit sich, nämlich vorwiegend interkristalline Poren- und Rissbildung bei ersterer und meist transkristalline Rissbildung von der Oberfläche her bei letzterer Beanspruchung. Eine einfache Addition zu einer Schädigungssumme trifft die Realität dann höchstens zufällig. Wenn diese Akkumulationsregel benutzt wird, wird sicherheitshalber die Gesamtschädigung auf einen Wert deutlich unter 1, z. B. auf 0,4, zu begrenzen.

Die so genannten Dehnungsanteilregeln (*Strain-Range Partitioning, SRP-Methode*, z. B. [4.10, 4.11]) verfeinern die Lebensdauerabschätzung, erhöhen allerdings auch den experimentellen und rechnerischen Aufwand. Grundgedanke dieses Verfahrens ist die Zerlegung der inelastischen Dehnung ε_{in} eines jeden beliebigen, *geschlossenen* Zyklus in seine Einzeldehnungskomponenten ε_p und ε_c jeweils in der Zug- und Druckphase (Anm.: Im Folgenden wird der Index c für *creep* aus den Originalarbeiten beibehalten anstelle des Index f gemäß DIN 50 118, weil sich diese Zyklusbezeichnungen auch im deutschen Schrifttum etabliert haben). Jedem dieser Verformungsabschnitte wird ein Schädigungsinkrement zugeordnet.

Bild 4.15 zeigt exemplarisch den Zyklus aus der grundlegenden Arbeit von Manson et al. [4.10]. Das Vorgehen bei der SRP-Methode gestaltet sich wie folgt. Zunächst müssen vier Grundtypen von LCF-Zyklen für das betreffende Material experimentell ermittelt werden. Diese sind schematisch in **Bild 4.16** dargestellt. Die inelastische Dehnungsschwingbreite $\Delta\varepsilon_{ij}$ ist in jedem Versuch konstant zu halten. Sie wird mit Indizes ij versehen, wobei der erste die Verformungsart in der Zug- und der zweite die in der Druckphase kennzeichnet. Folgende Erläuterungen sind bei der Versuchsdurchführung zu beachten:

- *pp-Zyklus* (Bild 4.16 a) — Da bei hohen Temperaturen die Frequenz starken Einfluss auf die Bruchzyklenzahl ausübt, muss bei genügend hohen Frequenzen im nahezu frequenzunabhängigen Teil der (f; N_B)-Beziehung geprüft werden (siehe Bild 4.10).
- *pc-, cp- und cc-Zyklus* — Die in Bild 4.16 b)–d) dargestellten Grundmuster geben ideale Zyklen wieder. Praktisch lässt es sich kaum realisieren, dass in einem Halbzyklus ausschließlich zeitunabhängige plastische Verformung

oder nur zeitabhängige Kriechverformung auftritt. Dazu müsste man den plastischen Halbzyklus bei abgesenkter Temperatur oder – wie zuvor beschrieben – schnell durchfahren und das Kriechen bei nicht zu hoher Spannung stattfinden lassen. Letzteres ließe die Versuchsdauern erheblich ansteigen. Sofern ein gewisser plastischer Anteil in beiden Teilzyklen, also ein $\Delta\varepsilon_{pp}$-Anteil im Gesamtzyklus, in Kauf genommen werden muss, lässt sich dies rechnerisch korrigieren, indem man die SRP-Methode bereits bei den Grundmustern anwendet und die einzelnen Bruchzyklenzahlen für die „reinen" Anteile ermittelt (Näheres unten stehend). Dazu muss zuerst die Beziehung zwischen $\Delta\varepsilon_{pp}$ und der Bruchzyklenzahl im pp-Zyklus gemessen werden, was experimentell am leichtesten realisierbar ist. Die Kriechanteile der drei Zyklusformen können entweder bei konstanter Spannung, wie in Bild 4.16 b)–d) dargestellt, oder bei konstanter Dehnung erzeugt werden. Die Wahl hängt davon ab, ob das betreffende Bauteil einer konstanten statischen Belastung ausgesetzt ist oder ob die Relaxation von Spannungen – in der Regel handelt es sich dabei um Wärmespannungen – zu betrachten ist.

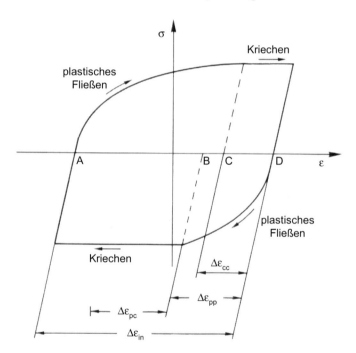

Bild 4.15 Geschlossene (σ; ε)-Hystereseschleife mit der Aufteilung der inelastischen Dehnungsschwingbreite in die zeit*un*abhängigen plastischen Dehnanteile und die Kriechdehn- oder -stauchanteile (nach [4.10])
Der Anteil $\Delta\varepsilon_{pc}$ ist an einer beliebigen Stelle eingezeichnet, weil er sich keinem Abschnitt des Zyklus direkt zuordnen lässt, sondern sich aus $\Delta\varepsilon_{pc} = \Delta\varepsilon_{in} - \Delta\varepsilon_{pp} - \Delta\varepsilon_{cc}$ ergibt.

4.6 Lebensdauerabschätzung

Für jeden Versuchstyp sind mehrere infrage kommende Dehnungsschwingbreiten anzusetzen. Es zeigt sich in den meisten Fällen, dass sich jede Versuchsreihe mit einem Zyklus-Grundtyp durch eine eigene Coffin-Manson-Beziehung gemäß Gl. (4.5) beschreiben lässt, **Bild 4.17** (ursprünglich ist nur der pp-Typ durch diese Gleichung abgedeckt).

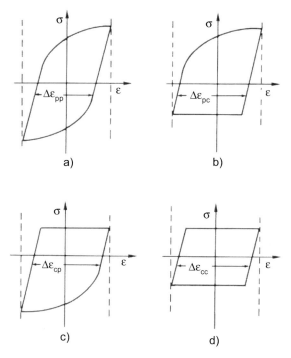

Bild 4.16 Die vier idealisierten Grundmuster der Hystereseschleifen
a) pp-Zyklus: Zug – nur plastisches Fließen; Druck – nur plastisches Fließen
b) pc-Zyklus: Zug – nur plastisches Fließen; Druck – nur Kriechen
c) cp-Zyklus: Zug – nur Kriechen; Druck – nur plastisches Fließen
d) cc-Zyklus: Zug – nur Kriechen; Druck – nur Kriechen

Wenn die erforderlichen Grunddaten für den Werkstoff vorliegen, kann der für die betrachtete Beanspruchung relevante, geschlossene Zyklus in die inelastischen Dehnungsanteile zerlegt werden. In dem in Bild 4.15 dargestellten Fall werden sowohl in der Zug- als auch Druckphase plastische Dehnungskomponenten sowie Kriechanteile identifiziert. Um eine Zuordnung zu den Grundmustern nach Bild 4.16 treffen zu können, müssen die jeweiligen Dehnungsabschnitte miteinander verglichen werden. So ist in dem gezeigten Beispiel die plastische Dehnung in der Zugphase größer als die in der Druckphase: AC>DB (Absolutbeträge). Umgekehrt ist in der Druckphase die Kriechverformung höher: BA>CD. Der durch *gleichartige* Verformung *vollständig* umgekehrte Anteil ist jeweils der kleinere von beiden; der im Zyklus gegenüberliegende gleichartige Verformungsanteil kann nur höher oder zufällig gleich sein. Unter gleichartiger Verformung wird hier entweder die zeitunabhängige (plastische) oder die zeitabhängige (Kriech-) Verformung verstanden.

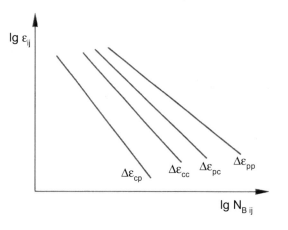

Bild 4.17
Exemplarische Coffin-Manson-Diagramme für die vier Grundmuster der Dehnungsanteile

Durch diese Aufteilung werden die Grundtypen mit gleichartiger Verformung in der Zug- und Druckphase festgelegt, also hier: $\Delta\varepsilon_{pp} = \overline{DB}$ und $\Delta\varepsilon_{cc} = \overline{CD}$. Übrig bleibt der durch *ungleichartige* Verformung umzukehrende Anteil $\Delta\varepsilon_{pc}$ oder $\Delta\varepsilon_{cp}$, welcher gleich der Differenz der plastischen Komponenten ($\overline{AC} - \overline{DB}$) und auch gleich der Differenz der Kriechanteile ist ($\overline{BA} - \overline{CD}$). Es kann immer nur *einer* dieser beiden ungleichartigen Typen – $\Delta\varepsilon_{pc}$ oder $\Delta\varepsilon_{cp}$ – in einem bestimmten Zyklus auftreten, abhängig davon, welcher Verformungsbetrag in der Zugphase oder in der Druckphase am größten ist. Im Beispiel nach Bild 4.15 ist die Restkomponente vom Typ $\Delta\varepsilon_{pc}$, weil in der Zugphase ein noch nicht umgekehrter plastischer Verformungsanteil übrig bleibt (1. Index: p) und in der Druckphase entsprechend ein Kriechanteil (2. Index: c). Geometrisch kann die inelastische Dehnung $\Delta\varepsilon_{pc}$ nicht direkt abgelesen werden; sie ist daher in Bild 4.15 an beliebiger Stelle eingezeichnet.

Die nun identifizierten inelastischen Komponenten müssen in der Summe die gesamte inelastische Dehnung des Zyklus ergeben: $\Sigma \Delta\varepsilon_{ij} = \Delta\varepsilon_{in}$. Ein Zyklus kann höchstens aus drei unabhängigen Grundkomponenten bestehen und wenigstens aus einer.

Für die in dieser Weise bestimmten inelastischen Dehnungen $\Delta\varepsilon_{ij}$ ermittelt man nun aus den betreffenden Coffin-Manson-Beziehungen die zugehörigen Bruchzyklenzahlen N_{Bij}, wie in Bild 4.17 schematisch gezeigt. Für *einen* gesamten Beanspruchungszyklus „i", z. B. den in Bild 4.15, wird die Schädigung ΔD_i definiert als die Summe der Schädigungsanteile der jeweiligen Einzelkomponenten bezogen auf deren Bruchzyklenzahl N_{Bij}. Man nimmt also an, dass jeder inelastische Verformungsanteil ein bestimmtes, von den anderen unabhängiges Schädigungsinkrement erzeugt. Dieser Einzelanteil für einen Zyklus wird – wie

4.6 Lebensdauerabschätzung

bei allen zuvor vorgestellten Schädigungsregeln – als linearer Bruchteil der Gesamtschädigung angesetzt, so dass $\Delta D_i \cdot N_{Bi} = 1$ ist. Damit sind alle Größen bekannt, um die Bruchzyklenzahl N_{Bi} für die betrachtete Zyklusform errechnen zu können:

$$\Delta D_i = \frac{1}{N_{Bi}} = \frac{1}{N_{B_{pp}}} + \frac{1}{N_{B_{pc}}} + \frac{1}{N_{B_{cp}}} + \frac{1}{N_{B_{cc}}} \qquad (4.14a)$$

Treten im Laufe der Bauteilbeanspruchung mehrere verschiedene Zyklusformen auf, so müssen die N_{Bi}-Werte einzeln bestimmt und dann analog zur Palmgren-Miner-Regel für alle Intervalle mit den jeweiligen Zyklenzahlen zusammengesetzt werden (Gln. 4.11 und 4.12). Hierbei nimmt man ebenfalls die lineare Schädigungsakkumulation als gültig an.

Gemäß Bild 4.17 beobachtet man generell, dass die zyklische Lebensdauer unter Bedingungen zeit*un*abhängiger plastischer Verformung am höchsten ist (pp-Zyklus). Kriechen reduziert die ertragbare Zykluszahl. Manson et al. [4.10] fanden heraus, dass bei gegebener inelastischer Dehnungsschwingbreite die Differenz der Bruchzyklenzahl zwischen dem Zyklustyp mit geringster Lebensdauer – in Bild 4.17 ist dies der cp-Typ – und dem pp-Zyklus maximal einen Faktor 10 beträgt, wenn die Dehnungsschwingbreiten nicht zu gering sind.

Nimmt man diesen Wert als Regel an (auch als *„10 %-Regel"* geläufig), so ergibt sich ein sehr einfaches Abschätzverfahren für die zyklische Lebensdauer unter beliebigen inelastischen Dehnverhältnissen. Man misst lediglich die Bruchzyklenzahl in einem einfachen pp-Zyklus bei der infrage kommenden Dehnungsschwingbreite bei Raumtemperatur, weil bei diesem Typ die Temperatur wenig Einfluss hat, und reduziert diesen Wert um den Faktor 10. Hiermit wären pauschal die Kriechschädigungsanteile abgedeckt. Die Autoren [4.10] weisen allerdings darauf hin, dass die „10 %-Regel" zu hohe Lebensdauern hervorbringen kann, wenn die Bruchzyklenzahl etwa 10^5 überschreitet, weil die Coffin-Manson-Geraden entsprechend Bild 4.17 zu höheren Zyklenzahlen divergieren. Sie geben bei sehr geringen Dehnungsschwingbreiten Faktoren von 100 oder sogar 1000 an.

Vorteilhaft wirkt sich bei der SRP-Methode aus, dass die Coffin-Manson-Beziehungen der Zyklus-Grundmuster nach Bild 4.17 wenig temperaturabhängig sind, weil die Zug- und Zeitbruchdehnungen nicht sehr stark mit der Temperatur variieren. Dies erlaubt die Anwendung der Ergebnisse, wenn sie einmal für eine Temperatur erstellt worden sind, für einen breiteren Temperaturbereich.

Wie in Bild 4.10 angedeutet, können die lineare Schädigungsakkumulationsregel und die SRP-Methode im gesamten Frequenzbereich angewandt werden. Hauptsächlich dienen sie jedoch zur Lebensdauerabschätzung bei ausgeprägter Kriech-Ermüdung-Wechselwirkung.

Das SRP-Verfahren wurde mit dem Ziel entwickelt, thermische Ermüdung hinsichtlich der Lebensdauer beschreiben zu können. In einer Vielzahl von Fällen wurde die erfolgreiche wie auch nicht erfolgreiche Anwendung dieses Verfahrens berichtet. Schwierigkeiten bereiten diverse Aspekte: Neben der schwierigen Aufteilung der Hysterese in die verschiedenen Grundtypen (Abb. 4.16) ist auch die Streuung der vielen Werkstoffparameter ein Problem. Darüber hinaus beeinflusst die Mittelspannung die Bruchzyklenzahlen der Ermüdungsgrundtypen und der realen Beanspruchung. Dies erfasst die SRP-Methode nicht. Außerdem liegen oftmals keine geschlossenen Sättigungszyklen vor, welche eine Voraussetzung für die Anwendung der SRP-Prozedur darstellen. Statt dessen tritt ein *Ratcheting*-Effekt auf.

Da sich die im Experiment und/oder am Bauteil ermittelten Spannung-Dehnung-Hysteresen meist nicht eindeutig in die vier der SRP-Methode zugrunde liegenden Beanspruchungsarten aufteilen lasssen, erreicht das Verfahren in vielen Fällen nicht die erwünschte Genauigkeit der Lebensdauerberechnung. Seit den achtziger Jahren wurden daher verstärkt sog. mikrostruktur-basierte Modelle zur Vorhersage der Ermüdungslebensdauern von verschiedenen Werkstoffen, wie z. B. warmfesten Stählen, Nickelbasislegierungen oder auch Hochtemperaturtitanlegierungen entwickelt. Ein wesentlicher Punkt hierbei ist, dass die starke Einbindung der relevanten mikrostrukturellen Prozesse eine zuverlässigere Übertragung der im Labor erarbeiteten Ergebnisse auf die reale Bauteilbeanspruchung ermöglichen soll. Allen diesen Verfahren liegt damit ein tiefgreifendes Verständnis der in der Mikrostruktur ablaufenden Prozesse zu Grunde, welches allerdings auch meist erst mit sehr hohen experimentellem Aufwand für die jeweilige Legierung erarbeitet werden muss.

Berücksichtigt werden neben der reinen Ermüdungsschädigung (fat) die Einflüsse von Kriechprozessen (creep) und Einflüsse der Oxidation (ox). Die Gesamtlebensdauer (N_B) berechnet sich unter der Annahme linearer Schädigungsakkumulation als:

$$\frac{1}{N_B} = \frac{1}{N_B^{fat}} + \frac{1}{N_B^{ox}} + \frac{1}{N_B^{creep}} \qquad (4.14b)$$

Zur Ermittlung der Modellparameter werden die Experimente meist so geführt, dass nur ein Schädigungsmechanismus dominiert. Der (reine) Ermüdungsanteil der Schädigung kann entsprechend der Dehnungswöhlerlinie (sog. strain-life approach) des untersuchten Werkstoffs oder über bruchmechanische Konzepte ermittelt werden. Bei erhöhter Temperatur sind die Versuche dann in Schutzgasatmosphäre oder Vakuum und mit ausreichend hohen Versuchsfrequenzen durchzuführen, um Schädigungsbeiträge durch Oxidation und Kriechen zu vermeiden.

Bei der Berechnung des Oxidationsschädigungsanteils muss häufig nicht nur die Wachstumskinetik des Oxids einbezogen werden, sondern ein eventuelles Abplatzen der Oxidschicht und ein damit einhergehendes Freilegen frischer Metalloberfläche sind bei vielen Legierungen ebenfalls zu berücksichtigen. Wichtig in diesem Falle ist die Kenntnis über kritische Oxidschichtdecken welche bei den gegebenen Belastungen zum Abplatzen der Schichten führen. Diese sind von der Legierung und von der Höhe der mechanischen Belastungen abhängig. Die entwickelten Modelle, z. B. [4.19 und 4.20] ermöglichen es inzwischen über ent-

sprechende Parameter das Oxidationsschädigungsverhalten auch unter wechselnden Bedingungen wie im Falle der TMF zu beschreiben.
Entsprechendes gilt für die kriechverursachten Schädigungsanteile. Mikroskopische Untersuchungen von Proben aus Kriech-Ermüdungsexperimente liefern z. B. Daten über das Kriechporenwachstum, die gezielt genutzt werden, um das Schädigungsverhalten auf mikrostruktureller Basis zu beschreiben. Auf diese Weise ist es möglich nicht nur das Werkstoffverhalten unter rein zyklischer mechanischer Beanspruchung zu beschreiben, sondern z. B. Effekte durch Haltezeiten im Zug oder Druck bei beliebig überlagerter Temperaturbeanspruchung zu berücksichtigen.

Da die dominierenden mikrostrukturellen Vorgänge je nach Werkstoff sehr unterschiedlich sein können, müssen die Modelle stets werkstoffspezifisch angepasst werden und erfordern meist auch eine große Anzahl an Versuchen, um letztlich die Lebensdauer eines Werkstoffes z. B. unter TMF Bedingungen berechnen zu können. Bei Vorhandensein einer entsprechenden Datenbasis für einen Werkstoff ist dann die Lebensdauer dieses Werkstoffes unter verschiedensten Bedingungen gut vorhersagbar, z. B. bei IP oder OP Belastung oder aber auch bei Belastungskollektiven mit entsprechenden Haltezeiten. Der wesentliche Vorteil dieser Modelle ist damit in der besseren Qualität der Vorhersage der Lebensdauer unter Bedingungen zu sehen, die im Laborexperiment nicht oder kaum nachzubilden sind.

In der Technik ist von Fall zu Fall zu entscheiden, ob eine simple Abschätzmethode, wie z. B. die „10 %-Regel", ihren Zweck erfüllt oder ob stark erhöhter experimenteller Aufwand zu treiben ist. Ergänzend zu den vorgestellten Lebensdauerprognosen ist besonders auf die Bedeutung realitätsnaher Bauteilsimulationen vor dem Einsatz sowie regelmäßiger Zustandsbeurteilungen der hochtemperaturbeaufschlagten Komponenten nach Betriebsbeanspruchung hinzuweisen.

4.7 Thermische Ermüdung

4.7.1 Einführung und Definition

Die thermische Ermüdung beschäftigt sich mit thermisch und mechanisch belasteten Bauteilen, somit ergibt sich ein klarer Unterschied zur LCF-beanspruchten TMF-Probe. Sie stellt ein typisches Beanspruchungs- und Versagensmerkmal thermisch beaufschlagter Komponenten dar. Je höher die Temperaturdifferenz „kalt/heiß" ist und je schneller die zeitliche Temperaturänderung $dT/dt = \dot{T}$ erfolgt, umso ausgeprägter tritt thermische Ermüdung in Erscheinung. Auch die Lebensdauer von Mikroprozessoren, die sich im Betrieb erwärmen, hängt davon ab, wie häufig der Rechner neu gestartet wird.

Turbinenschaufeln sind ein Beispiel für besonders stark thermoermüdungsbeanspruchte Bauteile. **Bild 4.18** veranschaulicht das thermische „Atmen" dieser Komponenten durch An- und Abfahrvorgänge und Laständerungen. **Bild 4.19** gibt ein Realbeispiel für Thermoermüdungsrisse an der Gaseintrittskante einer Turbinenschaufel wieder, wobei in diesem Fall eine thermoermüdungsanfällige Schutzschicht die Rissinitiierung förderte.

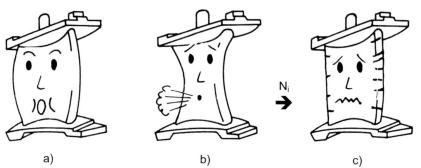

a)   b)   c)

Bild 4.18 Veranschaulichung des thermischen „Atmens" am Beispiel einer Turbinenschaufel (nach [4.12], aufbereitet durch K. Mey)
a) Aufheizphase: Die Schaufelkanten kommen schnell auf hohe Temperaturen und dehnen sich stärker als der Mittenbereich der Blattsehne
b) Abkühlphase: Die Schaufelkanten kühlen schneller ab als die Sehnenmitte und schrumpfen folglich thermisch schneller
c) Wiederholte thermische Zyklen führen zu Thermoermüdungsrissen an den Schaufelkanten (N_i: Zyklenzahl bis zur Anrissbildung)

Auch wenn die Wärmespannungen unterhalb der makroskopischen Streck- oder Stauchgrenze bleiben, kann es bei wiederholten Temperaturzyklen zur thermischen Ermüdung kommen mit Rissbildung und -wachstum. Der Grund liegt darin, dass sich bei genauer Betrachtung keine rein elastischen Dehnungen aufbauen, welche vollständig reversibel wären, sondern dass immer auch inelastische Verformungsanteile auftreten. Außerdem wandelt sich bei hohen Temperaturen elastische Deformation zeitabhängig in Kriechverformung um, wenn die freie Ausdehnung behindert ist. Die Wärmespannungen relaxieren dabei (Spannungsrelaxation siehe Kap. 3.15). Dieser Vorgang ist besonders bei Hochtemperaturbauteilen zu berücksichtigen, welche längere Perioden auf Betriebstemperatur gehalten werden.

4.7 Thermische Ermüdung

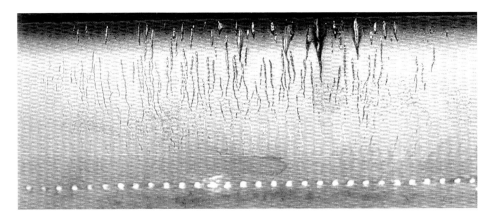

Bild 4.19 Thermoermüdungsrisse an der Eintrittskante einer innengekühlten Gasturbinen-Leitschaufel der 1. Stufe
Die Rissbildung wurde in diesem Fall durch eine TF-rissanfällige Korrosionsschutzschicht begünstigt.

Durch die inelastischen Verformungen – besonders die Kriechanteile – bei den zyklischen Temperaturänderungen sowie während der Relaxation im stationären Temperaturzustand wird im Werkstoff Schädigung in Form von Rissen erzeugt. In Anlehnung an die allgemeine Begriffsdefinition für Ermüdung in Kap. 4.1 versteht man unter thermischer Ermüdung die Rissbildung und das Risswachstum unter temperaturzyklischen Bedingungen.

Unter dem Obergriff „thermische Ermüdung" ist manchmal die Unterscheidung in thermomechanische Ermüdung (*TMF – thermal-mechanical fatigue*) und Wärmespannungsermüdung (*TSF – thermal-stress fatigue*) gebräuchlich [4.13]. Bei thermomechanischer Ermüdung liegt durch äußere Zwängung eine Verformungsbehinderung vor, während bei Wärmespannungsermüdung keine äußeren Kräfte einwirken, sondern sich thermisch bedingte Eigenspannungen ausbilden. Diese Terminologie kann zweckmäßig sein, um die Ursache der Wärmespannungen zu kennzeichnen und auch um verschiedene Prüftechniken zu beschreiben. Treten in Bauteilen sowohl erzwungene als auch nicht erzwungene Wärmespannungen auf, ist allgemein von thermischer Ermüdung zu sprechen.

4.7.2 Wärmedehnungen und Wärmespannungen

Nahezu alle Stoffe ändern in Abhängigkeit von der Temperatur ihre äußeren Abmessungen. Aufgrund der mit der Temperatur zunehmenden Schwingungsamplitude der Atome dehnen sie sich üblicherweise beim Erwärmen nach allen Richtungen gleich aus (manche Stoffe zeigen in bestimmten Temperaturbereichen durch überlagerte Effekte ein abweichendes Verhalten). Bei festen Stoffen drückt man diese thermische Formänderung durch die Längenänderung aus:

$$\varepsilon_{th} = \frac{\Delta L}{L_0} = \alpha_\ell \cdot \Delta T \qquad (4.15)$$

ΔT ist, wie alle Differenzen, definiert als $T_1 - T_0$, wobei „0" für den Ausgangszustand und „1" für den Endzustand steht. Für Berechnungen ist ΔT stets vorzeichengerecht einzusetzen, d. h. $\Delta T > 0$ bei Aufheizen und $\Delta T < 0$ bei Abkühlen. Es ergibt sich dann entweder eine Dehnung (Vorzeichen: +) oder eine Schrumpfung (Vorzeichen: –). Da die Längenänderung nicht exakt linear mit der Temperatur erfolgt, kennzeichnet der so definierte α_ℓ-Wert die *mittlere* Wärmeausdehnung in dem betrachteten Temperaturintervall. Es ist also stets anzugeben, für welchen Temperaturbereich er gelten soll. Tabellenwerte beziehen sich meist auf den Bereich von 0 bis 100 °C; für Anwendungen bei höheren Temperaturen müssen die jeweils gültigen Werte benutzt werden.

Die thermischen Verformungen sind (unter der Annahme freier Dehnung) grundsätzlich reversibel, d. h. bei Rückkehr auf die Ausgangstemperatur verschwinden sie wieder. Allerdings sind mit dem thermischen „Atmen" bedeutende technische Konsequenzen verbunden. Können sich nämlich die thermischen Dehnungen oder Schrumpfungen nicht ungehindert ausbreiten, und dies ist bei Bauteilen praktisch nie der Fall, rufen sie thermisch induzierte Spannungen – die Wärmespannungen – in den Werkstoffen und Konstruktionen hervor. Diese bewirken *mechanische* Verformungen, d. h. elastische oder elastisch-plastische Dehnungen oder Stauchungen. Besonders bei höheren Temperaturen spielen sich verstärkt plastische Vorgänge im Material ab.

Behinderte Wärmedehnung/-schrumpfung kann folgende Ursachen haben, die auch in Kombination auftreten können:

- äußere Behinderung durch die Einspannung des Bauteils;
- innere Behinderung durch ungleichmäßige Temperaturverteilung über dem Querschnitt;
- innere Behinderung in Werkstoffverbunden mit unterschiedlichem thermischen Ausdehnungsverhalten, z. B. bei Grundwerkstoff/Beschichtung-Kombinationen, Faserverbundwerkstoffen sowie im Mikrobereich durch verschiedene Phasen.

4.7 Thermische Ermüdung

Im erstgenannten Fall spricht man von *erzwungenen* Wärmespannungen, in den anderen Fällen von *nicht erzwungenen* Wärmespannungen.

Im Folgenden werden einige Fälle zur Berechnung der Wärmedehnungen und -spannungen exemplarisch behandelt, welche sowohl für Wärmebehandlungen als auch für thermozyklisch beanspruchte Bauteile relevant sind.

a) Einaxiale erzwungene Wärmedehnungsbehinderung

Wird die Dehnung vollständig behindert, so muss die Summe aus thermischer und entgegengerichteter mechanischer Verformung (Index „m") null ergeben. Bei Behinderung in nur *einer* Richtung (hier als x bezeichnet) ist somit :

$$\varepsilon_x = 0 = \varepsilon_{th} + \varepsilon_m = \alpha_\ell \cdot \Delta T + \frac{\sigma_x}{E} \qquad (4.16\ a)$$

Für die mechanische Dehnung wird hier vorausgesetzt, dass es sich um eine *rein elastische* Verformung handelt, für die das Hooke'sche Gesetz gilt. Die Wärmespannung in x-Richtung beträgt folglich:

$$\sigma_x = -E \cdot \varepsilon_{th} = -E \cdot \alpha_\ell \cdot \Delta T \qquad (4.16\ b)$$

Für den Fall völliger Dehnungsbehinderung von außen, wie bei einem an beiden Enden in einem unendlich steifen Aufbau fest eingespannten Körper oder auch innerhalb eines (unendlich steifen) Bauteils unmittelbar nach einer Temperaturänderung an der Oberfläche ohne Temperaturleitung nach innen, errechnen sich Wärmespannungen von 3 MPa/K bei E = 200 GPa und α_ℓ = 15·10^{-6} 1/K (typische Werte für Stahl und Ni-Basislegierungen). Dieser Wert ist hoch und kann bei entsprechend großen ΔT-Werten die Streck- oder Stauchgrenze und sogar die Zugfestigkeit übersteigen.

Von Thermoschockrissen spricht man, wenn die Wärmespannungen bereits nach extrem wenigen Abkühlungen die Zugfestigkeit überschreiten (Tabelle 4.1). In diesem Fall wird an der Oberfläche eines abgeschreckten Bauteils praktisch der zuvor berechnete Maximalwert $\sigma_{th}/\Delta T$ erreicht (siehe hierzu auch Kap. 4.7.4.8)

b) Einaxiale nicht erzwungene Wärmedehnungsbehinderung

Bild 4.20 zeigt eine Bauteilwand mit einem *stationären* Temperaturgefälle ΔT_W (Index W für Wand) zwischen der warmen (Index w; T_{max}) und der kalten Seite (Index k; T_{min}). Es möge keine zusätzliche äußere Dehnungsbehinderung auftreten. Der Temperaturverlauf über der Wand sei geradlinig, d. h. in dem betrachteten Intervall wird ein konstanter λ-Wert des Werkstoffes angenommen und die Wand sei eben. Es gilt die Randbedingung der Verformungskompatibilität: $\varepsilon_k = \varepsilon_w$. Hinsichtlich der *Verformung* braucht – auch bei elastisch anisotropen

Materialien – nur *eine* Richtung betrachtet zu werden, weil die Verhältnisse in anderen, gegebenenfalls auch verformungsbehinderten Richtungen gleich sind (die *Spannungen* sind bei elastischer Anisotropie unterschiedlich). Die Dehnungen setzen sich wiederum aus der Summe von thermischer und mechanischer Verformung zusammen:

$$\varepsilon_k = \alpha_\ell (T_{min} - T_0) + \varepsilon_{m_k} \qquad (4.17\ a)$$

und

$$\varepsilon_w = \alpha_\ell (T_{max} - T_0) + \varepsilon_{m_w} \qquad (4.17\ b)$$

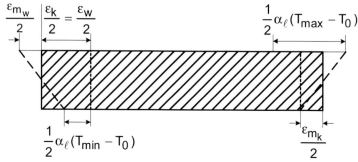

Bild 4.20 Schnitt durch ebene Platte mit stationärem Temperaturgefälle zur Veranschaulichung der Verformungsanteile ohne äußere Verformungsbehinderung
.... Kontur bei T_0 (tiefe Ausgangstemperatur)
– – – – – Kontur bei gedachter freier Wärmedehnung
——— tatsächliche Kontur bei innerer Wärmedehnungsbehinderung

Setzt man ferner einen temperatur*un*abhängigen α_ℓ-Wert im Bereich von T_{min} bis T_{max} voraus, so braucht man zwischen dem mittleren Ausdehnungswert auf der kalten und dem auf der heißen Seite nicht zu unterscheiden. Eine weitere Vereinfachung betrifft die Materialfestigkeit: Man nimmt an, dass auf der heißen Seite eine Stauchung stattfindet, welche den gleichen Betrag hat wie die Dehnung auf der kalten Seite. Bei rein elastischer Dehnung erhält man bei Annahme eines temperatur*un*abhängigen E-Modul im Bereich ΔT_W. Mit

$$\varepsilon_{m_k} = -\varepsilon_{m_w} \qquad (4.18\ a)$$

und der Kompatibilitätsbedingung $\varepsilon_k = \varepsilon_w$ ergeben sich die mechanischen Dehnungen zu:

$$\varepsilon_{m_k} = |\varepsilon_{m_w}| = \frac{1}{2}\alpha_\ell (T_{max} - T_{min}) \qquad (4.18\ b)$$

4.7 Thermische Ermüdung

Die mechanische Dehnung, die für eine mögliche Werkstoffschädigung verantwortlich ist, hängt also erwartungsgemäß vom Temperaturgefälle ΔT_W ab. Wie aus den Ausführungen in Kap. 1.4.2 hervorgeht, lässt sich (bei ansonsten gleichen Wärmeübertragungsbedingungen) ΔT_W absenken, indem die Wanddicke reduziert wird (Gl. 1.24). Außerdem vermag eine Wärmedämmschicht das Temperaturgefälle über der metallischen Wand abzubauen (siehe Kap. 7.2.1). Die Wärmespannungen errechnen sich bei rein elastischen Verformungen nach dem Hooke'schen Gesetz:

$$\sigma_k = -\sigma_W = \frac{E \cdot \alpha_\ell (T_{max} - T_{min})}{2} \qquad (4.19)$$

c) Biaxiale nicht erzwungene Wärmedehnungsbehinderung

Während die mechanischen Dehnungen allgemein nach Gl. (4.18 b) berechnet werden können, müssen die Wärmespannungen beim ebenen Spannungszustand der Behinderung, der technisch häufig vorkommt, aufgrund des Poisson'schen Effektes gesondert betrachtet werden.

Gemäß **Bild 4.21** wird eine ebene Platte untersucht, bei der eine Verformungsbehinderung in der x- und y-Richtung sowie freie Ausdehnung in der z-Richtung bestehen möge. Von der Oberseite der Platte mit T_{max} und der Unterseite mit T_{min} wird jeweils ein Spannungselement analysiert. Für diese liegt ein ebener Spannungszustand vor, d. h. die dritte Hauptnormalspannung in z-Richtung verschwindet zu null. Wie bei den Verformungen im einaxialen Fall unter *b)* wird das Aufheizen von T_0 ausgehend beurteilt. Der Verformungszustand ist dreiachsig, weil auch in z-Richtung Verformungen auftreten. Die Verformungen werden in den drei Achsen in ihre Einzelkomponenten zerlegt und anschließend summiert. Zunächst wird die heiße Oberseite betrachtet:

1) Rein thermische Dehnungen, welche bei kubischen Kristallen stets isotrop vorliegen, Bild 4.21 b):

$$\varepsilon_{x_1} = \varepsilon_{y_1} = \varepsilon_{z_1} = \alpha_\ell (T_{max} - T_0) \qquad (4.20\ a)$$

2) Dehnung durch die Normalspannung σ_x auf das sich einstellende Maß in x-Richtung; in y- und z-Richtung tritt aufgrund des Poisson'schen Effektes eine Querdehnung auf, Bild 4.21 c). Die Formulierungen werden zunächst allgemein ohne Berücksichtigung des tatsächlichen Vorzeichens angesetzt:

$$\varepsilon_{x_2} = \frac{\sigma_x}{E} \quad \text{und} \quad \varepsilon_{y_2} = \varepsilon_{z_2} = -\nu \frac{\sigma_x}{E} \qquad (4.20\ b,\ c)$$

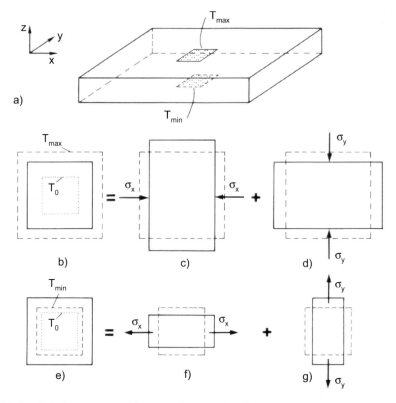

Bild 4.21 Modell einer ebenen Platte zur Veranschaulichung der stationären Wärmespannungen ohne äußere Verformungsbehinderung
    a) Platte mit heißer Ober- und kalter Unterseite; die betrachteten ebenen Spannungselemente sind angedeutet
    b) Oberes Spannungselement mit Konturen im Ausgangszustand, nach gedachter freier thermischer Dehnung sowie im behinderten Endzustand bei T_{max}
    c) Mechanische Verformung des Elementes wie b) unter Wirkung der Spannung σ_x mit Querdehnung in y-Richtung
    d) Wie c) unter Wirkung der Spannung σ_y mit Querdehnung in x-Richtung
    e) Unteres Spannungselement mit Konturen im Ausgangszustand, nach gedachter freier thermischer Dehnung sowie im behinderten Endzustand bei T_{min}
    f) Mechanische Verformung des Elementes wie e) unter Wirkung der Spannung σ_x mit Querdehnung in y-Richtung
    g) Wie f) unter Wirkung der Spannung σ_y mit Querdehnung in x-Richtung

    ·········· Kontur bei T_0 (tiefe Ausgangstemperatur)
    – – – – – Kontur bei gedachter freier Wärmedehnung
    ———— Tatsächliche Kontur bei innerer Wärmedehnungsbehinderung

4.7 Thermische Ermüdung

3) Dehnung durch die Normalspannung σ_y auf das sich einstellende Maß in y-Richtung; in x- und z-Richtung tritt eine Querdehnung auf, Bild 4.21 d):

$$\varepsilon_{y3} = \frac{\sigma_y}{E} \quad \text{und} \quad \varepsilon_{x3} = \varepsilon_{z3} = -\nu \frac{\sigma_y}{E} \qquad (4.20\ \text{d, e})$$

Bei quasiisotropen Werkstoffen ist der E-Modul in allen Richtungen gleich und es gilt: $\sigma_x = \sigma_y = \sigma_w$ (Index w für die warme Oberseite). Der Mohr'sche Kreis für den ebenen (Wärme-) Spannungszustand entartet hier zu einem Punkt, d. h. in der (x; y)-Ebene herrschen keine Schubspannungen, wohl aber in dazu geneigten Schnitten. Summiert man die Einzelanteile der Dehnungen, erhält man (ε_z ist hier zu vernachlässigen):

$$\varepsilon_x = \sum_i \varepsilon_{x_i} = \varepsilon_y = \sum_i \varepsilon_{y_i} = \alpha_\ell (T_{max} - T_0) + \frac{\sigma_w}{E} - \nu \frac{\sigma_w}{E} \qquad (4.20\ \text{f})$$

Analog ergibt sich für die kalte Unterseite (Index k):

$$\varepsilon_x = \sum_i \varepsilon_{x_i} = \varepsilon_y = \sum_i \varepsilon_{y_i} = \alpha_\ell (T_{min} - T_0) + \frac{\sigma_k}{E} - \nu \frac{\sigma_k}{E} \qquad (4.21)$$

Aufgrund der Verformungskompatibilität müssen die Dehnungen in den jeweiligen Richtungen auf der warmen und kalten Seite gleich sein. Wie oben erwähnt, nimmt man vereinfachend an, dass der E-Modul in dem Intervall ΔT über der Wand konstant sein möge, d. h. es gilt: $-\sigma_w = \sigma_k$. Setzt man Gl. (4.20 f) und Gl. (4.21) gleich, so erhält man die Wärmespannungen auf der Ober- und Unterseite der Platte zu:

$$\sigma_k = -\sigma_w = \frac{E \cdot \alpha_\ell (T_{max} - T_{min})}{2(1-\nu)} \qquad (4.22)$$

Gegenüber den einaxial berechneten Wärmespannungen nach Gl. (4.19) liegen diejenigen bei ebener Behinderung um den Faktor $1/(1-\nu) \approx 1,4$ höher ($\nu = 0,3$ angesetzt). Für gekühlte Turbinenschaufeln aus der Ni-Basis-Gusslegierung *MAR–M 247* sei ein Zahlenbeispiel mit folgenden Werten angegeben: $T_{max} = 930\ °C$, $T_{min} = 770\ °C$, $E \approx 155\ \text{GPa}$ in diesem Temperaturintervall, $\nu = 0,3$ und $\alpha_\ell \approx 16 \cdot 10^{-6}\ K^{-1}$ im Bereich bis 930 °C. Die rein elastisch gerechneten Wärmespannungen nach Gl. (4.22) betragen: $|\sigma| = 283\ \text{MPa}$. Diese Spannungen liegen für den gewählten Werkstoff unterhalb der Warmstreck- oder -stauchgrenze bei der betreffenden Temperatur (ca. 850 MPa bei 770 °C und 350 MPa bei 930 °C). Bei den hohen Temperaturen werden auf beiden Seiten jedoch Kriech- und Relaxationsvorgänge ablaufen.

d) Wärmespannungen bei transienten Vorgängen

An einem weiteren Modell werden die sich bei transienten Vorgängen einstellenden Wärmespannungen ansatzweise betrachtet. Stark vereinfacht wird gemäß **Bild 4.22** eine dreischeibige Platte analysiert mit einem inneren Kern (Index i) und äußeren Scheiben gleicher Temperatur (Index a). Die Änderung von „a" nach „i" soll sprunghaft stattfinden. Bei realen Bauteilen muss das Modell auf infinitesimal schmale Scheiben erweitert werden, wobei für jede eine konstante Temperatur angesetzt wird, welche sich aus den Berechnungen der Temperaturleitung ergibt.

Als Beispiel wird die Abkühlung von einer Ausgangstemperatur T_0 untersucht, bei welcher Spannungsfreiheit bestehen möge. Bild 4.22 zeigt die Verhältnisse nur in der x-Richtung; berechnet werden – wie im vorherigen Fall – die ebenen Dehnungen und Spannungen in x- und y-Richtung. Folgende Randbedingungen gelten:

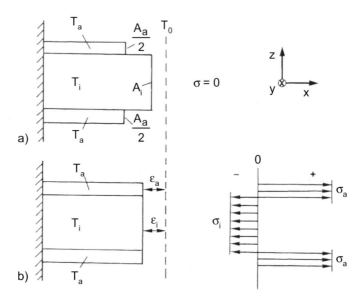

Bild 4.22 Wärmedehnungen und Wärmespannungen am vereinfachten Modell einer dreischeibigen Platte mit sprunghafter Temperaturänderung zwischen äußerer („a") und innerer („i") Scheibe; betrachteter Fall: Abkühlung von T_0
Der Übersichtlichkeit halber ist die Platte einseitig verankert dargestellt; die Verankerung soll jedoch keine Behinderung bewirken. Die gestrichelte Linie markiert die Länge des Körpers bei T_0. A_a und A_i bedeuten die Stirnflächen der Scheiben.
  a) Gedachter Fall der ungehinderten Wärmeschrumpfung ohne Aufbau von Wärmespannungen
  b) Behinderte Wärmeschrumpfung mit Aufbau von Zug-Wärmespannungen in der äußeren Scheibe und Druck-Wärmespannungen im Kern

4.7 Thermische Ermüdung

1) Kräftegleichgewicht in x- und y-Richtung: $\quad \sigma_i \cdot A_i + 2\sigma_a \cdot \dfrac{A_a}{2} = 0 \quad$ (4.23 a)

2) Verformungskompatibilität: $\quad \varepsilon_i = \varepsilon_a \quad$ (4.23 b)

Analog zum obigen Fall werden die Dehnungen in den drei Achsen in ihre Einzelkomponenten zerlegt und anschließend summiert:

$$\varepsilon_i = \alpha_\ell (T_i - T_0) + \frac{\sigma_i}{E} - \nu \frac{\sigma_i}{E} \quad (4.24\ a)$$

und

$$\varepsilon_a = \alpha_\ell (T_a - T_0) + \frac{\sigma_a}{E} - \nu \frac{\sigma_a}{E} \quad (4.24\ b)$$

Hierbei wird wiederum vorausgesetzt, dass sich der Werkstoff elastisch quasi-isotrop verhält, d. h. $\varepsilon_x = \varepsilon_y$ und $\sigma_x = \sigma_y$ (die z-Achse ist hier unerheblich, weil in dieser Richtung freie Verformung angenommen wird). Gleichsetzen von Gl. (4.24 a) und (4.24 b) gemäß Gl. (4.23 b) und Einsetzen von Gl. (4.23 a) ergibt die Wärmespannungen im Kern und in den äußeren Scheiben des Körpers:

$$\sigma_i = \frac{E \cdot \alpha_\ell (T_a - T_i)}{(1-\nu)(1 + A_i / A_a)} \quad (4.25\ a)$$

und

$$\sigma_a = \frac{E \cdot \alpha_\ell (T_i - T_a)}{(1-\nu)(1 + A_a / A_i)} \quad (4.25\ b)$$

Der Mohr'sche Kreis des ebenen Spannungszustandes entartet hier wie im Fall c) jeweils zu einem Punkt bei σ_i für den Kern und σ_a für die äußeren Scheiben.

Zu Beginn einer Temperaturänderung spürt nur eine äußere „Haut" die neue Temperatur, während das Volumen noch bei der Ausgangstemperatur beharrt. Für diesen Fall mit $A_a \ll A_i$ wird $\sigma_i \approx 0$ und Gl. (4.25 b) vereinfacht sich zu:

$$\sigma_a = \frac{E \cdot \alpha_\ell (T_i - T_a)}{1 - \nu} \quad (4.25\ c)$$

Diese Gleichung unterscheidet sich von Gl. (4.16 b) für einaxiale vollständige Dehnungsbehinderung durch den Faktor $1/(1-\nu) \approx 1{,}4$ ($\nu = 0{,}3$). Mit E = 200 GPa, $\alpha_\ell = 15 \cdot 10^{-6}$ 1/K und $\nu = 0{,}3$ errechnen sich Wärmespannungen in der Oberflächenschicht von maximal 4,3 MPa/K (einaxial: 3 MPa/K). Diese werden umso rascher abgebaut, je höher die Temperaturleitfähigkeit des Werkstoffes und je geringer die Wanddicke ist. Letzteres wird durch das Flächenverhältnis in Gl. (4.25 b) deutlich: Je dünner die Wand ist, umso höher ist das Verhältnis

A_a/A_i für eine bestimmte Außenfläche A_a und umso geringer ist somit die Wärmespannung σ_a in der Außenhaut. Außerdem wird bei einer dünnen Wand die Temperaturdifferenz zwischen innen und außen schneller abgebaut, so dass hohe Außenspannungen rasch verschwinden oder gar nicht erst in kritischer Höhe entstehen können.

e) Plastifizierung infolge von Wärmespannungen

Alle bisherigen Berechnungen der Wärmespannungen gingen von rein elastischen Verformungen aus. Sofern sich keinerlei inelastische Vorgänge abspielen, d. h. weder spontane plastische Verformung noch Kriechen oder Relaxation, sind die Spannungen vollständig reversibel und gehen nach Temperaturausgleich auf null zurück. Die elastisch gerechneten Spannungen stellen *Maximal*werte dar, die mit der Streck- oder Stauchgrenze oder bei spröden Werkstoffen mit der Zugfestigkeit zu vergleichen sind. Stets auftretende plastische Mikroverformungen sowie Kriechanteile bei hohen Temperaturen rufen allerdings bei häufig wiederholten Temperaturzyklen eine thermische Ermüdung hervor.

Im Folgenden werden *makroskopische* plastische Verformungen bei Temperaturänderungen angenommen, d. h. die Streck- oder Stauchgrenze wird überschritten. Dieser Fall ist typisch für viele Bauteile nach Abkühlung von einer Wärmebehandlungstemperatur.

Nach **Bild 4.23** werden die Verhältnisse beim Abkühlen untersucht, wobei der Rand (Index a) und der Kern (Index i) eines Körpers verglichen und nur qualitativ die Wärmespannungen in einer Richtung betrachtet werden. Bei der Ausgangstemperatur T_0 möge das Bauteil frei von Eigenspannungen sein, wie dies annähernd für Wärmebehandlungen bei sehr hohen Temperaturen, z. B. Lösungsglühungen, zutrifft.

Die Abhängigkeit der Streck- und Stauchgrenze von der Temperatur muss bekannt sein; sie ist schematisch in Bild 4.23 c) gezeigt mit identischen Verläufen, nur umgekehrtem Vorzeichen. In Bild 4.23 b) sind als Begrenzungen für die Wärmespannungen die jeweils relevanten Abschnitte der Streck- und Stauchgrenzlinien eingetragen. Dabei sind die zu den Zeiten korrespondierenden Temperaturen aus dem (lg t; T)-Diagramm in Bild 4.23 a) für den Rand und den Kern entnommen. Der Einfachheit halber wird ideal elastisch-plastisches Werkstoffverhalten vorausgesetzt, d. h. mit der plastischen Verformung soll keine Verfestigung verbunden sein, so dass Wärmespannungen maximal in Höhe der Streck- oder Stauchgrenze auftreten können.

In dem gewählten Verlauf nach Bild 4.23 b) erreichen die Spannungen in der Randzone kurz nach der Temperaturänderung die Streckgrenze, während die Verformungen im Kern elastisch bleiben. Bei weiterer Abkühlung würden dann Rand und Kern geometrisch nicht mehr zusammenpassen, weil sich der Rand plastisch gedehnt hat. Aufgrund der Kompatibilitätsbedingung kehren sich folglich die Spannungen um: Der Kern gerät unter Zug- und der Rand unter Druckspannungen. Hier ist angenommen, dass der Rand dabei wiederum plastifiziert, während der Kern nach wie vor nur elastisch gedehnt wird.

4.7 Thermische Ermüdung

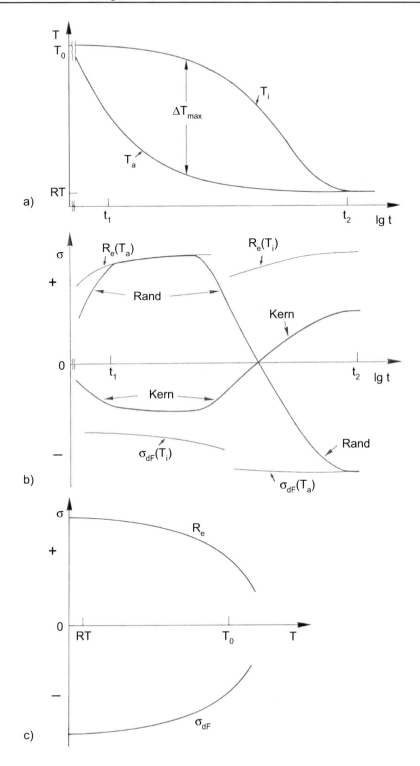

Bild 4.23 Entwicklung von Wärmespannungen beim Abkühlen eines Körpers von T_0 auf RT; Vergleich von Rand („a") und Kern („i")
  a) Zeitliche Temperaturverläufe
  b) Zeitlicher Verlauf der Wärmespannungen
  Die Streck- und Stauchgrenzlinien sind aus a) und c) entnommen (Anm.: Vereinfacht ist wie bei Bild **4.22** ein Modell mit Kern und Außenhaut zugrunde gelegt, so dass stets das Kräftegleichgewicht $\sigma_i \cdot A_i = -\sigma_a \cdot A_a$ gilt).
  c) Abhängigkeit der Streck- und Stauchgrenze von der Temperatur

Für eine Zeit t_1 kurz nach der Temperaturänderung sowie t_2 nach vollständigem Temperaturausgleich sind in **Bild 4.24** schematische Wärmespannungsverläufe über dem Querschnitt aufgetragen. Die Verteilung nach t_2 stellt die Eigenspannungen I. Art dar, welche nach Abkühlung auf RT im Bauteil aufgrund der ungleichmäßigen plastischen Verformung zurückbleiben (siehe Tabelle 3.5). Sollten die Zugspannungen im Rand während der Abkühlung sogar zur Rissbildung geführt haben, wären diese Risse anschließend zugedrückt und somit schwer zerstörungsfrei auffindbar.

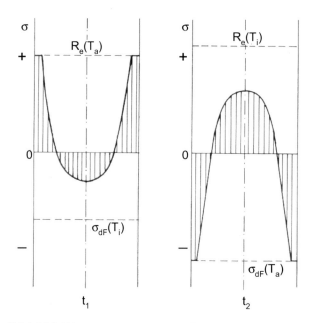

Bild 4.24 Wärmespannungsverläufe über dem Querschnitt nach verschiedenen Zeiten (siehe Bild 4.23)

4.7 Thermische Ermüdung

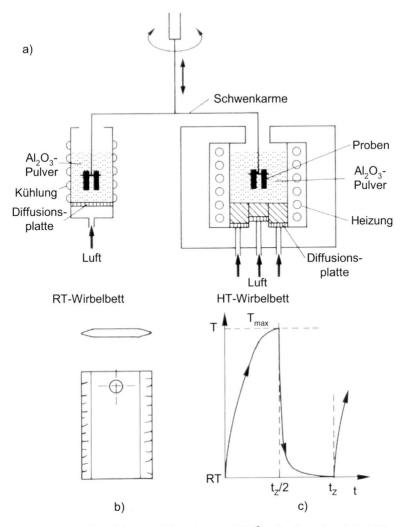

Bild 4.25 Thermische Ermüdungsprüfung in einer Fließbettanlage (nach [4.15])
   a) Schema einer Fließbettanlage
   b) Mögliche Probenform, hier: Doppelkeilprobe mit angedeuteter Rissbildung an den Kanten
   c) Schematischer Temperatur/Zeit-Verlauf an der Probenkante (t_Z: Zyklusdauer)

4.7.3 Prüftechniken zur thermischen Ermüdung

Während die Spannungen und Dehnungen in *einem* Temperaturzyklus mit den physikalischen und mechanischen Daten einigermaßen genau berechnet werden können, ist für die Lebensdauervorhersage bei wiederholter thermozyklischer Beanspruchung die Schädigungsakkumulation zu berücksichtigen. In der Regel gelten isotherme LCF-Versuche bei der maximalen Zyklustemperatur nicht als konservativ zur Beurteilung der thermischen Ermüdung. Ausnahmen hiervon wären eher zufällig. Zur Prüfung der betriebsnahen Verhältnisse bedient man sich verschiedener Techniken (Übersicht in [4.14]).

Das thermozyklische Verhalten wird oft in Fließbettversuchen getestet, die einen relativ schroffen Temperaturwechsel durch guten Wärmeübergang zwischen einem heißen oder kalten, aufgewirbelten Pulver und bauteilähnlich geformten Proben erlauben, **Bild 4.25**. Gemäß der Begriffsdefinition in Kap. 4.7.1 ist diese Prüftechnik als Wärmespannungsermüdung (*TSF*) einzuordnen, weil keine äußeren Zwängungen vorliegen. Die auf diese Weise rasch und einfach ermittelbare Zyklenzahl bis zu Anrissen dient vorwiegend zum Vergleich mit anderen Werkstoffen; eine Korrelation mit dem Betriebsverhalten basiert auf Erfahrungswerten.

Zur betriebsnahen quantitativen Simulation der thermischen Ermüdung müssen sehr viel aufwändigere anisotherme Dehnungswechselversuche durchgeführt werden. Die mechanische Verformung wird dabei von außen über eine Prüfmaschine vorgegeben, d. h. es liegt eine thermomechanische Ermüdungsbeanspruchung (*TMF*) vor, die gezielt variiert werden kann. Die Temperatur über dem Prüfquerschnitt wird möglichst gleichmäßig variiert. Die Schädigungsentwicklung und letztlich die Anrisszyklenzahl wird durch zahlreiche Parameter beeinflusst, so dass sehr sorgfältig die für die kritische(n) Stelle(n) des Bauteils repräsentativen Bedingungen nachzubilden sind.

Zunächst ist der zeitliche Verlauf von Temperatur und Verformung festzulegen. **Bild 4.26** gibt einige gebräuchliche Zyklenformen wieder, welche die Verhältnisse an den Bauteil*oberflächen* widerspiegeln. Im Werkstoffinnern befinden sich keine kritischen Stellen für thermische Ermüdung, es sei denn, dass rissanfällige heterogene Gefügebereiche vorliegen, wie z. B. in den Interdiffusionszonen einiger Beschichtungen. Exemplarisch sind in Bild 4.26 für gekühlte Turbinenschaufeln die Orte markiert, die gemäß dem jeweiligen Zyklus beansprucht werden. Die übliche Bezeichnung der Zyklen richtet sich danach, wie die Extremwerte von T und ε_m, der mechanisch aufgebrachten Dehnung, zeitlich gegeneinander verschoben sind:

- *In-Phase-Zyklus (IP)* – Die Extremwerte von mechanischer Verformung (relative, d. h. vorzeichengerechte Werte) und Temperatur treten phasengleich auf. Diese Zyklusform bildet näherungsweise die Verhältnisse an der kalten Oberfläche eines gekühlten Bauteils nach.
- *180° phasenverschobener Zyklus (OP – out-of-phase)* – Hierbei tritt der relativ höchste mechanische Verformungswert bei der geringsten Temperatur auf und umgekehrt. Die heißen Oberflächen gekühlter Bauteile, bei Turbinenschaufeln besonders die Kanten, werden in vereinfachter Form mit dieser 180° Phasenverschiebung beansprucht.
- *Zyklen mit 90° bzw. 135° Phasenverschiebung* – Die Bauteilzyklen werden realistischer nachgebildet durch schleifenförmige (T; ε_m)-Verläufe. Im englischen Schrifttum ist die Bezeichnung *diamond cycle* gebräuchlich wegen der Ähnlichkeit mit einem Härteeindruck durch einen Diamanten.

4.7 Thermische Ermüdung

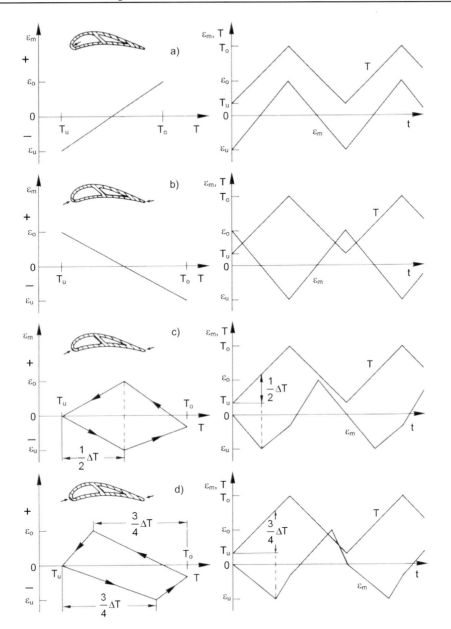

Bild 4.26 Thermomechanische Zyklusformen zur experimentellen Simulation thermischer Ermüdung
  a) In-Phase-Zyklus (IP-Zyklus)
  b) 180° phasenverschobener Zyklus (OP-Zyklus)
  c) Zyklus mit 90° Phasenverschiebung (90°-CCD-Zyklus)
  d) Zyklus mit 135° Phasenverschiebung (135°-CCD-Zyklus)

Die Phasenverschiebung wird meist bei 90° eingestellt (Bild 4.26 c), kann aber auch z. B. 135° betragen (Bild 4.26 d), um einen berechneten Zyklus noch wirklichkeitsgetreuer zu simulieren. Für die nachgebildeten Stellen an den Turbinenschaufelkanten (außen) werden die Schleifen im Gegenuhrzeigersinn durchlaufen (CCD – *counter clockwise diamond*). Die bei der höchsten Temperatur verbleibende Stauchung rührt hier vom stationären Temperaturgefälle über der Wand gemäß Bild 4.20 her. Bei der unteren Temperatur ist vereinfachend angenommen, dass die betreffende Stelle keine mechanische Verformung erfahren möge, also spannungsfrei ist. In der Realität wird dies nicht zutreffen; vielmehr werden nach vollständiger Abkühlung Eigenspannungen zurückbleiben.

Da bei einem TMF-Versuch die *mechanische* Verformung konstant zu halten ist, werden zunächst mehrere (T; t)-Zyklen lastfrei durchfahren, um die thermischen Verformungen zu erfassen. Über ein Rechnerprogramm wird dieser Anteil dann während des Versuches stets von der Gesamtverformung ε_t subtrahiert.

Manchmal werden die Ergebnisse aus den verschiedenen Zyklusformen miteinander verglichen. Hierbei ist allerdings anzumerken, dass die IP- und OP-Belastungen nicht als konkurrierend zu sehen sind, weil sie unterschiedliche Stellen eines Bauteils simulieren sollen, bei denen die Obertemperaturen in der Regel deutlich voneinander abweichen. Außerdem differieren bei den verschiedenen Zyklusformen die zyklischen (σ; ε)-Verläufe, so dass die Ergebnisse aus dehnungskontrollierten Versuchen von denen aus spannungskontrollierten völlig abweichen können (z. B. [4.16]).

Um Relaxationsvorgänge bei Betriebstemperatur zu simulieren, werden häufig bei den Obertemperaturen Haltezeiten eingebaut, welche in den zeitlichen Verläufen nach Bild 4.26 der Übersicht halber weggelassen sind. Die Anrisszyklenzahl wird durch Haltezeiten generell herabgesetzt.

Beispielhaft sei für einen 180°-OP-Zyklus der Einfluss einer Haltezeit bei T_{max} diskutiert, **Bild 4.27** [4.17]. In diesem Fall wird die mechanische Verformung im Stauchbereich bei hoher Temperatur gehalten, was die Verhältnisse an der Eintrittskante einer gekühlten Turbinenschaufel widerspiegelt, wo Druck-Wärmespannungen herrschen. Analog zu den isothermen dehnungsgeregelten Versuchen gemäß Bild 4.3 b) verschiebt sich die Mittelspannung zu Beginn der zyklischen Verformung zu geringeren Absolutwerten, bezeichnet als zyklische Mittelspannungsrelaxation. Bild 4.27 b) und c) zeigen die *stationären* zyklischen (σ; ε_m)-Schleifen, welche sich meist nach einigen zehn Zyklen stabil einstellen (zu beachten sind – im Gegensatz zu isothermen Versuchen – die etwas gekrümmten elastischen Kurvenabschnitte aufgrund der Temperaturabhängigkeit des E-Moduls). Die Mittelspannung hat sich hier in den Zugbereich verschoben auf einen Wert, welcher ohne und mit Haltezeiten etwa gleich ist.

Bei der Spannungsrelaxation während der Haltezeiten wird ein Teil der elastischen Verformung in Kriechverformung umgewandelt. Die Hystereseschleifen weiten sich dadurch stärker auf, der inelastische Verformungsanteil und die

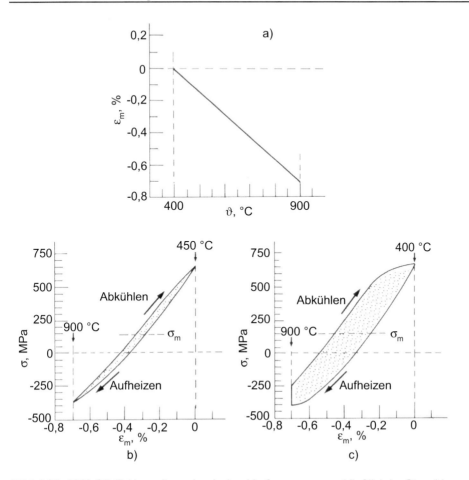

Bild 4.27 180°-OP-Zyklus mit mechanischer Verformung ausschließlich im Stauchbereich an der Ni-Basislegierung *IN 738 LC* (nach [4.17])
Die punktierten Flächen sind ein Maß für die Verformungsarbeit eines Zyklus.
a) Linearer Zyklus der mechanischen Dehnung über der Temperatur
b) Stationärer (σ; ε_m)-Zyklus für $\Delta\varepsilon_m = -0{,}7$ % ohne Haltezeit
c) Wie b) mit Haltezeit von 10 Minuten bei maximaler Temperatur und maximaler Stauchung; dadurch findet Spannungsrelaxation bei $\varepsilon_m = -0{,}7$ % = const. statt.

Verformungsarbeit pro Zyklus $\oint \sigma \, d\varepsilon$ (punktierte Flächen in Bild 4.27 b) und c) nehmen also zu. Hierin wird der Hauptgrund für die verringerte Anriss- und Bruchzyklenzahl in diesem Belastungsfall gesehen [4.17]. Treten Haltezeiten im Zugbereich auf, macht sich Kriechschädigung zusätzlich bemerkbar, welche bei Wechselwirkung mit der Ermüdungsschädigung die Lebensdauer herabsetzt.

Je höher die Kriechfestigkeit eines Werkstoffes ist, umso weniger Spannungsrelaxation findet während der Haltezeit statt und umso weniger inelastische Verformung und Schadigung kann sich ausbilden. Thermoermüdungs- und Kriechfestigkeit stehen also in einem engen Zusammenhang (siehe Kap. 4.7.4.5 d).

Neben den mechanischen Effekten, die durch Haltezeiten hervorgerufen werden, verlängert sich auch die Einwirkzeit des Umgebungsmediums. Da die TF-Schädigung bei hohen Temperaturen von der Korrosion mit beeinflusst wird, verringert sich die Anriss- und Bruchzyklenzahl mit zunehmender Haltezeit.

4.7.4 Einflussgrößen auf die thermische Ermüdung

Die Einflüsse auf den Wärmeübergang vom Medium in den Feststoff und die sich dabei einstellenden Materialtemperaturen sind in Kap. 1.4.2 diskutiert. Im Folgenden werden die Materialeigenschaften sowie die konstruktiven und geometrischen Einflüsse auf die Thermoermüdungsfestigkeit behandelt.

4.7.4.1 Wärmeausdehnungskoeffizient

Gäbe es keine Abhängigkeit der Dichte von der Temperatur, wäre also $\alpha_\ell = 0$, so hätten die Temperaturen und die Temperaturverteilung keinerlei Auswirkungen auf den inneren Verformungs- und Spannungszustand in einem Material. Mit der Temperatur nimmt jedoch die Schwingungsamplitude der Atome zu, deren mittlerer Abstand steigt dadurch und ein erwärmter Körper dehnt sich aus. Der thermische Ausdehnungskoeffizient spiegelt indirekt die Bindungskräfte zwischen den Atomen wider – bei hohen Bindungskräften ist die Schwingungsamplitude geringer –, und α_ℓ steht deshalb in umgekehrt-proportionalem Zusammenhang mit dem E-Modul und dem Schmelzpunkt:

$$\alpha_\ell \sim \frac{1}{E} \sim \frac{1}{T_S} \qquad (4.26)$$

Die refraktären Metalle besitzen gemäß dieser Regel eine geringe Wärmeausdehnung, die z. B. für Mo $5,4 \cdot 10^{-6}$ K^{-1} und für W $4,3 \cdot 10^{-6}$ K^{-1} im Bereich von RT beträgt (siehe Tabelle 6.16).

Innerhalb einer vorgegebenen Legierungsklasse bestehen nur begrenzte Möglichkeiten, die thermische Ausdehnung gezielt zu reduzieren. Falls grundsätzlich für eine Anwendung mehrere Werkstoffgruppen infrage kommen, wie z. B. ferritische oder austenitische Stähle (siehe Kap. 4.7.4.2), können die Unterschiede im α_ℓ-Wert die Materialwahl mit beeinflussen.

4.7.4.2 Wärmeleitfähigkeit und Temperaturleitfähigkeit

Neben dem Phänomen der Wärmeausdehnung liegt thermische Ermüdung in der Tatsache begründet, dass sich Temperaturen in einem Werkstoff nicht spontan ändern können, sondern dass dafür Wärmeleitung erforderlich ist. Bei geringer Temperaturleitfähigkeit stellt sich ein stationärer Temperaturzustand langsam ein, und es entstehen über längere Zeiten steile Temperaturgefälle, z. B. beim

4.7 Thermische Ermüdung

An- und Abschalten einer Anlage (Kap. 1.4.2). Als Folge bauen sich hohe thermische Dehnungen und Spannungen auf. Neben der Höhe der Spannung ist deren Einwirkdauer bei hohen Temperaturen bedeutend, weil sie über die ablaufenden Kriech- und Schädigungsprozesse mitbestimmt. Entsprechend der Definition der Temperaturleitfähigkeit

$$a = \frac{\lambda}{c_p \cdot \rho} \qquad \text{(s. Gl. 1.28)}$$

ist die Wärmeleitfähigkeit λ entscheidend, weil das Produkt $c_p \cdot \rho$ für Feststoffe etwa konstant ist (Gl. 1.29). Bei geringer Wärmeleitfähigkeit bildet sich auch im *stationären* Temperaturzustand ein größeres Temperaturgefälle über einer Bauteilwand. Verglichen mit einem Werkstoff höherer Wärmeleitfähigkeit wird die maximale Wandtemperatur dabei angehoben (Tabelle 1.6). Beides wirkt sich nachteilig bezüglich der thermischen Ermüdung aus.

Hinsichtlich der thermischen Ausdehnung und der Wärme- und Temperaturleitfähigkeit ist ein Vergleich von ferritischem mit austenitischem Stahl technisch bedeutend, **Tabelle 4.4**. Austenitische Stähle weisen eine erheblich geringere Temperatur- und Wärmeleitfähigkeit sowie einen höheren Ausdehnungskoeffizienten auf. Beides macht diese Legierungsgruppe sehr viel empfindlicher gegenüber thermischer Ermüdung. Thermisch beanspruchte Bauteile aus austenitischem Stahl müssen mit geringeren Aufheiz- und Abkühlgeschwindigkeiten an- und abgefahren werden. Neben anderen Aspekten stellt diese Tatsache ein Haupthindernis bei der Realisierung „austenitischer Kraftwerke" dar.

Tabelle 4.4 Vergleich thermoermüdungsrelevanter physikalischer Kennwerte für niedrig legierten ferritischen Stahl und austenitischen Stahl (typische Werte im Bereich von RT)

Kennwert → Werkstoff ↓	α_ℓ in 1/K	λ in W/(m K)	a in m²/s
ferritischer Stahl	$12 \cdot 10^{-6}$	45	$1,3 \cdot 10^{-5}$
austenitischer Stahl	$17 \cdot 10^{-6}$	15	$3,8 \cdot 10^{-6}$

Dampfkraftwerke, die ohnehin eine relativ träge Laständerungscharakteristik aufweisen, werden bisher fast ausschließlich in den thermisch beanspruchten Bereichen aus warmfesten Stählen und martensitischen Cr-Stählen gebaut. Damit ist die Frischdampftemperatur auf maximal ca. 600 °C begrenzt. Die Verwendung austenitischer Stähle, die in einigen besonderen Fällen bereits realisiert wurde, würde eine deutliche Erhöhung dieser Temperatur und damit im Wirkungsgrad der Anlage bedeuten. Dem stehen jedoch die genannten Einschränkungen gegenüber. In Leichtwasser-Kernreaktoren, in denen zahlreiche Komponenten aus austenitischen Fe- oder Ni-Legierungen bestehen, gehen aus den gleichen (und weiteren) Gründen besonders Schnellabschaltungen in die Lebensdauerbewertung ein.

Schweiß-Mischverbindungen zwischen ferritischen und austenitischen Stählen kommen in der Praxis häufig vor, z. B. bei Rohrleitungen, und können zu Thermoermüdungsschädigung bei entsprechender Temperaturbeaufschlagung führen. Im stationären Temperaturzustand ist zu beachten, dass sich aufgrund der unterschiedlichen Wärmeleitfähigkeiten der beiden Werkstoffe auch unterschiedliche Materialtemperaturen einstellen, siehe Tabelle 1.6. Das Temperaturgefälle über die Wand ist bei ferritischem Stahl geringer als bei austenitischem, was den Effekt der geringeren thermischen Ausdehnung im Hinblick auf die thermisch verursachten Spannungen noch stärkt. Die Folge sind Zugspannungen auf der Ferritseite und Druckspannungen im Austenit. Diese sekundären Spannungen überlagern sich den Primärspannungen, z. B. hervorgerufen durch Innendruck in Rohrleitungen. Unter Kriechbedingungen bildet sich somit in Ferrit-Austenit-Mischverbindungen Kriechschädigung verstärkt auf der Ferritseite. Hinsichtlich transienter Vorgänge ist – wie oben erwähnt – der Austenit kritischer zu bewerten.

4.7.4.3 Elastizitätsmodul

Der E-Modul ist mitentscheidend für die Höhe der Wärmespannungen: Bei geringem E-Modul sind auch die thermischen Spannungen niedrig (Kap. 4.7.2). Allerdings besagt die Höhe dieser Spannungen allein noch nichts aus über die Thermoermüdungsanfälligkeit. Ein Vergleich der berechneten Spannungen mit der Streckgrenze des Werkstoffes zeigt, ob die thermische Dehnung makroskopische plastische und zeitunabhängige Formänderung hervorruft oder nicht.

Bild 4.28 veranschaulicht die Verhältnisse in einem (σ; ε)-Diagramm. Während bei etwa gleicher Streckgrenze der Werkstoff mit niedrigem E-Modul die thermische Dehnung elastisch erträgt, kommt es bei dem mit hohem E-Modul spontan zu makroskopischen plastischen Dehnungen. Bei wiederholten Temperaturzyklen muss diese vereinfachte Betrachtung präzisiert werden. Auch bei Spannungen unterhalb der (makroskopischen) Streckgrenze treten inelastische Mikrodehnungen auf, so dass die thermisch bedingte Verformung nicht vollständig reversibel verläuft und sich somit eine endliche Anrisszyklenzahl einstellt bei Überschreiten einer plastischen Mindestdehnungsamplitude. Im Bereich hoher Temperaturen wird generell zeitabhängige plastische Verformung akkumuliert.

4.7 Thermische Ermüdung

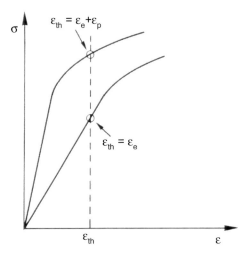

Bild 4.28
Einfluss des E-Moduls auf die Art der Verformung bei vorgegebener thermischer Dehnung

Es sind zwei Werkstoffe mit unterschiedlichen E-Moduln und etwa gleicher Streckgrenze verglichen. Die vereinfachte schematische Darstellung gilt für eine einmalige thermische Belastung.

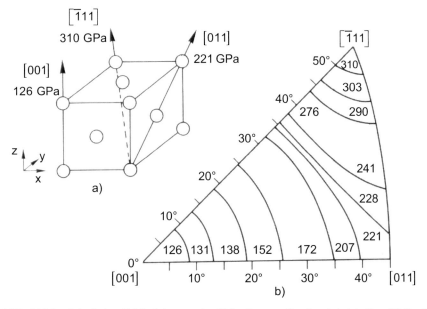

Bild 4.29 Abhängigkeit des E-Moduls von der Orientierung für die einkristalline Ni-Basis-Superlegierung *PWA 1480* (alle Werte bei RT, nach [4.18])
  a) Veranschaulichung in der kfz-Einheitszelle mit den drei kristallographischen Hauptrichtungen
  b) Orientierungsdreieck mit den E-Moduln in GPa für Zwischenpositionen

Die Anisotropie des E-Moduls in den Kristallsystemen kann man sich bei gleicher Werkstoffzusammensetzung gezielt zur Erhöhung der Thermoermüdungsfestigkeit zunutze machen. In kfz-Metallen weisen die <100>-Richtungen (Würfelkanten) den geringsten E-Modul auf; der in <111>-Richtung (Raumdiagonale) ist am höchsten. Die Streubreite liegt etwa bei:

$$E_{<111>} \approx 1{,}2 \ldots 4{,}6 \cdot E_{<100>} \tag{4.27}$$

Als markantes Beispiel gilt der Einsatz anisotroper Werkstoffe für die extrem beanspruchten vorderen Stufen von Flugturbinen und stationären Gasturbinen. Hier kommen gerichtet erstarrte stängelkörnige oder einkristalline Ni-Basis-Superlegierungen mit einer <100>-Textur in Schaufellängsachse zum Einsatz. **Bild 4.29** gibt ein Orientierungsdreieck für eine Einkristalllegierung auf Ni-Basis wieder mit eingetragenen E-Modulwerten in Abhängigkeit von der kristallographischen Orientierung [4.18]. Der E-Modul für entsprechendes polykristallines Material liegt bei ca. 210 GPa. Man erkennt den geringsten Wert von 126 GPa in <100>-Richtung.

Bild 4.30 demonstriert den Vergleich der Thermoermüdungsfestigkeit einer konventionellen polykristallinen Superlegierung mit der einer in <100>-Richtung gerichtet erstarrten Stängelkornlegierung sowie einer <100>-ausgerichteten Ein-

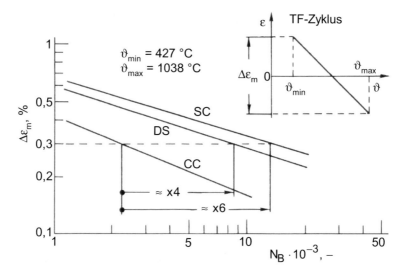

Bild 4.30 Vergleich der Werkstoffeigenschaften unter TMF-Belastung zwischen einer konventionell gegossenen (CC) Superlegierung und einer mit Stängelkörnern in <100>-Orientierung gerichtet erstarrt gegossenen (DS) sowie einer <100>-orientierten einkristallinen (SC) Superlegierung (nach [4.18])
Die Beanspruchungsrichtung liegt bei der DS- und SC-Legierung in der <100> Richtung der Körner. Der Thermoermüdungszyklus (180° OP) ist im Teilbild rechts oben dargestellt. Die Unterschiede in den Bruchzyklenzahlen sind exemplarisch für eine mechanische Dehnungsschwingbreite von 0,3 % angegeben.

4.7 Thermische Ermüdung

kristalllegierung. Der im Teilbild schematisierte (ε; T)-Zyklus mit 180°-Phasenverschiebung simuliert die Verhältnisse an einer Turbinenschaufelkante, welche beim Anfahren auf T_{max} höchste Stauchung erfährt und beim Abschalten auf T_{min} abkühlt mit den größten Dehnungen (Bild 4.26). Bei einer Dehnungsschwingbreite von z. B. 0,3 % erträgt der Einkristall etwa die sechsfache Zyklenzahl bis zum Bruch wie ein entsprechendes vielkristallines isotropes Material. Für die gerichtete Stängelkornlegierung beträgt der Faktor etwa vier.

Dieser gravierende Vorteil der gezielt texturbehafteten Werkstoffe mit niedrigem E-Modul in Richtung der behinderten thermischen Dehnung ist damit zu erklären, dass die inelastischen Verformungsanteile beim thermischen Zyklieren geringer sind als bei zufälligen Kornorientierungen und höherem E-Modul, wie es prinzipiell in Bild 4.28 angedeutet ist.

Auf den ersten Blick stehen die Forderungen nach einem möglichst hohen E-Modul zur Kriechfestigkeitssteigerung gemäß Gl. 3.23 einerseits und einem geringen zur Verbesserung der Thermoermüdungseigenschaften andererseits in Widerspruch. Für einen gegebenen Werkstoff ändert sich jedoch bedingt durch den E-Modul allein an der Kriechfestigkeit nichts, wenn die Körner in einer Vorzugsorientierung ausgerichtet werden, weil für die Spannungsfelder der Versetzungen der E-Modul nach *allen* Richtungen maßgeblich ist.

4.7.4.4 Korngröße

Allgemein nimmt die Ermüdungsfestigkeit sowohl im HCF- als auch LCF-Bereich bei allen Temperaturen mit abnehmender Korngröße zu. Während dies bei tiefen Temperaturen mit der statischen Festigkeitssteigerung in Einklang steht, bestehen im Kriech-Ermüdungsbereich gegenläufige Tendenzen. Zwecks Kriechfestigkeitssteigerung ist Grobkorngefüge erforderlich, mit der möglichen Folge schlechterer Ermüdungsbeständigkeit. Abhängig von der Gewichtung der Kriech- und Ermüdungsbeanspruchung des jeweiligen Bauteils muss ein Kompromiss gefunden werden. Beispielsweise wird bei Turbinenrotoren, die hohen dynamischen Belastungen bei mittleren Temperaturen ausgesetzt sind, die Korngröße feiner eingestellt. Turbinenschaufeln für hohe Temperaturen sind dagegen grobkörnig. Besonders ihre thermische Ermüdungsfestigkeit muss durch andere Maßnahmen gewährleistet werden.

4.7.4.5 Mechanische Eigenschaften

Neben dem E-Modul spielen andere mechanische Eigenschaften bei der thermischen Ermüdung eine wichtige Rolle.

a) Isotherme LCF-Festigkeit

Oft werden isotherme LCF-Versuche mit mehr oder weniger bauteilnaher Zyklusform, z. B. durch Einbau von Haltezeiten zur Simulation von Kriechen und Relaxation, herangezogen, um auf die Thermoermüdungsfestigkeit zu schließen. In der Regel wird dadurch keine quantitativ brauchbare Angabe über die tatsächlich zu erwartenden TF-Anrisszyklenzahlen erzielt. Existieren keine Daten zur Thermoermüdungsbeständigkeit und ist eine genauere Untersuchung des Werkstoffverhaltens nicht vertretbar, so geben die isothermen LCF-Werte einen ungefähren Anhalt über das anisotherme Verhalten. Dabei müssen allerdings einige Temperaturen im infrage kommenden Intervall mit den berechneten Dehnungen getestet werden. Hohe isotherme LCF-Festigkeit lässt dann hohe anisotherme Beständigkeit erwarten.

b) Streckgrenze

Zur Minimierung zyklischer plastischer Dehnungen ist eine hohe Streckgrenze anzustreben. Diese Forderung wird aus Bild 4.28 verständlich.

c) Duktilität

Wenn es zur Akkumulation inelastischer Dehnungen kommt, so zeigen sich Werkstoffe mit höherer Duktilität überlegen gegenüber spröderen Materialien (siehe Diskussion zu Bild 4.8).

d) Kriechfestigkeit

Bei hohen Temperaturen entwickelt sich in den (ε; T)- oder (σ; T)-Zyklen Kriechverformung mit der Folge höherer inelastischer Anteile und damit geringerer Lebensdauer, siehe z. B. Bild 4.27. Höher kriechfeste Legierungen erweisen sich daher auch grundsätzlich als thermoermüdungsbeständiger bei etwa gleichen übrigen Parametern.

4.7.4.6 Konstruktive und geometrische Einflüsse

Die folgenden Ausführungen schneiden einige Aspekte des *thermoermüdungsgerechten Konstruierens* an. Entsprechende Verstöße gegen oft einfache Regeln geben immer wieder zu vermeidbaren Schäden Anlass.

a) Wanddicke

Die Zusammenhänge zwischen der Bauteilwanddicke und den sich im stationären Zustand einstellenden Wandtemperaturen und -temperaturgefällen sind in Kap. 1.4.2 hergeleitet. Bei transienten Vorgängen, d. h. bei An- und Abfahrvorgängen oder Beanspruchungsänderungen, ist stets eine geringe Wanddicke vorteilhaft, weil dann ein schnellerer Temperaturausgleich im Bauteil stattfindet, also eine geringere Temperaturträgheit vorliegt.

b) Wanddickenübergänge

Große Wanddickenübergänge sind im Hinblick auf die Thermoermüdungsbeständigkeit grundsätzlich schädlich. Durch unterschiedlich schnelle Durchwärmung oder Abkühlung entstehen Wärmespannungen, die zu Rissbildung führen können. Gefährdet sind besonders dünnere Bereiche bei der Abkühlung, weil sie durch die Kompatibilität mit benachbarten Materialanhäufungen unter hohe Zugspannungen geraten. Bei hohen Aufheiz- oder Abkühlraten sind stets gleichmäßige Wanddicken oder sanfte Wanddickenübergänge zu realisieren. Besonders thermoermüdungsgefährdet sind scharfe, dünne Kanten. Aufgrund des hohen Oberfläche/Volumen-Verhältnisses nehmen sie schnell Wärme auf und geben sie schnell wieder ab.

c) Oberflächenbeschaffenheit

Der Einfluss der Oberflächenbeschaffenheit auf die Wärmeübergangszahl α ist in Kap. 1.4.2 erläutert. Bei glatter Oberfläche ist die α-Zahl niedriger als bei rauer. Dies hat bei der Wärmeübertragung zur Folge, dass bei glatterer Oberfläche die Wandtemperaturen sowie das Temperaturgefälle über der Wand abnehmen, siehe Tabelle 1.6. Auf der kalten Seite, wo Wärme an die Umgebung abgegeben wird, verringert dagegen eine raue Oberfläche die Wandtemperaturen. Das Temperaturgefälle über der Wand steigt damit zwar, dies muss aber nicht zwangsläufig höhere thermische Spannungen nach sich ziehen, weil der Verlauf $\alpha_\ell = f(T)$ zu berücksichtigen ist und außerdem bei insgesamt geringeren Temperaturen die Ermüdungsfestigkeit höher ist. Andererseits muss die Kerbwirkung einer rauen Oberfläche berücksichtigt werden.

4.7.4.7 Korrosionsbeständigkeit

Da die Schädigung bei der thermischen Ermüdung, abgesehen von möglichen Sonderfällen bei beschichteten Bauteilen, stets von der Oberfläche ausgeht, beeinflusst die Korrosion die Beständigkeit stark, wie dies allgemein bei der Ermüdung der Fall ist. Um betriebsähnliche Ergebnisse zu erzielen, muss mit dem Oberflächenzustand geprüft werden, wie er unter Einsatzbedingungen vorliegt, gegebenenfalls also auch mit einer Beschichtung.

4.7.4.8 Zusammenfassung der Einflussgrößen auf die thermische Ermüdung

Die zahlreichen Einflussgrößen auf die Thermoermüdungsfestigkeit sind in **Tabelle 4.5** in einer Übersicht zusammengefasst. Diese Formulierung beinhaltet keine Wertungsfaktoren der einzelnen Größen, sondern gibt lediglich Hinweise auf die zu berücksichtigenden Parameter und deren qualitative Auswirkungen.

Tabelle 4.5 Übersicht über die Einflussgrößen auf die Thermoermüdungsbeständigkeit

↑	$N_{B_{isoth.}}$	$R_{m\,t/\vartheta}$	R_e	ε_p	λ	a	Korrosionsbeständigkeit
	alle werkstoffbedingt							
	Werte sollten möglichst *hoch* sein							

↓	ΔT	T_{max}	$|\dot{T}|$	s	Δs	R_z	α_ℓ	$\Delta\alpha_\ell$	$\dot{\varepsilon}_{min}$	E	d_K
	vorwiegend betriebsbedingt, z. T. auch konstruktions- und werkstoffbedingt			Bauteil		werkstoffbedingt						
	Werte sollten möglichst *niedrig* sein											

$N_{B_{isoth.}}$ Bruchlastspielzahl unter isothermen Bedingungen
$R_{m\,t/\vartheta}$, $\dot{\varepsilon}_{min}$ Zeitstandfestigkeit und minimale Kriechrate als Maße für die Kriechfestigkeit
ε_p plastisches Dehnungsvermögen als Maß für die Duktilität
a Temperaturleitfähigkeit
ΔT $= T_{max} - T_{min}$
T_{max} maximale Temperatur des Zyklus
$|\dot{T}|$ Temperaturänderungsrate (absolut)
$\Delta\alpha_\ell$ Unterschied in der thermischen Ausdehnung bei Verbundwerkstoffen oder Werkstoffverbunden, z. B. beschichteten Bauteilen
s Wanddicke
Δs Wanddickenübergänge ($s_{dick} - s_{dünn}$)
R_z gemittelte Rautiefe (als Maß für die Oberflächenrauigkeit)

Zur Einstufung der Thermo*schock*empfindlichkeit, also dem Verhalten bei einmaligem schroffen Abkühlen oder sehr wenigen schnellen Temperaturänderungen, wird gelegentlich ein so genannter Wärmespannungsindex χ herangezogen:

$$\chi = \frac{R_m \cdot \lambda}{\alpha_{th} \cdot E} \tag{4.28}$$

Je höher der Wert von χ ist, umso geringer ist die Rissneigung bei Thermoschockbeanspruchung, welche zusätzlich vom durchlaufenen Temperaturgefälle ΔT abhängt. Auch auf die TF-Beständigkeit gibt der Index einen ersten Hinweis, allerdings ist hierbei weniger die Zugfestigkeit von Belang als vielmehr die anderen mechanischen Kennwerte.

Nach dem Schema in Tabelle 4.5 können einige Vergleiche verschiedener Werkstoffgruppen vorgenommen werden. So weisen Keramiken eine geringe Wärme- und Temperaturleitfähigkeit (zumindest bei höheren Temperaturen) und geringes Verformungsvermögen auf. Daraus resultiert für die meisten keramischen Werkstoffe eine geringe TF-Festigkeit. Demgegenüber zeichnen sich die refraktären Metalle, wie Mo und W, und deren Legierungen durch hohe TF- und Thermoschockfestigkeit aus. Sie besitzen neben einer guten Temperaturleitfähigkeit eine geringe Wärmeausdehnung, der Index χ nach Gl. (4.28) ist somit relativ hoch. Außerdem ist ihre Streckgrenze hoch, was den ebenfalls recht hohen E-Modul, welcher z. B. für Mo bei 330 GPa und für W bei 410 GPa liegt, bezüglich der plastischen Dehnanteile bei Temperaturwechseln kompensiert. Aufgrund der sehr hohen Schmelztemperaturen (Mo: 2623 °C; W: 3422 °C) ist besonders ihre Kriechfestigkeit verglichen mit wesentlich niedriger schmelzenden Hochtemperaturwerkstoffen bei gleichen Temperaturen sehr hoch. Der Hochtemperatureinsatz dieser Materialien ist jedoch wegen ihrer schlechten Oxidationsbeständigkeit begrenzt.

Die in Tabelle 4.5 aufgeführte maximale Oberflächentemperatur sowie das Temperaturgefälle über der Wanddicke lassen sich verringern durch Beeinflussung der Wärmeübertragung auf das Bauteil. Dies kann z. B. mit Hilfe einer Wärmedämmschicht erfolgen. Insofern sind diese Parameter nicht ausschließlich betriebsbedingt.

Weiterführende Literatur zu Kap. 4

H. E. Boyer (Ed.): Atlas of Fatigue Curves, Amer. Soc. for Metals (ASM), Metals Park Ohio, 1986

R. Danzer: Lebensdauerprognose hochfester metallischer Werkstoffe im Bereich hoher Temperaturen, Gebr. Borntraeger Berlin Stuttgart, 1988

G.R. Halford: Low-Cycle Thermal Fatigue, NASA Technical Memorandum 87225, Cleveland/Oh., 1986

M. Klesnil, P. Lukáš: Fatigue of Metallic Materials, Elsevier, Amsterdam, 1992

R.K. Penny, D.L. Marriott: Design for Creep, 2nd ed., Chapman & Hall, London, 1995

J. Polák: Cyclic Plasticity and Low Cycle Fatigue Life of Materials, Elsevier, Amsterdam, 1991

D.A. Spera, D.F. Mowbray (Eds.): Thermal Fatigue of Materials and Components, Amer. Soc. for Testing and Mater. (ASTM), Special Technical Publ. **612**, Philadelphia, Pa., 1975

5 Hochtemperaturkorrosion

5.1 Begriffe

Unter Hochtemperaturkorrosion versteht man alle Formen der Reaktion eines Werkstoffes mit seiner Umgebungsatmosphäre bei erhöhten Temperaturen, bei denen wässrige Elektrolytmedien nicht vorhanden sind. Hochtemperaturkorrosion steht damit in Abgrenzung zur Nasskorrosion oder wässrigen Korrosion. **Tabelle 5.1** gibt eine Übersicht über die Grundarten der Hochtemperaturkorrosion und deren Erscheinungsformen.

Die vier genannten Grundtypen können in Kombination und Wechselwirkung miteinander auftreten. Dabei entstehen besondere Angriffsformen, die mit eigenen Begriffen belegt werden, wie beispielsweise die Heißgaskorrosion.

Tabelle 5.1 Grundarten der Hochtemperaturkorrosion

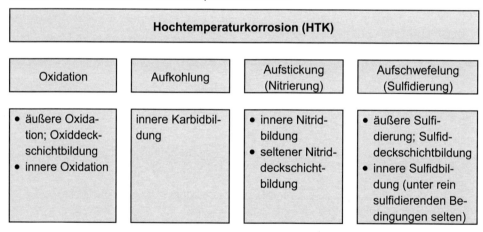

Als *Deckschicht* (*scale*) wird ein durch Reaktion mit Bestandteilen der Atmosphäre gebildetes Korrosionsprodukt bezeichnet, welches weitgehend geschlossen die metallische Oberfläche abdeckt. In den allermeisten Fällen handelt es sich dabei um eine Oxiddeckschicht. Die gleiche Definition gilt für eine Passivschicht bei der wässrigen Korrosion. Man spricht bei der Deckschicht auch von einer *Schutzschicht* (*protective scale*), wenn sie die weitere Korrosion bremst. Dieser Begriff wird ebenfalls häufig für *Beschichtungen* (*coatings*) benutzt, d. h. Überzü-

5.2 Thermodynamik der Metall/Gas-Reaktionen

ge, die nach ausgewählten Verfahren aufgebracht werden, um die Oberflächeneigenschaften eines Bauteils gezielt zu verändern.

Ein wichtiges Hilfsmittel zur Beurteilung der Stabilität von Metallen in Gegenwart von Gasen stellen die *Ellingham-Richardson-Diagramme* dar. Die **Bilder 5.1** bis **5.4** zeigen die thermodynamischen Daten für Oxide, Karbide, Nitride und Sulfide (die meisten Angaben sind nach [5.1] aufbereitet). Die freie Standardreaktionsenthalpie ΔG^0 (Annahme: Standardzustand, d. h. keine Mischoxide etc.) wird in Abhängigkeit von der Temperatur für die jeweilige Reaktion aufgetragen. Im Standardzustand liegen alle Komponenten im reinen Zustand vor, d. h. bei der chemischen Aktivität a = 1, sowie bei einem Druck von 1 bar. Die Werte werden üblicherweise auf jeweils 1 Mol des nichtmetallischen Reaktionspartners bezogen, also z. B. auf 1 Mol O_2 oder 1 Mol C. Der Übersicht halber sind die Linien in den Bildern 5.1 bis 5.4 nur mit der Formel für das Reaktionsprodukt gekennzeichnet; die mengenmäßig korrekte Reaktionsgleichung lautet beispielsweise: 4/3 Cr + O_2 → 2/3 Cr_2O_3 oder 23/6 Cr + C → 1/6 $Cr_{23}C_6$. Knicke in den Linien bedeuten Zustandsänderungen des Metalls oder des Reaktionsprodukts.

Ein Vergleich zeigt, dass die Oxide für viele Metalle die stabilsten Verbindungen darstellen, was vielfältige Auswirkungen auf die Korrosionsvorgänge hat.

Die Steigung der $\Delta G^0(T)$-Kurven ergibt sich aus der 1. Ableitung der Funktion für die Zustandsänderung $\Delta G^0 = \Delta H^0 - T \Delta S^0$, welche identisch mit der Entropieänderung ist:

$$d(\Delta G^0)/dT = -\Delta S^0 \ .$$

Die thermodynamische Stabilität nimmt bei Reaktionen, bei denen aus einem Feststoff und einem Gas ein festes Reaktionsprodukt entsteht, mit steigender Temperatur ab. Dies liegt darin begründet, dass sich die Entropie verringert (ΔS negativ), weil das feste Reaktionsprodukt einen wesentlich höheren Ordnungsgrad aufweist als die Reaktionspartner, von denen sich das Gas in einem physikalisch stark ungeordneten Zustand befindet. Die Verbrennung von C zu CO_2 gemäß der Reaktion C + O_2 → CO_2 verläuft praktisch ohne Entropieänderung, denn die Anzahl der Gasmoleküle bleibt gleich. Dagegen verdoppelt sie sich bei der Reaktion 2 C + O_2 → 2 CO, was einer Entropiezunahme und somit einer mit der Temperatur steigenden freien Enthalpie entspricht. Letzterer Prozess überwiegt bei hohen Temperaturen. Metalloxide können somit durch Kohlenstoff reduziert werden, wenn die CO-Stabilität gegenüber der des Oxids höher ist.

Bei den Karbidreaktionen nach Bild 5.2 lässt sich der Verlauf der Entropie nicht einfach qualitativ vorhersagen. Die thermodynamische Stabilität der Karbide kann sowohl mit der Temperatur zu- als auch abnehmen. In jedem Fall sind die Änderungen relativ zu den Reaktionen mit Gasen gering.

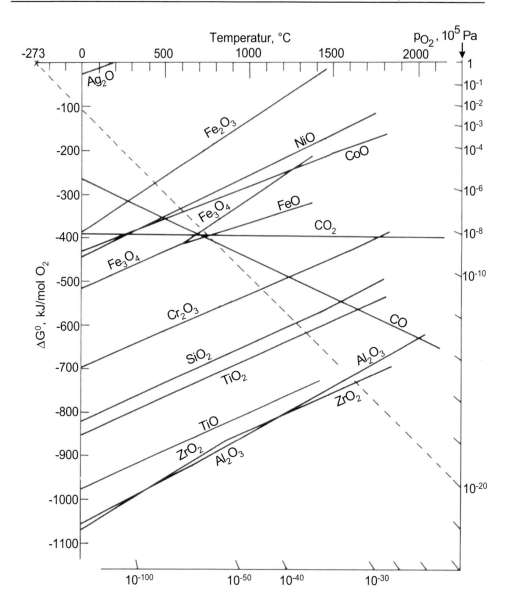

Bild 5.1 Ellingham-Richardson-Diagramm einiger Oxidationsreaktionen
Die Umrandungsachse gibt verschiedene Werte für die O_2-Gleichgewichtspartialdrücke an, wobei die Werte mit dem absoluten Nullpunkt zu verbinden sind. Als Beispiel ist die gestrichelte Linie für $p_{O_2} = 10^{-15}$ Pa = 10^{-20} bar eingetragen. Nur Oxide, deren ΔG^0-Werte unterhalb dieser Linie liegen, sind bei diesem p_{O_2}-Wert noch thermodynamisch stabil.

5.2 Thermodynamik der Metall/Gas-Reaktionen

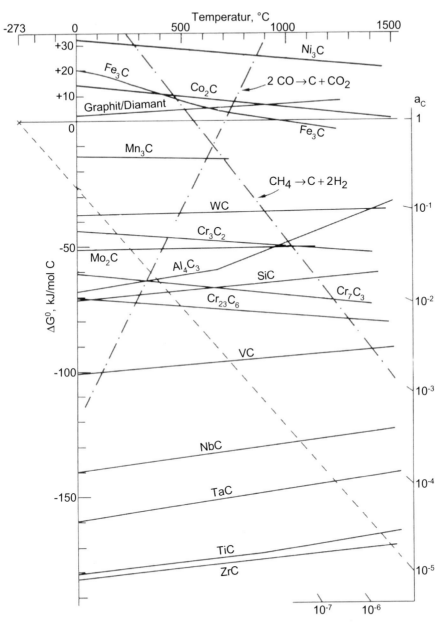

Bild 5.2 Ellingham-Richardson-Diagramm einiger Karbidreaktionen
Die Umrandungsachse gibt verschiedene Werte für die C-Gleichgewichtsaktivität an, wobei die Werte mit dem absoluten Nullpunkt zu verbinden sind. Als Beispiel ist die gestrichelte Linie für $a_C = 10^{-5}$ eingetragen. Nur Karbide, deren ΔG^0-Werte unterhalb dieser Linie liegen, sind bei diesem a_C-Wert noch thermodynamisch stabil.

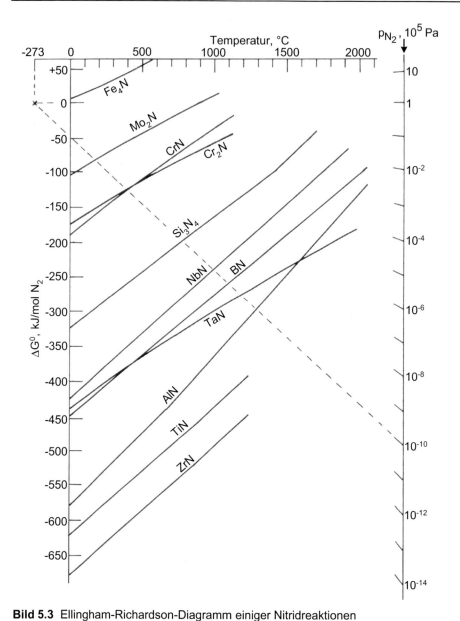

Bild 5.3 Ellingham-Richardson-Diagramm einiger Nitridreaktionen
Die rechte Achse gibt verschiedene Werte für die N_2-Gleichgewichtspartialdrücke an, wobei die Werte mit dem absoluten Nullpunkt zu verbinden sind. Als Beispiel ist die gestrichelte Linie für $p_{N_2} = 10^{-5}$ Pa $= 10^{-10}$ bar eingetragen. Nur Nitride, deren ΔG^0-Werte unterhalb dieser Linie liegen, sind bei diesem p_{N_2}-Wert noch thermodynamisch stabil.

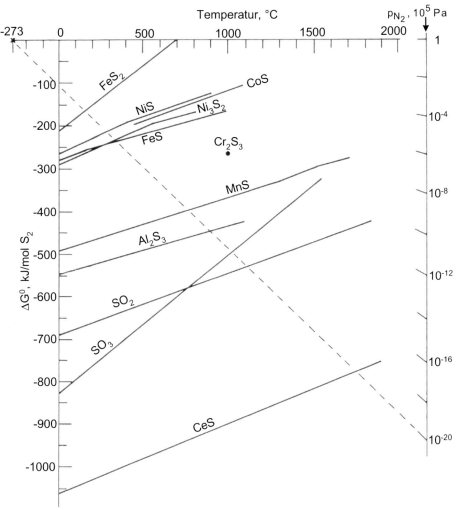

Bild 5.4 Ellingham-Richardson-Diagramm einiger Sulfidreaktionen
Die Linie für Co_9S_8 ist nahezu deckungsgleich mit der für Ni_3S_2. Für Cr_2S_3 liegen keine Angaben über den ganzen Temperaturbereich vor. Die rechte Achse gibt verschiedene Werte für die S_2-Gleichgewichtspartialdrücke an, wobei die Werte mit dem absoluten Nullpunkt zu verbinden sind. Als Beispiel ist die gestrichelte Linie für $p_{S_2} = 10^{-15}$ Pa $= 10^{-20}$ bar eingetragen. Nur Sulfide, deren ΔG^0-Werte unterhalb dieser Linie liegen, sind bei diesem p_{S_2}-Wert noch thermodynamisch stabil.

Die freie Standardreaktionsenthalpie ist mit der Gleichgewichtskonstanten K_p wie folgt verknüpft:

$$\Delta G^0 = -R \cdot T \cdot \ln K_p \qquad (5.1)$$

Zur Berechnung von K_p müssen die Partialdrücke der gasförmigen sowie die Aktivitäten der nicht gasförmigen Komponenten bekannt sein. Für die auf 1 Mol O_2 bezogene Oxidationsreaktion der allgemeinen Form

$$\frac{2a}{b} M + O_2 \rightarrow \frac{2}{b} M_aO_b \qquad (5.2)$$

ergibt sich nach dem Massenwirkungsgesetz:

$$K_p = \frac{a_{M_aO_b}^{2/b}}{a_M^{2a/b} \cdot p_{O_2}} \qquad (5.3)$$

(Anm.: Der Bezugsdruck der thermodynamischen Größen ist entweder in bar oder der SI-Einheit Pa festgelegt, so dass alle Drücke in den Gleichungen mit dem Zahlenwert in bar bzw. Pa einzusetzen sind. K_p ist eine dimensionslose Größe, was besonders für Logarithmierungen, wie in Gl. 5.1, wichtig ist). a steht in Gl. (5.3) für die Aktivitäten der festen Reaktionspartner (in der Stöchiometrieformel bedeutet a selbstverständlich die Anzahl der Gramm-Atome des Metalls).

Da im Standardzustand die Aktivität von reinen Komponenten mit a = 1 definiert ist, spielt lediglich der Druck des jeweiligen Gases eine Rolle, so dass z. B. für Oxidationsreaktionen $K_p = 1/p_{O_2}$ beträgt. Im Falle der Karbidreaktionen ist die Kohlenstoffaktivität einzusetzen. Die Drücke p_{O_2} usw. stellen die Dissoziationsdrücke für die betreffenden Reaktionsprodukte dar. Der Gleichgewichtsdissoziationsdruck für Oxide lässt sich folglich durch Verknüpfen von Gl. (5.1) und (5.3) gemäß

$$p_{O_2} = e^{\frac{\Delta G^0}{R \cdot T}} \text{ bar} \qquad (5.4)$$

berechnen. Beispiel: Für Cr_2O_3 beträgt die freie Standardenthalpie bei 1000 °C ca. − 525 kJ/(mol O_2), und es errechnet sich nach Gl. (5.4) ein Mindest-O_2-Partialdruck von $2,9 \cdot 10^{-22}$ bar, welcher überschritten werden muss, um Cr bei dieser Temperatur zu oxidieren. Aus Bild 5.1 können diese Werte für Oxide und aus den weiteren Ellingham-Richardson-Diagrammen analog für die anderen Reaktionen entlang der jeweils rechten Skala direkt abgelesen werden.

Bei üblichen Vakuumglühungen unter Drücken von ca. 10^{-1} bis 10^{-3} Pa (= 10^{-6} bis 10^{-8} bar) werden beispielsweise bei 1000 °C alle für den Hochtemperaturbereich relevanten Metalle oxidiert. Ob sich dabei eine geschlossene Deckschicht bilden kann und wie dick diese ist, ist eine Frage, die nicht allein von der Thermodynamik, sondern auch von der Kinetik abhängt. Der Sinn von Vakuumglühungen besteht selbstverständlich darin, starke Oxidation zu vermeiden – völlig unterdrückt wird sie nicht.

Analog zur elektrochemischen Spannungsreihe bezeichnet man als edlere Elemente solche mit einem höheren O_2-Dissoziationsdruck gegenüber einem Vergleichselement und umgekehrt als unedlere diejenigen, welche in oxidierender Atmosphäre weniger stabil sind. Danach ist z. B. Al unedler als Cr und Pt edler als Cr.

Die freie Bildungsenthalpie stellt die treibende Kraft für die Korrosionsreaktionen dar; auf die Reaktions*kinetik* kann aufgrund der thermodynamischen Daten allein kein direkter Rückschluss gezogen werden. Besonders die für Hochtemperaturwerkstoffe wichtigen Oxidationsvorgänge von Cr und Al, bei denen recht hohe Energiebeträge freigesetzt werden, verlaufen mit einer trägen Kinetik verglichen mit vielen anderen Metallen.

5.3 Oxidation

5.3.1 Einführung und Begriffe

In Zusammenhang mit Korrosionsvorgängen bei höheren Temperaturen wird als Oxidation die Reaktion des Werkstoffes mit Sauerstoff aus der Atmosphäre unter Oxidbildung verstanden. Diese technisch sinnvolle Definition weicht von der allgemeinen chemischen Begriffsfestlegung ab, wonach Oxidation jede Abgabe von Elektronen und damit die Überführung von Atomen in positiv geladene Ionen bedeutet, wobei nicht notwendigerweise Sauerstoff beteiligt und das Reaktionsprodukt ein Oxid sein muss.

Die Oxidation ist der wichtigste Hochtemperatur-Korrosionsvorgang, weil an den meisten technisch vorkommenden Atmosphären Sauerstoff beteiligt ist. Außerdem spielt die Oxiddeckschichtbildung die entscheidende Rolle für die Beständigkeit unter den verschiedenen Umgebungsbedingungen.

Die Reaktion eines metallischen Werkstoffes mit oxidierenden Gasen – im engeren Sinne Luft –, bezeichnet man auch als *Zunderung*, wenn sich dabei dickere, äußerlich gut erkennbare Deckschichten (Zunderschichten) bilden. Der Begriff *Anlaufschichten* wird für dünnere Oxidfilme benutzt, wie sie bei niedrigeren Temperaturen oder kurzen Zeiten entstehen (*tarnishing*).

5.3.2 Kinetik der Oxiddeckschichtbildung

Experimentell erfasst man die Kinetik des Oxiddeckschichtwachstums in der Regel gravimetrisch. Dabei wird die Masseänderung der Probe aufgrund der Reaktion des Werkstoffs mit Sauerstoff verfolgt. Bei isothermer Versuchsführung kann die Messung *in situ* mittels einer Thermowaage geschehen (thermogravimetrisch). Vereinfachend kann auch eine diskontinuierliche Wägung nach bestimmten Zeitintervallen vorgenommen werden. Hierbei ist allerdings der thermozyklische Effekt zu bedenken, der zu Abplatzungen führen kann, die isotherm nicht oder in anderem Maße auftreten würden. Sofern keine speziellen Untersuchungen in kontrollierten Atmosphären durchzuführen sind, erfolgen die Experimente üblicherweise in (trockener) Luft. Die Masseänderungen werden auf die Ausgangsoberfläche der verwendeten Probe bezogen, für die es keine allgemein gültigen Normabmessungen gibt.

Das direkte Messen der Oxidschichtdicke stößt besonders bei dünnen Deckschichten auf präparative und messtechnische Schwierigkeiten. Außerdem ist diese Methode aufwändiger als die gravimetrische Messung. Spielt allerdings innerer Korrosionsangriff eine (zusätzliche) Rolle, so wird die Kinetik in der Regel durch metallographische Schliffauswertung verfolgt.

Die zeitliche Masseänderung bei der Oxidation kann – je nach Werkstoff, Temperatur und anderen Versuchsbedingungen – nach unterschiedlichen Gesetzmäßigkeiten stattfinden, **Bild 5.5**:

- logarithmische Massezunahme
- parabolische Massezunahme
- lineare Massezunahme
- Masseabnahme
- Durchbruchoxidation (*Breakaway*-Oxidation)

a) Logarithmisches Oxidationsgesetz

Das Oxiddeckschichtwachstum lässt sich für die meisten Metalle und Legierungen bei tieferen Temperaturen, die deutlich unterhalb 500 °C liegen, am besten mit einem logarithmischen Gesetz beschreiben. Im Hochtemperaturbereich trifft diese Formulierung dagegen nicht zu und wird daher nicht näher vorgestellt.

b) Parabolisches Oxidationsgesetz

Für Hochtemperaturanwendungen sollten die betreffenden Metalle möglichst nach dem parabolischen Gesetz oxidieren. Wie Bild 5.5 erkennen lässt, verlangsamt sich hierbei der Korrosionsvorgang mit der Zeit, kommt allerdings nicht zum Stillstand. Die Bildung der Oxidschicht erschwert folglich weitere Oxidation. Bezogen auf Masseänderungen lautet das parabolische Oxidationsgesetz:

$$\left(\frac{\Delta m}{A}\right)^2 = k_p \cdot t \qquad (5.5)$$

Δm Massezunahme
A   gesamte Probenoberfläche
k_p massebezogene parabolische Oxidationskonstante, $k_p = f(T)$

5.3 Oxidation

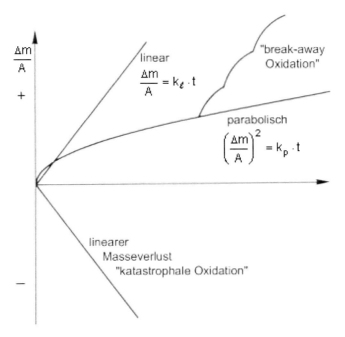

Bild 5.5 Idealisierte kinetische Gesetzmäßigkeiten der Hochtemperaturoxidation
Zusätzlich ist die Durchbruchoxidation (*Breakaway*-Oxidation) schematisch eingezeichnet, die unter bestimmten Bedingungen nach dem Übergang von schützendem zu nicht schützendem Deckschichtverhalten auftreten kann. Hierfür ist die Brutto-Massezunahme, d. h. einschließlich eventuell abgeplatzter Oxide, angegeben. Effektiv stellt sich Materialabtrag ein.

Die Maßeinheit für den k_p-Wert ist $kg^2\ m^{-4}\ s^{-1}$ (Anm.: Davon abweichende, nicht SI-gerechte Angaben sind genauso unanschaulich und sollten aus Gründen der Vergleichbarkeit der Werte nicht verwendet werden).
Wird die Schichtdicke ermittelt, nimmt das Gesetz folgende Form an:

$$s^2 = k_p' \cdot t \qquad (5.6)$$

s Deckschichtdicke
k_p' (temperaturabhängige) schichtdickenbezogene parabolische Oxidationskonstante = *Zunderkonstante*, $[k_p'] = m^2/s$.

Diese Beziehung ist nach ihrer ersten Formulierung durch G. Tammann (1920) auch als *Tammann'sches Zundergesetz* bekannt.
Um festzustellen, ob die parabolische Beschreibung zutrifft, trägt man meist die Messwerte quadratisch gegen die Zeit auf. Im Idealfall liegen sie auf einer Geraden für T = const.

Die Ableitung des parabolischen Oxidationsgesetzes ergibt sich unmittelbar aus dem 1. Fick'schen Gesetz (Gl. 1.7), weil für das Schichtwachstum Diffusion maßgeblich ist. Die zeitliche Schichtdickenzunahme verhält sich proportional zum Materiefluss J im Oxid pro Fläche und Zeit:

$$\frac{ds}{dt} \sim J = -D\frac{\Delta c}{s} \quad \text{oder} \quad \frac{ds}{dt} = \frac{k^*}{s} \qquad (5.7\ a)$$

k^* Konstante $\sim D \cdot |\Delta G^0|$

Δc bedeutet das Konzentrationsgefälle der maßgeblichen Ionenart über der Schichtdicke, welches die Richtung des Diffusionstransportes bestimmt, und D den effektiven Diffusionskoeffizienten dieser Ionen im Oxid.

Trennung der Variablen und Integration liefert:

$$\int s\ ds = k^* \int dt \qquad (5.7\ b)$$

$$s^2/2 = k^* t + C \qquad \text{C: Integrationskonstante} \qquad (5.7\ c)$$

Unter der Randbedingung $s(t=0) = 0$ ergibt sich $C = 0$ und somit das parabolische Wachstumsgesetz $s^2 = k_p' \cdot t$. Die Zunderkonstante verhält sich außer zum kinetischen Kennwert D auch proportional zur thermodynamischen Triebkraft ΔG^0 (Absolutbetrag). Wie bereits erwähnt, würde letzterer Wert allein das Wachstum von z. B. Cr_2O_3- und Al_2O_3-Deckschichten völlig falsch einordnen.

Die masse- und schichtdickenbezogenen k_p-Werte lassen sich ineinander umrechnen. Auflösen von Gl. (5.5) und (5.6) nach t und Gleichsetzen ergibt:

$$k_p' = k_p \left(\frac{s \cdot A}{\Delta m}\right)^2 = k_p \left(\frac{V_{Ox}}{\Delta m}\right)^2 = k_p \left(\frac{m_{Ox}}{\rho_{Ox} \cdot \Delta m}\right)^2 \qquad (5.8\ a)$$

$V_{Ox}, m_{Ox}, \rho_{Ox}$ Volumen, Masse und Dichte des Oxids

Bei der Gleichheit $V_{Ox} = s \cdot A$ wird näherungsweise angenommen, dass das Oxid nur in die Dicke wächst, nicht jedoch seitlich. Δm ist identisch mit der Masse des aufgenommenen Sauerstoffs, so dass für ein Oxid der allgemeinen Bezeichnung M_aO_b die Massen m_{Ox} und Δm in einem über die relativen Atom- oder Molmassen definierten Verhältnis stehen: $m_{Ox}/\Delta m = M_{Ox}/(b \cdot M_O)$, worin M_{Ox} die relative Molmasse des Oxids, M_O die relative Atommasse des Sauerstoffs (= 16 g) und b die Anzahl der Gramm-Atome Sauerstoff pro Mol M_aO_b bedeuten. Für die Umrechnung muss die Dichte des Oxids bekannt sein, **Tabelle 5.2**.

5.3 Oxidation

Tabelle 5.2 Dichten und Schmelzpunkte einiger Oxide

Oxid	Cr_2O_3	Al_2O_3	NiO	CoO	SiO_2	FeO	WO_3	MoO_3	V_2O_5
ρ in g/cm³	5,2	3,9	6,6	6,4	ca. 2,4	5,9	7,2	4,7	3,4
ϑ_S in °C	2435	2053	1990	1935	ca. 1725	1420	1470	795	658

$$k_p' = k_p \left(\frac{M_{Ox}}{\rho_{Ox} \cdot b \cdot M_O}\right)^2 \tag{5.8 b}$$

Bei gegebenem Masse-k_p-Wert kann die Deckschichtdicke nach bestimmten Zeiten berechnet oder umgekehrt aus der Deckschichtdicke auf den Masse-k_p-Wert umgerechnet werden.

Beispiel: Für Al_2O_3-Bildner mit $k_p = 5 \cdot 10^{-11}$ kg²m⁻⁴s⁻¹ (typisch für ca. 1000 °C); $M(Al_2O_3) = 102$ g/mol; $\rho(Al_2O_3) = 3,9$ g/cm³; b = 3 und $M(O) = 16$ g/mol beträgt $k_p' = 1,5 \cdot 10^{-17}$ m²/s. Nach 1000 h bedeutet dies eine Oxidschichtdicke von ca. 7 µm.

Die parabolische Oxidationskonstante hängt von der Temperatur nach einer Arrhenius-Funktion ab, weil thermisch aktivierte Diffusionsvorgänge für das Schichtwachstum verantwortlich sind:

$$k_p = k_{p0} \cdot e^{-\frac{Q}{R \cdot T}} \tag{5.9}$$

k_{p0} Vorfaktor
Q   Aktivierungsenergie des geschwindigkeitsbestimmenden Diffusionsschrittes beim Schichtwachstum

Bild 5.6 zeigt in einer Arrhenius-Auftragung diese Abhängigkeit für einige Metalle, deren Oxidation sich genau genug nach dem parabolischen Gesetz beschreiben lässt. Vergleicht man mit den Daten über die thermodynamische Stabilität in Bild 5.1, so erkennt man, dass keine Rückschlüsse von der Thermodynamik auf die Kinetik des Deckschichtwachstums gezogen werden dürfen.

Für langzeitigen Hochtemperatureinsatz in oxidierenden Atmosphären eignen sich ausschließlich Metalle und Legierungen mit annähernd parabolischem Oxidationsverhalten und einem möglichst geringen k_p-Wert. Letzterer lässt sich bei Korrosionsschutzüberzügen gezielt minimieren. Al_2O_3-Deckschichten sind die einzigen, die bei sehr hohen Temperaturen, etwa oberhalb 1000 °C, mit für Langzeiteinsatz akzeptierbar geringen Raten wachsen und nicht nennenswert abdampfen.

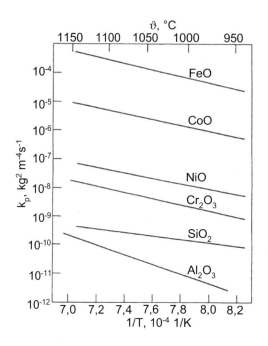

Bild 5.6
Abhängigkeit der parabolischen Oxidationskonstanten von der Temperatur für einige Metalle mit annähernd parabolischem Verhalten

Die Werte geben die Größenordnungen an (nach [5.2]).

c) Lineares Oxidationsgesetz

Die beiden hochschmelzenden Metalle Ta und Nb zählen zu denen, die bei hohen Temperaturen sehr raschen und etwa zeitlich linear zunehmenden Oxidationsangriff aufweisen. Die lineare Oxidationskonstante k_ℓ hängt in analoger Weise wie nach Gl. (5.9) von der Temperatur ab.

Im Anfangsstadium kann ein zunächst schützender und parabolisch wachsender Oxidfilm gebildet werden, welcher jedoch meist nach relativ kurzen Zeiten aufbricht und der Sauerstoff dadurch ständig direkten Kontakt zu frischem Metall erhält. Man bezeichnet letzteren Vorgang als Durchbruchoxidation oder meist mit dem englischen Ausdruck *Breakaway*-Oxidation. Da bei diesem Mechanismus mit der Zeit voluminöse Oxidlagen gebildet werden, kommt es auch zu Abplatzungen mit Masseverlust. Andere Metalle und Legierungen, wie z. B. reines Cr bei hohen Temperaturen, können ein periodisches Aufbrechen und Ausheilen der Deckschicht zeigen mit einer wie in Bild 5.5 schematisch angedeuteten Kinetik.

d) Masseabnahme durch Oxidation

Abgesehen von Deckschichtabplatzungen führt Oxidation dann zu Masseverlust, wenn sich flüssige oder flüchtige Oxide bilden. Die Masseabnahme folgt in diesen Fällen meist einem linearen Gesetz. Man bezeichnet dies auch als *katastrophale Oxidation*. Flüssige Oxide treten im Bereich relativ niedriger Temperaturen bei V_2O_5 und MoO_3 auf (Tabelle 5.2). Die beiden Mo-Oxide MoO_3 und MoO_2 bilden außerdem ein Eutektikum bei ϑ_S = 658 °C.

Abdampfung macht sich bei Oxiden der Metalle W, Mo und Cr im technisch interessanten Temperaturbereich deutlich bemerkbar. Die Abdampfrate anderer Oxide, die in der Hochtemperaturtechnik vorkommen – besonders die der Al-Oxide – ist dagegen vernachlässigbar. Während bei Mo bereits bei tieferen Temperaturen flüssige Oxide gebildet werden, erfolgt bei W die Oxidabdampfung ab ca. 700 °C in langzeitig merklichem Maße und oberhalb etwa 1000 °C ziemlich rasch. Für einige Anwendungen muss die Bildung gasförmigen Cr-Oxids beachtet werden. Sie geschieht nach der Reaktion:

$$2\ Cr_2O_3 + 3\ O_2 \rightarrow 4\ CrO_3(g) \tag{5.10}$$

Nennenswerte Abdampfraten entstehen dabei oberhalb etwa 1000 °C und hohen O_2-Partialdrücken. Die Abdampfung wird begünstigt durch hohe Strömungsgeschwindigkeiten des umgebenden Gases.

5.3.3 Mechanismen des Deckschichtwachstums

Lineare Massezunahme durch Oxidation weist darauf hin, dass die gebildete Deckschicht nicht dicht ist. Parabolisches Wachstum bedeutet dagegen einen selbst verlangsamenden Oxidationsvorgang, bei dem eine Diffusionsbarriere zwischen dem Metall und der Atmosphäre aufgebaut wird. Pilling und Bedworth haben 1923 eine einfache Regel formuliert, die einen Hinweis auf die Schutzwirkung von Deckschichten erlaubt. Als Kriterium dient der *Pilling-Bedworth-Wert* (PBW), welcher das Verhältnis zwischen dem Oxidvolumen und dem Metallvolumen, aus dem sich das Oxid gebildet hat, bedeutet. **Tabelle 5.3** stellt diese Daten für die wesentlichen Oxide zusammen.

Tabelle 5.3 Pilling-Bedworth-Werte (PBW) einiger Oxide

Oxid	MgO	Al_2O_3	ZrO_2	NiO	FeO	TiO_2	CoO	Cr_2O_3	Fe(Fe,Cr)$_2$O$_4$, FeCr$_2$O$_4$	SiO_2	Ta_2O_5; Nb_2O_5
PBW	0,81	1,28	1,56	1,65	1,7	1,73	1,86	2,05	2,1	2,15	2,5; 2,68

Nach dem Modell von Pilling-Bedworth lassen sich die Oxidschichten in zwei Kategorien einteilen, **Bild 5.7**:

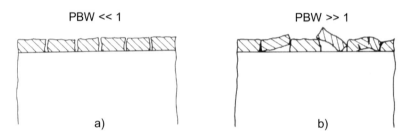

Bild 5.7 Modell der Bildung nicht schützender Oxiddeckschichten nach der Pilling-Bedworth-Regel
  a) Rissbildung, wenn PBW << 1; nur bei Alkali- und Erdalkalimetallen, z. B. MgO
  b) Abheben, Einreißen und eventuell Abplatzen, wenn PBW >> 1; z. B. bei Ta und Nb

a) Bei PBW < 1 bauen sich Zug-Wachstumsspannungen auf, welche die Festigkeit des Oxids überschreiten können, so dass es reißt. Die Schicht ist also porös und nicht schützend. Bei den Oxiden der Hochtemperaturwerkstoffe sind diese Verhältnisse nicht gegeben, sondern treten nur bei den Alkali- und Erdalkalimetallen auf (z. B. MgO).

b) Für den Fall PBW > 1, welcher nach Tabelle 5.3 für alle im Hochtemperaturbereich vorkommenden Oxide zutrifft, können grundsätzlich schützende Deckschichten entstehen. Allerdings bilden sich Druck-Wachstumsspannungen parallel zur Oberfläche, sofern das Oxid von innen wächst. Solange diese Spannungen gering sind, haftet die Schicht und ist dicht. Bei zu hohen Druckspannungen kommt es zum Abheben und Reißen kleinerer Oxidplatten, Bild 5.7 b). Dadurch erhält der Sauerstoff freien Zugang zu unoxidiertem Metall, und die Oxidationsrate verhält sich in etwa linear mit der Zeit – meist nach anfänglich parabolischem Wachstum, solange der Oxidfilm schützt. Im fortgeschrittenen Stadium platzen voluminöse Oxidlagen ab und bewirken einen Masseverlust. Für Ta und Nb mit PBW >> 1 trifft diese Oxidationskinetik zu (siehe Kap. 5.3.2 c).

Den günstigsten PBW weist Al_2O_3 auf, und in der Tat zeichnet sich diese Deckschicht u. a. aus diesem Grund durch sehr hohe Schutzwirkung aus. Auch Cr_2O_3 oder Fe-Cr-Oxide besitzen trotz des relativ hohen PBW gut schützenden Charakter. Das Pilling-Bedworth-Kriterium ist also nicht allein maßgeblich zur Beurteilung, ob ein Werkstoff nach einem parabolischen Gesetz oxidiert oder nicht.

Die Theorie des parabolischen Wachstums, welches für *schützende* Deckschichten zutrifft, geht zurück auf C. Wagner (1933). Darin wird angenommen, dass sich im Anfangsstadium der Oxidation ein rissfreier und perfekt haftender Oxidfilm bildet. Die treibende Kraft für Schichtwachstum resultiert aus der freien Bildungsenthalpie des Oxids. Dazu muss *Diffusionstransport* durch die geschlossene Schicht stattfinden, **Bild 5.8**. Dieser Vorgang ist geschwindigkeitsbestimmend für die Oxidation im Falle schützender Deckschichten. Da es sich bei

5.3 Oxidation

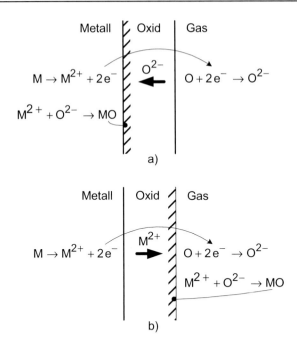

Bild 5.8 Wagner'sches Modell des parabolischen Deckschichtwachstums am Beispiel von MO-Oxiden
a) Sauerstoffanionen wandern schneller durch die Schicht als Metallkationen; die Schicht wächst an der Metall/Oxid-Grenzfläche
b) Metallkationen wandern schneller durch die Schicht als Sauerstoffanionen; die Schicht wächst an der Oxid/Gas-Grenzfläche (Oberfläche)
Die zurückbleibenden Leerstellen im Metall können bei Überschreiten einer kritischen Konzentration zu Poren kondensieren (in der Zeichnung unberücksichtigt).

den hier vorwiegend interessierenden Oxiden um ionengebundene Kristallgitter handelt, ist der Transport der beiden Ionenarten sowie der Elektronen zu betrachten. In Bild 5.8 sind die Fälle der Einfachheit halber für ein MO-Oxid angegeben, d. h. ein zweiwertiges Metall. Die Diffusionsgeschwindigkeit der Metall- und Sauerstoffionen im Oxid ist in der Regel unterschiedlich. Auch die Beweglichkeit der Elektronen kann so langsam erfolgen, dass sie geschwindigkeitsbestimmend wird. Folglich sind drei Fälle des parabolischen Schichtwachstums zu unterscheiden:

a) Die Sauerstoffanionen wandern schneller durch die Oxidschicht als die Metallkationen. Die Schicht wächst vorwiegend von *innen* an der Grenzfläche zum Metall, Bild 5.8 a);
Beispiele: Fe_2O_3, SiO_2, TiO_2, UO_2, ZrO_2, überwiegend auch Al_2O_3.

b) Die Metallkationen wandern schneller durch die Oxidschicht als die Sauerstoffanionen. Die Schicht wächst dann vorwiegend von *außen* an der Oxid/Gas-Grenzfläche, Bild 5.8 b). In diesem Fall kann die Pilling-Bedworth-Regel nicht sinnvoll angewandt werden, weil sich das Oxid beliebig ausbreiten kann, ohne nennenswerte Druckspannungen zu erzeugen;
Beispiele: CoO, Cr_2O_3, Cu_2O, FeO, NiO.
c) Die Beweglichkeit der Elektronen ist geringer als die beider Ionen. Die Schicht wächst entweder von innen oder von außen, abhängig davon, welche Ionenart schneller diffundiert.
Beispiel: Al_2O_3.

Die Vertreter der jeweiligen Mechanismen sind vereinfachend nur einer Kategorie zugeordnet, Ausnahme: Al_2O_3. Abhängig von der Temperatur, dem O_2-Partialdruck und zahlreichen weiteren Parametern können sich die Beiträge der einzelnen Transportraten verschieben. Teilweise findet man in der Literatur auch widersprüchliche Angaben über den geschwindigkeitsbestimmenden Teilschritt des Deckschichtwachstums, wie z. B. darüber, ob in Al_2O_3-Filmen tatsächlich der Transport der Elektronen langsamer abläuft als der der Ionen.

An der Metall/Oxid-Phasengrenze herrscht der O_2-Gleichgewichtsdruck, wie er gemäß Gl. (5.4) berechnet oder in Bild 5.1 für die betreffende Temperatur abgelesen werden kann. Zwischen diesem Grenzwert und dem O_2-Partialdruck im Gas baut sich über der Oxidschicht ein Gefälle auf. Die treibende Kraft für den gerichteten Diffusionstransport durch die Schicht resultiert hier aus dem Konzentrationsunterschied zwischen der Metall/Oxid-Grenze und der Oxid/Gas-Oberfläche dar (in den Wagner'schen Herleitungen wird dies durch den chemischen Potenzialgradienten ausgedrückt).

Qualitativ leuchtet der selbst verlangsamende Oxidationsprozess bei dichten Oxidfilmen sofort ein, weil mit steigender Schichtdicke die Diffusionswege länger werden. Die Temperaturabhängigkeit in Form einer Arrhenius-Funktion (Gl. 5.9 und Bild 5.6) resultiert daraus, dass die Diffusion in Ionengittern in ähnlicher Weise wie bei metallischen Gittern einen thermisch aktivierbaren Vorgang darstellt. Für die Diffusionsrate in Oxiden ist zunächst – wie bei Metallen – die homologe Temperatur wichtig, d. h. der Schmelzpunkt des Oxids muss möglichst hoch sein (Tabelle 5.2). Diese Bedingung wird von Cr_2O_3 und Al_2O_3 erfüllt, allerdings auch von einigen anderen Oxiden, deren Wachstumsrate recht hoch liegt, z. B. NiO. Die Diffusion in Ionengittern hängt folglich nicht nur von der homologen Temperatur ab.

Für eine genauere Betrachtung der Diffusionsvorgänge in Oxidgittern müssen die Defektstrukturen in ihren Grundzügen vorgestellt werden. Unter Defektstruktur versteht man bei Ionenkristallen alle punktförmigen Gitterfehler sowie elektronische Defekte in Form zusätzlicher Elektronen oder Defektelektronen. Die meisten ionischen Oxide bestehen aus einer hdP- oder kfz-Anordnung der relativ großen Sauerstoffionen, in der die kleineren Metallionen interstitielle Plätze einnehmen. Folgende Punktdefektarten sind in diesen Gittern zu unterscheiden:

5.3 Oxidation

- Metallionen (= Kationen)-Leerstellen: nicht besetzte interstitielle Plätze, die regulär Metallionen zugeordnet sind;
- Sauerstoffionen (= Anionen)-Leerstellen;
- Metall-Zwischengitterionen: zusätzlich durch Kationen besetzte interstitielle Plätze;
- Sauerstoff-Zwischengitterionen: zusätzlich durch Anionen besetzte interstitielle Plätze.

Von diesem Aufbau weicht beispielsweise das ZrO_2-Gitter mit seinen großen Zr^{4+}-Ionen insofern ab, als hier die O^{2-}-Ionen Zwischengitterpositionen in der kfz-Packung aus Zr-Kationen einnehmen. In diesem Fall sind die Defektarten analog zu benennen.

Die Defekte bedeuten zwangsläufig eine Abweichung von der idealen Stöchiometrie des Oxids. **Tabelle 5.4** gibt eine Übersicht über die möglichen Arten der Nichtstöchiometrie.

Tabelle 5.4 Nicht stöchiometrische Oxidformen mit den zugehörigen Defektarten und dem vorwiegenden Mechanismus des Deckschichtwachstums (a und b sind die ganzzahligen Stöchiometriewerte, x und y die Dezimalzahlen der Abweichungen davon. Bei Oxiden gilt meist: x << a und y << b; HL: Halbleiter.)

Art der Nicht-stöchiometrie	Formelschreibweise	Art der Punktdefekte	HL-Typ	Schichtwachstum bestimmt durch...	Beispiele
O-Defizit	M_aO_{b-y}	Anionenleerstellen	n	Sauerstoffdiffusion	Fe_2O_3, Ta_2O_5, TiO_2, ZrO_2
M-Überschuss	$M_{a+x}O_b$	interstitielle Kationen	n	Metalldiffusion	ZnO
M-Defizit	$M_{a-x}O_b$	Kationenleerstellen	p	Metalldiffusion	CoO, Cr_2O_3, Cu_2O, FeO, Fe_3O_4, NiO
O-Überschuss	M_aO_{b+y}	interstitielle Anionen	p	Sauerstoffdiffusion	unwahrscheinlich

Aufgrund der Stöchiometrieabweichung werden die Oxide zu n- oder p-Halbleitern. Al_2O_3 weist eine nahezu ideale stöchiometrische Zusammensetzung auf und lässt sich nicht eindeutig in das Schema nach Tabelle 5.4 einordnen.

Die vorherrschende Defektart bestimmt den geschwindigkeitsbestimmenden Diffusionsvorgang beim Deckschichtwachstum. Der k_p-Wert verhält sich folglich proportional zur Konzentration der Defekte und zum Grad der Nichtstöchiometrie.

Die für Hochtemperaturlegierungen besonders wichtigen Deckschichten aus Cr_2O_3 und Al_2O_3 zeichnen sich – neben einem hohen Schmelzpunkt – durch eine nur sehr geringe Abweichung von der idealen stöchiometrischen Zusammensetzung aus, besitzen also nur wenige Ionendefekte. Die Diffusionsraten in diesen Oxiden sind daher relativ gering. In diesen Oxidschichten können die Platzwechsel entlang von Korngrenzen überwiegen, zumal sich die Deckschichten oft sehr feinkörnig ausbilden aufgrund einer hohen Keimzahl im Anfangsstadium der Oxidation. Letzteres liegt u. a. begründet in der hohen freien Bildungsenthalpie dieser Oxide.

In Cr_2O_3-Deckschichten können Anionen und Kationen etwa gleich schnell entlang von Korngrenzen diffundieren und somit ein Wachstum innerhalb der Schicht bewirken. Dies erzeugt Spannungen und Rissbildung (siehe PBW für Cr_2O_3 in Tabelle 5.3). In Al_2O_3-Filmen kommt möglicherweise der Geschwindigkeit des Elektronentransports eine maßgebliche Rolle zu. Das Wachstum dieser Schicht erfolgt vermutlich überwiegend nach innen durch Einwärtsdiffusion von O^{2-}-Ionen.

Aufgrund der k_p-Werte könnte man annehmen, dass auch SiO_2-Deckschichten zum Schutz von Hochtemperaturwerkstoffen geeignet wären. Dagegen sprechen allerdings vorwiegend zwei Gründe: Bei niedrigen, aber technisch durchaus gängigen Sauerstoffdrücken und hohen Temperaturen bildet sich flüchtiges SiO, so dass katastrophale Oxidation einsetzt. Außerdem sind höhere Si-Konzentrationen in den Werkstoffen nicht erlaubt, weil sich versprödende Phasen bilden und weil die Solidustemperatur stark reduziert wird. Si wird daher in Legierungen und Schutzschichten – falls überhaupt – nur in relativ geringen Mengen zugegeben, um z. B. die Wachstumskinetik anderer Deckschichten zu beeinflussen.

Aus den Oxidationstheorien ergeben sich recht unterschiedliche Abhängigkeiten des k_p-Wertes vom äußeren O_2-Partialdruck. Bei den n-Halbleitern sollte sich kein Einfluss zeigen, sofern der Umgebungsdruck groß gegen den Dissoziationsdruck des betreffenden Oxids ist. Bei den p-Halbleitern nimmt die Wachstumskonstante mit dem Druck ab gemäß der Proportionalität $k_p \sim p_{O_2}^{1/n}$ mit $n \approx 4$, wie dies z. B. in etwa bei Cr_2O_3-Bildnern gilt. n ist allerdings von der Defektstruktur abhängig.

5.3.4 Oxidation von Legierungen

Die bisherigen Ausführungen zur Oxidation gelten sowohl für Reinmetalle als auch für Legierungen. Bei Letzteren kommen allerdings weitere Effekte hinzu:

- Die Legierungskomponenten weisen unterschiedliche Affinität zu Sauerstoff auf.
- Die Konzentrationen und Aktivitäten der Elemente weichen voneinander ab.
- Die Diffusionsgeschwindigkeiten der Elemente in der Legierung sind ungleich.
- In die sich bildenden Deckschichten werden in der Regel andere metallische Elemente mit eingebaut.

5.3 Oxidation

Die wesentlichen Erscheinungsformen der Oxidation von Legierungen, die sich aus diesen Fakten ergeben, werden zunächst anhand von binären Systemen A-B erörtert (A: Hauptelement, B: Legierungselement). **Bild 5.9** zeigt schematisch die häufigsten Fälle der Legierungsoxidation, bei denen davon ausgegangen wird, dass für *alle* Komponenten unter den Umgebungsbedingungen die Oxidation thermodynamisch möglich ist (z. B. wäre das Legierungselement Pt eine Ausnahme davon).

Im Teilbild 5.9 a) ist der ideale Zustand dargestellt mit *selektiver Oxidation* des Legierungselementes sowie einer geschlossenen Deckschicht dieses Oxids. Proportional zur Oxidfilmdicke verarmt die Legierung unterhalb der Schicht an B. Wächst die Schicht sehr langsam und diffundiert demgegenüber das Legierungselement aus dem Substrat schnell nach, so ist der Verarmungseffekt kaum messbar.

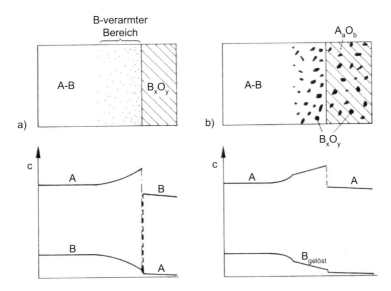

Bild 5.9 Schematische Darstellung zweier vereinfachter Formen der Oxidation einer binären A-B-Legierung.
A ist jeweils das Hauptelement mit höherem O_2-Dissoziationsdruck als B.
a) B bildet eine geschlossene Oxiddeckschicht aus B_xO_y (mit einer gewissen A-Dotierung). Der Legierungsbereich unterhalb der Deckschicht verarmt an B. Das untere Teilbild zeigt die Konzentrationsverläufe von A und B (c: Konzentration).
b) Die Konzentration von B reicht nicht aus, um eine geschlossene Deckschicht zu bilden. In die A-Oxidschicht werden B-Oxide eingebaut und B erfährt innere Oxidation. Das untere Teilbild zeigt die Konzentrationsverläufe von A und gelöstem B. Es ist angenommen, dass auch etwas B im Oxid A_aO_b gelöst wird.

Folgende Voraussetzungen müssen für die selektive Oxidation von B in Form einer geschlossenen Deckschicht erfüllt sein: *I.* Das B-Oxid muss unter den gegebenen Bedingungen thermodynamisch stabiler sein als das A-Oxid. *II.* Die Konzentration von B reicht aus, um eine dichte B-Oxiddeckschicht zu bilden. Als grobe Faustregel gilt, dass hierfür mindestens 10 At.-% B erforderlich sind. Nach einer gewissen Oxidationsdauer darf die Verarmung an B nicht soweit fortgeschritten sein, dass die kritische B-Konzentration unterschritten wird. *III.* Die Diffusionsgeschwindigkeit von B in der Legierung ist so hoch, dass an der Oxid/Metall-Grenzfläche stets eine genügend hohe Konzentration von B vorliegt.

Die selektive Oxidation von B wird unterstützt durch einen abgesenkten O_2-Partialdruck der Atmosphäre, weil dann die Neigung des Sauerstoffs abnimmt, in die Legierung zu diffundieren und innere Oxidation von B zu bewirken. Dieses würde die Ausbildung einer geschlossenen B-Oxiddeckschicht stören. Technisch ließe sich diese Erkenntnis z. B. umsetzen, wenn eine gezielte Voroxidation von Bauteilen erfolgen soll.

Bild 5.9 b) repräsentiert den Fall, dass die B-Konzentration nicht oder – nach entsprechender Verarmung – nicht mehr ausreicht, um eine geschlossene B-Oxidschicht zu erzeugen. Es kommt dann vorwiegend zur Oxidation von A, wobei in der Regel das A-Oxid erheblich schneller wächst und weniger schützende Wirkung aufweist. Sofern die Aktivität von B hoch genug ist, um B-Oxidbildung zu ermöglichen, und der O_2-Gleichgewichtsdruck für B-Oxid niedriger als der für A-Oxid ist, werden gemäß Bild 5.9 b) B-Oxide sowohl in die A-Oxidschicht eingebaut als auch unterhalb der Deckschicht als diskrete Teilchen gebildet.

Den Vorgang der Oxidteilchenbildung im Werkstoffinnern bezeichnet man als *innere Oxidation*. Diese tritt bei Legierungen immer dann auf, wenn der O_2-Partialdruck *in der Legierung* hoch genug ist, um das betreffende Metall, welches keine geschlossene Deckschicht hervorbringt, zu oxidieren.

Die Kinetik der inneren Oxidation folgt einem parabolischen Gesetz der Form $x^2 = k_i \cdot t$ (x: Eindringtiefe, k_i: Wachstumskonstante der inneren Oxidation). Beispiele für innere Oxidation stellen Ni-Cr-Al-Legierungen mit Al-Gehalten < ca. 5 Masse-% dar, bei denen eine Cr_2O_3-Deckschicht entsteht und Al unterhalb davon innen oxidiert. Ein bekanntes Beispiel ohne gleichzeitige Deckschichtbildung ist die – in diesem Fall gewünschte – innere Oxidation von Legierungselementen in Edelmetallen, z. B. Ag-Legierungen mit Cd oder In, die durch CdO oder In_2O_3-Teilchen in der Matrix dispersionsgehärtet werden. Auch PtZr-Legierungen, welche innen oxidiert werden, um eine ZrO_2-Dispersion zu erzielen, gehören dazu (siehe Kap. 6.11).

5.3.5 Deckschichten auf Legierungen

Auf Legierungen bilden sich in den meisten Fällen Deckschichten, an denen mehrere oder sogar alle metallischen Komponenten beteiligt sind. Analog zur Mischbarkeit metallischer (oder auch beliebiger anderer) Elemente können grundsätzlich drei verschiedene Formen bei der Mischung von Oxiden (sowie anderen nichtmetallischen Stoffen) angenommen werden:

a) *(Nahezu) völlige Unlöslichkeit der Oxide ineinander*
   Die Oxidarten treten als reine Komponenten auf.
b) *Oxid-Mischkristallbildung*
   Es entstehen *Mischoxide*, in binären Systemen als $(A, B)_aO_b$. Ein Beispiel für lückenlose Mischkristallbildung ist das System NiO-CoO, d. h. es bilden sich homogene Mischkristalle (Ni, Co)O. Beim Austausch der Kationen muss stets Wertigkeitsausgleich stattfinden.
c) *Bildung eines anderen Oxidtyps*
   Analog zu den intermetallischen Phasen bei Metallen können sich in binären Oxidsystemen so genannte *Doppeloxide* bilden, vorwiegend in Form von *Spinellen*. Deren Summenformel beträgt AB_2O_4 mit einer Summe der Kationenwertigkeiten von 8, z. B. als Doppeloxid $AO \cdot B_2O_3$. Beispiele für Spinelle sind $NiCr_2O_4$ (= $NiO \cdot Cr_2O_3$), wobei Cr auch teilweise gegen Al ausgetauscht sein kann [Schreibweise: $Ni(Cr, Al)_2O_4$], oder $FeCr_2O_4$ (= $FeO \cdot Cr_2O_3$).

Die Wachstumsgeschwindigkeit der *Mischkristalloxide* lässt sich besonders dann beeinflussen, wenn sie aus Ionen mit unterschiedlichen Wertigkeiten, so genannten *aliovalenten Ionen*, bestehen, weil dann die Konzentration der Punktdefekte verändert wird. Die hierbei geltende *Wagner-Hauffe-Valenzregel* soll anhand von Ni-Cr-Legierungen erläutert werden.

Bei geringen Cr-Gehalten bildet sich eine Cr^{3+}-dotierte NiO-Deckschicht. Zur Aufrechterhaltung der elektrischen Neutralität werden jeweils 3 Ni^{2+}-Ionen gegen 2 Cr^{3+}-Kationen ausgetauscht; es entsteht also eine zusätzliche Kationenleerstelle. Dadurch wird die Ionendiffusionsrate und folglich der k_p-Wert von NiO erhöht. Betrachtet man umgekehrt eine hoch Cr-haltige Ni-Cr-Legierung, so wird sich nach einiger Zeit im Gleichgewichtszustand die thermodynamisch bevorzugte Cr_2O_3-Deckschicht formieren, in welche Ni^{2+}-Ionen eingelagert sind. In diesem Fall werden 2 Cr^{3+}-Kationen und eine Kationenleerstelle gegen 3 Ni^{2+}-Ionen ersetzt, die Leerstellendichte nimmt also ab und die Oxidationsrate von Cr_2O_3 wird reduziert.

Auf den Leitungstyp des Oxids bezogen lässt sich die Regel folgendermaßen anwenden: Oxide mit einem Metalldefizit (p-Leiter) sollten mit einem Metall geringerer Wertigkeit dotiert werden, weil dadurch Kationenleerstellen gefüllt werden. In n-Leiter, bei denen Metallüberschuss oder Sauerstoffdefizit herrscht, sollten dagegen höherwertige Metallionen eingebaut werden, weil dies insgesamt die Anzahl der Metallionen und damit den relativen Sauerstoffionenmangel reduziert.

In **Bild 5.10** sind die Streubänder von überwiegend Cr_2O_3- und Al_2O_3-Deckschicht bildenden Legierungen dargestellt (vgl. Bild 5.6 mit idealisierten Linien). Der Datensammlung liegen bei erstgenannter Gruppe nur binäre Legierungen auf Fe-, Co- und Ni-Basis zugrunde. Der Einfluss so genannter Aktivelemente bei Cr_2O_3-Bildnern ist zusätzlich angedeutet. Al_2O_3-Bildner zeichnen sich durch geringere k_p-Werte, ein engeres Streuband sowie höhere Temperatureinsatzgrenzen aus. Bei Cr_2O_3-Deckschichtbildnern wirkt sich dagegen oberhalb ca. 1000 °C die Oxidabdampfung nennenswert aus. Im Al_2O_3-Streuband sind auch Vielkomponentenlegierungen, z. B. Schutzschichten, enthalten. Aktivelemente üben in diesem Fall keinen deutlichen Einfluss auf die Wachstumsrate aus.

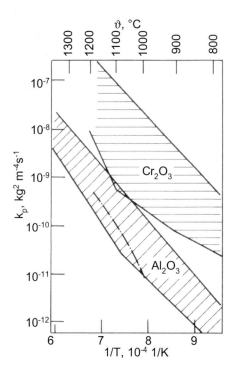

Bild 5.10

Streubänder der k_p-Werte Cr_2O_3- und Al_2O_3-bildender Legierungen

Der Auswertung liegen bei den Cr_2O_3-Bildnern binäre Fe-, Co- und Ni-Legierungen und bei den Al_2O_3-Bildnern alle gängigen Legierungen zugrunde. Die strichpunktierte Linie deutet die bisher minimal erreichten k_p-Werte durch Aktivelemente bei Cr_2O_3- Bildnern an (nach [5.3])

Für Anwendungen bei sehr hohen Temperaturen, etwa oberhalb 950 bis 1000 °C, muss man auf die sehr langsam wachsenden und gut haftenden Deckschichten aus Al_2O_3 übergehen, besonders bei Langzeitbetrieb mit häufigeren Temperaturwechseln und hohen Strömungsgeschwindigkeiten der heißen Gase (Abdampfung von CrO_3!). In binären Legierungen muss ein relativ hoher Al-Gehalt legiert werden – in Ni-Al-Systemen knapp 20 Masse-% –, um eine geschlossene Al_2O_3-Deckschicht zu erreichen. Bei geringeren Al-Anteilen würde sich beispielsweise bei einer Ni-Al-Legierung vorwiegend eine NiO-Deckschicht bilden, unterhalb derer der O_2-Partialdruck bei z. B. 1000 °C noch ca. 10^{-10} bar beträgt (aus Bild 5.1 abzulesen). Dies hätte eine relativ starke Einwärtsdiffusion von Sauerstoff in die Legierung und innere Oxidation von Al zur Folge. Der für eine Deckschichtbildung effektiv zur Verfügung stehende Al-Gehalt würde dadurch reduziert und reichte nicht mehr für eine geschlossene Al_2O_3-Schicht aus.

Interessanterweise wird der kritische Al-Wert in ternären Fe-Cr-Al- oder Ni-Cr-Al-Legierungen auf ca. 5 bis 6 Masse-% Al reduziert. Bekannte Beispiele sind Heizleiterdrähte aus Fe-Cr-Al (z. B. *Kanthal* mit 20 bis 30 % Cr, 5 % Al und 0 bis

5.3 Oxidation

5 % Co) sowie Al_2O_3-Deckschicht bildende Superlegierungen und Schutzschichten auf MCrAl-Basis (M = Fe, Co, Ni oder NiCo).

Die Erklärung für dieses Phänomen geht auf C. Wagner zurück [5.4]. Man muss dazu das transiente Stadium der Oxidation betrachten, bis ein stationärer Oxidationszustand erreicht ist. Wird beispielsweise eine Ni-Cr-Al-Legierung mit minimal etwa 10 Masse-% Cr und 5 Masse-% Al bei 1000 °C oxidiert, **Bild 5.11**, so bildet sich wegen bevorzugter Kinetik an der Oberfläche zunächst NiO sowie der Spinell $Ni(Cr, Al)_2O_4$. Unterhalb dieser Deckschicht, wo der O_2-Gleichgewichtsdruck für diese beiden Oxide herrscht (bei NiO und 1000 °C beträgt er gemäß Bild 5.1 ca. 10^{-10} bar), kommt es vorwiegend zur Bildung einer Cr_2O_3-Zwischenschicht, weil die hierfür erforderliche O_2-Aktivität geringer ist. Der O_2-Partialdruck wird unterhalb des nach kurzer Zeit geschlossenen Cr_2O_3-Films auf etwa 10^{-22} bar bei 1000 °C reduziert. Dadurch wird die Einwärtsdiffusion des Sauerstoffs in die Legierung stark vermindert, und es kommt nur zu geringer innerer Oxidation von Al.

Anders als im oben beschriebenen Fall der binären Ni-Al-Legierung fängt das Cr hier den Sauerstoff ab und verhindert damit rasche Al-Abbindung in Form deckschichtunwirksamer innerer Oxide. Man spricht daher auch von einem *Getter-Effekt* durch Cr.

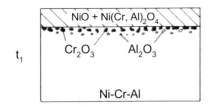

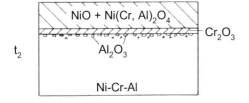

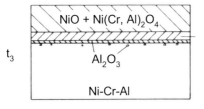

Bild 5.11
Schematischer Ablauf der anfänglichen Oxidation von Ni-Cr-Al-Legierungen mit etwa 10 Masse-% Cr und 5 Masse-% Al; $t_1 < t_2 < t_3$

Unter diesen Bedingungen besteht nun die Möglichkeit, direkt unter der Cr_2O_3-Schicht eine durchgehende Lage aus Al_2O_3 zu bilden. Weiteres Wachstum der beiden darüber liegenden Schichten wird unterbunden, weil die dafür erforderlichen Metallionen durch die Al_2O_3-Schicht diffundieren müssten. Im folgenden Geschehen wird die Oxidation vom Wachstum des Al_2O_3-Films bestimmt, welcher den thermodynamisch stabilen und damit stationären Deckschichtzustand darstellt. Die Vorgänge vollziehen sich bei Fe-Cr-Al-Legierungen in analoger Weise.

Die **Bilder 5.12** und **5.13** zeigen so genannte isotherme Oxidationskarten für Ni-Cr-Al- und Fe-Cr-Al-Legierungen für Temperaturen um 1000 °C (die Felder verschieben sich mit der Temperatur nicht sehr stark). In diesen ternären Werkstoffen müssen mindestens etwa 10 Masse-% Cr und 5 Masse-% Al legiert werden, um nach dem Wagner'schen Gettermechanismus eine geschlossene Al_2O_3-Deckschicht zu ermöglichen.

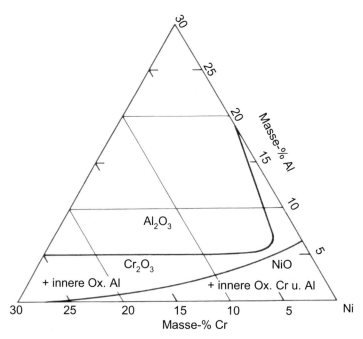

Bild 5.12 Oxidationskarte für das Ni-Cr-Al-System bei 1000 °C (nach [5.5])
Die Felder geben an, welche Deckschichten und inneren Korrosionsprodukte sich im stationären Oxidationszustand bilden.

5.3 Oxidation

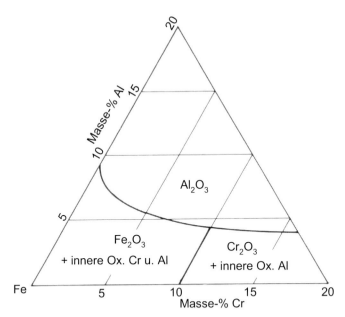

Bild 5.13 Oxidationskarte für das Fe-Cr-Al-System bei ca. 1000 °C (nach [5.6], Ergänzungen dazu aus [5.7])

Cr wird in Fe-Cr-Al-Legierungen und MCrAl-Schutzschichten höher zugegeben, etwa 20 bis 25 Masse-%, weil ein hoher Cr-Gehalt der Matrix zusätzlich die Sulfidationsbeständigkeit verbessert. Außerdem könnte das Cr-Reservoir für eine Cr_2O_3-Bildung auch dann ausreichen, wenn die Al_2O_3-Schicht chemisch oder mechanisch versagt. Die höheren Cr-Gehalte verändern den Mindest-Al-Wert kaum. Bei Superlegierungen ist man allerdings bestrebt, den Cr-Gehalt an der unteren Grenze zu halten, weil im Zusammenspiel mit anderen Elementen Phaseninstabilitäten auftreten können.

Unter stärker temperaturzyklischen Bedingungen muss der Al-Anteil über den 5 %-Wert angehoben werden. Dies ist im Wesentlichen abhängig von der maximalen Temperatur und der Haltezeit bei dieser Temperatur, der Temperaturänderungsrate und der geforderten Zyklenzahl. Bei Schutzschichten auf NiCrAl-Basis werden beispielsweise für extreme Anforderungen ca. 12 Masse-% Al und 18 Masse-% Cr realisiert.

5.3.6 Zyklisches Oxidationsverhalten

Die vorgestellten Gesetzmäßigkeiten der Oxidationskinetik gelten für den Fall isothermer Beanspruchung. Bei Bauteilen treten jedoch Temperaturänderungen in unterschiedlicher Häufigkeit und mit unterschiedlichen Aufheiz- und Abkühlgradienten auf. Dies beeinflusst das Deckschichtverhalten gravierend. **Bild 5.14** stellt schematisch dar, wie diese anisotherme Beaufschlagung labormäßig simuliert werden kann und wie die Masseänderungen verlaufen können. Die Proben werden meist in einem Ofen unter Luftatmosphäre aufgeheizt und auf maximaler Temperatur eine bestimmte Zeit, z. B. 1 h, gehalten. Dabei läuft der Oxidationsvorgang entsprechend dem Verhalten bei Betriebstemperatur ab. Hohe Abkühlraten, die für die Deckschichthaftung besonders kritisch sind, lassen sich nachbilden, indem die Proben rasch aus dem Ofen herausgefahren und mit einer Pressluftdusche abgekühlt werden. Die Masseänderung wird in gewissen Intervallen ermittelt.

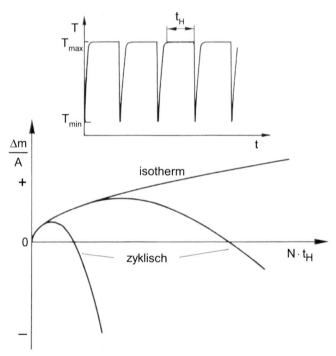

Bild 5.14 Kinetik der zyklischen im Vergleich zur isothermen Oxidation
Der Temperatur/Zeit-Verlauf ist im oberen Teilbild schematisch dargestellt. t_H ist die Haltezeit auf maximaler Temperatur, N die Zyklenzahl. Die beiden zyklischen Kurven zeigen Beispiele unterschiedlicher Deckschichthaftung.

Unter isothermen Bedingungen wird im Hochtemperaturbereich grundsätzlich parabolische Oxidationskinetik gefordert. Anfänglich entspricht das zyklische dem isothermen Verhalten, solange die Deckschicht dicht ist und gut haftet. Nach mehr oder weniger hohen Zyklenzahlen stellt sich danach eine Masseabnahme aufgrund von Deckschichtabplatzungen ein. Dieses Verhalten wird beeinflusst durch folgende wesentliche Parameter:

a) der Temperaturdifferenz ΔT und der Temperaturänderungsrate dT/dt
Mit beiden Parametern erhöhen sich die Wärmespannungen in der Deckschicht.
b) dem Unterschied in den thermischen Ausdehnungskoeffizienten zwischen Grundwerkstoff und Deckschicht
Mit steigender Differenz dieses Wertes nehmen ebenfalls die Wärmespannungen in der Deckschicht zu.
c) der Oxidschichtdicke
Mit ihr steigen die Wachstumseigenspannungen; außerdem nimmt die thermische Isolierwirkung zu, so dass sich der Wärmestrom verringert und sich die thermischen Spannungen in der Deckschicht erhöhen.
d) dem Verformungsvermögen der Deckschicht
Falls die Deckschicht dem „thermischen Atmen" des Substrates durch plastische Verformung folgen kann, wird die Abplatzneigung verringert (Kap. 5.3.8).
e) der Deckschichthaftung
Diese wird herabgesetzt, falls sich an der Metall/Oxid-Grenzfläche Poren bilden aufgrund vorherrschender Metallionenwanderung durch die Deckschicht (Bild 5.8 b); die Haftung lässt sich gezielt verbessern durch bestimmte Aktivelemente, wie z. B. Y, Zr oder Ce im Bereich weniger zehntel %.
f) der Geschwindigkeit, mit der schützende Deckschichten nachgebildet werden können
Diese hängt u. a. ab von der Konzentration des Legierungselementes, aus dem die anfänglich schützende Deckschicht besteht, sowie der Diffusionsgeschwindigkeit dieses Elementes im Grundwerkstoff.
g) der Proben- oder Bauteilgeometrie
An scharfen Querschnittsübergängen oder Kanten bilden sich besonders hohe Wärmespannungen, folglich ist hier die Abplatzneigung am höchsten (siehe auch Kap. 4.7.4.6).

Meist schreitet der Masseverlust bei zyklischer Beanspruchung kontinuierlich voran, weil keine ausreichend dichten und schützenden Oxide nachgebildet werden können. Grundsätzlich weisen Al_2O_3-Deckschichten im Vergleich zu allen anderen infrage kommenden Oxiden das günstigste zyklische Verhalten auf. Bei nicht zu hohen Temperaturen sind auch Cr_2O_3-Deckschichten geeignet. Gegenüber dem Gehalt des Deckschicht bildenden Elementes, welcher unter isothermen Bedingungen als ausreichend angesehen wird, muss für zyklische Beständigkeit deutlich mehr legiert werden.

Außer von den Aktivelementen wird das zyklische Oxidationsverhalten durch eine Reihe weiterer Legierungselemente stark beeinflusst. Folgende Effekte können als gesichert gelten:

Silizium in Gehalten von etwa 0,5 bis 1,5 Masse-%, in Schutzschichten teilweise bis etwa 3 Masse-%, verbessert sowohl das isotherme als auch das zyklische Oxidationsverhalten. Dies wird oft mit der Bildung einer SiO_2-Subschicht erklärt, was aber offenbar nicht immer zutrifft und nicht die einzige Ursache für den Si-Effekt darstellt. Die Si-Zugabe ist ohnehin auf mechanisch gering belastete Werkstoffe beschränkt, weil es die Duktilität und meist auch die Festigkeit herabsetzt.

Tantal wirkt sich günstig auf das isotherme und zyklische Oxidationsverhalten aus. Die Ursachen dafür sind noch unklar.

Titan fehlt in den neuesten Ni-Basislegierungen für höchste Temperaturbeständigkeit ganz oder ist auf geringe Gehalte reduziert. Man hat festgestellt, dass Ti den k_p-Wert von Al_2O_3 erhöht und auch das zyklische Verhalten verschlechtert.

Die *hochschmelzenden Metalle Mo und W* setzen die Diffusionsrate von Cr und Al herab. Dieser Effekt bedeutet ein verschlechtertes Ausheilvermögen der Cr_2O_3- oder Al_2O_3-Deckschichten.

5.3.7 Haftung von Deckschichten und Aktivelementeffekte

Parabolisches Wachstum kann nur aufrechterhalten werden, wenn die Deckschicht nicht abplatzt. Wie zuvor diskutiert, ist diese Voraussetzung besonders unter temperaturzyklischen Bedingungen meist nicht erfüllt, und es kann zu ähnlich katastrophalem Materialabtrag kommen wie im Falle flüchtiger oder flüssiger Oxidbildung. Das Abplatzen wird durch zwei Vorgänge bewirkt:

a) Erzeugung von Eigenspannungen im Oxid/Metall-System,
b) Porenbildung an der Grenzfläche Oxid/Metall.

Eigenspannungen entstehen zum einen beim isothermen Wachstum. Da der Pilling-Bedworth-Wert (Tabelle 5.3) der infrage kommenden Oxide > 1 beträgt, entstehen im Oxid Druck- und im Metall Zugspannungen parallel zur Grenzfläche. Thermisch bedingte Eigenspannungen resultieren aus dem Unterschied der thermischen Ausdehnungskoeffizienten. Dieser ist bei den Hochtemperaturlegierungen in etwa doppelt so hoch wie bei den Oxiden, **Tabelle 5.5**. Abkühlung ruft Druckspannungen in den Oxiden hervor. Es kann zum Beulen der Deckschicht und damit zum Reißen und Abplatzen kommen.

Material	$\alpha_\ell \cdot 10^6$ in K^{-1}
ferritische Stähle	ca. 12
austenitische Werkstoffe (Stähle, Co-Basis, Ni-Basis)	ca. 17
Cr_2O_3	7,3
Al_2O_3	8,5

Tabelle 5.5
Anhaltswerte für den mittleren thermischen Ausdehnungskoeffizienten im Temperaturbereich von RT bis ca. 1000 °C

5.3 Oxidation

Im Falle vorherrschender Metallionendiffusion werden im Metall/Oxid-Grenzflächenbereich Leerstellen induziert. Sofern sich diese nicht schnell genug im Metallvolumen verteilen, kann es zur Kondensation in Form von Poren kommen. Dadurch wird die Deckschichthaftung verschlechtert, weil die Kraft übertragende Fläche geringer wird und außerdem an den Poren Spannungsüberhöhungen infolge der Kerbwirkung auftreten, so dass es dort wahrscheinlicher zur Rissbildung und Dekohäsion zwischen Metall und Oxid kommt als beim umgekehrten Mechanismus überwiegenden Deckschichtwachstums von innen (Bild 5.8 a).

Am wirkungsvollsten lässt sich die Deckschichthaftung durch Zugabe maximal einiger zehntel Masse-% so genannter *Aktivelemente* verbessern. Hierbei handelt es sich meist um Seltenerdmetalle (z. B. Sc, Y, Ce, Yb) oder seltene Erden, d. h. die Oxide der Seltenerdmetalle, oder auch um andere Elemente in metallischer oder oxidischer Form, wie z. B. Zr oder Hf. Die genannten Metalle weisen eine sehr hohe Affinität zu Sauerstoff auf, welche die von Cr und teilweise auch die von Al weit übertrifft.

Die diversen Effekte der Aktivelemente wurden an Cr_2O_3- und Al_2O_3-Deckschicht bildenden Legierungen untersucht [5.8]:

1. Wie in Bild 5.10 angedeutet, wird bei Cr_2O_3-Deckschichtbildnern der k_p-Wert reduziert durch Aktivelemente, während bei Al_2O_3-Bildnern kein signifikanter Unterschied festgestellt wird. Man nimmt an, dass die selektive Oxidation von Cr im Anfangsstadium in Gegenwart sauerstoffreaktiver Elemente beschleunigt wird, so dass sich rasch ein geschlossener Cr_2O_3-Film bilden kann.

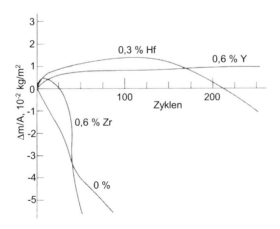

Bild 5.15 Masseänderung einer NiCoCrAl-Legierung mit und ohne Zusatz verschiedener Aktivelemente während zyklischer Oxidation bei 1100 °C an Luft (Haltezeit: 1 h), aus [5.10]

2. Die Deckschichthaftung und damit besonders das zyklische Oxidationsverhalten werden erheblich verbessert. **Bild 5.15** stellt dies für eine NiCoCrAl-Legierung mit und ohne Zusatz verschiedener Aktivelemente gegenüber, wobei sich in diesem Fall Y als am wirksamsten erweist. Über die Mechanismen dieses technisch sehr nützlichen Effektes gibt es zahlreiche Theorien, von denen die drei meistdiskutierten vorgestellt werden:

a) Die Annahme eines mechanischen Verankerungseffektes stützt sich auf metallographische Beobachtungen an abgelösten Deckschichten oder auch an Querschliffen. Während sich die Morphologie der Metall/Oxid-Grenzfläche ohne Aktivelement ziemlich glatt ausbildet und der ehemaligen Metalloberfläche entspricht, wachsen mit Aktivelement „Oxidpflöcke" (*pegs, pegging effect*) in die Legierung und bewirken eine Verklammerung, **Bild 5.16**. Man nimmt an, dass Oxide der Aktivelemente, welche in die Deckschicht eingebaut werden, deren fingerförmiges Hineinwachsen fördern. Die Aktivelementoxide sind hoch sauerstoffdefizitär, so dass Diffusion von Sauerstoffionen einige Größenordnungen schneller als in den Cr_2O_3- und Al_2O_3-Schichten abläuft. Dadurch entsteht eine Art Kurzschlussdiffusion, welche die Deckschicht lokal tiefer wachsen lässt [5.9].

Gegen diese Theorie wird argumentiert, dass in einigen Fällen ebenfalls bei glatten Oxid/Metall-Grenzflächen eine gute Deckschichthaftung festgestellt wurde und dass umgekehrt schlechte Haftung auftreten kann, wenn *pegs* vorhanden sind [5.10].

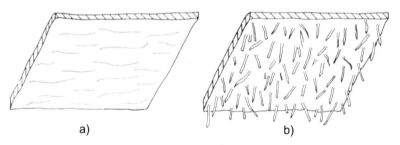

Bild 5.16 Morphologie der Unterseite von Deckschichten
    a) Reinmetall oder Legierung ohne Aktivelement
       Die Grenzfläche Oxid/Metall ist ziemlich glatt und spiegelt in etwa die ehemalige Metalloberfläche wider.
    b) Legierung mit Aktivelement
       Die Deckschicht weist lokal ein pflockförmiges Wachstum in den Grundwerkstoff hinein auf (*pegging*).

b) Der Einbau der Aktivelemente in die Deckschicht – besonders als Korngrenzenanreicherungen – beschleunigt die Sauerstoffionendiffusion. Dadurch wird der Wachstumsmechanismus von vorwiegender Kationen- zu dominierender Anionendiffusion verschoben. Die Reaktion findet somit an der Metall/ Oxid-Grenzfläche statt, wodurch Porenbildung reduziert oder verhindert wird. Bei Al_2O_3-Deckschichten wird Wachstum zwar ohnehin hauptsächlich von innen beobachtet, durch sauerstoffaktive Elemente wird der Anteil der Einwärtsdiffusion von Sauerstoff vermutlich noch erhöht.

c) Die hohe Schwefelaffinität der meisten Aktivelemente sorgt dafür, dass Schwefelverunreinigungen nicht als Deckschicht-„Haftungsgift" auftreten können, sondern unschädlich im Werkstoffinnern abgebunden werden. Sofern Aktivelementoxide in der Legierung vorliegen, können Verunreinigungen von S, P oder anderen Elementen an die Phasengrenzen dieser Oxide mit der Matrix diffundieren und werden damit für die Deckschichthaftung ebenfalls unschädlich gemacht.

Vermutlich wirken mehrere dieser oder weiterer Mechanismen gleichzeitig zusammen.

Höhere Aktivelementgehalte als wenige zehntel Masse-% werden generell nicht realisiert, weil zur Verbesserung der genannten Oxidationseffekte nicht mehr benötigt wird und weil ansonsten negative Erscheinungen überwiegen könnten, wie z. B. die Bildung unerwünschter Phasen oder Schalenreaktionen beim Gießen.

5.3.8 Plastisches Verhalten von Oxiddeckschichten

Beim Abbau von Eigenspannungen in Deckschichten sowie beim Kriechen des Verbundes aus Metall und Oxid stellt sich die Frage, in welchem Maße und wie sich die Deckschicht verformen kann. Kriechen kann bei Oxiden grundsätzlich nach analogen Mechanismen wie bei Metallen ablaufen. Der Anteil des Versetzungskriechens in den ionar oder (seltener) kovalent gebundenen Oxidgittern ist relativ zu den Metallen allerdings gering aufgrund der hohen Peierls-Spannung. Diese drückt den Gitterwiderstand gegen Änderung des Bindungszustands entlang der Versetzungslinie beim Gleiten aus. Bei kovalenter Bindung ist dieser Widerstand generell groß, bei Ionenbindung ist er in bestimmten Gleitebenen und -richtungen ebenso groß. Letzteres ist dann der Fall, wenn sich gleichnamige Ionen beim Versetzungsgleiten übereinander bewegen müssen. Außerdem existieren in diesen Kristallgittern keine fünf voneinander unabhängigen Gleitsysteme, das von Mises-Kriterium ist also nicht erfüllt. Bei der plastischen Verformung durch Versetzungsbewegung kommt es deswegen an den Korngrenzen zu Inkompatibilitäten und leicht zur Rissbildung; die Folge ist eine geringe Duktilität.

Vielfach wird das Diffusionskriechen als der dominierende Mechanismus bleibender Verformung bei Deckschichten diskutiert. Die geringe Korngröße, die bei Deckschichtoxiden zu beobachten ist, fördert diesen Vorgang. Andererseits ist die Diffusionsgeschwindigkeit der Ionen in den hauptsächlich zur Diskussion stehenden Oxiden Cr_2O_3 und Al_2O_3 niedrig. Für das Deckschichtwachstum ist stets, wie in Kap. 5.3.3 erörtert, die schneller diffundierende Ionenart – Sauerstoff- oder Metallionen – verantwortlich. Dagegen ist für das Kriechen die langsamere Spezies geschwindigkeitsbestimmend, weil sich zur Aufrechterhaltung der elektrischen Neutralität *alle* Gitterbausteine bewegen müssen (beim Schichtwachstum wird die Anzahl der Kationen und Anionen gleichmäßig erhöht). Bei den für metallische Werkstoffe üblichen Einsatztemperaturen sollte nach diesen Überlegungen weder durch Versetzungskriechen noch durch Diffusionskriechen eine bedeutende Verformung oder Spannungsrelaxation der Cr_2O_3- und Al_2O_3-Deckschichten zu erwarten sein.

Dennoch sind die Deckschichten offenbar imstande, bei nicht zu hohen Dehnbeträgen und Dehnraten der Verformung des Substrates ohne makroskopisch erkennbare Trennungen zu folgen. Zu bedenken ist, dass eventuell auftretende Schichtrisse stets entsprechend der Dehnrate des Substrates weiterwachsen müssen, meist also recht langsam. Risse in Deckschichten mit einer Dicke von nur wenigen µm sind unkritisch für den Grundwerkstoff. Vielmehr wird die vorübergehend ungeschützte Legierung wieder oxidieren, wenn das Sauerstoffangebot an der Rissspitze hoch genug ist. Bei niedrigen Kriechraten kann die Deckschicht also ausheilen, ohne dass die Schutzwirkung verloren geht.

5.3.9 Korngrenzenzerfall (*Pest*)

Bei manchen intermetallischen Phasen beobachtet man bei mittleren Temperaturen von etwa 500 bis 900 °C in oxidierender Atmosphäre eine schnelle Zerrüttung infolge Korngrenzenzerfalls, auch *Pest* genannt. Besonders Silizide (*Silizidpest*), wie z. B. $MoSi_2$, aber auch andere Phasen, z. B. $NbAl_3$ [5.11], können unter bestimmten Bedingungen von diesem Phänomen betroffen sein.

Die Ursachen für das rasche Auseinanderbrechen der Korngrenzen sind nicht völlig klar. Man nimmt an, dass der Sauerstoff entlang der Korngrenzen eindringt und mit Legierungsbestandteilen reagiert, wobei jedes Korn vollständig mit Reaktionsprodukten umgeben werden kann. Es entstehen Spannungen durch diese Reaktionsprodukte, und die Korngrenzen reißen auf. Das Material wird dabei oft unter Bildung voluminöser pulverförmiger Bestandteile abgetragen. Oberhalb etwa 900 °C verschwindet das Pestphänomen, und z. B. im Falle der Silizide misst man dann relativ langsames parabolisches Deckschichtwachstum.

Voroxidation wurde als einfache Abhilfemaßnahme vorgeschlagen [5.12], die jedoch unter zyklischen Betriebsbedingungen zu überprüfen wäre.

5.3.10 Zundergrenze

Um die Oxidationsbeständigkeit von Werkstoffen einordnen zu können, ist manchmal die Angabe der so genannten Zundergrenze gebräuchlich, wie z. B. in der *Stahl-Eisen-Liste* [5.13]. Darunter versteht man die maximal zulässige Anwendungstemperatur hitzebeständiger Werkstoffe gemäß einer älteren Definition [5.14].

Demnach ist die Zundergrenze als diejenige Temperatur festgelegt, bei welcher der Werkstoff unter isothermen Bedingungen an Luft über 120 h mit mehre-

5.3 Oxidation

ren Zwischenabkühlungen im Mittel höchstens eine Gewichtszunahme von 1 g m^{-2} h^{-1} aufweist. Bei einer um 50 °C höheren Temperatur als der Zundergrenze darf dieser Wert nach 120 h durchschnittlich 2 g m^{-2} h^{-1} nicht überschreiten. Diese Zusatzbedingung bietet eine gewisse Sicherheit vor stark ansteigendem Oxidationsangriff bei der Zundergrenztemperatur nach längeren Zeiten, wie z. B. durch *Breakaway*-Oxidation.

Setzt man parabolisches Deckschichtwachstum voraus, so errechnen sich aus den genannten Massezunahmen k_p-Werte von $3,3 \cdot 10^{-8}$ kg^2 m^{-4} s^{-1} bei der Zundergrenze und $1,3 \cdot 10^{-7}$ kg^2 m^{-4} s^{-1} bei der um 50 °C höheren Temperatur. **Bild 5.17** veranschaulicht diese gravimetrischen Werte, die der Definition zugrunde liegen. Im Bereich um 1000 °C werden diese Bedingungen beispielsweise von Cr_2O_3-bildenden Legierungen erfüllt, siehe Bild 5.10.

Mit der Festlegung der Zundergrenze wird das zyklische Oxidationsverhalten nicht systematisch erfasst. Auch sehr langzeitiger Einsatz wird durch die Definition dieser Temperatur tendenziell zu optimistisch beurteilt. Daher ist für Anwendungen zu prüfen, ob die in den Werkstoffdatenblättern genannten Zundergrenzen für gegebene Bedingungen brauchbar sind oder ob die Werte eher zu hoch liegen. Zumindest erlauben die Angaben Vergleiche unter verschiedenen in Frage kommenden Legierungen.

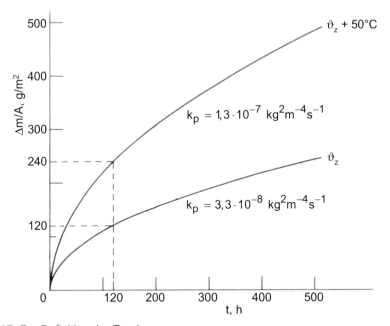

Bild 5.17 Zur Definition der Zundergrenze
In der Darstellung wird parabolisches Deckschichtwachstum vorausgesetzt (ϑ_Z: Zundergrenztemperatur)

5.4 Aufkohlung

5.4.1 Allgemeines

Die Anreicherung von Werkstoffen mit Kohlenstoff, *Aufkohlung* genannt, macht man sich zum Zwecke des Einsatzhärtens zunutze. Ungewollte Aufkohlung findet bei zahlreichen Hochtemperaturverfahren in der chemischen und petrolchemischen Industrie sowie bei der Kohleveredelung statt.

Die wichtigsten Reaktionen, bei denen Kohlenstoff freigesetzt wird, sind die Zerfallsvorgänge von Kohlenwasserstoffen, vorwiegend der Methanzerfall (1), sowie die Boudouard-Reaktion (2):

(1) $CH_4 \leftrightarrow C + 2H_2$ (5.11)
(2) $2CO \leftrightarrow C + CO_2$ (5.12)

Die Gleichgewichte dieser Reaktionen werden durch die Gleichgewichtskonstanten K_p gekennzeichnet:

$$K_{p(1)} = \frac{a_C \cdot p_{H_2}^2}{p_{CH_4}} = \frac{a_C \cdot (1-x_{CH_4})^2 \cdot P}{x_{CH_4}} \quad (5.13)$$

$$K_{p(2)} = \frac{a_C \cdot p_{CO_2}}{p_{CO}^2} = \frac{a_C \cdot (1-x_{CO})}{x_{CO}^2 \cdot P} \quad (5.14)$$

x Konzentration des jeweiligen Bestandteils ($\Sigma x_i = 1$)
P Gesamtdruck des Gasgemisches (in bar einzusetzen, s. Gl. 5.3)

Die C-Aktivität im Gas stellt sich folglich aufgrund der Konzentration der einzelnen Bestandteile, des Gesamtdruckes sowie der Temperatur ein. Für die freien Standardreaktionsenthalpien in Abhängigkeit von der Temperatur stehen meist Berechnungsformeln oder Diagramme zur Verfügung (z. B. in [5.15]), so dass gemäß $\Delta G^0 = - R \cdot T \ln K_p$ (Gl. 5.1) die C-Aktivität in Abhängigkeit von den genannten Parametern bestimmt werden kann. Bild 5.2 beinhaltet die Linien für die beiden oben aufgeführten Reaktionen.

Konkurrierende Oxidation, wie sie bei CO/CO_2-Gemischen generell zu betrachten ist und bei CH_4/H_2-Gemischen von O_2-haltigen Verunreinigungen abhängt, wird im Folgenden zunächst außer Acht gelassen. Eine Oxiddeckschicht soll also die Aufkohlung nicht behindern.

Bei höherer C-Aktivität im Gas als in der Legierung diffundiert Kohlenstoff in den Werkstoff ein, und bei Überschreiten der Löslichkeit kommt es zur Karbidbildung. Die Aufkohlung entspricht also typischerweise einem *inneren Korrosionsvorgang* (Tabelle 5.1). Die für die Bildung bestimmter Karbide erforderliche C-

5.4 Aufkohlung

Aktivität in Abhängigkeit von der Temperatur (bei einer Metallaktivität von 1) kann Bild 5.2 entnommen werden.

Bild 5.18 zeigt am Beispiel des austenitischen Stahles *Alloy 800 H* die Konzentrationsverläufe für Kohlenstoff nach verschieden langen Aufkohlungszeiten. **Bild 5.19** gibt das Randgefüge nach Teilaufkohlung wieder. Je nach Konzentration oder Aktivität der karbidbildenden Legierungselemente und des Kohlenstoffs scheiden sich bestimmte Karbidarten aus, die in Tabelle 6.6 allgemein für Hochtemperaturwerkstoffe zusammengefasst sind. Im dargestellten Fall handelt es sich um $M_{23}C_6$- sowie M_7C_3-Typen, wobei M hauptsächlich für Cr steht mit Anteilen an Fe und Ni. Das Stabilitätsdiagramm von Kohlenstoff mit reinem Cr zeigt **Bild 5.20**.

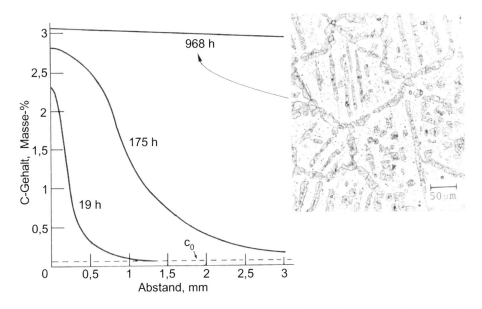

Bild 5.18 Konzentrationsprofile für Kohlenstoff im austenitischen Stahl *Alloy 800 H* nach Aufkohlung in CH_4/H_2-Atmosphäre mit a_C = 0,8 bei 1000 °C
(Rundproben Ø 6 mm, c_0: Ausgangs-C-Gehalt = 0,06 Masse-%)
Gefüge nach Aufkohlung bis zur Sättigung [5.16]

Die C-Diffusion erfolgt schneller entlang von Korn- und Zwillingsgrenzen. Dies manifestiert sich in Bild 5.19 in einer vorauseilenden Umwandlungsfront $M_{23}C_6 \rightarrow M_7C_3$ entlang dieser Grenzflächen gegenüber den Karbiden, die im Korninnern homogen ausgeschieden sind. Nach vollständiger C-Sättigung (für den untersuchten Stahl bei ca. 3 Masse-%) wird fast der gesamte Cr-Gehalt zu Karbiden abgebunden und die Restmatrix besteht nur noch aus Fe und Ni. Mit dem Cr-Entzug der Matrix nimmt die magnetische Permeabilität der Legierung zu, die dadurch ferromagnetisch werden kann. Bei austenitischen Stählen erhält man daher durch einen Magnettest einen groben Hinweis auf den Grad der Aufkohlung.

Mit der C-Aufnahme wird bei vielen Legierungen die Solidustemperatur stark abgesenkt. Im Fe-C-System wird sie beispielsweise von 1538 °C durch 2 % C bis zur eutektischen Temperatur von ca. 1150 °C reduziert, bei Ni-C durch 0,6 % C um ca. 130 °C. Besonders bei hitzebeständigen Stählen, die bis zu hohen homologen Temperaturen eingesetzt werden, ist dieser Effekt zu beachten.

Bild 5.19 Randgefüge des austenitischen Stahles *Alloy 800 H* nach 175 h Aufkohlung in CH_4/H_2-Atmosphäre mit $a_C = 0,8$ bei 1000 °C [5.16]
Dunkel: M_7C_3-Karbide; hell: $M_{23}C_6$-Karbide (nach ZnSe-Bedampfung)
Entlang der Korn- und Zwillingsgrenzen ist die M_7C_3-Front tiefer fortgeschritten als bei den anderen Karbiden im Korninnern (hier etwa um einen Faktor 1,5).

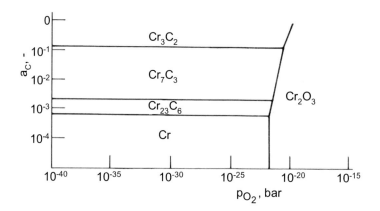

Bild 5.20 Stabilitätsdiagramm für Cr, Cr_2O_3 und Cr-Karbide bei 1000 °C und einer Metallaktivität $a_{Cr} = 1$

5.4 Aufkohlung

Die Massezunahme durch Aufkohlung folgt etwa einem parabolischen Gesetz analog zu Gl. (5.5) und (5.6):

$$\left(\frac{\Delta m}{A}\right)^2 = k_C \cdot t \qquad \text{oder} \qquad x^2 = k_C' \cdot t \qquad (5.15\ a, b)$$

k_C, k_C' Aufkohlungskonstanten
x Aufkohlungstiefe

Dieser Zusammenhang lässt sich wie das parabolische Oxidationsgesetz aus dem 1. Fick'schen Gesetz herleiten. Die C-Diffusion ist also der geschwindigkeitsbestimmende Vorgang bei der Aufkohlung. Die parabolische Aufkohlungskonstante steigt mit der Temperatur exponentiell nach einer Exponentialfunktion und linear mit der C-Aktivität in der Atmosphäre.

Die Aufkohlungsbeständigkeit lässt sich innerhalb einer Werkstoffgruppe, z. B. den Cr-Ni-Stählen, nur recht wenig beeinflussen. Das Reinmetall Ni bildet keine stabilen Karbide und besitzt eine geringe C-Löslichkeit. In Fe-Ni- und Fe-Cr-Ni-Legierungen nimmt die Aufkohlungsrate mit steigendem Ni-Gehalt ab. Ni-Basislegierungen wären zwar aufkohlungsbeständiger als Cr-Ni-Stähle, werden jedoch unter aufkohlenden Bedingungen seltener verwendet, u. a. wegen der Kosten, der Lieferformen und der Bearbeitbarkeit.

Generell ist eine dichte Oxiddeckschicht imstande, das Eindringen von Kohlenstoff erheblich zu bremsen. Dies setzt einen ausreichend hohen O_2-Partialdruck voraus, um die thermodynamische Stabilität des Oxids aufrechtzuerhalten. Häufig ist die Bedingung zur Bildung eines geschlossenen Cr_2O_3-Films nicht erfüllt, Bild 5.20.

Si-Zugabe, in hitzebeständigen Stählen bis ca. 2 Masse-%, erhöht die Aufkohlungsbeständigkeit, was allgemein durch die Bildung einer dünnen SiO_2-Schicht erklärt wird, für die ein deutlich geringerer O_2-Druck als für Cr_2O_3 ausreicht. Mit steigender Temperatur geht die Wirkung des Si zurück, weil die thermodynamische Stabilität von SiO_2 abnimmt.

Bei genügend hohem Al-Gehalt ist Al_2O_3 zwar in vielen technisch vorkommenden Atmosphären stabil, die Frage ist allerdings, ob sich auf den üblichen Legierungen ein geschlossener Film ausbilden kann, wenn sich im Oberflächenbereich massiv Karbide ausscheiden.

In manchen Fällen kann eine gezielte Voroxidation in O_2-haltiger Atmosphäre die Aufkohlungsbeständigkeit verbessern.

Weiterhin kann die Resistenz gegen C-Aufnahme durch bestimmte Schutzschichten erhöht werden. Zwei Wege können dabei beschritten werden: a) Es werden hoch Si- oder Al-haltige Schichten aufgebracht mit dem Ziel, Oxiddeckschichten mit dem Restsauerstoffgehalt der aufkohlenden Atmosphäre zu bilden. b) Ein starker Karbidbildner, wie z. B. Ti, wird an der Oberfläche angereichert zwecks Bildung einer weitgehend geschlossenen, vor weiterer Aufkohlung schützenden Karbidschicht. Langzeitig wirksamer Aufkohlungsschutz ist allerdings nur mit Schichten erreichbar, die in der betreffenden Umgebung Al_2O_3-Deckschichten ausbilden, wie z. B. bei Alitierschichten, die in der äußeren Zone aus NiAl bestehen [5.17].

5.4.2 Besondere Erscheinungsformen der Aufkohlung

5.4.2.1 Metal Dusting

Bei der bisher diskutierten Form der Aufkohlung mit C-Aktivitäten in der Atmosphäre < 1 erfolgt eine Gefügeveränderung im Werkstoff ohne Materialabtrag. Mit einer – meist unkontrollierten – aufkohlenden Atmosphäre kann unter bestimmten Bedingungen recht starker Metallverlust verbunden sein. Die hierfür gebräuchliche Bezeichnung *Metal Dusting* (Metallzerstäubung), in Analogie zur abtragenden Oxidation auch *katastrophale Aufkohlung* genannt, rührt daher, dass die Reaktionsprodukte als Staub oder Pulver anfallen und größtenteils vom Werkstoff abfallen. Die Merkmale des *Metal Dustings* sind folgende:

- Die C-Aktivität ist ≥ 1.
- Oft wird der stärkste Angriff im mittleren Temperaturbereich von ca. 500 bis 700 °C beobachtet; seltener tritt er bei höheren Temperaturen auf. Dies ist abhängig vom Werkstoff und von den Umgebungsbedingungen.
- Dem Abtrag schreitet eine Zone innerer Karbidbildung voran, deren Tiefe temperaturabhängig ist. Von der Oberfläche her zerfallen diese Karbide in Graphit und Metallstaub.
- Der Materialabtrag beginnt oft grübchenförmig.

Bild 5.21 zeigt den durch *Metal Dusting* geschädigten Kragen eines Gasbrennerringes, der nur wenige hundert Stunden in einer Gasturbine betrieben worden ist. Lokal waren hierbei C-Aktivitäten ≥ 1 aufgetreten aufgrund ungünstiger Strömungsverhältnisse des Brenngases. Eine Änderung der Kragengeometrie zur besseren Brenngasvermischung beseitigte die Schädigung.

Der Mechanismus des *Metal Dustings* wird für Fe-Ni-Cr-Legierungen folgendermaßen erklärt [5.18]: Die Karbidbildung, bei diesen Werkstoffen und Bedingungen vom Typ M_7C_3, entzieht der Matrix vorwiegend Cr und – in geringerem Maße – Fe. Der restliche Cr-Gehalt geht gegen null, so dass die Matrix aus Fe-Ni besteht. Der Einbau von Fe in die Karbide lässt den relativen Ni-Gehalt der Matrix steigen, wodurch die C-Löslichkeit abnimmt. Dies ist gleichbedeutend mit einer Erhöhung der C-Aktivität, die in Oberflächennähe Werte ≥ 1 annehmen kann, wenn sie in der Gasatmosphäre ebenfalls ≥ 1 ist. Die M_7C_3-Karbide werden dadurch instabil zugunsten von Graphit und Metall.

Die Zersetzung erfolgt sukzessive von der Oberfläche her, wobei sich Hohlräume bilden, in denen sich Graphit und Metallpulver ansammeln. Diese platzen auf, die Korrosionsprodukte werden staubartig freigesetzt und der Materialabtrag geht weiter. Die Tiefe der Zone voranschreitender innerer Karbidbildung hängt von der Temperatur ab. Erfolgt *Metal Dusting* bei mittleren Temperaturen,

5.4 Aufkohlung

etwa 400 bis 700 °C, ist im Schliffbild oft nur eine schmale Aufkohlungsfront zu erkennen.

Metal Dusting wurde an Fe-, Ni- und Co-Basislegierungen beobachtet. Grundsätzlich ist bei diesen Werkstoffen mit einem ähnlichen Mechanismus zu rechnen wie bei den erwähnten Fe-Ni-Cr-Legierungen, d. h. die vorübergehende Bildung metastabiler Karbide als innere Korrosionsprodukte leitet den Abtragprozess ein.

Die Abhilfemaßnahmen gegen *Metal Dusting* zielen auf die Verbesserung der Aufkohlungsbeständigkeit ab, die in Kap. 5.4.1 diskutiert ist. Beispielsweise erweisen sich die Ni-Basislegierungen *IN 702* und *IN 693* (Cr_2O_3-Bildner) sowie *Cabot 214* (Al_2O_3-Bildner) als sehr resistent. Ergänzend muss versucht werden, die Atmosphäre möglichst so zu kontrollieren, dass die C-Aktivität < 1 bleibt.

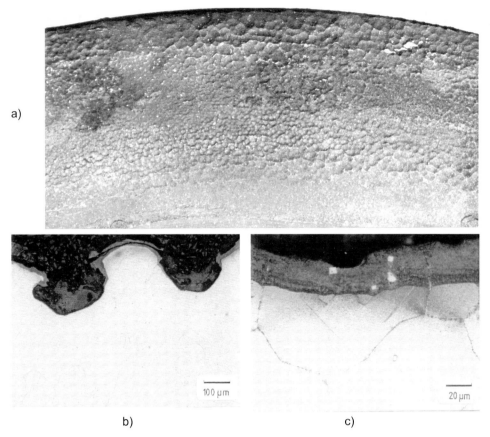

Bild 5.21 *Metal Dusting*-Erscheinungen an einem Gasbrennerring aus einer Gasturbine (Werkstoff: *Nimonic 80 A*)
    a) Makrobefund mit muldenförmigem Materialabtrag
    b) mikroskopischer Befund
    c) mikroskopischer Befund mit dicken äußeren Korrosionsproduktschichten

5.4.2.2 Grünfäule

Neben dem *Metal Dusting* tritt eine weitere abtragende Angriffsform auf, die äußerlich ähnlich aussehen kann und häufig mit dieser verwechselt oder gleichgesetzt wird. Im Falle des Bruches der Komponente ist die Bruchfläche im Randbereich oft grünlich gefärbt, was diesem Phänomen den Namen *Grünfäule* verleiht (*green rot*). Hierbei handelt es sich um einen *alternierend aufkohlend/oxidierenden* Effekt.

Durch Aufkohlung und Abbindung vorwiegend des Chroms zu Karbiden wird die Oxidationsbeständigkeit der Werkstoffe, die meist auf der Cr_2O_3-Deckschichtbildung beruht, erheblich reduziert. Dies ist technisch bedeutend bei Bauteilen, die abwechselnd einer aufkohlenden und dann einer oxidierenden Atmosphäre ausgesetzt sind, was z. B. beim Fluten einer Aufkohlungsanlage im heißen Zustand mit Luft vorkommt, nachdem zuvor aufkohlend gefahren wurde. Außerdem kommt der Effekt zum Tragen bei vollständig durchgekohlten Komponenten, die auf der anderen Seite oxidierend beansprucht werden, wie z. B. bei Aufkohlungsöfen oder bei Rohrleitungen in petrolchemischen Anlagen.

Aufgrund der Anreicherung des Chroms in den Karbiden kann sich unter oxidierenden Bedingungen keine geschlossene Cr_2O_3-Deckschicht bilden, sondern die restlichen Matrixelemente, meist Fe und Ni, oxidieren. Ihre Oxidationsgeschwindigkeit ist verglichen mit Cr_2O_3 recht hoch und die Oxide – in Fe-Cr-Ni-Legierungen findet man z. B. Fe_3O_4 und $NiFe_2O_4$-Spinell – neigen eher zum Abplatzen. Dieser Vorgang erzeugt bei häufiger Wiederholung starken Materialabtrag.

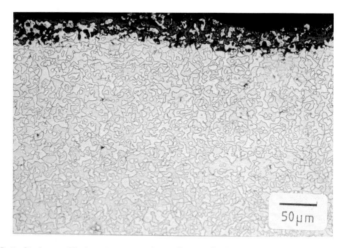

Bild 5.22 Grünfäule an Einbauten aus einer Gasaufkohlungsanlage (Werkstoff: X15CrNiSi25-20)
Das Bild zeigt das Randgefüge mit massiver Aufkohlung und einer porösen Oxidschicht, vorwiegend aus Fe_3O_4. Die Cr-Karbide sind teilweise innerhalb der Oxidschicht noch erkennbar.

Bild 5.22 zeigt am Beispiel von Einbauten aus einer Gasaufkohlungsanlage den Makro- und Mikrobefund des geschädigten austenitischen Stahles X15CrNiSi25-20. Die Behälterwand der Anlage aus der gleichen Legierung war vollständig durchgekohlt und wies muldenförmigen Abtrag luftseitig auf. Der in den Werkstoff eindiffundierende Sauerstoff wandelt die Cr-Karbide ringsherum fortschreitend in das thermodynamisch stabilere Cr_2O_3 um. Da dieses Oxid grün ist, erscheint die Bruchfläche in dem Bereich, der von der Oxidation der Karbide betroffen ist, grünlich gefärbt. Solange das Teil nicht bricht, sondern lediglich Abtrag zeigt, ist die Oberfläche farblich meist unauffällig.

5.5 Entkohlung

Entkohlung wird entweder absichtlich herbeigeführt, um den C-Gehalt abzusenken, oder tritt ungewollt in randnahen Bereichen im Laufe einer Wärmebehandlung oder eines Einsatzes in oxidierender Atmosphäre auf. Im erstgenannten Fall, der vorwiegend bei Blechen oder Bändern aus Fe-Legierungen vorkommt, glüht man die Teile bei etwa 800 °C in feuchtem Wasserstoff. Der Kohlenstoff reagiert mit dem Wasserstoff und Wasserdampf unter Bildung von CH_4 oder CO. Eine dichte Oxidschicht, welche die Effusion von Kohlenstoff verhindern würde, darf dabei nicht vorhanden sein oder entstehen.

Demgegenüber laufen bei der Zunderung stets auch Entkohlungsreaktionen in Randnähe ab. Hierbei sind zwei Fälle zu unterscheiden:

a) In der Matrix gelöster Kohlenstoff reagiert mit Sauerstoff an der Grenzfläche Oxiddeckschicht/Metall unter Bildung von CO/CO_2. Dieser Vorgang setzt voraus, dass unterhalb des Oxidfilms der O_2-Partialdruck noch ausreichend hoch ist zur Bildung der Oxide des Kohlenstoffs. Diese dringen meist durch Risse und Poren in der Deckschicht nach außen. Durch den C-Entzug kann beispielsweise die kritische C-Konzentration zur Martensitbildung bei Stählen unterschritten werden.

b) In Randnähe lösen sich Karbide zugunsten des thermodynamisch stabileren Oxids des betreffenden Metalls auf. Dies geschieht vorwiegend mit Cr-Karbiden unter Cr_2O_3-Bildung, falls die Cr-Verarmung durch die Oxide nicht durch Nachdiffusion von Cr aus dem Werkstoffinnern kompensiert wird. Die Karbide werden unter diesen Bedingungen instabil. Der frei werdende Kohlenstoff kann nicht vollständig in der Matrix gelöst werden. Er entweicht nur in geringem Maße aus dem Werkstoff, weil die Deckschicht meist recht dicht ist. Vielmehr diffundiert er weiter ins Innere, wo er gelöstes Cr vorfindet und mit diesem erneut Karbide bildet. Die Oxidation bewirkt also einen Treibeffekt für Kohlenstoff. Der gesamte C-Gehalt ändert sich bei diesem Vorgang so gut wie nicht; es findet nur eine Umverteilung der Karbide statt. **Bild 5.23** zeigt ein Beispiel des austenitischen Stahls *Alloy 802* mit einer oxidierten, karbidverarmten sowie karbidangereicherten Randzone.

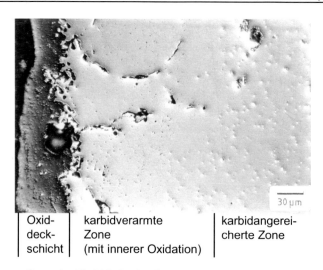

Bild 5.23 Umverteilung der Karbide in der Randzone des austenitischen Stahles *Alloy 802* nach 10.970 h bei 1000 °C [5.16]
Die Oxiddeckschicht besteht vorwiegend aus Cr_2O_3, innen sind teilweise Al und Ti oxidiert.

5.6 Aufstickung

Ähnlich wie bei der Aufkohlung unterscheidet man bei der Aufstickung beabsichtigte und unerwünschte Stickstoffanreicherung. So sind z. B. Al- und Cr-Nitride in Stählen günstig zur Verbesserung des Verschleißwiderstandes und werden gezielt im Randbereich beim Nitrieren erzeugt. Massiv aufgestickte Stähle – besonders Austenite –, um ein weiteres Beispiel zu nennen, weisen einige herausragende Eigenschaften auf. Andererseits führt unkontrollierte Aufstickung als innerer Korrosionsvorgang in N-haltigen Atmosphären, beispielsweise bei der Ammoniaksynthese, meist zu ungünstigen Werkstoffveränderungen.

Je nach Gaszusammensetzung, Temperatur und Werkstoff kann sich sowohl eine mehr oder weniger geschlossene Nitriddeckschicht bilden als auch innere Nitrierung stattfinden. Erstgenannte Erscheinung tritt z. B. in reinem NH_3-Gas bei hoch Cr-haltigen Werkstoffen bereits bei Temperaturen oberhalb ca. 300 °C auf. Die Deckschicht besteht in solchen Fällen aus CrN und/oder Cr_2N. Wachstumsspannungen und thermisch-mechanische Beanspruchung lassen die Schichten abplatzen und führen oft zu starkem Materialabtrag.

Um Diffusion des Stickstoffs ins Werkstoffinnere zu ermöglichen, müssen zwei Voraussetzungen erfüllt sein: *1.* Eine geschlossene Oxiddeckschicht wird in der betreffenden Atmosphäre nicht gebildet oder sie ist lokal verletzt. *2.* Die N_2-Moleküle sind dissoziiert. Molekularer Stickstoff ist dagegen praktisch inert und wird aus diesem Grund z. B. in Vakuumöfen als Spül- oder Abkühlgas verwendet. Die Aufspaltungsreaktion von N_2 verläuft wegen der damit verbundenen hohen Aktivierungsenergie recht langsam. Mit steigender Temperatur nimmt der Anteil atomaren Stickstoffs zu.

Bei der inneren Nitrierung beobachtet man in Cr-haltigen Werkstoffen meist nadelförmige Nitride der Art CrN und Cr_2N sowie in Gegenwart von Al die sehr stabilen AlN-Teilchen. Letztere können im metallographischen Befund leicht mit Oxiden verwechselt werden, weil sie sich mehr rundlich ausscheiden und farblich ähnlich sind.

Bild 5.24 zeigt ein Beispiel eines austenitischen Stahles mit starker Kriechrissbildung und massiver Aufstickung hauptsächlich durch Cr-Nitride im geschädigten Bereich. In nicht gerissenen Oberflächenbereichen hat die Oxiddeckschicht vor Nitrierung geschützt.

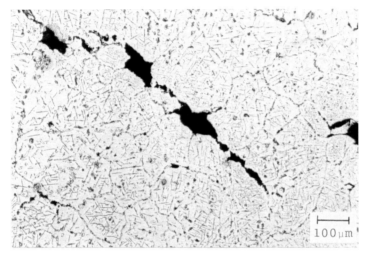

Bild 5.24 Nadelförmige Cr-Nitridausscheidungen CrN und Cr_2N in der Legierung *Alloy 800 H* im Bereich von Kriechrissen mit Zugang zur Luftatmosphäre (1000 °C)

Die Aufstickungskinetik lässt sich, wie die Oxidation und Aufkohlung, durch folgende Gleichung beschreiben:

$$\left(\frac{\Delta m}{A}\right)^n = k_N \cdot t \qquad \text{oder} \qquad x^n = k_N' \cdot t \qquad (5.16 \text{ a, b})$$

k_N, k_N' Aufstickungskonstanten
x Aufstickungstiefe

Sofern die Stickstoffdiffusion in der Nitridschicht oder im Werkstoff den geschwindigkeitsbestimmenden Schritt darstellt, was meist der Fall ist, beträgt $n \approx 2$.

In ferritischen Stählen kann Aufstickung zur Bildung von so genanntem *Stickstoffaustenit* führen, weil Stickstoff das γ-Gebiet erweitert. Dazu muss beim Glühen so viel Stickstoff aufgenommen werden, dass das α-Gitter instabil wird zugunsten von Austenit. Beim Abkühlen wandelt der Stickstoffaustenit in ein perlitisches, bainitisches und/oder martensitisches Gefüge um – je nach Abkühlrate. Mit steigendem Cr-Gehalt nimmt die Resistenz gegen diese meist unerwünschten stickstoffbedingten Gefügeveränderungen zu, weil Cr umgekehrt den α-Bereich stabilisiert. Cr-Nitridbildung in Cr-Stählen unterstützt allerdings den Austenitisierungseffekt, weil dadurch der Matrix Cr entzogen wird.

In FeCrAl-Legierungen bildet sich kein Stickstoffaustenit, weil N durch Al zu stabilen AlN-Ausscheidungen abgebunden wird und dadurch keine Cr-Verarmung auftritt. Allerdings wirkt sich die Aufstickung stark auf die Zunderbeständigkeit aus.

Vergleichbar dem Mechanismus bei aufgekohlten Werkstoffen verlieren stark aufgestickte Legierungen ihre Oxidationsbeständigkeit, weil die Deckschicht bildenden Elemente Cr und Al auch zugleich Nitridbildner sind. Es treten dann ähnliche Schädigungsabläufe wie bei der Grünfäule auf. Beispielsweise werden Heizleiterlegierungen auf FeCrAl-Basis durch Nitrierung in ihrer Lebensdauer stark reduziert, wenn sie keine dichte Al_2O_3-Deckschicht mehr ausbilden. Sowohl die Geschwindigkeit der Aufstickung als auch die der Oxidation nehmen dann zu, die elektrische Leitfähigkeit sinkt und die Temperatur wird daher erhöht. Die Zerstörung des Heizleiters wird auf diese Weise beschleunigt. Außerdem verspröden die Legierungen durch die Aufstickung stark.

Ebenfalls vergleichbar mit der Aufkohlung nimmt die Aufstickungsbeständigkeit mit steigendem Ni-Gehalt zu. Ni-reiche Legierungen werden daher z. B. in NH_3-Syntheseanlagen bevorzugt.

5.7 Aufschwefelung

Die Aufschwefelung, auch *Sulfidation* oder *Sulfidierung* genannt, weist hinsichtlich der Mechanismen zahlreiche Analogien zur Oxidation auf. Sie ist gegenüber dieser technisch jedoch gefürchtet, weil sie bei oxidationsbeständigen Werkstoffen mit einer um mehrere Zehnerpotenzen höheren Geschwindigkeit abläuft und damit schwere Werkstoffschäden hervorrufen kann. Umgekehrt zeichnen sich einige Metalle, die katastrophale Oxidation zeigen, unter sulfidierenden Bedingungen durch recht gute Resistenz aus, wie z. B. die refraktären Metalle W und Mo.

Im Folgenden werden zunächst die Vorgänge in sauerstofffreier, d. h. rein sulfidierender Atmosphäre behandelt, in welcher der Angriff am stärksten ist. Die thermodynamischen Daten zur freien Standardreaktionsenthalpie der Sulfide sind Bild 5.4 zu entnehmen.

5.7 Aufschwefelung

Die wesentlichen Merkmale der Sulfidation werden mit Verweis auf die ausführlicher diskutierten Zusammenhänge bei der Oxidation (Kap. 5.3) zusammengefasst:

a) Die Kinetik der Sulfiddeckschichtbildung lässt sich mit einem linearen oder parabolischen Zeitgesetz beschreiben (vgl. Bild 5.5). Katastrophale Aufschwefelung setzt ein, wenn Sulfide schmelzen oder sich stark verflüchtigen. **Tabelle 5.6** gibt einen Überblick über die Schmelzpunkte einiger Sulfide und Metall/Sulfid-Eutektika. Bei Betriebstemperaturen oberhalb des Schmelzpunktes liegt eine flüssige Metall-Schwefel-Lösung vor, die bei metallographischer Untersuchung nach dem Erstarren u. a. an glatten Abgrenzungen zu den nicht geschmolzenen Gefügebereichen zu identifizieren ist.

Tabelle 5.6 Schmelzpunkte einiger Sulfide und Metall/Sulfid-Eutektika
Lediglich die kongruent schmelzenden Sulfide sind aufgeführt. Die anderen Sulfidarten wandeln im festen Zustand um.

Sulfid	NiS	Al_2S_3	CoS	FeS	MnS	CrS	Ni/Ni_3S_2	Co/Co_4S_3	Fe/FeS
ϑ_S in °C	995	1100	1182	1188	1530	1565	637	877	988

b) Der Pilling-Bedworth-Wert (PBW) gibt einen Hinweis darauf, ob die Sulfiddeckschicht dicht und damit schützend sein kann. Der Fall, dass der PBW < 1 ist, kommt bei den üblichen Sulfiden nicht vor. Parabolisches Wachstum setzt einen PBW > 1 voraus; bei PBW >> 1 ist allerdings mit Abplatzen und damit Materialabtrag zu rechnen (Beispiele für PBW: NiS 2,5; FeS 2,57; MnS 2,95). *Breakaway*-Sulfidation kann z. B. bei Al_2S_3 auftreten (PBW: 3,7), wenngleich dieses Sulfid hauptsächlich durch Metallionendiffusion nach außen wächst und somit die Wachstumsspannungen gering sein sollten.

c) Für parabolisches Deckschichtwachstum lässt sich das Wagner'sche Modell anwenden, wie es in Bild 5.8 für Oxide dargestellt ist. Die Sulfide enthalten Defekte und weichen von der Stöchiometrie ab. Der Ionenradius des Schwefels (1,74 Å) ist groß gegenüber dem typischer Metallionen, so dass analog zu Oxiden als Defektart Schwefel- und Metallionenleerstellen sowie interstitielle Metallionen infrage kommen. Interstitielle Anionen sind unwahrscheinlich.

Tabelle 5.7 stellt die Defektarten und Beispiele zusammen. Bei vielen Metallen, bei denen die Stöchiometrieabweichung und somit Defektkonzentration ihrer *Oxide* relativ gering ist, gilt für deren Sulfide das Gegenteil, wie z. B. für Cr, Al, Ni, Co, Cu. Dies erklärt unmittelbar die höheren Sulfidationsraten aufgrund der höheren Beweglichkeit der Ionen. Für die Wachstumsrate spielt neben der Defektart und -konzentration die homologe Temperatur und damit der Sulfidschmelzpunkt eine Rolle (Tabelle 5.6).

Tabelle 5.7 Nicht stöchiometrische Sulfidformen mit den zugehörigen Defektarten und dem vorwiegenden Mechanismus des Deckschichtwachstums (HL: Halbleiter)

Art der Nicht-stöchiometrie	Formel-schreibweise	Art der Punktdefekte	HL-Typ	Schichtwachstum bestimmt durch...	Beispiele
S-Defizit	M_aS_{b-y}	Anionen-leerstellen	n	Schwefeldiffusion	nicht bekannt
M-Überschuss	$M_{a+x}S_b$	interstitielle Kationen	n	Metalldiffusion	Ag_2S, Cr_2S_3, Al_2S_3, Ni_3S_2, Co_4S_3
M-Defizit	$M_{a-x}S_b$	Kationen-leerstellen	p	Metalldiffusion	NiS, FeS, CoS, Ni_3S_2, Co_4S_3, Cu_2S
S-Überschuss	M_aS_{b+y}	interstitielle Anionen	p	Schwefeldiffusion	unwahrscheinlich

Die parabolische Wachstumskonstante k_p hängt im Allgemeinen vom S_2-Partialdruck ab: $k_p \sim p_{S_2}^{1/n}$ mit $n \approx 6$. Ideales parabolisches Verhalten tritt praktisch nicht auf, weil die Sulfidschichten immer Risse, Poren oder Trennungen vom Substrat aufweisen.

d) In Legierungen wird dasjenige Element selektiv sulfidiert, welches mit der höchsten Energiefreisetzung verbunden ist. Dies sind beispielsweise in Fe-, Co- oder Ni-Basislegierungen die Elemente Cr, Al, Mn, Ti, vorausgesetzt ihre Aktivität ist hoch genug. Die Vorgänge entsprechend Bild 5.9 sind auf die Sulfidation übertragbar. Wie bei der Oxidation lässt sich folglich durch Legieren die Sulfidationsgeschwindigkeit verringern. Meist bilden sich Mehrfachschichten mit einer äußeren Lage, die reich ist am Basiselement, und eine innere Schicht, welche hauptsächlich aus dem Legierungselement aufgebaut ist. Innere Sulfidation wird unter rein aufschwefelnden Bedingungen kaum beobachtet.

e) Die Defektkonzentration der Sulfiddeckschichten auf Legierungen kann, wie bei der Oxidation, nach der Wagner-Hauffe-Valenzregel beeinflusst und der k_p-Wert somit prinzipiell reduziert werden. Allerdings funktioniert diese Methode bei Sulfiden nicht sehr wirkungsvoll, weil geeignete Elemente fehlen.

In Ni-Cr-Legierungen wird ein Cr-Gehalt von etwa 20 At.-% benötigt, um eine Cr_2S_3-Deckschicht (mit eingelagerten NiS-Teilchen) zu bilden [5.19]. Die größte Beständigkeit wird bei etwa 50 At.-% Cr erreicht. Wenn mit einer raschen Cr-Verarmung durch Korrosion gerechnet werden muss, werden Ni-Basiswerkstoffe wegen der Gefahr der Bildung des Ni/Ni_3S_2-Eutektikums meist vermieden. Co-

Cr- und Fe-Cr-Legierungen verhalten sich grundsätzlich unter diesen Bedingungen ähnlich, die Schmelzpunkte der Metall/Sulfid-Eutektika liegen allerdings höher (Tabelle 5.6).

Fe-Al- oder Fe-Cr-Al-Legierungen zeigen sich bei geringeren Temperaturen bis etwa 700 °C einigermaßen beständig in Schwefelgas aufgrund einer Al_2S_3-reichen Zwischenschicht oder Al_2S_3-Deckschicht – je nach Al-Konzentration. Bei höheren Temperaturen ist der Angriff jedoch sehr stark, weil der k_p-Wert sehr hoch wird und sich somit dicke Schichten bilden, die leicht abplatzen (hoher PBW für Al_2S_3). Außerdem dringt vermehrt elementarer Schwefel in die Legierung ein und versprödet diese bei mechanischer Belastung.

Unter reduzierenden und sulfidierenden Bedingungen bei hohen Temperaturen sind die Unterschiede im Verhalten der Legierungen technisch eher unbedeutend, weil der Angriff in jedem Fall zu schneller Werkstoffzerrüttung führt. Realistischerweise muss man stets einen bestimmten O_2-Partialdruck im Gas annehmen, bei dem sich dann die Frage nach der Stabilität von Oxiddeckschichten stellt, welche die Sulfidation bremsen können.

Ähnlich wie bei aufgekohlten oder aufgestickten Werkstoffzuständen wird auch nach Sulfidierung eine verminderte Oxidationsbeständigkeit der meisten Legierungen festgestellt. Es bildet sich keine schützende und langsam wachsende Oxiddeckschicht mehr aus. Durch selektive Oxidation von Sulfiden wird elementarer Schwefel freigesetzt und dringt weiter in den Werkstoff ein. Dieser Treibeffekt verursacht zusätzliche Gefügeveränderungen und eine Verschlechterung der mechanischen Eigenschaften.

5.8 Heißgaskorrosion

5.8.1 Begriffe und Einführung

Für die englische Bezeichnung *hot corrosion* wird im deutschen Sprachgebrauch meist der Begriff *Heißgaskorrosion* verwendet. Es handelt sich dabei um Hochtemperaturkorrosionsformen in Gegenwart von Salzschmelzen. Im Falle von Sulfatschmelzen spricht man von *sulfatinduzierter Heißgaskorrosion*.

Die flüssigen Salze können direkt als Prozessstoffe vorhanden sein, wie z. B. bei der Glasherstellung, in flüssigsalzbetriebenen Brennstoffzellen sowie solar aufgeheizten Wärmetauschern oder -speichern. In den meisten technischen Fällen werden die korrosiven Salzschmelzen jedoch erst bei Verbrennungsprozessen aus Bestandteilen der Luft und des Brennstoffes gebildet und kondensieren als dünne Filme auf den Bauteiloberflächen. Unter diesen Bedingungen ist die Bezeichnung Heiß*gas*korrosion treffender. Beispiele hierfür sind Gasturbinen, Dieselmotoren (besonders schwerölbetriebene Schiffsmotoren), fossil befeuerte Dampferzeugerkessel, die Wirbelschichtverbrennung von Kohle sowie Müllverbrennungsanlagen.

Als wesentliches Merkmal gegenüber reiner, trockener Oxidation (d. h. ohne flüssige Ablagerungen) wird bei der Heißgaskorrosion ein beschleunigter Angriff durch die Salzschmelzen verzeichnet. **Bild 5.25** zeigt die durch Heißgaskorrosion entstandene typische Pflastersteinstruktur am Boden eines unbeschichteten Auslassventils aus X45CrSi9-3 nach etwa 3500 h in einem schwerölbetriebenen Schiffsdieselmotor. **Bild 5.26** dokumentiert den massiven Korrosionsangriff an einer Gasturbinenschaufel aus der Ni-Basis-Gusslegierung *IN 713 LC* nach ca. 17.000 Betriebsstunden.

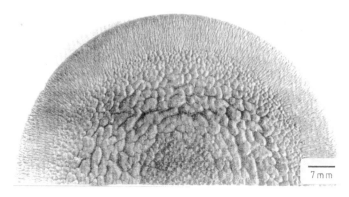

Bild 5.25 Vanadatinduzierte Heißgaskorrosion auf dem Boden eines Auslassventils aus X45CrSi9-3 nach etwa 3500 h in einem schwerölbetriebenen Schiffsdieselmotor

Bild 5.26 Heißgaskorrosion an einer Gasturbinen-Laufschaufel aus *IN 713 LC* nach ca. 17.000 Betriebsstunden bei etwa 750 °C Materialtemperatur

Heißgaskorrosion ist gekennzeichnet durch äußere, meist voluminöse, poröse und nicht schützende Mischoxidschichten sowie innere Korrosion, vorwiegend in Form von Sulfiden und seltener als Aufkohlung. Oft handelt es sich um eine *selbst erhaltende Reaktion*, bei welcher der Schwefel aufgrund nachfolgender selektiver Oxidation der Sulfide immer weiter ins Werkstoffinnere getrieben wird.

5.8 Heißgaskorrosion

Der in **Bild 5.27** gezeigte Verlauf soll exemplarisch verdeutlichen, wie der Unterschied zwischen trockener Oxidation und Heißgaskorrosion in der Angriffstiefe nach einer bestimmten Zeit über der Temperatur aussehen *kann*. Aufgrund der Vielzahl der beteiligten Parameter ist die Darstellung nicht allgemein gültig. Der stärkste Angriff tritt bei *flüssigen* Ablagerungen auf. Bei starker Abdampfung wirken die Salze weniger aggressiv. Sie schlagen sich dann allerdings meist in kälteren Bereichen des Bauteils oder der Anlage nieder. Unterhalb des Schmelzpunktes können sich zwar Ablagerungskrusten auf den Komponenten bilden, die Reaktionskinetik ist dabei jedoch erheblich langsamer als bei Schmelzen. Es kann sogar eine geringere Oxidationsrate eintreten aufgrund eines Wärmedämmeffektes der Krusten und/oder weil sie eine Diffusionsbarriere zwischen der Atmosphäre und der Deckschicht bilden. Typischerweise erstreckt sich die Heißgaskorrosion aus diesen Gründen auf den Temperaturbereich an den Bauteiloberflächen von etwas über 500 °C bis ca. 1000 °C. Darüber dominiert bei den meisten Prozessen die Oxidation.

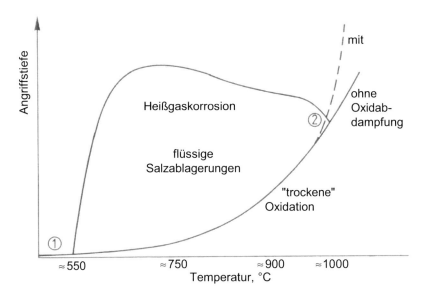

Bild 5.27 Schematischer Vergleich des Angriffes zwischen Heißgaskorrosion und trockener Oxidation in Abhängigkeit von der Temperatur
Die Temperaturangaben sind nur als grobe Anhaltswerte zu verstehen. Bei ① liegen die Ablagerungen in fester Form vor, bei ② verflüchtigen sich die Salze. Ob nennenswerte Oxidabdampfung stattfindet, hängt vom Oxidtyp ab.

5.8.2 Korrosive Substanzen bei Verbrennungsprozessen

Die Hauptrolle bei der Heißgaskorrosion spielen die Elemente *Sauerstoff, Schwefel* und *Natrium*. Die für die Heißgaskorrosion relevanten Salze bilden sich bei Verbrennungsvorgängen durch ein komplexes Zusammenspiel von Verunreinigungen der Brennstoffe und Schadstoffen aus der Luft, **Tabelle 5.8**. Die Korrosionserscheinungen sind somit brennstoff- *und* standortbedingt. Auch wenn der Anteil der aufgeführten Substanzen nur im Zehntelprozent- oder ppm-Bereich liegt, werden durch den hohen Gasdurchsatz bei Verbrennungsanlagen ausreichende Salzmengen gebildet. Zusätzlich entstehen Salze durch Reaktionen mit einigen Legierungsbestandteilen, wie Ni, Co, Fe.

Tabelle 5.8 Wesentliche chemische Substanzen bei Verbrennungsprozessen

Atmosphäre	O_2, N_2, SO_2, NO, NO_2, N_2O, CO, CO_2, H_2O, *FCKW*, NaCl mit Anteilen an Na_2SO_4 und anderen Chloriden und Sulfaten, weitere standortspezifische Bestandteile
Brennstoff	S, Na, Cl, V, Pb..., meist in Form von Verbindungen
Verbrennungsgas	O_2, N_2, H_2O, S_2, SO_2, SO_3, CO, CO_2, NO_x, Na_2SO_4, NaCl, Na_2O, HCl, V_2O_4/V_2O_5, PbO...

Der für das Ausmaß der Korrosionszerstörung häufig entscheidende Schwefel stammt überwiegend aus den Brennstoffen, kann aber auch über schwefelhaltige Verbindungen der Luft eingebracht werden. Mit steigendem S-Gehalt der Brennstoffe, wie z. B. Erdöl im Vergleich zu Erdgas, verstärkt sich die Heißgaskorrosion erheblich. Der Schwefel wird zu SO_2 verbrannt, welches wiederum teilweise zu SO_3 oxidiert:

$$(1) \quad S_2 + 2O_2 \leftrightarrow 2SO_2 \quad \text{mit} \quad K_{P(1)} = \frac{p_{SO_2}^2}{p_{S_2} \cdot p_{O_2}^2} \quad (5.17)$$

$$(2) \quad 2SO_2 + O_2 \xleftrightarrow{\text{Kat.}} 2SO_3 \quad \text{mit} \quad K_{P(2)} = \frac{p_{SO_3}^2}{p_{SO_2}^2 \cdot p_{O_2}} \quad (5.18)$$

Unter Gleichgewichtsbedingungen besteht also zwischen den Partialdrücken von S_2, SO_2 und SO_3 ein fester Zusammenhang bei gegebener Temperatur und bekanntem O_2-Partialdruck. Die Stabilität verschiedener S-haltiger Phasen, die für die Korrosion eine Rolle spielen, kann demnach in Abhängigkeit von einer der drei Aktivitäten angegeben werden. Während für die Sulfidstabilität meist der S_2-Partialdruck gewählt wird (siehe Ellingham-Richardson-Diagramm, Bild 5.4), ist es für andere Verbindungen zweckmäßiger, die Abhängigkeit vom SO_3-Partialdruck darzustellen. Hohe S_2-Aktivitäten korrelieren mit hohen SO_3-Partialdrücken.

5.8 Heißgaskorrosion

Aus der Gleichgewichtskonstanten der Schwefelverbrennung nach Gl. (5.17) wird ersichtlich, dass bei geringem O_2-Partialdruck die S_2-Aktivität hoch ist. Diese Erkenntnis ist wichtig, um die innere Sulfidierung unterhalb äußerer Korrosionsproduktschichten zu verstehen (Kap. 5.8.4.3).

Mit zunehmender Temperatur verschiebt sich die Gleichgewichtsreaktion (5.18) nach links wegen der in diese Richtung steigenden Entropie, d. h. der SO_3-Partialdruck sinkt. Der jeweilige Gleichgewichtspartialdruck von SO_3 wird sich bei hohen Gasgeschwindigkeiten allerdings nicht einstellen. Die Verweildauer der Verbrennungsgase beträgt beispielsweise in Gasturbinen nur Millisekunden. Der in Abgasen gemessene SO_3-Partialdruck liegt bei Verbrennungsprozessen deshalb erheblich unterhalb des berechneten Wertes für eine Temperatur/Druck-Kombination. Die dennoch beobachteten Korrosionsreaktionen werden auf eine katalytische Verschiebung der Reaktion nach Gl. (5.18) in Richtung Gleichgewicht an Oxidoberflächen zurückgeführt [5.20].

Die Beschleunigung der Heißgaskorrosion gegenüber reiner Gasphasenkorrosion rufen – wie erwähnt – flüssige Salze hervor. Die Hauptrolle spielt dabei Na_2SO_4, welches bei den meisten Verbrennungsprozessen entsteht. Man spricht in diesen Fällen von Natriumsulfat-induzierter Heißgaskorrosion. **Tabelle 5.9** gibt die Schmelzpunkte einiger Salze und Salzeutektika unter Normalbedingungen, d. h. für reine Komponenten bei einem Druck von 1 bar, wieder. Reines Na_2SO_4 weist einen Schmelzpunkt von 884 °C auf, Heißgaskorrosion wird aber bereits bei Bauteiloberflächentemperaturen oberhalb etwas mehr als 500 °C beobachtet, was daran liegt, dass deutlich niedriger schmelzende Salzeutektika entstehen können.

Tabelle 5.9 Schmelzpunkte einiger Salze und Salzeutektika unter Normalbedingungen (aus [5.21])

Salz	NaCl	Na_2SO_4	K_2SO_4	$MgSO_4$	$CaSO_4$	$Na_3Fe(SO_4)_3$	$K_3Fe(SO_4)_3$
ϑ_S in °C	800	884	1069	1127	1397	620	620

Eutek-	Na_2SO_4/						$Na_3Fe(SO_4)_3$/
tikum	V_2O_5	$CoSO_4$	$MgSO_4$	$NiSO_4$	NaCl	K_2SO_4	$CaSO_4$	$K_3Fe(SO_4)_3$
ϑ_S in °C	525	565	668	671	790	830	913	555

Das Na_2SO_4 wird, abgesehen von möglichen direkten Anteilen aus meersalzhaltiger Umgebung, beispielsweise durch folgende Reaktion gebildet:

$$2NaCl + SO_3 + H_2O \leftrightarrow Na_2SO_4 + 2HCl \qquad (5.19)$$

NaCl spielt also eine wichtige Rolle bei der Heißgaskorrosion. Nimmt dieser Anteil, der überwiegend durch die Luft eingebracht wird, ab, verringert sich auch das Ausmaß der Korrosion. Allein die Luftschadstoffe können den typischen Angriff hervorrufen, was z. B. in Triebwerken von Flugzeugen beobachtet wird, die häufig in Industriegebieten oder Meeresumgebung starten und landen.

Für die Na_2SO_4-Erzeugung bei der Verbrennung nach Gl. (5.19) und damit für die zu diskutierenden Heißgaskorrosionsmechanismen ist außerdem der SO_3-Partialdruck entscheidend, welcher wiederum nach obigen Ausführungen mit dem Schwefelgehalt gekoppelt ist. Das Na_2SO_4 liegt vor wegen:

$$Na_2SO_4 \leftrightarrow Na_2O + SO_3 \quad \text{mit} \quad K_p = \frac{a_{Na_2O} \cdot p_{SO_3}}{a_{Na_2SO_4}} \quad (5.20)$$

Bild 5.28 zeigt das Na-S-O-Phasendiagramm für 900 °C, aus dem hervorgeht, welche O_2- und SO_3-Partialdrücke zur Bildung von Na_2SO_4 bei $a_{Na_2SO_4} \approx 1$ überschritten werden müssen.

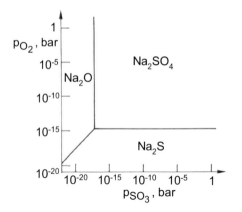

Bild 5.28
Stabilitätsfelder verschiedener Na-Phasen in Abhängigkeit von den O_2- und SO_3-Partialdrücken bei 900 °C [5.22]

5.8.3 Prüfmethoden

Eine realistische Laborsimulation der Heißgaskorrosion ist wegen der vielen Einflussgrößen deutlich aufwändiger als beispielsweise bei der Oxidation. Einfache kinetische Gesetzmäßigkeiten, wie sie z. B. für die Oxidation oder Aufkohlung mit guter Genauigkeit angegeben werden können, fehlen für technisch vorkommende Bedingungen. Man ist auf umfangreiche Korrosionsuntersuchungen und Maschinenerfahrungen angewiesen. Vier Versuchsarten haben sich im Wesentlichen herauskristallisiert:

a) Tiegelversuche

Die Proben werden in ein korrosives Gemisch eingebettet, in welchem die für den zu simulierenden Prozess relevanten Salze oder Salzeutektika bei Prüftemperatur flüssig werden. Die Substanz wird in gewissen Zeitabständen erneuert.

Diese Methodik hat sich besonders zur Nachbildung der Korrosionsvorgänge auf Schaufeln stationärer Gasturbinen etabliert (z. B. [5.23]). Man hat dabei die Schlackeablagerungen nach Maschinenbetrieb auf den Bauteilen analysiert und stellt sie für die Versuche künstlich her. Die Gasatmosphäre wird außerdem simuliert durch bestimmte Gehalte an SO_2 und SO_3 in der umgebenden Luft, **Tabelle 5.10**. Die Zusammensetzung der Schlacke und des strömenden Gases kann an die zu erwartenden Bedingungen angepasst werden, z. B. durch V_2O_5-Zugabe zur Simulation besonders starker Korrosion durch Rohölverunreinigungen oder durch Chloridbeimischung, welche Meersalzbestandteile der Luft oder auch Cl-haltige Kohle nachbildet.

Die Erscheinungsformen der Heißgaskorrosion werden oft praxisnah mit dieser Versuchstechnik wiedergegeben. Allerdings tritt durch die massive Schlackeeinbettung eine starke Korrosionsbeschleunigung gegenüber den meist üblichen Betriebsbedingungen auf, so dass die Resultate nicht zeitecht übertragen werden können. Die Versuchsergebnisse dienen daher dem Vergleich verschiedener Werkstoffe und Beschichtungen. Vorteilhaft sind die einfache und schnelle Versuchsdurchführung sowie die geringen Kosten.

Tabelle 5.10 Zusammensetzung künstlicher Schlacke zur Simulation der Heißgaskorrosion von Gasturbinenwerkstoffen und Schutzschichten in Tiegelversuchen, Gehalte in Masse-% [5.23]
Die über die Tiegel strömende Luft enthält bei RT je 0,015 Vol.-% SO_2 und SO_3.

Na_2SO_4	$CaSO_4 \cdot 2H_2O$	Fe_2O_3	$ZnSO_4 \cdot H_2O$	K_2SO_4	MgO	Al_2O_3	SiO_2
4,3	22,7	22,3	20,6	10,4	2,8	6,5	10,4

b) Salzsprühtests

Bei dieser Versuchsmethodik werden die Proben in regelmäßigen Zeitabständen mit dem korrosionsrelevanten Salz oder Salzgemisch besprüht oder darin eingetaucht. Danach folgt eine Phase der Temperaturbeaufschlagung in Luft oder einer kontrollierten Gasatmosphäre. Das Gas und die auf der Probenoberfläche haftenden Salzrückstände reagieren dabei mit dem Werkstoff. Im Vergleich zu den Tiegelversuchen wirken die korrosiven Substanzen also weniger massiv ein und können dadurch die Maschinenbedingungen eventuell besser nachbilden. Der Versuchsaufwand ist bedingt durch das regelmäßige Besprühen oder Eintauchen höher.

c) Elektrochemische Untersuchungen

Ähnlich wie bei wässrigen Elektrolytmedien lassen sich die Vorgänge bei hohen Temperaturen in Salzschmelzen elektrochemisch nachbilden. Im Gegensatz zu außen stromlosen Tiegelversuchen (siehe *a*) werden durch potentiostatische Halteversuche bei unterschiedlichen Elektrodenpotenzialen Angaben über die Durchbruchpotenziale, oberhalb derer Deckschichtzerstörung und damit starke Korrosion einsetzt, gewonnen. Die Korrosionsbeständigkeit verschiedener Legierungen und Beschichtungen kann auf diese Weise verglichen werden. Um das Verhalten unter Betriebsbedingungen zu erfassen, muss das freie Korrosionspotenzial ermittelt werden, bei dem – wie im unbeeinflussten Fall – der anodische und kathodische Teilstrom gleich sind. Dieses Ruhepotenzial hängt u. a. von der SO_3-Aktivität in der Salzschmelze ab, was bei den elektrochemischen Versuchen durch einen entsprechenden betriebsnahen SO_2/SO_3-Anteil in der umgebenden Atmosphäre zu berücksichtigen ist.

d) Heißgasbrennerversuche (Burner-rig-Versuche)

Die Betriebsbedingungen von Verbrennungsprozessen, besonders die in Gasturbinen, werden recht wirklichkeitsnah durch Brennerversuche simuliert, bei denen die Verbrennungsluft und der Brennstoff sowie die relativ hohen Gasgeschwindigkeiten an die tatsächlichen Verhältnisse angepasst werden. Bei hohen Strömungsgeschwindigkeiten stellen sich Reaktionsgleichgewichte oft nicht vollständig ein, was die oben aufgeführten quasistationären Methoden nicht berücksichtigen. Allerdings arbeiten die meisten Heißgasbrenner bei Umgebungsdruck. Dem Brennstoff und/oder der Luft können diverse Verunreinigungen beigemischt werden, wie z. B. S, Na, V, Cl oder NaCl, um die zu erwartenden Korrosionserscheinungen nachzubilden. Auch rasche Temperaturwechsel, die auf das Abplatzen von Deckschichten und anderen Korrosionsprodukten besondere Auswirkungen haben, lassen sich mit dieser Methodik gut realisieren. Als nachteilig sind der hohe Versuchsaufwand und die hohen Betriebskosten zu nennen.

5.8.4 Mechanismen der Heißgaskorrosion

5.8.4.1 Allgemeines

Die Zusammenhänge aller Einflussgrößen auf die Heißgaskorrosion sind außerordentlich komplex. Im Folgenden werden einige Mechanismen erläutert, die zum allgemeinen Verständnis und besonders für die daraus abzuleitenden technischen Konsequenzen wichtig sind.

Ohne die Gegenwart von Na und die damit verbundene Bildung von Na_2SO_4 treten als korrosiv wirkende Substanzen hauptsächlich S_2 oder SO_2 und SO_3 auf. Die Korrosion in (SO_2/SO_3+O_2)-Atmosphären ist für zahlreiche Metalle und Legierungen ausführlich untersucht worden (Übersicht in [5.22]). Zu starkem Angriff kommt es in diesen Fällen dann, wenn sich neben Oxiden Sulfide und eventuell Sulfate mit den Legierungselementen bilden. Dies geschieht z. B. mit den reinen Metallen Ni, Co und Fe. Legierungen mit einem genügend hohen Cr- oder Al-Gehalt erweisen sich als weitgehend beständig, solange eine dichte Cr_2O_3- oder Al_2O_3-Deckschicht vorhanden ist, die nicht von SO_2 durchdrungen werden kann. Al_2O_3-Filme sind hierbei gegenüber Cr_2O_3 generell günstiger. Recht wirkungsvoll kann durch eine gezielte Voroxidation, z. B. im Rahmen einer ohnehin durchzuführenden Wärmebehandlung, eine schützende Deckschicht aufgebaut werden, die bei ausreichendem O_2-Partialdruck in der Prozessatmosphäre stabil bliebe. Eine mechanische Schutzfilmzerstörung kann durch zyklische Temperaturänderungen oder aufgrund von Wachstumsspannungen erfolgen. Außerdem kann die Deckschicht durch Erosion abgetragen oder ihre Bildung verhindert werden. In diesen Fällen findet Sulfidierung auch unter trockener Gasphasenkorrosion statt.

In Anwesenheit von Na und einem genügend hohen SO_3-Partialdruck im Verbrennungsprozess bildet sich Na_2SO_4 in der in Kap. 5.8.2 diskutierten Weise. Als Phasengemisch mit anderen Salzen liegen dann im Temperaturbereich von ca. 500 bis 1000 °C flüssige Beläge auf den Bauteiloberflächen vor. Dadurch werden die Korrosionserscheinungen gravierend verändert.

Im Vergleich zu trockener Gasphasenkorrosion in (SO_2/SO_3+O_2)-Atmosphären stellt sich in Gegenwart von Salzschmelzen die Frage, wie die ansonsten schützenden Cr_2O_3- oder Al_2O_3-Deckschichten zerstört werden können. Bis es zu rasch fortschreitendem Angriff kommt, beobachtet man meist eine Inkubationszeit, in der die Oxidfilme noch dicht und schützend sind. Eine solche Deckschicht bildet sich entweder bereits durch eine gezielte Voroxidation oder während des Betriebes, wenn sich noch keine ausreichenden Mengen korrosiver Salze angesammelt haben. In Fällen, in denen diese Bedingungen nicht vorliegen, kann der beschleunigte Angriff unmittelbar einsetzen. Für die Oxidschichtzerstörung kommt – neben den oben genannten mechanischen Ursachen, die zusätzlich auftreten können – unter einem flüssigen Salzfilm die chemische Zersetzung durch *Aufschlussreaktionen* (*fluxing*) infrage, bei denen die geschmolzenen Salze die Oxide in Lösung aufnehmen. Für die Wahl der Legierungs- und gegebenenfalls der Schutzschichtzusammensetzung ist das Verständnis der Aufschlussreaktionen und deren Einflussgrößen wichtig.

Nach allgemeiner chemischer Definition bedeutet Aufschluss das Überführen schwer löslicher Substanzen in lösliche Verbindungen. **Bild 5.29** zeigt das Prinzip des Aufschlusses von Oxiddeckschichten durch Salzschmelzen. Aufgrund eines Löslichkeitsgefälles innerhalb der Salzschicht können die Oxide an der äußeren Oberfläche ausfällen, allerdings in poröser, nicht schützender Form.

Der Oxidaufschluss kann sowohl sauer als auch basisch vonstatten gehen, d. h. es bildet sich als Reaktionsprodukt eine Säure oder eine Base. Hierbei wird als Säure eine Verbindung definiert, die Elektronen aufnehmen kann (Elektronenakzeptor), während eine Base Elektronen abgibt (Elektronendonator). Bei einem *sauren Aufschluss* der Oxidschicht entsteht demnach das positiv geladene Metallion, welches nach dieser Definition eine Säure darstellt, z. B. Ni^{2+} oder Cr^{3+}. Im Falle des *basischen Aufschlusses* wird ein negativ geladenes Oxidion gebildet, wie z. B. NiO_2^- oder CrO_4^{2-} (die Reaktionsgleichungen folgen unten stehend).

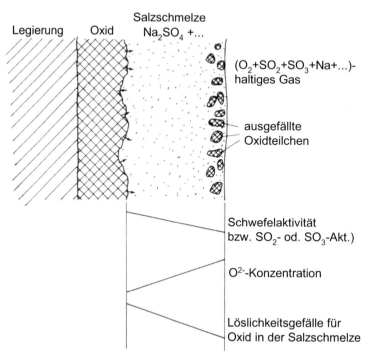

Bild 5.29 Modell des Aufschlusses von Oxiddeckschichten durch flüssige Salzablagerungen (nach [5.24] und [5.25])
Die Pfeile deuten das Lösen der Deckschicht an; die unteren Linien geben qualitative Verläufe wieder.

Bei Verbrennungsvorgängen mit ausreichenden Na- und S-Gehalten beobachtet man zwei unterschiedliche Arten der Heißgaskorrosion, die sich nach Temperaturbereichen einteilen lassen:

- Niedertemperatur-Heißgaskorrosion im Temperaturbereich bis ca. 800 °C (Typ II-Heißgaskorrosion)
- Hochtemperatur-Heißgaskorrosion im Temperaturbereich von ca. 800 bis 1000 °C (Typ I-Heißgaskorrosion).

Die im Folgenden vorgestellten Mechanismen lassen sich für alle Salzbeläge in ähnlicher Weise übertragen, wobei die Temperaturbereiche und die auftretenden Phasen je nach Salz und Salzmischungen und deren Schmelzpunkten variieren.

5.8.4.2 Niedertemperatur- (Typ II-) Heißgaskorrosion

Aus Tabelle 5.9 geht hervor, dass Na_2SO_4 außer mit Verbindungen aus dem Brennstoff oder der Luft auch niedrig schmelzende Salzeutektika mit Sulfaten einiger Legierungselemente bildet. Dies trifft besonders für Ni und Co zu, die in den Hochtemperaturwerkstoffen als Basiselemente oder in höheren Legierungsanteilen vorliegen. Die Legierungsmetall-Sulfate werden aus dem betreffenden Oxid und SO_3 nach folgenden Teilreaktionen erzeugt (M: Metall):

1. $\text{Oxid} \leftrightarrow \text{M} - \text{Ionen} + O^{2-}$ (saurer Aufschluss) (5.21 a)

2. $O^{2-} + SO_3 \leftrightarrow SO_4^{2-}$ (5.21 b)

3. $SO_4^{2-} + \text{M} - \text{Ionen} \leftrightarrow \text{Sulfat}$ (5.21 c)

Bei der Typ II-Heißgaskorrosion handelt es sich um einen *sauren* Aufschluss, weil sich positiv geladene Metallionen bilden. In der Summe ergeben sich für Ni und Co folgende Reaktionen:

$$NiO + SO_3 \leftrightarrow NiSO_4 \quad \text{und} \quad CoO + SO_3 \leftrightarrow CoSO_4 \qquad (5.22 \text{ a, b})$$

Für den beschriebenen Aufschlussmechanismus bedarf es einer Inkubationsperiode, bis sich genügend Legierungsmetall-Sulfat für ein niedriger schmelzendes Eutektikum mit Na_2SO_4 aufgebaut hat. Diese Zeitspanne relativ geringen Korrosionsangriffes nimmt mit steigender Temperatur ab, weil der benötigte Anteil an Legierungselement-Sulfat zur Bildung eines flüssigen Gemisches sinkt.

Für die Reaktionen nach Gl. (5.21) und (5.22) muss jeweils ein kritischer SO_3-Partialdruck überschritten werden. In Co-Legierungen sind die benötigten SO_3-Partialdrücke höher, wenn sich anstelle von CoO das Oxid Co_3O_4 oder der Spinell $CoO \cdot Cr_2O_3$ bildet [5.26]. Ob die kritischen SO_3-Aktivitäten in den betreffenden Prozessen auftreten, kann wegen der Reaktionsungleichgewichte meist nicht vorhergesagt werden. Im ungünstigsten Fall muss mit dem für die Temperatur/Druck-Kombination gültigen Gleichgewichtspartialdruck gerechnet werden.

Sulfatbildung mit Cr_2O_3 oder Al_2O_3 tritt bei den üblichen SO_3-Partialdrücken nicht auf. Zu der beschriebenen Ni- und Co-Sulfatbildung kann es folglich nur kommen, wenn die Deckschichten auf den Legierungen nicht aus reinem Cr_2O_3 oder Al_2O_3 bestehen, sondern Anteile von NiO oder CoO oder Spinelle enthalten. Dies könnte erklären, warum Typ II-Heißgaskorrosion meist lokal einsetzt und pustelartige Erscheinungen zeigt, bevor sich der Angriff auf größere Flächen erstreckt. Es handelt sich also um *selektive* Aufschlussreaktionen und – im Gegensatz zur Typ I-Heißgaskorrosion – nicht von vornherein um ein großflächiges Auflösen der Deckschicht. Der Korrosionsangriff ist im Niedertemperaturbereich oft stärker als bei höheren Temperaturen, was Bild 5.27 zum Ausdruck bringt.

Bild 5.30 stellt für eine Ni-Cr-Legierung schematisch das Anfangsstadium der Typ II-Heißgaskorrosion mit grübchenförmigem Angriff dar; bei Co-Cr und Fe-Cr-Legierungen funktioniert der Vorgang analog. Sobald die Cr_2O_3- oder Al_2O_3-Deckschicht lokal durchdrungen ist, hat die Salzschmelze sowohl seitlich als auch in die Tiefe gehend Zugang zu der Legierungsmatrix. SO_3 und Sauerstoff diffundieren durch die eutektische Salzschmelze und bilden hauptsächlich mit Ni und/oder Co die betreffenden Oxide und Sulfide. Auf diese Weise schreitet die Korrosion rasch voran.

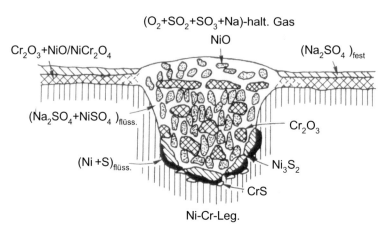

Bild 5.30 Schematische Darstellung der Phasenbildung bei beginnendem grübchenförmigen Typ II-Heißgaskorrosionsangriff an einer Ni-Cr-Legierung [5.22]
Die Angaben der Phasen beziehen sich auf den Zustand bei Betriebstemperatur.

Bild 5.31 zeigt die charakteristischen äußeren Korrosionsproduktlagen im fortgeschrittenen Zustand, bestehend aus einem Gemisch aus Na/Legierungsmetall-Sulfat (z. B. $Na_2Ni(SO_4)_2$), Oxiden und Sulfiden, allerdings ohne ausgeprägte innere Sulfidationszone. Die Sulfate sind bei Betriebstemperatur flüssig. Die Salzschmelze weist in diesem Temperaturbereich eine hohe SO_3-Aktivität und folglich eine geringe O^{2-}-Ionenkonzentration auf.

Sulfide bilden sich an der Grenzfläche Salzschmelze/Legierung z. B. nach folgender Reaktion:

$$9\,Ni + 2\,NiSO_4 \rightarrow Ni_3S_2 + 8\,NiO \qquad (5.23)$$

Ähnliche Reaktionen wie die nach Gl. (5.23) können zwischen Co und $CoSO_4$ zu CoS, Co_4S_3 oder Co_9S_8 führen. Wie aus Bild 5.30 und 5.31 zu erkennen ist, schreitet den äußeren Korrosionsproduktschichten bei Typ II-Heißgaskorrosion jedoch keine besonders markante Zone innerer Sulfidierung voran.

Dem binären Ni-S-Phasendiagramm ist zu entnehmen, dass zum einen Ni_3S_2 oberhalb ca. 800 °C nicht mehr stabil ist und dass zum anderen oberhalb

637 °C, der eutektischen Temperatur, auch flüssige Ni-S-Phase entsteht. In Ni-Cr- und Co-Cr-Legierungen bilden sich entweder von vornherein die stabileren Cr-Sulfide vom Typ CrS, Cr_3S_4 oder $(Cr, X)_3S_4$ (mit X = Ti, Al, Mo), oder die Co- und Ni-Sulfide wandeln sich mit der Zeit in Cr-Sulfide um. Diese bleiben zu höheren Temperaturen hin erhalten. Dies setzt selbstverständlich einen genügend hohen Cr-Gehalt voraus.

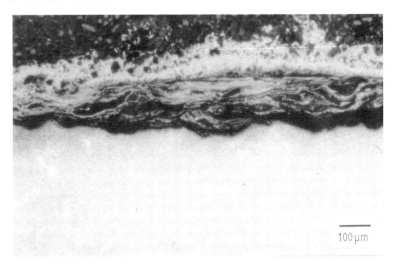

Bild 5.31 Sulfatinduzierte Typ II-Heißgaskorrosion an der Ni-Basislegierung *IN 738 LC* bei 650 °C nach 2200 h in einer synthetischen Schlacke entsprechend Tabelle 5.10

Ni-Legierungen können unter gewissen Bedingungen gegenüber Co-Legierungen eine geringere Anfälligkeit für Typ II-Heißgaskorrosion zeigen. In [5.22] werden hierfür folgende Gründe aufgeführt:

- $CoSO_4$ kann bei geringeren SO_3-Aktivitäten gebildet werden als $NiSO_4$.
- Die träge ablaufende Reaktion zu SO_3 nach Gl. (5.18) wird vermutlich an Co-Oxidoberflächen besser katalysiert als durch NiO.
- Die eutektische Temperatur für das Phasengemisch (Na_2SO_4 + $NiSO_4$) ist höher als für (Na_2SO_4 + $CoSO_4$), siehe Tabelle 5.9. Dadurch sind Co-Legierungen schon bei geringeren Temperaturen gegen Typ II-Heißgaskorrosion anfällig als Ni-Legierungen.

Für die optimale Wahl der Legierungs- und eventuell Beschichtungszusammensetzung stellt sich u. a. die Frage, ob sich ein Cr_2O_3- oder Al_2O_3-Bildner bei Typ II-Heißgaskorrosion günstiger verhält. Einige Untersuchungen und Betriebserfahrungen deuten darauf hin, dass hoch Cr-haltige Werkstoffe eine höhere Beständigkeit aufweisen gegenüber M-Al- oder M-Cr-Al-Legierungen. Die Gründe hierfür sind nicht völlig klar; folgende Vermutungen können zutreffen [5.22]:

- Bei Al_2O_3-Bildnern besteht gegenüber Cr_2O_3-Bildnern die erhöhte Gefahr, dass sich NiO, CoO oder MO-Spinelle in die Deckschicht mischen, wenn diese erst im Betrieb bei mittleren Temperaturen entsteht. Wie in Kap. 5.3.5 ausgeführt, läuft eine Al_2O_3-Deckschichtbildung in M-Cr-Al-Legierungen über mehrere Zwischenstadien ab, siehe auch Bild 5.11.
- Im Temperaturbereich unterhalb etwa 900 °C bildet sich nicht das gut schützende hexagonale α-Al_2O_3, sondern die metastabile kfz-Modifikation γ-Al_2O_3. Diese weist eine höhere Diffusionsrate auf.
- M-Al-Legierungen ohne Cr, wie sie z. B. bei Aluminidbeschichtungen realisiert werden, verhalten sich ungünstig, weil sich nach lokalem Aufschluss flüssige Ni-S-Phase bilden kann anstelle relativ stabiler Cr-Sulfide. Cr übernimmt also auch die Rolle des Schwefelgetters. Die besonders schlechten Betriebserfahrungen mit Aluminid-Diffusionsbeschichtungen auf Gasturbinenschaufeln im Niedertemperaturbereich [5.27] sind auf diese Weise zu erklären. Solange eine kontinuierliche und dichte Al_2O_3-Deckschicht vorliegt, sollte in dem behandelten Temperaturbereich kein Aufschluss erfolgen. Verunreinigungen des Oxidfilmes oder Beschädigungen während des Betriebes mit der Folge z. B. stellenweiser NiO-Bildung setzen jedoch den Typ II-Heißgaskorrosionsmecha-nismus in Gang. MCrAlY-Beschichtungen, welche ebenfalls Al_2O_3-Deck-schichten bilden, verhalten sich demgegenüber wesentlich günstiger, weil sie meist recht viel Cr enthalten.
- Legierungen mit sehr hohem Cr-Gehalt von ≥ 40 %, möglichst ohne Al-Anteile, erweisen sich als einigermaßen beständig gegen Typ II-Heißgaskorrosion [5.26]. Aufgrund ihrer geringen Festigkeit sind solche Zusammensetzungen nur als Werkstoffe mit geringer mechanischer Belastung oder in Form von Beschichtungen zu realisieren. Bei diesen Zusammensetzungen werden nahezu reine Cr_2O_3-Deckschichten gebildet. Falls ein Aufschluss stattfindet, weist die darunter liegende Legierung genug Cr auf, um den Schwefel in Form stabiler Cr-Sulfide abzubinden.

Aus den diskutierten Mechanismen der Niedertemperatur-Heißgaskorrosion leiten sich für die Praxis einige Maßnahmen ab, um den Angriff gezielt zu reduzieren:

a) Durch eine *Voroxidation* der Bauteile in kontrollierter Atmosphäre mit geringem O_2-Partialdruck kann die Bildung einer reinen Cr_2O_3- oder Al_2O_3-Deckschicht gefördert werden. Dadurch wird die selektive Aufschlussreaktion mit NiO, CoO, Mischoxiden oder Spinellen vermieden. Für einen sauren Aufschluss von Cr_2O_3 und Al_2O_3 sind die SO_3-Partialdrücke nicht hoch genug. Außerdem wird durch einen abgesenkten O_2-Partialdruck eventuelle innere Oxidation verringert.

Zwar werden Bauteile meist vor dem Einsatz wegen der erforderlichen Gefügeeinstellung an Luft wärmebehandelt und damit voroxidiert, von einer noch wirksameren Glühung in einer Atmosphäre mit kontrolliert niedrigem O_2-Partialdruck wird jedoch selten Gebrauch gemacht, weil der technische Aufwand hierfür höher ist als an Luft.

b) Wird eine gezielte Voroxidation von Al_2O_3-bildenden Werkstoffen vorgenommen, sollte diese oberhalb 900 °C erfolgen, um sicher α-Al_2O_3 zu bilden, welches stabil ist und sich bei Abkühlung nicht in die γ-Modifikation umwandelt. Besonders bei Al_2O_3-Bildnern erscheint es wichtig, eine Verunreinigung der Deckschicht durch andere Oxide zu verhindern. Wenn dieses gelingt, wäre zumindest die Durchbruchzeit bei Al_2O_3-Deckschicht bildenden Legierungen vom Typ M-Al oder M-Cr-Al unter Typ II-Heißgaskorrosionsbedingungen verlängert.
c) Ni-Basislegierungen sind Co-Basislegierungen aus den bereits diskutierten Gründen vorzuziehen.
d) Eine Reduktion des SO_3- und Na-Anteiles ist selbstverständlich nützlich, lässt sich aber bei vorgegebener Brennstoffqualität und festem Anlagenstandort nicht steuern. Katalysierende Oberflächen für die SO_3-Produktion lassen sich ebenfalls kaum verhindern.

Oberhalb etwa 800 °C wird die Bildung von $NiSO_4$ oder $CoSO_4$ nach Gl. (5.22) wegen des abnehmenden SO_3-Partialdruckes unwahrscheinlicher. Außerdem ist bei höheren Temperaturen die Kinetik der Bildung dichter und kontinuierlicher Cr_2O_3- oder Al_2O_3-Deckschichten begünstigt, so dass Reaktionen mit NiO oder CoO unterdrückt werden. Reines Na_2SO_4 schmilzt aber erst bei 884 °C, so dass sich ein flüssiges Salz in einem Bereich von rund 800 °C bis 880 °C nicht oder nur verzögert bilden kann.

In der Tat beobachtet man bei manchen Laborversuchen eine geringere Korrosionsrate in diesem mittleren Temperaturbereich um 850 °C herum. Im Anlagenbetrieb kann dieser Unterschied ebenfalls zutage treten, wie z. B. bei Gasturbinenschaufeln im Vergleich zwischen kälteren Blattpartien mit Temperaturen bis etwa 800 °C, die stärker angegriffen sind, und den heißeren Mittenbereichen mit Temperaturen um 850 °C. Bild 5.27 deutet den schwächeren Angriff beim Übergang von Typ II- nach Typ I-Heißgaskorrosion schematisch an.

5.8.4.3 Hochtemperatur- (Typ I-) Heißgaskorrosion

Im Gegensatz zu den Mechanismen der Typ II-Heißgaskorrosion tritt bei hohen Temperaturen von Anfang an ein großflächiger Aufschluss der Hauptdeckschicht auf. Ein saurer Aufschluss von Cr_2O_3 und Al_2O_3 durch Reaktion mit SO_3 gemäß der Gln. (5.21) kann bei hohen Temperaturen ausgeschlossen werden, weil der SO_3-Partialdruck mit steigender Temperatur sinkt. Allerdings kann aufgrund der geringen SO_3-Aktivität und der relativ hohen O^{2-}-Ionenkonzentration der Salzschmelzen ein *basischer* Aufschluss dieser beiden Oxide nach folgenden Gleichungen stattfinden:

$$Al_2O_3 + O^{2-} \leftrightarrow 2\, AlO_2^{-} \quad (5.24)$$

oder $\quad Cr_2O_3 + O^{2-} \leftrightarrow 2\, CrO_2^{-} \quad$ (niedrige O_2-Partialdrücke) $\quad$ (5.25)

oder $\quad Cr_2O_3 + 2\, O^{2-} + 3/2\, O_2 \leftrightarrow 2\, CrO_4^{2-} \quad$ (hohe O_2-Partialdrücke) $\quad$ (5.26)

Bild 5.32 zeigt die Stabilitätsdiagramme der Cr- und Al-Phasen in Abhängigkeit vom O_2- und SO_3-Partialdruck bei 900 °C unter der Voraussetzung, dass ein flüssiger Na_2SO_4-Film die Oberfläche bedeckt. Die jeweils in den rechten Phasenfeldern angegebenen Sulfate als Folge eines sauren Aufschlusses können unter normalen Verbrennungsbedingungen ausgeschlossen werden, weil die erforderlichen SO_3-Partialdrücke nicht erreicht werden.

Die Diagramme lassen erkennen, dass sich das Stabilitätsfeld für Al_2O_3 zu beiden Seiten über einen größeren SO_3-Partialdruckbereich erstreckt als das für Cr_2O_3 (schraffierte Felder). Der basische Aufschlussbereich ist also für Cr_2O_3 weiter ausgedehnt. Al_2O_3-Deckschichten sollten somit zumindest tendenziell unter Typ I-Heißgaskorrosionsbedingungen beständiger sein.

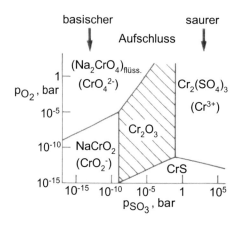

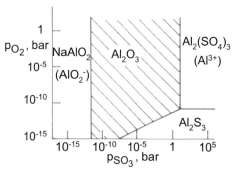

Bild 5.32

Stabilitätsfelder verschiedener Cr- und Al-haltiger Phasen in Abhängigkeit von den O_2- und SO_3-Partialdrücken in Na_2SO_4-Salzschmelzen bei 900 °C [5.22]

In den schraffierten Bereichen bleiben die Oxiddeckschichten stabil.

a) Phasen mit Cr
b) Phasen mit Al

Nach dem Durchdringen oder Auflösen der Oxidschicht kommt es zu *inneren* Korrosionsreaktionen. Aus den Salzschmelzen wird dabei hauptsächlich Schwefel freigesetzt und verursacht *innere Sulfidierung*. Aufgrund früherer Beobachtungen von Heißgaskorrosion an Turbinenschaufeln, welche innere Sulfidbildung aufwiesen, spricht man deshalb auch von *Sulfidation*. Da sie nur *eine* (wenn auch häufig vorkommende) Erscheinungsform der Heißgaskorrosion darstellt, dürfen beide Begriffe nicht synonym verwendet werden. Bei der Typ II-Heißgaskorrosion, welche kaum von Sulfidbildung begleitet ist, trifft die Bezeichnung Sulfidation ohnehin nicht zu. Je nach Prozess und sich einstellender Atmosphäre sind bei der Heißgaskorrosion auch Aufkohlung durch Karbonatschmelzen oder gleichzeitige Aufkohlung und Sulfidation möglich. Im Folgenden wird die Sulfidbildung diskutiert; Aufkohlungsvorgänge wären analog zu betrachten.

a)

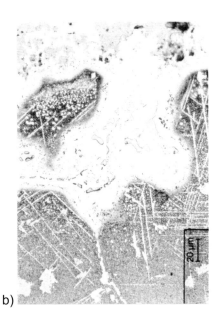
b)

Bild 5.33 Sulfatinduzierte Typ I-Heißgaskorrosion an einer Turbinenschaufel aus der Ni-Basislegierung *IN 738 LC* bei ungefähr 850 °C
  a) Übersicht mit aufgeschlossener Oxiddeckschicht und innerer Sulfidation
  b) Detailaufnahme der Sulfidationszone mit Bildung verschiedener Sulfide, hauptsächlich unter Beteiligung der Elemente Cr, Al und Ti, sowie Auflösung der γ'-Phase. Der Angriff geschieht bevorzugt interkristallin.

Das typische Erscheinungsbild der Heißgaskorrosion vom Typ I zeigt also innere Sulfidierung und äußere, meist voluminöse und nicht schützende Oxidlagen. **Bild 5.33** zeigt ein typisches Beispiel für den Aufbau der verschiedenen Korrosionszonen, wie er bei der Ni-Basislegierung *IN 738 LC* nach dem Abkühlen auf RT beobachtet wird: außen dicke und poröse Schichten der erstarrten Ablagerungen mit darin ausgefällten Oxiden und eventuell Sulfiden, innen Sulfidierung mit mehreren Sulfidarten, hauptsächlich unter Beteiligung von Cr, Al, und Ti.

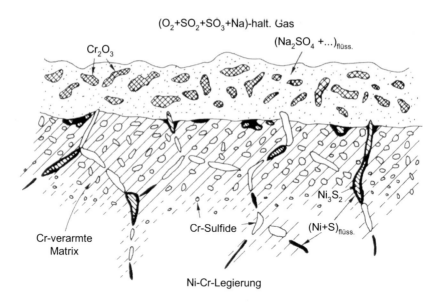

Bild 5.34 Schematische Darstellung des Typ I-Heißgaskorrosionsangriffes an einer Ni-Cr-Legierung. Bei einer Ni-Cr-Al-Legierung treten je nach Al-Gehalt zusätzlich oder weit überwiegend Al_2O_3-Partikel in der Salzschmelze auf. Außerdem können sich Al- und weitere Sulfide bilden.

In **Bild 5.34** ist der Typ I-Heißgaskorrosionsangriff schematisch für einen Ni-Cr-Legierungstyp dargestellt, wobei die Verhältnisse bei Betriebstemperatur angenommen sind. Je nach Werkstoff, Korrosionsmedium, Temperatur und Zeit ändern sich diese Zonen in ihrer Breite und Zusammensetzung.

Für die Sulfidbildung ist der Schwefelpartialdruck unterhalb der äußeren Korrosionsproduktschicht relevant, welcher über die thermodynamische Stabilität der Sulfide entscheidet (Bild 5.4). Gemäß der Reaktion nach Gl. (5.17) liegt ein hoher p_{S_2}-Wert dann vor, wenn der O_2-Partialdruck niedrig und der des SO_2 hoch ist.

Diese Verhältnisse sind unter den Salzschmelzen mit den aufgeschlossenen Oxiddeckschichten anzutreffen. Für einige Metall-O-S-Systeme sind isotherme Schnitte verfügbar, aus denen die Stabilitätsfelder der Phasen Metall, Oxid, Sulfid(e) und Sulfat ersichtlich sind. Gemäß den Gleichgewichtsreaktionen (5.17) und (5.18) kann anstelle des Schwefelpartialdruckes auch der des SO_2 oder SO_3 angegeben werden, weil alle drei bei gegebener Temperatur unter Gleichgewichtsbedingungen in einem festen Verhältnis zueinander stehen. Zur Vorhersage bestimmter Korrosionsprodukte sind derartige Stabilitätsdiagramme meist nicht geeignet, weil die tatsächlichen Partialdrücke nicht genau genug bekannt sind. Aus den beobachteten Phasen kann jedoch umgekehrt auf die Partialdrücke von O_2 und S_2 bzw. SO_2 oder SO_3 geschlossen werden.

In der Summe führt folgende allgemein formulierte Reaktion an der Grenzfläche Legierung/Salzschmelze zur Sulfidbildung:

$$M + SO_2 \leftrightarrow M\text{-Oxid} + M\text{-Sulfid} \tag{5.27 a}$$

Das Oxid kann von der Salzschmelze in Lösung aufgenommen werden. Der Schwefel wird in einem Zwischenschritt in elementarer Form freigesetzt, diffundiert in die Legierung ein und reagiert dann mit dem metallischen Element. Bei der Bildung von Ni_3S_2 in einer Nickelmatrix entsteht oberhalb 637 °C, der eutektischen Temperatur, zusätzlich Ni-S-Flüssigphase. Für Cr lautet die Summenreaktion, wenn es zu CrS sulfidiert:

$$7\,Cr + 3\,SO_2 \leftrightarrow 2\,Cr_2O_3 + 3\,CrS \tag{5.27 b}$$

Außerdem werden die Sulfide Cr_3S_4 oder $(Cr, X)_3S_4$ mit X = Ti, Al, Mo gefunden. Der Cr-Gehalt der Legierung spielt bei der Sulfidierung eine wichtige Rolle. Während dem Phasendiagramm Ni-S entnommen werden kann, dass bereits ab 637 °C mit flüssigen Anteilen zu rechnen ist, liegen im System Cr-S die Temperaturen für den Beginn der Flüssigphasen erst oberhalb etwa 1250 °C. Das Sulfid CrS ist gegenüber anderen infrage kommenden Sulfiden thermodynamisch relativ stabil, so dass ein hoher Cr-Gehalt für das Abbinden des Schwefels entscheidend ist, wenn dieser nach dem Deckschichtversagen mit dem Grundwerkstoff in Kontakt kommt. Die Tatsache, dass hoch Cr-haltige Legierungen unter stark aufschwefelnden Bedingungen verhältnismäßig günstiges Verhalten zeigen, liegt nach gängigen Vorstellungen weniger in der Beständigkeit der Cr_2O_3-Deckschicht im Vergleich zu Al_2O_3 begründet als vielmehr in der Stabilität der Cr-Sulfide. Ob sich in Ni-Cr-Legierungen eine Flüssigphase bildet, wie in Bild 5.34 angedeutet, hängt vom Cr-Gehalt und der Kinetik der beteiligten Elemente ab.

Bild 5.35 zeigt ein besonders ausgeprägtes Beispiel an einer Ni-Basislegierung mit ca. 12 % Cr, bei der durch starke innere Sulfidation der Cr-Gehalt der Matrix fast auf null abgesunken ist und es nachfolgend durch weiteres Schwefelangebot zur Bildung flüssiger Ni-S-Phase gekommen ist, weil das Ni/Ni_3S_2-Eutektikum geschmolzen ist.

Co-Basislegierungen wird manchmal pauschal eine bessere Heißgaskorrosionsbeständigkeit zugeschrieben als Ni-Basiswerkstoffen. Diese Feststellung trifft nur dann zu, wenn tatsächlich bei Letztgenannten zu wenig Cr legiert ist oder der Cr-Gehalt bei massivem Schwefelangebot vollständig für Sulfide verbraucht ist, so dass flüssige Ni-S-Phase entstehen kann, wie in Bild 5.35 dargestellt. Das Co/Co_4S_3-Eutektikum schmilzt erst bei deutlich höheren Temperaturen (Tabelle 5.6).

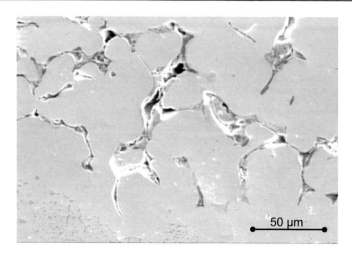

Bild 5.35 Starker Typ I-Heißgaskorrosionsangriff mit Anschmelzungen [5.31]
Unterer linker Bildteil (innen): Sulfidationszone mit festen (Cr, Ti)-Sulfiden; die Matrix ist hier nahezu völlig an Cr verarmt.
Oberer Bildteil (außen): geschmolzenes Ni/Ni_3S_2-Eutektikum; nachfolgend wurde der flüssige Bereich z.T. oxidiert. Die ganz außen liegenden Korrosionsprodukte sind nicht abgebildet (siehe dazu Schema in Bild 5.34).
(Versuch einer Ni-Basis-Experimentallegierung mit 12 % Cr in synthetischer Schlacke gemäß Tabelle 5.10 bei 900 °C nach 1000 h)

Ist der Mechanismus der Oxiddeckschichtzerstörung und Sulfidierung einmal in Gang gekommen, kann eine Ausheilung praktisch nicht mehr stattfinden. Die Aufschwefelung entzieht der Matrix die oxidbildenden Elemente, hauptsächlich Cr und Al, wodurch keine schützenden und langsam wachsenden Oxiddeckschichten mehr gebildet werden können. Außerdem kommt es zu nachfolgender selektiver Oxidation der Sulfide (siehe Bild 5.35). Der dabei freigesetzte Schwefel diffundiert vor der Oxidationsfront her in die Legierung und reagiert erneut mit den metallischen Elementen. Nach der Initiierung der Heißgaskorrosion erhält sich die Korrosion in oxidierender Atmosphäre also auch ohne weitere Schwefelzufuhr aufrecht.

Besonders rasch schreitet die gekoppelte Sulfidation/Oxidation dann voran, wenn sich Ni_3S_2 oder Co_4S_3 bilden, welche beide mit dem betreffenden Metall niedrig schmelzende Eutektika hervorbringen, so dass bereits bei relativ geringen Temperaturen mit flüssigen M-S-Phasenanteilen zu rechnen ist. Bei Cr-Sulfiden besteht die Gefahr einer schmelzflüssigen Phase im üblichen Temperaturbereich nicht, allerdings werden sie ebenfalls selektiv oxidiert wegen der hohen thermodynamischen Stabilität von Cr_2O_3 – mit der Folge des Schwefeltreibeffektes.

5.8.4.4 Einflüsse weiterer Elemente

Außer den bereits diskutierten Elementen beeinflussen weitere die Heißgaskorrosion in vielfältiger Weise. Aus der Vielzahl der infrage kommenden Bestandteile wird im Folgenden die Rolle der Legierungselemente Mo und W sowie die von V und Cl aus der Verbrennungsatmosphäre behandelt.

a) Molybdän und Wolfram in Legierungen

Der SO_3-Anteil in Na_2SO_4-Schmelzen kann durch das Lösen von Oxiden erhöht werden. Prinzipiell kann dadurch die Neigung zu basischem Deckschichtaufschluss, also dem Typ I-Heißgasangriff, gehemmt werden, vgl. Bild 5.32. Im Extremfall könnte sogar der Aufschlussmechanismus umklappen von basisch zu sauer. In einigen Theorien zur Heißgaskorrosion wird diesem Vorgang besonders in Verbindung mit den refraktären Metallen Mo, W und V Bedeutung beigemessen. Co- und Ni-Basis-Superlegierungen enthalten oft höhere Anteile an Mo und/ oder W, V ist dagegen kein typisches Legierungselement in diesen Werkstoffen. Zwar sind Mo und W in der Regel nicht an der Bildung der anfänglich schützenden Deckschichten beteiligt, sobald diese aber durch Aufschlussreaktionen zerstört sind, können sich auch MoO_3 und WO_3 bilden. Diese lösen sich in der Sulfatschmelze nach folgender Gleichung:

$$MoO_3 + SO_4^{2-} \leftrightarrow MoO_4^{2-} + SO_3 \tag{5.28}$$

Mit WO_3 läuft ein analoger Vorgang ab. Besonders bei tieferen Temperaturen, im Typ II-Korrosionsbereich, kann die zusätzliche SO_3-Produktion den sauren Aufschlussmechanismus aufrechterhalten oder erst in Gang setzen. Man spricht dann von *legierungsinduziertem sauren Aufschluss* (im Gegensatz zum gasphaseninduzierten sauren Aufschluss). Liegt der SO_3-Anteil in der Atmosphäre jedoch sehr niedrig, wie dies bei hohen Temperaturen unter Typ I-Verhältnissen der Fall ist, so ist kaum von einer so starken SO_3-Aktivitätserhöhung auszugehen, dass ein Umschlagen zu einem sauren Aufschlussmechanismus stattfindet.

b) Vanadium in Brennstoffen

Vanadium kann in relativ hohen Konzentrationen im Rohöl vorkommen. In den bei der Raffination anfallenden Schwerölen reichert sich dieser Anteil weiter an. Mit solchen Brennstoffen werden vor allem Schiffsdieselmotoren und (seltener) auch Gasturbinen betrieben.

Bei der Verbrennung entstehen V_2O_4 und V_2O_5. Im System Na_2SO_4-V_2O_5 tritt ein besonders tief schmelzendes Eutektikum auf (Tabelle 5.9), an dem die Phase $NaVO_3$ beteiligt ist, welche durch folgende Reaktion gebildet wird:

$$Na_2SO_4 + V_2O_5 \leftrightarrow 2\, NaVO_3 + SO_3 \tag{5.29}$$

Durch gelöste Oxide kann der Schmelzpunkt des Salzes noch weiter abgesenkt werden. Unter solchen Bedingungen wird Heißgaskorrosion bereits ab ca. 500 °C, möglicherweise sogar darunter, beobachtet. In Bild 5.25 ist das markante Erscheinungsbild solcher Korrosion am Boden eines Auslassventils aus einem schwerölbetriebenen Schiffsdieselmotor zu sehen.

Bei der vanadatinduzierten Korrosion handelt es sich um typische saure Aufschlussreaktionen bei hohem SO_3-Partialdruck. Einige oxidkeramische Werkstoffe oder Beschichtungen können durch geschmolzene Vanadate aufgeschlossen und damit destabilisiert werden.

Prinzipiell lässt sich die Bildung sehr niedrig schmelzender Salzgemische durch Additivierung verhindern, wovon besonders in schwerölbefeuerten Gasturbinen Gebrauch gemacht wird. Dabei wird dem Brennstoff meist Mg zugegeben, welches zu MgO oxidiert und mit V_2O_5 zu Magnesiumvanadat, $Mg_3V_2O_8$, reagiert. Dessen Schmelzpunkt liegt bei über 1100 °C. Allerdings wirkt sich die dicke Krustenbildung durch diese Reaktionsprodukte auf den Bauteilen wirkungsgradmindernd aus, weil Strömungskanäle verstopft werden können. Dies macht regelmäßige Reinigung erforderlich.

c) Chlor im Prozessgas

Cl wird in die meisten Verbrennungsprozesse über NaCl aus der Atmosphäre eingetragen (Tabelle 5.8), kann aber auch im Brennstoff vorhanden sein, besonders bei der Müllverbrennung.

Chlorverbindungen wirken bei der Heißgaskorrosion in zweifacher Weise: Zum einen setzen sie den Schmelzpunkt des Salzgemisches mit Na_2SO_4 herab (Tabelle 5.9) und zum anderen wird eine bestimmte Cl_2-Aktivität im umgebenden Gas erzeugt, beispielsweise durch folgende Reaktion:

$$4\,HCl + O_2 \leftrightarrow 2\,H_2O + 2\,Cl_2 \tag{5.30}$$

Aufgrund der hohen thermodynamischen Stabilität der Oxide können sich Metallchloride nur bei relativ niedrigem O_2-Partialdruck und höherer Cl_2-Aktivität bilden. Dies bedeutet, dass eine Umwandlung von Oxid in Metallchlorid weiter innen in der Oxiddeckschicht einsetzt, eventuell erst an der Grenzfläche Metall/Oxid. Beispielsweise ist für Cr eine solche Reaktion nach folgender Gleichung möglich:

$$2\,Cr_2O_3 + 6\,Cl_2 \leftrightarrow 4\,CrCl_3 + 3\,O_2 \tag{5.31}$$

Cl muss dazu nach Mechanismen, die noch nicht eindeutig geklärt sind, durch die Deckschicht wandern können. Da gemäß einiger Beobachtungen in Gegenwart von Cl die Abplatzneigung der Deckschichten zunimmt, vermutet man, dass die Chloridphase den mechanischen Zusammenhalt des Oxidfilms mindert. Der Dampfdruck einiger Chloride, wie z. B. der von $CrCl_3$, $FeCl_2$, $FeCl_3$ und $CoCl_2$, nimmt bei hohen Temperaturen nennenswerte Größenordnungen an, so dass als eine Ursache für die schädigende Wirkung Bläschenbildung infrage kommt. In einigen Fällen konnten Chloride in den äußeren Korrosionsprodukten nachgewiesen werden.

Die Korrosion wird durch chloridinduziertes Ablösen der Deckschichten insgesamt beschleunigt. Dieser Mechanismus kann zusätzlich zu den diskutierten Aufschlussreaktionen stattfinden oder auch alternativ dazu dominieren. Liegt in der Salzschmelze eine ausreichend hohe Chloraktivität vor und ist die Oxiddeckschicht bereits zerstört, kommt es zur selektiven Reaktion von Cl mit Legierungselementen, vorwiegend mit Cr und Al. Auf diese Weise werden dem Werkstoff die für die Korrosionsbeständigkeit wichtigen Bestandteile entzogen und der Angriff wird verstärkt.

5.8.5 Zusammenfassung und Aspekte der Werkstoffwahl

Tabelle 5.11 fasst die wesentlichen Merkmale der beiden Heißgaskorrosionstypen zusammen, wie sie in Verbrennungsanlagen beobachtet werden.

Tabelle 5.11 Merkmale der verschiedenen Heißgaskorrosionsformen in Verbrennungsanlagen

Niedertemperatur-Heißgaskorrosion Typ II	Hochtemperatur-Heißgaskorrosion Typ I (Sulfidation)
Bis ca. 800 °C	Ca. 800 bis 1000 °C
Saurer, selektiver Oxidaufschluss von NiO oder Co-Oxiden; daher anfänglich lochfraßähnlicher Angriff	Basischer, großflächiger Aufschluss des Hauptoxids Cr_2O_3 oder Al_2O_3
Relativ hoher SO_3-Partialdruck erforderlich, katalytisch erhöht an Oxidoberflächen (besonders Co_3O_4)	Relativ geringer SO_3-Partialdruck
Bildung von Legierungsmetall-Sulfaten $NiSO_4$ und/oder $CoSO_4$ in niedrig schmelzender eutektischer Mischung mit Na_2SO_4	Flüssige Salzbeläge vorwiegend durch Na_2SO_4; eventuell Schmelzpunktabsenkung durch andere Salze
Dicke Korrosionsproduktschichten	Stark poröse äußere Oxidschichten
Wenig innere Sulfidierung	Starke innere Sulfidation, vorwiegend von Cr und Ni
Kaum Elementeverarmung unterhalb der Deckschichten	Verarmung der sulfidbildenden Elemente in der Korrosionszone
Inkubationszeit zur Bildung ausreichender Mengen an niedrig schmelzenden Salzen (falls noch nicht in der Verbrennungsatmosphäre vorhanden)	Kaum Inkubationszeit, weil sich flüssiges Salz schnell bildet

Tabelle 5.12 stellt das Verhalten von Cr_2O_3 und Al_2O_3-Deckschichten gegenüber. Dabei ist zu beachten, dass lediglich Phänomene aufgelistet sind, die sich auf das Verhalten dieser Oxide allein beziehen, unabhängig von der darunter liegenden Legierung. Selbstverständlich darf man in einer Gesamtbetrachtung diese Trennung nicht vornehmen. Die verschiedenen Legierungstypen lassen sich grob in M-Cr, M-Al und M-Cr-Al unterteilen.

Tabelle 5.12 Gegenüberstellung des Verhaltens der Al_2O_3- und Cr_2O_3-Deckschichten unter den verschiedenen Heißgaskorrosionsbedingungen

Al_2O_3-Deckschicht	Cr_2O_3-Deckschicht
Unter technischen Bedingungen kein saurer Aufschluss der *reinen* Al_2O_3- oder Cr_2O_3-Deckschicht	
Typ II-Heißgaskorrosion durch Verunreinigung der Deckschicht mit Ni- und/oder Co-Oxid; bei Al_2O_3 ist die Wahrscheinlichkeit solcher Verunreinigungen höher	
Tendenziell bessere Beständigkeit bei hohen Temperaturen im Typ I-Gebiet mit basischem Aufschluss	Breiterer p_{SO_3}-Bereich, in welchem basischer Aufschluss stattfinden kann
Praktisch keine Abdampfung bei hohen Temperaturen und hohen Gasgeschwindigkeiten	Erhöhte Abdampfung von CrO_3 oberhalb ca. 950 °C und bei hohen Gasgeschwindigkeiten
Hohe Beständigkeit in Cl-haltigen Gasen	Weniger resistent in Cl-haltigen Gasen oder Ablagerungen (z. B. bei hohen NaCl-Gehalten); Bildung flüchtiger Chloride oder Oxichloride
Bauteile am günstigsten so voroxidieren, dass die jeweils reine Cr_2O_3- oder Al_2O_3-Deckschicht entsteht	

Deren Verhalten unter Hochtemperaturkorrosionsbedingungen wird in **Tabelle 5.13** beschrieben. Die Wirkungsweisen der wichtigsten zusätzlichen Legierungselemente geht aus **Tabelle 5.14** hervor. Die Effekte sind in manchen Fällen unsicher, weil sie vom gesamten Werkstoffzustand sowie von den Prüf- oder Betriebsbedingungen abhängen. Außerdem treten Wechselwirkungen der Legierungskomponenten untereinander auf.

5.8 Heißgaskorrosion

Tabelle 5.13 Eigenschaften der verschiedenen Grundlegierungstypen unter Hochtemperaturkorrosionsbedingungen
(Der Legierungstyp M-Al kommt als Beschichtung oder auf der Basis einer intermetallischen Phase vor.)

Legierungstyp	Eigenschaften
M-Cr	• Cr_2O_3-Bildner (oder Spinell) ab ca. 10 % Cr • Gute Heißgaskorrosionsbeständigkeit wegen Bildung stabiler Cr-Sulfide, besonders anstelle flüssiger Ni-S-Phase; die Beständigkeit steigt mit dem Cr-Gehalt (bis 50 % möglich) • Bis ca. 950 °C geeignet; darüber ist die Abdampfung von CrO_3 nennenswert • Geringe Festigkeit
M-Al	• Al_2O_3-Bildner ab ca. 20 Masse-% Al in Ni-Al-Legierungen und ca. 10 % in Fe-Al-Legierungen • Sehr gute Korrosionsbeständigkeit solange die Al_2O_3-Deckschicht rein und dicht ist; nach Durchbruch besonders in Ni-Legierungen schlechte Heißgaskorrosionsbeständigkeit, weil sich flüssige Ni-S-Phase oberhalb 637 °C bildet • Sehr gute Oxidationsbeständigkeit auch oberhalb 950 °C, da vernachlässigbare Abdampfung von Al_2O_3 • Geringe Duktilität
M-Cr-Al	• Cr_2O_3-Bildner ab ca. 10 % Cr und ca. 3 bis max. 5 % Al (s. Bild 5.12 u. 5.13) • Al_2O_3-Bildner ab ca. 5 % Al *und* ca. 10 % Cr (s. Bild 5.12 u. 5.13) • Mit dem Al-Gehalt steigt die Regenerierfähigkeit der Al_2O_3-Deckschicht (bis ca. 12 % Al üblich in Beschichtungen); gleichzeitig verschiebt sich der Spröd/duktil-Übergang zu höheren Temperaturen. • Cr erforderlich, um Al_2O_3-Deckschichtbildung bei geringeren Al-Gehalten zu ermöglichen *und* um die Heißgaskorrosionsbeständigkeit zu verbessern (siehe M-Cr); bis ca. 30 % Cr üblich • Je stärker ein innerer Korrosionsangriff zu erwarten ist (Sulfidation), umso höher muss der Cr-Gehalt sein. • Mit zunehmendem Al-Gehalt steigt die Inkubationszeit für Heißgaskorrosion. • Insgesamt gute Oxidations- und Heißgaskorrosionsbeständigkeit erreichbar bei guten mechanischen Eigenschaften • Hohe Festigkeit erreichbar in Ni-Basislegierungen

Tabelle 5.14 Einflüsse verschiedener Legierungselemente auf die Hochtemperaturkorrosion (die Einflüsse von Cr und Al gehen aus Tabelle 5.13 hervor)
Die meisten Angaben stammen aus den in [5.28] und [5.29] berichteten Auswertungen.

Element	Wirkungsweise
Mo, W, V	• Können den basischen Deckschichtaufschluss hemmen (Typ I-Heißgaskorrosion), *aber* eventuell einen legierungsinduzierten sauren Aufschluss hervorrufen; die Gehalte sind zu begrenzen oder durch höheren Cr- oder Al-Gehalt zu kompensieren
Co	• Kann bei mehr als ca. 5 % die Deckschichtausbildung beeinflussen; verschlechtert damit das Oxidations- und Heißgaskorrosionsverhalten • Kann über $CoSO_4$ mit Na_2SO_4 ein sehr niedrig schmelzendes Eutektikum bilden, fördert deshalb die Typ II-Heißgaskorrosion; es sind sehr hohe Cr-Gehalte erforderlich, um einen schützenden Cr-Oxidfilm zu bilden und aufrechtzuerhalten
Ta	• Verbessert das zyklische Oxidationsverhalten bei Al_2O_3-Bildnern (Gehalte von ca. 3 bis 9 %) • Kann den basischen Deckschichtaufschluss hemmen (Typ I); fördert aber im Gegensatz zu Mo, W und V nicht den sauren Aufschluss • Bewirkt bei Cr_2O_3-Bildnern eher eine Verschlechterung des Oxidationsverhaltens (mögliche Bildung von nicht schützendem $TaCrO_4$)
Ti	• Die Einflüsse auf das (zyklische) Oxidationsverhalten hängen stark von anderen Elementen ab: teils Verbesserung bei Gehalten bis ca. 3,5 %, teils Verschlechterung ab 1 %; kritische Gehalte sind unsicher. • Verbessert nach manchen Auswertungen die Sulfidationsbeständigkeit, wahrscheinlich wegen der Abbindung des eindringenden Schwefels zu stabilen Sulfiden zusammen mit Cr (anstelle flüssiger Ni-S-Phase) • Reduziert den Angriff bei Cl-induzierter Korrosion
Si	• Verbessert bei Gehalten von ca. 0,5 bis 2,5 % das zyklische Oxidationsverhalten bei gleichzeitiger Anwesenheit von Y • Fördert die Bildung von Al_2O_3-Deckschichten anstelle von Cr_2O_3 • SiO_2-Deckschichten sind resistent gegen sauren Aufschluss (Typ II), aber sehr anfällig gegen basischen Aufschluss (Typ I). In üblichen HT-Legierungen werden jedoch keine SiO_2-Deckschichten gebildet.
Pt	• Fördert die selektive Oxidation von Al; daher bilden sich reinere, langsamer wachsende Al_2O_3-Deckschichten. Dadurch sind die zyklische Oxidationsbeständigkeit u. die Heißgaskorrosionsbeständigkeit von Aluminidbeschichtungen verbessert. • Reduziert den Angriff bei Cl-induzierter Korrosion
Re	• Verbessert die Heißgaskorrosionsbeständigkeit; Mechanismus noch unklar

Forts.

Tabelle 5.14, Forts.

Element	Wirkungsweise
Zr, Hf, Y	• Verbessern die Deckschichthaftung und damit besonders das zyklische Oxidationsverhalten (Aktivelemente) • Bilden sehr stabile Sulfide; können daher bestimmte Mengen S abfangen • Beeinflussen den Aufschluss der Deckschicht eher negativ, wenn ihre Oxide fadenförmig durch die Al_2O_3- oder Cr_2O_3-Deckschicht laufen

5.9 Erosion-Korrosion-Wechselwirkungen

Erosion bedeutet einen mechanischen Abtragungsprozess an der Bauteiloberfläche durch feste Partikel in strömenden Medien. Dabei spielen die Parameter Teilchengeschwindigkeit, Auftreffwinkel, Teilchendichte im Medium, Teilchenhärte, -form und -größe eine Rolle. Außerdem sind die Werkstoffeigenschaften an der Oberfläche wesentlich. Duktiles Material wird vorwiegend bei schrägem Auftreffen abgetragen, während sprödes, wie z. B. Oxiddeckschichten oder keramische Wärmedämmschichten, anfälliger gegen senkrechten Aufprall ist.

Bei den Erosion-Korrosion-Wechselwirkungen können unterschiedliche Effekte auftreten:

- Durch Erosion können Deckschichten kontinuierlich abgetragen werden. Die Korrosion wird dadurch erheblich beschleunigt. Aus demselben Grund kann die Inkubationszeit für Heißgaskorrosion drastisch verkürzt werden.
- Demgegenüber werden durch Erosion stark korrosiv wirkende Substanzen, wie Salzschmelzen oder andere Beläge, von den Bauteiloberflächen entfernt, was den Angriff abschwächen könnte. Meist wird jedoch auch gleichzeitig die schützende Deckschicht oder sogar die Beschichtung oder der Grundwerkstoff abgetragen, so dass sich insgesamt eine verstärkte Schädigung ergibt.
- Feste Partikel können sich auf Oberflächen ablagern und bis zu bestimmter Dicke aufbauen. Dadurch kann eine schützende Wirkung vor korrosiven Substanzen und/oder ein Wärmedämmeffekt eintreten. Zu dicke Krusten platzen meist bei Temperaturwechseln wegen thermischer Spannungen ab.

Trotz einiger möglicherweise positiver Effekte versucht man stets, die Erosionsbelastung so gering wie möglich zu halten. Dies geschieht bei Verbrennungskraftanlagen durch Filtern der angesaugten Luft und gegebenenfalls des Prozessstoffes. Kleine Partikel bis zu wenigen µm Größe gelten als unkritisch.

5.10 Korrosionsbedingte Volumenänderungen

Neben den in Kap. 2.6 diskutierten gefügebedingten Volumenänderungen können sich in Verbindung mit Korrosionsprodukten die äußeren Abmessungen von Bauteilen in merklichem Maße verändern. Folgende Ursachen kommen infrage:
- Der Gitterparameter der Legierung weicht vom Ausgangszustand dadurch ab, dass mit der Atmosphäre reagierende Elemente der Matrix entzogen werden, z. B. bei der Deckschichtbildung.
- In mehrphasigen Legierungen lösen sich durch die Korrosionsreaktionen Phasen auf oder wandeln um.
- Innere Korrosion ruft generell eine Volumenaufweitung hervor, weil hierbei zusätzliche Elemente, wie hauptsächlich O, C, N oder S, in die Legierung eingebracht werden.

Bild 5.36 gibt ein Beispiel der Längenänderung des austenitischen Stahles *Alloy 800 H* wieder, der einer stark aufkohlenden Atmosphäre ausgesetzt wurde, wodurch sich massiv Cr-Karbide gebildet haben (vgl. Bild 5.18). Nach vollständiger C-Sättigung der Legierung über den Querschnitt, die bei Bauteilen in Petrolchemie- oder Aufkohlungsanlagen, wie Rohrleitungen, Heizpatronen und dünnwandigen Teilen, auftreten kann, stellt sich in diesem Fall eine Längenzunahme von 1,25 % ein. Während des Korrosionsvorganges bauen sich gleichzeitig innere Spannungen auf (Eigenspannungen II. Art, siehe Tabelle 3.5), die sich durch Kriechvorgänge sowie weiter fortschreitende Korrosion zeitlich verändern.

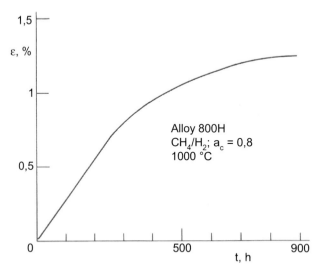

Bild 5.36 Aufkohlungsbedingte Dehnung im Werkstoff *Alloy 800 H* (anfänglicher Probendurchmesser: 6 mm), [5.16]

5.11 Wechselwirkungen zwischen Korrosion und mechanischen Eigenschaften

Die mechanischen Hochtemperatureigenschaften werden durch überlagerte Korrosionsvorgänge in starkem Maße beeinflusst. Die Bauteillebensdauer ist dann nicht allein mechanisch, sondern mechanisch-korrosiv festgelegt. Mit der üblichen mechanischen Werkstoffprüfung bei hohen Temperaturen sind für die Festigkeitsauslegung folgende Komplikationen verknüpft:

a) Die Versuche werden in der Regel an Luft durchgeführt. Davon abweichende, kontrollierte Atmosphären werden zwar vereinzelt verwirklicht, jedoch bereitet eine gleichzeitige, betriebsnahe Simulation der mechanischen und chemischen Beanspruchung Schwierigkeiten. Oft wird ein Vorgang oder werden beide in unrealistischer Weise im Zeitraffereffekt verschärft. Eine sinnvolle Übertragung der Ergebnisse auf die Betriebsbeanspruchung ist dann möglicherweise nicht mehr gegeben.

b) In vielen Fällen wird der Einfluss des Probenquerschnitts auf das Messergebnis vernachlässigt. Sofern die verwendete Probendicke höchstens der Bauteilwanddicke entspricht, wird man mit den Festigkeitsdaten auf der sicheren Seite liegen, wenn man grundsätzlich einen negativen Korrosionseinfluss voraussetzt. Bei zu dünnen Proben besteht allerdings besonders unter verschärften Korrosionsbedingungen die Gefahr, unrealistisch kurze Lebensdauern zu messen. Umgekehrt dürfen bei dünneren Bauteilwänden die Messwerte dickerer Proben nicht ohne weiteres übernommen werden, weil sie möglicherweise zu hohe Festigkeiten und Lebensdauern vortäuschen. Außer dem Korrosionseinfluss hat dies auch rein mechanische Gründe, z. B. wegen der Anzahl der Körner über dem Querschnitt.

c) Neben dem Vergleich von Probendicke zu Bauteilwanddicke kann zusätzlich die geometrische Form von Probe und Bauteil eine Rolle spielen. Bei allseitigem Angriff nimmt der Korrosionseinfluss mit steigendem Verhältnis Umfang/Querschnitt zu. Auch hierbei stimmen die Gegebenheiten an Proben nicht unbedingt mit denen an Bauteilen überein.

d) Proben werden in der Regel ringsum korrosionsbeaufschlagt, während bei Bauteilen oft unterschiedliche Angriffe auf beiden Seiten der Wände herrschen.

e) Bei zu beschichtenden Bauteilen sollten auch Proben beschichtet geprüft werden, falls ohne die Schutzschicht die Werkstoffeigenschaften durch Korrosion zu stark beeinflusst werden. Im Übrigen kann der Grundwerkstoff/Schicht-Verbund ein insgesamt deutlich abweichendes Verhalten aufweisen.

Tabelle 5.15 zeigt eine Übersicht über die wichtigsten mechanisch-korrosiven Wechselwirkungseffekte. Die Mechanismen überlappen sich zum Teil, so dass eine eindeutige Aussage über positive oder negative Folgen oft nicht getroffen werden kann. Außerdem ist die Gesamtheit aller für das Bauteil relevanten Eigenschaften zu betrachten, auch solcher bei tiefen Temperaturen.

Eine rein rechnerische Einbeziehung der Korrosionsvorgänge in die Festigkeitsauslegung ist in den meisten Fällen so ungenau, dass sie zu keinem brauchbaren Ergebnis führt. Für den einfachen Fall des gleichmäßigen, flächenförmigen Korrosionsabtrags der Oberfläche kann bei bekannter Gesetzmäßigkeit der Korrosionskinetik aus unbelasteten Versuchen das Kriechverhalten abgeschätzt werden [5.30]. Man nimmt dabei u. a. an, dass der korrosionsbeeinflusste Bereich gegenüber dem intakten Werkstoff nichts zur Festigkeit beiträgt. Außerdem muss die Kriechgesetzmäßigkeit für inerte Bedingungen bekannt sein. Aufgrund des Spannungsanstiegs durch Querschnittverminderung ließe sich so die durch Korrosion beschleunigte (ε; t)-Kriechkurve berechnen. In der Praxis wird man wegen der zahlreichen Annahmen bei diesem Vorgehen jedoch eher von einem mittleren Querschnitt während der Beanspruchungsdauer ausgehen und darauf basierend die Bauteilfestigkeit und -lebensdauer abschätzen.

Aus den genannten Schwierigkeiten, überlagerte Korrosion in die Bauteilauslegung einzubeziehen, leiten sich für das praktische Vorgehen folgende Konsequenzen ab:

- Es muss bauteilnah geprüft werden, wenn aus vereinfachten Versuchen an Proben keine genügend genauen Aussagen über das Betriebsverhalten gewonnen werden können. Eventuell müssen Komponentenversuche in Anlagen durchgeführt werden. Dies trifft besonders in den Fällen zu, in denen die zu erwartende gesamte mechanisch-chemische Beanspruchung nicht vollständig bekannt ist oder nicht zuverlässig vorhergesagt werden kann.
- Bauteile, welche starker Korrosionsbeanspruchung ausgesetzt sind, werden in der Regel beschichtet. Die mechanischen Grundwerkstoff-Volumeneigenschaften können dann in erster Näherung von den Vorgängen an der Oberfläche getrennt behandelt werden. Der Verbund Grundwerkstoff/Beschichtung bedarf allerdings ebenfalls eingehender Untersuchungen.
- Das Betriebsverhalten muss durch wiederkehrende Zustandsbeurteilungen verfolgt werden, so dass Versagen mit Folgeschäden möglichst ausgeschlossen werden kann.

5.11 Wechselwirkungen zwischen Korrosion und mechanischen Eigenschaften

Tabelle 5.15 Mechanisch-korrosive Wechselwirkungseffekte (GW: Grundwerkstoff, MK: Mischkristall)
+ positive Wirkung, − negative Wirkung auf die Kriech- und/oder Zeitstandfestigkeit, sofern nicht anders vermerkt.

Effekt	Erläuterung
1. Querschnittminderung	Tragender Querschnitt wird reduziert, wenn die Korrosionsprodukte/Deckschichten abplatzen (−). Bei haftenden, geschlossenen Deckschichten ist die Festigkeit des Verbundes GW/Deckschicht zu bewerten. Neben der Deckschichtfestigkeit sind die Effekte unter 2. bis 4. einzubeziehen (meist insgesamt −).
2. Verarmung an mischkristallhärtenden Elementen	MK-härtende Elemente werden in die Korrosionsprodukte eingebaut; dadurch Festigkeitsverlust des GW (−)
3. Auflösung härtender GW-Phasen	Durch die Änderung der chemischen Zusammensetzung in der korrosionsbeeinflussten Zone können sich GW-Phasen auflösen, z. B. Karbide oder γ'-Ausscheidungen zugunsten von (Deckschicht-) Oxiden; dadurch Festigkeitsverlust (−)
4. Bildung innerer Korrosionsprodukte	Innere Korrosion bedeutet zusätzliche Ausscheidungen, aber Abbindung von MK-Elementen (manchmal +). Falls sich dadurch andere Phasen auflösen, verschlechtert sich die Festigkeit praktisch immer (−). Im Falle nachfolgender selektiver Korrosion primärer Korrosionsprodukte findet ein Treibeffekt der korrosiven Elemente statt, z. B. Oxidation primär gebildeter Sulfide treibt den Schwefel tiefer in den GW (typisch für Heißgaskorrosion), (−).
a) im Kornvolumen	Eine Erhöhung der Teilchendichte im Kornvolumen wirkt sich festigkeitssteigernd aus, aber die Effekte unter 2. und 3. sind gegenzurechnen (insgesamt meist −)
b) auf Korngrenzen	Mögliche Auswirkungen: • Behinderung des Korngrenzengleitens (+) • Bei Korrosionsprodukten mit hohem γ_{Ph} (z. B. Oxide, Sulfide) ist die kritische Risskeimgröße an der Phasengrenze Teilchen/Matrix reduziert (−) • Elementare Bestandteile, z. B. S, können die Oberflächenenthalpie des GW stark herabsetzen und damit Rissbildung und -wachstum fördern (Dekohäsion), (−).

Forts.

Tabelle 5.15, Forts.

Effekt	Erläuterung
5. Rissinitiierung und Risswachstum durch Korrosion beschleunigt	• Bei zyklischer Belastung wird Schließen eines Anrisses durch Korrosion der Rissflanken verhindert (−) • Effekte wie unter 4.b), (−) • Bevorzugte Oberflächenrisseinleitung durch äußere Kerbung infolge ungleichmäßigen Korrosionsangriffs, oft an Korngrenzen (−)
6. Abstumpfen und Überbrücken von Oberflächenrissen durch Oxidation	Risswachstum wird gebremst; Kerbwirkung wird vermindert (+).
7. Innere Kerbung durch spießige oder plattenförmige innere Korrosionsprodukte	Korrosionsprodukte nach 4. können bei ungünstiger Form Duktilität, Zähigkeit und Ermüdungseigenschaften verschlechtern (−).
8. Eigenspannungen aufgrund korrosionsbedingter Volumenänderungen	Innere Korrosion bewirkt eine Volumenzunahme. Dadurch erhöht sich die effektive Zugspannung auf den unbeeinflussten Bereich. Positive Auswirkungen wie unter 4.a) können dadurch kompensiert werden, und die Verformungsrate steigt (−). Die Effekte sind von der Korrosionsgeschwindigkeit abhängig. Wachstumsspannungen durch Deckschichten wirken sich nur bei sehr dünnwandigen Bauteilen nennenswert aus.
9. Thermische Isolierwirkung durch Deckschicht	Deckschichten, besonders geschlossene Oxidschichten, leiten die Wärme schlechter als der metallische GW; dadurch kann die Temperatur in der Legierung sinken (+). Findet Isolierwirkung auf der Kühlseite statt, steigen die GW-Temperaturen (−).
10. Beeinflussung physikalischer Eigenschaften durch Korrosion	Veränderte physikalische Eigenschaften des GW können auf das mechanische Verhalten zurückwirken: • Ein geringerer λ-Wert des GW, besonders durch starke innere Korrosion, lässt die max. Materialtemperatur ansteigen, dadurch evtl. „Hochschaukeln" des Effektes; Anfälligkeit für thermische Ermüdung steigt. • Ein höherer α_ℓ-Wert lässt die thermisch induzierten Spannungen ansteigen.

Weiterführende Literatur zu Kap. 5

N. Birks, G.H. Meier: Introduction to High Temperature Oxidation of Metals, Edward Arnold, London, 1983

R.W. Cahn, P. Haasen, E.J. Kramer (Series Eds.): Materials Science and Technology; Materials Corrosion and Environmental Degradation, Part I and II, M. Schütze (Volume Ed.), Wiley-VCH, Weinheim, 2000

U.R. Evans: The Corrosion and Oxidation of Metals, Edward Arnold, London, 1976

V. Guttmann, M. Merz (Eds.): Corrosion and Mechanical Stress at High Temperatures, Proc. Europ. Symp. Petten/NL, May, 1980, Appl. Sci. Publ., London, 1981

I. Kirman et al. (Eds.): Behaviour of High Temperature Alloys in Aggressive Environments, Proc. Int. Conf. Petten/NL, 15–18 Oct., 1979, The Metals Society, London, 1980

P. Kofstad: High Temperature Corrosion, Elsevier Appl. Sci., London, 1988

G.Y. Lai: High-Temperature Corrosion of Engineering Alloys, ASM International, Materials Park OH, 1990

E. Lang (Ed.): The Role of Active Elements in the Oxidation Behaviour of High Temperature Metals and Alloys, Elsevier Appl. Sci., London, 1989

H. Pfeiffer, H. Thomas: Zunderfeste Legierungen, Springer, Berlin, 1963

R.A. Rapp (Ed.): High Temperature Corrosion, Nat. Association of Corrosion Engineers (NACE), **6**, Houston/Tx., 1983

6 Hochtemperaturlegierungen

6.1 Definition und Anwendungsgebiete

Zu den Hochtemperaturwerkstoffen werden alle Materialien gezählt, die oberhalb von rund 500 °C dauerhaft für Bauteile eingesetzt werden können und damit langzeitig ausreichende mechanische Eigenschaften und Hochtemperatur-Korrosionsbeständigkeit aufweisen müssen. Dafür kommen metallische und keramische Werkstoffe infrage sowie intermetallische Phasen, welche eine Stellung zwischen den Metallen und den Keramiken einnehmen.

Die Anwendungen der Hochtemperaturwerkstoffe erstrecken sich im Wesentlichen auf folgende Bereiche:

- *Energietechnik*
  Dampf- und Gasturbinen, Dampfkessel, Hochtemperatur-Reaktorbau (Kernreaktoren mit Betriebsmitteltemperaturen oberhalb etwa 500 °C), Wärmetauscher und Hochtemperaturrohrleitungen, Ofenbau und Heiztechnik, Beleuchtungstechnik;
- *Antriebstechnik*
  Flugtriebwerksbau und Motorenbau;
- *Chemische Industrie*
  Hochtemperaturverfahren zur Herstellung chemischer Produkte (z. B. die Ammoniak-Synthese), Hochtemperaturpyrolyse (thermische Zersetzung chemischer Verbindungen, wie z. B. in der Petrolchemie das Spalten von C-H-Verbindungen oder die Müllverbrennung), Kohleveredlungstechniken, Wasserstofferzeugung und Synthesegasherstellung durch Sonnenenergie;
- *Hüttentechnik und Maschinenbau*
  Prozesse der Metallurgie und des Glasschmelzens sowie anderer Verfahren zur Rohstoffgewinnung und -verarbeitung, Hochtemperatur-Werkzeugbau.

6.2 Beanspruchungen und Werkstoffanforderungen

Hochtemperaturwerkstoffe sind einer Kombination thermischer, mechanischer und korrosiver Beanspruchungen ausgesetzt. **Tabelle 6.1** gibt eine Übersicht über die technisch auftretenden Erscheinungsformen dieser Einflüsse und deren Auswirkungen auf die Werkstoffe. Aus diesen leiten sich die vielschichtigen Anforderungen an die Eigenschaften der Hochtemperaturwerkstoffe ab:

6.2 Beanspruchungen und Werkstoffanforderungen

1. Hohe thermische Langzeitgefügestabilität;
2. Ausreichende mechanische Eigenschaften hinsichtlich:
   - Kriech- und Zeitstandfestigkeit,
   - niederzyklische Hochtemperatur-Ermüdungsfestigkeit (HT-LCF) und thermische Ermüdungsfestigkeit (TF),
   - hochzyklische Hochtemperatur-Ermüdungsfestigkeit (HT-HCF) bei schwingenden Bauteilen,
   - Mindestduktilität und -zähigkeit;
3. Ausreichende Hochtemperatur-Korrosionsbeständigkeit, falls der Betrieb nicht in inerter Atmosphäre erfolgt. Im Einzelnen:
   - hohe thermodynamische Stabilität der Deckschicht bei gleichzeitig geringer Wachstumsrate der Deckschicht (parabolisches Deckschichtwachstum mit geringer Wachstumskonstante),
   - gute Deckschichthaftung für zyklische Beständigkeit,
   - ausreichendes Reservoir des Deckschicht bildenden Elementes für die Deckschichtnachbildung,
   - geringe Löslichkeit für Elemente aus der Umgebung (z. B. Sauerstoff) und geringe Reaktionsbereitschaft mit nicht Deckschicht bildenden Elementen,
   - keine Bildung schmelzflüssiger oder flüchtiger Phasen mit Elementen aus der Umgebung bei Betriebstemperatur;
4. Reproduzierbare Herstellbarkeit, Be- und Verarbeitbarkeit, zerstörungsfreie Prüfbarkeit kritischer Fehlergrößen, eventuell Beschichtbarkeit.

Tabelle 6.1 Beanspruchungen und deren Auswirkungen bei Hochtemperaturwerkstoffen

Beanspruchung	Ausprägung	Auswirkungen

thermisch	Temperaturen > rund 500 °C	• thermisch aktivierbare, diffusionskontrollierte Vorgänge laufen mit hoher Geschwindigkeit ab:
		 → Klettern von Stufenversetzungen, bewirkt:
		   – Erholung
		   – Relaxation von Eigen- und Wärmespannungen
		 → Gefügeveränderungen, z. B. Ausscheidungsvergröberung, Rekristallisation, Kornwachstum, Martensitauflösung, unerwünschte Ausscheidungen...
		 → Korrosionsvorgänge: Deckschichtbildung, innere Korrosion
		 • Verringerung des Volumenanteils oder Auflösung härtender Phasen (sehr hohe Temp.)
		 • quasistatische Wärmespannungen bei stationären Temperaturdifferenzen

	Temperaturwechsel	• zyklische Wärmespannungen

Forts.

Tabelle 6.1, Forts.

Beanspruchung	Ausprägung	Auswirkungen
mechanisch	statische und quasistatische Spannungen (Belastungsspannungen, Eigenspannungen, stationäre Wärmespannungen)	• Kriechen
	zeitlich veränderliche Spannungen: • veränderliche Wärmespannungen • Schwingungen	• niederzyklische Ermüdung (LCF), thermische Ermüdung (TF) • Verzug des Bauteils durch *Ratcheting* • hochzyklische Ermüdung (HCF); *keine* Dauerschwingfestigkeit • Abplatzen von Deckschichten und damit Beeinflussung des Korrosionsverhaltens
	Erosion	• Materialabtrag • Deckschichtenabtrag und damit Beeinflussung des Korrosionsverhaltens
korrosiv	• Oxidation • Aufkohlung • Entkohlung • Aufstickung/ Nitrierung • Aufschwefelung/ Sulfidation • Reaktionen mit Schmelzen, Heißgaskorrosion	• Materialabtrag, Minderung des tragenden Querschnittes • Oberflächenveränderungen mit Auswirkungen auf: → elektrische Eigenschaften (Isolationswirkung durch Deckschichten) → thermische Eigenschaften, z. B. Wärmeleitfähigkeit (evtl. Wärmedämmeffekt), Emissionsvermögen → Rauigkeit (Kerbwirkung, Wärmeübergang, Strömung...) • Gefügeveränderungen mit Auswirkungen auf: → mechanische Eigenschaften → nachfolgende Korrosionsbeständigkeit → physikalische Eigenschaften, z. B. Schmelzpunkt, Wärmeleitfähigkeit... → Maßhaltigkeit durch Volumenänderungen • Erzeugung von Eigenspannungen

6.3 Auswahlkriterien für Basiselemente und Übersicht über Hochtemperatur-Werkstoffgruppen

Tabelle 6.2 gibt eine Übersicht über die Schmelzpunkte einiger Metalle sowie die Angabe der 0,4 T_S-Temperaturen und der homologen Temperatur für 500 °C. Damit ausreichend hohe Langzeitkriechfestigkeit erreicht werden kann, müssen die Basismetalle für Hochtemperaturwerkstoffe einen Schmelzpunkt von mindestens etwa 1400 °C aufweisen, gleichbedeutend mit der Forderung: 500 °C < ca. 0,46 T_S. Ni erfüllt diese Bedingung knapp, ist aber dennoch das bedeutendste Basiselement für höchst beanspruchbare Legierungen.

Metall	ϑ_S in °C	0,4 T_S in °C	773 K/T_S =
Sn	232	−71	
Pb	327	−33	
Zn	420	4	
Mg	649	96	0,84
Al	660	100	0,83
Au	1063	261	0,58
Cu	1083	269	0,57
Mn	1246	335	0,51
Ni	1455	418	0,45
Co	1495	434	0,44
Fe	1538	451	0,43
Ti	1670	504	0,40
Pt	1772	545	0,38
Zr	1855	578	0,36
Cr	1863	581	0,36
V	1910	600	0,35
Hf	2231	729	0,31
Nb	2469	824	0,28
Mo	2623	885	0,27
Ta	3020	1044	0,23
W	3422	1205	0,21

Tabelle 6.2
Schmelzpunkte einiger Metalle sowie 0,4 T_S-Temperaturen (in °C) und homologe Temperaturen für 500 °C = 773 K

Die Metalle unterhalb der Doppellinie kommen aufgrund ihres Schmelzpunktes als Hochtemperatur-Basismetalle in Betracht.

Berücksichtigt man neben dem Schmelzpunkt die Verfügbarkeit der Metalle, die sich im Preis ausdrückt, so schränkt sich mit diesen Kriterien die Auswahl der infrage kommenden Basismetalle ein. **Tabelle 6.3** ergänzt für die verbleibenden Elemente die wichtigen Eigenschaften: *Gittertyp, allotrope Umwandlungstemperatur(en), Dichte, Sauerstofflöslichkeit, Oxidationsverhalten, mechanisches Verhalten* und *Verarbeitbarkeit* sowie Möglichkeiten der *Legierungsbildung*. Eine

Gitterumwandlung darf im Anwendungstemperaturbereich wegen der damit verbundenen Volumensprünge nicht auftreten; eventuell muss sie durch geeignetes Legieren verhindert werden.

Die Tabelle ist geteilt in Metalle, die eine hohe Sauerstoffaufnahme zeigen, und solche mit geringer Löslichkeit. Dieses Kriterium ist u. a. wichtig für die Beurteilung der Verarbeitbarkeit und der mechanischen Eigenschaften. Die Basismetalle bis Ta in Tabelle 6.3 können in sauerstoffhaltigen Atmosphären nicht langzeitig bei entsprechend hohen Temperaturen eingesetzt werden, weil die Sauerstofflöslichkeit mit steigender Temperatur zunimmt und die Aufnahme interstitieller Elemente bei hohen Temperaturen nicht effektiv verhindert werden kann.

Tabelle 6.3 Wesentliche Eigenschaften für die Auswahl von Hochtemperatur-Basismetallen (ϑ_U: Umwandlungstemperatur; DBTT: Spröd/duktil-Übergangstemperatur; *ductile-brittle transition temperature*)
Gittertypen, ϑ_U und ϑ_S aus [6.1], ρ aus [6.2, 6.3], max. Sauerstofflöslichkeit aus [6.1, 6.3]

El.	Gitter	ϑ_U, ϑ_S in °C	ρ in g/cm^3	max. O-Löslichk. in At.-%	Eigenschaften + Vorteil − Nachteil
Ti	α-hdP β-krz	882 1670	4,51 4,40	31,9 8	+ niedrige Dichte + Schmelzpunkt relativ hoch + relativ häufiges Vorkommen + α_ℓ gering (ca. 8 bis 10·10^{-6} 1/K) − keine Legierung mit ausreichender Festigkeit > ca. 600 °C bekannt − hohe Sauerstoff- u. Stickstoffaufnahme > ca. 700 °C, Versprödung − lineare Oxidation > ca. 800 °C − λ bei α-reichen u. (α+β)-Legierungen sehr niedrig (6 bis 8 Wm^{-1}K^{-1} bei RT); geringe Temperaturleitfähigkeit − Entzündungsgefahr z. B. nach Fremdkörpereinschlägen („Titanbrand")
Zr	α-hdP β-krz	866 1855	6,51 6,44	35 10,5	− Durchbruch-Oxidation > ca. 850 °C − eingeschränkte Legierungsmöglichkeit
Hf	α-hdP β-krz	1743 2231	13,31	22 3	− ähnlich Zr − hohe Dichte
V	krz	1910	6,09	17	− katastrophale Oxid.; $\vartheta_S(V_2O_5)$ = 658 °C

Forts.

Tabelle 6.3, Forts.

El.	Gitter	ϑ_U, ϑ_S in °C	ρ in g/cm³	max. O-Löslichk. in At.-%	Eigenschaften + Vorteil − Nachteil
Nb	krz	2469	8,58	9	+ relativ günstige Dichte unter den refraktären Metallen + DBTT etwa − 100 °C bei hohem ϑ_S + α_ℓ gering; λ hoch; gute TF-Festigkeit − lineare Oxidation > ca. 700 °C − kein Langzeitschutz verfügbar
Ta	krz	3020	16,67	5,7	+ DBTT ähnlich Nb bei sehr hohem ϑ_S + α_ℓ gering; λ hoch; gute TF-Festigkeit − Oxidation wie Nb − kein Langzeitschutz verfügbar − hohe Dichte
Cr	krz	1863	7,19	0,0053 (1200 °C)	− sehr spröde bei RT; nicht konventionell verarbeitbar
Mo	krz	2623	10,22	0,03 (1100 °C)	+ sehr hohe Kriechfestigkeit + α_ℓ gering; λ hoch; gute TF-Festigkeit − sehr spröde bei RT; DBTT ca. 200 °C − katastroph. Oxid.; ϑ_S(MoO₃) = 795 °C − kein Langzeitschutz verfügbar
W	krz	3422	19,25	≈ 0	+ höchster Schmelzpunkt aller Elemente + sehr hohe Kriechfestigkeit + α_ℓ gering; λ hoch; gute TF-Festigkeit − katastrophale Oxidation > ca. 1000 °C durch hohe WO₃-Abdampfrate − kein Langzeitschutz verfügbar − sehr spröde bei RT; DBTT ca. 200 °C − sehr hohe Dichte
Fe	α-krz γ-kfz δ-krz	912 1395 1538	7,87 7,65 7,36	0,0008 0,0098 0,029	+ guter Korrosionsschutz durch Legieren mit Cr oder (Cr + Al) + γ-Gitter gut stabilisierbar + Bearbeitbarkeit, u. a. gut schweißbar + niedriger Preis − nur mäßige Härtung für Hochtemperaturbereich möglich

Forts.

Tabelle 6.3, Forts.

El.	Gitter	ϑ_U, ϑ_S in °C	ρ in g/cm^3	max. O-Löslichk. in At.-%	Eigenschaften + Vorteil − Nachteil
Co	ε-hdP α-kfz	422 1495	8,8 8,7	≈ 0 0,048 (1200 °C)	+ guter Korrosionsschutz durch Legieren mit Cr oder (Cr + Al) + Co-Legierungen an Luft vergießbar und vergleichsweise gut schweißbar − nur mäßige Härtung möglich − Ni-Zugabe erforderlich zur Stabilisierung des kfz-Gitters (mindert Festigkeit)
Ni	kfz	1455	8,91	0,05	+ breites Spektrum der Legierungsbildung mit sehr hoher Festigkeitssteigerung + guter Korrosionsschutz durch Legieren mit Cr oder (Cr + Al) + Verarbeitbarkeit − Schmelzpunkt relativ niedrig − α_ℓ hoch; λ gering
Pt	kfz	1772	21,45	≈ 0	+ sehr korrosionsbeständig + hoher Schmelzpunkt − sehr hohe Dichte − sehr teuer

Die refraktären Metalle Nb, Ta, Mo und W sind grundsätzlich aufgrund ihres hohen Schmelzpunktes attraktiv, weisen jedoch – neben anderen Nachteilen – starken Oxidationsangriff bei relativ niedrigen homologen Temperaturen auf. Sie sind langzeitig daher nur in nahezu sauerstofffreier Atmosphäre einsetzbar. Zuverlässige Oberflächenschutzmaßnahmen für oxidierende Bedingungen sind bisher für diese Werkstoffe nicht bekannt. So beschränken sich die Hochtemperaturanwendungen z. B. auf Mo-Heizelemente für Schutzgas- und Vakuumöfen oder Glühdrähte und Elektroden aus W.

Ti-Legierungen, die aufgrund ihrer Dichte und des relativ hohen Schmelzpunktes interessant sind, können nur bis maximal 600 °C eingesetzt werden wegen zu geringer Kriechfestigkeit, Versprödung durch Gasaufnahme sowie abnehmender Oxidationsbeständigkeit bei höheren Temperaturen. Auch die Entzündungsneigung („Titanbrand") von Ti und manchen Ti-Legierungen, z. B. nach einem Fremdkörpereinschlag, kann für manche Bauteile kritisch sein. Gegenläufig zur Festigkeit bei tiefen Temperaturen, etwa bei RT, weisen die α-reichen Legierungen höhere Kriechfestigkeit auf als die (α + β)- und β-Legierungen. Der Hauptgrund liegt in der deutlich langsameren Diffusion im hdP-α-Gitter gegenüber der krz-β-Modifikation (siehe auch Kap. 1.3.1.2).

Zu den kriechfestesten Ti-Legierungen zählen die α-nahen, recht ähnlichen Varianten *IMI 834* (Ti-5,8Al-4Sn-3,5Zr-0,7Nb-0,5Mo-0,35Si-0,06C) sowie *Time-*

6.3 Auswahlkriterien für Basiselemente

tal 1100 (Ti-5,9Al-2,6Sn-3,8Zr-0,4Mo-0,45Si), welche bis etwas über 550 °C langzeitig einsetzbar sind. Die optimale Gefügeeinstellung der α- und β-Phase hängt davon ab, ob die Zeitstand- oder die Ermüdungsfestigkeit im Vordergrund steht. Eine durchgehend lamellare Anordnung ist vorteilhafter für hohe statische Festigkeit, während ein bimodales Gefüge aus lamellarer Phasenanordnung und globularen Körnern mit einem primären α-Volumenanteil von rund 10 % die LCF-Eigenschaften begünstigt. Eine ausschließlich lamellare Mikrostruktur lässt sich durch Wärmebehandlungen einstellen, ein bimodales Gefüge erfordert eine thermomechanische Behandlung mit Rekristallisation. Eine Aushärtung dieser Legierungen geschieht durch Ti_3Al-Teilchen und durch Silizide des Typs $(Ti, Zr)_5Si_3$.

Üblicherweise rechnet man die Ti-Legierungen jedoch nicht zu den Hochtemperaturlegierungen, weil sie besonders aus Oxidationsgründen nur knapp die Temperatureinsatzgrenze von etwa 500 °C überschreiten. Intermetallische Phasen auf der Basis γ-TiAl und $α_2$-Ti_3Al wären für höhere Temperaturen geeignet, sie stehen jedoch erst an der Schwelle zum großtechnischen Einsatz und müssen noch optimiert werden (siehe Kap. 6.10.4). Keramikfaserverstärkte Ti-Basislegierungen (*Titanium matrix composites – TMC*) haben sich vorwiegend aus Kostengründen nicht etabliert.

Als Hochtemperaturwerkstoffe kommen nach dieser Selektion folgende Gruppen in Betracht:

- Legierungen auf Fe-Basis
- Legierungen auf Co-Basis
- Legierungen auf Ni-Basis
- hochschmelzende Legierungen
- Legierungen auf der Basis intermetallischer Phasen
- Edelmetalllegierungen
- Hochtemperatur-Ingenieurkeramiken.

Bild 6.1 vergleicht die 10^4 h-Zeitstandfestigkeiten der verschiedenen Legierungsgruppen in Abhängigkeit von der Temperatur. Die äußeren Begrenzungslinien geben Anhaltswerte über die etwa erreichten Festigkeiten wieder, welche sich durch Weiterentwicklungen noch leicht verschieben lassen. Keramische Werkstoffe fehlen in der Darstellung, weil langzeitabgesicherte Daten aus Zeitstand-Zugversuchen nicht existieren. Von intermetallischen Phasen sind ebenfalls bisher keine zuverlässigen Langzeitwerte verfügbar.

Für eigengewicht- und fliehkraftbelastete Komponenten ist zu beachten, dass die Zeitstandfestigkeiten auf die Dichte normiert, d. h. Zeitreißlängen miteinander verglichen werden. Während die Dichteunterschiede zwischen Fe-, Co- und Ni-Legierungen nicht gravierend sind, ergeben sich im Vergleich mit Ti-Legierungen und den refraktären Legierungen sowie den intermetallischen Phasen und Keramiken erhebliche Abweichungen.

Die aus Bild 6.1 hervorgehenden maximalen Temperaturen (Endpunkte der Linien) geben in etwa auch die Einsatzgrenze der Legierungsgruppen unter oxidierenden Bedingungen wieder, mit Ausnahme der refraktären Legierungen, welche bei hohen Temperaturen nur in Inertatmosphäre betrieben werden dürfen.

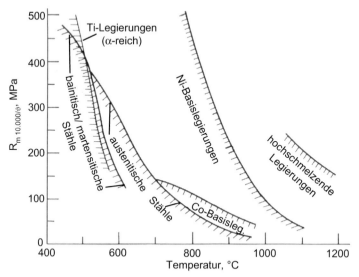

Bild 6.1 10^4 h-Zeitstandfestigkeiten für verschiedene Hochtemperatur-Werkstoffgruppen in Abhängigkeit von der Temperatur

Ergänzend und vergleichend ist die Grenzlinie für α-reiche Ti-Basislegierungen eingetragen.

6.4 Hochtemperaturlegierungen auf Fe-Basis

6.4.1 Übersicht

Bei den Hochtemperatur-Eisenwerkstoffen handelt es sich durchweg um Stähle, d. h. um Fe-Basislegierungen mit < 2 % C (in Abgrenzung zum Gusseisen), die für eine Warmformgebung geeignet sind. Dies bedeutet nicht, dass sie grundsätzlich als Knetwerkstoffe eingesetzt werden; einige werden auch als Stahlguss – im Gusszustand oder wärmebehandelt – verwendet. Bei Letzteren wird dem Kurznamen ein „G" vorangestellt.

Unter der Bezeichnung *Legierte Edelstähle* werden nach *Stahl-Eisen-Liste* [6.4] verschiedene Sorten aufgeführt, die zu den Hochtemperaturstählen zählen. Je nach Hochtemperatur-Korrosionsbeständigkeit und Kriechfestigkeit unterscheidet man *hitzebeständige*, *warmfeste* und *hochwarmfeste* Stähle, **Tabelle 6.4**. Im Anhang sind in **Tabelle A1** die chemischen Zusammensetzungen gängiger Hochtemperaturwerkstoffe auf Fe-Basis aufgeführt. Die Wirkungs-

6.4 Hochtemperaturlegierungen auf Fe-Basis

weisen der Legierungselemente in dieser Werkstoffgruppe gehen aus **Tabelle 6.5** hervor. Die genannten Maximalgehalte sollen einen Eindruck vermitteln, ob es sich um ein Haupt- oder Nebenelement handelt und bis zu welcher Menge es vertreten sein *kann*.

Tabelle 6.4 Einteilung der Hochtemperaturstähle

In DIN EN 10028-2, 10095 und 10302 finden sich Eigenschaften, besonders mechanische Langzeiteigenschaften, von warmfesten, hitzebeständigen und hochwarmfesten Stählen.

Stahlart	Gefüge	Werkstoff-Nummern-klassen	typische Vertreter (Kurzname, Wst.-Nr.)	
hitzebeständig	• ferritisch	1.47..(< 2,5 % Ni); z. T. auch 1.48.. (≥ 2,5 % Ni)	X45CrSi9-3, X85CrMoV18-2, X10CrAl24, GX40CrSi29, CrAl 25 5, *Incoloy MA 956* (auch hochwarmfest)	1.4718 1.4748 1.4762 1.4776 1.4765 ---
	• austenitisch	1.48.. (auch hochwarmfest)	X53CrMnNiN21-9, X50CrMnNiNbN21-9, X5NiCrNbCe32-27, X10NiCrAlTi32-20, X12CrCoNi21-20, X15CrNiSi25-20, GX40CrNiSi25-20, GX40NiCrSiNb35-25,	1.4871 1.4882 1.4877 1.4876 1.4971 1.4841 1.4848 1.4852
warmfest	ferritisch/ bainitisch	1.73.. 1.77..	13CrMo4-5, 10CrMo9-10, 14MoV6-3, GS-17 CrMo 5 5, GS-17 CrMoV 5 11,	1.7335 1.7380 1.7715 1.7357 1.7706
hochwarmfest	• martensitisch	1.49..	X22CrMoV12-1, GX23CrMoV12-1, X10CrMoVNb9-1, X11CrMoWVNb9-1-1,	1.4923 1.4931 1.4903 1.4905
	• austenitisch	1.49.. (auch hitzebeständig)	X6CrNi18-11, X3CrNiMoN17-13, X8CrNiMoBNb16-16, X8NiCrAlTi32-21, X12CrCoNi21-20, GX15CrNiCo21-20-20,	1.4948 1.4910 1.4986 1.4959 1.4971 1.4957

Tabelle 6.5 Wirkungsweisen der Legierungselemente sowie des Oxids Y_2O_3 in Hochtemperaturstählen

Komp.	Wirkungsweisen	Gehalte bis ca.
Ni	+ stabilisiert das kfz-Austenitgitter + wirkt der TCP-Phasenbildung entgegen +/– bildet in hoch Ni-haltigen Austeniten mit Al die γ'-Phase $Ni_3(Al;Ti)$; festigkeitssteigernd, aber auch duktilitätsmindernd – verschlechtert in CrMo(V)-Stählen die Warmfestigkeit	35 %
Cr	+ Korrosionsschutz; Cr_2O_3- oder Spinell-Deckschichtbildung ab ca. 9 % Cr; erhöht Sulfidationsbeständigkeit bei hohen Gehalten im Mischkristall + unterstützt die Al_2O_3-Deckschichtbildung in FeCrAl-Legierungen + Karbidbildner, hauptsächlich $M_{23}C_6$ + verbessert die Zähigkeit in CrMo-Stählen + setzt die kritische Abkühlrate herab, fördert die Martensitbildung; CrMo-Stähle ab ca. 9 % Cr sind voll martensitisch bei Luftabkühlung – fördert die σ-Phasenbildung (Stammzusammensetzung: FeCr)	30 %
Co	+ Mischkristallhärtung; reduziert die Stapelfehlerenergie und erhöht damit die Kriechfestigkeit (wird nur in Austeniten verwendet)	20 %
Mo	+ Mischkristallhärtung + fördert die Bainit- und Martensitbildung stark + Karbidbildner: Mo_2C + wirkt der Anlassversprödung entgegen – fördert die σ-Phasenbildung	3,5 %
W	ähnlich Mo; außerdem – starke Dichteerhöhung	3 %
V	+ bildet stabile, vergröberungsträge Karbide und Nitride: VC, VN oder V(C,N); nur in ferritischen Stählen – verschlechtert das Oxidations- und Heißgaskorrosionsverhalten bei höheren Temp.; deshalb keine Verwendung in hochwarmfesten Austeniten	0,8 %
Nb (amer.: Cb)	+ bildet stabile, vergröberungsträge Karbide und Nitride: NbC, NbN oder Nb(C,N) + Mischkristallhärtung	4 %
Al	+ Al_2O_3-Deckschichtbildung bei > ca. 4 % Al und > ca. 10 % Cr; einzig wirksamer Langzeit-Oxidationsschutz > ca. 950 °C (FeCrAl-Legierungen) + bildet stabile Nitride: AlN + relativ starke Mischkristallhärtung +/– γ'-Bildung in einigen austenitischen Stählen: Ni_3Al, siehe Ni	5,5 %

Forts.

6.4 Hochtemperaturlegierungen auf Fe-Basis

Tabelle 6.5, Forts.

Komp.	Wirkungsweisen	Gehalte bis ca.
Ti	+ bildet stabile Karbide und Nitride: TiC, TiN oder Ti(C,N) +/– γ'-Bildung in einigen austenitischen Stählen: Ni_3(Al, Ti), siehe Ni	2 %
Mn	+ desoxidiert die Schmelze und bindet S ab	1,5 %
Si	+ verbessert die Oxidations- und Aufkohlungsbeständigkeit in hitzebeständigen Stählen – fördert die σ-Phasenbildung; wirkt versprödend; verschlechtert die Zeitstandeigenschaften	3 %
C	+ Karbidbildung + stabilisiert das Austenitgitter	0,5 %
N	+ Nitridbildung + stabilisiert das Austenitgitter	0,15 %[1]
B	+ korngrenzenwirksames Element (kleines Atom): erniedrigt die Korngrenzflächenenthalpie/erhöht die Korngrenzenkohäsion; vermindert die Anrissgefahr; erhöht die Duktilität u. Zeitstandfestigkeit (in einigen austenitischen Stählen); nur in Spuren legieren, um die Korngrenzen zu „sättigen"	0,01 %
Y Ce Zr (La)	+ in einigen hitzebeständigen FeCrAl-Legierungen zur Verbesserung der Deckschichthaftung enthalten; erhöhen somit die zyklische Oxidationsbeständigkeit + binden S ab + behindern die Kornvergröberung – Gehalte sind in engen Grenzen einzuhalten, ansonsten können verschiedene negative Effekte auftreten	0,3 %
Y_2O_3	+ sehr temperaturstabiles Dispersoid + bewirkt starke Versetzungsverankerung – verstärkt die Porenkeimbildung	0,5 % in ODS-Leg.

[1] Konventionell liegen N-Gehalte in Austeniten bei max. ca. 0,15 Ma.-%, in Ferriten ist N als Legierungselement nicht üblich. Durch Druck-Elektroschlackeumschmelzen (DESU) lassen sich die Gehalte auf ca. 1 Ma.-% bei Austeniten und ca. 0,3 Ma.-% bei ferritischen sog. 9–12 % Cr-Stählen anheben.

In Stählen erfolgt die Festigkeitssteigerung im Wesentlichen durch Karbide. **Tabelle 6.6** gibt eine Übersicht über die vier häufigsten Karbidarten in Hochtemperaturlegierungen und ihre Merkmale, welche auch auf die anderen Basiselementgruppen übertragbar sind. Die Keimbildung der Karbide erfolgt heterogen vorwiegend an Versetzungen und Korngrenzen. Die Versetzungsverankerung durch Teilchen erzeugt einen wirkungsvollen Härtungseffekt, solange die Karbide fein verteilt vorliegen (siehe Bild 3.30).

Tabelle 6.6 Die wichtigsten Karbidarten in Hochtemperaturlegierungen und ihre Merkmale

Merkmal → Karbidtyp ↓	Zusammensetzung	Gitter	Entstehung und Löslichkeit	Form
MC	M = Ti, Ta, Nb, seltener: Zr, V, Hf, W, Mo. C kann durch N substituiert werden: M(C,N)	kfz (WC u. MoC: hexagonal)	bilden sich als Primärkarbide bei der Erstarrung; schwer löslich, sehr stabil	als Primärteilchen blockig bis chinesenschriftartig; als Ausscheidungen nach Auslagerung vorwiegend im Korninnern verteilt
M_7C_3 (M:C = 2,3)	M = Cr mit Löslichkeit für Fe (bis ca. 55 Ma.-%) und Ni	komplex hexagonal	stabil bis ca. 1100 bis 1150 °C; wandelt < ca. 1050 °C in $M_{23}C_6$ um; tritt auch bei hohen C-Gehalten auf (Aufkohlung)	oft blockig an Korngrenzen
$M_{23}C_6$ (M:C = 3,8)	M = Cr mit Löslichkeit für Fe (bis ca. 30 Ma.-%), Ni, Co, Mo, W	komplex kubisch	stabil bis ca. 1050 °C; entsteht bei Wärmebehandlungen, oft an Korngrenzen	mögliche Formen: rundlich, lamellar, plattenf. oder als Film entlang von Korngrenzen
M_6C	M = M_1 + M_2 zu etwa gleichen At.-Anteilen M_1 = Mo, W M_2 = Fe, Ni, Co	komplex kubisch	stabil bis ca. 1150 °C	blockig, oft an Korngrenzen, seltener in Widmannstätten-Form

6.4.2 Hitzebeständige Stähle

Gemäß Tabelle 6.4 werden die hitzebeständigen Stähle in ferritische und austenitische unterteilt. Während die ferritischen Legierungen vorwiegend auf hohe Korrosionsbeständigkeit ausgelegt sind, weisen die austenitischen hitzebeständigen Stähle gleichzeitig hohe Warmfestigkeit auf und können daher auch zur Gruppe der hochwarmfesten Stähle gerechnet werden.

Ferritische hitzebeständige Stähle werden beispielsweise im Ofenbau, in der Heiztechnik sowie im Motorenbau, z. B. für Ventile, eingesetzt, wo die mechanischen Belastungen verhältnismäßig gering sind. Typische ferritische Ventilstähle sind die Varianten X45CrSi9-3 und X85CrMoV18-2. Bei den genannten Anwendungen können neben oxidierenden Atmosphären auch aufkohlende, aufstickende oder aufschwefelnde Bedingungen auftreten. Die Legierungen zeichnen sich in erster Linie durch einen hohen Cr-Gehalt aus, welcher bis zu etwa

6.4 Hochtemperaturlegierungen auf Fe-Basis

30 Ma.-% reicht. Dadurch wird die Ausbildung einer dichten Cr_2O_3-Deckschicht gewährleistet mit ausreichend hohem Cr-Reservoir in der Matrix. Mit dem Cr-Anteil steigt besonders die Sulfidationsbeständigkeit. Zusätzlich wird manchen Legierungen Si zugegeben, bis zu ca. 2,5 Ma.-%. Dadurch kommt es unterhalb der Cr_2O_3-Deckschicht zur Ausbildung eines dünnen, fast dichten SiO_2-Filmes, der das Wachstum der Cr_2O_3-Oxidschicht stark hemmt. **Bild 6.2** zeigt als Beispiel das Gefüge der hitzebeständigen Gusslegierung GX40CrSi29.

Geringe Al-Gehalte, etwa bis 1,5 Ma.-%, zeigen ähnliche Wirkung wie Si. Beide bilden Oxide bei geringeren O_2-Partialdrücken als Cr, so dass sie bei den geringen Gehalten innen oxidieren. Besonders für das zyklische Oxidationsverhalten spielt offenbar eine Rolle, dass die sich rasch bildenden Al- oder Si-Oxide die Keimbildung für neu aufzuwachsende Cr_2O_3-Deckschichten erleichtern.

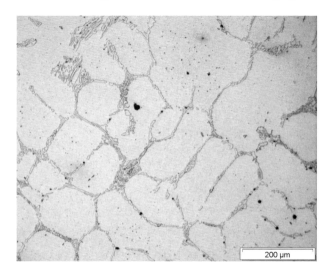

Bild 6.2
Gefüge des hitzebeständigen Stahls GX40CrSi29 mit einem dichten Netzwerk von Cr-Karbiden auf den Korngrenzen

Ferritische Heizleiterwerkstoffe für höchste thermische Beanspruchung weisen einen Al-Gehalt von 4 bis 6 Ma.-% mit bis zu etwa 25 Ma.-% Cr auf. Sie werden als FeCrAl-Legierungen bezeichnet, z. B. unter dem Handelsnamen *Kanthal*. Sie bilden Al_2O_3-Deckschichten aus, die ausreichenden Korrosionsschutz im Dauerbetrieb oberhalb etwa 1000 °C bieten. Mit einer entsprechenden Zusammensetzung existieren auch oxiddispersionsgehärtete Legierungen, z. B. *Incoloy MA 956* oder *PM 2000*.

Aufgrund des hohen Cr-Gehaltes sowie weiterer γ-einschnürender Elemente bestehen die ferritischen hitzebeständigen Stähle aus einer Matrix aus reinem Ferrit (Bild 6.2). Bei diesen Zusammensetzungen wird keine α/γ-Gitterumwandlung durchlaufen, so dass auch keine Möglichkeit der Umwandlungshärtung besteht.

Besonders die nicht oder schwach teilchengehärteten ferritischen Legierungen erfahren im Einsatz bei sehr hohen Temperaturen eine Kornvergröberung.

Bild 6.3 zeigt das Beispiel einer 0,25 mm dicken Heizspirale aus der Legierung FeCrAl 20 5 (1.4767, *Kanthal D*), die von anfänglich Korngröße 9 - 10 (Euronorm 103 - 71) nach Glühung bei 1100 °C/½ h auf Korngröße 4 vergröberte. Auf den Korngrenzen befinden sich entweder von vornherein nur wenige Ausscheidungen oder diese lösen sich bei den hohen Betriebstemperaturen auf. Dadurch werden die Korngrenzen beweglich. Die Kornvergröberung führt zu Versprödung besonders im Tieftemperaturbereich – eine Erscheinung, die z. B. von thermisch höchst belasteten Heizelementen bekannt ist.

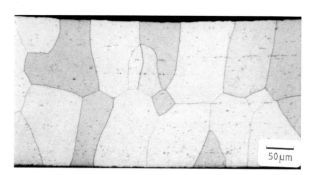

Bild 6.3
Korngröße eines Heizleiterbandes aus FeCrAl 20 5 über der Banddicke nach Glühung 1100 °C/½ h
Korngröße 4 nach Euronorm 103 - 71; Ausgangskorngröße: 9 - 10 (ca. 20 µm)

Die *austenitischen* hitzebeständigen Stähle zeichnen sich gegenüber den ferritischen durch bessere mikrostrukturelle Stabilität, höhere Warmfestigkeit und geringere Versprödungsneigung aus. Der Ni-Gehalt, welcher bis ca. 35 Ma.-% beträgt, ist ausreichend hoch zu wählen, damit das Gefüge im gesamten betriebsrelevanten Temperaturbereich voll austenitisch bleibt. Die Korrosionsbeständigkeit der Austenite hängt vom Cr-Gehalt ab, der zwischen etwa 18 und 30 Ma.-% variiert. Es bilden sich unter oxidierenden Bedingungen Deckschichten aus Spinellen der Art $Ni(Cr, Fe)_2O_4$ sowie nahezu reinem Cr_2O_3, was **Bild 6.4** für eine Fe-20Cr-25Ni-Nb-Legierung mit Si-Zusatz zeigt. Wie bei den Ferriten dienen Si-Gehalte bis ca. 2,5 Ma.-% dazu, unterhalb der Deckschicht eine dünne und fast geschlossene SiO_2-Zwischenschicht entstehen zu lassen, welche die Oxidationskinetik stark bremst.

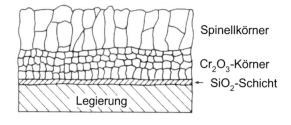

Bild 6.4
Schematischer Deckschichtaufbau für einen austenitischen Stahl Fe-20Cr-25Ni-Nb mit Si-Zusatz, aus [6.5]
Die Spinelle sind in diesem Fall vom Typ $Ni(Cr, Fe)_2O_4$.

Ein SiO_2-Film ist des Weiteren sehr wirksam gegen Eindringen von Kohlenstoff. In aufkohlenden Atmosphären, die z. B. in Aufkohlungsöfen und Pyrolyserohren der Petrolchemie vorkommt, wird möglicherweise der kritische O_2-Partialdruck zur Cr_2O_3-Bildung unterschritten, derjenige für SiO_2 jedoch noch nicht. Die Aufkohlungsbeständigkeit der austenitischen hitzebeständigen Stähle nimmt außerdem mit dem Ni-Gehalt zu. Bei Bauteilen, die einer alternierend aufkohlend/oxidierenden Atmosphäre ausgesetzt sind, beobachtet man oft das Phänomen der Grünfäule (Kap. 5.4).

Al wird nur bei wenigen austenitischen Stählen zur Festigkeitserhöhung legiert. Al_2O_3-Deckschicht bildende Legierungen dieser Werkstoffe kann man zwar herstellen, setzt sie jedoch technisch kaum ein, weil in dem Temperaturbereich, welcher für diese Varianten interessant wäre, üblicherweise Ni-Basislegierungen verwendet werden. Bei den üblichen austenitischen Stählen ist die obere Temperatureinsatzgrenze demnach durch die Eigenschaften der Cr-Oxidschichten festgelegt. Abhängig von der Atmosphäre, den zyklischen Bedingungen, der Gasströmungsgeschwindigkeit sowie der geforderten Lebensdauer liegt diese bei etwa 900 bis 1150 °C.

Die hoch Cr-haltigen Legierungen scheiden im Temperaturbereich bis ca. 800 °C die topologisch dicht gepackte intermetallische σ-Phase (TCP-Phase) mit der Stammzusammensetzung FeCr aus. Sie weist einen breiten Homogenitätsbereich sowie Substitutionsmöglichkeiten für etliche andere Elemente auf, etwa der Form Fe(Cr, Mo) oder $(Fe, Ni, Co)_x(Cr, Mo, W)_y$ mit $x \approx y$. Si, Mo und W fördern die Anfälligkeit für σ-Phasenbildung, während C und N entgegenwirken durch Abbinden der σ-bildenden Elemente. Da diese Phase besonders im mittleren Temperaturbereich in Form länglicher Platten oder Nadeln erscheint, kann sie stark versprödend wirken. **Bild 6.5** gibt ein Beispiel des austenitischen Stahles X15CrNiSi25-20 wieder, bei dem sich die σ-Phase aufgrund höherer Temperatur mehr globular ausgeschieden hat.

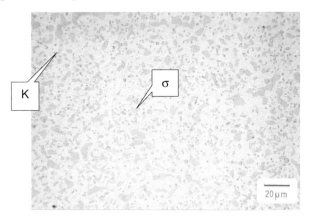

Bild 6.5 σ-Phase und Karbide in dem austenitischen Stahl X15CrNiSi25-20 nach längerem Betriebseinsatz bei ca. 950 °C; σ-Phase: grob/hellgrau, Karbide: feiner/dunkler

Die hitzebeständigen Stähle konkurrieren mit hoch Cr-haltigen Ni-Legierungen, mit denen sich eine vergleichbare oder bessere Hochtemperatur-Korrosionsbeständigkeit bei höherer Warmfestigkeit erreichen lässt. Zu berücksichtigen ist im konkreten Anwendungsfall das Kosten/Nutzen-Verhältnis.

6.4.3 Warmfeste Stähle

Die warmfesten Stähle weisen stets ein ferritisches Grundgefüge auf. Diese Gruppe deckt sowohl die warmfesten Feinkornbaustähle für mäßig erhöhte Temperaturen bis etwa 400 °C ab als auch Baustähle, die im Zeitstandbereich von etwa 400 bis 550 °C betrieben werden. Während für die erstgenannte Gruppe die Eigenschaften Streckgrenze und Zähigkeit – besonders auch in Zusammenhang mit möglichen Anlassversprödungseffekten – wesentlich sind, spielt für die zweite die Kriechfestigkeit die entscheidende Rolle. Hierfür müssen besondere Anforderungen an die mikrostrukturelle Stabilität gestellt werden.

Ein weit verbreiteter Vertreter für Anwendungen im Bereich von 400 bis 500 °C ist der Stahl 16Mo3 (0,3 Ma.-% Mo). Ausreichende Zeitstandfestigkeiten bei Temperaturen oberhalb etwa 500 °C weisen aus der Gruppe der ferritischen Stähle nur die CrMo- und CrMoV-Stähle auf. Die bekanntesten, international verwendeten Varianten sind die Stähle 13CrMo4-5 (1 Ma.-% Cr-½ Ma.-% Mo), 10CrMo9-10 (2¼ Ma.-% Cr-1 Ma.-% Mo) sowie 14MoV6-3 (½ Ma.-% Cr-½ Ma.-% Mo-¼ Ma.-% V). **Bild 6.6** gibt das typische Gefüge des Stahles 10CrMo9-10 nach Austenitisieren/Lösungsglühen bei 950 °C, Luftabkühlung und Anlassen bei 710 °C wieder.

Bild 6.6
Gefüge des warmfesten Stahls 10CrMo9-10 mit überwiegend Zwischenstufengefüge neben Anteilen von Ferrit und angelassenem Martensit

Austenitisiert bei 950 °C, luftabgekühlt; angelassen bei 710 °C

Die Wärmebehandlung der warmfesten Stähle zielt vorwiegend auf die Ausbildung eines ferritisch-bainitischen Gefüges ab. Dieses ist gekennzeichnet durch einen C-armen α-Mischkristall, dem bainitischen Ferrit, in nadeliger oder plattenförmiger Form. Durch die Umwandlung aus dem Austenit wird eine hohe Versetzungsdichte erzeugt mit einer Anordnung in Versetzungszellen. Außerdem liegen feinst verteilte Karbide vor, entweder zwischen den Nadeln des bainitischen Ferrits oder innerhalb der Platten (Unterscheidungsmerkmal für oberen und unteren Bainit). Zusätzlich können Martensit- und Restaustenitanteile auftreten; Letztere verschwinden beim Anlassen zugunsten weiteren Bainits.

Für die Karbidhärtung kommen ausschließlich die so genannten Sonderkarbide mit Mo, V, Cr und eventuell Ti infrage. Fe_3C würde viel zu rasch zu großen, unwirksamen Teilchen vergröbern, weil die Diffusion von C relevant wäre. Als Sonderkarbide treten die Typen MC (M = V, Ti), M_2C (M = Mo) und $M_{23}C_6$ (M = Cr, Fe, Mo) auf. Besonders das Karbid VC neigt wenig zur Vergröberung. Dies liegt an der geringen Diffusionsgeschwindigkeit des geschwindigkeitsbestimmenden Elementes V im Ferrit, welche geringer als die von Mo und W ist [6.6].

Die Kriechfestigkeit der warmfesten Stähle resultiert außerdem aus der Mischkristallhärtung durch die Elemente Mo, Mn, V, Si und Cr. Legieren mit W ist zumindest in Deutschland bei warmfesten Stahlsorten nicht üblich.

Die warmfesten Stähle bilden bis ca. 570 °C an Luft Zunderschichten aus, die überwiegend aus einer äußeren dünnen Fe_2O_3-Schicht (Hämatit) und einem innen liegenden, dickeren Fe_3O_4-reichen Spinell (Magnetit) bestehen. Bei noch höheren Temperaturen bildet sich FeO (Wüstit) als dritte, dickenmäßig weit überwiegende Schicht direkt über dem Grundwerkstoff und verursacht einen starken Anstieg der Zundergeschwindigkeit [6.7]. Sowohl festigkeitsmäßig als auch wegen mangelnder Korrosionsbeständigkeit sind somit die niedrig legierten warmfesten CrMo(V)-Stähle für langzeitigen Einsatz oberhalb etwa 550 °C nicht geeignet.

6.4.4 Hochwarmfeste Stähle

Die Gruppe der hochwarmfesten Stähle ist im Gegensatz zu den warmfesten Varianten auch oberhalb 550 °C einsetzbar. Zu ihr zählen hochlegierte martensitische CrMoV-Stähle sowie die austenitischen Hochtemperaturstähle. Bei Letzteren spricht man auch von *Superlegierungen* auf Fe-Basis, wenn sie bei relativ hohen Spannungen und hohen Temperaturen einsetzbar sind.

Den Anschluss zu den niedrig legierten warmfesten CrMo- und CrMoV-Stählen stellen die 9 bis 12 % CrMoV-Stähle dar, die bis etwa 600 °C betrieben werden können. Die bekanntesten Vertreter sind der Stahl X22CrMoV12-1 und seine Gussvariante GX23CrMoV12-1 sowie die auf dieser Basis in den USA entwickelte Legierung X10CrMoVNb9-1 (*T 91*, *P 91*). Durch Optimierungen versucht man, die Temperatureinsatzgrenze dieser ferritisch/martensitischen Stähle auf über 600 °C anzuheben, um den Übergang zu den thermoermüdungsempfindlicheren und teureren Austeniten möglichst weit zu verschieben. Ergebnisse dieser Entwicklungen sind beispielsweise die W-legierten Stähle *HR 1200* und *P 92/ NF 616* (Japan) sowie X12CrMoWVNbN10-1-1 (Europa).

Mit 12 Ma.-% liegt der Cr-Gehalt an der Grenze der „γ-Nase" im binären Fe-Cr-Phasendiagramm, d. h. die Stähle können gerade noch vollständig austenitisiert und umgewandelt werden. Die Austenitisierungstemperatur, die – abhängig von der genauen Zusammensetzung – bei etwa 1050 °C liegt, muss daher recht genau eingehalten werden. Zwischen etwa 12 und 13 Ma.-% Cr befindet man sich bei entsprechend hohen Temperaturen im $(\alpha + \gamma)$-Feld, oberhalb 13 Ma.-% Cr ausschließlich im einphasigen α-Gebiet bis zur Solidustemperatur. Damit ist der Cr-Gehalt in engen Grenzen vorgegeben, um optimale Festigkeit und Korrosionsbeständigkeit zu erzielen. Das γ-Feld verschiebt sich durch die Zusätze weiterer Legierungselemente – C erweitert es beispielsweise –, so dass die genauen Umwandlungstemperaturen für die jeweilige Legierung zu bestimmen sind.

Die höheren Gehalte an Cr, Mo sowie V und gegebenenfalls Nb und W in den hochlegierten CrMoV-Stählen rufen eine stärkere Karbidhärtung hervor mit grundsätzlich den gleichen Karbidtypen wie bei den warmfesten Stählen, eventuell zusätzlich mit Cr_7C_3-Karbiden. Das außerdem mögliche NbC vergröbert ähnlich träge wie VC und verbessert die mikrostrukturelle Stabilität.

Aufgrund des hohen Cr-Gehaltes handelt es sich bei den 9 bis 12 % Cr-Stählen um lufthärtende Martensitbildner, deren Martensitintervall zwischen etwa 300 °C und knapp über 100 °C liegt. Durch Anlassen etwas oberhalb 700 °C scheiden sich die genannten Karbide aus, je nach N-Gehalt z. T. auch als Karbonitride.

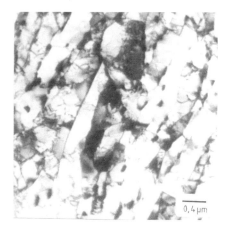

Bild 6.7
Längliche Subkornstruktur des martensitischen Stahles X22CrMoV12-1 im angelassenen Zustand (TEM-Befund)

An den Subkorngrenzen sind vereinzelt Karbide zu erkennen (dunkel).

Mit dem diffusionslosen Umklappen des kfz-Gitters in das tetragonal verzerrte, raumzentrierte Gitter entsteht ein martensitisches Gefüge, das eine feine Subkorn- oder Zellstruktur mit freien Versetzungen im Innern der Subkörner oder Zellen aufweist, **Bild 6.7**. Insgesamt entspricht die Dichte dieser so genannten Umwandlungsversetzungen der eines stark kaltverformten Metalls. Beim Anlassen wird diese Substruktur durch die sich ausscheidenden Karbide fixiert und bleibt ziemlich erholungsstabil. Trotz der hohen Versetzungsdichte kommt es im Anlassbereich oder während des Betriebes nicht zur Rekristallisation, weil die Karbide die Subkorn- und Großwinkelkorngrenzenwanderung behindern.

Bild 6.8 Martensitisches Gefüge des Stahles X22CrMoV12-1 nach Auslagerung 600 °C/70.000 h
Lichtmikroskopisch erkennt man kaum einen Unterschied zum angelassenen Ausgangszustand, die Karbide haben sich jedoch vergröbert.

Die ferritischen Stähle erfahren langzeitig bei hohen Temperaturen eine Gefügeveränderung durch allmähliche Auflösung der bainitischen oder martensitischen Struktur infolge Karbidvergröberung. Damit vergröbert auch die Subkornstruktur. Lichtmikroskopisch erkennt man zwar bei einem martensitischen Gefüge[1] auch nach langen Glühzeiten kaum Unterschiede zum Ausgangszustand, wie **Bild 6.8** am Beispiel des Stahles X22CrMoV12-1 nach Auslagerung 600 °C/70.000 h zeigt. Die Kriechfestigkeit nimmt jedoch stark ab, so dass die Gruppe der krz-Stähle bei höherer mechanischer Belastung nur bis etwa 600 °C langzeitig einsetzbar sind, durch besondere mikrostrukturelle Stabilisierung eventuell noch leicht darüber.

Die höhere Einsatztemperatur der hochwarmfesten Ferrite rührt neben der erhöhten Festigkeit auch vom besseren Korrosionsverhalten gegenüber den niedrig legierten CrMoV-Stählen her. Bei den 9 - 12 % Cr-Stählen bildet sich zwar noch keine reine Cr_2O_3-Deckschicht aus, sondern ein mehrlagiger Film aus Fe_2O_3, Fe_3O_4 und einem Spinell des Typs $FeCr_2O_4$ mit variablen Fe- und Cr-Anteilen. Deren parabolische Wachstumskonstante ist jedoch wesentlich niedriger als die der Fe-Oxide ohne nennenswerte Cr-Gehalte. Außerdem ist die Deckschichthaftung besser. Bei den ferritischen hochwarmfesten Stähle mit leicht abgesenktem Cr-Gehalt von etwa 9 Ma.-% (Beispiel: *T 91*, *P 91*) ergibt sich gegenüber den 12 % Cr-Stählen eine geringere Korrosionsbeständigkeit.

---

[1] Insgesamt bleibt der Eindruck einer martensitischen Struktur trotz der hohen Anlasstemperatur im Lichtmikroskop erhalten, so dass diese Stähle meist einfach als martensitische Cr-Stähle bezeichnet werden.

Neuere Legierungsentwicklungen für Betriebstemperaturen um 600 °C zielen deshalb auf Cr-Gehalte von 11 bis 12 Ma.-% ab (z. B. [6.8, 6.73]).

Oberhalb rund 600 °C müssen *austenitische Stähle* verwendet werden, die folgende Vorteile gegenüber den Ferriten aufweisen:

- Im dichtest gepackten kfz-γ-Gitter beträgt der Diffusionskoeffizient nur etwa 1/350 des Wertes im krz-α-Gitter (siehe Bild 1.4). Gleichermaßen nehmen die Kriechgeschwindigkeit sowie die diffusionskontrollierte Teilchenvergröberung ab.
- Die Stapelfehlerenergie ist mit rund 50 mJ/m^2 deutlich geringer als die der krz-Legierungen, welche etwa bei 300 mJ/m^2 liegt. Sie lässt sich durch bestimmte Legierungselemente weiter reduzieren, wodurch die Kriechfestigkeit steigt. Ni übt allerdings einen gegenläufigen Effekt auf die Stapelfehlerenergie aus.
- Die Gehalte der Legierungselemente, vorwiegend Ni und Cr, sind so abgestimmt, dass im gesamten interessierenden Temperaturbereich ein stabiles, voll austenitisches Gefüge auftritt; Gitterumwandlungen kommen also nicht vor.
- Die Cr-Gehalte können zur Verbesserung der Korrosionsbeständigkeit angehoben werden, üblicherweise zwischen 20 und 30 Ma.-%.
- Die Legierungsgehalte zur Mischkristallhärtung liegen insgesamt höher, weil die Löslichkeit im Austenitgitter höher ist.
- Die Zähigkeit ist besonders im Tieftemperaturbereich, der für Anfahrvorgänge von Anlagen kritisch sein kann, wesentlich höher. Die kfz-Austenite weisen keinen Steilabfall in der Kerbschlagarbeit auf.

Den Vorteilen stehen als Nachteile im Vergleich zu den ferritischen Stählen die höhere Thermoermüdungsempfindlichkeit, bedingt durch den höheren Wärmeausdehnungskoeffizienten und die geringere Temperaturleitfähigkeit, sowie der höhere Preis aufgrund des teureren Legierungsanteils gegenüber.

Neben den oben genannten Effekten beziehen die austenitischen Stähle ihre Kriechfestigkeit aus der Teilchenhärtung mit Karbiden, Nitriden oder Karbonitriden sowie in einigen Fällen auch mit intermetallischen Phasen. Zwei Karbidtypen dominieren: MC (M = Ti, Nb; Ta ist nicht üblich) sowie $M_{23}C_6$ (M = Cr, Fe, Mo). Seltener treten M_6C und M_7C_3 auf.

In manchen austenitischen Stählen wird Stickstoff als Legierungselement verwendet in ähnlichen Gehalten wie Kohlenstoff. N hat eine relativ hohe Löslichkeit besonders in den MC-Karbiden, so dass diese als Karbonitride M(C, N) vorliegen. Bei höheren N-Gehalten bilden sich außerdem CrN und Cr_2N. Mit massiv aufgestickten Austeniten, die bis über 1 Ma.-% N enthalten können, werden vor allem sehr hohe Streckgrenzenwerte erreicht. Ihr Einsatz als kriechfeste Legierungen hat sich nicht durchgesetzt.

Neben den Karbiden und Nitriden werden in einigen Fe-Basis-Superlegierungen geringe Gehalte an intermetallischen Phasen zur Teilchenhärtung eingestellt. Dies betrifft in erster Linie die γ'-Phase Ni$_3$(Al, Ti). Im Gegensatz zu

6.4 Hochtemperaturlegierungen auf Fe-Basis

den Ni-Basislegierungen sind in Fe-Legierungen nur geringe Volumenanteile an γ' von < ca. 5 % realisierbar – je nach Ni- und (Al + Ti)-Gehalt – in einem Existenzbereich bis etwa 750 °C. Höhere γ'-Gehalte sind nur in einer Ni-reicheren Matrix zu verwirklichen, womit man die Gruppe der Stähle verließe.

Die γ'-Phase weist ein kfz-Gitter auf mit geringer Fehlpassung zur Matrix, kann sich also kohärent ausscheiden (nähere Angaben in Kap. 6.6.3.2). Mit dem Ti-Gehalt nimmt die Fehlpassung zu. Dadurch steigen einerseits die Kohärenzspannungen um die Ausscheidungen herum, was die Kriechfestigkeit erhöht. Andererseits wird die Phasengrenzflächenenthalpie angehoben mit der Folge, dass die treibende Kraft zur Vergröberung steigt. Dieser Effekt wirkt sich allerdings nicht gravierend aus, weil die γ'-Härtung in diesen Legierungen bei etwa 650 °C maximal ist und die Vergröberungsneigung bei diesen Temperaturen gering ist. Aus diesen Gründen ist es bei den austenitischen Stählen vorteilhaft, die γ/γ'-Gitterparameter etwas stärker voneinander abweichen zu lassen.

Mit der γ'-Härtung geht eine Duktilitätsabnahme einher, die für manche Anwendungen stört. In diesen Fällen wird der (Al + Ti)-Gehalt an der unteren Grenze für γ'-Ausscheidungen spezifiziert, wobei dieser Wert vom C-Gehalt abhängt, weil sich bevorzugt TiC-Karbide bilden und damit weniger Ti für γ' zur Verfügung steht.

Bei höheren Ti-Gehalten bildet sich die hexagonale η-Phase Ni_3Ti, welche zwar die Festigkeit anhebt, aber auch die Duktilität vermindert, Beispiel: Legierung *A 286*.

Mit den refraktären Legierungselementen Mo, W und Nb kann sich in austenitischen Stählen bei Gehalten ab ca. 1 Ma.-% die hexagonale Laves-Phase Fe_2(Mo, W, Nb) ausscheiden, die den Kriechwiderstand erhöht.

Wie bereits bei den hitzebeständigen Stählen vermerkt, neigen die hoch Cr-haltigen Fe-Basislegierungen zur Ausscheidung von TCP-Phasen, besonders der σ-Phase, welche sich oft stark versprödend bemerkbar macht. In mechanisch höher belasteten Bauteilen wird diese Phase durch geringere Mo- und Si-Gehalte sowie höhere Ni-Anteile vermieden. C, N und B wirken ebenfalls der σ-Bildung entgegen, weil sie die an dieser Ausscheidung beteiligten Elemente stabiler abbinden.

Bor wird außerdem in einigen austenitischen Stählen als korngrenzenwirksames Element in der Größenordnung von 50 ppm legiert, weil es sich besonders auf die Zeitbruchverformung günstig auswirkt (Kap. 3.10.2.1 Pkt. f).

Gegenüber den umwandlungshärtenden ferritischen Stählen verfügen die Austenite nicht von vornherein über eine Versetzungssubstruktur, die eine Verfestigung mit sich bringt. Daher werden diese Werkstoffe, sofern es sich um Knetlegierungen handelt, in manchen Fällen nach einer Lösungsglühung durch eine Kalt- oder Warmumformung unterhalb der Rekristallisationstemperatur vorverfestigt. Das dabei geschaffene Versetzungsnetzwerk wird entweder schon während dieser Behandlung oder bei der Betriebstemperatur durch sich ausscheidende Karbide, eventuell auch Nitride oder Karbonitride, verankert und bleibt dadurch erholungsstabiler.

Mit zunehmender Beanspruchungstemperatur und -zeit geht der Verfestigungseffekt zurück. Rekristallisation muss während des Einsatzes ausgeschlossen werden, weil dies unkontrollierte Korngrößen schaffen könnte. Daher wird man eine Vorverformung nur in begrenztem Maße und bei Bauteilen für nicht zu hohe Betriebstemperaturen anwenden. Die am Bauteil verfügbare Duktilität wird durch die Vorverformung vermindert. Außerdem ist zu beachten, dass eine Vorverformung die Zeitbruchverformung und auch die Zeitstandfestigkeit erheblich vermindern kann.

Die austenitischen Stähle weisen eine nennenswerte Langzeitfestigkeit bis etwa 800 °C auf. Aufgrund des geringen realisierbaren Teilchenvolumenanteils sowie der Teilchenvergröberung und der dadurch abnehmenden Festigkeit sind Anwendungen bei höheren Temperaturen, wie z. B. in der petrolchemischen Industrie bis teilweise 1100 °C, nur bei geringen Spannungen möglich.

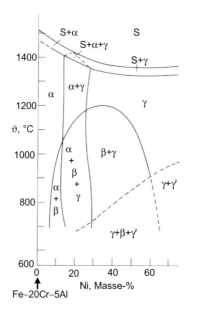

Bild 6.9
Quasibinäres Phasendiagramm Fe-Ni mit festen Anteilen 20Cr-5Al (Ma.-%); β = NiAl, γ' = Ni$_3$Al; aus [6.9]

Verschiedentlich wurden Versuche unternommen, Al$_2$O$_3$-Deckschicht bildende austenitische Stähle zu entwickeln, welche die Festigkeits- und Zähigkeitsvorteile der Austenite mit der Korrosionsbeständigkeit der ferritischen FeCrAl-Heizleiterlegierungen bei höchsten Temperaturen verknüpfen sollen [6.9]. Dazu müssen etwa 5 Ma.-% Al legiert werden bei einem Cr-Anteil von etwa 20 Ma.-%. **Bild 6.9** zeigt das quasibinäre Phasendiagramm Fe 20Cr 5Al-Ni, aus dem hervorgeht, dass mindestens 30 Ma.-% Ni erforderlich sind, um ein voll austenitisches Gefüge zu erhalten. Derartige Legierungen werden technisch selten eingesetzt, weil für den Bereich sehr hoher Temperaturen Ni-Basislegierungen geeigneter sind.

6.5 Hochtemperaturlegierungen auf Co-Basis

6.5.1 Allgemeines und Vergleich

Gegossene Co-Basislegierungen werden im Hochtemperaturbereich vor allem für Leitschaufeln in Flugtriebwerken und stationären Gasturbinen eingesetzt. Für die höher belasteten Laufschaufeln reicht die Kriechfestigkeit bei den üblichen Materialtemperaturen nicht aus. Blechwerkstoffe werden u. a. für Brennkammern verwendet. Außerdem finden Co-Legierungen breite Anwendung für Ofeneinbauten in der Glas-, Keramik- und Metallhüttentechnik.

Tabelle A2 (Anhang) gibt die chemischen Zusammensetzungen einiger Co-Legierungen wieder, wobei auch weniger gebräuchliche Varianten aufgeführt sind. Aufgrund ihrer relativ hohen Zeitstandfestigkeit bei hohen Temperaturen ist die Bezeichnung Co-Basis-Superlegierungen für diese Werkstoffgruppe üblich.

Hinsichtlich der Zeitstandfestigkeit und der Oxidationsbeständigkeit liegen diese Werkstoffe zwischen den austenitischen Stählen und den γ'-gehärteten Ni-Legierungen, festigkeitsmäßig allerdings deutlich näher an den Stählen (siehe Bild 6.1). Die wesentlichen Vor- und Nachteile der Co-Superlegierungen sind:

+ Da die üblichen Co-Legierungen keine hoch reaktiven Elemente wie Al und Ti enthalten, können sie an Luft vergossen werden. Die Bauteilgröße wird somit nicht durch eine Vakuumgießanlage begrenzt. Bei Gusslegierungen entfällt im Übrigen meist eine aufwändige Wärmebehandlung. Dadurch sind Bauteile kostengünstiger herstellbar als vergleichbare γ'-gehärtete Ni-Legierungen.
+ Co-Legierungen lassen sich vergleichbar den austenitischen Stählen relativ gut schweißen, während dies für die hochfesten Ni-Gusslegierungen nicht zutrifft.
+ Aufgrund der niedrigen Stapelfehlerenergie von Co weist die Matrix eine relativ hohe (Kriech-) Festigkeit auf.
~ Gegenüber den Ni- und Fe-Legierungen besitzen die Co-Werkstoffe tendenziell eine höhere Solidustemperatur. Die Unterschiede können jedoch bei vergleichbaren Legierungen gering sein, so dass hieraus meist kein nennenswerter Festigkeitsvorteil abgeleitet werden kann.
+/– Die Heißgaskorrosionsbeständigkeit kann unter gewissen Bedingungen besser sein als die von Ni-Legierungen. Eine flüssige Co-S-Phase kann erst ab 877 °C auftreten (Ni-S: 637 °C). Außerdem ist der Cr-Gehalt von Co-Legierungen deutlich höher als der von den meisten Ni-Varianten. Allerdings ist das Niedertemperatur-Heißgaskorrosionsverhalten bei Co-Werkstoffen tendenziell schlechter, es sei denn ihr Cr-Gehalt liegt extrem hoch.
– Ähnlich wie in austenitischen Stählen lassen sich in Co-Legierungssystemen keine besonders hohen Anteile härtender Phasen verwirklichen, ohne andere Nachteile in Kauf nehmen zu müssen. Daher liegen diese Werkstoffgruppen festigkeitsmäßig deutlich unterhalb von γ'-gehärteten Ni-Basislegierungen.

- Co durchläuft eine allotrope Umwandlung von der hexagonalen Tieftemperatur- zur kfz-Hochtemperaturmodifikation (Tabelle 6.3). Die damit verbundenen Eigenschaftsänderungen sind unerwünscht, so dass man die deutlich verformungsfähigere kfz-Phase stabilisiert. Dazu müssen Ni und Fe zugegeben werden, welche allerdings die Stapelfehlerenergie erhöhen.
- Die Dichte der Co-Superlegierungen liegt ca. 0,5 g/cm^3 über der von Ni-Basiswerkstoffen, was bei rotierenden oder eigengewichtbelasteten Bauteilen einen zusätzlichen Festigkeitsnachteil ergibt sowie möglichen Forderungen nach Gewichtsersparnis entgegensteht.

Die manchmal angeführte höhere thermische Ermüdungsbeständigkeit gegenüber Ni-Werkstoffen aufgrund der relativ hohen Wärmeleitfähigkeit des reinen Co kann für Co-Legierungen nicht bestätigt werden. So wird für die Knetlegierung *Haynes 188* sowie die Gusslegierungen *X 40* und *X 45* bei RT ein Wert von ca. 11 W m^{-1} K^{-1} angegeben, der genauso hoch wie der für Ni-Legierungen und austenitische Stähle liegt. Die Temperaturabhängigkeit von λ ist ebenfalls ähnlich. Auch beim Wärmeausdehnungskoeffizienten werden mit ca. 16 bis 17·10^{-6} K^{-1} keine nennenswerten Unterschiede festgestellt. Eine geringere Neigung zu thermischen Ermüdungsrissen bei Co-Basislegierungen entspricht auch nicht den praktischen Erfahrungen unter vergleichbaren Betriebsbedingungen. Eher wird der gegenteilige Trend beobachtet aufgrund geringerer Festigkeit im Vergleich zu den konkurrierenden Ni-Legierungen.

6.5.2 Legierungsaufbau, Gefüge und Eigenschaften

Tabelle 6.7 fasst die Wirkungsweisen der Legierungselemente in Co-Basislegierungen zusammen. Die genannten Gehalte der Legierungskomponenten geben einen Anhalt über die vorkommenden Maximalwerte. Die jeweils realisierbaren und sinnvollen Gehalte hängen vom Phasenzustand ab, der sich einstellt, sowie von den geforderten Eigenschaften.

Die Hochtemperaturfestigkeit der Co-Superlegierungen basiert auf folgenden Härtungseffekten:

- Mischkristallhärtung durch die refraktären Metalle W, Mo, Ta, Nb
- Ausscheidungshärtung durch die Karbide dieser Elemente sowie durch Cr-Karbide; seltener Härtung durch andere intermetallische Phasen.

In DIN EN 10302 finden sich u. a. Zeitstanddaten einiger Co-Legierungen.

Die Gehalte der mischkristallhärtenden refraktären Elemente sind beschränkt, weil sie die Ausscheidung versprödender TCP-Phasen fördern, hauptsächlich die Typen $\sigma = (Cr, Mo, W)_x(Ni, Co)_y$ mit $x \approx y$, $\mu = (Co, Fe)_7(Mo, W)_6$ oder Laves-Phasen der Art Co_2M mit M = Mo, W, Ta, Nb, Ti. Außerdem beeinflussen besonders Mo und Nb das Oxidationsverhalten negativ, während begrenzte Ta-Gehalte die Oxidationsbeständigkeit verbessern können.

6.5 Hochtemperaturlegierungen auf Co-Basis

Tabelle 6.7 Wirkungsweisen der Legierungselemente in Co-Basis-Superlegierungen
(K: Knetlegierungen; G: Gusslegierungen)

Komp.	Wirkungsweise	Gehalte bis ca.
Fe	+ stabilisiert die kfz-Struktur + verbessert die Verarbeitbarkeit von Knetlegierungen − reduziert die Festigkeit bei höheren Gehalten	20 %
Ni	+ stabilisiert die kfz-Struktur (lückenlose Mischkristallbildung im kfz-Gebiet) + verbessert die Verarbeitbarkeit von Knetlegierungen (erhöhte Duktilität aufgrund höherer Stapelfehlerenergie) − erhöht die Stapelfehlerenergie stark; reduziert damit die Festigk.	K: 22 % G: 10 %
Cr	+ Cr_2O_3-Deckschichtbildung; erhöht die Sulfidationsbeständigkeit bei hohen Gehalten im Mischkristall + Karbidbildner, hauptsächlich $M_{23}C_6$ − fördert die TCP-Phasenbildung; daher max. Gehalt begrenzt − stabilisiert die hdP-Struktur	30 %
Mo	+ Mischkristallhärtung + Karbidbildner, Typ M_6C − fördert die TCP-Phasenbildung (z. B. σ-Phase, Laves-Phasen) − stabilisiert die hdP-Struktur − verschlechtert die Oxidations- und Heißgaskorrosionsbeständigkeit (bes. Typ II-Heißgaskorrosion)	4 %
W	+ Mischkristallhärtung + erhöht die Solidustemperatur + Karbidbildner, Typ M_6C und MC − fördert die TCP-Phasenbildung (z. B. σ-Phase, Laves-Phasen) − stabilisiert die hdP-Struktur − verschlechtert die Oxidations- und Heißgaskorrosionsbeständigkeit (bes. Typ II-Heißgaskorrosion) − erhöht die Dichte stark	15 %
Ta	+ Karbidbildner, Typ MC + verbessert die Oxidationsbeständigkeit − fördert die TCP-Phasenbildung (z. B. σ-Phase, Laves-Phasen) − erhöht die Dichte stark	9 %
Nb (amerik. oft: Cb)	+ Karbidbildner, Typ MC − fördert die TCP-Phasenbildung (z. B. σ-Phase, Laves-Phasen) − verschlechtert die Oxidationsbeständigkeit	4 %
Al	+ Al_2O_3-Deckschichtbildung, besonders für sehr hohe Temperaturen (in der Regel nur in Beschichtungslegierungen enthalten) + stabilisiert die kfz-Struktur +/− bildet CoAl (B2-Phase, krz); wirkt im mittleren Temperaturbereich härtend, bei hohen Temperaturen rasche Vergröberung	4,5 % (in Beschichtungen mehr)

Forts.

Tabelle 6.7, Forts.

Komp.	Wirkungsweise	Gehalte bis ca.
Ti	+ bildet MC-Karbide und die kohärente geordnete kfz-Phase $(Co, Ni)_3Ti$ – bildet bei höheren Gehalten (> ca. 5 %) die unerwünschten Phasen Co_3Ti ($L1_2$) oder Co_2Ti (Laves); Versprödung	1,5 %
C	+ Karbidbildung + stabilisiert die kfz-Struktur – reduziert die Duktilität – senkt die Solidustemperatur stark	K: 0,35 % G: 0,8 %
B	+ korngrenzenwirksames Element (kleines Atom); Zugabe in Gusslegierungen zur Verbesserung der Festigkeit und Duktilität – senkt die Solidustemperatur stark	0,015 %
Zr	+ korngrenzenwirksames Element (großes Atom); analog B + Karbidbildner + bindet S stabil ab	0,5 %
Y	+ verbessert die Oxiddeckschichthaftung und reduziert die Wachstumsrate von Cr_2O_3; vermindert die Bildung von Spinell $CoCr_2O_4$ und CoO in der Deckschicht	0,15 %
La	ähnlich Y	0,1 %
Mn	+ desoxidiert die Schmelze und bindet S ab	1,5 %
Si	+ reduziert die Viskosität der Schmelze beim Gießen + desoxidiert die Schmelze – fördert die Laves-Phasenbildung, wirkt versprödend	1 %

Die Teilchenhärtung basiert in Co-Werkstoffen vorwiegend auf Karbiden. Die C-Gehalte der Co-Gusslegierungen liegen tendenziell höher als die der gegossenen austenitischen Stähle und besonders als die der Ni-Gusswerkstoffe. In Knetlegierungen muss der C-Gehalt aus fertigungstechnischen Gründen reduziert werden, ist aber auch gegenüber den meisten Fe- und Ni-Knetlegierungen leicht angehoben. Von den in Tabelle 6.6 aufgeführten Karbiden kommen hauptsächlich die $M_{23}C_6$- und M_6C-Typen vor. MC tritt zusätzlich in denjenigen Legierungen auf, welche die starken MC-Bildner Ta, Ti, Zr oder Nb enthalten, wie z. B. in der Variante *MAR-M 509*. Langzeitig kann eine Umwandlung dieser Karbide in den $M_{23}C_6$-Typ gemäß folgender Reaktion stattfinden:

$$MC + \gamma_1 \rightarrow M_{23}C_6 + \gamma_2 \tag{6.1}$$

(Anm.: Die kfz-Modifikation des reinen Co wird üblicherweise als α-Co bezeichnet, der kfz-Mischkristall dagegen meist als γ analog zu den kfz-Ni- und Fe-Legierungen. γ_1 und γ_2 stehen in Gl. 6.1 für leicht unterschiedliche Matrixzusam-

6.5 Hochtemperaturlegierungen auf Co-Basis

mensetzungen). Thermodynamisch ist diese Umwandlung nur erklärbar unter Berücksichtigung der tatsächlichen Elementaktivitäten in den Legierungen; bei Aktivitäten von 1 wären die MC-Karbide stabiler als die $M_{23}C_6$-Typen (Bild 5.2).

Für die $M_{23}C_6$-Karbide wird in Co-Legierungen eine Zusammensetzung etwa der Form $Cr_{17}Co_4W_2C_6$ ermittelt. Je nach Abkühlungsbedingungen entstehen unterschiedliche Gefügezustände. **Bild 6.10** gibt ein Beispiel des Gusswerkstoffes *X 45* wieder, wie es für relativ langsames Abkühlen in dickeren Bauteilpartien typisch ist. Während die primär erstarrten Dendritenkerne fast ausschließlich aus γ-Mischkristall bestehen, haben sich in den interdendritischen Bereichen sowohl grobe primäre $M_{23}C_6$-Karbide gebildet als auch ein feines Eutektikum aus γ-Mischkristall und $M_{23}C_6$-Karbiden. Aufgrund des relativ hohen Anteils refraktärer Elemente – vorwiegend W – scheidet sich auch die Karbidart M_6C aus, die recht temperaturstabil ist. Analog zu obiger Zersetzungsreaktion (6.1) können langzeitig auch M_6C-Karbide aus primären MC-Teilchen entstehen.

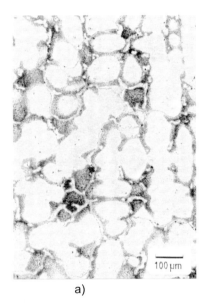
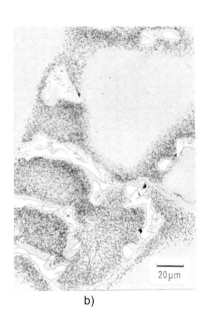

a)   b)

Bild 6.10 Gussgefüge der Co-Basislegierung *X 45*
     a) Übersicht mit dendritischer Struktur
     b) Detailaufnahme mit groben primären $M_{23}C_6$-Karbiden (weiß) und $\gamma/M_{23}C_6$-Eutektikum in den interdendritischen Bereichen; die Dendritenkerne sind weitgehend frei von Teilchen

In **Bild 6.11** sind für die Ta- und Ti-haltige Gusslegierung *MAR-M 509* Gefüge im Guss- und im betriebsbeanspruchten Zustand gezeigt. Erwartungsgemäß liegt ein hoher Anteil an MC-Karbiden vor. Während des Einsatzes scheiden sich zusätzlich feine $M_{23}C_6$-Karbide aus.

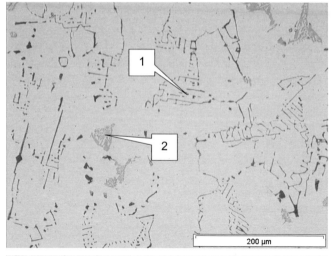
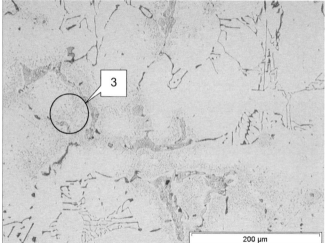

Bild 6.11

Gefügezustände in der Legierung MAR-M 509 [6.85]

a) Gusszustand

Die MC-Karbide (1) sind chinesenschriftförmig angeordnet, die $M_{23}C_6$-Karbide (2) in eutektischer Form. Alle Karbide liegen überwiegend interdendritisch vor.

b) Nach Betriebsbeanspruchung von ca. 20.000 h

Gegenüber dem Gusszustand haben sich zusätzlich feine $M_{23}C_6$-Karbide (3) ausgeschieden, vorwiegend in der Umgebung des $\gamma/M_{23}C_6$-Eutektikums.

Vereinzelt wurde versucht, ähnlich wie bei den Ni-Basislegierungen eine Härtung durch geordnete kohärente Teilchen zu erwirken. In dem binären System Co-Al tritt die geordnete intermetallische Phase CoAl auf, welche die Strukturberichtbezeichnung B2 hat und den Phasen NiAl und FeAl ähnelt, die alle einen sehr breiten Homogenitätsbereich aufweisen. Aufgrund des krz-Gitters besteht – anders als bei der γ'-Phase in Ni-Legierungen – mit der kfz-Co-Matrix keine Kohärenz, so dass die Phasengrenzflächenenthalpie hoch ist und somit die Vergröberung schon im mittleren Temperaturbereich vergleichsweise rasch abläuft. Bei hohen Temperaturen liefert die CoAl-Phase daher keinen bedeutenden Härtungsbeitrag.

Im System Co-Ti erscheint dagegen auf der Co-reichen Seite die geordnete kfz-Phase Co$_3$Ti, welche eine L1$_2$-Struktur wie die γ'-Phase Ni$_3$Al besitzt. Weitere Elemente werden in dieser Phase gelöst, so dass auch die Schreibweise (Co, Ni)$_3$(Al, Ti) gebräuchlich ist. Sie ist mit der kfz-Co-Matrix kohärent und neigt daher schwächer zur Vergröberung. Anders als bei der γ'-Phase in Ni-Legierungen lassen sich von dieser Co-reichen γ'-Phase jedoch nur relativ geringe Volumenanteile realisieren. Außerdem löst sie sich bereits bei mittleren Temperaturen oberhalb etwa 700 °C auf. Für höhere Ti-Gehalte von etwa > 5 % hat man in den Vielkomponentenlegierungen eine Phaseninstabilität beobachtet durch Bildung der versprödenden hexagonalen Laves-Phase Co$_2$Ti.

In Beschichtungslegierungen auf der Basis CoCrAlY sind Al-Gehalte ab ca. 5 Ma.-% üblich, um eine Al$_2$O$_3$-Deckschichtbildung zu ermöglichen. Abgesehen von einigen technisch unbedeutenden Ausnahmen wird diese Deckschichtart in Konstruktionswerkstoffen nicht verwirklicht. Die Cr$_2$O$_3$-Deckschichtbildner können in oxidierenden Atmosphären bis maximal etwa 1000 °C eingesetzt werden.

Co-Basis-Gusslegierungen werden üblicherweise im Gusszustand ohne nachfolgende Wärmebehandlungen verwendet. Der Grund liegt darin, dass die meisten Legierungen nicht vollständig lösungsgeglüht werden können, ohne lokale Anschmelzungen hervorzurufen. Somit ist eine nennenswert günstigere Karbidgrößenverteilung und -anordnung als nach dem Guss nicht möglich. Allerdings werden ohne Wärmebehandlung auch keine Gießeigenspannungen reduziert, welche die Gebrauchseigenschaften der Bauteile eventuell verschlechtern können.

6.6 Hochtemperaturlegierungen auf Ni-Basis

6.6.1 Allgemeines und Vergleich

Die treibende Kraft für die Entwicklungen der Ni-Basis-Superlegierungen kommt aus dem Gasturbinenbau für Flugzeuge und Kraftwerke. Um die Wirkungsgrade dieser thermischen Maschinen zu erhöhen, müssen die Verbrennungs- und Materialtemperaturen angehoben werden. Das Basiselement Ni weist etliche Merkmale auf, die den Ni-Legierungen von allen Hochtemperaturwerkstoffen die günstigste Kombination aus mechanischen Eigenschaften, Korrosionsbeständigkeit und Verarbeitbarkeit verleihen:

+ Die Gitterstruktur ist bis zum Schmelzpunkt durchgehend kfz. Dadurch brauchen keine gitterstabilisierenden Elemente wie bei Fe und Co zugegeben zu werden, die Nachteile mit sich bringen können. Die dichtest gepackte kfz-Struktur weist einen inhärent niedrigeren Diffusionskoeffizienten auf als das krz-Gitter.
+ Es lassen sich sowohl genügend hohe Cr- als auch Al-Gehalte realisieren, um Korrosionsschutz bis zu sehr hohen homologen Temperaturen zu erzielen. Im Übrigen sind die Ni-Legierungen für erhöhten Korrosionsschutz vielfäl-

tig beschichtbar – im Gegensatz zu den hochschmelzenden Legierungen, die festigkeitsmäßig konkurrieren.

+ Kein anderes Basiselement ermöglicht im Hochtemperaturbereich eine so hohe Festigkeitssteigerung durch Legierungsmaßnahmen, besonders durch Teilchenhärtung mit sehr hohen Volumenanteilen der kohärenten γ'-Phase.
– Der quasiisotrope E-Modul ist mit etwa 210 GPa bei RT etwa so hoch wie der von Fe und Co.

Der Einsatz von Ni-Werkstoffen bei sehr hohen Temperaturen wird hauptsächlich durch folgende zwei Punkte eingeschränkt:

– Der Schmelzpunkt von Ni liegt mit 1455 °C von allen infrage kommenden Basiselementen am niedrigsten, und durch Legieren wird er weiter abgesenkt. Dadurch werden im Einsatz hohe homologe Temperaturen wirksam, welche für diffusionskontrollierte Vorgänge maßgeblich sind. Rund 1100 °C können daher von Ni-Basislegierungen langzeitig nicht überschritten werden.
– Die Temperaturleitfähigkeit ist relativ gering und der thermische Ausdehnungskoeffizient hoch, ähnlich den Werten der austenitischen Stähle und der Co-Basislegierungen. Bei sehr hohen Temperaturen wird die thermische Ermüdung deshalb zu einer kritischen Eigenschaft, die nur mit großem Aufwand beherrscht werden kann.

Die Superlegierungen auf Ni-Basis stellen von sämtlichen heute bekannten Legierungen die mechanisch, thermisch *und* korrosiv am weitesten entwickelten dar. Sie enthalten bis zu 15 Legierungselemente, die einen Gesamtanteil von über 50 Ma.-% ausmachen können, und weisen einen Teilchenvolumenanteil von bis zu etwa 60 % auf. Ihr Langzeiteinsatz reicht bis zu homologen Temperaturen von ca. 0,85, dem höchsten erreichten Wert aller Werkstoffe bei gleichzeitiger mechanischer und korrosiver Beanspruchung (neben einigen Edelmetalllegierungen). Bei den modernsten Legierungen auf Ni-Basis kommen alle kriechfestigkeitssteigernden Maßnahmen nach Tabelle 3.7 zum Tragen.

Aus **Tabelle A3** (Anhang) sind die chemischen Zusammensetzungen der wichtigsten Ni-Basis-Hochtemperaturwerkstoffe zu entnehmen. In DIN EN 10095 und DIN EN 10302 findet man u. a. Zeitstanddaten einiger Ni-Legierungen.

Tabelle 6.8 fasst die Wirkungen der zahlreichen Legierungselemente zusammen, die meist vielschichtig sind und teilweise noch nicht vollständig verstanden werden. Die genannten Gehalte geben die vorkommenden Maximalwerte an, um einen Eindruck zu vermitteln, ob es sich um ein Major- oder Minorelement handelt.

Tabelle 6.8 Wirkungsweise der Legierungselemente sowie des Oxids Y_2O_3 in Hochtemperaturlegierungen auf Ni-Basis

Komp.	Wirkungsweise	Gehalte bis ca.
Fe	+ preiswert; daher Ersatz für Ni in begrenztem Maße; höhere Gehalte in Ni-Fe-Basis-Knetlegierungen für mittlere Temperaturen − fördert die Bildung von TCP-Phasen: σ- und Laves-Phasen − verschlechtert die Oxidationsbeständigkeit bei höheren Gehalten	37 %
Cr	+ Korrosionsschutz durch Cr_2O_3-Deckschichtbildung; erhöht die Sulfidationsbeständigkeit bei hohen Gehalten im Mischkristall + unterstützt die Al_2O_3-Deckschichtbildung + Karbidbildner, hauptsächlich $M_{23}C_6$ + Mischkristallhärtung + hebt die Solidustemperatur in manchen Legierungen an, abhängig von der Gesamtzusammensetzung +/− senkt die γ'-Lösungstemperatur relativ stark; besonders bei Knetlegierungen vorteilhaft (größeres „Schmiedefenster") − hohe N_V-Zahl (Elektronenleerstellenzahl); fördert die TCP-Phasenbildung	30 %
Co	+ verbessert die Lösungsglühbarkeit, weil es die γ'-Lösungstemperatur absenkt; ohne Co schmilzt das γ/γ'-Eutektikum bei tieferen Temperaturen an und lässt sich nur durch sehr lange Glühungen beseitigen + fördert indirekt die Ausbildung kubischer γ'-Teilchen, weil durch die abgesenkte γ'-Lösungstemperatur ausgefranste Ausscheidungsformen unterdrückt werden + reduziert die Stapelfehlerenergie, dadurch höhere Kriechfestigkeit im mittleren Temperaturbereich + leichte Mischkristallhärtung + reduziert die Al- und Ti-Löslichkeit; erhöht damit den γ'-Anteil besonders im mittleren Temperaturbereich − verringert allgemein die Phasenstabilität (Ni: geringere N_V-Zahl) − kann bei höheren Gehalten das Hochtemperaturkorrosionsverhalten verschlechtern	20 %
Mo	+ Mischkristallhärtung (starke kovalente Bindung zu Ni) + erhöht den E-Modul (günstig für Kriechfestigkeit) + verringert den Diffusionskoeffizienten + erhöht die γ'-Lösungstemperatur (wird in γ' eingebaut bei Legierungen mit geringem Ti-Gehalt) + Karbidbildner, besonders M_6C-Typ − hohe N_V-Zahl; fördert die TCP-Phasenbildung − verschlechtert die Oxidations- und Heißgaskorrosionsbeständigkeit, besonders Typ II	14 %

Forts.

Tabelle 6.8, Forts.

Komp.	Wirkungsweise	Gehalte bis ca.
W	ähnlich Mo, außerdem: − seigert besonders stark dendritisch und lässt sich nur unvollkommen ausgleichen − erhöht die Dichte stark	14 %
Nb (amerik. oft: Cb)	+ substituiert Al in γ' und erhöht damit den γ'-Anteil; verzögert auch die γ'-Vergröberung + Mischkristallhärtung + MC-Bildner ~ erhöht die γ/γ'-Fehlpassung[1]; dieser Effekt wird kompensiert durch den geringeren Diffusionskoeffizienten bei der γ'-Vergröberung − bildet bei höheren Gehalten Ni$_3$Nb-Platten, vorwiegend an Korngrenzen; Versprödung − verschlechtert die Oxidationsbeständigkeit	5 %
Ta	+ substituiert Al in γ'; erhöht die γ'-Lösungstemperatur; erhöht den γ'-Anteil; verzögert die γ'-Vergröberung + Mischkristallhärtung (starke kovalente Bindung zu Ni) + reduziert die Wachstumsrate der Al$_2$O$_3$-Deckschicht + MC-Bildner + verbessert das zyklische Oxidationsverhalten; günstig auch bei Heißgaskorrosion + wirkt in W- und Re-haltigen Legierungen der *Freckle*-Bildung bei gerichteter Erstarrung entgegen +/− erhöht den γ'-Gitterparameter stark, somit auch den *Misfit*-Parameter δ [1] − hohe N$_V$-Zahl, fördert die TCP-Phasenbildung (σ, Laves) − erhöht die Dichte stark	12 %
Al	+ γ'-Bildung (Ni$_3$Al) + Al$_2$O$_3$-Deckschichtbildung; einzig wirksamer Langzeitoxidationsschutz > ca. 950 °C + starke Mischkristallhärtung − mit steigendem Gehalt wird die Phasenstabilität verschlechtert, weil mehr Ni in γ' abgebunden wird und dadurch der Ni-Gehalt der Matrix sinkt	6 %
Ti	+ substituiert Al in γ', erhöht damit den γ'-Volumenanteil + MC-Bildner +/− Einflüsse auf Hochtemperaturkorrosionsverhalten unterschiedlich, siehe Tabelle 5.14 − erhöht den γ'-Gitterparameter und die γ/γ'-Fehlpassung[1]; beschleunigt damit die γ'-Vergröberung − bildet bei höheren Gehalten η-Phase Ni$_3$Ti; wirkt versprödend − hohe N$_V$-Zahl; Anteil in der Matrix aber gering	5 %

Forts.

Tabelle 6.8, Forts.

Komp.	Wirkungsweise	Gehalte bis ca.
Si	+ verbessert die Oxidations- und Heißgaskorrosionsbeständigkeit; Effekt wird meist nur für Beschichtungen ausgenutzt − hohe N_V-Zahl; fördert die TCP-Phasenbildung; wirkt versprödend und verschlechtert die Zeitstandeigenschaften − reduziert die Solidustemperatur stark − erhöht die Heißrissigkeit beim Gießen	1 %
C	+ Karbidbildung − reduziert die Solidustemperatur stark	0,18 %
B	+ korngrenzenwirksames Element (kleines Atom); erhöht die Korngrenzenkohäsion; vermindert die Anrissgefahr; erhöht die Duktilität und Zeitstandfestigkeit; nur in Spuren legieren, um die Korngrenzen zu „sättigen" + verhindert die Bildung von Karbidfilmen auf Korngrenzen + Boridbildung (ersatzweise für Karbide) − reduziert die Solidustemperatur stark	0,03 %
Zr	+ korngrenzenwirksames Element (großes Atom); verringert den Korngrenzendiffusionskoeffizienten; verzögert das interkristalline Risswachstum; erhöht die Duktilität und Zeitstandfestigkeit + verhindert die Bildung von Karbidfilmen auf Korngrenzen + bindet S und C ab − erhöht die Heißrissigkeit und Mikroporosität in konventionellen Gussstücken − erhöht die Korngrenzenrissanfälligkeit in gerichtet erstarrten Gussstücken − erniedrigt die Anschmelztemperatur; fördert die Bildung von γ/γ'-Eutektikum − sehr reaktiv, mögliche Gießschalenreaktionen	0,15 %
Hf	+ vermindert die Heißrissigkeit beim Gießen, besonders bei DS-Werkstoffen mit Stängelkörnern + wird in γ' eingebaut; erhöht dessen Festigkeit + bindet S ab + verbessert die Oxidationsbeständigkeit (ähnlich Y) − erniedrigt die Anschmelztemperatur; fördert die Bildung von γ/γ'-Eutektikum − sehr reaktiv, mögliche Gießschalenreaktionen	1,5 %
Pt	+ wird größtenteils in γ' abgebunden; erhöht dessen Lösungstemperatur und stabilisiert die Matrix gegen TCP-Phasenbildung + erhöht die Heißgaskorrosionsbeständigkeit − sehr teuer	5 %

Forts.

Tabelle 6.8, Forts.

Komp.	Wirkungsweise	Gehalte bis ca.
Re	+ starke Mischkristallhärtung durch einen extrem geringen Diffusionskoeffizienten und durch Bildung sehr feiner Re-Entmischungszonen (Guinier-Preston-Zonen, Cluster) + verlangsamt die γ'-Vergröberung; die Wegdiffusion der Re-Atome vor einer wachsenden γ/γ'-Grenzfläche ist geschwindigkeitsbestimmend, weil Re überwiegend in der γ-Matrix konzentriert ist + reduziert die γ/γ'-Fehlpassung[1] (Wert kann negativ werden) und verzögert damit die γ'-Vergröberung − starke dendritische Seigerung beim Erstarren; fördert besonders in diesen Bereichen die TCP-Phasenbildung; vollständige Homogenisierung kaum erreichbar − Cr-Gehalt muss bei höheren Re-Gehalten abgesenkt werden, damit keine unzulässige Phaseninstabilität entsteht − erhöht die Dichte stark − sehr selten und teuer	6 %
Ru	+ kann einen Umverteilungseffekt (*reverse partitioning effect*) einiger Legierungselemente bewirken (Cr, W, Mo, Re), so dass diese sich stärker in der γ'-Phase anreichern; dadurch geringe Anfälligkeit der γ-Matrix für TCP-Phasenbildung (spielt eine Rolle in der 4. Generation der Einkristalllegierungen, z. B. *EPM-102*)	3 %
Y	+ verbessert die Deckschichthaftung und dadurch die zyklische Oxidationsbeständigkeit + bindet S ab + reduziert den k_D-Wert bei Cr_2O_3-Bildnern − sehr reaktiv; mögliche Gießschalenreaktionen − reduziert die Solidustemperatur relativ stark	0,02 % in Leg.; 1 % in Schutzschichten
Y_2O_3	+ sehr temperaturstabiles Dispersoid + starke Versetzungsverankerung; sehr wirksame und temperaturstabile Teilchenhärtung − verstärkt die Porenkeimbildung (hohe Phasengrenzflächenenthalpie)	1,1 % (ODS-Leg.)

[1] Bei der Auswirkung auf die γ/γ'-Fehlpassung wird vom Wert für γ = Ni und γ' = Ni_3Al ausgegangen. Eine absolute Erhöhung des Fehlpassungsparameters $|\delta|$ nach Gl. (2.7) würde zwar die Kohärenzspannungen erhöhen, aber auch die Teilchenvergröberung beschleunigen. Im Zusammenspiel mit anderen Legierungselementen kann eine Anhebung oder Absenkung von δ günstig sein, wenn dadurch insgesamt eine möglichst geringe Fehlpassung entsteht und die Vergröberungsneigung minimiert wird (Anm.: δ muss für die jeweilige Betriebstemperatur bekannt sein.).

Bei rotierenden und eigengewichtbelasteten Bauteilen geht die Dichte in die Spannungsberechnung ein. Um die Festigkeiten von Legierungen sinnvoll vergleichen zu können, ist daher eine Dichtenormierung erforderlich, d. h. es sind (Zeit-)Reißlängen und (Zeit-)Dehnlängen anzugeben (Gl. 3.8). Zur Dichteab-

6.6 Hochtemperaturlegierungen auf Ni-Basis

schätzung existiert eine allgemeine Formel nach Hull [6.77]; speziell für Ni-Basislegierungen wurde eine Gleichung in [6.71] auf Basis einer Regressionsanalyse zahlreicher Messwerte vorgestellt:

$$\rho = 8{,}29604 + 0{,}06274\,W + 0{,}0593\,Re + 0{,}05441\,Ta + 0{,}01811\,Ru \\ + 0{,}01295\,Mo - 0{,}06595\,Al - 0{,}0236\,Ti - 0{,}0164\,Cr - 0{,}00435\,Co \quad (6.2)$$

ρ in g/cm^3; Elementgehalte in Ma.-%

6.6.2 Mikroseigerungsverhalten bei der Erstarrung

In besonderem Maße ist bei Ni-Basislegierungen das Mikroseigerungsverhalten bei der Erstarrung wichtig zum Verständnis der Gussgefüge. Die Seigerungen (im Folgenden sind stets die Mikro- oder Mischkristallseigerungen gemeint) beeinflussen sehr stark die Lösungsglühbarkeit der Gusslegierungen und somit letztlich die Werkstoffeigenschaften.

Die Seigerungen entstehen grundsätzlich dadurch, dass die Legierungselemente in der Schmelze und im Mischkristall unterschiedliche Löslichkeiten aufweisen: c_L und c_S. **Bild 6.12** veranschaulicht dies anhand binärer, auf Ni-Basis bezogener Phasendiagramme, bei denen der Einfachheit halber die Liquidus- und Soliduslinien als Geraden angenommen sind. Die Konoden durch das Zweiphasenfeld (S + γ) von der Liquidus- bis zur Solidustemperatur geben die Konzentrationen c_S und c_L an, d. h. die Gleichgewichtskonzentrationen für eine bestimmte Temperatur im Erstarrungsintervall. Das Verhältnis beider Konzentrationen bezeichnet man als (Seigerungs-)*Verteilungskoeffizienten* k (der Begriff „Verteilungskoeffizient" wird allgemein bei unterschiedlichen Konzentrationen in Phasen verwendet):

$$k = \left.\frac{c_S}{c_L}\right|_T \quad (6.3)$$

Ursprünglich sollten die Konzentrationen in Molanteilen eingesetzt werden, oft werden jedoch Ma.-% verwendet, was geringfügig voneinander abweichende k-Werte ergibt. Üblicherweise ist k leicht temperaturabhängig, im abgebildeten idealisierten Fall allerdings konstant, weil die Liquidus- und Soliduslinien gerade sein mögen. Der k-Wert ist < 1, wenn die Liquidustemperatur durch Legieren abnimmt; umgekehrt ist k > 1. Die Tatsache, dass k ≠ 1 ist, bedeutet eine ständige Konzentrationsänderung im Erstarrungsintervall.

Ist k < 1, wird der Mischkristall im Laufe der Erstarrung immer X-reicher, das Legierungselement X muss also aus der Schmelze in die feste Phase hineindiffundieren. Da die Gleichgewichtsverhältnisse bei rascher Erstarrung nicht eingehalten werden, wird nicht der jeweilige c_S-Wert homogen über das gesamte bereits erstarrte Volumen erreicht, sondern ein geringerer. Gleichzeitig wird die Schmelze im Mittel über den Gleichgewichtswert c_L hinaus an X angereichert und somit auch der zuletzt erstarrende interdendritische Bereich sowie bei Vielkristallen der Korngrenzbereich. Die Konzentration der Schmelze wird schließlich möglicherweise so X-reich, dass die eutektische Zusammensetzung c_E erreicht wird und zwischen den Dendriten ein Eutektikum erscheint (falls es sich um ein eutektisches System handelt). Genau dies wird im Gusszustand bei praktisch allen Co- und Ni-Basis-Superlegierungen beobachtet. Dabei ist der Anteil der γ-Phase meist so gering, dass sich nur schmale Adern zwischen der dominierenden γ'-Phase im Eutektikum hindurchziehen (siehe Bild 6.32 und 6.33). Dies wird als „getrenntes Eutektikum" (*divorced eutectic*) bezeichnet.

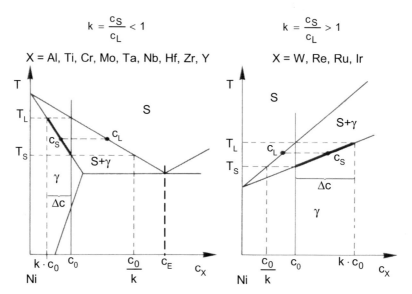

Bild 6.12 Schematische binäre Phasendiagramme Ni-X zur Veranschaulichung des Verteilungskoeffizienten k sowie der Konzentrationsänderung Δc im Erstarrungsintervall (fett ausgezogene Linie); c_0: Nennzusammensetzung der Legierung
Es sind die wesentlichen Atomsorten aufgeführt, die prinzipiell den dargestellten Systemtyp hervorrufen.

Legierungselemente mit k > 1, wie hauptsächlich W und Re in Ni-X-Systemen, verbleiben umgekehrt mit einer höheren Konzentration in den Dendritenkernen, weil sie nicht in dem erforderlichen Maße aus dem erstarrten Material herausdiffundieren können. Die interdendritischen Bereiche sind demgemäß gegenüber der mittleren Konzentration an diesen Atomsorten verarmt.

Der Grad der Seigerung hängt ab von den Parametern Erstarrungsrate, Diffusionsgeschwindigkeiten der Legierungspartner und Konzentrationsdifferenz Δc des festen Materials im Erstarrungsintervall (Δc siehe Bild 6.12). Bei geringem Δc

treten keine größeren Anpassungsschwierigkeiten an die Gleichgewichtskonzentration auf, und es sind nur schwache Seigerungen zu erwarten. Umgekehrt werden bei hohem Δc – gefördert durch eine rasche Erstarrung und träge Diffusion – starke Seigerungen beobachtet.

Δc lässt sich allein über den Verteilungskoeffizienten ausdrücken, der damit ein *Maß für den Seigerungsgrad* ist. Bei der Liquidustemperatur T_L ist $c_L = c_0$ (c_0: Nennzusammensetzung der Legierung) und somit $c_S(T = T_L) = k \cdot c_0$. Die Zusammensetzung der Restschmelze bei T_S beträgt c_0/k, was sich mithilfe des Strahlensatzes herleiten lässt (nennt man diese Zusammensetzung zunächst a, so ist: $c_L/c_S = a/c_0$, d. h. $a = c_0 (c_L/c_S) = c_0/k$). Folgende Fallunterscheidungen sind zu treffen:

- $k \approx 1$
  $\Delta c \approx 0$: Das Legierungselement verteilt sich homogen (trifft annähernd für Co zu).

- $k < 1$
  $k\, c_0 + \Delta c = c_0$ und folglich $\Delta c = c_0(1-k)$: Mit *abnehmendem* k-Wert steigt Δc und somit der Seigerungsgrad. Das Legierungselement reichert sich interdendritisch und an Korngrenzen an.

- $k > 1$
  $c_0 + \Delta c = k\, c_0$ und folglich $\Delta c = c_0(k-1)$: Mit *steigendem* k-Wert steigt Δc und somit der Seigerungsgrad. Das Legierungselement reichert sich in den Dendriten an.

Die Seigerungsverteilungskoeffizienten können für binäre Systeme direkt aus den Phasendiagrammen entnommen werden. In Vielstoffsystemen müssen sie experimentell ermittelt werden durch Messen der Konzentrationen direkt an der Erstarrungsfront, nachdem die Restschmelze abgeschreckt wurde (z. B. [6.35, 6.36]). **Tabelle 6.9** gibt die Werte für die konventionell gegossene Legierung *IN 738 LC* und die Einkristalllegierung *SRR 99* wieder. Außerdem sind die Werte von *CMSX-4* und *SX 1*, zweier Werkstoffe der zweiten Einkristallgeneration, genannt. Dabei erfolgten die Konzentrationsmessungen nicht durch Abschreckversuche an der Erstarrungsfront, sondern im regulär erstarrten Gusszustand in den Dendritenkernen und den interdendritischen Zwischenräumen [6.30] gemäß:

$$k^* = \frac{c_{dendritisch}}{c_{int\,erdendr.}} \quad (6.4)$$

Diese wesentlich einfacher zu handhabende Messmethode, die in etwa den gleichen k-Wert wie nach Gl. (6.3) liefert, wird in der Praxis meist benutzt.

Tabelle 6.9 Verteilungskoeffizienten k für einige Superlegierungen im Vergleich zu den Werten in den entsprechenden binären Systemen Ni-X aus Phasendiagrammen (die Angaben basieren auf Ma.-%)

Element → Legierung ↓	Re	W	Co	Ni	Al	Ta	Ti	Mo	Cr	Nb	Zr
Ni-X binär	≈ 2	1,6	1,1	1	0,9	0,8	0,8	0,7	0,5	0,4	0,07
IN 738 LC [6.35]	–	1,4	1,1	1,05	1,2	0,7	0,6	0,85	1,05	0,4	0,06
SRR 99 [6.36]	–	1,54	1,06		0,81	0,77	0,51	–	0,92	–	–
CMSX-4 [6.84]	1,66	1,31	1,08		0,86	0,67	0,86	0,86	1,05	–	–
SX 1 [6.30]	2,14	1,75	1,09	0,92	0,78	0,66	–	–	1,11	–	–

Bei den Angaben in Tabelle 6.9 fallen folgende Fakten auf:

- Deutliche Abweichungen der k-Werte von 1 in den binären Phasensystemen spiegeln sich auch in den komplexen Legierungen wider, mit Ausnahme von Cr, bei dem gegenüber dem Ni-Cr-System eine annähernd homogene Verteilung in den Superlegierungen auftritt (k ≈ 1). Al, Ta, Ti und Nb, die starken γ'-Bildner, reichern sich interdendritisch an (Ausnahme Al in *IN 738 LC*), so dass dort der γ'-Gehalt praktisch bei allen betreffenden Legierungen deutlich erhöht ist.
- Die Elemente Re und W (k >> 1) sowie Ta, Ti, Mo, Nb und Zr (k << 1) seigern am stärksten. Ganz besonders Zr wird nur in Spuren im Dendritenkern anzutreffen sein, während es sich in der zuletzt erstarrenden interdendritischen Zone oder an Korngrenzen relativ hoch anreichert. Dieser Effekt ist zu bedenken, wenn z. B. Zr als korngrenzenwirksames Element zugegeben werden soll. Der Gehalt muss sehr niedrig und eng begrenzt spezifiziert werden, weil sich ansonsten sehr schädliche Folgen einstellen können. Während die dendritische W- und Re-Anreicherung die TCP-Phasenbildung in diesen Gebieten stark fördert, ist besonders für Nb zu beachten, dass sich interdendritisch die unerwünschte δ-Phase Ni_3Nb bilden kann (siehe Kap. 6.6.3.5).
- Unter dem Aspekt der *Freckle*-Bildung bei gerichtet erstarrten Bauteilen (Kap. 6.7.2.2) ist festzustellen, dass die stark seigernden Elemente W und Re einerseits und Ti andererseits ungünstige Dichteveränderungen in der Schmelze nach sich ziehen. Relativ zur mittleren Schmelzendichte verringert diese sich an der Phasengrenze fest/flüssig, wenn eine Verarmung der schweren Elemente W und Re eintritt und ebenso durch Anreicherung des leichteren Ti. Ta, Mo, Zr und besonders auch Hf (k < 1) wirken dem mit ihren hohen Atommassen entgegen.

Der Dendritenstammabstand repräsentiert die „Wellenlänge" der Seigerungen und ist damit ein wichtiger Gefügeparameter, der die Homogenisierbarkeit einer Legierung widerspiegelt. In beiden Fällen, k < 1 und k > 1, besitzt das zuletzt erstarrte Material eine geringere Solidustemperatur als nach dem Gleichgewicht.

Dieser Tatbestand ist bei Homogenisierungs- und Lösungsglühungen zu berücksichtigen, um Anschmelzungen zu vermeiden. Es müssen aufwändige mehrstufige Glühungen durchgeführt werden, um die Seigerungen bestmöglich auszugleichen und das Legierungspotenzial voll auszuschöpfen (siehe Kap. 6.6.4.2 b). Besonders bei den langsam diffundierenden Elementen mit hohem k-Wert, wie W und Re, die sich stark in den Dendritenstämmen anreichern, gelingt in technisch sinnvollen Glühzeiten keine annähernd gleichmäßige Elementeverteilung (siehe auch Bild 6.35 b). **Bild 6.13** zeigt die Interdiffusionskoeffizienten von Superlegierungselementen in reinem Ni, wobei die extrem niedrigen Werte für W und Re auffallen.

Zu bedenken ist, dass sich die Diffusionswege nur proportional $\sqrt{t}$ verhalten. Man ist daher bestrebt, den Dendritenstammabstand möglichst gering zu halten, was besonders für gerichtet erstarrte Bauteile wichtig ist (siehe Kap. 6.7.2.2).

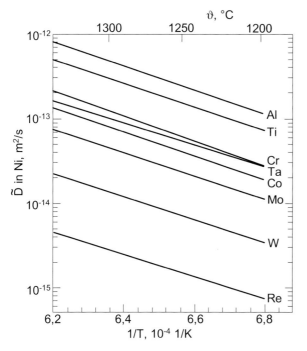

Bild 6.13

Arrhenius-Darstellung der Interdiffusionskoeffizienten einiger Legierungselemente in reinem Ni [6.84]

Hier ist der Temperaturbereich dargestellt, der für Homogenisierungsglühungen maßgeblich ist.

Zur Definition von $\tilde{D}$ siehe Kap. 1.3.2.

6.6.3 Phasen in Ni-Basislegierungen

6.6.3.1 Der γ-Mischkristall

Der kfz-γ-Mischkristall wird vorwiegend durch die Elemente Co, Fe, Cr, Nb, Ta, Mo und W gehärtet. Ebenfalls recht wirksame Mischkristallhärter sind Ti, Al, Hf und Zr, die jedoch nur in geringer Konzentration gelöst vorliegen. **Bild 6.14** gibt die Änderung des Gitterparameters durch die gängigen Legierungselemente wieder.

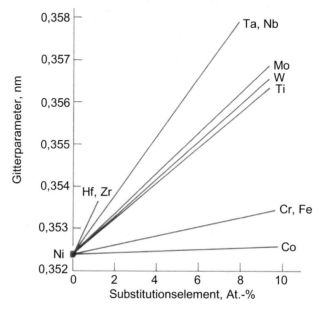

Bild 6.14 Änderung des Gitterparameters von Ni in Abhängigkeit vom Gehalt verschiedener Substitutionselemente [6.10]

In [6.71] wird zur Abschätzung des γ-Gitterparameters bei RT folgende Formel aufgestellt:

$$a_\gamma = 3{,}524 + 0{,}7\,C_{Ta} + 0{,}7\,C_{Nb} + 0{,}478\,C_{Mo} + 0{,}444\,C_W + 0{,}441\,C_{Re} \\ + 0{,}422\,C_{Ti} + 0{,}3125\,C_{Ru} + 0{,}179\,C_{Al} + 0{,}11\,C_{Cr} + 0{,}0196\,C_{Co} \quad (6.5)$$

a_γ in Å; C_i in Atomanteilen im γ-Mischkristall

Das Element Ru wird mit aufgeführt, weil es bei einigen Legierungsentwicklungen berücksichtigt wurde (siehe Kap. 6.7.3).

Co bewirkt überwiegend eine Absenkung der Stapelfehlerenergie, welche für das Basiselement Ni hoch liegt (Ni: ≈ 300 mJ/m²; Co: ≈ 25 mJ/m²). Dadurch wird gemäß der Deutung in Kap. 3.4.2.3 die Kriechfestigkeit gesteigert. Al übt neben der γ'-Bildung und dem Korrosionsschutz noch eine dritte Funktion als stark mischkristallhärtendes Element aus. Sein Anteil in der Matrix ist jedoch aufgrund der γ'-Ausscheidung gering, ebenso wie der von Ti. Mo und W rufen bei den realisierbaren Gehalten im Mischkristall insgesamt den deutlichsten Effekt hervor: a) Ihre Atomradien sind etwa 12 % größer als der von Ni, b) sie verringern den Diffusionskoeffizienten der Matrix und c) sie erhöhen die elastischen Moduln E und G. Weiterhin wirkt Cr aufgrund der relativ großen löslichen Mengen recht stark mischkristallhärtend. Einige Ni-Basis-Superlegierungen enthalten außerdem etwa 3 % des refraktären hexagonalen Metalls Re (neuere Entwicklungen bis zu 6 %), welches die Mischkristallfestigkeit durch Bildung kleiner, nur ca. 1 nm großer Entmischungszonen (*Cluster*, [6.94]) stark anhebt.

Neben den im Korn mehr oder weniger homogen verteilten Legierungselementen konzentrieren sich einige in gelöster Form entlang der Korngrenzen, vor allem B und Zr. B (0,84 Å) weist einen um 32 % kleineren Atomradius als Ni (1,24 Å) auf, Zr (1,75 Å) einen um 41 % größeren. Beide Elemente füllen damit die weniger gut passenden Bereiche an Großwinkelkorngrenzen auf und verringern den Korngrenzendiffusionskoeffizienten. Dadurch werden das Korngrenzengleiten sowie die interkristalline Kriechschädigung verzögert. Die Gehalte dieser Elemente sind sehr gering und unbedingt in engen Grenzen zu spezifizieren, weil für den Korngrenzeneffekt nicht mehr benötigt wird. Bei höheren Werten treten negative Begleiterscheinungen auf.

6.6.3.2 Die γ'-Phase

Der weit überwiegende Teilchenhärtungseffekt in Ni-Basis-Superlegierungen basiert auf der γ'-Phase. Sie ist die Ni-reichste im binären System Ni-Al mit der Nennstöchiometrie Ni_3Al. **Bild 6.15** zeigt die Ni-Seite des Ni-Al-Zustandsschaubilds. Mit den γ'-gehärteten Ni-Basislegierungen befindet man sich im Zweiphasenfeld (γ + γ'). Exemplarisch ist eine Zusammensetzung gestrichelt eingezeichnet; das Temperaturintervall zwischen der Solidus- und der γ'-Solvustemperatur ist allerdings bei realen Ni-Basislegierungen geringer (siehe Kap. 6.6.4).

Die wesentlichen Merkmale der intermetallischen γ'-Phase sind folgende (siehe auch Kap. 6.10.2.*e* und 6.10.4.*a*):
- Die Gitterstruktur ist $L1_2$.[1] mit einer geringen Fehlpassung zur ungeordneten kfz-γ-Matrix, so dass die Phasengrenzfläche kohärent ist ohne oder mit wenigen Fehlpassungsversetzungen in größeren Abständen. Die Keimbildung dieser Ausscheidung benötigt keine Vorzugsorte, so dass sie homogen erfolgt und eine gleichmäßige Verteilung in den Körnern vorliegt.

---

[1] Jede Atomsorte für sich bildet ein kubisch-primitives Teilgitter. Die kristallographische Raumgruppenbezeichnung für Ni_3Al lautet $Pm\bar{3}m$ (P steht für primitiv). Die einfach-kubischen Teilgitter als Überstruktur ineinander geschachtelt ergeben das $L1_2$ Gesamtgitter (siehe auch Bild 6.57).

- Es handelt sich um eine geometrisch dichtest gepackte (*GCP – geometrically closed packed*), ferngeordnete Phase mit dem Cu$_3$Au-Grundmuster und der Strukturberichtbezeichnung L1$_2$. Die Überstruktur wird bis zum Schmelzpunkt der reinen Phase oder bis zur Lösung in der Mischkristallmatrix beibehalten.
- Die γ'-Phase weist einen schmalen Homogenitätsbereich im binären System Ni-Al auf, siehe Bild 6.15. Es bestehen vielfältige Substitutionsmöglichkeiten, wovon Ni hauptsächlich durch Co ersetzt wird und Al vorwiegend durch Ti und Ta. In Werkstoffen mit entsprechenden Legierungsgehalten ist daher

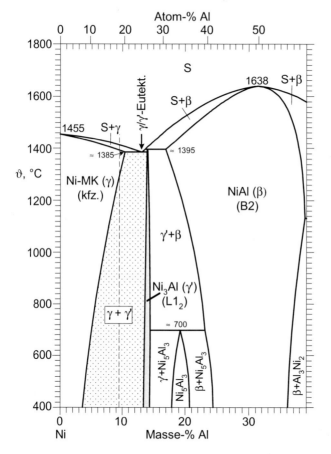

Bild 6.15

Ni-Seite des Zustandsschaubilds Ni-Al (MK: Mischkristall; nach [6.86])

Die beiden intermetallischen Phasen γ' und β sind bis zur Solidustemperatur geordnet. Der Homogenitätsbereich von Ni$_3$Al = γ' ist grau markiert. Die γ'-gehärteten Ni-Basislegierungen befinden sich im punktierten Zweiphasenfeld ($\gamma + \gamma'$). Dessen Grenzen verschieben sich durch weitere Legierungselemente.

Es existieren verschiedene Präzisierungen dieses Diagramms, besonders im Bereich der Umwandlungen um die Soliduslinie herum. Hier wird der Typ nach [6.86] gezeigt.

auch die Schreibweise Ni$_3$(Al, Ti) oder (Ni, Co)$_3$(Al, Ti) üblich. Cr und Fe können beide Atomsorten ersetzen. Weitere, seltener legierte Elemente können ebenfalls in diese Phase eingebaut werden. In **Bild 6.16** sind die γ'-Verteilungskoeffizienten für die meisten Legierungselemente in Ni-Basiswerkstoffen dargestellt. Die Werte gelten für Pt-haltige Legierungen; sie verschieben sich je nach Legierungszusammensetzung etwas (Anm.: Der Verteilungskoeffizient ist üblicherweise definiert als $k^{\gamma'/\gamma} = x^{\gamma'}/x^{\gamma}$. In Bild 6.16 [6.11] ist er als der

Anteil eines Elementes in der γ'-Phase bezogen auf den *Gesamt*anteil in der Legierung festgelegt, d. h. der Wert kann zwischen 0 und 1 liegen).
- Aufgrund der guten Gitterpassung mit der Matrix ist die Phasengrenzflächenenthalpie niedrig und somit die thermische Langzeitstabilität recht hoch.
- Die Volumenanteile der γ'-Phase reichen von wenigen Prozent in Blechlegierungen bis zu rund 60 % in gegossenen einkristallinen Turbinenschaufelwerkstoffen (siehe dazu auch Anhang 1). Trotz des hohen Ausscheidungsanteils sind die Bauteile bei RT noch in dem erforderlichen Maße bearbeitbar und zeigen ausreichende Duktilität und Zähigkeit.
- Ni_3Al weist eine anomale positive Temperaturabhängigkeit der Festigkeit auf in der Form, dass ein Maximum der Fließgrenze bei etwa 800 °C auftritt.

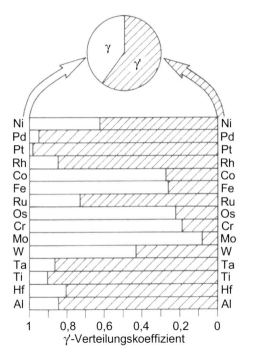

Bild 6.16
γ'-Verteilungskoeffizienten der wesentlichen Elemente in Ni-Basislegierungen [6.11]

Die Werte geben die Atomanteile an, die sich in der γ'-Phase befinden bezogen auf den Gesamtanteil des jeweiligen Elementes in der Legierung (schraffiert). Sie gelten für Pt-haltige Legierungen (z. B. die Legierung *RJM 2012*). Die Elemente sind nach ihren Elektronenleerstellenzahlen N_V von oben nach unten steigend sortiert (siehe Tabelle 6.10).

Bild 6.17 zeigt die Änderung des γ'-Gitterparameters in Abhängigkeit vom Gehalt des jeweiligen Substitutionselementes. Zur Abschätzung des Wertes bei RT kann nach [6.71] folgende Formel herangezogen werden:

$$a_{\gamma'} = 3{,}57 + 0{,}5\ C'_{Ta} + 0{,}46\ C'_{Nb} + 0{,}262\ C'_{Re} + 0{,}258\ C'_{Ti} + 0{,}208\ C'_{Mo} \\ + 0{,}194\ C'_W + 0{,}1335\ C'_{Ru} - 0{,}004\ C'_{Cr} \quad (6.6)$$

$a_{\gamma'}$ in Å; C'_i in Atomanteilen in der γ'-Phase
Um hohe Kriechfestigkeit zu erzielen, sind folgende γ'-Parameter zu berücksichtigen:

a) ein möglichst hoher γ'-Volumenanteil (bei noch separaten, möglichst kubischen Teilchen;
b) eine optimale γ'-Größe, -Form und -Anordnung;
c) eine optimierte Gitterfehlpassung zwischen der γ-Matrix und den γ'-Ausscheidungen;
d) eine möglichst träge Vergröberungskinetik.

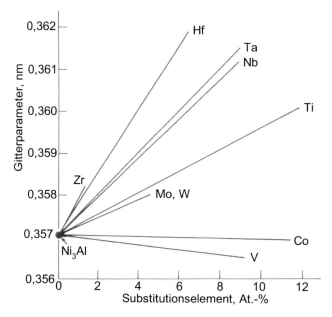

Bild 6.17 Änderung des Gitterparameters von Ni$_3$Al in Abhängigkeit vom Gehalt verschiedener Substitutionselemente [6.10]

Zu a) γ'-Volumenanteil

In Knetlegierungen wird der γ'-Gehalt auf etwa 20 Vol.-% begrenzt. Für diese Werkstoffe muss ein ausreichend großer Temperaturbereich zur Warmformgebung existieren, in welchem die γ'-Phase aufgelöst ist und noch keine Anschmelzungen auftreten. Je enger dieser Bereich ist, umso genauer muss die Temperatur bei der thermomechanischen Behandlung geführt werden, um nicht in das γ'-Ausscheidungsgebiet zu gelangen, was höhere Umformkräfte, verminderte Duktilität und damit Rissgefahr zur Folge hätte.

Höhere γ'-Gehalte lassen sich – abgesehen von Sonderherstellverfahren, wie der Pulvermetallurgie – nur in Gusslegierungen realisieren. In hoch entwickelten Einkristallwerkstoffen beträgt der Anteil bis etwa 60 Vol.-%, d. h. zwischen den γ'-Teilchen bestehen nur sehr enge Matrixzwischenräume (siehe Kap. 3.8.2.3, Bild 3.34, siehe hierzu auch Anhang 1). (Anm.: Bei γ'-Anteilen > 50 % wird in der

Literatur als Matrix sowohl manchmal die γ-Phase als auch die γ'-Phase bezeichnet. Ersteres entspricht der Gepflogenheit, den Mischkristall, aus dem sich die Ausscheidungsphase bildet, als Matrix zu benennen).

Um den γ'-Volumenanteil anzuheben, müssen die Gehalte der Legierungselemente erhöht werden, welche diese Phase bilden: Al sowie diejenigen Atomsorten, welche Al in der γ'-Phase substituieren – vorwiegend Ti und Ta. Bei Al ist zu beachten, dass ab etwa 5 % und genügend hohen Cr-Gehalten Al_2O_3-Deckschichten entstehen. Deshalb wird der Al-Anteil in Legierungen, die Cr_2O_3-Deckschichten ausbilden sollen, auf maximal etwa 4 % begrenzt. Auch der Ti-Gehalt kann nicht beliebig angehoben werden, weil sonst die versprödende, inkohärente η-Phase Ni_3Ti entstehen würde. Will man in Cr_2O_3-Deckschicht bildenden Legierungen den γ'-Gehalt weiter steigern, muss dies über die übrigen Elemente geschehen, in erster Linie mit Hilfe von Ta. Die erwähnten hohen γ'-Gehalte von bis zu etwa 60 Vol.-% gelten für Al_2O_3-Deckschichtbildner.

Die Löslichkeit für Al und Ti sowie weiterer γ'-bildender Elemente in der Matrix wird verringert durch einige Legierungspartner, welche Ni im Mischkristall ersetzen. Dies sind vorwiegend Cr, Co und Fe (Letzteres nur in Ni-Fe-Basislegierungen), welche damit den γ'-Volumenanteil anheben. Allerdings muss besonders der Cr-Gehalt sorgfältig auf die anderen Elemente abgestimmt werden, damit es nicht zur Ausscheidung unerwünschter TCP-Phasen kommt.

Zu b) γ'-Größe, -Form und -Anordnung

Aufgrund der Seigerungen in Gusslegierungen sowie der Wärmebehandlungsbedingungen können sich in bestimmten Gefügebereichen und über das ganze Gefüge betrachtet unterschiedliche γ'-Größenverteilungen einstellen. **Bild 6.18** verdeutlicht die Begriffe zur Charakterisierung dieser Teilchengefüge, welche allgemein anzuwenden sind (vgl. auch Bild 2.18):

Monodispers — Im betrachteten Gefügebereich tritt nur *eine* Größenverteilung auf.

Bidispers — Im betrachteten Gefügebereich liegen *zwei* verschiedene Größenpopulationen vor, wobei sich grobe und feine Teilchen abwechseln. **Bild 6.19** zeigt das Beispiel der Legierung *René 80* mit kubischen, etwa 0,4 µm großen γ'-Teilchen und dazwischenliegenden, sehr feinen rundlichen Ausscheidungen.

Monomodal — Über das *Gesamt*gefüge erstreckt sich eine einheitliche Erscheinungsform von Teilchendispersionen, d. h. entweder monodispers oder bidispers oder eventuell auch mehrere Größenpopulationen.

Bimodal — Über das *Gesamt*gefüge liegen zwei Teilchendispersionen räumlich getrennt voneinander vor, wie z. B. in Bild 6.18 bidisperse neben monodispersen Bereichen. Diese Form beobachtet man besonders bei Gussgefügen mit dendritischen und interdendritischen Gebieten, in denen das Lösungs- und Ausscheidungsverhalten unterschiedlich ist.

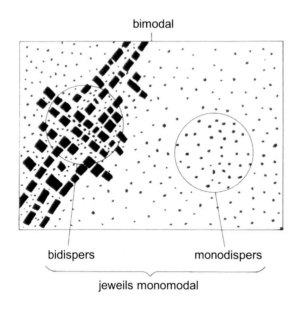

Bild 6.18
Erläuterung verschiedener Begriffe für Teilchenpopulationen (nach [6.12])

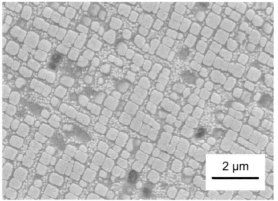

Bild 6.19
Bidisperser Gefügebereich mit gröberen, kubischen γ'-Ausscheidungen und dazwischenliegenden feineren γ'-Partikeln
Legierung *René 80* nach Lösungsglühung bei 1200 °C und zweistufiger Aushärtung bei 1100 °C und 870 °C
(γ-Ätzung; an ein paar Stellen sind γ'-Teilchen herausgefallen, darunter erscheint die dunklere γ-Matrix)

Die γ'-Keimbildung erfolgt weitgehend homogen, so dass sich die Ausscheidungen gleichmäßig über das Korn verteilen. Die γ'-Größe und -Größenverteilung hängen von der Wärmebehandlung ab. Nach dem üblichen Sprachgebrauch bezeichnet man als hyperfeine γ'-Teilchen solche mit Durchmessern bis etwa 0,05 µm, die nur elektronenmikroskopisch auflösbar sind, und als feine diejenigen im Bereich von 0,05 bis 0,1 µm – lichtmikroskopisch ggf. als kleine Punkte erkennbar. Mittlere γ'-Größen reichen von 0,1 µm bis ca. 0,5 µm, und darüber gelten die Ausscheidungen als grob.

Die hyperfeinen und feinen γ'-Teilchen scheiden sich kugelig aus, während die mittleren und gröberen meist kubisch erscheinen. Während weiterer Vergröberung runden die anfänglich kubischen Partikel sich ab oder wachsen zu länglichen, floßartigen Strukturen zusammen (siehe d).

Eine exakte Korrelation zwischen der γ'-Größe und -Größenverteilung und der Langzeitfestigkeit ist schwierig anzugeben. Da es sich um kohärente oder semikohärente Teilchen handelt, wird für feinere Größenpopulationen oft der Schneidmechanismus diskutiert. Bei betriebsüblichen geringen Spannungen und realistischen, gröberen Teilchendurchmessern kann dieser Vorgang jedoch ausgeschlossen werden. Die besonderen Vorgänge beim Schneiden geordneter Phasen sind also vorwiegend bei hohen Spannungen und feinen Ausscheidungen während einer eventuellen Umformung relevant, an Bauteilen meist nicht. Vielmehr werden die Partikel bei Betriebsbeanspruchung überklettert oder – im für die Kriechfestigkeit ungünstigsten Fall – nach entsprechender Vergröberung umgangen (vgl. Bild 3.28).

Grobe γ'-Ausscheidungen (> ca. 0,5 µm) werden im Ausgangszustand vermieden, weil die Gefahr besteht, dass sie durch betriebsbedingte weitere Vergröberung einen Mechanismuswechsel vom Überklettern zum Umgehen der Versetzungen verursachen könnten. Hyperfeine γ'-Teilchen bewirken eine relativ geringe Kriechfestigkeit, so dass meist feine bis mittlere Teilchengrößen eingestellt werden. Ein typischer, als optimal geltender Wert liegt bei 0,3 bis 0,4 µm Kantenlänge.

Bei extrem hohen Temperaturen – etwa um 1250 °C oder noch höher – können die γ'-Teilchen deutlich wachsen. Dies kann zu einem Ausfransen mit schmetterlingsartiger oder dendritischer Form führen (siehe Kap. 6.6.4.2 b, Bild 6.37). Co spielt in diesem Zusammenhang eine zentrale Rolle, weil es die γ'-Solvustemperatur absenkt. Außerdem bremst Re das γ'-Wachstum [6.74].

Zu c) γ/γ'-Gitterfehlpassung

Gemäß Gl. (2.7) wird der Fehlpassungsparameter δ für den unverspannten Zustand folgendermaßen definiert:

$$\delta = \frac{a_{\gamma'} - a_{\gamma}}{\overline{a}} (\cdot 100\%) \qquad \text{s. Gl. (2.7)}$$

$\overline{a}$ arithmetischer Mittelwert

Bei $a_{\gamma'} > a_{\gamma}$ entsteht also ein positiver *Misfit*-Wert und umgekehrt. Mit Hilfe der Gln. (6.5) und (6.6) können die a-Werte berechnet werden, sofern die Elementgehalte in den beiden Phasen genau genug gemessen wurden.

Um die festigkeitssteigernden Kohärenzspannungen in der Umgebung der Teilchen zu erhöhen, ist man für Tieftemperaturanwendungen bestrebt, die Gitterfehlpassung anzuheben. Damit steigt allerdings die Phasengrenzflächenenthalpie und somit die Vergröberungsgeschwindigkeit der Partikel. Da die thermische Langzeitstabilität der Phasen für die Kriechfestigkeit entscheidend ist, passt man bei der Legierungsentwicklung die Gitterparameter umso enger aneinander an, je höher die Bauteiltemperaturen sind. Auf den Effekt der Kohärenzverspannung muss man dann verzichten, stattdessen wird der Volumenanteil der γ'-Ausscheidungen in den Gusslegierungen erheblich gesteigert.

Die Schwankungsbreite der *Misfit*-Werte bei RT reicht etwa von $\delta = -0{,}4$ bis $+0{,}4\ \%$, in nicht gezielt angepassten Varianten bis etwa $+0{,}7\ \%$. Üblicherweise wird die Fehlpassung bei RT gemessen. Dieser Wert ist temperaturabhängig aufgrund der Abhängigkeit des Gitterparameters $a = f(T)$. Kennt man die thermischen Ausdehnungskoeffizienten α_ℓ beider Phasen und ihre Gitterparameter a_γ und $a_{\gamma'}$ bei RT, kann man den *Misfit*-Parameter bei erhöhten Temperaturen berechnen:

$$\delta(T) = \frac{a_{\gamma'}\left(1+\alpha_{\gamma'}\Delta T\right) - a_\gamma\left(1+\alpha_\gamma \Delta T\right)}{\frac{1}{2}a_\gamma\left(1+\alpha_\gamma \Delta T\right) + \frac{1}{2}a_{\gamma'}\left(1+\alpha_{\gamma'}\Delta T\right)} \qquad (6.7\ \text{a})$$

In [6.13] werden folgende Werte für die thermische Ausdehnung angegeben: $\alpha_\gamma = 1{,}63 \cdot 10^{-5}\ \text{K}^{-1}$ und $\alpha_{\gamma'} = 1{,}26 \cdot 10^{-5}\ \text{K}^{-1}$. Für die Einkristalllegierung *SRR 99* werden im Temperaturbereich von RT bis 1027 °C gemessen: $\alpha_\gamma = 1{,}66 \cdot 10^{-5}\ \text{K}^{-1}$ und $\alpha_{\gamma'} = 1{,}46 \cdot 10^{-5}\ \text{K}^{-1}$ [6.14, 6.15]. Bei erhöhten Temperaturen wird der δ-Wert mit $\alpha_\gamma > \alpha_{\gamma'}$ kleiner, eventuell sogar negativ. Für Legierungen, die gezielt auf eine Fehlpassung $\delta(\text{RT}) \approx 0$ hin entwickelt sind, vereinfacht sich obige Gleichung zu:

$$\delta(T) = \frac{\alpha_{\gamma'} - \alpha_\gamma}{\dfrac{1}{\Delta T} + \dfrac{\alpha_{\gamma'} + \alpha_\gamma}{2}} \qquad (6.7\ \text{b})$$

In diesen Fällen wird folglich mit $\alpha_\gamma > \alpha_{\gamma'}$ immer ein negativer *Misfit*-Wert erzeugt, z. B. bei 1000 °C von $-0{,}36\ \%$ (mit oben erstgenannten α_ℓ-Werten). Kohärenzspannungen bauen sich in jedem Fall auf, sofern die thermische Ausdehnung unterschiedlich ist. Konsequenterweise müssten die Gitterparameter für die zu erwartende Betriebstemperatur angeglichen werden. Allerdings verändern sich die Verhältnisse bei hohen Temperaturen auch dadurch, dass die beim Kriechen erzeugten Versetzungen in die Phasengrenzfläche eingebaut werden und die Kohärenzspannungen relaxieren. Eine genaue Analyse der δ-Werte und Eigenspannungsverhältnisse in hoch γ'-haltigen Legierungen findet sich in [6.15].

Zu d) γ'-*Vergröberung*

Die Kinetik der Teilchenvergröberung ist allgemein in Kap. 2.5 behandelt. Darin ist auch das Beispiel der γ'-Reifung in der Ni-Basislegierung *IN 738 LC*, eines Schaufelwerkstoffes für stationäre Gasturbinen, aufgeführt (Bilder 2.29 und

2.30). Die **Bilder 6.20 a) - c)** geben langzeitige Auslagerungszustände dieses Materials wieder.

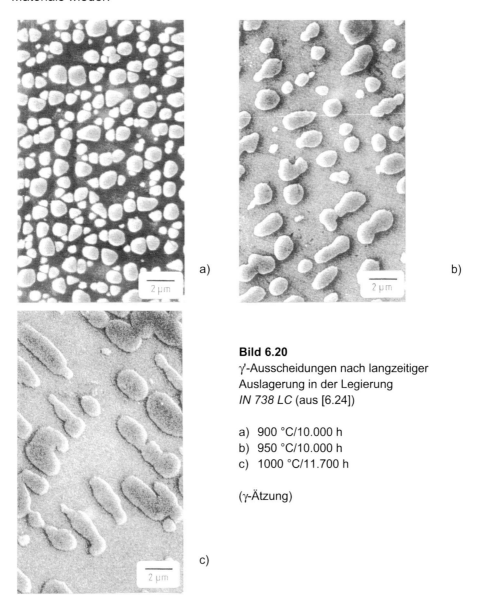

Bild 6.20
γ'-Ausscheidungen nach langzeitiger Auslagerung in der Legierung
IN 738 LC (aus [6.24])

a) 900 °C/10.000 h
b) 950 °C/10.000 h
c) 1000 °C/11.700 h

(γ-Ätzung)

Aus zwei Gründen ist es wichtig, die Vergröberungskinetik quantitativ zu erfassen: *a)* Bei stark vergröberten Teilchengefügen kann der Verformungsmechanismus vom Überklettern zum Umgehen wechseln und damit ein Festigkeitsabfall eintreten. *b)* Aus der Teilchengröße sollte es grundsätzlich möglich sein, die eingewirkte Temperatur bei bekannter Zeit zu ermitteln, sofern keine

bedeutenden Temperaturschwankungen vorgelegen haben. Damit steht ein metallographisches Hilfsmittel zur Verfügung, um bei Bauteilzustandsbeurteilungen die Temperatur einigermaßen genau angeben zu können.
In zahlreichen Auswertungen konnte die γ'-Vergröberungskinetik nach dem Wagner-Lifshitz-Slyozov-Gesetz (Gl. 2.15) beschrieben werden. Dabei sind jedoch einige Aspekte zu beachten, die grundsätzlich auch für andere Teilchenarten gelten:

- Die Vergröberungskonstante k beinhaltet als wesentliche Größe den Diffusionskoeffizienten der für die Vergröberung geschwindigkeitsbestimmenden Atomsorte (siehe Gl. 2.16). Alle anderen Parameter liegen für eine gegebene Legierung fest. Damit ist k nur von der Temperatur abhängig. Der Wert ist nicht abhängig vom Ausgangsdurchmesser oder von der Teilchengrößenverteilung – vorausgesetzt, die Teilchen verteilen sich gleichmäßig über das Volumen (im Mittel gleiche Diffusionswege). Hierbei wird allerdings angenommen, dass immer dieselbe Atomsorte geschwindigkeitsbestimmend für die Vergröberung ist, was für die γ'-Vergröberung meist zutrifft. Falls sich im Laufe der Ostwald-Reifung die Zusammensetzung der Ausscheidungen nennenswert ändert, kann diese Bedingung eventuell nicht mehr erfüllt sein.
- Unter den zuvor genannten Voraussetzungen lässt sich für eine gegebene Temperatur in der Auftragung $d_T = f(t^{1/3})$ eine Gerade durch den Nullpunkt zeichnen, deren Steigung $k_1 = 2\,k^{1/3}$ beträgt (s. Gl. 2.15). Unabhängig vom Ausgangsgefüge schmiegen sich alle $d_T(t^{1/3})$-Kurven an diese gemeinsame Gerade an (Bild 2.28). Je größer der Ausgangsdurchmesser d_0 ist, umso länger dauert es, bis die Kurve in die Gerade einmündet. Dies ist unmittelbar verständlich aufgrund der Bedingung $d_0^3 \ll d_T^3$, die erfüllt sein muss, um den $d_T = f(t^{1/3})$-Verlauf durch eine Gerade beschreiben zu können. Das Angleichen dauert ebenfalls umso länger, je niedriger die Temperatur ist, weil die Steigung, d. h. der k-Wert, abnimmt. Wenn bei Bauteilbeurteilungen der γ'-Ausgangsdurchmesser nicht vorliegt, was häufiger der Fall ist, so kann trotzdem die eingewirkte Temperatur bestimmt werden – vorausgesetzt, die Reifung ist soweit fortgeschritten, dass der Durchmesserwert bereits näherungsweise auf der gemeinsamen Geraden liegt. Diese aus dem Vergröberungsgesetz abgeleiteten Erkenntnisse decken sich mit der Erfahrung, dass sich unterschiedliche Ausgangszustände mit der Zeit angleichen und dass dies umso länger dauert, je niedriger die Temperatur ist.
- Nicht monodisperse Teilchengefüge, wie sie bei γ'-Ausscheidungen oft auftreten, sind mit dem Wagner'schen Reifungsgesetz nicht ohne weiteres beschreibbar; die Angabe eines sinnvollen d_0-Wertes ist nicht möglich. Sobald jedoch durch Zusammenwachsen der Teilchen ein monodisperses Ausscheidungsgefüge entstanden ist, können die d-Werte in *ein* $d_T = f(t^{1/3})$-Diagramm eingetragen werden. Bi- oder tridisperse γ'-Ausgangsgefüge sind bei hohen Temperaturen – etwa oberhalb 850 °C – meist schon nach relativ kurzen Zeiten (wenige hundert oder tausend Stunden) nicht mehr erkennbar, so dass

die Größenverteilung monodispers ist. Nach obigen Ausführungen kann für eine gegebene Temperatur erwartet werden, dass sich alle Teilchengrößen nach längeren Zeiten durch eine gemeinsame $d_T = f(t^{1/3})$-Gerade anpassen lassen.

Bei hohen γ'-Volumenanteilen sowie ausreichend hohen Temperaturen oberhalb ca. 900 °C wachsen die anfänglich meist kubischen Ausscheidungen zu länglichen Strukturen zusammen, die ohne überlagerte Spannung mäanderförmig erscheinen können, **Bild 6.21**.

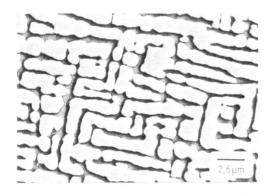

Bild 6.21
Vergröberung der γ'-Ausscheidungen zu mäanderförmigen Strukturen in der Einkristalllegierung *CMSX-4* nach Auslagerung 1000 °C/6000 h (ohne mechanische Belastung; Ausgangszustand siehe Bild 6.35 c), aus [6.25]

(γ-Ätzung)

Findet die Ostwald-Reifung unter gleichzeitiger mechanischer Belastung statt, beobachtet man oft eine gerichtete, floßartige Vergröberung, *Rafting* genannt. Besonders gut lässt sich diese Erscheinung an Einkristallen untersuchen, weil die Spannungsrichtung zur kristallographischen Orientierung bekannt und überall konstant ist. An Einkristallen, deren Belastungsachse üblicherweise in <100>-Richtung liegt, findet man zwei verschiedene Arten der γ'-Floßbildung:

Typ N — Die langgestreckten Ausscheidungen liegen quer (normal) zur Belastungsrichtung. Dies wird beobachtet, wenn Legierungen mit negativem γ/γ'-Fehlpassungsparameter δ ($a_{\gamma'} < a_\gamma$) unter Zugbelastung stehen sowie bei positiver Fehlpassung unter Druck. **Bild 6.22** zeigt hierfür ein Beispiel. Dieser Typ kommt am häufigsten vor.

Typ P — Die langgestreckten Ausscheidungen liegen parallel zur Belastungsrichtung. Dieser Fall tritt auf, wenn der γ/γ'-Fehlpassungsparameter δ positiv ist ($a_{\gamma'} > a_\gamma$) und außen Zugspannungen anliegen oder wenn bei negativem *Misfit* Druckspannungen wirken.

Die gerichtete Vergröberung wird durch die Überlagerung von äußeren Lastspannungen und inneren Kohärenzspannungen hervorgerufen, wobei das *Rafting* stets von messbarer Kriechverformung begleitet ist [6.13]. Diese basiert darauf, dass sich ein Versetzungsnetzwerk in den γ-Matrixkanälen zwischen den γ'-Teilchen aufbaut (vgl. Bild 3.34). Die elastische Verspannung ist in den horizontalen und vertikalen Kanälen allerdings nicht gleich, sondern es bildet sich ein Gradient der inneren mechanischen Energie aus. Dieser stellt die treibende Kraft für die Floßbildung dar. Analog zum Mechanismus des Diffusionskriechens (Kap. 3.6), entsteht durch lokal unterschiedliche Spannungen und damit unterschiedliche Potenziale für Leerstellen eine Triebkraft für einen gerichteten Diffusionsstrom. Die Ausscheidungen wachsen in den Ebenen zusammen, in denen geringere Spannungen in den Matrixkanälen vorliegen. Welche Kanäle die geringere Verzerrung besitzen – die horizontalen oder die vertikalen –, hängt vom Fehlpassungsparameter sowie der Richtung der äußeren Spannung ab, wie zuvor erläutert. Eine ausführliche Darstellung dieser Zusammenhänge findet sich in [6.76].

Die verformungsinduzierte Vergröberung, bei der Streckungsgrade bis etwa 5:1 erreicht werden, kann nicht mehr ohne weiteres mit dem Wagner-Lifshitz-Slyozov-Gesetz beschrieben werden.

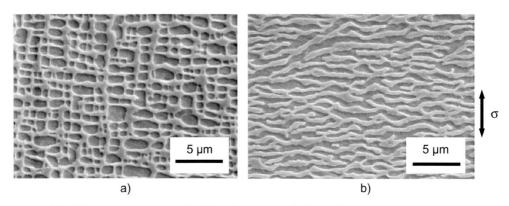

a)   b)

Bild 6.22 γ'-Vergröberung in der Einkristalllegierung *CMSX-11B* bei 950 °C nach 5.438 h [6.85]
    a) Sehr geringe äußere Spannung im Kopf einer Kriechprobe
    b) Im Probenschaft unter äußerer Zugspannung von 175 MPa
       Hier liegt der Typ N vor, d. h. die gerichtete Vergröberung (*Rafting*) erfolgt senkrecht (normal) zur Belastungsrichtung. Die γ/γ'-Fehlpassung δ ist negativ ($a_\gamma < a_{\gamma'}$).
    (γ'-Ätzung; die Flächen, wo γ' lag, erscheinen dunkler/tiefer liegend, die γ-Matrix heller)

6.6.3.3 Karbide

Von den in Tabelle 6.6 aufgeführten Karbiden kommen in Ni-Legierungen hauptsächlich die Typen MC und $M_{23}C_6$ vor, bei höheren Mo- und/oder W-Anteilen auch M_6C. Ergänzend zu den folgenden Ausführungen sind die Angaben in Tabelle 6.6 heranzuziehen.

a) MC-Karbide

Bei dieser Teilchenart handelt es sich um die bei der Erstarrung zuerst entstandenen, thermodynamisch sehr stabilen Primärkarbide (siehe auch Bild 5.2). Da auch Stickstoff aus der Schmelze sowie Reststickstoff aus dem erstarrten Werkstoff aufgenommen werden, handelt es sich oft um Karbonitride M(C, N). Im metallographischen Schliff sind sie meist als blockige, teilweise auch chinesenschriftförmig (siehe Bild 6.11 a) angeordnete Teilchen erkennbar mit orange (viel N) bis grauviolett (wenig N) schimmernder Färbung.

Der metallische Partner der MC-Karbide besteht überwiegend aus Ti, Ta und/oder Nb. All diese Elemente seigern bei der Erstarrung stark interdendritisch (siehe auch Tabelle 6.9), so dass man die primären, relativ groben M(C, N)-Partikel praktisch immer in den Dendritenzwischenräumen antrifft, **Bild 6.23**. Da sie sich bei Lösungs- und Homogenisierungsglühungen nur wenig lösen, markieren sie das ehemalige Dendritengefüge auch dann noch, wenn das γ/γ'-Eutektikum beseitigt wurde.

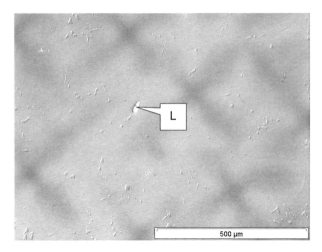

Bild 6.23

Interdendritische MC-Karbide (M = Ta, Ti) [6.85]

DS-Legierung *ExAl7* nach stufenweiser Lösungsglühung von 1240 °C bis 1270 °C und anschließender Wasserabschreckung, um versuchsweise die γ'-Ausscheidung zu unterdrücken.
Aufnahme im Phasenkontrast
(L: Lunker)

Die groben M(C, N)-Teilchen beeinflussen die mechanischen Eigenschaften nur unwesentlich. Ein geringer Anteil dieser Phase wird beim Lösungsglühen aufgelöst und scheidet sich bei nachfolgenden Wärmebehandlungen als sehr feine Partikel vorwiegend an Versetzungen aus, ähnlich wie in austenitischen Stählen (vgl. Bild 3.30). Diese Ausscheidungen erhöhen die (Kriech-) Festigkeit wirksam, solange sie nicht zu stark vergröbert sind.

Bei den thermodynamischen Aktivitäten in den Legierungen sind die MC-Karbide nicht stabil. Sie wandeln langzeitig in die $M_{23}C_6$-Art nach folgender Reaktion um:

$$MC + \gamma_1 + \gamma'_1 \rightarrow M_{23}C_6 + \gamma_2 + \gamma'_2 \qquad \text{s. Gl. (2.21)}$$

γ_1, γ_2 sowie γ'_1, γ'_2 stehen für leicht unterschiedliche γ- bzw. γ'-Zusammensetzungen. $M_{23}C_6$ scheidet sich in der Umgebung der sich auflösenden MC-Karbide aus, was im Schliff recht deutlich an den unterschiedlichen Färbungen beider Typen beobachtbar ist.

b) $M_{23}C_6$-Karbide

Die wichtigste Karbidart in Ni-Legierungen ist der $M_{23}C_6$-Typ, dessen Metall hauptsächlich aus Cr besteht. Da sich diese Karbide bei Lösungsglühungen weitgehend auflösen und bei anschließenden Aushärtungsbehandlungen vorwiegend auf Korngrenzen ausscheiden, dienen sie zur Erhöhung der Korngrenzenviskosität gegen Korngrenzengleiten. Andererseits ist an interkristallinen Teilchen die Gefahr der Kriechrissinitiierung erhöht. Am günstigsten sind globulare Karbide auf Korngrenzen zu bewerten, durchgehende glatte Filme verspröden dagegen den Werkstoff und können beispielsweise beim Schleifen von Bauteilen zu Rissen führen.

In den meisten Knetlegierungen ist der C-Gehalt auf etwa 0,07 % begrenzt, um die Umformbarkeit bei tiefen und hohen Temperaturen zu gewährleisten. In polykristallinen Gusslegierungen ist knapp der doppelte Gehalt üblich.

c) M_6C-Karbide

In hoch Mo- und eventuell W-haltigen Legierungen stellt M_6C den Hauptkarbidtyp dar, wie z. B. in der Knetlegierung *IN 617*. Als Faustregel gilt, dass dies oberhalb eines Gehaltes (Mo + ½W) $\geq$ 6 Ma.-% der Fall ist. Da sich bei den üblicherweise hohen Cr-Gehalten aus kinetischen Gründen zunächst vorwiegend $M_{23}C_6$ bildet, kommt es erst allmählich zur Umwandlung in M_6C, welches zu etwas höheren Temperaturen stabil bleibt als $M_{23}C_6$ (siehe Tabelle 6.6).

6.6.3.4 TCP-Phasen und Phaseninstabilitäten

Im Gegensatz zu den GCP-Phasen mit dichtester geometrischer Packung bezogen auf die gesamte Raumausfüllung weisen die topologisch dichtest gepackten Phasen (*TCP – topologically closed packed*) eine Anordnung dicht gepackter Ebenen mit dazwischenliegenden Schichten größerer Atome auf (siehe auch Kap. 6.10.2 g). Sie sind generell unerwünscht, weil sie hart und kaum verformbar sind aufgrund zu weniger Gleitsysteme und weil sie sich oft spießig oder plattenförmig ausscheiden. Damit verschlechtern sie besonders die Verformungs- und Zähigkeitseigenschaften sowie das Ermüdungsverhalten drastisch. Auch die Zeitstandfestigkeit sinkt rapide ab, sobald sich höhere Anteile einer versprödenden TCP-Phase bilden. **Bild 6.24** zeigt massive σ-Phasenbildung in einer experimentellen Ni-Basislegierung, **Bild 6.25** veranschaulicht schematisch den Einfluss auf die Zeitstandfestigkeit. Der Grund für das Absinken dieser Werte liegt in der stark reduzierten Zeitbruchverformung sowie in der Tatsache, dass der Matrix stark mischkristallhärtende Elemente entzogen und in festigkeitsmäßig weniger wirksame spießige Ausscheidungen eingebaut werden [6.78].

Die TCP-Phasen besitzen eine komplexe Kristallstruktur mit sehr großen Elementarzellen und einem breiten Homogenitätsbereich. Zu ihnen zählen die Laves-Phasen, die eine AB_2-Stöchiometrie aufweisen, sowie hauptsächlich die σ- und die μ-Phase. Ferner beobachtet man in manchen Re-haltigen Legierungen eine orthorhombische P-Phase (Kap. 6.7.3).

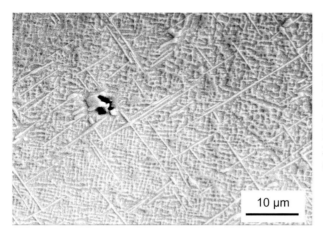

Bild 6.24

Massive Bildung der TCP-Phase vom Typ σ in Widmannstätten'scher Form in einer experimentellen Ni-Basislegierung Ni-12,5Cr-9Co-2Mo-3,5W-4Ta-6Al-2Ti nach Glühung 900 °C/1000 h [6.81]

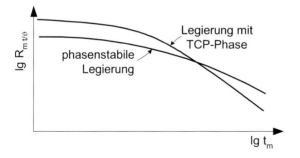

Bild 6.25

Einfluss der TCP-Phasenbildung auf die Zeitstandfestigkeit (schematisch)

Laves-Phasen vom Typ (Fe, Cr, Mn, Si)$_2$(Mo, W, Nb, Ti) können sich nur in hoch Fe-haltigen Legierungen ausscheiden – besonders in Gegenwart von Si. Die von der binären intermetallischen Phase FeCr abgeleitete Bezeichnung σ deckt in Vielkomponentenlegierungen einen breiten Zusammensetzungsbereich ab mit der allgemeinen Formel (Fe, Ni, Co)$_x$(Cr, Mo, W)$_y$, wobei $x \approx y$. Die σ-Phase weist einen komplexen raumzentrierten, stark tetragonal verzerrten Aufbau mit 30 Atomen pro Einheitszelle auf und scheidet sich plattenförmig oder spießig aus, teilweise auch in Widmannstätten-Form. Die hexagonal-rhomboedrische μ-Phase (13 Atome pro Einheitszelle) mit der Stammzusammensetzung Co_7W_6 wird meist als (Co, Fe)$_7$(Mo, W)$_6$ angegeben.

Im Gegensatz zur γ'-Phase weisen die TCP-Phasen keine Passung zur γ-Matrix auf und beanspruchen ein größeres Volumen. Da die 3d-Elektronenschale von Ni weit aufgefüllt ist, ist eine sehr Ni-reiche Matrix wenig kompressibel, und die Ausscheidung von Phasen mit großem Platzbedarf wird unterdrückt. Mit zunehmendem Substitutionsgrad der Ni-Matrixatome durch Elemente mit geringerer Elektronenschalenbesetzung und somit höherer Kompressibilität steigt die Neigung zur TCP-Phasenbildung.

Dies versucht man bei Legierungsentwicklungen durch Phasenstabilitätsberechnungen von vornherein zu berücksichtigen. Zum einen wird zunehmend Gebrauch gemacht von Konstitutionsberechnungen auf Basis thermodynamischer Daten und Modelle [6.79], was einen langwierigen Entwicklungsaufwand voraussetzt. Dem stehen relativ simple Konzepte gegenüber, die auf der Elektronegativität der Elemente beruhen. Letztgenannte werden in der Praxis häufig benutzt und im Folgenden vorgestellt.

Schon seit längerer Zeit ist die so genannte *PHACOMP*-Methode (*phase computation*) am weitesten verbreitet (z. B. [6.16]). **Tabelle 6.10** zeigt ein Ablaufschema des Berechnungsverfahrens und gibt die auftretenden Schwierigkeiten an. Die Elektronenschalenbesetzung wird nach der Pauling'schen Theorie der metallischen Bindung [6.17] durch die Elektronenleerstellenzahl N_V eines jeden Elementes ausgedrückt. Entscheidend ist die Ermittlung einer *kritischen Elektronenleerstellenzahl* der Restmatrix, nachdem alle anderweitig gebundenen Elementanteile von der Gesamtzusammensetzung abgezogen wurden. Die mittlere Zahl der unbesetzten Elektronenplätze der Matrix ist ein Maß für die Anfälligkeit der Legierung für TCP-Phasen. Um die genaue Zusammensetzung der Restmatrix im – meist erst langzeitig eintretenden – gleichgewichtsnahen Zustand zu ermitteln, müssen die Anteile und Zusammensetzungen der Phasen bekannt sein, die außer der eventuellen TCP-Phase auftreten. Hierzu sind stets gewisse Annahmen zu treffen, die auf ähnlichen Legierungen basieren.

Von den Elementen mit besonders hoher N_V-Zahl, wie Al, Ti, Zr und Hf, bleibt nur ein geringer Teil gelöst (siehe Bild 6.16) oder der Gehalt ist von vornherein gering. Ferner ist zu bedenken, dass mit steigendem γ'-Anteil der Ni-Gehalt der Restmatrix abnimmt und die relative Menge TCP-Phasen fördernder Elemente, wie besonders Cr, Mo, W und – sofern vorhanden – auch Re, zunimmt. Dies ist der Hauptgrund, warum die höchst γ'-haltigen Einkristallwerkstoffe einen stark abgesenkten Cr-Gehalt aufweisen müssen.

Schließlich muss durch meist langwierige Versuchsserien die kritische N_V-Zahl zur Ausscheidung der zu erwartenden TCP-Phase gefunden werden. Bezüglich der σ-Phasenbildung liegt der Grenzwert für einige Legierungen bei $N_V \approx$ 2,3, für andere bei $N_V \approx$ 2,45 bis 2,5 [6.16]. Ist aufgrund höherer Mo- und W-Gehalte mit der μ- oder Laves-Phase zu rechnen, liegt der kritische Wert niedriger. Zu bedenken ist ferner, dass Mikroseigerungen in Gusslegierungen bei der N_V-Berechnung nicht berücksichtigt werden.

6.6 Hochtemperaturlegierungen auf Ni-Basis

Tabelle 6.10 Phasenstabilitätsberechnung nach dem Elektronenleerstellenkonzept (*PHACOMP*), nach [6.16]

Vorgehen	Schwierigkeiten/ Ungenauigkeiten
Matrixzusammensetzung Für jedes Element zu ermitteln: Gehalt in der Legierung – Anteil in Ausscheidungen = x_i (Atombruch)	• Anteil und genaue Zusammensetzung jeder Ausscheidungsart im Gleichgewicht müssen bekannt sein • Seigerungsbedingte Konzentrationsschwankungen verändern die lokalen Verhältnisse
Elektronenleerstellentheorie (nach Pauling) N_V-Zahl für jedes Element ($N_{V\,i}$); üblicherweise angesetzte Werte: Al..................7,66 Ti, Zr, Hf, Si...6,66 V, Nb, Ta........5,66 Cr, Mo, W......4,66 Mn, Tc, Re ....3,66 Ru, Os............2,66 Fe..................2,22 Co ....1,71 Rh, Ir ....1,66 Pd, Pt ....0,66 Ni..................0,61	N_V-Zahlen aller Elemente müssen bekannt sein. Die tatsächlichen Werte weichen möglicherweise von denen nach Paulings Theorie ab. Für Mo und W werden oft 8,66 oder 9,66 angesetzt.
Elektronenleerstellenkonzentration der Matrix $$\overline{N}_V = \sum_i \left(x_i \cdot N_{V_i} \right)$$	Annahme: Die TCP-Phase bildet sich ausschließlich aus Elementen der Matrix.
kritische Elektronenleerstellenkonzentration $N_{V\,krit.}$ typisch: $N_{V\,krit.} \approx 2{,}3$ bis $2{,}5$ für σ-Phasenbildung	Kritischer Wert für die betreffende Legierung und die zu erwartende TCP-Phase muss bekannt sein.
stabile Legierung $N_V < N_{V\,krit.}$	TCP-anfällige Legierung $N_V > N_{V\,krit.}$

Bei neueren Legierungsentwicklungen versucht man, verfeinerte rechnergestützte Vorhersagemethoden zur Phasenstabilität zu qualifizieren. Die *Phacomp*-Methode weist neben den in Tabelle 6.10 aufgeführten Schwierigkeiten den grundsätzlichen Mangel auf, dass die Atomgrößendifferenz nicht berücksichtigt wird. So gehen Cr, Mo und W mit demselben N_V-Wert ein, obwohl ihre Atomradien erheblich voneinander abweichen. Das *d-Energiekonzept* beinhaltet dagegen sowohl die Elektronegativität als auch die Atomgröße, die beide nach Darken und Gurry [6.18] für die Löslichkeit des betreffenden Elementes in einer Matrix maßgeblich sind. Morinaga et al. definieren einen M_d-Parameter, welcher die mittlere Energie der d-Orbitale aller Legierungselemente repräsentiert (z. B. [6.19 - 6.21], zum physikalischen Verständnis siehe [6.75]).

Die Stabilitätsberechnung erfolgt analog zum Vorgehen beim *Phacomp*-Konzept nach Tabelle 6.10, d. h. es muss zuerst die genaue Zusammensetzung der Restmatrix ermittelt werden und dann der mittlere M_d-Wert mit Hilfe des Atombruchs x_i und des M_d-Wertes jedes Matrixelementes:

$$\overline{M_d} = \sum_i x_i \cdot M_{d_i} \qquad (6.8)$$

Die M_d-Werte sind **Tabelle 6.11** zu entnehmen. Der Trend im Vergleich zu den Elektronenleerstellenzahlen N_V aus Tabelle 6.10 ist in etwa gleich, die Energiewerte der d-Orbitale erlauben jedoch eine etwas genauere Abstufung. Ein kritischer Wert für das Auftreten der σ-Phase in Ni-Basislegierungen wurde mit $\overline{M_d}_{krit.} = 0{,}915\ eV$ für etwa 1000 °C identifiziert; bei tieferen Temperaturen nimmt er ab [6.19].

Tabelle 6.11 Energiewerte der d-Orbitale M_d in *eV* [6.19, 6.71]

Y	Hf	Zr	Ti	Ta	Nb	Al	Si	W
3,817	3,020	2,944	2,271	2,224	2,117	1,900	1,900	1,655
Mo	V	Re	Cr	Ru	Mn	Fe	Co	Ni
1,550	1,543	1,267	1,142	1,006	0,957	0,858	0,777	0,717

Der Mess- und Berechnungsaufwand ist für die N_V-Methode und das M_d-Konzept gleich. Ob mit der physikalisch fundierteren M_d-Berechnung tatsächlich eine, nicht nur in Einzelfällen, zuverlässigere Vorhersage der Phasenstabilität getroffen werden kann, ist noch offen. Seigerungsbedingte TCP-Phasenbildung, vorwiegend verursacht durch ungleichmäßige W- und/oder Re-Verteilung, kann mit keiner der Methoden vorhergesagt werden [6.75].

Soll für kritische, hoch belastete Bauteile die TCP-Phasenbildung verhindert werden, müssen dies die Analysentoleranzen in den Werkstoffspezifikationen berücksichtigen. In manchen Fällen ist zusätzlich die maximal zulässige N_V-Zahl oder ein Grenzwert nach einem anderen Konzept für die jeweilige Charge genannt, wobei die Berechnungsmethode anzugeben ist. Diese Anweisung ist auch deshalb sinnvoll, weil sich die TCP-Phasen meist erst nach längerer Betriebsdauer bilden und mikroskopisch erkennen lassen; eine Beobachtung direkt nach der Ausgangswärmebehandlung ist somit unmöglich.

Zu bedenken ist, dass sich in vielen Fällen auch in phasenstabilen Grundwerkstoffen TCP-Phasen in der Interdiffusionszone mit Beschichtungen ausscheiden, was Auswirkungen auf die mechanischen Eigenschaften des Werkstoffverbundes haben kann.

6.6.3.5 Weitere Phasen

a) η-Phase Ni_3Ti

Bei höheren Ti/Al-Verhältnissen, wie z. B. bei der Gusslegierung *IN 939* oder der Knetlegierung *Nimonic 263*, scheidet sich neben γ' die Phase $\eta = Ni_3Ti$ aus, **Bild 6.26**. Es handelt sich um eine nicht mit der Ni-Matrix kohärente hdP-Strichphase (ohne Homogenitätsbereich, Strukturberichtbezeichnung DO_{24}). Die η-Phase bildet sich durch Umwandlung aus der γ'-Phase, wobei Verformung den Vorgang beschleunigt. Sie erscheint als gröbere Platten oder in Widmannstätten-Anordnung. Die Duktilität, Zähigkeit, Kerbempfindlichkeit und Ermüdungsfestigkeit werden dadurch ungünstig beeinflusst.

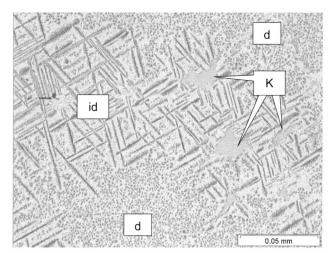

Bild 6.26
Spießige η-Phase Ni_3Ti in der Gusslegierung *IN 939* nach Betriebseinsatz über 33.000 h [6.85]

Die η-Phase scheidet sich hier nur in den interdendritischen Gebieten (id) aus, oft in Widmannstätten-Anordnung. Ebenfalls interdendritisch liegen die groben MC-Karbide (K) vor. Dendritisch (d) ist nur γ' ausgeschieden.

b) γ''-Phase $Ni_3(Nb, Al, Ti)$ und δ-Phase Ni_3Nb

Bei hoch Nb-haltigen Werkstoffen, besonders der für Rotorscheiben verwendeten Ni-Fe-Legierung *IN 718* (der wohl meistuntersuchten Superlegierung), erfolgt neben der γ'-Härtung eine Aushärtung durch die γ''-Phase $Ni_3(Nb, Al, Ti)$. Diese besitzt einen geordneten Aufbau des Typs DO_{22} (siehe auch Bild 6.57). Es handelt sich um eine Überstruktur, bei der alle Atome insgesamt betrachtet auf Plätzen eines kfz-Gitters sitzen, wenn das Achsenverhältnis c/a = 2 beträgt (sonst wäre die Zelle nicht exakt kubisch). Für γ'' wird angegeben [6.91]: a = 0,3626 nm und c = 0,7402 nm, d. h. c/a = 2,041. Man findet – oft etwas verwirrend – in der

Literatur allerdings für γ'' die Beschreibung raumzentriert-tetragonal (*BCT – body-centred tetragonal*), weil die Nb-Atome ein solches Teilgitter in der Überstruktur bilden (siehe Bild 6.57 und Erläuterungen dazu).

Die γ''-Phase ist aufgrund des insgesamt kfz-Aufbaus kohärent mit der γ-Matrix, wobei die eine Seite gute Passung aufweist, die andere weniger gute. Aus diesem Grund erfolgt keine würfelförmige Ausscheidung wie bei γ', sondern eine plättchenförmige. Im mittleren Temperaturbereich, der z. B. für Rotorscheiben relevant ist, liefert die γ''-Phase aufgrund der Kohärenzspannungen einen hohen Härtungsbeitrag bei ausreichender Duktilität. Die Kohärenzverzerrung ist allerdings auch verantwortlich für eine rasche Vergröberung und thermische Instabilität dieser Ausscheidung, so dass die langzeitige Einsatzgrenze der Legierung *IN 718* auf etwa 650 °C begrenzt ist.

In einer weiteren Umwandlungsstufe entsteht aus der γ''-Phase das orthorhombisch geordnete Ni_3Nb, auch als δ-Phase bezeichnet (Strukturberichttyp $D0_a$). Diese Phase ist mit der γ-Matrix inkohärent. Ihre grob-plattenförmige Erscheinung ist unerwünscht, weil sie zu erhöhter Kerbempfindlichkeit und schlechterer Ermüdungsfestigkeit der Legierung führt.

Nb ist ein stark interdendritisch seigerndes Element (siehe Kap. 6.6.2, Tabelle 6.9). Auch in Legierungen mit geringerem nominellen Nb-Gehalt können dadurch interdendritisch überhöhte Konzentrationen von 4 Ma.-% oder mehr in Gussstücken vorliegen, so dass sich dann die δ-Phase bereits während der Wärmebehandlung bildet. In homogenen Schmiedestücken ist die Gefahr der δ-Plattenbildung geringer oder gar nicht gegeben, wenn der Nb-Gehalt unter etwa 4 Ma.-% liegt.

Für Rotorscheiben und ähnliche Anwendungen bis ca. 700 °C wurde auf Basis von *IN 718* die Legierung *Allvac 718Plus* entwickelt [6.89]. Aufgrund des höheren (Al + Ti)-Gehaltes und des höheren Al/Ti-Verhältnisses, bei gleich hohem Nb-Gehalt, ist γ' die hauptsächlich härtende Phase. Die Anteile an γ'' und δ sind geringer als in *IN 718*. Die kohärenten γ'-Ausscheidungen altern deutlich langsamer als γ'', so dass *Allvac 718Plus* thermisch stabiler ist als *IN 718* [6.90].

c) Boride

Bei Anteilen von > ca. 0,01 Ma.-% liegt Bor nicht nur als korngrenzenwirksames Element in gelöster Form vor, sondern bildet Boride des Typs M_3B_2 – nahezu immer an Korngrenzen. Der metallische Partner besteht aus Mo, Ti, Cr, Ni und Co. Darüber hinaus kann Bor mit Karbiden assoziiert sein, z. B. als $M_{23}(C, B)_6$.

In einigen Legierungen, z. B. bestimmten Varianten der *Udimet*-Serie und den „B-Legierungen" (siehe Anhang 2, Tabelle A 3, z. B. *B1914*), wird absichtlich C gegen B ausgetauscht, um einerseits harte Boride zur Korngrenzenverfestigung zu erhalten und andererseits stets gelöstes B als korngrenzenwirksames Spurenelement vorliegen zu haben.

d) Karbosulfide

Manche Werkstoffe lassen eine morphologisch auffällige Phase erkennen, die nach Phasenkontrastverstärkung mittels Interferenzschichten meist hellblau schimmert und länglich „häutchenförmig" erscheint, **Bild 6.27**. Es handelt sich um das hexagonale Karbosulfid $(Zr, Ti)_2CS$, gelegentlich auch als H-Phase bezeichnet. Bei hohen Nb-Gehalten, wie bei der Legierung *IN 718*, tritt auch das hexagonale Nb-Karbosulfid Nb_2SC auf. In diesen Ausscheidungen wird zwar der schädliche Schwefel weitgehend abgebunden, ihre Form kann sich jedoch auf die mechanischen Eigenschaften – speziell die Ermüdungsfestigkeit – ungünstig auswirken. In Zusammenhang mit der Schleifbearbeitung von Bauteilen werden diese Phasen, ebenso wie Karbidfilme entlang von Korngrenzen, als sehr kritisch bewertet, weil sie Schleifrisse auslösen können.

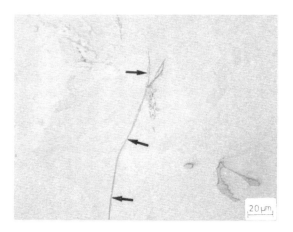

Bild 6.27
Häutchenförmiges Karbosulfid $(Zr, Ti)_2CS$ (H-Phase) in der Gusslegierung *IN 738 LC*

Der Schliff wurde Gasionenreaktionsbeschichtet in O_2.

6.6.4 Wärmebehandlung γ'-gehärteter Ni-Basislegierungen

6.6.4.1 Allgemeines

Nahezu alle γ'-gehärteten Werkstoffe werden zur Einstellung optimaler mechanischer Eigenschaften wärmebehandelt, nachdem sie in ihre Bauteilform gebracht worden sind. Nur in wenigen Ausnahmen setzt man die Komponenten im Gusszustand ein, wenn die Eigenschaftsverbesserungen gegenüber den erhöhten Kosten als zu gering erscheinen. Die Wärmebehandlungen verfolgen mehrere mögliche Ziele, die auch auf andere Legierungstypen übertragbar sind:

- die optimale γ'-Größe, -Größenverteilung, -Anordnung und -Form einzustellen;
- harte Teilchen (meist Karbide) auf Korngrenzen auszuscheiden;
- Gussseigerungen zu reduzieren und die Legierungselemente möglichst weitgehend homogen zu verteilen; damit die Anschmelztemperatur anzuheben in Richtung Gleichgewicht-Solidustemperatur;

- γ/γ'-Resteutektikum zu reduzieren oder ganz aufzulösen;
- Eigenspannungen von der Herstellung und Fertigung abzubauen;
- bei Knetwerkstoffen die Korngröße durch Rekristallisation einzustellen;
- die Korngrenzenmorphologie gezielt zu verändern (gezackte Korngrenzen);
- innere Hohlräume zu beseitigen bei überlagertem Druck (*Hippen*);
- eine (gezielte) Voroxidation der Bauteile vorzunehmen;
- den Gefügezustand nach einer Beschichtungsbehandlung (wieder-)herzustellen und die Haftung zwischen Schicht und Grundwerkstoff zu verbessern;
- nach Betrieb den optimalen Gefügezustand wiederherzustellen und eventuell unerwünscht ausgeschiedene Phasen zu beseitigen.

Üblicherweise werden Wärmebehandlungen oberhalb etwa 1000 °C unter Hochvakuum von 10^{-1} bis 10^{-3} Pa (= 10^{-6} bis 10^{-8} bar) oder Schutzgas durchgeführt. Damit wird eine übermäßige Zunderung der Oberfläche verhindert. Die geforderten Abkühlgeschwindigkeiten werden in diesen Öfen durch Gasspülung und -umwälzung erreicht, meist mit Stickstoff.

Aufgrund der geringen Temperaturleitfähigkeit der Ni-Basislegierungen dürfen die Temperaturgradienten beim Aufheizen und Abkühlen nicht beliebig hoch gewählt werden, um nicht zu hohe Eigenspannungen zu induzieren. Diese könnten zu Verzug und im Extremfall zu Rissbildung führen. Flüssigkeitsabschreckung wird bei γ'-gehärteten Legierungen daher nicht praktiziert. Zwar haben viele Bauteile im Betrieb schroffe Temperaturwechsel zu ertragen, allerdings liegen die maximalen Temperaturen deutlich niedriger als die Lösungsglühtemperaturen. Außerdem sind bei Wärmebehandlungen auch dickwandige Bauteilpartien betroffen, welche im Betrieb möglicherweise geringeren Temperaturschwankungen unterliegen, wie z. B. die massiven Füße von Turbinenschaufeln.

Im Folgenden werden einige grundsätzliche Zusammenhänge zwischen den einzelnen Wärmebehandlungsstufen und dem sich einstellenden Gefüge erörtert. Die exakten Temperatur-, Zeit- und Abkühlparameter müssen für jede Legierung und ihre Einsatzbedingungen ermittelt werden. Neben einer hohen Kriechfestigkeit sind dabei weitere Eigenschaften, wie Duktilität, Zähigkeit, Ermüdungsfestigkeit und Bearbeitbarkeit, zu beachten. Eine Optimierung allein auf Basis schnell messbarer Kennwerte wie Härte oder Streckgrenze ist unzulässig, weil sie fast nichts über die Hochtemperatur-Langzeiteigenschaften aussagen. Man bedient sich meist einer der gängigen Zeitstand-Extrapolationsmethoden, um in angemessener Zeit die optimalen Wärmebehandlungsparameter einer Legierung herauszufinden (Kap. 3.13).

6.6.4.2 Ausgangswärmebehandlung

Das Eigenschaftspotenzial einer aushärtbaren Legierung wird optimal genutzt, wenn zunächst alle Legierungselemente homogen verteilt werden und anschließend die Ausscheidungshärtung in kontrollierter Form abläuft. Im Gusszustand oder direkt aus der Umformhitze sind die γ'-gehärteten Werkstoffe von diesem Optimum meist weit entfernt.

6.6 Hochtemperaturlegierungen auf Ni-Basis

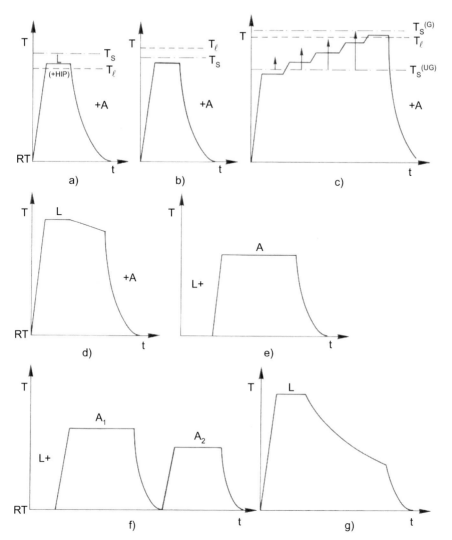

Bild 6.28 Schematische Temperatur/Zeit-Verläufe bei Wärmebehandlungen ausscheidungshärtender Legierungen (L: Lösungsglühung; A: Aushärtung; T_ℓ: Lösungstemperatur der Ausscheidungen; T_S: Solidus- oder Anschmelztemperatur)
a) Vollständige Lösungsglühung, eventuell gleichzeitig als HIP-Behandlung
b) Teillösungsglühung (in diesem Fall ist $T_\ell > T_S$)
c) Mehrstufige Lösungsglühung ($T_S^{(UG)}$: Ungleichgewicht-Solidustemperatur; $T_S^{(G)}$: Gleichgewicht-Solidustemperatur)
d) Lösungsglühen mit langsamer Abkühlung zur Bildung gezackter Korngrenzen
e) Einstufige Aushärtung
f) Zweistufige Aushärtung
g) Direkte Aushärtung durch langsame Abkühlung nach dem Lösungsglühen

Die klassische zweistufige Wärmebehandlung dieser Legierungen besteht aus einer Lösungs- und Homogenisierungsglühung mit rascher Abkühlung auf RT und einer Ausscheidungshärtung. Davon abweichend werden verschiedene Modifikationen angewandt, welche auf die Besonderheiten der γ'-gehärteten Ni-Basislegierungen zugeschnitten sind. **Bild 6.28** zeigt die wesentlichen Varianten im Überblick.

a) Lösungsglühung

Mit dem Anteil γ'-bildender Elemente und damit dem γ'-Volumenanteil steigt die γ'-Lösungstemperatur. In **Tabelle 6.12** sind die ungefähren Lösungstemperaturen der γ'-Ausscheidungen und der verschiedenen Karbidtypen angegeben.

Tabelle 6.12 Ungefähre Lösungstemperaturen in °C einiger γ'-gehärteter Ni-Basislegierungen; Daten aus [6.22, 6.23, 6.72], teilweise abgeändert und ergänzt (K: Knetlegierung; G: Gusslegierung)
Wo keine Angaben gemacht sind, liegen diese nicht vor.

Ausscheidung → Legierung ↓		γ'	$M_{23}C_6$	M_6C	MC
Nimonic 80A	K	960 ... 980	1040 ... 1095	1095 ... 1150	
Nimonic 105	K	1020 ... 1060	1100...1150	–	1200 ... 1250
Nimonic 115	K	1140...1160	1080...1100	–	1200 ... 1250
Nimonic 263	K	910 ... 925	1050 ... 1070	–	
Waspaloy	K	1050	1030	–	1180
Udimet 500	K/G	1050 ... 1100	1050 ... 1100	–	1230
Udimet 700	K/G	1135	1075	–	1155
IN 100	G	1180	1100		
IN 713 LC	G	1180 ... 1200		–	
IN 738 LC	G	1160 ... 1190	1000	–	
IN 792	G	1200 ... 1240	1000 ... 1050	–	
René 80	G	1150	1045	1070	
CMSX-4	G	1290 ... 1320	–	–	–
CMSX-11B	G	1205 ... 1250	–	–	–

– Karbidart existiert in der Legierung nicht

In [6.71] wird eine Formel zur Berechnung der γ'-Solvustemperatur angegeben, die durch lineare Regression gewonnen wurde:

$$T_\ell^{(\gamma')} = 1299{,}315 + 3{,}987\ W + 3{,}624\ Ta + 2{,}424\ Ru + 0{,}958\ Re \\ - 6{,}362\ Cr - 4{,}943\ Ti - 2{,}603\ Al - 2{,}415\ Co - 2{,}224\ Mo \qquad (6.9)$$

$T_\ell^{(\gamma')}$ in °C; Elementgehalte in Ma.-%

Dieser Gleichung liegen hauptsächlich Daten einkristalliner Ni-Basislegierungen zugrunde. Deren γ'-Lösungsverhalten ist jedoch – wie noch zu diskutieren sein wird – keineswegs gleichmäßig in allen Gefügebereichen, so dass Gl. (6.9) nur eine erste Näherung für die Lösungstemperatur bieten kann. Sie gilt sicher nicht generell für γ'-haltige Ni-Basislegierungen, denn die Haupt-γ'-Bildner Al und Ti würden nach Gl. (6.9) die γ'-Solvustemperatur absenken. Allgemein erhöhen jedoch höhere Al- und Ti-Gehalte den γ'-Anteil und damit die γ'-Lösungstemperatur.

Bei der Diskussion der Lösungsglühparameter ist zu unterscheiden, ob es sich um eine Knet- oder Gusslegierung handelt. Bei Knetwerkstoffen muss ein genügend großer Temperaturbereich im Einphasengebiet zwischen Lösungs- und Anschmelztemperatur existieren, das so genannte Schmiedefenster, andernfalls wären die Umformvorgänge technisch nicht realisierbar. Die γ'-Anteile bei Knetlegierungen sind deshalb auf relativ geringe Mengen begrenzt, um die Lösungstemperatur ausreichend niedrig zu halten. Nützlich ist in diesem Zusammenhang der hohe Cr-Gehalt dieser Legierungen, weil Cr die γ'-Solvustemperatur stark reduziert (siehe Gl. 6.9).

γ'-gehärtete *Knetlegierungen* können vollständig lösungsgeglüht werden (**Bild 6.28 a**), d. h. die γ'-Teilchen, die Karbide und eventuell sonstige Ausscheidungen gehen in Lösung, mit Ausnahme der stabilen MC- oder M(C, N)-Primärteilchen, von denen der größte Teil erhalten bleibt. Die Festlegung der Lösungsglühtemperatur richtet sich bei Legierungen mit geringen γ'-Anteilen nicht nach dem Auflösen der γ'-Ausscheidungen, sondern vielmehr nach dem der Karbide, welche in diesen Fällen eine höhere Lösungstemperatur aufweisen (Tabelle 6.12). Die Verhältnisse kehren sich ab etwa 15 bis 20 Vol.-% γ' um (grober Anhaltswert).

Sofern die Knetwerkstoffe in einem über dem kritischen Verformungsgrad kaltverformten Zustand vorliegen, findet während der Lösungsglühung Rekristallisation statt. Aufgrund der sehr hohen Temperatur besteht die Gefahr, dass Kornvergröberung oder sekundäre Rekristallisation einsetzt, besonders wenn eine feine oder mittlere primäre Rekristallisationskorngröße vorhanden war.

Bei *Gusslegierungen* ist eine vollständige γ'-Lösung in vielen Fällen nicht – oder nicht ohne weiteres – möglich, weil sich zuvor Anschmelzungen bilden können, **Bild 6.28 b)**. Der Grund liegt in dem Dendritengefüge mit starken Seigerungen und interdendritischen eutektischen γ/γ'-Inseln, welche eine Anschmelztemperatur (*incipient melting*) meist deutlich unterhalb der Gleichgewicht-Solidustemperatur aufweisen. **Bild 6.29** zeigt ein Beispiel. Die γ'-Lösungstemperatur kann über der Anschmelztemperatur liegen. In den Dendritenkernen ist die Konzentration γ'-bildender Elemente wie Ti, Ta und Nb geringer, so dass sich dort auch ein geringerer γ'-Volumenanteil ausscheidet als in den Dendritenzwischenräumen (siehe hierzu auch Kap. 6.6.2). Als Folge davon stellt sich eine oft deutlich niedrigere Lösungstemperatur in den *intra*dendritischen Bereichen ein. Diese können deshalb bei den meisten Legierungen ohne zusätzliche Homogenisierungsbehandlung vollständig lösungsgeglüht werden. In den *inter*dendritischen Gebieten gelingt eine vollständige γ'-Lösung dagegen oft nicht.

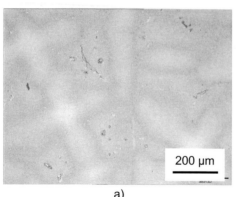
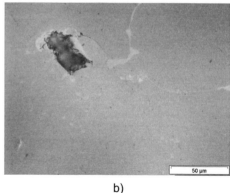

a)   b)

Bild 6.29 Anschmelzungen und Hohlraumbildung von ehemaligem Eutektikum und Resteutektikum in interdendritischen Bereichen sowie an Korngrenzen nach Stufenglühung von 1235 °C bis 1270 °C [6.85]
a) Übersicht mit dendritischer Struktur
b) Detailaufnahme
Legierung: Ni-12Cr-2Mo-4W-9Co-3Ti-3,5Al-5Ta-1,5Re (exp. Legierung)

Bild 6.30 zeigt die γ'-Löslichkeitskurven der Legierungen *IN 738 LC* und *CMSX-4*. Bei der Auswertung wurde das sehr feine „Abkühl-γ'", welches sich trotz der Wasserabschreckung der Proben ausgeschieden hatte, nicht mit erfasst (Anm.: Bei der Anteilsbestimmung mittels elektrochemischer Phasenisolation ist dies nicht möglich, d. h. es muss eine quantitative Bildanalyse vorgenommen werden).

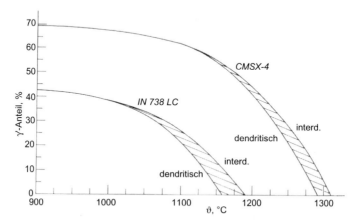

Bild 6.30 γ'-Löslichkeitskurven für zwei Legierungen mit unterschiedlichen Höchstwerten des γ'-Anteils, hier: *IN 738 LC* (polykristallin) und *CMSX-4* (einkristallin), nach [6.24, 6.25]
Bei der Einkristalllegierung *CMXS-4* wurde der Flächenanteil in einer {100}-Schliffebene ausgewertet (siehe hierzu auch Anhang 1).

6.6 Hochtemperaturlegierungen auf Ni-Basis

Bei der Einkristalllegierung *CMSX-4* ist eine aufwändige mehrstufige Lösungsglühung zwecks Homogenisierung erforderlich, um Anschmelzungen zu vermeiden. Die Streubereiche deuten an, wie sich im Gusszustand das Lösungsverhalten ungefähr innerhalb der Dendriten (unterer Kurvenast) und in den interdendritischen Bereichen (oberer Kurvenast) verhält. **Bild 6.31** gibt dazu ein Beispiel mit konkreten Messungen wieder. In diesem Fall liegt zwischen der vollständigen Auflösung der γ'-Phase in den Dendritenkernen und den interdendritischen Gebieten eine Temperaturdifferenz von ca. 55 °C. Das Gefügebild lässt klar die Unterschiede zwischen Dendriten und interdendritischen Bereichen bei einer Temperatur innerhalb dieses „Fensters" erkennen.

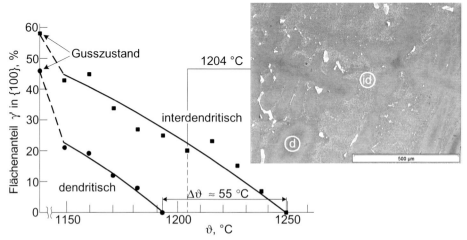

Bild 6.31 Unterschied der dendritischen und interdendritischen γ'-Löslichkeit für eine Einkristalllegierung auf Basis der Zusammensetzung von *IN 792* [6.85]
Das Gefügebild zeigt das Beispiel einer bei 1204 °C geglühten Probe. Man erkennt die bereits ausscheidungsfreien Dendriten (d: dendritisch; id: interdendritisch; weiße „Inseln": Eutektikum). Glühzeit bei den jeweiligen Temperaturen: 2 h; dann Proben wasserabgeschreckt. Allgemein streuen die Werte aus den dendritischen Bereichen wegen des gleichmäßigeren Gefüges weniger stark als die aus den interdendritischen Bereichen.

Die γ'-Lösungskurven für verschiedene Legierungen verlaufen grob betrachtet ähnlich, d. h. mit steigendem Maximalwert des Volumenanteils steigt auch die Lösungstemperatur. Die beiden Kurven in Bild 6.30 erlauben daher ungefähre Inter- und begrenzte Extrapolationen für andere Legierungen.

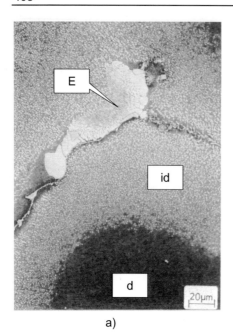 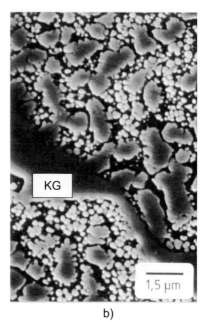

a) b)

Bild 6.32 Gefügeausschnitt der Legierung *IN 738 LC* nach Teillösungsglühung bei 1120 °C/2 h + Aushärtung bei 850 °C/16 h (γ′-Ätzung)
a) Interdendritischer Bereich (id) mit γ/γ′-Eutektikum (E) und nicht aufgelösten primären γ′-Teilchen (hell) sowie Dendritenkernabschnitt (d) mit nicht erkennbaren feinen γ′-Ausscheidungen
b) REM-Aufnahme aus einem interdendritischen Bereich mit groben primären γ′-Teilchen sowie feineren γ′-Ausscheidungen, die sich bei der Abkühlung und Aushärtung gebildet haben (KG: durchgehender γ′-Film auf einer Korngrenze)

Sofern die Seigerungen nicht durch eine Homogenisierungsglühung reduziert oder ganz beseitigt werden, nimmt man in Kauf, dass sich der Werkstoff nur teillösungsglühen lässt. Im Beispiel der Legierung *IN 738 LC* beträgt die Standardlösungsglühtemperatur 1120 °C, d. h. etwa 15 bis 20 Vol.-% γ′ bleiben gemäß Bild 6.30 ausgeschieden. **Bild 6.32** zeigt einen Gefügeausschnitt mit der typischen γ′-Teilchenanordnung und γ/γ′-Eutektikum in interdendritischen Bereichen sowie in Dendritenkernen. Innerhalb der Dendriten geht die γ′-Phase meist so gut wie vollständig in Lösung, während in den interdendritischen Zwischenräumen ein Großteil erhalten bleibt. Diese letztgenannten Teilchen bilden die sehr groben γ′-Ausscheidungen des Ausgangszustandes, die noch vom Gießvorgang stammen und daher als *primäres* γ′ bezeichnet werden. Sie vergröbern bei der Teillösungsglühung zusätzlich. Beispielsweise befinden sich in der Legierung *IN 738 LC* etwa 80 % des primären γ′ in den Dendritenzwischenräumen.

Bild 6.33 gibt ein ähnliches Beispiel der Gusslegierung *IN 792* nach deutlich höherer Glühtemperatur wieder, die aber immer noch nicht für eine vollständige Lösung, besonders des γ/γ'-Eutektikums, ausgereicht hat.

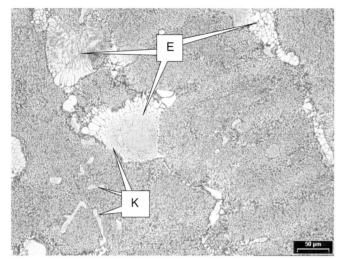

Bild 6.33

Gefüge der Gusslegierung *IN 792* nach Teillösungsglühung 1205 °C/4 h (mit Nachverdichtung, *HIP*) und zweistufiger Aushärtung bei 1080 °C und 850 °C

E γ/γ'-Eutektikum
K MC-Karbid

(γ-Ätzung)

Die weitgehende Beibehaltung des Gussgefüges bei einer Teillösungsglühung bringt einige weitere Nachteile mit sich. Zum einen verändern sich die eutektischen γ/γ'-Inseln kaum, welche – zumindest in höheren Gehalten ab etwa 2 Vol.-% – unerwünscht sind. Das in ihnen befindliche γ' fehlt für eine effektivere Härtung. Außerdem werden höhere Resteutektikumanteile mit geringerer Duktilität und Schleifrissempfindlichkeit in Verbindung gebracht. Zum anderen erhöht eine inhomogene Elementeverteilung die Gefahr der Instabilität durch TCP-Phasenbildung, weil die Elemente mit hoher N_V-Zahl lokal angereichert vorliegen. Des Weiteren können die Deckschichtausbildung und das Korrosionsverhalten lokale Unterschiede zeigen.

Die für die Erhöhung der Korngrenzenviskosität wichtigen $M_{23}C_6$ und/oder M_6C-Karbide oder eventuell auch andere korngrenzenwirksame Ausscheidungen lösen sich bei den gängigen Teil- oder Volllösungsglühungen weitestgehend oder sogar restlos auf, so dass sie anschließend gezielt wieder ausgeschieden werden können.

Neben der Gefügeeinstellung dient die Lösungsglühung bei vielen Bauteilen auch zum Abbau von *Eigenspannungen I. Art* (siehe Kap. 3.15). Besonders während des Schrumpfens in einer Gießform treten inhomogen verteilt plastische Verformungen auf, so dass makroskopische Eigenspannungen zurückbleiben. Diese überlagern sich additiv den Lastspannungen und können Rissbildung und den Ausfall des Bauteils verursachen. Das Prüfkriterium „rissfrei" allein genügt bei vielen Bauteilen also nicht; die Eigenspannungen dürfen bestimmte Grenzen nicht überschreiten. Eine Spannungsrelaxation im Betrieb erfolgt nur sehr träge, weil es sich um kriechfeste Werkstoffe handelt.

Während man bei ausscheidungshärtenden Legierungen üblicherweise versucht, alle Legierungselemente während der Abkühlung in Lösung zu halten, gelingt dies bei hoch γ'-haltigen Varianten selbst bei schroffer Wasserabschreckung nicht, weil die kritische Keimgröße wegen der niedrigen Phasengrenzflächen- und Verzerrungsenthalpie gering ist, **Bild 6.34**. Bei relativ rascher Abkühlung, etwa durch Gasumwälzung im Vakuumofen, scheiden sich feine Teilchen aus. Dieses „Abkühl-γ'" wächst bei der anschließenden Aushärtungsbehandlung weiter an. Bei langsamerer Abkühlung bilden sich mittelgroße γ'-Ausscheidungen.

Bei der Abkühlung der Komponenten von Lösungsglühtemperatur ist außerdem stets zu beachten, dass nicht zu hohe neue Eigenspannungen induziert werden. Die Abkühlbedingungen hängen also auch von der Bauteilgeometrie ab.

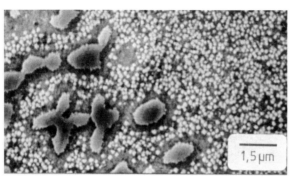

Bild 6.34

Feine Abkühl-γ'-Ausscheidungen in der Legierung *IN 738 LC* nach fast vollständiger Lösungsglühung 1180 °C/2h mit Wasserabschreckung

Die REM-Aufnahme stammt aus einem interdendritischen Bereich, in welchem sich die γ'-Teilchen noch nicht komplett aufgelöst haben (gröbere Partikel)

b) Mehrstufige Lösungsglühung

Will man das Eigenschaftspotenzial einer Gusslegierung voll ausschöpfen, muss man das Gefüge weitgehend homogenisieren. Dazu muss unterhalb des Anschmelzens lange genug geglüht werden, oft als *super solutioning* bezeichnet, **Bild 6.28 c)**. Mit zunehmender Homogenisierung steigt die Anschmelztemperatur und nähert sich der Gleichgewicht-Solidustemperatur. Diesem Anstieg folgt man bei der Wärmebehandlung durch schrittweise Erhöhung der Glühtemperatur, bis a) die γ'-Phase möglichst vollständig in Lösung gegangen ist, b) die eutektischen γ/γ'-Inseln sich als Folge des gleichgewichtsnäheren Zustandes größtenteils aufgelöst haben und c) die Legierungselemente sich soweit ausgeglichen haben, dass die Gefahr der Instabilität durch TCP-Phasenbildung verringert ist (siehe auch Kap. 6.6.2). Üblich sind drei bis fünf, teilweise auch mehr Homogenisierungsstufen mit jeweiligen Haltezeiten von etwa ½ bis 5 Stunden.

Bild 6.35 zeigt den Gusszustand und den mehrstufig lösungsgeglühten Zustand am Beispiel der Einkristalllegierung *CMSX-4*. Ob sich die aufwändige Prozedur einer mehrstufigen Lösungsglühung lohnt, hängt davon ab, wie stark das

6.6 Hochtemperaturlegierungen auf Ni-Basis

Bauteil mechanisch und thermisch beansprucht werden soll und wie hoch die Gefahr der TCP-Phasenbildung ist. Je homogener ein Zustand ist, umso geringer ist die Neigung zur TCP-Phasenausscheidung, weil diese durch Seigerungen gefördert wird.

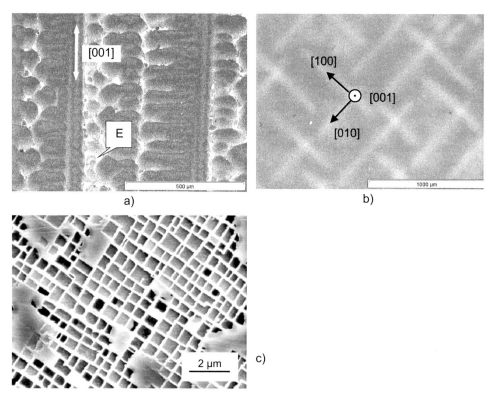

Bild 6.35 Gefüge der Einkristalllegierung *CMSX-4* [6.85]
  a) Gusszustand mit dendritischer Struktur und großen γ/γ'-Eutektikuminseln (E); Längsschliff mit [001]-Orientierung vertikal
  b) Mehrstufig zwischen 1200 und 1320 °C lösungsgeglühter Zustand (Querschliff)
  Die Dendritenstruktur ist aufgrund nicht vollständig beseitigter Seigerungen, hauptsächlich von W und Re, noch erkennbar. Das γ/γ'-Eutektikum ist verschwunden.
  c) Wie b), γ'-Ausscheidungen mit einem Flächenanteil in der {100}-Schliffebene von ca. 63 % im dendritischen Bereich (der interdendritische Anteil liegt bei ca. 68 %; γ-Ätzung)

Bei gerichtet erstarrten Bauteilen, in DS- oder SX-Form, ist ferner zu beachten, dass bei vollständiger Beseitigung der interdendritischen γ'-Ausscheidungen Rekristallisationskörner nach vorausgegangener Verformung ungehindert wachsen können [6.72]. Aus diesem Grund muss möglicherweise auf eine vollständige Lösungsglühung – auf Kosten der Zeitstandfestigkeit – verzichtet werden (siehe auch Kap. 6.7.4).

Die zum Teil sehr diffizilen Lösungsglühungen bergen weitere Gefahren, von denen im Folgenden zwei beschrieben werden.

Extrem lange Glühdauern bei höchsten Temperaturen sind nicht nur kostspielig, sondern es dampfen im Vakuum auch nennenswerte Mengen von Elementen – überwiegend Cr – aus dem Randbereich ab. Dadurch kann es in diesen Zonen zu Anschmelzungen kommen, weil die Liquidus- und Solidustemperatur abgesenkt werden. **Bild 6.36** zeigt das Beispiel einer Co-freien Experimentallegierung, die zwischen 1250 °C und 1275 °C sechsstufig und über 30 h lösungsgeglüht werden musste, um die γ'-Ausscheidungen und das γ/γ'-Eutektikum in Lösung zu bringen. Eine zum Vergleich mit den gleichen (T; t)-Parametern an Luft geglühte Probe wie in Bild 6.36 zeigt die Randanschmelzungen nicht, weil sich an Luft eine Oxidschicht bildet, welche Abdampfungen verhindert. Die extrem aufwändige Lösungsglühung ist hier ein Effekt des fehlenden Co. Co *senkt* in Ni-Basiswerkstoffen die γ'-Solvustemperatur und *erhöht* die Anschmelztemperatur des γ/γ'-Eutektikums. In Co-freien Legierungen ist folglich die γ'-Lösungstemperatur recht hoch und die Anschmelztemperatur des Eutektikums niedrig. Solche Werkstoffe lassen sich daher nicht mit vertretbarem Aufwand vollständig lösungsglühen [6.81]. Die einzige kommerzielle Co-freie Gusslegierung, *IN 713*, wird aus diesem Grund ohne Lösungsglühung eingesetzt (eventuelle HIP- oder Beschichtungswärmebehandlungen bezwecken in diesem Fall kein vollständiges Lösungsglühen).

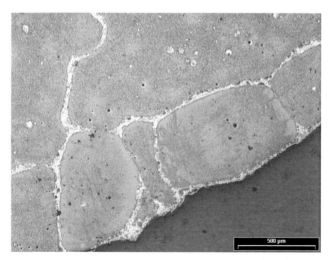

Bild 6.36

Anschmelzungen und Neukörner durch Wiedererstarrung am Rand nach langer Vakuumglühung [6.85]

Co-freie Experimentallegierung, die zwischen 1250 °C und 1275 °C 6-stufig und > 30 h lösungsgeglüht wurde. Der Randbereich ist Cr-verarmt und schmilzt daher bei tieferer Temperatur an.

Die Temperatur/Zeit-Führung bei der Lösungsglühung ist besonders bei den hoch entwickelten DS- und SX-Legierungen, die optimal wärmebehandelt werden müssen, um ihr gesamtes Festigkeitspotenzial auszuschöpfen, sehr genau zu beachten. Es können diverse Gefügeentartungen auftreten [6.95]. **Bild 6.37** gibt das Beispiel derselben Legierung wie in Bild 6.36 wieder [6.81]. Hier ist beim Abkühlen von der letzten Lösungsglühstufe bei 1275 °C der Bereich der obersten ca. 20 °C zu langsam durchlaufen worden. Dies führte zu einem starken Wachstum der γ'-Ausscheidungen in ausgefranster, manchmal schmetterlingsartiger Form, die gegenüber der idealen kubischen Gestalt deutlich schlechtere Festigkeitswerte hervorruft. Im dargestellten Fall hat das fehlende Co in der Legierung bewirkt, dass sofort unterhalb der letzten Lösungsglühstufe die γ'-Teilchen angefangen haben sich auszuscheiden und stark zu wachsen. Wie erwähnt ist in Co-freien Ni-Werkstoffen die γ'-Solvustemperatur höher als in Co-haltigen Varianten. Wegen der Lösungsglühbarkeit enthalten die meisten Ni-Basisgusslegierungen daher einen Co-Anteil um 9 % oder mehr [6.81].

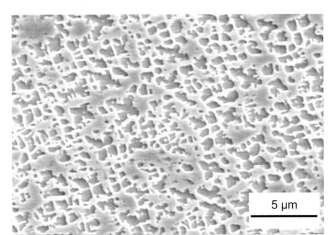

Bild 6.37

Entartetes γ'-Gefüge aufgrund zu langsamer Abkühlung im obersten Temperaturbereich nach mehrstufiger Lösungsglühung [6.81]

(γ'-Ätzung; in den dunkleren, tiefer liegenden Bereichen befanden sich die Ausscheidungen.)

c) Aushärtungsglühung

Bei der Aushärtung soll der volle Volumenanteil der γ'-Teilchen bei möglichst optimaler Größe und Größenverteilung ausgeschieden werden. Außerdem sind die korngrenzenverfestigenden Partikel, in der Regel Karbide des Typs $M_{23}C_6$ und/ oder M_6C, in diskreter globularer, nicht filmartig zusammenhängender Form zu bilden.

Nach der Abkühlung von Lösungstemperatur liegt bei den meisten γ'-härtenden Legierungen bereits ein relativ hoher Anteil dieser Phase vor, teils als grobe primäre Teilchen aufgrund unvollständiger Lösungsglühung, teils als feines „Abkühl-γ'". Im einfachsten Fall schließt sich eine einstufige Aushärtung an (**Bild 6.28 e**), typischerweise bei 850 °C über 16 bis 24 h. Dabei wachsen die bei der Abkühlung entstandenen γ'-Keime weiter an und neue kommen hinzu. Diese meist feinen Teilchen werden als *sekundäres γ'* bezeichnet.

Falls vor der Aushärtung eine Teillösungsglühung stattgefunden hat, entsteht während der Aushärtung ein *bimodales γ'-Gefüge*. Dieses ist gekennzeichnet durch eine bidisperse Größenverteilung in den Dendritenzwischenräumen (grobes primäres und feines sekundäres γ') sowie eine monodisperse Verteilung innerhalb der Dendriten (nur sekundäres γ'; zu den Begriffen siehe auch Bild 6.18).

Besonders bei einigen Knetlegierungen, die für den Einsatz bei mittleren Temperaturen vorgesehen sind, wird eine doppelte Aushärtungsglühung vorgenommen (**Bild 6.28 f**), wie z. B. für *Nimonic 80A* bei 850 °C/24 h und 700 °C/ 16 h. Bei der höheren Temperatur werden die Korngrenzenkarbide in der für das Korngrenzengleiten günstigen Form als diskrete Teilchen ausgeschieden. Die bei der Abkühlung von Lösungstemperatur gebildeten γ'-Ausscheidungen vergröbern dabei. Während der Abkühlung von der ersten Aushärtungsstufe kommen weitere γ'-Keime hinzu, welche bei der zweiten Aushärtung wachsen. Aufgrund homogener Elementeverteilung und geringen γ'-Anteils lassen sich die Knetlegierungen vollständig lösungsglühen. Die doppelte Aushärtung erzeugt ein monomodal-bidisperses γ'-Gefüge mit mittelgroßen kubischen Teilchen aus der oberen Aushärtungsstufe sowie feinen kugeligen Ausscheidungen aus der unteren. Man spricht dabei ebenfalls von primärem und sekundärem γ' gemäß der Entstehungsreihenfolge.

Gusslegierungen mit einem hohen γ'-Volumenanteil, beispielsweise die CC- und DS-Legierung René 80 in Bild 6.19 oder die SX-Legierung *CMSX-4* in Bild 6.35, werden ebenfalls meist zweistufig ausgehärtet, z. B. in der ersten Stufe bei 1080 °C und in der zweiten bei 850 °C, allerdings aus anderen Gründen als zuvor erläutert. Infolge des hohen Gehaltes γ'-bildender Elemente ist die Zeit-Temperatur-Ausscheidung-Kurve in diesen Werkstoffen nach links oben, d. h. zu höheren Temperaturen und kürzeren Zeiten, verschoben (vgl. Bild 2.24). Daher entsteht ein hoher γ'-Anteil schon bei der Abkühlung von Lösungsglühung. Optimale Ausscheidungskinetik liegt in der höheren Aushärtungsstufe vor; in der zweiten Stufe bildet sich das restliche γ'. Die erste Stufe wird meist mit der für eine Beschichtung erforderlichen Wärmebehandlung kombiniert.

Aushärtungswärmebehandlungen an Luft bieten die Möglichkeit, die Bauteile vorzuoxidieren. Ziel ist es dabei, eine möglichst reine Cr_2O_3- oder Al_2O_3-Deckschicht zu bilden, d. h. ohne Anteile an NiO, CoO, FeO oder anderen Oxiden. Theoretisch können dadurch bestimmte Heißgaskorrosionsformen verhindert werden (siehe Kap. 5.8.4 und 5.8.5). Praktisch wird dies nicht beliebig lange funktionieren, weil durch Beschädigungen und Abplatzungen immer wieder verunreinigte Deckschichten entstehen; die Inkubationszeit bis zum Angriff wird aber zumindest verlängert. Ein abgesenkter O_2-Partialdruck der Glühatmosphäre wäre für die Bildung reinen Cr- oder Al-Oxids zwar förderlich, wird jedoch wegen des technischen Aufwandes selten realisiert.

d) Direkte Aushärtung

Als direkte Aushärtung bezeichnet man eine bereits während der Abkühlung von Lösungsglühtemperatur erfolgende vollständige Ausscheidung ohne nachgeschaltete Wärmebehandlung, **Bild 6.28 g)**, vergleichbar der kontinuierlichen Zeit-

Temperatur-Umwandlung bei Stählen. Wenn die Abkühlung genügend langsam stattfindet, können nahezu der gleiche Volumenanteil sowie die gleiche Teilchengröße und -anordnung erzielt werden wie bei stufenweiser isothermer Glühung. Es ist darauf zu achten, dass sich keine zusammenhängenden Karbidfilme auf Korngrenzen bilden, was bei langsamer Abkühlung im Bereich höherer Temperaturen der Fall sein kann.

Wirtschaftliche Vorteile bietet die direkte Aushärtung besonders bei Bauteilen, die an Luft lösungsgeglüht werden, z. B. Schmiedestücke, die anschließend noch oberflächenbearbeitet werden. Lange Glühungen im Vakuum sind dagegen kostspielig, und außerdem findet keine Voroxidation statt, welche bei der Heißgaskorrosion nützlich ist.

e) Beschichtungswärmebehandlung

Nach Beschichtungsvorgängen wird in vielen Fällen eine vollständige Wärmebehandlung vorgenommen, um das möglicherweise ungünstig veränderte Gefüge zu regenerieren. Bei Auflageschichten dient die Lösungsglühung darüber hinaus zur Interdiffusion zwischen Grundwerkstoff und Schicht, um die Haftung zu verbessern. Bei Bauteilen, die sehr hoch lösungsgeglüht werden müssen, wie solche aus hoch γ'-haltigen Legierungen, kombiniert man üblicherweise die Diffusionsbehandlung mit der obersten Aushärtungsstufe. Die Lösungsglühung würde in diesem Fall eine zu breite Diffusionszone bewirken, was sowohl die Schicht- als auch Grundwerkstoffeigenschaften zu stark verändern würde. Außerdem könnte die Beschichtung anschmelzen.

f) Glühen auf gezackte Korngrenzen

Um den Korngrenzengleitanteil und damit auch den Diffusionskriechanteil an der Gesamtverformung gering zu halten und die interkristalline Rissgefahr zu mindern, hat man versucht, die Wärmebehandlung so zu steuern, dass die Korngrenzen eine gezackte oder gewellte Morphologie bekommen (*serrated grain boundaries*).

Für das Auftreten gezackter Korngrenzen in γ'-gehärteten Ni-Legierungen ist vorauszusetzen, dass die γ'-Lösungstemperatur oberhalb derjenigen der Korngrenzenkarbide $M_{23}C_6$ und/oder M_6C, eventuell auch von Boriden, liegt. Da mit dem γ'-Anteil auch dessen Lösungstemperatur steigt, ist diese Bedingung erst ab genügend hohen γ'-Volumenanteilen von rund 15 bis 20 % erfüllt, d. h. bei einigen Knetlegierungen nicht (Tabelle 6.12).

Die gezackten Korngrenzen bilden sich während einer kontrollierten, relativ langsamen Abkühlung knapp unterhalb der γ'-Lösungstemperatur aus, **Bild 6.28 d)**. Die Legierung muss also in Bezug auf die γ'-Teilchen vollständig lösungsgeglüht werden. Es müssen sehr geringe Abkühlraten von wenigen °C/min eingehalten werden, für *IN 738 LC* beispielsweise im Bereich von 0,5 bis 2,5 °C/min [6.26]. Dies entspricht (Vakuum-) Ofenabkühlung, eventuell sogar mit geregeltem Nachheizen.

Ausgehend von der Lösungsglühtemperatur durchfährt man einen Temperaturbereich von etwa 50 bis 100 °C in dieser Weise, danach kann schneller abgekühlt werden. Spätestens, wenn sich Korngrenzenkarbide ausscheiden, wird das Ausbauchen der Korngrenzenabschnitte unterbunden. In Legierungen, in denen ein zu enger Temperaturabstand zwischen beginnender γ'- und Karbidausscheidung liegt, kann die gewünschte Korngrenzenmorphologie daher nicht eingestellt werden.

Über die Entstehungsmechanismen gezackter Korngrenzen in γ'-haltigen Ni-Basislegierungen gibt es mehrere Theorien [6.23, 6.27, 6.28]. Sofern während der Abkühlung noch eine nennenswerte Korngrenzenwanderung im Sinne einer Kornvergröberung stattfindet, ist ein Vorgang entsprechend der diskontinuierlichen (zellförmigen) Ausscheidung plausibel, wie er in Bild 2.15 für die ursprünglich feinkörnige Legierung *Udimet 720* erkennbar ist. Bei grobkörnigen Werkstoffen, wie den Gusslegierungen und den meisten Hochtemperatur-Schmiedewerkstoffen, ist die treibende Kraft für weitere Kornvergröberung nach der Lösungsglühung jedoch sehr gering und das Ausbauchen läuft möglicherweise nach einem anderen Mechanismus ab [6.27].

Für eventuell nachfolgende, regenerierende Wärmebehandlungen ist zu beachten, dass die Korngrenzen bestrebt sind, sich zwecks Minimierung der Grenzflächenenthalpie wieder gerade zu ziehen. Bei Glühtemperaturen oberhalb der γ'-Auflösung muss deshalb die Abkühlung genauso wie bei der ursprünglichen Wärmebehandlung geregelt werden.

6.6.4.3 Heiß-isostatisches Pressen (HIP)

Das aus der Pulvermetallurgie stammende heiß-isostatische Pressen, für das sich das Kunstwort *Hippen* eingeprägt hat, wird angewandt, um innere Hohlräume von Bauteilen zu beseitigen. Diese können sowohl im Neuzustand in Form von Gusslunkern vorliegen als auch betriebsbedingt als Poren oder Mikrorisse entstehen.

Gegossene Neuteile werden nachverdichtet, wenn sie starken Schwingbelastungen ausgesetzt sind, weil von Gussporositäten Ermüdungsanrisse ausgehen können. Die statischen Kennwerte, wie besonders die Zeitstandfestigkeit, werden dagegen nicht gravierend beeinflusst (Effekte durch eine möglicherweise veränderte (T; t)-Führung gegenüber Standardlösungsglühung wären getrennt zu betrachten). Bei betriebsbeanspruchten Bauteilen kann das *Hippen* erforderlich werden, wenn sie außergewöhnliche Kriechschädigung aufweisen. Die Zeitstandfestigkeit des Neuzustandes wird praktisch vollständig wiederhergestellt, falls eventuelle Oberflächenfehler auf andere Weise ebenfalls beseitigt werden.

Der allseitige Pressvorgang beruht auf dem sehr großen Druckunterschied zwischen der Gasatmosphäre außen (meist Argon mit ca. 100 bis 200 MPa) und den inneren Hohlräumen. Aufgrund dessen können Löcher mit Zugang zur Oberfläche selbstverständlich nicht durch *Hippen* verschlossen werden. Um die Porosität vollständig zu schließen, muss sich der Werkstoff kriechverformen. In technisch sinnvollen Zeiten, üblicherweise etwa 1 bis 4 h, ist dies nur möglich, wenn

6.6 Hochtemperaturlegierungen auf Ni-Basis

er sich in einem sehr weichen Zustand befindet, d. h. bei sehr hohen Temperaturen und ohne härtende Phasen. Besteht bei Ni-Basislegierungen noch ein nennenswerter γ'-Restanteil, wird mit gewöhnlichen Druck/Zeit-Parametern keine 100 %-ige Dichte erzielt. Deshalb wird das *Hippen* bei Lösungsglühtemperatur durchgeführt. Sofern es sich dabei standardmäßig um eine Teillösungsglühung handelt, muss bei höherer Temperatur gepresst werden.

Bild 6.38 zeigt ein Beispiel von Turbinenschaufeln aus der Legierung *CM 247 LC*, welche in bestimmten Bereichen nach dem Gießen starke Lunkerbildung aufwiesen. Durch das *Hippen* bei einer Temperatur, bei der zwar dendritisch alle γ'-Ausscheidungen gelöst waren, das Eutektikum jedoch noch vorlag, konnten die Hohlräume vollständig beseitig werden, weil der Druck mit 200 MPa (2000 bar) sehr hoch lag. In der Zone mit ehemaliger Porosität hat sich ein völlig abweichendes Gefüge eingestellt mit feineren Körnern und sehr groben γ'-Inseln. Offenbar konnte es durch die lokal starke Verformung zur dynamischen Rekristallisation kommen (siehe auch Bild 3.36, allerdings hier unter *Druck*belastung).

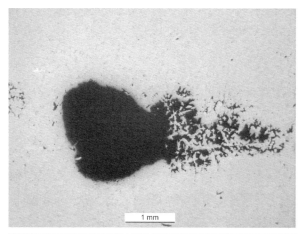

Bild 6.38

Beseitigung von Porositäten durch heiß-isostatisches Pressen (HIP) [6.85]

a) Starke Lunkerbildung nach dem Gießen

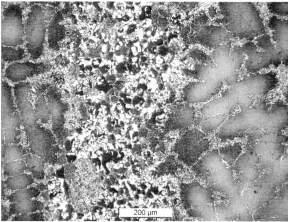

b) Gefüge nach HIP-Behandlung

Das Bauteil zeigte vor dem *Hippen* in der Röntgendurchstrahlung an dieser Stelle ähnliche Anzeigen wie in Teilbild a).

Legierung *CM 247 LC*, konventionell vergossen
HIP-Parameter:
1220 °C/200 MPa

Außerdem sind die verbleibenden γ'-Ausscheidungen durch den hydrostatischen Spannungszustand zu sehr groben Inseln zusammengewachsen, analog zum Rafting (Bild 6.22 b) unter einachsiger Belastung.

6.6.4.4 Regenerierende Wärmebehandlung

Außergewöhnliche Teilchenvergröberung, eine filmartige Korngrenzenbelegung mit Ausscheidungen oder die Bildung unerwünschter Phasen während des Betriebes können eine Wärmebehandlung erforderlich machen, die das Mikrogefüge und damit die Eigenschaften im Werkstoffinnern regeneriert. Über eine Lösungsglühung und anschließende Aushärtungsbehandlung ist der Startzustand wiederherstellbar, mit Ausnahme möglicher Kornvergröberung. Aufgrund des allmählichen Konzentrationsausgleiches der Legierungselemente während des Langzeitbetriebes kann bei manchen Werkstoffen sogar eine vollständige Lösungsglühung im Gegensatz zum Ausgangszustand möglich werden. Auf eine eventuell durchgeführte schrittweise Lösungsglühung kann bei wiederholter Wärmebehandlung verzichtet werden.

Sofern die Gebrauchseigenschaften zusätzlich durch Veränderungen an der Oberfläche (Korrosion, Risse) und/oder im Innern durch Poren oder Risse verschlechtert worden sind, müssen weitere rekonditionierende Maßnahmen ergriffen werden Kap. 8.2).

6.6.5 Korrosionseigenschaften

Ni bietet bei hohen Temperaturen keinen ausreichenden Oxidationsschutz, weil das Oxid NiO eine zu hohe parabolische Wachstumskonstante aufweist, siehe Bild 5.6. Die Heißgaskorrosionsbeständigkeit wäre ohne gezielte Legierungsmaßnahmen besonders schlecht wegen der Bildung von $NiSO_4$ bei Typ II-Heißgaskorrosion sowie flüssiger Ni-S-Phase. Wie in Fe- und Co-Basislegierungen wird der Oxidationsschutz bis etwa 950 °C Anwendungstemperatur bei den meisten Legierungen durch Cr bewirkt, darüber durch Al. **Tabelle 6.13** gibt eine Übersicht über diese beiden Kategorien der Ni-Basislegierungen (siehe auch Tabelle 6.21).

Cr bildet sowohl schützende und relativ langsam wachsende Oxiddeckschichten als auch bei der Sulfidation stabile und nicht in eine Flüssigphase übergehende Cr-Sulfide (zusammen mit Ti). Um Al_2O_3-Bildung zu vermeiden, muss der Al-Gehalt < ca. 4 % liegen bei Cr-Anteilen von mindestens etwa 12 %. In dieser Gruppe findet man – mit sehr wenigen Ausnahmen – sämtliche Ni-Basisknetlegierungen sowie viele Gusslegierungen, besonders die für den stationären Gasturbinenbau (siehe auch Anhang 2, Tabelle A3).

Oberhalb ca. 4,5 % Al schlägt der Deckschichttyp um, sofern gleichzeitig ausreichend hohe Cr-Gehalte beibehalten werden (siehe Erläuterungen zum Mechanismus in Kap. 5.3.5 und Bild 5.11). Der erforderliche Cr-Gehalt zur Al_2O_3-Deckschichtbildung sinkt mit steigender Temperatur wegen der zunehmenden Al-Beweglichkeit. So werden in einigen Einkristallwerkstoffen Al-Gehalte von etwa 6 % bei Cr-Anteilen von 8 % und in neueren Legierungen sogar bis herunter zu 2 % realisiert. Höhere Cr-Anteile sind deshalb nicht möglich, weil bei diesen gleichzeitig hoch Re-haltigen Werkstoffen ansonsten starke Phaseninstabilität durch Ausscheidung von TCP-Phasen aufträte (siehe Kap. 6.7.3).

Tabelle 6.13 Kategorien und Merkmale der Ni-Basislegierungen, eingeteilt nach Anwendungstemperaturen

Bis ca. 950 °C	Oberhalb ca. 950 °C [1]
≥ 12 % Cr	≤ 12 % Cr
< 4 % Al	> 4,5 % Al
kein Re (bis auf Ausnahmen)	0 bis 6 % Re
Knet- und Gusslegierungen (CC, DS oder SX)	Gusslegierungen (CC, DS oder SX)
Cr_2O_3-Deckschichtbildner	Al_2O_3-Deckschichtbildner
primär gute Heißgaskorrosionsbeständigkeit	primär gute Oxidationsbeständigkeit
geringe bis mittlere γ'-Gehalte	hohe γ'-Gehalte
mittlere Kriechfestigkeit	hohe Kriechfestigkeit

[1] Diese Legierungen können selbstverständlich auch bei tieferen Temperaturen eingesetzt werden, wenn die geringere Heißgaskorrosionsbeständigkeit ohne Bedeutung ist.

Besonders die Legierungen für Triebwerksschaufeln, aber auch die für sehr heiß laufende Industriegasturbinenschaufeln basieren auf dem Al_2O_3-Deckschichtmechanismus. Es handelt sich durchweg um Gusslegierungen; nur vereinzelt existieren Knetlegierungen, welche einen so hohen Al-Gehalt aufweisen, dass sie eine Al_2O_3-Deckschicht bilden. Der Oxidationswiderstand dieser Legierungsgruppe ist wegen der stabilen Al_2O_3-Deckschicht zwar sehr gut, doch die Heißgaskorrosionsbeständigkeit ist aufgrund des abgesenkten Cr-Gehaltes meist schlecht. Zudem enthalten die meisten Al_2O_3-Deckschichtbildner wenig oder gar kein Ti, welches imstande wäre, zusammen mit Cr Schwefel in Form *fester* Sulfide abzubinden, wenn es zur Sulfidation kommt.

Gleichzeitig hohe Al- und Cr-Gehalte lassen sich in den Strukturwerkstoffen auf Ni-Basis nicht realisieren. Ein hoher Al-Gehalt bedeutet immer auch, dass ein Bereich mit sehr hohen Einsatztemperaturen angestrebt wird. Dazu muss ein hoher Anteil der härtenden γ'-Phase vorliegen, damit die Kriechfestigkeit gewährleistet ist. Hierzu wiederum ist, neben Al, besonders der Ta-Gehalt anzuheben. Um zusätzlich eine starke Mischkristallhärtung zu bewirken, setzt man den W-Gehalt und – in den DS/SX-Legierungen ab der zweiten Generation – auch den Re-Gehalt herauf. All diese Legierungsmaßnahmen führen jedoch dazu, dass sich TCP-Phasen (überwiegend vom Typ σ und Typ P) ausscheiden, wenn nicht gleichzeitig der Cr-Anteil drastisch abgesenkt wird.

Nur in Funktionswerkstoffen, was hier Beschichtungen bedeutet, kann man gleichzeitig hohe Al- und Cr-Gehalte verwirklichen. Das bekannte Beispiel hierfür sind die Auflageschichten vom Typ MCrAlY (siehe Kap. 7.1.4.2). Diese enthalten die zuvor erwähnten festigkeitssteigernden Elemente nicht oder nur geringe Anteile davon, so dass die TCP-Phasenausscheidung in den MCrAlY-Schichten gewöhnlich kein Problem darstellt.

Bei Oberflächentemperaturen oberhalb von rund 800 °C werden die Bauteile üblicherweise zusätzlich beschichtet, um den Grundwerkstoff vor zu starkem Korrosionsangriff zu schützen (siehe Kap. 7). Es bestünde ansonsten die Gefahr, dass die Lebensdauer, welche durch die thermische/mechanische Belastung berechnet wurde, nicht erreicht wird.

6.7 Gerichtet erstarrte Superlegierungen

6.7.1 Allgemeines

Die Entwicklungen der Ni-Basis-Superlegierungen konzentriert sich seit den 1980er Jahren auf einsatzreife gerichtet erstarrte Komponenten, hauptsächlich für Flugtriebwerke und stationäre Gasturbinen. Seit Ende der 1970er Jahre steht die erste Generation dieser Legierungen sowie die dafür erforderliche Herstelltechnik zur Verfügung [6.29]. Deren Zusammensetzung basiert auf den konventionell vergossenen Legierungen. Die zweite Einkristallgeneration enthält ca. 3 % Re, die dritte bis ca. 6 % Re und die mittlerweile entwickelte vierte Generation zusätzlich etwa 3 % Ru bei 6 % Re [6.92]. Diese Werkstoffe weisen die höchste Zeitstand- und Thermoermüdungsfestigkeit bei hoher Oxidationsbeständigkeit im Temperaturbereich bis etwa 1050 °C auf.

Ein Ziel bei der Qualifikation von Gusswerkstoffen mit kolumnarer und einkristalliner Kornstruktur besteht darin, das Korngrenzengleiten als Ursache für interkristalline Kriechschädigung zu reduzieren oder zu beseitigen (Kap. 3.11 und 3.12). Ein entscheidender weiterer Vorteil eröffnet sich durch Vorgabe einer bestimmten Textur beim Erstarren, um die Beständigkeit gegen thermische Ermüdung zu verbessern. Mit steigender Temperatur wird diese Beanspruchung zunehmend lebensdauerbegrenzend für Bauteile, zumal diese mit hohen Temperaturänderungsraten betrieben werden.

Innerhalb einer vorgegebenen Werkstoffgruppe, wie der der Ni-Basislegierungen, bestehen nur begrenzte Möglichkeiten, die Thermoermüdungsfestigkeit zu verbessern, es sei denn, man nutzt die Anisotropie des E-Moduls aus (Kap. 4.7.4.3). Da in kubischen Gittern die <100>-Richtung (Würfelkanten) die elastisch weichste ist, lässt man die Bauteile mit der Achse, in der die größten Wärmedehnungen auftreten, in dieser Richtung kristallisieren. Damit wird der plastische Verformungsanteil der thermischen Dehnungen unter sonst gleichen Bedingungen so gering wie möglich gehalten.

Bild 6.39 stellt schematisch die drei verschiedenen Kornstrukturtypen gegenüber: konventionell gegossen (*CC – conventionally cast*), stängelkristallin gerichtet erstarrt (*DS – directionally solidified*) und einkristallin gerichtet erstarrt (*SC* oder *SX – single crystal*; Anm.: Ein*kristall* bedeutet hier Ein*korn* mit Mehrphasig-

6.7 Gerichtet erstarrte Superlegierungen

keit). Da man die Bauteillängsachse meist als z-Achse annimmt, ist die Richtungsbezeichnung [001] üblich anstelle der allgemeinen Würfelkantenindizierung <100>. Bei den DS-Bauteilen sind die Körner um die [001]-Achse beliebig gedreht, ebenso wie das eine Korn beim Einkristall, sofern nicht die senkrecht dazu stehenden Richtungen bei der Erstarrung ebenfalls vorgegeben werden. Obwohl es sich bei der Einkristallherstellung auch um eine gerichtete Erstarrung handelt, wird dieser Begriff nach üblichem Sprachgebrauch auf die stängelkristallinen Varianten bezogen. Im Folgenden werden zwar die gängigen Abkürzungen DS und SC unterschieden, ansonsten aber beide Typen als gerichtet erstarrt tituliert.

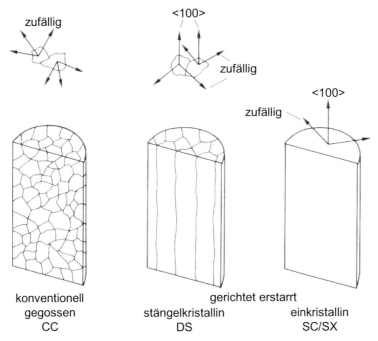

Bild 6.39 Schematische Darstellung der unterschiedlichen Korngefüge und Orientierungszusammenhänge (nach [6.29])
In Längsrichtung ist die Vorzugsorientierung <100> angenommen; wenn z die Längsachse darstellt, handelt es sich um die [001] Richtung.
CC – conventionally cast; DS – directionally solidified; SC/SX – single crystal

6.7.2 Herstellung

6.7.2.1 Prinzip der gerichteten Erstarrung

Der gewünschten <100>-Kristallorientierung kommt die Tatsache entgegen, dass das Dendritenwachstum bei kubischen Werkstoffen anisotrop erfolgt in genau dieser Vorzugsrichtung. Die Kunst der gerichteten Erstarrung liegt nun darin, durch Startkristalle die <100>-Erstarrungsrichtung vorzugeben und zufällige Keimbildung und Keimwachstum in der Schmelze zu unterbinden. Dazu ist ein Wärmeentzug erforderlich, der einaxial nur in Erstarrungsrichtung fließt mit einem möglichst steilen Temperaturgradienten bei definierter Abzuggeschwindigkeit des festen Materials. Außerdem muss die Gießform auf eine Temperatur oberhalb Liquidus aufgeheizt werden (bei Ni-Basislegierungen ca. 1500 °C), um – entgegen konventioneller Gießtechnik – Erstarrung an der Schalenwand und am Kern zu verhindern.

Bild 6.40 zeigt das Schema einer Gießanlage nach dem Bridgman-Prinzip, das am weitesten verbreitet ist. Bei den Ni-Basislegierungen muss die gesamte Gießanlage auf ein Hochvakuum von ca. 10^{-8} bar gepumpt werden. Mittels eines wassergekühlten Kupferringes, des so genannten *Baffles*, wird eine schroffe Temperatursperre zwischen dem Ofenraum und dem kalten unteren Teil der Apparatur erreicht. Die Formschale steht auf einer wassergekühlten Kupferplatte, die mit genau einzuhaltender Geschwindigkeit abgesenkt wird. Auf diese Weise wird in Höhe des *Baffles* eine annähernd eindimensionale Wärmeabfuhr durch Wärmeleitung nach unten und eine ebene Erstarrungszone zwischen Liquidus- und Solidustemperatur, der teigigen Zone (*mushy zone*), erzeugt.

Die stängelkristallinen Korngefüge werden nach dem Prinzip der *Wachstumsauslese* hergestellt. Dabei erstarrt zunächst eine dünne Schicht auf der Kupferplatte mit vielen globularen, willkürlich orientierten Körnern. Die bevorzugte Ankeimung in <100>-Richtung führt zu einem schnelleren Wachstum der zufällig in dieser Richtung parallel zum Temperaturgradienten liegenden Dendriten. Daraus entstehen Stängelkristalle mit [001]-Ausrichtung im oberen Bereich des Starterblocks auf der Kupferplatte. Dieses Wachstum setzt sich bei gesteuerter Abzugsgeschwindigkeit über die gesamte Bauteillänge fort, und man erhält das kolumnare Korngefüge.

Die Wachstumsauslese wird meistens auch angewandt, um Einkristalle zu züchten. Damit nur *ein* Korn aus dem stängelkristallinen Starterblock weiterwächst, unterbindet man das Wachstum benachbarter Körner durch einen spiralförmigen Kornfilter, die so genannte Helix, **Bild 6.41 a)**. Die Drehung senkrecht zur [001]-Richtung ergibt sich bei dieser Technik zufällig (Bild 6.39), mit der Konsequenz, dass sich richtungsabhängige Quereigenschaften wahllos zum Bauteil orientieren.

Alternativ kann man Einkristalle nach der *Ankeimmethode* herstellen, **Bild 6.41 b)**. Dabei wird ein einkristalliner Impfling gleicher Zusammensetzung mit der gewünschten Orientierung parallel zum Wärmestrom auf der gekühlten Kupferplatte befestigt. Quer dazu kann der Startkristall ebenfalls in eine definierte Position gedreht werden, so dass die Ausrichtung des Bauteils in allen drei Achsen vorbestimmt ist. Wenn die Schmelze auf die Stirnfläche des Impfkristalls fließt, schmilzt dieser zunächst im Oberflächenbereich an, und anschließend erfolgt epitaktisches Aufwachsen an die herausstehenden Dendriten des Impflings. Der einachsige Wärmeentzug im Erstarrungsbereich sorgt für weiteres einkristallines Wachstum. Die Ankeimphase ist bei dieser Technik kritisch und erfordert eine exakte Prozessführung; letztlich ist die Ausbeute an qualitativ einwandfreien Einkristallen mit dieser Methode geringer als nach dem Selektionsverfahren. Letzteres wird daher in der Praxis bevorzugt.

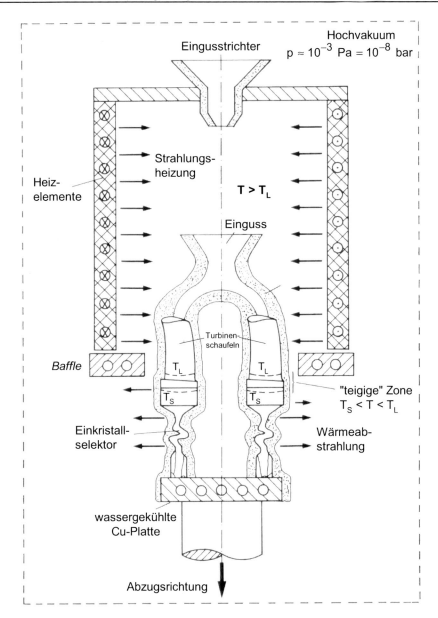

Bild 6.40 Schematischer Aufbau einer Einkristallgießanlage nach dem Bridgman-Prinzip
Es ist eine Gießtraube mit zwei Turbinenschaufeln in einer Abzugsposition gezeigt, bei der sich die Erstarrungsfront etwa im Fuß/Blatt-Übergangsbereich befindet. Die Einkristallselektion erfolgt hier durch Wachstumsauslese. Entgegen der Darstellung wird oft mit der Schaufelspitze nach unten zeigend gegossen (*tip down*).

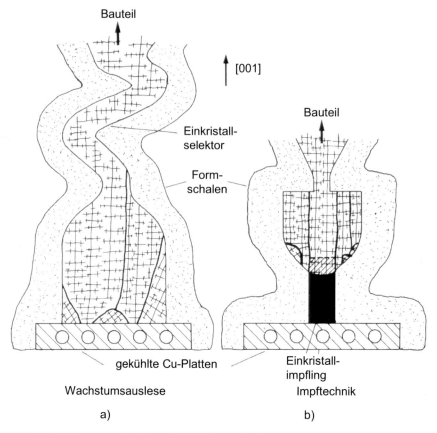

Bild 6.41 Prinzip der gerichteten einkristallinen Erstarrung
  a) Wachstumsauslese
  b) Impftechnik
  Der nicht aufgeschmolzene Bereich des Einkristallimpflings ist schwarz dargestellt; seine ursprüngliche Länge reichte bis in den schraffierten Bereich.

6.7.2.2 Verfahrensparameter und Gefügefehler

Bei der gerichteten Erstarrung kann eine Reihe von Defekten auftreten, die das Bauteil in der Regel zu Ausschuss werden lassen. **Tabelle 6.14** stellt die typischen Fehlerarten zusammen. Insgesamt entsteht ein außerordentlich komplexes Wechselspiel zwischen der Legierungszusammensetzung, der Bauteilgeometrie und -größe sowie den Verfahrensparametern. Gießbarkeit mit gerichteter Erstarrung ist nicht etwa nur eine Legierungseigenschaft, sondern bezieht sich immer auf ein bestimmtes Bauteil, die zur Verfügung stehende Gießapparatur und die gewählten Gießbedingungen.

Tabelle 6.14 Mögliche Gefügefehler bei gerichtet erstarrten Bauteilen

Defekt	Erscheinungsform	Ursache
Großwinkelkorngrenzen (bei Einkristallen)	Bi- oder Vielkristall	Bei nicht eindimensionalem Wärmefluss ist die Erstarrungsfront gekrümmt und die Dendritenstämme wachsen nicht parallel; bei größerer Missorientierung entstehen Großwinkelkorngrenzen. Kann auch durch Fehler beim Startvorgang der Erstarrung entstehen.
Kleinwinkelkorngrenzen	Lichtmikroskopisch indirekt durch leichte Winkelabweichungen der Dendritenstämme; ansonsten mittels TEM nachzuweisen	Wie bei Großwinkelkorngrenze, jedoch mit geringerer Missorientierung der Dendriten; außerdem durch plastische Verformung bei Schrumpfungsbehinderung
Globulare Körner	Überwiegend äquiaxiale Körner im Gesamtgefüge	Zu geringer Temperaturgradient und/oder zu hohe Abzuggeschwindigkeit; großer Dendritenstammabstand
Freckles („Sommersprossen")	Aneinander gereihte kleine rundliche Körner parallel zu den Dendritenstämmen ([001]-Richtung) in den interdendritischen Bereichen; angereichert an Al, Ti und Ta, verarmt an W und Re	Strömung der Schmelze in den interdendritischen Räumen durch seigerungsbedingte Dichteunterschiede; dadurch brechen Dendritenspitzen oder -arme ab, die zu neuen äquiaxialen Körnern führen.
Slivers („Splitter")	Streifenförmige Körner, vorwiegend auf der Bauteiloberfläche	Reaktionen bestimmter Legierungselemente in der Schmelze mit der Formkeramik; Bildung von Einschlüssen, die als Keime für langgezogene Körner wirken.
Wrinkles (Runzeln, Falten)	Faltenartige Streifen auf der Bauteiloberfläche	Ähnlich *Slivers*; besonders Reaktionen von Hf mit der Formkeramik
Zebras	Streifenartige Quermuster im ansonsten längsorientierten Dendritengefüge	Ausgeprägtes seitliches Dendritenwachstum an extremen Querschnittübergängen, z. B. an Deckbändern von Turbinenschaufeln.
Rekristallisationskörner	Vielkörnige Bereiche an Stellen mit starker Schrumpfungsbehinderung oder nachfolgender Verformung	Verformung über einem kritischen Wert beim Abkühlen durch ungünstige Geometrie und/oder eine zu starre Form (Schale und Kern); Rekristallisation bei Lösungsglühung. Die Verformung kann auch durch nachfolgende Behandlungen induziert werden.

Um das angestrebte Korngefüge ohne unzulässige Fehler über die gesamte Bauteillänge zu verwirklichen, müssen einige Prozessparameter in engen Grenzen eingehalten werden. Eine Bedingung für einen gleich bleibenden Temperaturgradienten an der Phasengrenze flüssig – fest ist, dass die in das bereits erstarrte Material abgeleitete Wärme Q_{ab} mindestens so groß ist wie die beim Erstarren entstehende Wärme $Q_{Erst.}$ (ein Wärmefluss in die Schmelze ist nicht möglich, weil diese auf $T > T_L$ gehalten wird). **Bild 6.42** stellt das Modell einer ebenen Erstarrungsfront dar. Die pro Zeiteinheit Δt durch die Querschnittsfläche A strömende Wärme, d. h. die Wärmestromdichte $\dot{q}$, wird bilanziert (vgl. Gl. 1.19):

$$\dot{q} = \frac{Q_{ab}}{\Delta t \cdot A} = \lambda \cdot \underbrace{\frac{dT}{dz}}_{=G} \geq \frac{Q_{Erst.}}{\Delta t \cdot A} = \frac{\Delta H \cdot \Delta m}{\Delta t \cdot A} = \frac{\Delta H \cdot \rho \cdot \Delta V}{\Delta t \cdot A} = \frac{\Delta H \cdot \rho \cdot \Delta z}{\Delta t} = \Delta H \cdot \rho \cdot v$$

λ Wärmeleitfähigkeit des festen Materials
G   Temperaturgradient im Festkörper an der Erstarrungsfront
ΔH massebezogene Erstarrungswärme, $[\Delta H]$ = J/kg; als Absolutbetrag einzusetzen (bei volumenbezogenem Wert entfällt der Faktor ρ)
$\Delta m, \Delta V$ erstarrtes Masse- bzw. Volumeninkrement
ρ Dichte des festen Materials
$v = \Delta z/\Delta t$ Erstarrungsgeschwindigkeit

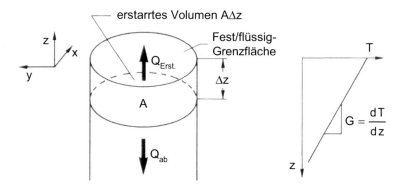

Bild 6.42 Modell einer ebenen Erstarrungsfront zur Herleitung des Gleichgewichts der Wärmeströme
Die Längsachse ist als z-Achse angenommen. Das erstarrte Volumeninkrement ΔV ist als Scheibe der Dicke Δz mit der Querschnittsfläche A modelliert.

6.7 Gerichtet erstarrte Superlegierungen

Umgestellt als Bedingung für die Erstarrungsgeschwindigkeit:

$$v \leq \frac{\lambda}{\Delta H \cdot \rho} \cdot G \tag{6.10}$$

In einer Darstellung v = f(G) trennt eine Gerade gemäß Gl. (6.10) den Bereich mit globularer Kornbildung von dem der gerichteten Erstarrung, **Bild 6.43**. Die Erstarrungsgeschwindigkeit v ist identisch mit der Abzuggeschwindigkeit, solange die relative Position der Erstarrungsfront gleich bleibt (etwa in Höhe des *Baffles*). Bei den Gießanlagen, in denen die Wärme im kalten Teil durch Strahlung abgeführt wird, sind Temperaturgradienten von nur etwa $G \approx 2$ K/mm im Erstarrungsbereich zu verwirklichen. Dieser relativ niedrige Wert ergibt sich auch aus der Forderung, möglichst große Querschnitte gleichzeitig zu erstarren, d. h. wenige große oder viele kleine Bauteile in einer Gießtraube, wobei der Wärmestrom $\dot{Q}$ anlagenbedingt etwa konstant bleibt. Die Abzuggeschwindigkeiten liegen bei dieser Technik im Bereich von $v \approx 4$ bis 10 mm/min. Diese Werte sind weder technisch noch wirtschaftlich als ideal einzustufen.

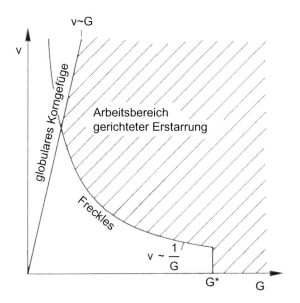

Bild 6.43

Schematisches Schaubild der Erstarrungsgeschwindigkeit über dem Temperaturgradienten mit den Grenzbedingungen für die gerichtete Erstarrung (nach [6.32])

Eine weitere Randbedingung für die gerichtete Erstarrung betrifft die Vermeidung kleiner, kettenförmig angeordneter globularer Körner, *Freckles* („Sommersprossen") genannt. Sie bilden sich parallel zu den Dendritenstämmen in den zwischendendritischen Räumen. Die Mikroseigerungen (siehe Kap. 6.6.2) sind indirekt für die *Freckle*-Bildung bei der gerichteten Erstarrung verantwortlich. Man analysiert in den *Freckles* im Vergleich zur Gesamtzusammensetzung erhöhte

Gehalte an Ta, Al und Ti, während sie an den schweren Elementen W und Re verarmt sind (z. B. [6.30]). Die Bildung dieser Defekte wird auf konvektive Strömung in der Schmelze um die Dendriten herum zurückgeführt [6.31, 6.32]. Dabei brechen Dendritenspitzen oder -arme ab, die wiederum als Keime für kleine, wahllos orientierte Körner dienen. Die Ströme entstehen durch Dichteunterschiede, die sich in der teigigen Zone allmählich durch Konzentrationsänderungen aufbauen. Die Dendriten reichern sich mit den schwer diffundierenden Elementen, besonders W und Re, an, und die Dichte der umgebenden Schmelze wird dadurch geringer gegenüber der darüber liegenden Flüssigkeit.

Die *Freckles* lassen sich vermeiden, indem die Zeit, in welcher die Legierung in der teigigen Zone von Liquidus- auf Solidustemperatur abkühlt, einen kritischen Wert nicht überschreitet. Dann treten keine so hohen Dichteunterschiede in der Schmelze auf, dass es zu den erwähnten Strömungen kommen kann. Für ein gegebenes Temperaturintervall ΔT zwischen der Liquidustemperatur T_L und der Solidustemperatur T_S lässt sich die kritische lokale Erstarrungszeit Δt_ℓ^* über Grenzkombinationen von G und v beschreiben. Grundsätzlich gilt für die zeitliche Temperaturänderung:

$$\frac{dT}{dt} = \dot{T} = \underbrace{\frac{dT}{dz}}_{G} \cdot \underbrace{\frac{dz}{dt}}_{v} = G \cdot v \qquad \text{oder} \qquad v = \dot{T} \cdot \frac{1}{G} \qquad (6.11)$$

Diese Funktion beschreibt eine Schar von Hyperbeln in der v = f(G)-Darstellung in Abhängigkeit von $\dot{T}$. Für das Erstarrungsintervall ΔT und die kritische lokale Erstarrungszeit Δt_ℓ^* ergibt sich folglich eine Grenzkurve zur Vermeidung von *Freckles* in Form *einer* Hyperbel, Bild 6.43:

$$v = \frac{T_L - T_S}{\Delta t_\ell^*} \cdot \frac{1}{G} \qquad (6.12)$$

Die Gerade nach Gl. (6.10) und die Hyperbel nach Gl. (6.12) stecken den Arbeitsbereich der gerichteten Erstarrung ab. Beispielsweise wird für die Einkristalllegierung *SRR 99* ein Mindestwert für die Temperaturänderungsrate im Erstarrungsintervall von etwa 6 K/min angegeben [6.33], d. h. es muss eine Abkühlrate G·v > 6 K/min realisiert werden (ein identischer Wert wird für eine Experimentallegierung in [6.30] genannt).

Wird ein Grenzwert des Temperaturgradienten G* überschritten, können sich gemäß Bild 6.43 unabhängig von der Erstarrungsgeschwindigkeit keine *Freckles* mehr bilden. In diesem Fall rücken die Liquidus- und Solidus-Isothermen auf einen so geringen Abstand Δz^* – der Höhe der teigigen Zone in Bauteilachse – zusammen, dass keine kritischen Flüssigkeitsströme entstehen können, welche die Dendriten abzubrechen vermögen:

6.7 Gerichtet erstarrte Superlegierungen

$$G^* = \frac{T_L - T_S}{\Delta z^*} \qquad (6.13)$$

Bei konventioneller Wärmeabfuhr durch Strahlung und den technisch üblichen Erstarrungsquerschnitten wird der Wert G^* jedoch nicht erreicht.

Innerhalb des Arbeitsbereiches der gerichteten Erstarrung verringern sich die Dendritenstammabstände mit steigendem Temperaturgradienten G und steigender Erstarrungsgeschwindigkeit v. Für Ni-Basislegierungen wurde empirisch folgende zugeschnittene Größengleichung als Mittelwertfunktion für den Dendritenstammabstand λ_D identifiziert [6.33]:

$$\lambda_D = \frac{750}{\sqrt[4]{G^2 \cdot v}} \qquad \text{mit } [\lambda_D] = \mu m, [G] = K/mm \text{ und } [v] = mm/min \qquad (6.14)$$

In **Bild 6.44** ist für die Einkristalllegierung *SRR 99* ein (G; v)-Schaubild mit den für diesen Werkstoff bekannten konstitutiven Gleichungen sowie Gl. (6.14) für den sich einstellenden Dendritenstammabstand dargestellt.

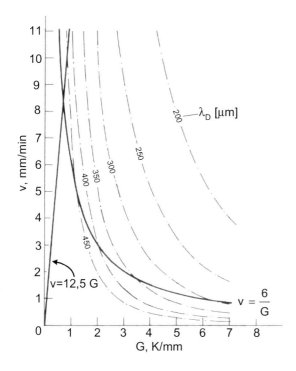

Bild 6.44

(G; v)-Schaubild für die einkristalline Erstarrung der Legierung *SRR 99* (nach [6.33])

Bei den angegebenen Gleichungen für die Gerade und die Hyperbel sind v in mm/min und G in K/mm einzusetzen.

Bei den herkömmlichen Gießverfahren zur gerichteten Erstarrung erfolgt die Wärmeabfuhr im kalten Bereich ausschließlich durch Strahlung, weil sich die

Umgebung unter Hochvakuum befindet. Aufgrund dessen stellt sich ein relativ geringes Temperaturgefälle zwischen dem heißen Ofenraum und dem bereits abgesenkten Bereich mit dem erstarrten Material ein. Die Abzuggeschwindigkeit lässt sich wegen der Begrenzung v ~ G nicht beliebig erhöhen, was wiederum lange Kontaktzeiten zwischen Legierung und Form von bis zu mehreren Stunden zur Folge hat. Der Arbeitsbereich der gerichteten Erstarrung befindet sich unter diesen technischen Einschränkungen in Bild 6.44 unmittelbar rechts der begrenzenden Gerade und Hyperbel. Die sehr hohe Formtemperatur oberhalb T_L fördert außerdem Reaktionen einiger Legierungselemente, wie Hf, Zr und Y, mit den keramischen Schalen- und Kernmaterialien, wodurch diese Elemente dem Werkstoff entzogen werden und sich an der Bauteiloberfläche unerwünschte Phasen und Fehler (*Slivers* und *Wrinkles*) ausbilden. Das bei der Reaktion mit der SiO_2-basierten Keramik frei werdende Si wird lokal in die Legierung eingebaut.

Man möchte den Arbeitsbereich der gerichteten Erstarrung in Bild 6.43 und 6.44 möglichst weit nach rechts oben verschieben, um den Prozess schneller ablaufen zu lassen und um geringe Dendritenabstände zu erzielen. Durch letzteren Effekt lassen sich die Legierungen somit besser homogenisieren. Dies gelingt beispielsweise durch die *Flüssigmetall-Kühltechnik* (*LMC – liquid metal cooling*).

Aufgrund der verfahrensbedingten Nachteile bei der herkömmlichen Technik gerichteter Erstarrung ist man bestrebt, die schon seit längerem bekannte Flüssigmetall-Kühltechnik für größere Bauteile produktionsreif zu entwickeln (z. B. [6.34]). Bei diesem Verfahren wird die Wärmeabfuhr im Bereich unterhalb des *Baffles* durch flüssiges Metall erreicht, welches gegenüber der Strahlungskühlung einen rund hundertmal höheren Wärmeübergangskoeffizienten und eine hohe Wärmekapazität besitzt. Man verwendet entweder flüssiges Al oder Sn. Gegen Al spricht die Reaktivität kondensierter Dämpfe beim Fluten der Anlage mit Luft. Bei Sn wird befürchtet, dass beim direkten Kontakt dieses Elementes mit der noch heißen Superlegierung eine unzulässige Anreicherung auftreten könnte für den Fall, dass die Formschale bei der Erstarrung reißt. Der mehr als 400 °C geringere Schmelzpunkt von Sn gegenüber Al ist günstig beim Aufheizen des Flüssigmetallbades.

Die Vorteile der Flüssigmetallkühlung oder auch einer Gaskühlung [6.39] liegen in den höheren Temperaturgradienten im Erstarrungsbereich und einer höheren Erstarrungsgeschwindigkeit. Als Folge verringern sich die Dendritenstammabstände gegenüber der herkömmlichen Technik bedeutend und die Seigerungsverteilung erstreckt sich über kürzere Distanzen. Solche Gussgefügezustände lassen sich wesentlich besser homogenisieren, dendritische TCP-Phasenbildung wird dadurch möglicherweise ganz unterbunden. Außerdem wird bei Gießtrauben mit mehreren Teilen eine gleichmäßige Rundumkühlung erreicht, was bei Strahlungskühlung auf der Innenseite nicht gewährleistet ist. Die Fertigungszykluszeit und damit die Kontaktzeit zwischen Schmelze und Formkeramik wird deutlich verkürzt. Die Herstellung ist dadurch insgesamt auch wesentlich wirtschaftlicher, allerdings verbunden mit höherem technischen Aufwand.

6.7.3 Besondere Eigenschaften gerichtet erstarrter Legierungen

Der extrem hohe Herstellaufwand der gerichtet erstarrten Superlegierungen ist nur dann gerechtfertigt, wenn gegenüber konventionell gefertigten Bauteilen die Temperatureinsatzgrenze wesentlich erhöht werden kann, um den Wirkungsgrad thermischer Maschinen zu steigern. Dazu müssen gleichzeitig die Legierungen weiterentwickelt und in ihrem Eigenschaftspotenzial voll ausgeschöpft werden. **Tabelle 6.15** zeigt die bei Legierungsentwicklungen für gerichtete Erstarrung zu beachtenden Aspekte.

Die Zusammensetzungen der stängelkörnigen Werkstoffe (DS) sind denen der konventionell gegossenen (CC) weitgehend ähnlich, während die Einkristallzusammensetzungen in einigen Punkten deutlich abweichen (siehe Tabelle A 3 im Anhang). Die DS-Varianten enthalten meist etwas weniger Kohlenstoff als in der entsprechenden CC-Version, weil weniger Korngrenzfläche mit Karbiden zu belegen ist. Bei hohem Kornstreckungsverhältnis ist der Korngrenzengleitanteil an der Gesamtverformung außerdem gering.

Spuren von B und Zr werden den DS-Werkstoffen ebenfalls zugegeben, um die Korngrenzenfestigkeit, die vorwiegend in Querrichtung relevant ist, zu erhöhen.

Bei den Einkristalllegierungen können die korngrenzenwirksamen Elemente C, B, Zr, Hf völlig entfallen, mit dem Vorteil, dass dadurch die Solidustemperatur angehoben wird. Man hat jedoch festgestellt, dass geringe Gehalte dieser Minorelemente nützlich sind, um die Toleranz gegenüber Kleinwinkelkorngrenzen, welche sich beim Gießen durch geringe Winkelabweichungen im Dendritenwachstum bilden können, zu erhöhen [6.38] (siehe z. B. Legierungen der *René N*-Serie, Tabelle A 3). Die kritische Missorientierung, unterhalb derer die mechanischen Eigenschaften nicht negativ beeinflusst werden, nimmt um das Doppelte auf etwa 12° zu.

In den meisten DS-Werkstoffen ist Hf legiert, weil dadurch die Gefahr der interkristallinen Heißrissigkeit beim Erstarren und Abkühlen vermindert wird. Der Grund für diesen Effekt ist nicht völlig klar; möglicherweise wird eine Korngrenzenversprödung durch Restsauerstoff verhindert, indem sich das sehr stabile HfO_2 bildet. Hf bringt allerdings auch die Nachteile mit sich, dass es zum einen die Erstarrung weiter in Richtung Ungleichgewicht verschiebt und somit den γ/γ'-Eutektikumanteil erhöht, und zum anderen reagiert Hf mit der Formkeramik z. B. unter Bildung von HfO_2. Besonders aufgrund des letztgenannten Aspektes versucht man, Hf bei Legierungen für große Schaufeln – mit entsprechend langen Abgießzeiten – zu vermeiden.

Auffallend ist bei den Einkristallwerkstoffen ab der zweiten Generation (typischer Vertreter: *CMSX-4*) der hohe Rhenium-Gehalt von bis zu etwa 6 % in den zuletzt entwickelten Varianten. Das sehr teure Re findet man in CC-Legierungen gar nicht und in DS-Varianten nur vereinzelt (siehe Tabelle A 3 im Anhang). Es dient dazu, die Kriechfestigkeit im Bereich sehr hoher Temperaturen zu steigern. Dies ist einerseits auf einen starken Mischkristallhärtungseffekt zurückzuführen [6.81]. Re weist im Ni-Mischkristall einen extrem geringen Diffusionskoeffizienten auf (siehe Bild 6.13). Gemäß den Ausführungen in Kap. 3.8.1.2 wird dadurch die

Kriechfestigkeit umso stärker angehoben, je höher der Anteil des Legierungselementes ist.

Tabelle 6.15 Entwicklung gerichtet erstarrter Ni-Basislegierungen

Eigenschaft	Entwicklungsziele
Gießbarkeit	• abgestimmtes Verhältnis besonders von Ta, W und Re zur Vermeidung von *Freckles* • G/v-Arbeitsbereich für Gießanlage und Bauteil optimieren • Dendritenstammabstand minimieren • Metall/Keramik-Reaktionen dürfen nicht zu kritischen Defekten führen • Minorelemente, wie Hf, Zr, C, B und Y, fein abstimmen
Wärmebehandlung	• Seigerungen und Eutektika weitgehend beseitigen; möglichst dicht an Gleichgewicht-Solidustemperatur herankommen (beachten: Rekristallisationsgefahr!) • vollständige γ'-Auflösung erreichen; Wärmebehandlungsbereich zwischen γ'-Auflösung und Anschmelzen muss Ofenregelung berücksichtigen (> ca. 10 °C) • kritische Eigenspannungen relaxieren; Rekristallisation verhindern
Gefügeeigenschaften	• hoher γ'-Anteil • optimale γ'-Größe und -Größenverteilung • geringe γ/γ'-Fehlpassung bei Betriebstemperatur • geringe γ'-Vergröberung • hohe γ'-Lösungstemperatur • homogene Elementeverteilung • hohe Phasenstabilität; keine unzulässigen Anteile an TCP-Phasen (auch in Verbindung mit Beschichtungen) • hohes Kornstreckungsverhältnis bei Stängelkörnern
Kriechfestigkeit	siehe Tabelle 3.7
Thermoermüdungsfestigkeit	siehe Tabelle 4.5; besonders zu berücksichtigen: • geringe Abweichungen von idealer <100>-Orientierung mit niedrigstem E-Modul (< ca. ± 10°) • dem Grundwerkstoff angepasste Beschichtung wählen: * korrosionsunterstützte Rissinitiierung minimieren * TF-Beständigkeit des Werkstoff*verbundes* muss ausreichend sein
Korrosionsbeständigkeit; Beschichtbarkeit	• besonders wichtig aufeinander abzustimmen: Al, Cr, Ta, Ti, Mo, W, Y • dem Grundwerkstoff angepasste Beschichtung wählen: Langzeitverträglichkeit des Werkstoffverbundes, Interdiffusionsverhalten, Phasenstabilität
HCF	• geringe Porosität, geringe mittlere Porengröße (eventuell HIP-Behandlung) • homogenes Gefüge
Bearbeitbarkeit (z. B. rissfreies Schleifen)	• eigenspannungsarme Herstellung • homogenes Gefüge • keine Rekristallisation nach mechanischer Bearbeitung und Glühung

Einige Arbeiten weisen darauf hin, dass Re sich in der γ-Phase in Form sehr feiner, nur ca. 1 nm großer Cluster, die sehr wirksame Hindernisse für die Versetzungsbewegung darstellen, einphasig entmischt [6.94].

Andererseits wirkt sich Re auf die γ'-Vergröberung aus. Es wird nur zu geringen Anteilen in diese Ausscheidungsart eingebaut [6.99] und muss daher beim Wachsen dieser Teilchen wegdiffundieren. Wegen der geringen Diffusionsgeschwindigkeit von Re entsteht an der sich bewegenden γ/γ'-Phasengrenze eine Art „Bugwelle" aus Re-Atomen [6.98]. Die Abdiffusion dieser Atome wird somit geschwindigkeitsbestimmend für die γ'-Vergröberung.

Der Re-Zusatz bringt allerdings auch einige Nachteile mit sich, denen gegengesteuert werden muss. Da Re die Neigung zur TCP-Phasenbildung erhöht, muss der Cr-Gehalt entsprechend abgesenkt werden, um die kritische N_V-Zahl nicht zu überschreiten. Diese Maßnahme darf nur bei Al_2O_3-Deckschicht bildenden Werkstoffen getroffen werden. In der Literatur ist lediglich eine phasenstabile Legierung mit 12 % Cr und einem Re-Anteil von 2 bis 3 % bekannt [6.81]. Mit Cr-Gehalten bis herab zu etwa 3 % und Al-Anteilen > ca. 5,5 % liegen die meisten Varianten am äußeren Rand der Al_2O_3-Deckschichtbildung (siehe Bild 5.12). Allerdings nimmt der Mindest-Cr-Gehalt, der für diesen Deckschichttyp erforderlich ist, mit steigender Temperatur ab, weil der Getter-Effekt des Cr aufgrund höherer Diffusionsgeschwindigkeit des Al immer mehr in den Hintergrund rückt. Für Einkristalle, die im Temperaturbereich um 1000 °C betrieben und außerdem noch beschichtet werden, mag diese Cr-Absenkung vertretbar sein.

Besonders Re ist an einer Art der Phaseninstabilität beteiligt, die sich in Form zellförmiger Ausscheidungskolonien in den Dendritenkernen und -armen sowie an Groß- und Kleinwinkelkorngrenzen äußert [6.37]. Dabei scheidet sich die orthorhombische P-Phase aus (TCP-Typ, siehe Kap. 6.10.2 g), die überwiegend aus W, Re, Cr, Ni, Mo und Co besteht [6.78, 6.81, 6.83]. In **Bild 6.45** ist die dendritische Bildung einer solchen TCP-Phase in Widmannstätten'scher Form in einer Re-haltigen Legierung dargestellt. Größere Anteile dieser Phase müssen durch eine gleichmäßige Re- und W-Verteilung im Gefüge vermieden werden, weil ansonsten die Zeitstandeigenschaften drastisch verschlechtert werden würden [6.78]. In [6.37] wird eine statistisch ermittelte Formel für die Berechnung des Anteils der Phasenkolonien in Abhängigkeit von der Legierungszusammensetzung angegeben. Vergleichbare Phaseninstabilitäten stellen sich auch im Interdiffusionsbereich mit Aluminid- und MCrAlY-Beschichtungen ein.

Bei den Einkristalllegierungen der vierten Generation, die bis zu 6 % Re enthalten, wird zusätzlich Ru legiert [6.92]. Diese Maßnahme soll bewirken, dass eine Umverteilung vorwiegend von Re – in geringerem Maße auch von Cr, W und Mo – stattfindet, so dass weniger davon im γ-Mischkristall gelöst vorliegt und mehr in die γ'-Phase eingebaut wird (*reverse partitioning effect*). Da die γ'-Teilchen bei üblichen Betriebsspannungen nicht geschnitten werden (siehe Kap. 3.8.2.3), wird zwar keine höhere Festigkeit dieser Phase benötigt, dennoch könnte die γ'-Vergröberung weiter verlangsamt werden. Die langzeitigen Eigenschaften dieser Legierungen müssen sich noch zeigen.

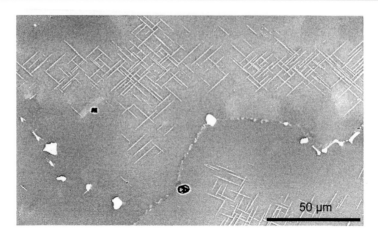

Bild 6.45 Dendritische Ausscheidung der P-Phase in Widmannstätten'scher Form in einer Re-haltigen Ni-Basislegierung nach Glühung 845 °C/500 h [6.83]
Weiß und blockig sind außerdem die interdendritischen und interkristallinen MC-Karbide zu sehen (M = Ta, Ti; Rückstreuelektronenkontrast: Phasen mit schweren Elementen erscheinen hell).

Da das schwere Re (neben W) ein stark seigerndes Element ist, fördert es die *Freckle*-Bildung. Unter anderen wirkt Ta diesem Effekt entgegen und ist, auch wegen anderer Vorteile, bei hohen (W + Re)-Gehalten ebenfalls hoch zu legieren.

Die Lösungsglühbehandlung ist bei den gerichtet erstarrten Legierungen besonders wichtig. Mit ihr werden mehrere Effekte gleichzeitig erzielt. Nur in Verbindung mit einer optimalen Homogenisierung und γ'-Auflösung, einschließlich des in den interdendritischen eutektischen Inseln befindlichen γ', kann das Eigenschaftspotenzial der hochgezüchteten, gerichtet erstarrten Legierungen voll ausgeschöpft werden. Den Auflösungsgrad erkennt man an der Gleichmäßigkeit der γ'-Größe über große Gefügebereiche: Nicht aufgelöste Anteile erscheinen sehr grob. Bild 6.35 vergleicht das Gussgefüge der Legierung *CMSX-4* mit dem homogenisierten und vollständig lösungsgeglühten Zustand. Der Vorteil einer höheren Gleichgewicht-Solidustemperatur aufgrund fehlender oder reduzierter T_S-senkender Elemente, wie C, B, Hf und Zr, würde sich im Gusszustand nicht auswirken, weil dieser – bedingt durch starke Seigerungen – weit vom Gleichgewicht abweicht und hohe γ/γ'-Eutektikumanteile enthält. Um möglichst nahe an die Gleichgewichtsverhältnisse heranzureichen, ohne Anschmelzungen zu erzeugen, muss mehrstufig lösungsgeglüht werden. Bei vielen Superlegierungen ist ein nahezu vollständiger Konzentrationsausgleich nicht zu erreichen; in diesen Fällen wird nur so lange geglüht, bis die γ'-Teilchen und die eutektischen Inseln sich weitgehend aufgelöst haben. Andererseits ist möglicherweise auf eine volle Lösungsglühung zu verzichten, falls unzulässige Rekristallisation zu befürchten ist.

Der γ'-Volumenanteil der hoch entwickelten Ni-Basislegierungen liegt bei etwa 60 % (siehe Anhang 1). Dieser Wert lässt sich kaum noch weiter anheben, weil ansonsten die γ-Phase nicht mehr mit einem regelmäßigen γ-Kanalnetzwerk zwischen den kubischen Ausscheidungen durchzogen wäre. Noch höhere γ'-Gehalte würden die Eigenschaften in Richtung der massiven intermetallischen Phase Ni_3Al verschieben.

Die Auswirkungen einer kolumnaren Kornform auf die Zeitstandeigenschaften sind in Kap. 3.11 und die Besonderheiten im Kriechverhalten von Einkristallen in Kap. 3.12 erörtert. In Kap. 4.7.4.3 ist der Einfluss des E-Moduls auf die Thermoermüdungseigenschaften erörtert. Bild 4.29 zeigt das Beispiel der Einkristalllegierung *PWA 1480* mit einem E-Modul von nur 126 GPa (bei RT) in <100>-Orientierung. Aus Bild 4.30 wird exemplarisch deutlich, welch hoher Gewinn an Thermoermüdungsfestigkeit erzielt wird, wenn diejenige Bauteilachse, in der die höchsten Wärmedehnungen auftreten, in der elastisch weichsten <100>-Richtung liegt.

Die Kriecheigenschaften der DS- und SC-Werkstoffe sind anisotrop. Besonders an Einkristallen wurden hierzu systematische Untersuchungen durchgeführt. Die Kriechanisotropie wird im Wesentlichen von der Größe und Morphologie der γ'-Ausscheidungen sowie der Anordnung der γ-Kanäle und den Kohärenzspannungen zwischen beiden Phasen geprägt (z. B. [6.40]). Bei technisch relevanten niedrigen Spannungen spielt sich die Versetzungsbewegung fast ausschließlich in den γ-Kanälen ab; Schneiden der γ'-Teilchen findet so gut wie nicht statt. In den meisten Untersuchungen wird eine optimale Kriechfestigkeit in <100>-Orientierung gefunden, was mit der idealen Richtung für die Thermoermüdungsbeständigkeit und der Erstarrungsrichtung übereinstimmt.

Generell nimmt die Kriechanisotropie mit steigender Temperatur und sinkender Spannung ab. Bei sehr hohen Temperaturen, oberhalb etwa 900 °C, findet das gerichtete Zusammenwachsen der anfänglich kubischen γ'-Teilchen zu floßartigen Strukturen (*Rafts*) statt (Kap. 6.6.3.2 d). Mit diesem Vorgang ist meist eine deutliche Kriechfestigkeitsabnahme verbunden – hauptsächlich, weil die γ-Matrixkanäle breiter werden (z. B. [6.76]). **Bild 6.46** zeigt in doppeltlogarithmischer Darstellung einen linearen Zusammenhang zwischen der minimalen Kriechrate bei Belastung in [001]-Richtung und der γ-Matrixkanaldicke w_γ für die Legierung *CMSX-4* [6.41], d. h. es gilt ein Potenzgesetz der Form $\dot{\varepsilon}_{min} \sim w_\gamma^a$, wobei hier $a \approx 4{,}7$ beträgt. Typischerweise bilden sich die γ'-Flöße bei Zugbelastung in [001]-Richtung senkrecht zu dieser Achse, wenn die γ/γ'-Fehlpassung bei Beanspruchungstemperatur negativ ist (Typ N, siehe Kap. 6.6.3.2 d). Dies ist bei den meisten neueren Legierungen der Fall.

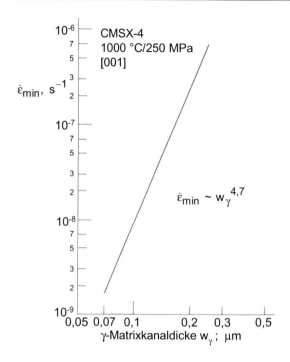

Bild 6.46
Zusammenhang zwischen der minimalen Kriechgeschwindigkeit und der γ-Matrixkanaldicke für die Legierung CMSX-4 (nach [6.41])

Die Vorteile von Einkristallen gegenüber stängelkristallinen Werkstoffen liegen darin, dass die Quereigenschaften wesentlich besser sind, weil die Korngrenzen als Schwachstellen entfallen. Darüber hinaus bieten sie legierungstechnisch und wärmebehandlungsmäßig mehr Möglichkeiten zur Optimierung. Demgegenüber ist die Fertigungsausbeute bei Einkristallen geringer und die Bauteilgröße nach dem jeweiligen Stand der Technik stets geringer als bei DS-Komponenten. Außerdem ist die Rekristallisationsneigung höher.

Beim Festigkeitsvergleich von gerichtet erstarrten mit globularkörnigen Werkstoffen ist stets zu beachten, dass deutliche Unterschiede in der Zeitbruchdehnung bestehen. Der geringere oder völlig verschwindende interkristalline Schädigungsanteil bewirkt höhere Bruchverformungswerte, die auch die Zeitstandlebensdauer anheben. Rund 30 % Zeitbruchdehnung sind bei Einkristallen nicht ungewöhnlich. Da die bleibende Verformung in der Regel bei Bauteilen begrenzt ist, ist ein Vergleich auf Basis z. B. der 1 %-Zeitdehngrenzen sinnvoller.

6.7.4 Rekristallisation gerichtet erstarrter Bauteile

Ein besonderes Problem bei der Fertigung und späteren Behandlung gerichtet erstarrter Bauteile, hauptsächlich bei Einkristallen, ist deren Rekristallisationsneigung. Die dafür vorausgesetzte Mindestverformung in der Größenordnung von 1 % [6.72] wird oft bereits beim Abkühlen der Gussstücke in der Formschale induziert, weil die Schrumpfung der Legierung stärker ist als die der Form. Außerdem können kritische Verformungen durch mechanische Bearbeitung, wie

Schleifen, oder auch während des Betriebes durch behinderte Wärmedehnung und Fremdkörpereinschläge zustande kommen [6.82]. Schaufeln, die im Neuzustand zur Verbesserung der Schwingfestigkeit im Fußbereich kugelgestrahlt wurden, rekristallisieren ebenfalls in diesem Bereich bei eventueller späterer Lösungsglühung. **Bild 6.47** gibt Beispiele wieder.

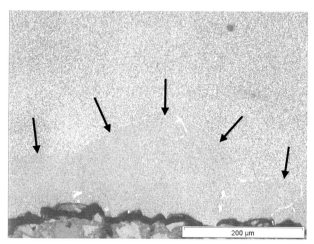
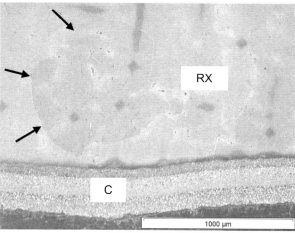

Bild 6.47

Rekristallisationskörner in einer Einkristalllegierung nach Oberflächenverformung und späterer Lösungsglühung [6.85]

a) Nach Schleifbearbeitung

Die Pfeile markieren die Grenze zwischen dem ursprünglichen Einkristall und dem rekristallisierten Saum.

b) Nach Fremdkörpereinschlag

Man erkennt rechts unten die Delle durch den Einschlag. An den Pfeilen verläuft die Grenze zwischen dem ursprünglichen Einkristall (links) und den Neukörnern (RX: Rekristallisationsbereich). Außen befindet sich die Beschichtung (C: *Coating*).

Hoch γ'-haltige Ni-Basislegierungen rekristallisieren erst bei nahezu vollständiger Lösungsglühung, weil besonders interdendritische γ/γ'-Zonen ein Wandern von Subkorn- und Großwinkelkorngrenzen unterbinden. **Bild 6.48** zeigt die dendritische Neukornbildung, welche bei den üblichen Verformungsgraden an Gusslegierungen immer von der Oberfläche her einsetzt. Karbide und Resteutektikum bremsen dagegen offenbar die Rekristallisation nicht wirksam. Auch lange Erholungsglühungen schlagen fehl, die treibende Kraft zur Rekristallisation auf einen unterkritischen Wert abzusenken, weil sich um die γ'-Teilchen ein extrem stabiles

Versetzungsnetzwerk aufbaut [6.72]. Die meist auch nach längerer Lösungs- und Homogenisierungsglühung noch deutlich vorhandene Dendritenstruktur geht über die neuen Korngrenzen hinweg, **Bild 6.49**. Korngrenzen, die bei der Kristallisation entstanden sind, markieren dagegen stets Orientierungsunterschiede der Dendriten.

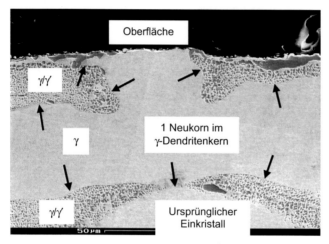

Bild 6.48

Neukornbildung an einer Einkristalllegierung (quer zur Erstarrungsrichtung), [6.72]

Das Rekristallisationskorn bildet sich von der Oberfläche aus im einphasigen γ-Dendritenkernbereich. Die Korngrenze stoppt vor dem interdendritischen γ/γ'-Gebiet (Pfeile)
SRR99; 3,24 % gestaucht; anschließend 1250 °C/10 h

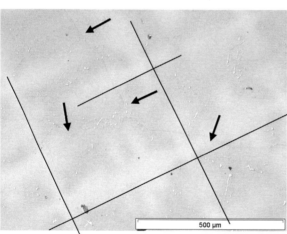

Bild 6.49 Rekristallisation an einer stängelkristallin erstarrten Legierung nach 2 % Stauchung und anschließender Lösungsglühung (schnelle Abkühlung) [6.85]. Zur Verdeutlichung sind die Dendritenorientierungen nachgezeichnet. Die Dendritenstruktur geht über die neuen Korngrenzen (Pfeile) hinweg. Dadurch lassen sich ursprüngliche und neue Korngrenzen unterscheiden. Interdendritisch sind die MC-Karbide zu erkennen (hell).

Größere Bereiche mit Mehrkorngefüge sind bei Einkristallwerkstoffen unbedingt zu vermeiden, weil diese keine korngrenzenwirksamen Elemente enthalten und deshalb rasches interkristallines Versagen auftreten würde [6.82]. Ebenso stellen globulare Rekristallisationskörner in Stängelkorngefügen Schwachstellen beim Kriechen und bei der thermischen Ermüdung dar.

6.8 Gerichtet rekristallisierte Dispersions-Superlegierungen

6.8.1 Allgemeines

Die in den vorangegangenen Kapiteln vorgestellten Hochtemperaturlegierungen sind in ihrer Temperatureinsatzgrenze beschränkt durch die Löslichkeit und Vergröberung der Ausscheidungen. Eine höhere Temperaturstabilität der Härtungsphasen weisen die Dispersionslegierungen auf, die somit von allen konventionellen Superlegierungen auf Fe-, Co- und Ni-Basis über das höchste Temperaturpotenzial verfügen.

Tabelle 6.16 stellt die Eigenarten von Ausscheidungs- und Dispersionshärtung gegenüber. Hauptmerkmal der Dispersionslegierungen ist die im festen Zustand nahezu unlösliche Härtungsphase, was dadurch zustande kommt, dass mindestens eine der teilchenbildenden Atomsorten eine extrem geringe Löslichkeit in der Matrix aufweist. Ältere Beispiele hierfür sind ThO_2-dotiertes Wolfram für Glühlampenwendeln und das SAP-Aluminium (*sintered aluminium powder*) mit Al_2O_3- und Al_4C_3-Dispersionen, welche auf der geringen O- und C-Löslichkeit in W bzw. Al beruhen. ThO_2-dispergierte Ni-Basislegierungen wurden erstmals 1958 von *Du Pont* patentiert und unter den Namen TD-Ni und TD-NiCr bekannt (TD: *thoria dispersed*). Heutige Dispersions-Superlegierungen sind durch Oxide – und zwar Y_2O_3, welches in der Legierung letztlich als Mischoxid $YAlO_3$ vorliegt – verfestigt, und man bezeichnet sie als *ODS-Legierungen* (*oxide dispersion strengthened*).

Über die Besonderheiten des Oxiddispersions-Härtungsmechanismus finden sich nähere Erläuterungen in Kap. 3.8.2.2. Hervorzuheben sind die sehr flachen Zeitstandfestigkeit-Isothermen, die sogar einen Wendepunkt aufweisen können, d. h. zu längeren Zeiten schwächt sich die Abnahme der Zeitstandfestigkeit ab. Dies ist eine Folge der Schwellenspannung, unterhalb derer so gut wie kein Versetzungskriechen mehr stattfindet (Bild 3.31). Aufgrund der thermisch sehr stabilen Oxiddispersion bleiben die Zeitstandfestigkeit-Isothermen bis zu sehr hohen Temperaturen relativ flach.

Bei kolumnarer Kornstruktur, die bei Stangenmaterial durch gerichtete sekundäre Rekristallisation eingestellt wird, fällt die Zeitstandfestigkeit in Querrichtung gegenüber der Längsrichtung erheblich ab. Außerdem liegt die Querduktilität meist nahe null. Trotz überzeugender Festigkeitsvorteile in Kornlängsrichtung konnten sich die ODS-Legierungen aus diesen und einigen anderen Gründen bisher nicht auf breiter Anwendungsfront durchsetzen. Einige der auftretenden Schwierigkeiten werden im Folgenden angesprochen.

Tabelle 6.16 Vergleich von Ausscheidungs- und Dispersionshärtung, hier speziell in Superlegierungen

	Teilchenhärtung	
Ausscheidungshärtung	↓ *Merkmale* ↓	**Dispersionshärtung**
Gießen	*Herstellen der Legierung*	pulvermetallurgisch durch mechanisches Legieren
Gießen oder Kneten	*Herstellen des Bauteils*	Konsolidieren des Pulvers durch Strangpressen oder HIP; Weiterverarbeiten nach verschiedenen Verfahren
intermetallische Phasen, Karbide, Nitride, Boride (seltener)	*Teilchenart in Superlegierungen*	Oxide; meist Y_2O_3 oder als $YAlO_3$
temperaturabhängige Löslichkeit; vollständige Lösung im festen Zustand möglich (Ausnahme: MC und M(C, N), die sich oft nicht vollständig lösen lassen)	*Löslichkeit der Teilchen*	praktisch keine Löslichkeit; nahezu voller Volumenanteil bleibt bis zum Schmelzpunkt erhalten
1. Lösungsglühen 2. Ausscheidungshärten	*Entstehen des Teilchengefüges*	während der Legierungsherstellung
bei der Aushärtungswärmebehandlung	*Einstellen der Teilchengröße*	während der Legierungsherstellung
Die optimale Ausscheidungsgröße hängt vom Wechselwirkungsmechanismus mit den Versetzungen ab (Schneiden, Umgehen oder Überklettern); höherer Teilchenvolumenanteil erforderlich, Maximum bei ca. 60 %; bei hohen bis sehr hohen Temperaturen starker Festigkeitsverlust durch Abnahme des Volumenanteils und durch Vergröberung	*Härtungseffekt*	besonders starke Verankerung der Versetzungen an den Dispersoiden (*interfacial pinning*); hyperfeine Teilchen erforderlich; geringer Volumenanteil ausreichend (ca. 2 %); Härtungseffekt ist sehr temperaturstabil bis zum Schmelzpunkt; kombinierte Dispersions- und Ausscheidungshärtung bewirkt Festigkeitssteigerung bei mittleren bis hohen Temperaturen
abhängig von D und γ_{Ph} (siehe Gl. 2.16); stark temperaturabhängig; begrenzt beeinflussbar	*Teilchenvergröberung*	sehr gering bis zum Schmelzpunkt; niedriger c_0-Wert (siehe Gl. 2.16)
reversibel; Lösungsglühen + Aushärten (falls am Bauteil machbar)	*Regenerierbarkeit des Teilchengefüges*	irreversibel; kein Lösungsglühen (starke Dispersoidkoagulation im schmelzflüssigen Zustand, z. B. beim Schweißen)

6.8.2 Legierungstypen

In der Gruppe der mechanisch legierten ODS-Superlegierungen wurden hauptsächlich folgende Legierungstypen entwickelt:

- ferritische Legierungen auf Basis der FeCrAl-Heizleiterwerkstoffe mit alleiniger Dispersionshärtung (z. B. *Incoloy MA 956* und *PM 2000*)
- Ni-Basislegierungen mit alleiniger Dispersionshärtung (z. B. *IN MA 754* und *PM 1000*)
- Ni-Basislegierungen mit kombinierter Dispersions- und γ'-Härtung (z. B. *IN MA 6000*, *IN MA 760* und *PM 3030*).

Primär zielen all diese Legierungen auf Turbinenschaufel- und Brennkammeranwendungen ab. Besonders die ferritischen Varianten finden außerdem Einsatz u. a. in der Glasindustrie, für thermisch hoch belastete Dieselmotorenteile und einige Sonderanwendungen im Ofenbau. Neben den Fe- und Ni-basierten Versionen wurden einige ODS-Werkstoffe für spezielle Anwendungszwecke entwickelt, wie z. B. Cr-Basislegierungen für Bauteile in Brennstoffzellen oder Pt-Werkstoffe für Anlagen zur Herstellung hochwertiger Gläser (Kap. 6.11).

6.8.3 Herstellung

Der starke Teilchenhärtungseffekt in ODS-Legierungen beruht auf einer gleichmäßigen Verteilung hyperfeiner Oxide mit etwa 30 nm Durchmesser. Ein derart feines Teilchengefüge kann bei Legierungen mit sauerstoffaffinen Matrixelementen allein auf pulvermetallurgischem Wege mit dem Intensivmahlprozess des *mechanischen Legierens* erzeugt werden. Bei Zugabe der Dispersoide zu einer Schmelze würden die Partikel zu nahezu unwirksamen Agglomeraten koagulieren. Bei gewöhnlicher pulvermetallurgischer Herstellung ließen sich die extrem geringen und gleichmäßigen Teilchenabstände nicht realisieren. Die Oxide müssen vielmehr im festen Zustand in die Matrixpulverpartikel eingebracht werden, wozu diese wiederholt aufgebrochen und wieder verschweißt werden müssen.

Bild 6.50 stellt schematisch die wesentlichen Schritte des Herstellweges mit mechanischem Legieren dar. Die Ausgangspulver bestehen entweder aus einer Vorlegierung mit genauer Matrixzusammensetzung oder aus verschiedenen metallischen Pulvern sowie dem Oxidpulver, in welchem die Oxidteilchen bereits als feinste Einzelteilchen von ca. 30 nm Größe vorliegen (Bild 6.50 zeigt das Beispiel einer Ni-Cr-Al-Ti-ODS-Legierung). Während des etwa 20-stündigen Intensivmahlprozesses in einem Hochenergie-Mahlaggregat kommt es durch den Aufprall der Stahlkugeln zum wiederholten Verformen, Kaltverschweißen und Zerkleinern der Pulverteilchen. Letztlich entsteht idealerweise ein Pulver im stationären *Mahlungsgleichgewicht* [6.43], sowohl hinsichtlich der Pulverkorngrößenverteilung als auch der Zusammensetzung der Pulverpartikel. In jedem Pulverkorn haben sich homogene Mischkristalle mit darin feinst verteilten Oxiden gebildet, eventuell zusätzlich – je nach Zusammensetzung – intermetallische

Phasen. Es ist also auf mechanischem Wege eine mehrphasige Legierung entstanden. Die Größe der Oxidteilchen ändert sich beim Mahlen nicht mehr wesentlich, d. h. sie müssen im Ausgangszustand bereits mit der gewünschten Endgröße vorliegen.

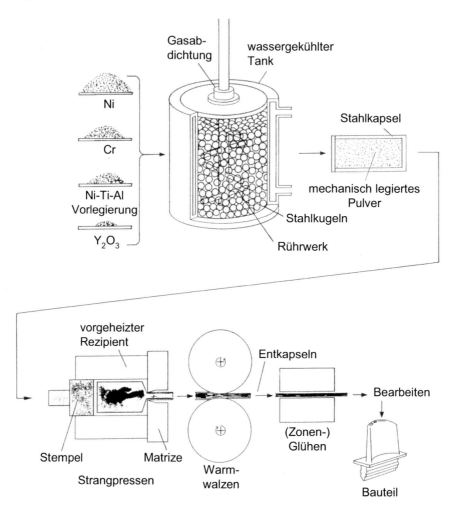

Bild 6.50 Pulvermetallurgischer Herstellweg für Bauteile aus ODS-Legierungen durch mechanisches Legieren und Konsolidieren des Pulvers durch Strangpressen (nach [6.42])
Hier ist als Pulvermühle ein Attritor dargestellt, in welchem die Kugeln in einem feststehenden Tank durch Rotation der Rührerflügel in Bewegung versetzt werden. Alternativ können auch Kugelmühlen verwendet werden, bei denen der Behälter gedreht wird.

Das mechanisch legierte Pulver wird in Stahlbehältern gasdicht gekapselt und anschließend in eine zusammenhängende Form gepresst. Dieses Konsolidieren geschieht allerdings in der Regel nicht durch das sonst gebräuchliche heißisostatische Pressen (HIP), sondern durch Strangpressen. Die Gründe liegen darin, dass zum einen oft längere Stangenprofile benötigt werden. Zum anderen weist der stranggepresste Werkstoff eine extrem feine Korngröße von unter 1 μm auf, welche es ermöglicht, weitere Umformvorgänge, wie Walzen oder Schmieden, nach Bedarf nachzuschalten – unter bestimmten Bedingungen sogar mit superplastischem Werkstoffverhalten.

Das besondere Korngefüge der ODS-Legierungen wird durch ein Rekristallisationsglühen bei sehr hohen Temperaturen erzeugt, bei denen gezielte Kornvergröberung einsetzt.

Das rekristallisierte Produkt kann, sofern es nicht bereits endkonturnah gefertigt ist, nach unterschiedlichen Methoden zu Bauteilen weiterbearbeitet werden. Hier liegen allerdings – zumindest was komplexere Geometrien betrifft – erhebliche Einschränkungen gegenüber dem konventionellen Gießen vor. Fügetechniken, wie Hochtemperaturlöten und Schweißen, sind mit einem drastischen Festigkeitsverlust im Fügebereich verbunden, weil die Dispersoide lokal fehlen und/oder weil sie in der Matrixmetallschmelze stark koagulieren.

Bleche werden nach dem Strangpressen in besonderer Weise thermomechanisch behandelt. Sie werden warm und kalt gewalzt, meist in zwei senkrecht zueinander stehenden Richtungen, und abschließend rekristallisierend geglüht.

Die technischen Schwierigkeiten des Herstellprozesses sind vielschichtig. Grundsätzlich muss der Werkstoff die Einstellung eines Mahlungsgleichgewichtes ermöglichen, d. h. er darf nicht zu spröde, aber auch nicht zu duktil sein. Beim Mahlen können Pulverpartikel auftreten, die gar nicht gemahlen oder nicht genügend mit den Dispersoiden vermischt sind. Außerdem kann das Pulver an den Mahlkugeln und der Behälterwand festschweißen. Zusätze, die dies verhindern sollen, wie bestimmte Alkohole oder Säuren, dürfen die Legierungseigenschaften nicht negativ beeinflussen. Die Pulverqualitätskontrolle nach dem Mahlen ist immer nur stichprobenartig, vorwiegend durch metallographische Beurteilung einer gewissen Partikelmenge.

Beim Strangpressen ist darauf zu achten, dass noch keine unkontrollierte Kornvergröberung einsetzt, welche die nachfolgende sekundäre Rekristallisation unterbinden würde. Das Verdichten findet daher bei relativ geringen Temperaturen bei dafür umso höheren Drücken statt.

6.8.4 Rekristallisation

Den optimalen Kriechfestigkeitsgewinn bei ODS-Legierungen erzielt man nur, wenn sie ein langgestrecktes Korngefüge aufweisen. Dies wird durch *gerichtete Rekristallisation* eingestellt. Genauere Untersuchungen des Rekristallisationsverhaltens ergaben, dass es sich dabei um einen Vorgang sekundärer Rekristallisation handelt [6.44, 6.45].

Beim Strangpressen und eventuell beim nachgeschalteten Warmwalzen oder Schmieden findet dynamische Primärrekristallisation statt. Die feinst verteilten Oxide mit mittleren Abständen von rund 0,1 bis 0,2 µm verankern dabei die Korngrenzen, so dass ein extrem feinkörniges und texturfreies Gefüge mit weniger als 1 µm Korngröße entsteht. Es zeichnet sich durch eine hohe treibende Kraft zur Kornvergröberung zwecks Reduktion der Korngrenzflächenenergie aus. Bei der sekundären Rekristallisation wachsen einzelne Körner sehr schnell auf Kosten kleinerer. Dieser Vorgang erreicht nach Überschreiten einer kritischen Temperatur im Sekundenbereich sein Endstadium, in welchem alle kleinen Körner aufgezehrt sind. Die typische bimodale Korngrößenverteilung ist in diesem Extremfall also zugunsten einer groben monomodalen verschwunden (vgl. Bild 2.18).

Die Temperatur, bei der die sekundäre Rekristallisation beobachtet wird, liegt bei zusätzlich γ'-gehärteten ODS-Legierungen zwar oberhalb der γ'-Lösungstemperatur, wie dies auch für andere γ'-Legierungen gilt. Allerdings setzt die Kornvergröberung z. B. bei *IN MA 6000* erst bei nennenswert höheren Temperaturen schlagartig ein (ca. 1240 °C), so dass die γ'-Auflösung, die bei etwa 1205 °C beendet ist, nicht allein verantwortlich für das rasche Wandern der Korngrenzen sein kann. In [6.44] wird argumentiert, dass die Korngrenzenbeweglichkeit plötzlich stark ansteigt, weil diese sich von Fremdatomansammlungen, z. B. Bor, losreißen und damit eine viel höhere Geschwindigkeit erlangen. Die Dispersoidgröße und -verteilung ändern sich während der sekundären Rekristallisation unwesentlich.

Um bei der sekundären Rekristallisation die gewünschte kolumnare Kornstruktur zu erhalten, müssen bestimmte ODS-Legierungen zonengeglüht werden, **Bild 6.51**. Das Temperaturgefälle bewirkt Rekristallisation nur in einem schmalen, scheibenförmigen Bereich; im kälteren Abschnitt hinter (in Bezug auf die Abzugrichtung) dieser Zone können sich die Korngrenzen noch nicht losreißen. Besonders schwierig ist hierbei das Erzielen einer gleichmäßigen *radialen* Temperaturverteilung. Indem sich die schmale Rekristallisations-„Scheibe" relativ zum Werkstück bewegt, rekristallisiert der Werkstoff in axialer Richtung unter Bildung sehr grober Sekundärkörner. Oberhalb einer kritischen Abzuggeschwindigkeit beim Zonenglühen entsteht ein nur wenig gestrecktes Korngefüge, welches mit dem bei isothermer sekundärer Rekristallisation vergleichbar ist. Beispielsweise wird bei der γ'-gehärteten ODS-Legierung *IN MA 6000* ein optimales Kornstreckungsverhältnis bei Abzugraten von bis zu ungefähr 5 mm/min erreicht [6.44].

Die γ'-freie Ni-Basis ODS-Legierung *IN MA 754* lässt sich isotherm gerichtet rekristallisieren (bei 1315 °C/1 h) mit einem akzeptablen Kornstreckungsgrad. Dies wird auf eine zeilige Anordnung gröberer Einschlüsse aufgrund des Strangpressens zurückgeführt, welche die sekundäre Rekristallisationsfront in Querrichtung bremsen, axial dagegen passieren lassen. Als Einschlüsse kommen hauptsächlich nicht gemahlene Pulverpartikel infrage, die praktisch immer vorliegen und sich parallel zur Extrusionsrichtung ausrichten.

6.8 Gerichtet rekristallisierte Dispersions-Superlegierungen

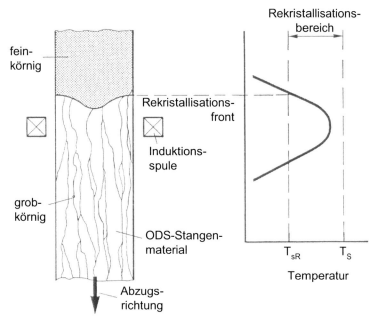

Bild 6.51 Prinzip der Erzeugung gerichtet rekristallisierter Körner durch Zonenglühen (aus [6.44]), T_{sR}: sekundäre Rekristallisationstemperatur; T_S: Solidustemperatur

Bei in verschiedenen Richtungen gewalzten Blechen erzeugt die abschließende Rekristallisationsglühung flache, in der Walzebene annähernd rundliche, pfannkuchenartige Körner.

Der Rekristallisationsvorgang ist ein kritischer Schritt im gesamten Herstellprozess. Nicht vollständig rekristallisierte Zonen mit feineren äquiaxialen Körnern, wie bei den gerichtet erstarrten Bauteilen auch *Freckles* genannt, wirken sich besonders negativ bei der Kriechschädigung und damit auf die Zeitstandfestigkeit und -duktilität aus. **Bild 6.52** zeigt das Beispiel der Legierung *IN MA 754*

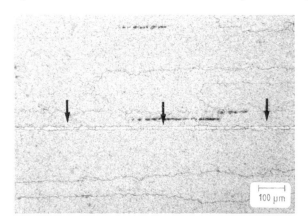

Bild 6.52

Zeile mit nicht sekundär rekristallisierten Körnern im Ausgangsgefüge der Legierung *IN MA 754* mit einer Zeile nicht sekundär rekristallisierter Körner im Ausgangszustand. Eine zerstörungsfreie Prüfmethode für im Innern fehlerhaft rekristallisiertes Material existiert nicht.

6.8.5 Legierungsaufbau und besondere Eigenschaften

Die hohe Kornvolumenfestigkeit der ODS-Legierungen muss unterstützt werden durch einen hohen Widerstand der Korngrenzen gegen Abgleiten; andernfalls wäre kein Festigkeitsvorteil gegenüber ausscheidungshärtenden Werkstoffen zu verzeichnen, weil die Korngrenzenverformung kriechfestigkeits- und lebensdauerbegrenzend wäre. Wie in Kap. 3.11 näher begründet, wird bei polykristallinen Werkstoffen eine optimale Korngrenzenfestigkeit und eine weitgehende Unterdrückung interkristalliner Schädigung bei einem hohen Kornstreckungsverhältnis (*GAR – grain aspect ratio*) von > ca. 15 erreicht, welches durch die gerichtete sekundäre Rekristallisation einzustellen ist. Die hohen Festigkeiten treten jedoch nur in Längsrichtung der Körner auf, quer dazu werden eher geringere Werte gemessen im Vergleich zu konventionellen Gusslegierungen (siehe Beispiel in Bild 3.32). Zwischen Längs- und Querrichtung können Zeitstandfestigkeitsunterschiede bei gleicher Temperatur und Bruchzeit bis zu einem Faktor von ungefähr 10 auftreten. Im Übrigen erreichen die Querbruchverformungen sowohl im Zug- als auch im Zeitstandversuch nur sehr geringe Werte meist unter 1 %.

Während das extrudierte Material keine Textur aufweist, liegt nach gerichteter Rekristallisation eine solche sowohl in Längs- als auch in den beiden Querrichtungen der Körner vor (Zusammenstellung in [6.46]). Im Fall der Legierung *IN MA 754* bildet sich in der Kornlängsachse eine günstige Textur in <100>-Richtung, in welcher der E-Modul besonders niedrig ist: ca. 150 GPa bei RT. Damit verknüpft ist die Thermoermüdungsfestigkeit in dieser Richtung deutlich verbessert gegenüber elastisch quasiisotropem Material. Bei *IN MA 6000* vergröbern die Körner dagegen vorzugsweise in der für das Thermoermüdungsverhalten relativ ungünstigen <110>-Richtung, in der ein eher höherer E-Modul gegenüber dem quasiisotropen Wert auftritt. Letztgenanntes Texturverhalten ist allgemein beim Zonenglühen hoch γ'-haltiger Legierungen zu beobachten. Die ODS-Bleche weisen nach der abschließenden Rekristallisationsglühung eine Textur mit höher indizierter Ebene und Richtung in der Blechebene auf.

Bedingt durch den Herstellprozess besitzen die ODS-Legierungen eine ähnlich homogene Elementeverteilung wie die Schmiedelegierungen. Eine Folge davon sind die gegenüber vergleichbaren, nicht homogenisierten Gusslegierungen deutlich höheren Solidustemperaturen; Beispiel: Sie beträgt von *IN MA 6000* 1296 °C, und die Anschmelztemperatur des in etwa entsprechenden Gusswerkstoffes *IN 738 LC* liegt bei ca. 1200 °C.

γ'-Ausscheidungen lassen sich in den bisher entwickelten ODS-Legierungen vollständig auflösen. Die Lösungs- und Aushärtungsglühung werden dem Zonenglühen nachgeschaltet.

Die Oxiddispersoide liegen im endbehandelten Halbzeug vorwiegend als hexagonale $YAlO_3$-Mischoxide vor; Spuren anderer Oxidformen sind vernachlässigbar. Ihre Durchmesser schwanken im Ausgangszustand etwa zwischen 10 bis 40 nm, im Mittel betragen sie ca. 25 nm. Bei einem Oxidvolumenanteil von 2 % (entsprechend etwa 1 Ma.-% Y_2O_3) errechnen sich nach Gl. (2.6 c) mittlere Teilchenabstände von 0,06 bis 0,25 µm, die in dieser Streubreite auch gemessen werden.

Bild 6.53 zeigt die extrem feinen Oxide im TEM-Befund. Durch das Mischen mit Al und überschüssigem Sauerstoff während des Herstellprozesses zu (vorwiegend) $YAlO_3$-Mischoxiden erhöht sich der Dispersoidanteil, was sich auf den Abstand jedoch nicht gravierend auswirkt. Die sehr feinen Oxide können lediglich im TEM als diskrete Teilchen klar beobachtet werden; bei den lichtmikroskopisch erkennbaren Partikeln handelt es sich um Karbide/Karbonitride oder – sofern vorhanden – γ'-Ausscheidungen.

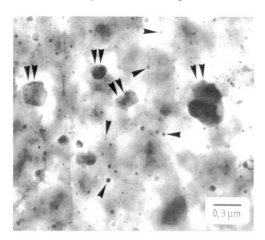

Bild 6.53

TEM-Aufnahme der ODS-Legierung *IN MA 754*: sehr feine, rundliche $YAlO_3$-Oxide (einige mit Pfeilen markiert) sowie gröbere, blockige Ti(C, N)-Teilchen (Doppelpfeile)

Im mittleren Temperaturbereich und bei technisch üblichen Zeiten sind die hoch γ'-ausscheidungsgehärteten Legierungen den allein auf Oxiddispersionsverfestigung basierenden Werkstoffen festigkeitsmäßig überlegen. Eine Überschneidung findet erst bei sehr hohen Temperaturen oder extrem langen Standzeiten statt. Kombiniert γ'- und oxidgehärtete Legierungen, wie *IN MA 6000*, *IN MA 760* und *PM 3030*, weisen dagegen bei mittleren bis hohen Temperaturen etwa gleiche Zeitstandfestigkeiten bei gleichen γ'-Gehalten auf. Bei sehr hohen Temperaturen, bei denen fast nur noch die Dispersionshärtung wirkt, sind die ODS-Legierungen erheblich kriechfester; siehe z. B. Bild 3.32.

6.8.6 Blechlegierungen

Die kommerziellen ODS-Fe-Basislegierungen *Incoloy MA 956* und *PM 2000* verbinden die hohe Korrosionsbeständigkeit der FeCrAl-Heizleiterlegierungen, bekannt unter dem Handelsnamen *Kanthal*, mit hoher Kriechfestigkeit aufgrund des starken und sehr temperaturstabilen Teilchenhärtungseffektes. Außerdem liegt ihre Solidustemperatur für Superlegierungen mit 1480 °C relativ hoch. Primär war dieser Werkstoff in Blechform für Turbinenbrennkammern vorgesehen, wird jedoch meist für andere Anwendungszwecke mit hoher thermischer Beaufschlagung eingesetzt, wie z. B. in der Glasindustrie und für Dieselmotorenteile. Bei der Verarbeitung sowie im Betrieb bei tieferen Temperaturen muss bei den ferritischen Legierungen beachtet werden, dass ihr Spröd/duktil-Übergang bei etwa +70 °C liegt.

Die Ni-Basislegierung *IN MA 754*, die nur durch Oxide und in geringem Maße durch Karbide gehärtet ist, wurde ebenfalls als Blechlegierung qualifiziert [6.47]. Aufgrund des kfz-Gitters ist das Problem der Tieftemperaturversprödung bei diesem Werkstoff beseitigt. Außerdem ist die Zeitstandfestigkeit gegenüber den ferritischen Legierungen angehoben. **Bild 6.54** zeigt einen Vergleich mit einer gängigen Co-Basis-Blechlegierung. Bei den meisten Anwendungen ist außerdem die Oxidationsbeständigkeit zu beachten, die bei *Incoloy MA 956* aufgrund der Al_2O_3-Deckschichtbildung besonders oberhalb etwa 1000 °C deutlich besser ist als bei den beiden Vergleichswerkstoffen.

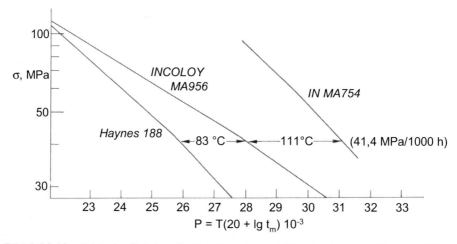

Bild 6.54 Vergleich der Zeitstandfestigkeiten der drei Blechlegierungen *Haynes 188* (Co-Basis), ODS-*Incoloy MA 956* (Fe-Basis) und ODS-*IN MA 754* (Ni-Basis, hier in Blechform) in der Larson-Miller-Darstellung (T in K; t_m in h), aus [6.47] Für die Parameter σ = 41,4 MPa und t_m = 1000 h sind die Temperaturdifferenzen zwischen den einzelnen Werkstoffen eingetragen.

6.8.7 Korrosions- und Beschichtungsverhalten

Bei der Korrosion und auch im Beschichtungsverhalten der ODS-Legierungen tritt eine Besonderheit auf, die bei oxidfreien Legierungen unter sonst gleichen Temperatur- und Korrosionsbedingungen gar nicht oder in wesentlich geringerem Maße beobachtet wird, nämlich starke Porosität im diffusionsbeeinflussten Bereich. **Bild 6.55** zeigt das Beispiel der Legierung *IN MA 6000* nach Korrosion an Luft. Diese Lochbildung wird allgemein als *Kirkendall-Porosität* interpretiert, bei der durch Entzug von Atomen aus der Matrix ohne gleichzeitige Nachlieferung in etwa gleicher Menge eine erhöhte Leerstellenkonzentration entsteht, die zur Kondensation zu stabilen Poren führen kann. Im Falle der Oxidation verarmt der Werkstoff an den oxidbildenden Elementen, welche Leerstellen hinterlassen.

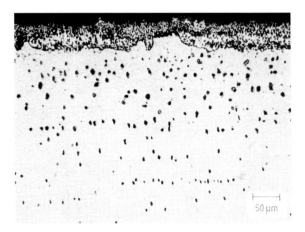

Bild 6.55 Randporosität in der Legierung *IN MA 6000* nach Kriechbelastung bei 950 °C mit 180 MPa und einer Bruchzeit von 3162 h
Im oberflächennahen Bereich hat innere Oxidation von Al stattgefunden.

Bei der Interdiffusion zwischen einem ODS-Grundwerkstoff und einer Beschichtung tritt ein vergleichbarer Effekt auf, der das klassische Kirkendall-Phänomen bei Werkstoffverbunden mit ungleicher Diffusionspaarung darstellt.

Die besonders starke Kirkendall-Porosität in ODS-Legierungen verglichen mit ähnlichen, dispersoidfreien Superlegierungen wird auf erleichterte Porenkeimbildung an den Oxidteilchen zurückgeführt. Im Allgemeinen verschwinden die überschüssigen Leerstellen an Grenzflächen, besonders Korngrenzen und Oberflächen, ohne dass es zu Ansammlungen kommt, die eine stabile Porenkeimgröße überschreiten. Um die Dispersoide herum liegt jedoch bereits eine relativ hohe Phasengrenzflächenenthalpie vor, welche sich mit der Porenoberflächenenthalpie teilweise kompensiert, so dass der kritische Porenkeimradius beim Ankeimen an die Oxide gegenüber homogener Keimbildung im ansonsten ungestörten Gitter reduziert ist.

Zumindest im Fall der ferritischen ODS-Legierung *Incoloy MA 956*, welche unter Argonatmosphäre gemahlen wird, werden die Poren durch relativ hohe Restargongehalte in der Legierung stabilisiert. Die Lochbildung ist in dieser Legierung daher besonders heftig. Ähnliche, nicht ganz so drastische Effekte werden bei den Ni-Basis-ODS-Legierungen vermutet, denn die oberflächennahe Porosität bei der Oxidation nimmt stark ab und verschwindet nahezu, wenn der Werkstoff vorausgelagert wurde [6.48].

Die Kirkendall-Porenbildung reduziert die Haftung von Deckschichten und Beschichtungen. Bei Letzteren muss auf einen gradierten Übergang in der Zusammensetzung der Verbundpartner geachtet werden, z. B. durch Aufbringen von Zwischenschichten mit geringerem Interdiffusionsbestreben zum Grundwerkstoff. Außerdem geht im porengeschädigten Bereich der Dispersionshärtungseffekt großteils verloren. Des Weiteren sind negative Auswirkungen auf das Ermüdungsverhalten zu erwarten.

6.9 Hochschmelzende Legierungen

6.9.1 Allgemeines

Sämtliche bisher vorgestellten konventionellen Hochtemperaturlegierungen sind in ihrer Temperatureinsatzgrenze – abgesehen vom temperaturabhängigen Härtungsverlust – beschränkt durch ihre Solidustemperatur, die bei einigen Ni-Basislegierungen im nicht homogenisierten Gusszustand bis auf etwa 1200 °C absinken kann. Ferritische Hochtemperaturstähle befinden sich bis ca. 1400 °C im festen Zustand. Höhere Schmelzpunkte oder Solidustemperaturen weisen nur Keramiken, einige intermetallische Phasen sowie die refraktären Metalle und Legierungen auf.

Als hochschmelzende oder refraktäre (lat.: widerspenstige) Metalle und Legierungen bezeichnet man solche mit einem Schmelzpunkt oberhalb ca. 2000 °C. Davon sind nur die Metalle Nb, Ta, Mo und W in industriell relevanten Mengen verfügbar und kommen als Basiselemente in Betracht. Hf (ϑ_S = 2231 °C) findet man seltener in der Erdrinde, Re (ϑ_S = 3186 °C) gehört zu den seltensten Atomsorten. Sie dienen als Zusätze in einigen Ni-Basiswerkstoffen sowie in hochschmelzenden Legierungen. Rh, das mit ϑ_S = 1963 °C gerade schon zu den Refraktärmetallen zählt, Ru (ϑ_S = 2334 °C) und Ir (ϑ_S = 2447 °C) stellen aufgrund ihrer Korrosionsbeständigkeit Edelmetalle dar; bei Re wird diese Zuordnung manchmal getroffen, jedoch nicht zwingend.

Tabelle 6.17 fasst die wichtigen Eigenschaften für einen Werkstoffvergleich bei hohen Temperaturen der vier hochschmelzenden Basismetalle Nb, Ta, Mo und W zusammen.

Die Vor- und Nachteilebilanz stellt sich folgendermaßen dar:

+ Aufgrund des mehr als ca. 1000 °C höheren Schmelzpunktes gegenüber den konventionellen Basismetallen Fe, Co und Ni besitzen die Refraktärmetalle ein größeres Festigkeitspotenzial bei gleichen absoluten Temperaturen. **Bild 6.56** vergleicht die Zeitstandfestigkeiten der Mo-Legierung *TZM* mit denen der Ni-Basis-Gusslegierung *IN 713 LC*, die über einen γ'-Volumenanteil von ca. 50 % verfügt. Die pulvermetallurgisch hergestellte Variante P/M Mo-TZM fällt gegenüber der Schmiedeversion zu längeren Zeiten festigkeitsmäßig ab wegen ihrer geringeren Korngröße.

6.9 Hochschmelzende Legierungen

Tabelle 6.17 Einige Grundeigenschaften refraktärer Metalle im Vergleich zu Ni (Werte für die Reinmetalle bei RT, wo zutreffend)

Eigenschaft	Nb	Mo	Ta	W	*Ni*
ϑ_S .... in °C	2477	2623	2995	3422	*1455*
ρ .... in g/cm³	8,6	10,2	16,6	19,3	*8,9*
E .... in GPa	110	330	180	410	*210*
$\alpha_\ell \cdot 10^6$ .. in K⁻¹	7,1	5,4	6,5	4,3	*13,3*
λ .... in W m⁻¹K⁻¹	52	142	54	134	*61*
c_p .... in J kg⁻¹ K⁻¹	272	242	142	138	*545*
$a \cdot 10^5$ ..... in m²/s	2,2	5,9	2,3	4,9	*1,2*

(a: Temperaturleitfähigkeit)

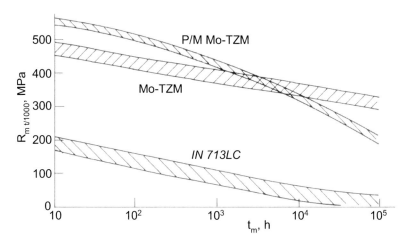

Bild 6.56 Vergleich der Zeitstandfestigkeiten der refraktären Legierung Mo-*TZM* (Mo-0,5Ti-0,8Zr) in geschmiedeter und pulvermetallurgisch hergestellter Version, sowie der γ'-gehärteten Ni-Basis-Gusslegierung *IN 713 LC* bei 1000 °C [6.49] Die Festigkeitswerte sind *nicht* dichtenormiert.

+ Die spezifische Wärmekapazität ist relativ gering und die Wärmeleitfähigkeit hoch, woraus eine günstige Temperaturleitfähigkeit resultiert (siehe auch Vergleichswerte in Tabelle 1.7). Außerdem ist die thermische Ausdehnung niedrig, so dass diese Werkstoffe, in Verbindung mit der hohen statischen Festigkeit, sehr beständig gegen Thermoschock und thermische Ermüdung sind.

+/– Die E-Moduln sind recht unterschiedlich: Während sie für Mo und W sehr hoch liegen und damit die Kriechfestigkeit begünstigen, weisen Nb und Ta – gemessen an ihren Schmelzpunkten – außerordentlich niedrige E-Moduln auf. Dies ist nur bei der Thermoermüdung vorteilhaft.

– Der gravierende Nachteil der vier Hauptelemente Nb, Ta, Mo und W liegt in dem linearen oder sogar katastrophalen Oxidationsangriff, der sich schon, je nach Metall, ab ca. 500 °C bemerkbar macht und zu voluminösen und leicht abplatzenden (Nb, Ta), flüssigen (Mo) oder flüchtigen (W) Oxiden führt. Von Glühlampen kennt man dieses Phänomen.

Das Problem der starken Oxidation wurde bislang nicht durch Legieren oder Beschichten technisch verwertbar beseitigt. Silizieren hat man als einzig möglichen Oxidationsschutz ins Auge gefasst, wobei sich eine Silizidschicht im Oberflächenbereich bildet, die eine gute Zunderbeständigkeit bei hohen Temperaturen in oxidierender Atmosphäre aufgrund einer SiO_2-Deckschicht aufweist. Allerdings sind diese Schichten spröde, und im Falle des Reißens oder Abplatzens würde ein sehr rascher Angriff des Grundmaterials einsetzen. Außerdem sind die Silizidschichten anfällig für die so genannte „Silizidpest", bei der im Bereich geringerer Temperaturen zwischen etwa 400 bis 600 °C ein völliger Zerfall des Materials eintreten kann, wenn sich neben SiO_2 auch festes MoO_3 bildet, was mit einer sehr starken Volumenzunahme verbunden ist.

– Nb und Ta lösen bei hohen Temperaturen viel Sauerstoff, welcher zu Versprödung führt. Bei Mo und W ist zwar die O-Löslichkeit vernachlässigbar, aber die katastrophale Oxidation verbietet einen Einsatz in oxidierender Umgebung. Alle vier Basismetalle reagieren zu teilweise sehr stabilen Karbiden und Nitriden, welche in aufkohlender oder aufstickender Atmosphäre ebenfalls versprödend wirken können. Mo und W bilden unter bestimmten Bedingungen schützende Karbid- und Nitriddeckschichten aus.

– Nb, Ta, Mo und W weisen ein krz-Gitter auf und zeigen deshalb bei niedrigen Temperaturen eine geringe Duktilität und Zähigkeit. Während die Spröd/duktil-Übergangstemperaturen bei Nb und Ta deutlich unter RT liegen, können sie bei Mo und W bis zu etwa 200 °C betragen – je nach Legierungsanteil und Gehalten an O, C und N.

– Die Verarbeitbarkeit ist schwierig und aufwändig wegen des hohen Schmelzpunktes, bei einigen Legierungen außerdem wegen der geringen Tieftemperaturduktilität sowie wegen der Gasaufnahme.

– Die Dichte von Ta und W liegt deutlich, die von Mo etwas höher als die der Superlegierungen, was bei eigengewichtbelasteten, rotierenden und zu bewegenden Bauteilen zu berücksichtigen ist.

Der katastrophale Oxidationsangriff der Basismetalle bestimmt die Anwendungsgebiete der refraktären Legierungen. Im Hochtemperaturbereich ist ein langzeitiger Einsatz in oxidierender Umgebung ausgeschlossen. So beschränken sich die Anwendungen auf inerte Atmosphären und Vakuum, wie z. B. Elektroden verschiedenster Arten (WIG-Schweißelektroden, Elektronenstrahlkathoden, Elektroden in Glasschmelzanlagen, Drehanoden in Röntgenröhren, ...), Glühlampenwendeln, Vakuum- und Schutzgasofenwicklungen, diverse Raumfahrtbauteile, spezielle Gesenke und Kokillen.

6.9.2 Festigkeitssteigerung und Legierungsaufbau

Bis zu Einsatztemperaturen von rund 800 bis 1000 °C, je nach Schmelzpunkt und Gefügeaufbau, können die hochschmelzenden Legierungen durch Verformung verfestigt werden, ohne dass die eingebrachte Versetzungsanordnung zu rascher Erholung oder gar zu Rekristallisation führt. Bei höheren Temperaturen kann dauerhaft, wie bei den Fe-, Co- und Ni-Basiswerkstoffen, nur von der Legierungshärtung Gebrauch gemacht werden. Die Zusammensetzungen einiger für den Hochtemperaturbereich entwickelten Legierungen sind in **Tabelle A4** angegeben.

Mischkristallhärtung wird – je nach Basismetall – durch die Elemente W, Mo, Ti, Hf und Re vorgenommen. In W-Legierungen verbessert Re darüber hinaus entscheidend die Tieftemperaturduktilität.

Teilchenhärtung erfolgt durch Karbide und Oxide. Als Karbide bieten sich TiC, ZrC und HfC an, welche thermodynamisch sehr stabil sind. Karbide der eigenen Basismetalle, wie z. B. NbC oder TaC, würden zu schnell vergröbern, weil die C-Diffusion hierfür maßgeblich wäre. Bei extrem hohen Temperaturen wird die Karbidhärtung in jedem Fall durch Vergröberung und Auflösung unwirksam, so dass man auf eine Dispersionshärtung durch nahezu unlösliche Oxide übergeht. Technische Bedeutung hat dies bisher nur für ThO_2-dotierte W-Legierungen erlangt, z. B. als Glühdrähte oder in Schweißelektroden.

6.9.3 Aktuelle Entwicklungen

Ein Schwerpunkt der aktuellen Forschung im Bereich der Hochtemperaturwerkstoffe ist die Entwicklung von Werkstoffen, die im Bereich von modernen Flugzeugtriebwerken höhere Verbrennungstemperaturen ermöglichen sollen. Wie in Kapitel 6.6 dargestellt, weisen die dort aktuell eingesetzten Nickelbasiswerkstoffe eine Einsatzgrenze von ca. 1150 °C auf. Werkstoffe, die für eine Erhöhung der möglichen Einsatztemperaturen in Frage kommen sind in diesem Kapitel und in den Kapiteln 6.10 und 6.11 aufgeführt. Jedoch weisen alle angegebenen Werkstoffe verschiedene Nachteile auf, die ihren großtechnischen Einsatz bisher verhindert haben.

Besonders die Gruppe der im vorangegangenen Teil dieses Kapitels aufgeführten hoch schmelzenden Refraktärmetalle weist ein großes Potenzial hinsichtlich der Verwendung als Hochtemperaturwerkstoff auf. Wie ausführlich beschrieben, sind die Metalle dieser Gruppe jedoch in oxidierender Umgebung nicht beständig. Auf Refraktärmetallen basierende intermetallische Phasen, die dieser Oxidationsproblematik nicht unterliegen, wie z. B. $MoSi_2$ (vgl. Kap. 6.10.4e), sind jedoch insbesondere auf Grund ihrer Sprödigkeit bei tieferen Temperaturen für mechanisch hoch belastete Komponenten nicht einsetzbar.

Die Gruppe der Molybdän-Silizium-Bor (MoSiB)-Legierungen ist entwickelt worden, um die gute Umformbarkeit von metallischem Molybdän mit der guten Oxidationsbeständigkeit der intermetallischen Molybdän-Silizide zu vereinen. Die Molydän-Silizide dienen dabei gleichzeitig auch der Erhöhung der Festigkeit der Legierungen bei sehr hohen Temperaturen.

Die ersten MoSiB-Legierungen stellten mehrphasige Verbundwerkstoffe aus einer Molybdän-Matrix und eingelagerten intermetallischen Ausscheidungen (Mo_3Si und Mo_5SiB_2) dar und wurden auf schmelzmetallurgischem Wege hergestellt. Diese Legierungen müssen sehr schnell aus der schmelzflüssigen Phase abgeschreckt werden, um die Bildung spröder, grober intermetallischer Phasen während des Abkühlens zu unterbinden. Der sich ergebende übersättigte Molybdän-Mischkristall ermöglicht in einem anschließenden Wärmebehandlungsprozess die Ausscheidung der intermetallischen Phase auf kontrollierte Art, d. h. es entstehen fein verteilte intermetallische Ausscheidungen in einer Mo-Matrix. Des Weiteren muss der Anteil an intermetallischen Phasen in diesem Fall mindestens 50 % betragen, um die Bildung einer vor Oxidation schützenden Oberflächenschicht zu ermöglichen. Die so optimierten Legierungen weisen eine gute Oxidationsbeständigkeit durch die Bildung einer Borosilikat-Glasschicht auf. Die (Kriech-) Festigkeiten dieser Legierungen liegen auf sehr hohem Niveau, wobei durch die Mo-Matrix auch bei geringen Temperaturen von 600 °C eine ausreichende Bruchzähigkeit vorhanden ist. Problematisch bei diesen Legierungen ist jedoch immer noch die sehr schlechte Umformbarkeit, d. h. eine Warmumformung ist nur bei Prozesstemperaturen von etwa 1800 °C möglich.

Eine vielversprechende Alternative zur Herstellung von Werkstoffen, die auf schmelzmetallurgischem Wege nur schwer zu prozessieren sind, stellt das mechanische Legieren dar (vgl. Kap. 6.8.3). In diesem Verfahren werden feinste Pulver der Legierungselemente miteinander vermischt und anschließend gesintert. Im Falle der MoSiB-Legierungen ist das mechanische Legieren gut anwendbar. Im Anschluss an das Kaltpressen und Sintern (in Wasserstoffatmosphäre bei 1600 °C), wird das Material nochmals bei 1500 °C und hohem Druck heißisostatisch gepresst (HIP) (vgl. Kap. 6.6.4.3).

Zur Einstellung der anvisierten dreiphasigen Mikrostruktur mit Mo-Matrix sind nur relativ kurze Prozesszeiten notwendig, die Herstellung einer übersättigten Mo-Phase in einem ersten Zwischenschritt, möglich über extrem langes Mahlen, ist nicht erforderlich. Direkt nach dem HIP-Prozess stellt sich eine ultrafeinkörnige Mikrostruktur ein, d. h. die Korngröße aller Phasen liegt im Submikrometerbereich. Durch die enorme Verringerung der Korngröße ergibt sich in den so prozessierten MoSiB-Legierungen die Möglichkeit des superplastischen Fließens bei relativ geringen Prozesstemperaturen von 1300 °C, was die Herstellbarkeit von künftigen technischen Komponenten wesentlich vereinfachen dürfte. Im Anschluss an den Umformprozess lässt sich dann über eine weitere Wärmebehandlung die Mikrostruktur gezielt vergröbern, so dass ein Gefüge mit den gewünschten mechanischen Eigenschaften gezielt einstellbar ist [6.100 und 6.101].

6.10 Intermetallische Phasen als Konstruktionswerkstoffe

6.10.1 Allgemeines

Intermetallische Phasen werden durch besondere Bindungseigenschaften zwischen mindestens zwei metallischen Atomsorten in einem bestimmten stöchiometrischen Verhältnis gebildet, bei binären Phasen also mit allgemeiner Bezeichnung A_mB_n. Grenzfälle nach dieser Definition entstehen dann, wenn einer der Legierungspartner ein Nichtmetall, wie bei den Karbiden oder Nitriden, oder ein Metalloid, wie bei den Siliziden, ist. Zum Aufbau der Reinmetalle und Mischkristalle einerseits und dem der Keramiken andererseits grenzen sich die intermetallischen Phasen dadurch ab, dass ihr Bindungscharakter weder rein metallisch noch vollständig kovalent oder ionar ist. Ein gewisser metallischer Bindungsanteil ist stets vorhanden.

Als Funktionswerkstoffe sind intermetallische Phasen schon seit längerem im Einsatz: im Hochtemperaturbereich beispielsweise als NiAl-Beschichtung, die sich durch Alitieren von Ni-Basislegierungen in der äußeren Zone bildet.

Die Einsatzgrenze konventioneller Fe-, Co- und Ni-Basiswerkstoffe liegt bei rund 1100 °C, bei sehr niedriger mechanischer Belastung auch noch leicht darüber. Diese Werkstoffe weisen außerdem eine relativ hohe Dichte von etwa 8 g/cm^3 auf. Hochschmelzende Legierungen, die eine noch höhere Dichte besitzen, sind wegen ihrer unzureichenden Oxidationsbeständigkeit nur eingeschränkt anwendbar. Der Nachteil keramischer Werkstoffe liegt in ihrer geringen Zähigkeit und Fehlertoleranz.

Diese Aspekte führten dazu, Konstruktionswerkstoffe mit einer intermetallischen *Matrix* zu entwickeln. Zwar bestehen hochfeste Ni-Legierungen überwiegend aus der intermetallischen Phase γ'-Ni$_3$Al, die Kriechverformung bei niedrigen Spannungen spielt sich jedoch in dem weicheren, zusammenhängenden γ-Mischkristallgerüst ab. Die intermetallische Phase wirkt über die Mechanismen der Teilchenhärtung. Bei einer intermetallischen Grundmasse sind dagegen die Festigkeit und Verformung *innerhalb* dieser Phase maßgeblich für die mechanischen Eigenschaften.

Die intermetallischen Konstruktionswerkstoffe zielen darauf ab, einerseits die Temperatureinsatzgrenze gegenüber konventionellen Superlegierungen bei ausreichender Korrosionsbeständigkeit anzuheben und andererseits im mittleren Temperaturbereich Legierungen mit geringerer Dichte und höherer spezifischer Festigkeit zur Verfügung zu stellen. Selbstverständlich ist der Schmelzpunkt der Phase maßgeblich und nicht der Schmelzpunkt der einzelnen Elemente nach Tabelle 6.2. Die Zähigkeit und Fehlertoleranz der intermetallischen Phasen sollen ausreichen, um Bauteile mit vertretbarem Aufwand herstellen und sicher betreiben zu können. Man verspricht sich von den intermetallischen Konstruktionswerkstoffen, dass sie die Lücke zwischen den klassischen Hochtemperaturlegierungen und den Keramiken schließen.

6.10.2 Klassifizierung der intermetallischen Phasen

Allein in binären Systemen kennt man mehr als 5000 intermetallische Phasen. Sie lassen sich nach Klassen mit Hauptmerkmalen einteilen. Diese Gruppen überschneiden sich teilweise, je nach Eigenschaft. Die nachfolgende Klassifizierung deckt die gängigsten Typen der Phasen ab. Auch wenn die meisten davon nicht als Konstruktionswerkstoffe infrage kommen, soll die Zusammenstellung der klareren Übersicht dienen.

a) Laves-Phasen

- Zusammensetzungsverhältnis AB_2 (nicht alle intermetallischen Phasen mit AB_2-Zusammensetzung sind jedoch Laves-Phasen); sehr hohe Packungsdichte der Atome; maximale Volumenfüllung von 71 % bei einem Atomradienverhältnis von $r_A/r_B = \sqrt{3/2} = 1{,}225$
- tatsächliche Schwankungsbreite: 1,05 bis 1,68; die Laves-Phasen gehören zu den TCP-Phasen (siehe *g*)
- kubische oder hexagonale Gitterstruktur
- vorwiegend metallische Bindung

Beispiele: Co_2Ta, Co_2Ti, Co_2Zr, Cr_2Nb, Cu_2Mg, Fe_2Mo, Fe_2Nb, $MgNi_2$, $MgZn_2$

b) Hume-Rothery-Phasen („Elektronenphasen", Phasen bestimmter Valenzelektronenkonzentration)

- bestimmte Valenzelektronenkonzentration e/a (e: Anzahl der Valenzelektronen, a: Anzahl der Atome); charakteristische Werte: e/a = 3/2, 21/13, 7/4. Folgende Wertigkeiten gelten:

Elemente	Valenzelektronen
Fe, Co, Ni, Ru, Rh, Pd, Os, Ir, Pt	0 (geben keine e^- ab)
Cu, Ag, Au	1
Be, Mg, Zn, Cd	2
Al, Ga, In	3
Si, Ge, Sn, Pb	4
P, As, Sb, Bi	5

Beispiel: Ni_5Zn_{21} (e = 0 + 21·2 = 42; a = 5 + 21 = 26; e/a = 42/26 = 21/13)
- überwiegend metallischer Bindungscharakter
- meist in ausgedehntem Homogenitätsbereich stabil

Beispiele:
→ CuZn (β-Messing), krz, e/a = 3/2, β′ ist die Ordnungsmodifikation von β oberhalb ca. 460 °C (siehe *e*)
→ Cu_5Zn_8 (γ-Messing), komplex-kubisch, e/a = 21/13
→ $CuZn_3$ (ε-Phase), hdP, e/a = 7/4
→ FeAl, CoAl, NiAl (e/a = 3/2; alle drei siehe auch *e*), Au_3Al, Cu_3Sn (ε-Bronze)

6.10 Intermetallische Phasen als Konstruktionswerkstoffe

c) *Zintl-Phasen (normale Valenzverbindungen oder wertigkeitsgerechte Verbindungen)*

- AB-Typen mit NaCl-Gitter oder AB_2-Typen mit CaF_2-Gitter (Flussspat)
- Zusammensetzung entspricht den chemischen Wertigkeiten der Elemente.
- neben metallischer Bindung starke Ionenbindungskräfte
- keine nennenswerten Homogenitätsbereiche, da feste Valenzen; Wegen des strichförmigen Existenzbereiches im Phasendiagramm werden sie als *Strichphasen* bezeichnet.

Beispiele: Mg_2Si, Mg_2Pb, MgSe

d) *Nickel-Arsenid-Phasen (NiAs-Typ)*

- Verbindungen zwischen Übergangsmetallen und Halbmetallen/Metalloiden (S, Se, Te, Sn, Sb, As, Bi, Ge, In)
- hexagonal dichtest gepackt (hdP)
- meist breitere Homogenitätsbereiche

Beispiele: FeS, FeSn

e) *Ordnungsphasen oder Überstrukturphasen*

- vorwiegend Typ AB oder A_3B; **Bild 6.57** stellt die sechs gängigsten geordneten Gittertypen vor.
- Die Atome nehmen feste Gitterplätze ein, sind also nicht statistisch regellos verteilt. Die Überstruktur oder Fernordnung stellt ein Gitter der einen Atomsorte im Gitter der anderen dar.
- meist breiterer Homogenitätsbereich
- Existenzbereich oft bis zur kritischen Ordnungstemperatur im festen Zustand beschränkt (Entropieeffekt); Beispiel: CuZn ist bis ca. 460 °C geordnet (β'-Messing), darüber ungeordnet (β-Messing). Ausnahme z. B.: NiAl ist bis zur Schmelztemperatur geordnet (siehe Bild 6.13).

Beispiele: siehe Bild 6.57

f) *geometrisch dichtest gepackte Phasen (GCP-Phasen – geometrically closed packed)*

- A_3B-Zusammensetzung mit Atomradienbeziehung $r_A < r_B$
- geordnete Kristallstruktur, daher vollständige Teilgruppe der Ordnungsphasen unter e)
- dichteste Kugelpackung bezogen auf die Raumausfüllung
- meist größerer Homogenitätsbereich

Beispiele: siehe betreffende Phasen in Bild 6.57, besonders Ni_3Al

g) *topologisch dichtest gepackte Phasen (TCP-Phasen – topologically closed packed, Frank-Kaspar-Phasen)*

- dicht gepackte Gitterebenen mit dazwischenliegenden Schichten größerer Atome
- komplexe Kristallstruktur, sehr große Elementarzellen
- Laves-Phasen (siehe a) gehören zu den TCP-Phasen, z. B. Fe_2Mo, Co_2Ta
- meist breiterer Homogenitätsbereich

Beispiele:
- → σ-Phase, Zusammensetzung basierend auf FeCr mit Substitutionsmöglichkeiten, z. B. Fe(Cr, Mo) oder $(Fe, Ni, Co)_x(Cr, Mo, W)_y$ mit $x \approx y$
- → μ-Phase = $(Fe, Co)_7(Mo, W)_6$
- → P-Phase (= $Cr_{18}Mo_{42}Ni_{40}$ im System Ni-Cr-Mo, [6.80]); in Ni-Basis-Superlegierungen enthält die P-Phase hohe Anteile Re und W.

h) *interstitielle Phasen (Einlagerungsphasen, Hägg-Phasen)*

- Verbindungen aus Übergangsmetall und Nichtmetall mit kleinem *kovalenten* Radius (H: 0,32 Å, B: 0,82 Å, C: 0,77 Å, N: 0,75 Å); also: Hydride, Boride, Karbide, Nitride, teilweise auch weitere Verbindungen
- Maximale Raumfüllung entsteht bei einem Kovalentradienverhältnis von $r_X/r_M = 0,59$. Bei $r_X/r_M < 0,59$ bilden sich einfache Elementarzellen mit Zusammensetzungen der Typen MX, M_2X, MX_2 und M_4X, z. B. TaC: r_C/r_{Ta} = 0,77 Å/1,34 Å = 0,575. Die Metallatome bilden dabei ein kfz-, krz- oder hdP-Gitter; die Nichtmetallatome befinden sich auf Zwischengitterplätzen. Bei $r_X/r_M > 0,59$ sind die Elementarzellen komplex aufgebaut, wie z. B. bei Fe_3C (r_C/r_{Fe} = 0,77 Å/1,17 Å = 0,66) und $Cr_{23}C_6$ (r_C/r_{Cr} = 0,77 Å/1,18 Å = 0,65).
- hoher nichtmetallischer Bindungsanteil (kovalente Radien maßgeblich); Diese Phasen haben stark keramischen Charakter
- hohe Temperaturstabilität und oft hoher Schmelzpunkt (Z. B. ist TaC mit ca. 4000 °C einer der höchstschmelzenden Feststoffe.)
- oft hohe Härte

Beispiele: Fe_3C, $Cr_{23}C_6$, TiC, TaC, Ta_2C, AlN, Cr_2N, TiH_2

6.10 Intermetallische Phasen als Konstruktionswerkstoffe

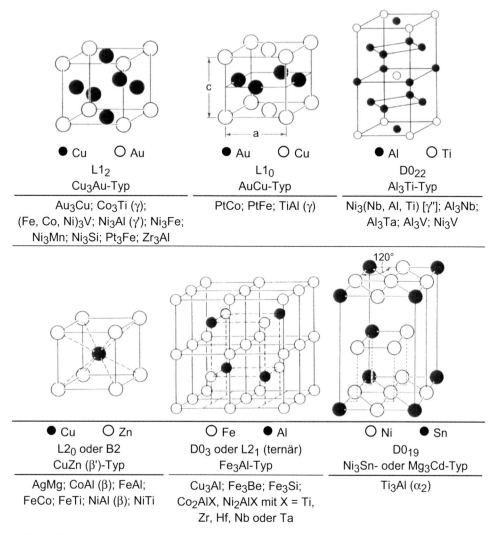

Bild 6.57 Elementarzellen der sechs gängigsten geordneten Gittertypen mit Beispielen intermetallischer Phasen (nach [6.50])

In Bild 6.57 sind L1$_2$ usw. die so genannten Strukturberichttypen. Bei der Angabe der Gitter sind die Positionen *aller* Atome berücksichtigt. Da es sich um Überstrukturen handelt, treten bei der Röntgenfeinstrukturanalyse Überstrukturlinien der Teilgitter auf. Demnach ist beispielsweise eine geordnete L1$_2$-Phase kein kfz-Gitter mehr, sondern ein einfach primitives (Raumgruppe Pm$\bar{3}$m ; P steht für primitiv). Die geordnete D0$_{22}$-Struktur ist gemäß der Überstrukturlinien tetragonal-raumzentriert (man betrachte nur die „weißen" Atome in der Skizze; Raumgruppe I4/mmm; I: innenzentriert). Darstellungen und Erläuterungen siehe z. B. unter: *http://cst-www.nrl.navy.mil/lattice/* .

6.10.3 Besondere Eigenschaften der intermetallischen Phasen

Intermetallische Phasen zeichnen sich durch eine starke Bindung zwischen den ungleichnamigen Atomsorten aus. Bei den Überstrukturphasen führt die bevorzugte A-B-Bindung im Idealfall zu einer maximal möglichen Anzahl ungleichnamiger Nachbarn im gesamten Gitter, *Fernordnung* genannt. Je nach Phasentyp können sowohl kovalente (= homöopolare) als auch ionare (= heteropolare) Bindungsanteile auftreten; im Gegensatz zu den Keramiken verbleibt aber immer noch ein gewisser metallischer Bindungscharakter. Aus diesen strukturellen Merkmalen leiten sich hohe elastische Moduln und hohe Peierls-Spannungen ab, die Festigkeiten sind also inhärent hoch. Die hohen Bindungskräfte bewirken bei vielen kongruent schmelzenden intermetallischen Phasen außerdem hohe Schmelztemperaturen sowie relativ geringe Diffusionsraten, was die Warmfestigkeit günstig beeinflusst. Aufgrund des verbleibenden metallischen Bindungsanteils ist eine zumindest geringere Sprödigkeit als bei Keramiken zu erwarten und oft auch vorhanden.

Vorteilhaft wirkt sich die geringe Dichte vieler intermetallischer Phasen aus, welche daher rührt, dass leichte Elemente in hohen Atomkonzentrationen beteiligt sind, z. B. bei TiAl (3,8 g/cm^3), NiAl (5,85 g/cm^3) und MoSi$_2$ (6,24 g/cm^3). Zeitstandfestigkeiten sind daher für eigengewicht- oder fliehkraftbelastete Bauteile auf der Basis von Zeitreiß- oder Zeitdehnlängen zu vergleichen.

Der meiste Entwicklungsaufwand wurde an *geordneten* intermetallischen Phasen getrieben. Die Besonderheiten des Diffusionsverhaltens dieser Legierungen sind in Kap. 1.3.4 beschrieben, die des Kriechens in Kap. 3.8.3. Einige der in Bild 6.57 genannten Phasen bieten sich als Konstruktionswerkstoffe an, weil für ein ausreichendes Verformungsvermögen möglichst kleine und kubische Elementarzellen gefordert werden. Komplexere Gittertypen sind wegen ihrer stark eingeschränkten Versetzungsgleitmöglichkeiten und folglich geringen Verformbarkeit für die meisten tragenden Anwendungen ausgeschlossen.

Die Hauptnachteile bei den Material- und Gebrauchseigenschaften sowie die Schwierigkeiten bei der Bauteilherstellung aus intermetallischen Phasen bestehen in folgenden Punkten:

- Die Zeitstandfestigkeiten oder Zeitreißlängen sind bei gleichen Temperaturen ohne zusätzliche Legierungsmaßnahmen oft deutlich geringer als die der konventionellen Superlegierungen. Die intermetallischen Phasen müssen durch Fremdelemente mischkristallgehärtet, durch zweite Phasen teilchengehärtet und/oder durch grobe Zweiphasigkeit mit einer anderen intermetallischen Phase in ihren Eigenschaften verbessert werden.
- Die Verformungs- und Zähigkeitskennwerte gleichen zumindest bei tiefen Temperaturen eher denen der Keramiken. Der Sprödbruchbereich kann sich bis etwa 0,5 T_S erstrecken. Damit geht eine hohe Kerbempfindlichkeit einher; das Zeitstand-Kerbfestigkeitsverhältnis (Gl. 3.57) nimmt mit steigender Kerbschärfe ab.

6.10 Intermetallische Phasen als Konstruktionswerkstoffe

- Aufgrund der Sprödigkeit und geringen Bruchzähigkeit bei RT und in einem größeren Temperaturbereich darüber sind die Bauteilherstellung, -bearbeitung und -handhabung schwierig. Die Fehlertoleranz ist gering und die Ausschuss- und Schadenswahrscheinlichkeit damit hoch.
- Einige intermetallische Phasen weisen für die Temperaturen, für die sie festigkeitsmäßig vorgesehen sind, keine ausreichende Langzeit-Oxidationsbeständigkeit auf. Beschichtungen, die keine Verträglichkeitsprobleme mit dem Grundwerkstoff auslösen, müssen z. T. noch entwickelt werden.

Die mangelnde Verformungsfähigkeit der intermetallischen Phasen kann folgende Ursachen haben (z. B. [6.51]):

- Das von Mises-Kriterium ist bei einigen Phasen nicht erfüllt, d. h. es existieren in dem betreffenden Gitter keine fünf voneinander unabhängigen Gleitsysteme. Als Folge davon können sich die Körner nicht beliebig an die Verformung der Nachbarkörner anpassen, und es kommt zu spröden interkristallinen Rissen. Falls dies allein der Grund der geringen Verformung ist, wären Einkristalle recht duktil.
- Die Streckgrenze kann höher als die Trennfestigkeit des Werkstoffes liegen. In diesen Fällen wird keine makroskopische plastische Verformung erzeugt, und Spannungskonzentrationen an Rissspitzen werden nicht durch Fließen abgebaut, Folgen: hohe Kerbempfindlichkeit, geringe Bruchzähigkeit. Eine Ursache hierfür kann eine hohe Peierls-Spannung sein, d. h. die für die Gleitbewegung *einer* Versetzung im ansonsten störungsfreien Gitter erforderliche Spannung. Dieses Phänomen, welches von krz-Metallen bei tiefen Temperaturen unterhalb etwa $0{,}15\, T_S$ bekannt ist, kann bei intermetallischen Phasen den Übergang von sprödem zu duktilem Verhalten zu recht hohen Temperaturen verschieben (ca. $0{,}5\, T_S$).
- Die Versetzungsanordnung kann überwiegend planar sein, weil das Quergleiten von Versetzungen behindert ist. Als Folge davon entstehen in den Hauptgleitebenen Versetzungsaufstauungen, welche hohe lokale Spannungskonzentrationen erzeugen, die zu Rissen führen.
- Bei einigen intermetallischen Phasen liegt die Trennfestigkeit an Korngrenzen besonders niedrig, so dass es nicht zu bedeutender Kornvolumenverformung kommt. Einkristalle sind dagegen möglicherweise deutlich besser verformbar.
- Der Werkstoff versprödet unter Umständen durch Korrosion. Bei einigen intermetallischen Phasen kann beispielsweise entlang von Korngrenzen eindringender Sauerstoff die Korngrenzenkohäsion stark herabsetzen. Schädliche Verunreinigungen rufen einen ähnlichen Effekt hervor.

In vielen Fällen sind die Ursachen der Sprödigkeit nicht identifiziert; mehrere Mechanismen können zusammenwirken. Ein Vergleich zwischen viel- und einkristallinem Material zeigt, ob das spröde Verhalten auf eines der interkristallinen Phänomene zurückzuführen ist. Für einige Anwendungen wird man aufwändig herzustellende einkristalline Komponenten einsetzen müssen, um Korngrenzeneffekte auszuschließen. Für die Herstellung ist vorwiegend eine ausreichende Duktilität erforderlich, für den Bauteilbetrieb muss die Bruchzähigkeit gewisse Mindestwerte erreichen, damit genügende Toleranz gegenüber fertigungsbedingten Fehlern vorhanden ist.

6.10.4 Potenzielle intermetallische Konstruktionswerkstoffe

Überwiegend wurden seit den 1970er Jahren die Ni- und Ti-Aluminide für Hochtemperaturanwendungen untersucht und weiterentwickelt. Außerdem misst man Siliziden, besonders $MoSi_2$, Bedeutung bei. Im Folgenden wird der Kenntnisstand für diese Werkstoffe zusammengefasst; Informationen über weitere intermetallische Phasen sind z. B. in [6.52] zu finden.

a) Ni_3Al

Die γ'-Phase Ni_3Al bewirkt die hohe Festigkeitssteigerung in Ni-Basislegierungen und bot sich deshalb als intermetallischer Konstruktionswerkstoff für hohe Temperaturen an. Die physikalischen, mechanischen und korrosiven Eigenschaften lassen jedoch keine herausragenden Vorteile gegenüber γ'-gehärteten Ni-Basislegierungen erwarten, so dass Ni_3Al-basierte Werkstoffe vorwiegend zu grundlegenden Untersuchungen dienen.

Knapp unterhalb der Liquidustemperatur wandelt Ni_3Al bei 1383 °C in einer peritektischen Reaktion um, schmilzt also inkongruent (siehe Bild 6.15). Bei stöchiometrischer Zusammensetzung weist die Phase bis zur Umwandlung ein geordnetes Gitter mit $L1_2$-Kristallstruktur auf. Der Homogenitätsbereich im binären Ni-Al-System erstreckt sich nur auf etwas mehr als 1 Ma.-% Al. Die Dichte liegt mit 7,5 g/cm³ rund 10 % unterhalb des Wertes der herkömmlichen Superlegierungen.

Ni_3Al ist ein klassisches Beispiel für eine intermetallische Phase, welche als Vielkristall ohne zusätzliche Maßnahmen spröde, als Einkristall oder mit Stängelkorngefüge jedoch sehr duktil ist. Die Ursache für die Sprödigkeit liegt in den weichen Korngrenzen gegenüber dem relativ harten Kornvolumen. Gleitung erfolgt in {111} <110>-Systemen, wie bei nicht geordneten kfz-Metallen und Legierungen, d. h. das von Mises-Kriterium ist erfüllt. Eine Duktilisierung des polykristallinen Werkstoffes gelingt besonders wirksam mit geringen Gehalten an Bor bis maximal 0,1 Ma.-%, wobei dieses Element sich hauptsächlich an den Korngrenzen anreichert. Dadurch werden Bruchdehnungen im Zugversuch von bis zu etwa 50 % erreicht. Allerdings reagiert die Duktilität sehr empfindlich auf den Al-Gehalt. Bei überstöchiometrischen Zusammensetzungen, also mehr als 25 At.-% Al, wirkt der Bor-Effekt in der binären Phase nicht mehr, lässt sich allerdings durch weitere Legierungselemente wiederherstellen. Die Mechanismen dieser Duktilisierung sind noch nicht geklärt.

Die ca. 13 Ma.-% Al in der stöchiometrischen Phase reichen ohne die Gegenwart von Cr nicht für eine geschlossene Al_2O_3-Deckschichtbildung aus; statt dessen formt sich vorwiegend eine relativ schnell wachsende Schicht aus

NiO mit Al_2O_3-Anteilen oder Spinellen. Zudem erfolgt innere Oxidation von Al. Lediglich bei sehr hohen, außerhalb eines möglichen Anwendungsbereiches liegenden Temperaturen – etwa oberhalb 1200 °C – läuft die Diffusion des Al so rasch ab, dass sich auch ohne einen Getter-Effekt durch Cr eine Al_2O_3-Deckschicht bilden kann. Die Hochtemperaturkorrosionsbeständigkeit des unlegierten Ni_3Al ist daher, mit Ausnahme der Aufkohlung, als ungünstig einzustufen im Vergleich zu den Superlegierungen, die nahezu reines Cr_2O_3 oder Al_2O_3 an der Oberfläche bilden.

Zur Verbesserung der Festigkeit und Hochtemperatur-Korrosionsbeständigkeit werden z. T. die gleichen Elemente zugegeben wie in γ-γ'-Legierungen, z. B. Cr, Ta, Mo, Hf und Zr.

b) NiAl

In [6.53] wird eine Übersicht über die physikalischen und mechanischen Eigenschaften der B2-Phase NiAl gegeben, welche bis zum Schmelzpunkt ein geordnetes Gitter aufweist (siehe auch das Ni-Al-Phasendiagramm in Bild 6.13). Sie kommt im Hochtemperaturbereich u. a. als Kandidat für Gasturbinenkomponenten wegen folgender günstiger Eigenschaften infrage (Vergleich mit konventionellen Superlegierungen in Klammern):

- niedrige Dichte von 5,85 g/cm^3 (ca. −30 %)
- Schmelzpunkt der stöchiometrischen Phase von 1638 °C (> +300 °C)
- hohe Wärmeleitfähigkeit von etwa 70 bis 80 W m^{-1} K^{-1} bei RT (> Faktor 5) und somit – zusammen mit der geringen Dichte – eine hohe Temperaturleitfähigkeit (> Faktor 7; c_p ist etwa gleich mit rund 500 J kg^{-1} K^{-1})
- geringerer thermischer Ausdehnungskoeffizient von ca. $13 \cdot 10^{-6}$ K^{-1} ($\approx$ −25 %)
- sehr gute Oxidationsbeständigkeit wegen des hohen Al-Gehaltes von ca. 30 Ma.-%
- einen für vielkristallines Material relativ niedrigen E-Modul von 190 GPa (Superlegierungen $\approx$ 210 GPa).

NiAl-*Einkristalle* verhalten sich bei Zugbelastung bis zu etwa 200 bis 350 °C sehr spröde, je nach Orientierung. Bei höheren Temperaturen wird dagegen recht gute Duktilität beobachtet. Bei hoher Dehnrate verschiebt sich der Spröd/duktil-Übergang deutlich oberhalb 300 °C. Der Grund liegt darin, dass der effektive Spannungsanteil der Fließspannung mit der Dehnrate ansteigt (siehe Gl. 3.1) und dadurch die Fließspannung in diesem Bereich die Trennfestigkeit überschreitet. Der beträchtliche effektive Spannungsanteil wird durch die Peierls-Spannung hervorgerufen, welche aufgrund der starken ungleichnamigen Ni-Al-Bindungen, welche die Fernordnung herbeiführen, hoch ist. Im Sprödbruchbereich werden bei Einkristallen meist Brüche entlang von {110}-Ebenen beobachtet.

Bei *vielkristallinem* Material ist zusätzlich zu beachten, dass im NiAl-Gitter nur drei voneinander unabhängige Gleitsysteme zur Verfügung stehen; das von Mises-Kriterium ist also nicht erfüllt. Dies ist ein Grund für nahezu rein elastisches Versagen der Vielkristalle, das sich bis etwa 350 bis 650 °C (rund 0,3 bis 0,5 T_S) erstreckt und vorwiegend interkristalline Trennbrüche hervorruft. Oberhalb des Spröd/duktil-Übergangs wird die Aktivierung weiterer Gleitsysteme angenommen. Die für die Herstellung und das Bauteilverhalten wichtige Spröd/duktil-Übergangstemperatur von NiAl hängt außerdem von zahlreichen weiteren Parametern ab, wie der Korngröße, der genauen Zusammensetzung und verschiedenen herstellbezogenen Einflüssen (z. B. Reinheit, Mikroporosität...). Die Bruchzähigkeit im ebenen Dehnungszustand, K_{Ic}, beträgt im spröden Bereich sowohl für Ein- als auch für Vielkristalle nur rund 5 MPa m$^{1/2}$ und liegt damit in der Gegend der Daten für Ingenieurkeramiken, während für typische Superlegierungen Werte > 25 MPa m$^{1/2}$ gemessen werden.

Für einen technischen Einsatz von NiAl-basierten Konstruktionswerkstoffen muss ein akzeptabler Kompromiss zwischen Hochtemperaturfestigkeit und Fehlertoleranz gefunden werden [6.54].

Trotz der inhärenten Warmfestigkeitsvorteile geordneter Phasen liegen die Zeitstandwerte von NiAl-Werkstoffen deutlich unter denen der hoch entwickelten Ni-Basis-Superlegierungen (z. B. [6.97]). Fortschritte wurden durch eine Dispersionshärtung mit Oxiden und Boriden sowie durch Anwendung grob-zweiphasiger Verbundwerkstoffe aus NiAl und der Heusler-Phase Ni_2AlTi erzielt.

Bild 6.58 zeigt das Beispiel einer Experimentallegierung der Zusammensetzung Ni45-Al45-7,5Cr-2,5Ta (At.-%) [6.97]. Sie wurde pulvermetallurgisch hergestellt und weist eine mittlere Korngröße von ca. 10 µm auf. Neben der Matrixphase NiAl hat sich ein höherer Anteil der hexagonalen Laves-Phase $(Cr, Ni, Al)_2Ta$ auf den NiAl-Korngrenzen gebildet, welcher die Festigkeit anheben soll (Strukturbericht-Typ C14). Zusätzlich tritt etwas α-Cr auf.

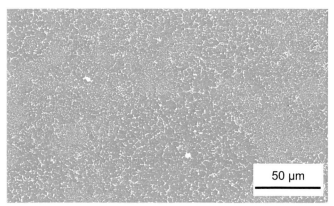

Bild 6.58

Intermetallische Legierung auf der Basis NiAl

Zusammensetzung: Ni45-Al45-7,5Cr-2,5Ta (At.-%); pulvermetallurgisch hergestellt; HIP-Parameter: 1250 °C/4 h bei 150 MPa. Weiß erscheint die interkristalline Laves-Phase.

Das Oxidationsverhalten von NiAl ist prinzipiell von den Alitierschichten auf Ni-Basislegierungen her bekannt. Es bilden sich Al_2O_3-Deckschichten aus, deren Haftung durch Aktivelementzusätze verbessert werden kann. Unter Heißgaskorrosionsbedingungen erweisen sich die NiAl-Beschichtungen allgemein als wenig haltbar, weil ihre Sulfidationsbeständigkeit wegen des fehlenden oder niedrigen Cr-Gehaltes schlecht ist.

c) TiAl

Die TiAl-basierten Phasen zielen darauf ab, die Temperatureinsatzgrenze gegenüber den konventionellen Ti-Legierungen, welche etwa 550 °C beträgt, deutlich anzuheben (siehe Bild 6.1). Sie sollen in Konkurrenz zu Stählen und Superlegierungen den mittleren Temperaturbereich bis etwa 800 °C abdecken, beispielsweise in Verbrennungsmotoren für Auslassventile [6.87] und Turboladerräder [6.88] sowie im Turbinenbau für Schaufeln [6.55]. In [6.88] wird der kommerzielle Einsatz einer TiAl-Legierung für Turboladerräder in Personenkraftfahrzeugen beschrieben. Die bisher gängige Ni-Basislegierung für die gleiche Anwendung ist *IN 713* und eventuell die höherfeste Legierung *MAR-M 247* in Rennwagen. In Flugtriebwerken hat sich der Einsatz der Legierung Ti-47Al-2Cr-2Nb (At.-%) für relativ große, gegossene Niederdruck-Laufschaufeln als möglich erwiesen [6.55], ist jedoch auch 10 Jahre nach der Ankündigung noch nicht serienreif.

Die Dichte von TiAl-Phasen liegt mit ca. 3,8 g/cm³ leicht unter der für konventionelle Ti-Legierungen ($\approx$ 4,5 g/cm³). Der E-Modul reicht mit rund 170 GPa fast an die Werte der typischen Superlegierungen heran [6.56, 6.57], während er bei üblichen Ti-Werkstoffen maximal 125 GPa beträgt.

Dichte und E-Modul spielen z. B. bei schwingenden Bauteilen eine wichtige Rolle. Es kann Resonanz zwischen Eigenfrequenzen und Erregerfrequenzen (oder deren Vielfachen) auftreten, wobei die Amplituden bei niedrigen Resonanzfrequenzen hoch und daher kritisch sind. Ein Beispiel stellen lange, schlanke Turbinenschaufeln dar, deren Eigenfrequenzen der Biegegrund- und der ersten Biegeoberschwingung sehr niedrig liegen können, weil sie mit dem Quadrat der Schaufelblattlänge L abnehmen. Werkstoffseitig ist zu berücksichtigen, dass die Biegeeigenfrequenzen f_b mit der Fortpflanzungsgeschwindigkeit der Längswellen v_ℓ in dem Material steigen, welche sich aus dem E-Modul und der Dichte errechnet:

$$f_b \sim \frac{v_\ell}{L^2} = \frac{\sqrt{E/\rho}}{L^2} \qquad (6.15)$$

Für Bauteile aus TiAl-Phasen ergeben sich gegenüber Ni-Basislegierungen oder Stählen um ca. 30 bis 35 % höhere Eigenfrequenzen, so dass die Resonanzgefahr bei ansonsten gleicher Konstruktion geringer ist.

TiAl weist ein geordnetes, leicht tetragonal verzerrtes Gitter des Typs L1$_0$ auf (c/a = 1,016). Knapp unterhalb des vollständigen Schmelzens findet bei ca. 1480 °C eine peritektische Umwandlung statt (in S + β/Ti-Mischkristall), die Phase schmilzt also inkongruent, siehe **Bild 6.59**. Der Homogenitätsbereich von TiAl ist recht weit zur Al-reichen Seite ausgedehnt.

Polykristallines TiAl ist bis etwa 700 °C (0,55 T_S) – und damit über fast den gesamten infrage kommenden Anwendungsbereich – sehr spröde, was auf geringe Versetzungsbeweglichkeit zurückgeführt wird. Diese wiederum ist u. a. eine Folge der hohen Peierls-Spannung aufgrund der starken Ti-Al-Bindungen. Damit übereinstimmend verhalten sich auch TiAl-Einkristalle spröde; die Korngrenzen sind also nicht der Hauptgrund für das schlechte Verformungsvermögen. Die von Mises-Bedingung für Verformungskompatibilität der Körner ist erfüllt. Erheblichen Einfluss auf die Duktilität und Zähigkeit haben die Legierungselemente und Verunreinigungen. Die Mischkristallhärter Cr, V, Hf und Mn verbessern das Verformungsvermögen, während es von Nb, Ta und W negativ beeinflusst wird.

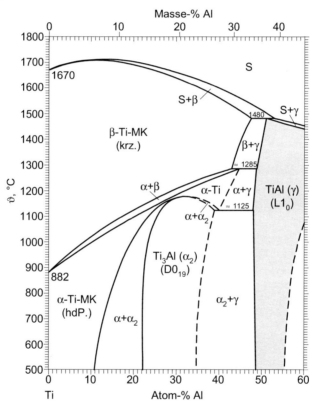

Bild 6.59 Ausschnitt aus dem binären Ti-Al-Phasendiagramm (MK: Mischkristall; nach [6.86]); Die intermetallischen Phasen TiAl (= γ, grau markiert) und Ti$_3$Al (= α_2) sind beide geordnet. γ weist ein leicht tetragonal verzerrtes Gitter mit der Strukturbericht-Bezeichnung L1$_0$ auf, α_2 ein Gitter des Typs D0$_{19}$.

Im Ti-Al-Phasendiagramm, Bild 6.59, ist dem γ-TiAl-Feld das intermetallische Zweiphasenfeld (γ-TiAl + α_2-Ti$_3$Al) benachbart, wobei bereits Al-Gehalte

< ca. 49 At.-% Al die zweite Phase α_2-Ti$_3$Al entstehen lassen. Der Al-Gehalt ist also in engen Grenzen zu spezifizieren. Die Phasengrenze verschiebt sich durch Makrolegieren, z. B. mit Cr, Mn, Nb, V. Die beiden Phasen existieren – je nach Gießbedingungen und Wärmebehandlung – meist feinlamellar nebeneinander, eventuell mit dazwischenliegenden einphasigen TiAl-Körnern. **Bild 6.60** zeigt ein Beispiel eines solchen bimodalen Duplexgefüges, bestehend aus zweiphasigen ($\gamma + \alpha_2$)-Körnern und γ-Körnern. Es kann durch eine sorgfältig zu kontrollierende Wärmebehandlung eingestellt werden und verhält sich nicht völlig spröde. Die Tieftemperaturduktilität im Zugversuch liegt für diese Werkstoffzustände etwa bei 2 %, die Bruchzähigkeit (für den ebenen Dehnungszustand) bei K_{Ic} = 15 bis 25 MPa m$^{1/2}$. Bauteile sind damit auch bei der Montage einigermaßen handhabbar [6.55].

Bild 6.60

Bimodales Duplexgefüge mit rundlichen γ-Körnern und einer Lamellenstruktur, bestehend aus γ- und α_2-Lamellen, in der Legierung Ti-48Al-2Cr-2Nb (At.-%; [6.96])

Wärmebehandlung:
1175 °C/30 min.,
Aufheizen mit 5 K/min.,
Abkühlen mit 50 K/min.

Das Phasengleichgewicht hängt darüber hinaus stark von interstitiellen Verunreinigungen, besonders Sauerstoff, ab. Eine Ti-50 At.-% Al-Phase entsprechend der Nennzusammensetzung von TiAl kann bereits zweiphasig sein, wenn der O-Gehalt eine gewisse Grenze überschreitet. Neben den herstellungsbedingten Verunreinigungen nehmen die TiAl-Phasen geringe Gehalte Sauerstoff während des Betriebs aus der Atmosphäre auf, was die Sprödigkeit zusätzlich verstärken kann. Langzeitbetriebserfahrungen müssen zeigen, wie kritisch sich dieser Aspekt auf das Bauteilverhalten auswirkt.

Die Temperatureinsatzgrenze von TiAl-basierten Legierungen wird, neben der Festigkeit, besonders durch die Korrosionsbeständigkeit bestimmt [6.58]. Aufgrund des hohen Al-Gehaltes bildet Al-reiches TiAl eine Al_2O_3-Deckschicht aus. Allerdings schlägt der Deckschichtmechanismus bei geringeren Al-Gehalten, die wegen der Duktilitätsverbesserung eingestellt werden müssen, um zu TiO und TiO_2 in einer äußeren Schicht und einer darunter liegenden Mischung aus TiO_2 und Al_2O_3. Diese Deckschicht ist nicht schützend und wächst viel schneller als eine nahezu reine Cr_2O_3- oder Al_2O_3-Schicht. Nb-Zugabe (typisch ca. 2 At.-%) fördert dagegen die Al_2O_3-Filmbildung, verschlechtert aber die Duktilität. Die empfindliche Abhängigkeit des Phasenzustandes vom Al-Gehalt bewirkt, dass eine Al-Verarmung durch Oxidation im Randbereich den Ti_3Al-Anteil zunehmen lässt.

d) Ti_3Al

Die höher Ti-haltige Variante der intermetallischen Phasen im Ti-Al-System, Ti_3Al oder kurz als α_2 bezeichnet, liegt in ihren Eigenschaften zwischen den konventionellen Ti-Legierungen und TiAl: Die Dichte ist mit rund 4,5 g/cm³ gleich der von Ti, der E-Modul beträgt maximal 145 GPa, die Temperatureinsatzgrenze befindet sich bei etwa 700 °C [6.59].

Ti_3Al, das einen breiten Homogenitätsbereich aufweist, liegt in einem geordneten Gitter des Typs $D0_{19}$ vor. Die stöchiometrische Phase wandelt bei ca. 1180 °C kongruent in den α-Ti-Mischkristall um.

Ti_3Al ist bis etwa 600 °C ähnlich spröde wie TiAl, was auch für einkristallines Material gilt. Zwar geht man davon aus, dass die $D0_{19}$-Struktur – anders als in Reinmetallen oder Mischkristallen mit hdP-Gitter – theoretisch fünf voneinander unabhängige Gleitsysteme besitzt, diese jedoch nicht alle ansprechen. Außerdem stellt sich eine planare Versetzungsanordnung ein, so dass hohe Spannungskonzentrationen an Korngrenzen entstehen. Die Folge sind spröde, interkristalline Brüche.

Das Hauptlegierungselement in Ti_3Al ist Nb mit bis zu etwa 25 At.-%. Entgegen dem Trend bei TiAl verbessert es die Duktilität entscheidend. Bei höheren Nb-Gehalten liegt eine Mehrphasigkeit mit dem krz-β-Ti-Mischkristall vor und, je nach Zusammensetzung und thermisch-mechanischer Behandlung, zusätzlich z. B. der Phase Ti_2AlNb. Die Kriechfestigkeit wird durch Nb eher verschlechtert.

Wie unter c) beschrieben, bilden die üblichen TiAl-Legierungen anstatt Al_2O_3 weniger schützende Deckschichten aus $TiO/TiO_2 + Al_2O_3$. Dies gilt erst recht für Ti_3Al, so dass das Oxidationsverhalten nicht viel besser als das der herkömmlichen Ti-Legierungen ist. Nb vermag auch bei Ti_3Al diese Eigenschaft zu verbessern. Das Problem der hohen Sauerstoffaufnahme aus der Atmosphäre wie bei Ti besteht besonders auch bei Ti_3Al und führt zu zusätzlicher Versprödung.

e) $MoSi_2$

$MoSi_2$ wird exemplarisch vorgestellt als eine intermetallische Phase, die den Nachteil der katastrophalen Oxidation der refraktären Metalle Mo und W eliminiert. Für Heizelemente unter Luftatmosphäre bei sehr hohen Dauertemperaturen – jenseits derer von FeCrAl-Heizleiterlegierungen – wird $MoSi_2$ bereits seit den 1950er Jahren eingesetzt (*Kanthal Super*). Sein hoher Schmelzpunkt von 2020 °C (schmilzt kongruent), die vergleichsweise geringe Dichte von 6,24 g/cm³ sowie die mit ca. 8 bis $9 \cdot 10^{-6}$ K^{-1} deutlich niedrigere, allerdings leicht anisotrope thermische Ausdehnung gegenüber herkömmlichen Superlegierungen machen diese Phase zu einer attraktiven Basis für Werkstoffe im Bereich höchster Temperaturen [6.60]. Die Wärmeleitfähigkeit liegt mit etwa 40 W m^{-1} K^{-1} bei RT deutlich höher als für Ni-Werkstoffe, sinkt jedoch entgegen dem üblichen Trend mit steigender Temperatur leicht ab. Der E-Modul übertrifft mit rund 400 GPa noch den von Mo.

Bei MoSi$_2$ handelt es sich um eine tetragonal-raumzentrierte Strichphase (ohne Homogenitätsbereich) mit C11$_b$-Struktur, welche kaum Löslichkeit für andere Elemente aufweist. Die aufgrund des nicht kubischen Gitters anisotrope Wärmeausdehnung ruft an den Korngrenzen Spannungen hervor, die Anrisse verursachen können.

MoSi$_2$ verhält sich bis etwa 1000 °C extrem spröde mit praktisch ausschließlich elastischer Verformung und Bruchzähigkeiten von ca. 5 bis 8 MPa m$^{1/2}$, also vergleichbar mit typischen Ingenieurkeramiken. Als monolithischer Konstruktionswerkstoff wird diese Phase daher voraussichtlich nicht einsetzbar sein. Ansätze zur Verbesserung der Duktilität und Zähigkeit könnten in Werkstoffverbunden liegen.

Die nahezu reine SiO$_2$-Deckschicht auf MoSi$_2$ verleiht dem Werkstoff eine sehr gute statische Oxidationsbeständigkeit bis zu Dauertemperaturen von etwa 1600 °C. Allerdings sind die Silizide anfällig gegen die so genannte Silizidpest im Niedrigtemperaturbereich zwischen ca. 400 bis 600 °C [6.93]. Dabei bildet sich keine geschlossene Deckschicht aus SiO$_2$, sondern auch festes MoO$_3$, besonders an Gefügeinhomogenitäten wie Poren und Mikrorissen. Aufgrund einer starken Volumenzunahme bei der MoO$_3$-Entstehung kann rascher Zerfall des Materials unter Bildung pulvriger Reaktionsprodukte stattfinden. Das Pestphänomen wurde sowohl an polykristallinem als auch an einkristallinem MoSi$_2$ beobachtet.

6.11 Edelmetalllegierungen

Für spezielle Anwendungszwecke im Hochtemperaturbereich muss man auf die teuren Edelmetalllegierungen zurückgreifen. Von den acht Edelmetallen Ru, Rh, Pd, Ag, Os, Ir, Pt und Au besitzt Pt die mengenmäßig größte Bedeutung als Konstruktionswerkstoff bei hohen Temperaturen. Ein Beispiel sind Schmelztiegel und andere Komponenten in der Glasindustrie zur Herstellung hochwertiger optischer Gläser, z. B. für Bildschirme, Glasfasern oder Mikroskope. Dabei müssen Temperaturen von über 1500 °C bei chemischer Beständigkeit und Maßhaltigkeit, d. h. ausreichender Kriechfestigkeit, ertragen werden [6.61].

Mischkristallhärtung wird bei Pt-Werkstoffen hauptsächlich durch Rh mit bis zu 40 % erreicht. Für Temperaturen oberhalb etwa 1100 °C wird die geforderte Kriechfestigkeit und Korngefügestabilität durch Dispersionshärtung realisiert. Damit können sehr hohe homologe Temperaturen von bis zu rund 0,9 T_S, d. h. etwa 1600 °C, längerzeitig beherrscht werden, was den höchsten Einsatztemperaturen metallischer Werkstoffe in oxidierender Atmosphäre entspricht. Die Dispersoide, welche entweder aus ZrO$_2$ oder Y$_2$O$_3$ bestehen, weisen Durchmesser von etwa 20 bis 100 nm bei einem Volumenanteil von ca. 1 % auf, also Werte, die mit denen in ODS-Legierungen vergleichbar sind.

Die Herstellung der Dispersionswerkstoffe und Bauteile geschieht auf pulvermetallurgischem Weg. Neben dem mechanischen Legieren in Kugelmühlen kommen bei Edelmetalllegierungen auch die *in situ*-Verfahren der selektiven Oxidation des Dispersoidmetalls infrage, weil die Matrixmetalle – anders als bei den Superlegierungen – nicht oxidieren. So kann entweder Pulver oder auch das bereits kompakte Bauteil, bestehend aus einem Mischkristall der Edelmetalle und dem Dispersoidmetall Zr oder Y, durch Glühen bei hohen Temperaturen in oxidierender Atmosphäre intern oxidiert werden. Eine weitere Möglichkeit besteht in der selektiven Oxidation während des Pulververdüsens unter oxidierenden Bedingungen. Rasche Erstarrung der Pulverpartikel verhindert das Koagulieren der Dispersoide in der Schmelze. Darüber hinaus sind chemische Herstellwege über die betreffenden Metallsalze erprobt [6.61].

6.12 Verunreinigungen und Reinheitsgradverbesserung

6.12.1 Allgemeines

Schädliche Verunreinigungselemente können die Duktilität, Zähigkeit sowie statische und dynamische Festigkeit sämtlicher Werkstoffe verschlechtern, wenn sie bestimmte Konzentrationen überschreiten. In den meisten Fällen machen diese kritischen Gehalte nur einen extrem geringen Anteil an der Gesamtanalyse aus, d. h. es handelt sich um Spurenelemente mit deutlich unter 0,1 % und oft nur im ppm- oder zehntel ppm-Bereich. Bei vollständig homogener Verteilung wären die Einflüsse solch stark verdünnter Lösungen unmessbar, bei lokal erheblich erhöhter Konzentration infolge Segregation an Grenzflächen treten dagegen teilweise deutliche Effekte auf. Vorwiegend werden die Eigenschaften durch Anreicherungen an Korngrenzen verschlechtert. Phasengrenzflächen können in manchen Fällen ebenfalls zu kritischen Orten der Segregation werden. Auch manche Formen nichtmetallischer Einschlüsse, die sich aus Verunreinigungs- und Legierungselementen bilden, wirken sich negativ aus.

Die schädlichen Verunreinigungen lassen sich in drei Kategorien einteilen [6.62]:

1. Restgase: O, N, H, Ar, He
2. metallische oder metalloide Verunreinigungen: Ag, As, Bi, Cu, Pb, Sb, Se, Sn, Tl, Te...
3. nichtmetallische Verunreinigungen: S, P

Die Spurenelemente können sowohl bereits als Begleitelemente im Rohmaterial vorliegen, durch die Herstellung hineinkommen als auch während des Betriebs bei hohen Temperaturen eindiffundieren.

6.12.2 Einflüsse von Verunreinigungen auf die Eigenschaften

Bei den martensitischen und bainitischen Stählen ist das Phänomen der *Anlassversprödung* (*temper embrittlement*) bekannt, welches bei der Wärmebehandlung oder dem Einsatz in bestimmten Temperaturbereichen auftritt und die Duktilität und Zähigkeit verschlechtert. Bei diesen Werkstoffen ist weniger die Eigenschaftsverschlechterung bei den erhöhten Betriebstemperaturen kritisch als vielmehr die Tieftemperaturversprödung, welche sich z. B. in einer Verschiebung der Spröd/duktil-Übergangstemperatur zu höheren Werten äußert. Die Ursache sind vor allem Anreicherungen von P und S sowie außerdem Sn, Sb und As auf Korngrenzen, wodurch die Kohäsionsfestigkeit an diesen Grenzflächen herabgesetzt wird. In Fällen, in denen die Segregation der schädigenden Elemente nach der Ausgangswärmebehandlung noch nicht abgeschlossen ist, äußert sich die Anlassversprödung als *Langzeitversprödung* während des Betriebseinsatzes bei erhöhten Temperaturen. Je nach Atomsorte und Temperatur kann es einige zehntausend Stunden dauern, bis ein Gleichgewichtszustand in der Verteilung und damit das Maximum der Schädigung erreicht ist.

Dampf- und Gasturbinenrotoren stellen Bauteile aus warmfesten bainitischen Stählen dar, bei denen die Versprödung durch Langzeiteinsatz in ihrem Anwendungsbereich von etwa 350 bis 550 °C besonders kritisch werden könnte. Verschiebt sich als Folge der Korngrenzensegregationen bei Betriebstemperatur die *FATT* (*FATT 50 – fracture-appearance transition temperature*: Temperatur bei der gleiche Anteile von Spröd- und Duktilbruch auftreten) auf Werte, die beim Starten der Maschine durchfahren werden, könnte die schnelle Belastungsänderung im schlimmsten Fall ein Auseinanderbrechen des Rotors und damit die Zerstörung der gesamten Anlage auslösen. Da dies unbedingt vermieden werden muss, sind Rotoren mit versprödeten Werkstoffzuständen vorzuwärmen oder in besonders kontrollierter Weise durch den Sprödbereich hochzufahren. Um beides zu umgehen, wurden für dieses Anwendungsgebiet hochreine (*superclean*) Stähle entwickelt, die nicht oder nicht in kritischer Weise zur Langzeitversprödung neigen.

Verschiedene empirische Faktoren kennzeichnen die Versprödungsempfindlichkeit der warmfesten Stähle:

$$J = (Mn + Si) \cdot (P + Sn) \cdot 10^4 \tag{6.16}$$

$$\overline{X} = (10P + 5Sb + 4Sn + As) \cdot 10^2 \quad \text{(„Bruscato-Faktor")} \tag{6.17}$$

$$K = (Mn + Si)\overline{X} \tag{6.18}$$

Einzusetzen sind jeweils die maximal spezifizierten Werte in Ma.-%. Für die jeweilige Legierung sind die kritischen Faktoren in aufwändigen Versuchsreihen zu ermitteln und dienen dann als zusätzliche Angabe in der Werkstoffvorschrift. Beispielsweise werden für den 3,5 %-NiCrMoV-Stahl 26NiCrMoV14-5 folgende

Werte angegeben, welche die Versprödung bei akzeptablen Herstellkosten begrenzen: $K \leq 1$, $\overline{X} \leq 7$ (konkrete Maximalgehalte: je 0,004 P, Sn, As; 0,002 Sb; 0,05 Si; 0,10 Mn, [6.63]). Die alleinige Nennung des J-Wertes, der in diesem Fall bei 12 läge, reicht nicht aus, weil er die kritischen Elemente Sb und As nicht berücksichtigt.

Die Einflüsse von Spurenelementen auf *Superlegierungen* wurden intensiv untersucht und in einigen Abhandlungen beschrieben [6.62, 6.64]. **Tabelle 6.18** fasst die Effekte und Einflüsse der verschiedenen Verunreinigungen zusammen.

Generell beobachtet man hier eine größere Empfindlichkeit von Gussmaterialien verglichen mit Knetlegierungen. Dies hat mehrere Gründe: *1.* Gusswerkstoffe weisen eine höhere Festigkeit auf, die primär durch das Korn*volumen* zustande kommt. Werden die Korngrenzen, welche die Schwachstellen bei der Hochtemperaturbeanspruchung darstellen, nach einem der in Tabelle 6.18 beschriebenen Mechanismen zusätzlich geschwächt, wirkt sich dies bei Gusslegierungen besonders gravierend aus. *2.* In Knetwerkstoffen sind die Elemente nach einer mechanisch-thermischen Behandlung weitgehend homogen verteilt, während sich in Gussmaterialien die kritischen Verunreinigungen von vornherein in den interdendritischen Zonen und an den Korngrenzen konzentrieren. Aufgrund der trägen Diffusion der meisten dieser Atomsorten bleiben diese Unterschiede über lange Zeiten bestehen. *3.* Gegossene Zustände sind meistens grobkörniger als umgeformte, so dass sich die segregierenden Spurenelemente bei gleicher Gesamtkonzentration an den Korngrenzen höher anreichern.

Vergleiche zwischen Legierungen mit äquiaxialen und gerichteten Korngefügen zeigen, dass Letztere sowohl bei Belastung in Längs- als auch in Querrichtung weniger empfindlich auf schädliche Spurenelemente reagieren. **Bild 6.61** zeigt dies für die Ni-Basislegierung *MAR-M 002* anhand der normierten Zeitstanddaten in Abhängigkeit vom besonders schädlichen Bi-Gehalt (Vergleichsbasis: 100 % Zeitstandlebensdauer oder -bruchdehnung für den geringsten realisierbaren Bi-Gehalt). Die Erklärung wird darin gesehen, dass zwischen den gleich gerichteten Körnern bei der Verformung weniger innere Spannungen in Korngrenzennähe auftreten als bei zufällig orientierten globularen Körnern. Das Korngrenzengleiten ist außerdem bei langgestreckten Korngefügen erheblich reduziert. Da diese Vorgänge zur Korngrenzenrissinitiierung führen, werden sich in gerichtet erstarrten Werkstoffen weniger Risskeime bilden.

Bei Einkristallen entfallen die Korngrenzeneffekte, was jedoch nicht bedeutet, dass die Verunreinigungen in diesen Legierungen belanglos wären. Vielmehr können sich Segregationen an anderen Stellen im Gefüge, wie Phasengrenzen und interdendritischen, eventuell noch mit Resteutektikum aufgefüllten Bereichen, auf die Eigenschaften negativ auswirken.

6.12 Verunreinigungen und Reinheitsgradverbesserung

Tabelle 6.18 Schädliche Spurenelemente in Superlegierungen und ihre Auswirkungen

Arten und Herkunft	Effekte und Mechanismen
Gase: O, N, H, Ar, He • bereits in den Legierungszusätzen enthalten, die viel Gas lösen (Ti, Nb…) • Aufnahme während des Erschmelzens aus der Atmosphäre, dem Tiegel oder der Form • in Recyclingmaterial enthalten • Ar, He evtl. von der Pulverherstellung • Aufnahme während des Betriebes	• Ausscheidungsbildung (Nitride, Oxide) bereits in der Schmelze (z. B. TiN); Partikel stören die Speisung mit Schmelze im Mikrobereich; verursachen dadurch verstärkte Mikroporosität im Guss. Die freien Restgehalte an O und N sind gering; H effundiert rasch. • Nitride können bei gerichteter Erstarrung zu äquiaxialen Körnern führen. • Ar und He werden bei der Pulververdüsung in die flüssigen Tröpfchen eingebaut und auf der Oberfläche der festen Pulverteilchen adsorbiert; sie bilden Poren nach Kompaktierung; spielt nur bei P/M-Werkstoffen eine Rolle • Einige Werkstoffe auf der Basis intermetallischer Phasen, z. B. Ti_3Al, lösen relativ viel O bei der Herstellung und während des Betriebes; dadurch Versprödung
Niedrig schmelzende Metalle und Metalloide: Ag, As, Bi, Ga, Mg, Pb, Sb, Se, Sn, Te, Tl… vorwiegend als Begleitelemente in den Erzen	• Sehr geringe Löslichkeit, keine Reaktionen mit anderen Elementen; daher hohe Korngrenzenanreicherungen • Elemente erniedrigen die Korngrenzflächenenthalpie, *aber* die Reduktion der Oberflächenenthalpie überwiegt; sie reduzieren damit die kritische Risskeimgröße; Folgen: stark verringerte Duktilität, stark verringerte Zeitstandfestigkeit • Geringe Bindungskräfte zwischen den Matrixatomen und den Verunreinigungsatomen; Folgen: verringerte Festigkeit/Dekohäsion an Stellen der Anreicherung (Korngrenzen), Risskeimbildung und -wachstum erleichtert • Lokale Anschmelztemperatur kann drastisch abnehmen • Der Korngrenzendiffusionskoeffizient wird erniedrigt; dieser Effekt ist zwar positiv, wird aber durch die negativen Effekte überdeckt
Nichtmetallische Verunreinigungen: S, P • Begleitelemente in den Erzen • evtl. erhöhte Gehalte in Recyclingmaterial	• Geringe Löslichkeit; daher Anreicherung an Korngrenzen; evtl. bilden sich niedrig schmelzende Korngrenzenfilme durch Eutektika (Ni-S: 637 °C; Ni-P: 870 °C) • Geringe Bindungskräfte zwischen den Matrixatomen und den Verunreinigungsatomen; Folgen: verringerte Festigkeit/Dekohäsion an Stellen der Anreicherung (Korngrenzen) • Ausscheidungsbildung hauptsächlich mit S (Sulfide, Karbosulfide Typ M_2SC)
Si aus Form- und Kernkeramik	• Kann niedrig schmelzende Ni-Hf-Si-Phase bilden, die zu Heißrissen bei der Erstarrung führen kann; besonders kritisch bei DS- und SC-Werkstoffen mit langen Schmelze/Keramik-Kontaktzeiten

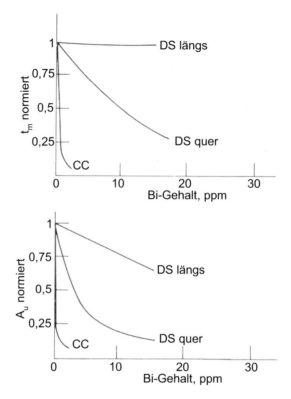

Bild 6.61 Einfluss des Bi-Gehaltes auf die Beanspruchungsdauer bis zum Bruch und die Zeitbruchdehnung von *MAR-M 002* bei 850 °C/350 MPa in globular erstarrter (CC) sowie in gerichtet erstarrter Version (DS) längs und quer zur Kornausrichtung [6.65]
Als Bezugswerte sind jeweils die Daten von Legierungen mit geringst möglichem Bi-Gehalt angesetzt.

In der Regel werden für gerichtet erstarrte Legierungen die gleichen strengen Verunreinigungsspezifikationen angesetzt wie für konventionell erstarrtes Material, um das Eigenschaftspotenzial voll auszuschöpfen.

Auch bei Werkstoffen aus intermetallischen Phasen sind Verunreinigungen besonders gering zu halten, weil die Korngrenzen in diesen Materialien in noch stärkerem Maße als bei anderen Legierungen die Schwachstellen repräsentieren. Die Kohäsion an Korn- und Phasengrenzen darf nicht zusätzlich vermindert werden.

6.12.3 Maßnahmen zur Reinheitsgradverbesserung

Die teilweise drastischen Einflüsse der Spurenelemente auf die Werkstoffeigenschaften veranlassten zu mehreren Maßnahmen, von denen die wichtigsten in **Tabelle 6.19** zusammengefasst sind. Eine neue Ära in der Entwicklung hochfester Superlegierungen und der Bauteilherstellung daraus brach mit der Einführung der Vakuumschmelztechniken und des Vakuumgusses in den späten 1950er Jahren an. Aufgrund der Oxid- und Nitridbildung an Luft konnten bis dahin keine Legierungen mit hohen Al- und Ti-Gehalten bei ausreichender Werkstoffqualität verwirklicht werden. Zur weiteren Reinheitsgradverbesserung sind diverse Umschmelzverfahren entwickelt worden:

VAR	Vakuum-Lichtbogenumschmelzen (*vacuum arc remelting*)
ESU/ESR	Elektroschlackeumschmelzen (*electroslag remelting*)
EBCHR	Elektronenstrahlumschmelzen im kalten Gefäß (*electron-beam cold-hearth refining*)

Tabelle 6.19 Maßnahmen zur Reduktion schädlicher Verunreinigungen

Arten	Maßnahmen
O, N, H	• Vakuum-Induktionsschmelzen (VIM) der Rohmaterialien + Umschmelzen • Bauteile unter Vakuum abgießen • Recyclinganteil begrenzen • starke Oxid- und Nitridbildner (Al, Ti...) sind in den Legierungen vorhanden, deshalb freier Gasgehalt gering
Nitride, Oxide	• Elektroschlackeumschmelzen (ESU) • Recyclinganteil begrenzen • Schmelze filtern • HIP-Nachbehandlung zur Beseitigung der erhöhten Mikroporosität aufgrund der Nitride/Oxide
Niedrig schmelzende Metalle und Metalloide	• Vakuum-Induktionsschmelzen (VIM) der Rohmaterialien + Umschmelzen
S, P	• nicht durch Vakuum bedeutend reduzierbar • Elektroschlackeumschmelzen • S kann durch starke Bindungspartner gegettert werden, hauptsächlich Zr und Hf (seltener Ce, La), so dass neutrale oder weniger schädlich wirkende Ausscheidungen gebildet werden anstelle lokaler elementarer Anreicherungen; bei Überdosierung allerdings schädliche Effekte durch die Zugaben
Ar, He	Pulverentgasung unter Vakuum

Das durch Vakuum-Induktionsschmelzen (VIM – *vacuum induction melting*) erzeugte Material wird dabei meist in Form von Abschmelzelektroden ein zweites Mal oder häufiger erschmolzen und erstarrt, bevor es als Halbzeug für den Guss oder als Knetwerkstoff weiterverarbeitet wird (Übersicht z. B. in [6.66]). Die beiden erstgenannten Umschmelzmethoden sind heute weit verbreitet im Einsatz, wobei das ESU-Verfahren einen etwas höheren Reinheitsgrad hervorbringt. Der Nachteil beider Arten liegt darin, dass die Schmelze in Kontakt mit dem keramischen Tiegelmaterial kommt und dadurch mit Gasen oder nichtmetallischen Einschlüssen und eventuell Si kontaminiert wird.

Das EBCHR-Verfahren, welches hauptsächlich für Knetlegierungen entwickelt wurde, arbeitet ohne direkten Kontakt mit keramischen Materialien. Das durch Elektronenstrahlen im Hochvakuum abgeschmolzene Material fließt in ein gekühltes Cu-Gefäß, die leichten, oben schwimmenden Einschlüsse werden mechanisch abgefangen und die gereinigte Schmelze anschließend zur Erstarrung in eine Ringkokille gekippt.

Tabelle 6.20 gibt die üblicherweise spezifizierten Verunreinigungen in Superlegierungen – hauptsächlich Ni-Basislegierungen – wieder mit einer groben Einteilung in fünf Kategorien. Daraus wird in etwa ersichtlich, wie stark sich einzelne Elemente auswirken. Kumulative oder synergetische Effekte von Spurenelementen sind allerdings weitgehend unbekannt, so dass die Spezifikationswerte bestenfalls auf systematischen Untersuchungen zum Einfluss jeweils einer einzelnen Atomsorte beruhen. In manchen Fällen entsprechen die Werte den heutigen Analysegrenzen oder fixieren den bisherigen Standard, für den die Eigenschaften bekannt sind. Selbstverständlich spielen auch die technischen Möglichkeiten der Reinheitsgradverbesserung sowie die Materialkosten eine Rolle.

Tabelle 6.20 Anhaltswerte für maximale Gehalte schädlicher Spurenelemente in Superlegierungen

Bi, Te, Tl	(Pb), Sb, Se	Ag, As, Pb, (S)	Ga, N, O, S	P
$\leq 0{,}5$ ppm	≤ 1 ppm	≤ 5 ppm	≤ 25 ppm	≤ 50 ppm

6.13 Vergleich von Hochtemperaturwerkstoffen und Aspekte der Werkstoffwahl

Tabelle 6.21 gibt eine Übersicht, welche Werkstoffgruppen in bestimmten Hochtemperaturbereichen eingesetzt werden können. Die Temperaturabstufungen richten sich nach den ungefähren Anwendungsgrenzen der Materialien. Bei den intermetallischen Phasen, Keramiken und Verbundwerkstoffen sind die *vorgesehenen* Temperaturbereiche genannt. Zum Vergleich der Zeitstandfestigkeiten metallischer Werkstoffe wird zusätzlich auf Bild 6.1 verwiesen. Die Aspekte der Werkstoffwahl sind sehr vielschichtig, so dass nähere Informationen zu den einzelnen Klassen in den angegebenen Kapiteln sowie Materialdaten aus verschiedenen Quellen einzuholen sind (Übersicht z. B. in [6.67]).

Tabelle 6.21 Werkstoffwahl für Anwendungen bei Temperaturen > 500 °C
Die Werkstoffgruppen sind in denjenigen Temperaturbereichen genannt, in denen sie überwiegend eingesetzt werden oder für die sie vorgesehen sind.

Temp.-Bereich	Werkstoffklassen und Bemerkungen	Kap.
< 550 °C	• warmfeste CrMo- und CrMoV-Stähle; bei höheren Temperaturen zu geringe Oxidationsbeständigkeit	6.4.3
	• martensitische 12 % Cr-Stähle	6.4.4
	• α-nahe Ti-Legierungen	6.3
550 ... 600 °C	• martensitische 9 bis 12 % Cr-Stähle	6.4.4
	• austenitische Stähle	6.4.4
	• α-nahe Ti-Legierungen sind nur noch bedingt in diesem Bereich langzeitig einsetzbar wegen zu geringer Oxidationsbeständigkeit und Versprödung durch Gasaufnahme	6.3
600 ... 650 °C	• austenitische Stähle	6.4.4
	• festigkeitsoptimierte ferritische 9 % Cr-Stähle decken den Anfangsbereich dieser Temperaturspanne ab (bis ca. 620 °C), darüber zu geringe Festigkeit und Oxidationsbeständigkeit	6.4.4
	• Ti$_3$Al-Basislegierungen; Bem. siehe TiAl-Legierungen	6.10.4
650 ... 800 °C	• austenitische Stähle; im oberen Bereich dieser Temperaturspanne haben nur hochlegierte Fe-Ni- und Ni-Fe-Legierungen ausreichende Festigkeit	6.4.4
	• Co-Basislegierungen	6.5
	• Ni-Basislegierungen	6.6
	• TiAl-Basislegierungen; offene Punkte: Langzeitabsicherung von Festigkeit und Korrosionsbeständigkeit, Betriebsverhalten bei geringer Duktilität und Zähigkeit	6.10.4
	• Ti$_3$Al-Basislegierungen im Anfangsbereich dieser Temperaturspanne; siehe TiAl-Legierungen	6.10.4

Forts.

Tabelle 6.21, Forts.

TempBereich	Werkstoffklassen	Kap.
800 ... 1000 °C	• hitzebeständige ferritische Stähle bei sehr geringer mechanischer Belastung	6.4.2
	• hochlegierte austenitische Stähle bei mäßiger mechanischer Belastung	6.4.4
	• Co-Basislegierungen; im oberen Bereich dieser Temperaturspanne nur bei geringer mechanischer Belastung	6.5
	• Ni-Basislegierungen; Knetlegierungen im oberen Bereich dieser Temperaturspanne nur bei geringer mechanischer Belastung; Gusslegierungen im oberen Bereich dieser Temperaturspanne oft mit gerichtet erstarrten, anisotropen Gefügen für ausreichende TF- und Kriechbeständigkeit	6.6 - 6.8 6.7
1000 ... 1100 °C	• hitzebeständige FeCrAl-Stähle mit Al_2O_3-Deckschichtbildung bei vernachlässigbarer mechanischer Belastung	6.4.2
	• ferritische ODS-Legierungen auf FeCrAl-Basis (hitzebeständig und hochwarmfest); problematisch: starke Porenbildung	6.4.2 u. 6.8
	• Ni-Basis-Superlegierungen mit Al_2O_3-Deckschichtbildung; für ausreichende TF-Beständigkeit und Kriechfestigkeit mit gerichtet erstarrten, anisotropen Gefügen	6.6 u. 6.7
	• Ni-Basis-ODS-Legierungen; problematisch: reproduzierbare Herstellung, Querduktilität	6.8
	• NiAl-Basislegierungen	6.10.4
	• monolithische Keramiken und Verbundwerkstoffe	6.13
1100 ... 1300 °C	• hitzebeständige Stähle mit Al_2O_3-Deckschichtbildung, wie zuvor; teilweise werden sie auch bis zu noch etwas höheren Temperaturen eingesetzt	6.4.2
	• ferritische ODS-Legierungen, wie zuvor	6.4.2/6.8
	• refraktäre Legierungen in inerter Atmosphäre	6.9
	• Pt-Legierungen bei hohen Korrosionsanforderungen	6.11
	• $MoSi_2$; problematisch: Zähigkeit, Bearbeitbarkeit	6.10.4
	• monolithische Keramiken und Verbundwerkstoffe	6.13
1300 ...1600 °C	• refraktäre Legierungen in inerter Atmosphäre	6.9
	• Pt-Legierungen bei hohen Korrosions- und mäßigen Festigkeitsanforderungen	6.11
	• $MoSi_2$; sehr gute statische Oxidationsbeständigkeit, ansonsten wie zuvor	6.10.4
	• monolithische Keramiken und Verbundwerkstoffe; SiC z. B. für Heizleiter	6.13
> 1600 °C	• $MoSi_2$ für Heizleiter bis ca. 1800 °C	6.10.4
	• refraktäre Legierungen in inerter Atmosphäre	6.9

6.13 Vergleich von Hochtemperaturwerkstoffen

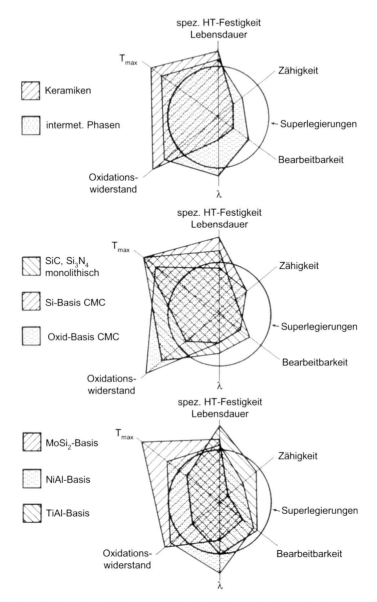

Bild 6.62 Qualitativer Vergleich der wichtigsten Gebrauchseigenschaften verschiedener Werkstoffgruppen (aus [6.68]); CMC: *ceramic-matrix composites*
Die Eigenschaften werden jeweils bezogen auf die fortschrittlicher Ni-Basis-Superlegierungen (Kreis). Die spezifische Hochtemperaturfestigkeit bedeutet die dichtebezogene Zeitstandfestigkeit bei festen (T; t)-Parametern; alternativ kann die Lebensdauer bei festen (σ/ρ; T)-Werten angegeben werden.

Bild 6.62 vergleicht intermetallischen Phasen, Keramiken sowie Hochtemperatur-Verbundwerkstoffe mit den Superlegierungen bezüglich der sechs wesentlichen Eigenschaften: Warmfestigkeit/Zeitstandlebensdauer, maximale Einsatztemperatur, Oxidationsbeständigkeit, Wärmeleitfähigkeit (als wichtiges Maß für die TF-Beständigkeit), Bearbeitbarkeit und Zähigkeit [6.68]. Derartige qualitative Darstellungen vermitteln immer nur einen groben Vergleich. Darüber hinaus weisen (nahezu) *alle* alternativen Hochtemperaturwerkstoffe eine erheblich geringere Dichte als die relativ schweren Superlegierungen auf. Die Wärmeleitfähigkeit ist nicht bei allen Keramiken soviel geringer, wie aus Bild 6.62 vermutet werden könnte. Beispielsweise liegen für Si_3N_4 und SiC die Werte im heißgepressten Zustand bei etwa 30 bzw. 80 W m^{-1} K^{-1}, also deutlich höher als bei den meisten Superlegierungen. Zusammen mit einer geringen thermischen Ausdehnung von etwa 3,2 bzw. 4,8·10^{-6} K^{-1} zeichnen sich diese beiden Ingenieurkeramiken durch eine gute thermische Ermüdungsfestigkeit aus (Daten aus [6.69]).

Generell bestehen die Schwierigkeiten bei nichtmetallischen oder nicht rein metallischen Hochtemperaturwerkstoffen in der geringen Zähigkeit und problematischen Herstell- und Bearbeitbarkeit. Die Ursache hierfür liegt in der sehr eingeschränkten Mobilität der Versetzungen im Vergleich zu Metallen, zumindest bei den üblichen Verarbeitungs- und Anwendungstemperaturen. Die hohen Peierls-Spannungen aufgrund der starken chemischen Bindungen in den kovalenten und ionaren Gittern sowie die hohen Burgers-Vektorbeträge der komplexen Kristallstrukturen behindern die Versetzungsbewegung und -multiplikation, so dass die Trennfestigkeit ohne nennenswerte plastische Verformung erreicht wird.

Bild 6.63 steckt in einer ebenfalls sehr groben, qualitativen Unterteilung die (T; σ)-Felder für metallische Werkstoffe und die infrage kommenden Keramiken SiC, Si_3N_4 (vorwiegend kovalent gebunden) sowie (voll- oder teilstabilisiertes) ZrO_2 (vorwiegend ionar gebunden) ab. *Monolithische Keramiken*, d. h. solche Werkstoffe, die durchgängig aus *einem* Stoff bestehen (in Abgrenzung zu Verbundwerkstoffen), sind vorwiegend für kleinere Turbomaschinen ertüchtigt worden, hauptsächlich im Automobilbereich für Turboladerrotoren. Mit der Bauteilgröße steigt die Wahrscheinlichkeit, bei monolithischen Keramiken kritische Fehler bei der Herstellung oder Bearbeitung einzubauen. Die Festigkeits- und Zähigkeitseigenschaften sind also – viel stärker als bei anderen Werkstoffen – eine Funktion des Volumens. Solange die Keramiken eine sehr geringe Fehlertoleranz besitzen, sind sie für große Serienprodukte ungeeignet.

Als *Hochtemperatur-Verbundwerkstoffe* kommen folgende drei Gruppen infrage:

- Metallmatrix-Verbundwerkstoffe (*MMC – metal-matrix composites*)
- intermetallische Matrix-Verbundwerkstoffe (*IMC – intermetallic-matrix composites*)
- Keramikmatrix-Verbundwerkstoffe (*CMC – ceramic-matrix composites*).

Die dispergierte Phase kann in den Verbundwerkstoffen als rundliche Partikel, als Kurz- oder als Langfaser vorliegen. Bei den keramikverstärkten Metallen

6.13 Vergleich von Hochtemperaturwerkstoffen

werden für den Hochtemperaturbereich lediglich Ti-Verbundwerkstoffe (*TMC*) verfolgt, welche aus einer α-nahen Matrix, etwa auf Basis der Legierung *Timetal 1100* (Kap. 6.3), bestehen und mit ca. 150 µm langen, vorzugsorientierten SiC-Fasern verstärkt sind. Die Vorteile dieser Materialien liegen in ihrer hohen dichtebezogenen Festigkeit und Steifigkeit. Ein technischer Durchbruch wird davon abhängen, ob es gelingt, die Herstellkosten zu senken [6.70]. Andere zur Zeit verfügbare Metallmatrix-Verbundwerkstoffe bieten gegenüber den hoch entwickelten Ni-Basis-Superlegierungen keine Vorzüge und werden daher für den Hochtemperaturbereich nicht in Betracht gezogen (Anm.: Die ODS-Legierungen mit ihrem geringen Oxidvolumenanteil werden üblicherweise nicht zur Gruppe der *MMC* gerechnet).

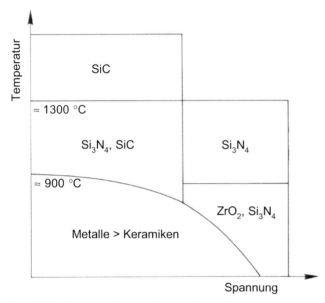

Bild 6.63 Grob-qualitativer Vergleich der thermischen und mechanischen Belastbarkeit von metallischen und keramischen Werkstoffen (aus [6.69])

Mit *IMC* und *CMC* werden zwei unterschiedliche Strategien verfolgt. Bei *IMC* soll primär die weniger feste intermetallische Matrix, z. B. NiAl, FeAl oder $MoSi_2$, durch hochfeste Fasern, z. B. aus SiC oder Al_2O_3, verstärkt werden – im klassischen Sinne wie bei faserverstärkten Polymeren. Es wird also eine gute Bindung zwischen Matrix und Fasern benötigt, um die Kräfte zu übertragen. Demgegenüber ist die keramische Matrix bei *CMC*, hauptsächlich bestehend aus SiC oder Si_3N_4, ausreichend steif und fest, so dass die eingebetteten Fasern die Matrix nicht festigkeitsmäßig stützen, sondern in erster Linie die Zähigkeit erhöhen sollen. Die Bindung zwischen Matrix und Fasern muss in diesem Fall weich genug sein, um durch Delamination Risse umzulenken und die Bruchzähigkeit zu erhöhen. Hier liegt gegenüber der monolithischen Keramik der entscheidende Vorteil: Katastrophales Versagen wird ausgeschlossen, wenn die auftreffende Energie, z. B. bei einem Fremdkörpereinschlag, durch *lokal begrenzte* Schädigung, bei der Risse abstumpfen und verzweigen, absorbiert wird. Dadurch wird auch die thermische Ermüdungsfestigkeit bedeutend angehoben.

Prinzipiell sollten mit *CMC* größere Bauteile realisierbar sein als mit monolithischen Keramiken, weil die Fehlertoleranz höher ist. Als Matrix/Faser-Kombinationen kommen hauptsächlich in Betracht: SiC/C, SiC/SiC, Oxidmatrix (z. B. Al_2O_3)/SiC.

Die nicht vollständig gelösten Schwierigkeiten mit Hochtemperatur-Kompositen liegen in folgenden Punkten:

- In jedem Fall wird eine verbundwerkstoffgerechte Konstruktion erforderlich, die von einigen Regeln der üblichen metallischen Konstruktion abweicht, z. B. eine andere Bewertung von Kerben und Querschnittübergängen.
- Die Herstellverfahren für die Fasern und die Verbunde müssen reproduzierbar und kostengünstiger erfolgen.
- Zerstörungsfreie Prüfmethoden zum Auffinden kritischer Fehlergrößen müssen verfügbar sein.
- Fügetechniken, besonders Metall/Keramik-Verbindungen, mit ausreichenden Festigkeitseigenschaften sind zu entwickeln.
- Bei einigen Verbunden ist eine Faserbeschichtung erforderlich aus folgenden *möglichen* Gründen:
   a) Zwischen Matrix und Fasern treten Reaktionen auf, die den Verbund thermisch instabil machen (vorwiegend bei *IMC*).
   b) Die Oxidationsbeständigkeit einiger Fasern ist zu gering.
   c) Zwischen Matrix und Fasern besteht eine Differenz in der thermischen Ausdehnung (besonders bei *IMC*), die durch eine Beschichtung angepasst werden muss.

In Tabelle 6.21 sind die monolithischen Keramiken und Verbundwerkstoffe für Temperaturen > 1000 °C angegeben, grundsätzlich spricht aber nichts gegen einen Einsatz auch bei tieferen Temperaturen, wobei vorwiegend der Vorteil geringer Dichte ausgenutzt werden könnte. Da der Bereich bis ca. 1000 °C von den etablierten Superlegierungen abgedeckt wird, zielen die alternativen Materialien hauptsächlich auf höhere Temperaturen ab.

Weiterführende Literatur zu Kap. 6

Seven Springs-Konferenzen:

J.K. Tien et al. (Eds.): Superalloys 1980, Proc. 4th Int. Symp. on Superalloys, Seven Springs/Pa, Amer. Soc. Metals (ASM), Metals Park/Oh., 1980

M. Gell et al. (Eds.): Superalloys 1984, Proc. 5th Int. Symp. on Superalloys, Seven Springs/Pa, Met. Soc. AIME, New York, 1984

S. Reichman et al. (Eds.): Superalloys 1988, Proc. 6th Int. Symp. on Superalloys, Seven Springs/Pa., Met. Soc. AIME, New York, 1988

S.D. Antolovich et al. (Eds.): Superalloys 1992, Proc. 7th Int. Symp. on Superalloys, Seven Springs/Pa., The Minerals, Metals & Materials Society, Warrendale/Pa., 1992

R.D. Kissinger et al. (Eds.): Superalloys 1996, Proc. 8th Int. Symp. on Superalloys, Seven Springs/Pa., The Minerals, Metals & Materials Society, Warrendale/Pa., 1996

T.M. Pollock et al. (Eds.): Superalloys 2000, Proc. 9th Int. Symp. on Superalloys, Seven Springs/Pa., The Minerals, Metals & Materials Society, Warrendale/Pa., 2000

K.A. Green et al. (Eds.): Superalloys 2004, Proc. 10th Int. Symp. on Superalloys, Seven Springs/Pa., The Minerals, Metals & Materials Society, Warrendale/Pa., 2004

R.C. Reed et al. (Eds.): Superalloys 2008, Proc. 11th Int. Symp. on Superalloys, Champion/Pa., The Minerals, Metals & Materials Society, Warrendale/Pa., 2008

Superalloy 718-Konferenzen:

E.A. Loria (Ed.): Superalloys 718, 625, 706 and Various Derivatives, The Minerals, Metals & Materials Society TMS, Warrendale/Pa., 1989, 1991, 1994, 1997, 2001, 2005

Liège-Konferenzen:

R. Brunetaud et al. (Eds.): High Temperature Alloys for Gas Turbines 1982, Proc. 2nd Int. Conf. Liège 1982, D. Reidel Publ., Dordrecht, 1982

W. Betz et al. (Eds.): High Temperature Alloys for Gas Turbines and Other Applications 1986, Proc. 3rd Int. Conf. Liège 1986, D. Reidel Publ., Dordrecht, 1986

E. Bachelet et al. (Eds.): High Temperature Materials for Power Engineering 1990, Proc. 4th Int. Conf. Liège 1990, Kluwer Acad. Publ., Dordrecht, 1990

D. Coutsouradis et al. (Eds.): Materials for Advanced Power Engineering 1994, Proc. 5th Int. Conf. Liège 1994, Kluwer Acad. Publ., Dordrecht, 1994

J. Lecomte-Beckers et al. (Eds.): Materials for Advanced Power Engineering 1998, Proc. 6th Int. Conf. Liège 1998, Schriften des Forschungszentrums Jülich, Reihe Energietechnik, Vol. 5, 1998

J. Lecomte-Beckers et al. (Eds.): Materials for Advanced Power Engineering 2002, Proc. 7th Int. Conf. Liège 2002, Schriften des Forschungszentrums Jülich, Reihe Energietechnik, Vol. 21, 2002

J. Lecomte-Beckers et al. (Eds.): Materials for Advanced Power Engineering 2006, Proc. 8th Int. Conf. Liège 2006, Schriften des Forschungszentrums Jülich, Reihe Energietechnik, 2006

Verschiedenes:

E. Arzt, L. Schultz (Eds.): New Materials by Mechanical Alloying Techniques, DGM Conf. Calw-Hirsau (FRG), 1988, DGM Informationsges. Verlag, Oberursel, 1989

C.S. Barrett, T.B. Massalski: Structure of Metals, McGraw-Hill, New York, 1966

W. Betteridge, J. Heslop (Eds.): The Nimonic Alloys and Other Nickel-Base High-Temperature Alloys, Edward Arnold, 1974

H. Biermann: Ursachen und Auswirkungen der gerichteten Vergröberung („Floßbildung") in einkristallinen Nickelbasis-Superlegierungen, Fortschritt-Berichte VDI, Reihe 5, Nr. 550, VDI Verlag, Düsseldorf, 1999

R.W. Cahn, A.G. Evans, M. McLean (Eds.): High-Temperature Structural Materials, Chapman & Hall, London, 1996

R.W. Cahn, P. Haasen, E.J. Kramer (Eds.): Materials Science and Technology, Vol. 7, Constitution and Properties of Steels, F.B. Pickering (Volume Editor), VCH, Weinheim, 1992

R.W. Cahn, P. Haasen, E.J. Kramer (Eds.): Materials Science and Technology, Vol. 8, Structure and Properties of Nonferrous Alloys, K.H. Matucha (Volume Editor), VCH, Weinheim, 1996

J.R. Davis (Ed.): Heat-Resistant Materials, ASM Speciality Handbook, ASM International, Materials Park/OH, 1997

M. Durand-Charre: The Microstructure of Superalloys, Gordon & Breach Sci. Publ., 1997

H.-J. Grabke, M. Schütze (Eds.): Oxidation of Intermetallics, Wiley-VCH, Weinheim, 1997

Krupp VDM Druckschrift N 5091 93-12: Hochleistungswerkstoffe, 1993

Krupp VDM Report Nr. 25: Hochtemperaturwerkstoffe der Krupp VDM für den Anlagenbau, 1999

M. McLean: Directionally Solidified Materials for High Temperature Service, The Metals Society, London, 1983

Metals Handbook Ninth Edition, Vol. 3, American Society for Metals, Metals Park, Ohio, 1980

D.G. Morris, S. Naka, P. Caron (Eds.): Intermetallics and Superalloys, EUROMAT 99, Vol. 10, Wiley-VCH, Weinheim, 2000

G. Sauthoff: Intermetallics, VCH, Weinheim, 1995

C.T. Sims, N.S. Stoloff, W.C. Hagel (Eds.): Superalloys II, John Wiley & Sons, New York, 1987

N.A. Waterman, M.F. Ashby (Eds.): Elsevier Materials Selector, Vol. 2, Elsevier, London, 1991

Werkstoffkunde Stahl, Bd. 1 und 2, Verein Deutscher Eisenhüttenleute (Hrsg.), Springer/Berlin, Verlag Stahleisen/Düsseldorf, 1984/1985

7 Hochtemperaturbeschichtungen

Hochtemperaturbeschichtungen werden hauptsächlich eingesetzt, um zwei Funktionen zu erfüllen: *a)* Korrosionsschutz und *b)* Wärmedämmung der Bauteile. Während für die erstgenannte Aufgabe metallische Schichten aufgebracht werden, handelt es sich bei Wärmedämmschichten um keramische Überzüge mit geringer Wärmeleitfähigkeit.

Bei Beschichtungen spricht man auch von Schutzschichten (*protective coatings*), wenn sie den Grundwerkstoff vor einer bestimmten Einwirkung von außen abschirmen, aber nicht optische oder elektrische Funktionen erfüllen. Üblicherweise versteht man darunter Korrosionsschutz; ist Wärme- oder Verschleißschutz gemeint, wird dies begrifflich gekennzeichnet. Deckschichten, z. B. Oxide, werden manchmal ebenfalls als Schutzschichten bezeichnet, weil sie Korrosion verhüten oder mindern. Bei den Hochtemperaturbeschichtungen handelt es sich ausnahmslos um Dickschichten in Abgrenzung zu Dünnschichten, wobei der Übergang bei etwa 1 bis 5 µm Schichtdicke definiert wird.

7.1 Hochtemperatur-Korrosionsschutzschichten

7.1.1 Funktion

Korrosionsschutzschichten haben generell die Aufgabe, einen direkten Kontakt zwischen dem Konstruktionswerkstoff und der Atmosphäre zu verhindern. Eine Standzeitbegrenzung des Bauteiles aufgrund von Korrosion, wie sie im unbeschichteten Zustand eintreten kann, soll durch die Beschichtung ausgeschlossen oder vermindert werden. Der Substratwerkstoff muss für den Fall des vorzeitigen Schichtversagens gewisse Notlauf-Korrosionseigenschaften aufweisen, so dass die Bauteil- und Anlagenintegrität vorübergehend gesichert bleibt. In der Regel wird ein störungsfreier Betrieb bis zur nächsten turnusmäßigen Überprüfung gefordert. Die Beschichtungen ihrerseits müssen zusätzlich bestimmte mechanische Belastungen, im Wesentlichen Wärmespannungen aufgrund von Temperaturzyklen, aushalten, um ihre Funktion nicht zu verlieren.

Der ideale Zustand, dass die Standzeiten von Grundwerkstoff und Beschichtung identisch sind, wird selten erreicht. In vielen Fällen sind die Beschichtungen, die aus mehreren Gründen nicht beliebig dick aufgetragen werden können, bereits nach einem Bruchteil der mechanischen Bauteillebensdauer verbraucht. An ausbaubaren Komponenten wird dann üblicherweise eine Wiederbeschichtung – eventuell mehrfach im Laufe der Nutzungsdauer – vorgenommen.

7.1.2 Beanspruchungen und Anforderungen

Tabelle 7.1 stellt die wesentlichen Anforderungen an Hochtemperatur-Korrosionsschutzschichten zusammen. Diese Auflistung gilt weitgehend unabhängig vom Anwendungszweck und je nach Einsatzbedingungen mit unterschiedlicher Gewichtung.

Als Hauptanforderung ist eine gegenüber dem Grundwerkstoff erhöhte Korrosionsbeständigkeit zu erfüllen. Die Beschichtung ist an die Umgebungsbedingungen möglichst genau anzupassen, d. h. die Einsatzbedingungen müssen bekannt sein und auch labormäßig nachgebildet werden, um die Schichten prüfen zu können. Im einfachsten Fall liegt eine Luftatmosphäre mit ausschließlich oxidierendem Angriff vor. Oft wirken jedoch komplexe Atmosphären ein, die zu Aufkohlung, Aufstickung oder Heißgaskorrosion führen.

Tabelle 7.1 Anforderungsprofil für Hochtemperatur-Korrosionsschutzschichten

chemisch	• isotherme und zyklische Hochtemperatur-Korrosionsbeständigkeit, hauptsächlich gegen Oxidation, Heißgaskorrosion und Aufkohlung • Verträglichkeit mit Grundwerkstoff (geringe Interdiffusion, keine unerwünschte Phasenbildung)
mechanisch	• ausreichende Thermoermüdungsfestigkeit • ausreichende HCF-Festigkeit • Erosionsbeständigkeit • Haftung zum Grundwerkstoff • keine negative Beeinflussung des Bauteilverhaltens (z. B.: nicht zu hohes zusätzliches Gewicht, keine Verschlechterung des Schwingungsverhaltens) • glatte Oberfläche (geringe aerodynamische Verluste, geringe Wärmeübergangszahl α, geringe Kerbwirkung)
physikalisch/ thermisch	• thermische Ausdehnung ähnlich Grundwerkstoff • thermische Stabilität • Wärmebehandlungszyklus mit Grundwerkstoff verträglich
verfahrenstechnisch	• Aufbringverfahren für das betreffende Bauteil verfügbar; Schichtqualität spezifikationsgerecht möglich, auch an eventuell schlecht zugänglichen Stellen • hohe Reproduzierbarkeit und Automatisierbarkeit des Aufbringprozesses; akzeptable Durchlaufzeiten • ggf. Wiederbeschichtbarkeit möglich
ökonomisch, ökologisch	• ausreichende Lebensdauer (mindestens eine Revisionsperiode) • Beschichtungs-, Hilfs- und Schichtablösestoffe ökologisch unbedenklich

Wie in Kap. 5.3 und 5.8 diskutiert, eignen sich für die meisten Hochtemperaturanwendungen lediglich Cr_2O_3- und Al_2O_3-Deckschicht bildende Beschichtungen. Andere Deckschichttypen spielen nur für spezielle Werkstoffe eine Rolle, z. B. SiO_2-bildende Silizidschichten auf refraktären Legierungen. Die folgenden Betrachtungen konzentrieren sich daher auf hoch Cr- und/oder Al-haltige Überzüge. Der Cr- oder Al-Gehalt wird gegenüber dem Grundmaterial soweit angehoben, dass a) eine möglichst reine Cr_2O_3- oder Al_2O_3-Deckschicht entsteht, b) das Reservoir für die Nachbildung dieser Deckschicht unter isothermen und zyklischen Bedingungen ausreichend groß ist und c) der Schutzmechanismus über die geforderte Lebensdauer aufrechterhalten bleibt.

Neben der Korrosionsbeständigkeit müssen die thermisch-mechanischen Eigenschaften des Grundwerkstoff/Schicht-Verbundes die Lebensdaueranforderungen erfüllen. In diesem Zusammenhang ist die Beschichtung wie ein zusätzlicher Konstruktionswerkstoff zu behandeln und nicht – wie vorwiegend bei tiefen Temperaturen oder z. B. bei elektronischen Anwendungen – als reiner Funktionswerkstoff.

7.1.3 Aufbringverfahren

Für die im Hochtemperaturbereich verwendeten Dickbeschichtungen kommen folgende Aufbringverfahren in Betracht:

- Chemische Gasphasenabscheidung (*chemical vapour deposition – CVD*)
- Physikalische Gasphasenabscheidung (*physical vapour deposition – PVD*)
- Thermische Spritzverfahren
- Plattieren

Während mit dem CVD-Verfahren Diffusionsschichten erzeugt werden, entstehen durch die anderen Methoden Auflageschichten. **Tabelle 7.2** stellt die wesentlichen Merkmale der Verfahren gegenüber.

Tabelle 7.2 Merkmale der Aufbringverfahren für Hochtemperaturbeschichtungen

CVD	+ komplexe Geometrien beschichtbar + sehr gleichmäßige Schichtzusammensetzung und -qualität an allen Stellen des Bauteils + gute Bindung zum Substrat + relativ glatte Oberflächen + kaum Porosität + viele Teile gleichzeitig beschichtbar + auch Innenbeschichtungen bei geringen Querschnitten oder Öffnungen möglich + große Retorten realisierbar, d. h. Beschichtung z. B. langer Rohre möglich

Forts.

Tabelle 7.2, Forts.

CVD	– eingeschränkte Zusammensetzungen; weitere Elemente eventuell über 2-Stufenverfahren einzubringen (z. B. Pt) – lange Zykluszeiten: eventuell negative Einflüsse auf Grundwerkstoffgefüge; nur wirtschaftlich für viele kleinere Teile – Schichtdicken begrenzt; maximal etwa 100 µm – vergleichsweise geringe Auftragsraten – Grundwerkstoff wird beim Beschichten in relativ großer Tiefe verändert (für dünnwandige Bauteile wichtig) – mögliche Einschlüsse von Füllstoffpartikeln (Al_2O_3) in die Schicht und/oder Verstopfen innerer Kanäle (nur beim Packzementieren)
PVD	+ nahezu beliebige Legierungen abscheidbar + für keramische Schichten geeignet + Vorheizen des Substrates möglich; dadurch gute Haftung und hohe Schichtdicken möglich + keine direkte Wärmebeaufschlagung der Bauteile + mehrere Teile gleichzeitig beschichtbar – aufwändige Prozesssteuerung, um gleich bleibende Schichtzusammensetzung zu erreichen; Schichtzusammensetzung ist stichprobenartig zu prüfen – keine Innenbeschichtungen möglich – Hochvakuum wird benötigt; begrenzte Bauteilgröße im Kammerverfahren
Thermisches Spritzen	+ hohe Auftragsrate; besonders für dicke Schichten geeignet (> ca. 50 µm) + nahezu alle metallischen und keramischen Materialien auftragbar + lokal variierende Schichtdicken gezielt einstellbar + überall gleichmäßige Schichtzusammensetzung – keine Innenbeschichtungen bei engen Querschnitten möglich – komplexe Geometrien schwierig oder gar nicht zu beschichten wegen Unzugänglichkeit oder Schattenwirkung – hohe Oberflächenrauigkeit, besonders an Stellen mit Spritznebelbeaufschlagung (Sägezahnstruktur) – Beschichtungsmaterial in Pulverform relativ teuer; metallisches Pulver ist inert zu handhaben – bei komplexen Formen pro Arbeitsgang nur ein Teil beschichtbar

Forts.

Tabelle 7.2, Forts.

Thermisches Spritzen	*Atmosphärisches Plasmaspritzen (APS)* + für keramische Schichten geeignet + Beschichtungskammer entfällt; dadurch große Teile beschichtbar − hoch reaktive Elemente oxidieren beim Beschichten − Vorheizen des Substrates wegen Oxidation nicht möglich *Inertgasplasmaspritzen (IPS/SPS − Shrouded plasma spraying)* + Schichtgefüge ähnlich VPS (s. u.), aber ohne Beschichtungskammer − hoher Schutzgasverbrauch (Kosten) − Schutzgasmantel kann abreißen an kritischen Geometrien − keine Substratvorheizung wegen Oxidation; Substratkühlung durch Ar-Gasstrom (nachteilig für Schichthaftung) *Vakuumplasmaspritzen (VPS)* + große Bandbreite der Zusammensetzungen möglich + geringe Porosität + Vorheizen des Substrates möglich; dadurch gute Haftung und hohe Schichtdicken möglich + staub- und geräuscharm (verglichen mit APS und IPS) + Reinigung des Substrates mittels Lichtbogen zwischen Substrat und Brenner möglich − Vakuumkammer erforderlich; dadurch Bauteilgröße begrenzt − aufwändig/teuer

Plattieren	+ dicke, homogene Schichten möglich
	− aufwändige Herstellung des Verbundes, nur bei einfacheren Geometrien sinnvoll:
	  * bei Halbzeug mit gleich bleibendem Querschnitt z. B. über Koextrudieren oder Walzen
	  * bei komplexeren Geometrien z. B. durch heiß-isostatisches Anpressen vorgefertigter Schichtbleche

7.1.3.1 CVD-Verfahren

Bei den CVD-Prozessen handelt es sich um thermochemische Verfahren, bei denen bei hohen Temperaturen eine chemische Reaktion zwischen den Beschichtungsstoffen aus der Gasphase und Elementen aus dem Substratwerkstoff stattfindet. Für Hochtemperaturbeschichtungen ist aus Gründen hoher Haftfestigkeit und wegen des gewünschten Schichtgefüges generell eine starke Interdiffusion der beteiligten Atomsorten erforderlich, so dass die Schicht weitreichend oder sogar durchgehend Grundwerkstoffelemente enthält. Dazu müssen die Prozesstemperaturen > ca. 1000 °C liegen, die durch Aufheizen der geschlossenen Beschichtungsretorte erreicht werden. Der Gesamtvorgang besteht aus folgenden Einzelschritten [7.1]:

1. Bildung eines beschichtungsmetallhaltigen Transportgases durch Reaktion des Aktivators mit dem Donator,
2. Verteilung des Transportgases in der Retorte,
3. Adsorption des Transportgases an der Bauteiloberfläche,
4. Zersetzung des Transportgases,
5. Abscheidung des Metalls auf der Bauteiloberfläche, Eindiffusion und Reaktion mit Substratelementen zu den Beschichtungsphasen,
6. Desorption der übrigen Zersetzungsprodukte, Abtransport dieser Nebenprodukte und eventuell Rückführung in den Reaktionsablauf.

Das anzureichernde Element liegt im kalten Zustand gebunden in einem festen Spendergranulat, dem *Donator*, vor. Es kann sich auch um mehrere Beschichtungselemente handeln. Um diesen Stoff gleichmäßig in dem Prozessbehälter zu verteilen, muss er zunächst in Form einer Zwischenverbindung in die Gasphase überführt werden. Dieses Transportgas besteht meist aus einem Metallhalogenid (Chlorid oder Fluorid), welches durch Reaktion des Donators mit einem bei RT ebenfalls festen *Aktivator* zustande kommt.

Donator und Aktivator werden zusammen mit einem Füllstoff (meist Al_2O_3), der den weit überwiegenden Gewichtsanteil ausmacht und ein Zusammenbacken der Pulverpartikel verhindern soll, in der Beschichtungsretorte getrennt von den zu beschichtenden Bauteilen platziert. Beispielsweise wird das Granulat zwischen Siebbleche gefüllt, durch die das Transportgas entweichen kann. Es verteilt sich in der Retorte, wobei Wasserstoffdurchfluss die gleichmäßige Beaufschlagung der Oberflächen fördert. In einem zweiten Reaktionsabschnitt wird das Transportgas auf den Bauteilen wieder zersetzt, und es kommt zur abschließenden Reaktion zu den Beschichtungsphasen.

Bei den infrage kommenden Beschichtungsgasen gibt es recht große Unterschiede in der so genannten Streufähigkeit (*throwing power*), d. h. der Gleichmäßigkeit, mit der Oberflächen in Abhängigkeit von der Entfernung und der Geometrie bedeckt werden. Um die geforderte Beschichtungsqualität zu erreichen, müssen die Parameter Beschichtungsgas, Temperatur, Zeit sowie Anordnung von Donator, Aktivator und Bauteilen für die jeweilige Retorte und die zu beschichtenden Teile optimiert werden.

Für eine *Chromierung* lauten die Reaktionen mit NH_4Cl als Aktivator beispielsweise folgendermaßen:

I. Der feste Aktivator zersetzt sich schon bei relativ niedrigen Temperaturen von ca. 350 °C in HCl und NH_3, Letzteres wiederum in N_2 und H_2:

$$2\ NH_4Cl \leftrightarrow 2\ HCl + N_2 + 3\ H_2 \tag{7.1}$$

II. Cr-Granulat aus dem Donator reagiert mit dem HCl-Gas zu dem Transportgas $CrCl_2$ mit einem bestimmten Partialdruck:

$$Cr + 2\,HCl \leftrightarrow CrCl_2 + H_2 \tag{7.2}$$

III. Das $CrCl_2$ wird zusammen mit Wasserstoff, mit welchem die Retorte geflutet wird, an Oberflächen adsorbiert, wo es zur Umkehrung der Reaktion (7.2) unter Abscheidung festen Chroms kommt:

$$CrCl_2 + H_2 \leftrightarrow Cr_\downarrow + 2\,HCl \tag{7.3}$$

IV. Das HCl wird desorbiert, im Gasstrom abtransportiert und kann erneut mit Cr-Granulat reagieren. Das abgeschiedene Cr diffundiert in den Substratwerkstoff ein unter Bildung verschiedener Phasen.

Beim *Alitieren* verwendet man in vielen Fällen AlF_3 als Aktivator, welches bei Beschichtungstemperatur einen gewissen Dampfdruck erzeugt. Ebenso kann man auch, ähnlich wie zuvor für die Chromierung beschrieben, mit HCl arbeiten. Das Transportgas zersetzt sich an der Bauteiloberfläche, und Al diffundiert in den Werkstoff ein oder das Substratelement heraus. Auf Ni-Basislegierungen bildet sich vorwiegend die intermetallische Phase NiAl (siehe auch Bild 6.15). Die Summenreaktion lautet in diesem Fall:

$$2\,AlF_3(g) + 2\,Ni_{(Substrat)} \leftrightarrow 2\,NiAl_{(Schicht)} + 3\,F_2(g) \tag{7.4}$$

Das frei werdende Fluor reagiert mit Al aus dem Donatorgranulat erneut zu AlF_3, und der Vorgang wiederholt sich so lange, wie genügend Donator- und Aktivatormenge zur Verfügung stehen:

$$2\,Al_{(Donator)} + 3\,F_2 \leftrightarrow 2\,AlF_3 \tag{7.5}$$

Als Donator wird zum Alitieren eine Al-Legierung, z. B. ein Cr-Al-, Fe-Al- oder Ti-Al-Granulat, verwendet, weil reines Al weit unterhalb der Beschichtungstemperatur schmelzen würde. Außerdem lässt sich über die Legierungszusammensetzung die Al-Aktivität, die für den Schichtaufbau wichtig ist, einstellen. Üblicherweise wird im so genannten Niederaktivitätsprozess gearbeitet, mit dem im Temperaturbereich von ca. 1000 bis 1100 °C überwiegend aus NiAl bestehende Schichten erzeugt werden. Dabei diffundiert hauptsächlich Ni aus dem Grundwerkstoff und durch die bereits gebildete Schicht nach außen.

Prinzipiell sind nur mit dem CVD-Verfahren Innenbeschichtungen bei geringen Öffnungsquerschnitten möglich, abgesehen von Tauchverfahren, welche für Hochtemperaturbeschichtungen kaum eingesetzt werden. Sogar feine Kühlluftbohrungen von Turbinenschaufeln mit Durchmessern von zehntel Millimetern können innen beschichtet werden. Hierbei sind allerdings die Unterschiede in der Streufähigkeit der möglichen Transportgase zu beachten.

Für Außen- und Innenalitierung von Ni-Basis-Turbinenschaufeln wurde beispielsweise mit Na_3AlF_6 (Kryolith) als Transportgas eine gute Gleichmäßigkeit berichtet [7.2]. Dabei laufen bei hohen Temperaturen komplexe Reaktionen ab. Zunächst verschiebt sich der Kryolithanteil in Richtung Chiolith (5 NaF·3 AlF$_3$, Summenformel: $Na_5Al_3F_{14}$):

$$3\,Na_3AlF_6 \leftrightarrow Na_5Al_3F_{14} + 4\,NaF \tag{7.6}$$

Das Chiolith hat einen höheren Dampfdruck als NaF und verteilt sich in der Retorte, wobei es zersetzt wird in Natriumtetrafluoroaluminat ($NaAlF_4$) und Natriumfluorid:

$$Na_5Al_3F_{14} \leftrightarrow 3\,NaAlF_4 + 2\,NaF \tag{7.7}$$

Mit dem $NaAlF_4$ kommt es schließlich zur Reaktion mit dem Ni der Legierung unter Abscheidung von Al auf der Oberfläche:

$$NaAlF_4 + 2\,Ni \leftrightarrow Al_\downarrow + NaF + 2\,NiF \tag{7.8}$$

Dies ist eine Austauschreaktion, bei der ein Teil Ni aus den Bauteilen verloren geht. Alternativ kann sich $NaAlF_4$ thermisch zersetzen mit bereits abgeschiedenem Al:

$$Al + NaAlF_4 \leftrightarrow 2\,Al_\downarrow + Na + 2\,F_2 \tag{7.9}$$

Bei den Reaktionen der CVD-Prozesse können Gase freigesetzt werden, die – neben dem beabsichtigten Schichtaufbau – in den Oberflächenzonen und entlang der Korngrenzen Gefügeveränderungen des Grundwerkstoffes hervorrufen. Dies ist in nicht zu beschichtenden Bauteilbereichen zu beachten. Besonders einige Fluoride können z. B. korngrenzenhärtende Karbide auflösen, so dass es an diesen Korngrenzen möglicherweise später zu vorzeitiger Rissbildung kommt.

Die Schichtdicken- oder Gewichtszunahme bei den CVD-Prozessen folgt in der Regel einem parabolischen Gesetz der Form

$$s^2 \sim \left(\frac{\Delta m}{A}\right)^2 = k \cdot t = k_0 \cdot e^{-\frac{Q}{R \cdot T}} \cdot t \tag{7.10}$$

s   Schichtdicke
Δm   Masseänderung
A   beschichtete Oberfläche
k   temperaturabhängige parabolische Beschichtungskonstante
Q   Aktivierungsenergie des Beschichtungsvorganges
k_0 Konstante

Die Beschichtungskonstante k hängt von der Temperatur nach einem Arrhenius-Gesetz ab, weil Diffusion für den Schichtaufbau geschwindigkeitsbestimmend ist.

Die CVD-Schichtdicken für Hochtemperaturanwendungen betragen maximal etwa 100 µm; dickere Überzüge sind kaum wirtschaftlich herstellbar und werden für die infrage kommenden Bauteile auch nicht benötigt. Um die Schichtdicke zu erhöhen, ist die Verlängerung der Zeit wegen des parabolischen Verlaufs gemäß Gl. (7.10) nicht sehr effektiv. Grundsätzlich sind bei den CVD-Verfahren die langen Zykluszeiten nachteilig. Wirkungsvoller ist dagegen eine Temperaturerhöhung, wobei die maximal erlaubte Beschichtungstemperatur von den Gefügeveränderungen des Grundwerkstoffs abhängt. Möglicherweise muss eine gefügeregenerierende Wärmebehandlung nachgeschaltet werden.

Das *Packzementieren* ist eine Variante der CVD-Verfahren, bei der die Bauteile in ein Pulvergemisch eingebettet werden, welches die gleichen Bestandteile wie der kontaktlose Gasphasenprozess aufweist: das Metallgranulat, den Aktivator sowie den Füllstoff, meist Al_2O_3. Weite Transportwege des Beschichtungsgases vom Reaktionsort zwischen Donator und Aktivator zum Bauteil werden hierbei umgangen; der Gastransport erfolgt im Mikrobereich, und der von außen eingestellte Gasfluss ist gering. Die Reaktionen sind ansonsten die gleichen. Der Vorteil dieses Verfahren liegt darin, dass auch komplex geformte Bauteile gleichmäßig beschichtet werden können ohne besonders langwierige Parameteroptimierungen, weil die Gastransportwege kurz sind. Diese Methode ist weit verbreitet für die Chromierung und Alitierung von Gasturbinenschaufeln. Zur Inchromierung von Wärmetauscherrohren sind Retorten von mehreren Metern Länge verfügbar.

Als Nachteile des Packzementierens sind zu nennen: *a)* lange Zykluszeiten aufgrund trägen Aufheizens und Abkühlens, *b)* möglicher Einbau von Al_2O_3-Pulverpartikeln in die Schicht, *c)* Verstopfen von Innenkanälen oder Bohrungen durch Pulverteilchen. Aus diesen Gründen geht man zunehmend dazu über, Pulverpack und Beschichtungsgut räumlich voneinander zu trennen und im kontaktlosen CVD-Prozess zu beschichten (*out-of-pack*), [7.2].

In manchen Fällen wendet man besonders das CVD-Alitieren an, um den Al-Gehalt in einer oberflächennahen Zone von anders aufgebrachten Schichten anzureichern und so die Oxidationsbeständigkeit zu verbessern (*Überalitieren*). Dies ist dann sinnvoll, wenn die Basisschicht – z. B. vom Typ MCrAlY – nur einen relativ geringen Al-Gehalt aufweist, um keinen zu großen Sprung in der Zusammensetzung zum Grundwerkstoff entstehen zu lassen, oder wenn ein Teil des Al bereits beim Beschichten oxidiert wurde. Letzteres ist bei APS-MCrAlY-Schichten der Fall. Außerdem ist das Überalitieren dann zweckmäßig, wenn auch die Innenstrukturen von Bauteilen zu beschichten sind, was nur mit dem CVD-Verfahren gelingt.

Dem CVD-Prozess schließt sich eine Wärmebehandlung an, falls sich das Grundwerkstoffgefüge durch den Beschichtungsvorgang unzulässig verändert hat. Eine Lösungsglühung ist in vielen Fällen nicht erlaubt, weil sich dadurch der Schichtaufbau verändern und zu starke Interdiffusion einsetzen würde.

7.1.3.2 PVD-Verfahren

Bei den physikalischen Gasphasenabscheideverfahren (PVD) wird der Beschichtungsstoff direkt, d. h. ohne Zwischenreaktionen, in den gasförmigen oder ionisierten Zustand überführt und kondensiert anschließend auf dem Bauteil. Alle PVD-Prozesse müssen unter Hochvakuum (10^{-2} bis 10^{-5} Pa = 10^{-7} bis 10^{-10} bar) durchgeführt werden, damit Reaktionen zwischen den Metallatomen und der Umgebung minimiert werden. Um das feste Schichtmaterial, Target genannt, zu verdampfen, gibt es prinzipiell zwei Möglichkeiten:

- Aufheizen, meist über Widerstandsheizung, bis ein genügend hoher Dampfdruck in der Größenordnung von 1 Pa = 10^{-5} bar oder höher entsteht;
- Beschuss mit hochenergetischen Teilchen, wodurch Atome aus dem Target herausgelöst werden.

Für Hochtemperaturschichten, deren Verdampfungstemperaturen grundsätzlich sehr hoch liegen, kommt lediglich die zweite Methode in Betracht. Bei dieser existieren zahlreiche Varianten, wovon hauptsächlich die Elektronenstrahl-Verdampfungstechnik eingesetzt wird (*Electron Beam-PVD, EB-PVD*), **Bild 7.1**. Der stark gebündelte Elektronenstrahl erzeugt eine hohe Energiedichte auf der Tar-

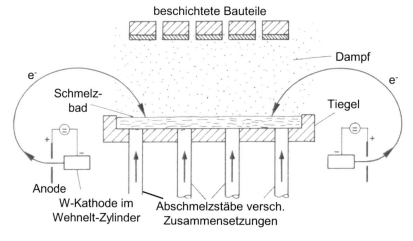

Bild 7.1 Prinzipskizze des PVD-Prozesses mit Elektronenstrahlverdampfung
Hier sind zwei Elektronenstrahlquellen angenommen. Die Elektronen werden von einer W-Kathode emittiert, durch einen Wehnelt-Zylinder fokussiert und gelangen durch die Öffnung der Anode. Der Elektronenstrahl wird durch (nicht eingezeichnete) Magnete umgelenkt und gesteuert. Hier ist eine 270°-Umlenkung gezeichnet; andere Bauarten sind möglich. Die Beschichtungslegierung wird hier aus vier Stäben unterschiedlicher Zusammensetzungen gespeist.

getoberfläche, so dass bei Temperaturen bis etwa 4000 °C auch Wolfram sowie keramische Materialien verdampft werden können. Die Keramiken werden bei den extrem hohen Temperaturen leitend, und der Brennfleck zündet somit konzentriert auf einer kleinen Fläche.

Beim Aufbringen von Schicht*legierungen*, wie z. B. den MCrAlY-Schichten, muss beachtet werden, dass die Dampfdrücke der einzelnen Elemente recht unterschiedlich sein können. Üblicherweise startet der Beschichtungsvorgang mit „verkehrten" Legierungen, deren Zusammensetzung so berechnet werden muss, dass bereits zu Beschichtungsbeginn, wenn sich noch kein Verdampfungsgleichgewicht eingestellt hat, die gewünschte Schicht entsteht [7.3]. Danach wird dem Schmelzbad über Stangen verschiedener Zusammensetzungen weiteres Material zugeführt, so dass durch Steuerung der Zugabemenge stets die gewünschte Schichtzusammensetzung entsteht.

Die abgedampfte Menge hängt von der Temperatur ab, welche über der Schmelzbadoberfläche durch Abrastern mit dem Elektronenstrahl konstant gehalten wird. In einigen Anlagen werden hierfür mehrere Elektronenstrahlkanonen eingesetzt. Bei keramischen Beschichtungsmaterialien darf die Schmelzbadoberfläche nicht zu groß sein, um die sehr hohen Verdampfungstemperaturen gleichmäßig zu erreichen. Die Regelung des Verdampfungsvorganges ist also komplex, so dass mit Schwankungen in der Schichtzusammensetzung gerechnet werden muss.

Üblicherweise werden die Bauteile unmittelbar vor der Beschichtung auf Temperaturen bis zu knapp 1000 °C aufgeheizt. Dadurch wird zum einen die Schichthaftung verbessert, weil bereits während des Aufbringens eine gewisse Interdiffusion stattfindet. Die hohe Diffusionsrate sorgt auch für eine nahezu vollständig dichte Schicht. Außerdem relaxieren zumindest bei metallischen Schichten die beim Kondensieren und Aufwachsen entstehenden Eigenspannungen praktisch vollständig. Der Schichtdicke sind also durch Eigenspannungen keine Grenzen gesetzt.

Für metallische Hochtemperaturbeschichtungen muss nach dem PVD-Prozess eine Wärmebehandlung erfolgen, um die Interdiffusion zwischen Substrat und Schicht zu verstärken und das gewünschte Gefüge beider Werkstoffe einzustellen. Im günstigsten Fall lässt sich dieser Vorgang mit der Lösungsglühung des Grundmaterials kombinieren, sofern diese nicht so hoch liegt, dass das Schichtgefüge unzulässig verändert werden und zu starke Interdiffusion einsetzen würde. Es müssten dann (T; t)-Parameter gewählt werden, die mit den Substrateigenschaften verträglich sind.

7.1.3.3 Thermische Spritzverfahren

Zu den thermischen Spritzverfahren gehören als wichtigste Varianten das Lichtbogenspritzen, das Flammspritzen, das Detonationsflammspritzen sowie das Plasmaspritzen. Mit dem thermischen Spritzen werden durchweg dickere Schichten ab einigen zehn µm aufgetragen. Die Ausgangsstoffe liegen in Stab-, Draht- oder Pulverform vor und werden in einer Flamme, einem Lichtbogen, durch eine kontrollierte Explosion oder in einer Plasmaflamme teilweise oder vollständig geschmolzen und mit hoher Geschwindigkeit auf die Bauteiloberfläche geschossen, wo sie rasch erstarren.

Hochtemperatur-Korrosionsschutzschichten enthalten stark sauerstoffaffine Elemente, wie Al, Cr, Si, Y und andere. Die Beschichtungspartikel sollen während des Fluges auf die Bauteiloberfläche sowie beim Schichtaufbau möglichst wenig mit dem Trägergas und der Umgebungsatmosphäre reagieren, damit diese Elemente nicht in nachteiliger Form, d. h. als Oxide oder Nitride abgebunden, in die Schicht gelangen. In gewissen Grenzen lässt sich dies durch extrem hohe Teilchenbeschleunigung erreichen, z. B. beim Hochgeschwindigkeitsflammspritzen. Bis auf die Plasmaspritzverfahren arbeiten jedoch alle anderen thermischen Spritzmethoden mit reaktiven Trägergasen. Zum Aufbringen von Hochtemperatur-Korrosionsschutzschichten werden daher die plasmagestützten Varianten, in Konkurrenz zu den PVD-Verfahren, bevorzugt.

Bild 7.2 zeigt das Prinzip des Plasmaspritzens. Zwischen wassergekühlten Elektroden – einer spitzen W-Kathode und einer düsenförmigen Cu-Anode – wird ein Lichtbogen gezündet. Die Düse wird von einem Gasgemisch aus (Ar + H_2), (N_2 + H_2) oder (Ar + He) durchströmt, welches im Lichtbogen dissoziiert und ionisiert und damit zu einem elektrisch leitenden Plasmagas wird. Hinter dem Lichtbogen rekombinieren die Ladungsträger wieder unter Freiwerden großer Wärmemengen. In dieser Zone treten Temperaturen von > 20.000 °C auf, je nach verwendetem Gasgemisch. Die enorme Temperaturerhöhung bewirkt eine starke Expansion und Beschleunigung des Gases auf bis zu 3 Mach beim Plasmaspritzen unter Vakuum [7.4].

In die Plasmaflamme an der Düsenspitze oder direkt vor der Düse, wo etwa die maximalen Temperaturen herrschen, wird der pulverförmige Beschichtungsstoff über ein inertes Trägergas, in der Regel Ar, injiziert. Die Pulverpartikel schmelzen dabei und werden durch das schnell strömende Plasmagas auf einige hundert m/s beschleunigt. Die Flüssigkeitströpfchen prallen pfannkuchenartig auf die Bauteiloberfläche, wo sie sehr rasch und feinkörnig erstarren. Die Verweilzeit der Partikel im Plasmastrahl beträgt nur wenige Millisekunden. Nicht aufgeschmolzene Partikel sind im Gefüge an ihrer nach wie vor runden Form erkennbar.

Die Pulverkorngröße ist für den Plasmaspritzprozess zu optimieren. Zum einen sollten die Partikel möglichst vollständig aufgeschmolzen werden, d. h. sie dürfen nicht zu grob sein. Andererseits sollte die gesamte Pulveroberfläche wegen der Reaktionen mit restlichen Umgebungsgasen gering sein, die Korngröße also nicht zu fein. Feine Teilchen fliegen außerdem leichter aus dem Plasmastrahl heraus, erstarren dabei möglicherweise schon, bevor sie auf die Oberfläche prallen, und erzeugen einen störenden Spritznebel, welcher poröse und schlecht haftende Schichten hervorbringt. Übliche Pulver weisen eine mittlere Korngröße von ca. 20 bis 30 μm auf.

7.1 Hochtemperatur-Korrosionsschutzschichten

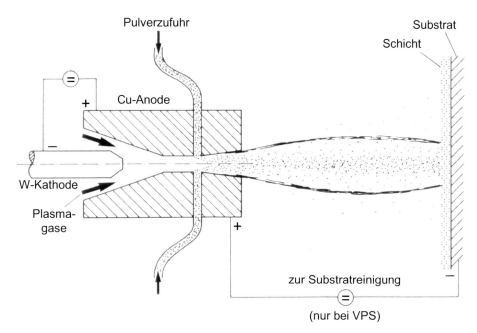

Bild 7.2 Prinzipskizze des Plasmaspritzens
Die Kühlung der Elektroden ist nicht eingezeichnet. Die Pulverzufuhr ist hier innerhalb der Anode senkrecht zum Plasmastrahl angenommen; andere Anordnungen sind möglich. Der Abstand Plasmabrenner-Bauteil ist nicht maßstabsgetreu; er kann bis zu ca. 350 mm betragen.

Trotz der sehr kurzen Flugzeit der Flüssigkeitströpfchen im Plasmastrahl kommt es zu Reaktionen metallischer Elemente mit Umgebungsgasen. Außerdem oxidieren Teile der Schicht nach dem Auftreffen auf das Substrat, wenn der Prozess unter Normalatmosphäre stattfindet. **Bild 7.3** zeigt ein Beispiel einer an Luft plasmagespritzten Co-23Cr-13Al-0,6Y-Schicht. Ein Großteil vorwiegend des Al liegt bereits oxidiert in der Beschichtung vor und steht damit nicht für die Bildung einer geschlossenen, schützenden Deckschicht zur Verfügung.

Um weitgehend oxidfreie metallische Schichten aufzubringen, bieten sich hauptsächlich zwei Varianten an: das Inertgasplasmaspritzen (IPS) sowie das Vakuumplasmaspritzen (VPS), auch Niederdruckplasmaspritzen (LPPS – *low-pressure plasma spraying*) genannt. Beim *Inertgasplasmaspritzen* wird der Plasmastrahl von einem außerhalb des Plasmabrenners eingeleiteten Schutzgasmantel aus Argon umströmt, welcher Reaktionen mit der umgebenden Luft großteils unterbindet. Man spricht daher auch vom Schutzgasmantel-Plasmaspritzen. Der Ar-Gasstrom kühlt das Substrat, wodurch zwar die Oxidation der frisch aufgetragenen Schicht verhindert wird, jedoch nachteiligerweise auch wenig Interdiffusion stattfindet. Da die Eigenspannungen in der Schicht ebenfalls kaum *in situ* relaxieren können, ist die Schichthaftung während des Beschichtens ein kritischer Punkt und die Schichtdicke nicht ohne weiteres beliebig zu steigern.

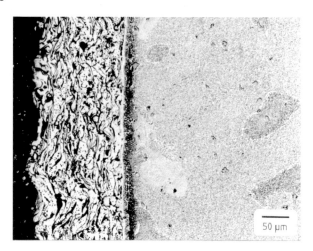

Bild 7.3 Atmosphärisch plasmagespritzte Co-23Cr-13Al-0,6Y-Beschichtung auf *IN 738 LC*
Die dunklen Schlieren stellen hauptsächlich Al-Oxide dar.

Die qualitativ besten metallischen Spritzschichten werden in einer Vakuumkammer erzeugt, die zunächst auf etwa $5 \cdot 10^{-6}$ bar evakuiert und danach mit Argon auf einen Druck von rund 0,1 bar geflutet wird, welcher während des Beschichtens konstant zu halten ist. Wie beim PVD-Auftrag werden die Bauteile auf hohe Temperaturen aufgeheizt, um die Haftung zu verbessern (*pre-bonding*) und höhere Schichtdicken zu realisieren.

Die Reinigung der Substratoberfläche ist – wie bei allen Beschichtungsverfahren – entscheidend für die Schichthaftung. Dies beinhaltet die Beseitigung restlicher Feuchtigkeit, Fette oder Öle sowie Korrosionsprodukte. Die Oberfläche muss – wie der Praktiker sich ausdrückt – „aktiv" sein, was bedeutet, dass feste chemische Bindungen mit den Beschichtungselementen sowie Interdiffusion möglich sein müssen. Während beim APS- und IPS-Verfahren die Reinigung durch Strahlen erfolgt, kann bei der VPS-Methode durch einen zweiten Stromkreis zwischen Substrat und Plasmabrennerdüse ein übertragener Lichtbogen gezündet werden (Bild 7.2), welcher die Verunreinigungen der Oberfläche besonders effektiv beseitigt [7.4].

Nach dem thermischen Spritzen werden die Bauteile, die mit metallischen Beschichtungen versehen wurden, wärmebehandelt, um die Schichthaftung durch zusätzliche Interdiffusion zu verstärken und das gewünschte Gefüge beider Werkstoffe einzustellen. Im günstigsten Fall lässt sich dieser Vorgang mit der Lösungsglühung des Grundmaterials kombinieren. Dabei ist jedoch zu beachten,

7.1 Hochtemperatur-Korrosionsschutzschichten

dass das Schichtgefüge nicht unzulässig verändert wird. Eine Veränderung kann sich ergeben, falls die Prozesstemperatur sehr hoch liegt und zu starke Interdiffusion einsetzt. Folglich müssen (T; t)-Parameter gewählt werden, die mit den Substrateigenschaften verträglich sind.

7.1.3.4 Plattieren

Besonders für einfache Bauteilgeometrien, wie Platten oder Rohre, lassen sich dicke Beschichtungen durch Plattieren (*cladding*) aufbringen. Die Vorteile liegen in der hohen Aufbringrate und der homogenen Schicht. Die Schutzschicht liegt als Folie oder Blech vor. Sie wird beispielsweise durch Walzen aufgedrückt oder durch Koextrudieren bei Strangpressprofilen. Komplexere Geometrien lassen sich – verglichen mit den anderen Verfahren – kaum wirtschaftlich plattieren, weil z. B. ein aufwändiges Kapseln mit Beschichtungsblechen und anschließendes heiß-isostatisches Pressen erfolgen müsste.

7.1.4 Beschichtungsarten und Eigenschaften

Man unterscheidet Beschichtungen generell in *Diffusionsschichten* und *Auflageschichten*, **Bild 7.4**. Bei Erstgenannten bilden sich die gesamte Schichtzusammensetzung und das Schichtgefüge durch Interdiffusion mit dem Grundwerkstoff aus. Demgegenüber liegt bei Auflageschichten im Neuzustand nur eine schmale Interdiffusionszone vor; der übrige Schichtanteil entsteht ausschließlich durch von außen aufgebrachtes Material.

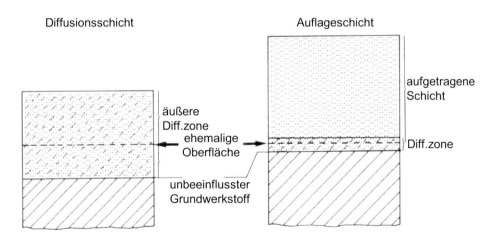

Bild 7.4 Gegenüberstellung des schematischen Aufbaus von Diffusions- und Auflageschichten

7.1.4.1 Diffusionsschichten

Diffusionsschichten werden nach einem CVD-Verfahren aufgebracht. Als Hochtemperatur-Korrosionsschutzschichten sind im Wesentlichen Chromier- und Alitierschichten von Bedeutung. Das Gefüge einer *Chromdiffusionsschicht*, auch Inchromierung genannt, auf einer Ni-Basislegierung zeigt **Bild 7.5**. Je nach Grundwerkstoff und Verfahrensparametern ist der Phasenaufbau der Schicht unterschiedlich; der für Bild 7.5 beschriebene Zustand ist daher als ein mögliches Beispiel zu betrachten. Diese Beschichtungen werden im Temperaturbereich bis ca. 850 °C, für verkürzte Lebensdauern auch teilweise bis etwa 900 °C, eingesetzt. Höhere Temperaturen sind mit diesen Überzügen, deren Dicken maximal etwa 100 μm betragen, nicht oder nur kurzzeitig realisierbar, weil die Wachstumsrate von Cr-Oxid dann zu hoch wäre und weil sich die Abdampfung von CrO_3 zunehmend bemerkbar macht. Besonders bei Heißgaskorrosion unter stark sulfidierenden Bedingungen haben sich die Inchromierschichten bewährt.

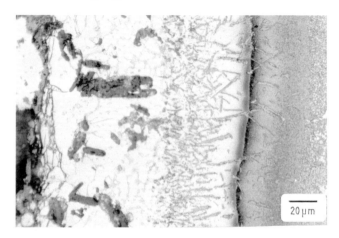

Bild 7.5 Chromdiffusionsschicht nach dem Packzementierverfahren auf der Ni-Basislegierung *IN 738 LC*
Die helle Matrix besteht aus dem α-Cr-Mischkristall mit Anteilen des γ-Ni-Mischkristalls sowie σ-Phase. Außerdem liegen Cr_2O_3-Einschlüsse vor (dunkel). In der Übergangszone sind TiN-Nadeln ausgeschieden.

Bei Temperaturen oberhalb etwa 850 °C werden *Aluminiumdiffusionsschichten* eingesetzt. Der charakteristische Gefügeaufbau einer Alitierschicht ist in **Bild 7.6 a)** dargestellt. Wie bei Chromierschichten ist die Dicke auf etwa 100 μm begrenzt. Damit sich ohne die gleichzeitige Anwesenheit von Cr eine geschlossene Al_2O_3-Deckschicht ausbilden kann, muss bei Ni-Legierungen ein Al-Gehalt von etwa 20 Ma.-% vorhanden sein. Bei Fe-Al-Legierungen liegt der Wert bei ca. 10 Ma.-% (Kap. 5.3.5, Tabelle 5.13). Mit allen drei Basismetallen Fe, Co und Ni bildet Al intermetallische Phasen des Typs MAl, in denen der Al-Anteil ca. 30 Ma.-% beträgt (zur Phase NiAl = β siehe auch Bild 6.15). Das Ziel bei der Alitierung muss sein, den Al-Gehalt so weit anzuheben, dass sich die betreffende MAl-Phase als Matrixphase in der Außenzone der Beschichtung bildet. Weitere Phasen in diesem Bereich sind zu vermeiden, es sei denn, sie verbessern die Korrosionsbeständigkeit zusätzlich.

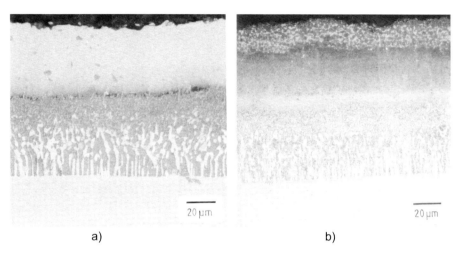

a) b)

Bild 7.6 Aluminiumdiffusionsschichten auf der Ni-Basislegierung *IN 738 LC*
    a) Außen einphasiger Bereich aus β-NiAl, in der Übergangszone kolumnare Phasenanordnung vorwiegend aus β-NiAl und α-Cr-Mischkristall und/oder σ-Phase; zusätzlich vereinzelte Karbide
    b) Pt-Al-Schicht mit zweiphasiger Außenzone aus (NiAl + PtAl$_2$), darunter einphasiger β-NiAl-Bereich; Übergangszone ähnlich a)

Die Breite der NiAl-Zone in Bild 7.6 a), welche die effektiv als Al-Reservoir zur Verfügung stehende Schichtdicke darstellt, beträgt ca. 50 µm, bei einer Gesamtbreite des vom Grundwerkstoffgefüge abweichenden Bereiches von 100 µm. Sobald der Al-Gehalt so weit abgesunken ist, dass sich unterhalb der Oxiddeckschicht ein Zweiphasenbereich (NiAl + Ni$_3$Al) oder nur Ni$_3$Al entwickelt hat, reicht der Schutzmechanismus nicht mehr aus, weil sich zunehmend NiO mit in die Deckschicht mischt.

Besonders zum Heißgaskorrosionsschutz von Gasturbinenschaufeln haben sich *platinmodifizierte Alitierschichten* bewährt, oft kurz Pt-Al-Schichten genannt (z. B. [7.5]). Vor dem CVD-Prozess wird eine ca. 5 bis 10 µm dicke Pt-Schicht in der Regel galvanisch aufgebracht (seltener durch ein PVD-Verfahren) und anschließend meist diffusionsgeglüht, um eine bessere Haftung zum Grundmaterial zu erzielen und um die anschließende Alitierung zu erleichtern. Bei Ni-Basislegierungen löst sich das Pt beim Alitieren in der β-NiAl-Phase entweder vollständig oder scheidet sich in einer äußeren Zone als zweite Phase PtAl$_2$ aus, wie in **Bild 7.6 b)** gezeigt.

Die Rolle des Pt wird darin gesehen, dass es die selektive Oxidation von Al fördert und daher reinere und langsamer wachsende Al$_2$O$_3$-Deckschichten entstehen lässt. Die zyklische Oxidationsbeständigkeit wird hierdurch verbessert, und die Aufschlussreaktionen bei der Heißgaskorrosion werden verzögert (siehe auch Tabelle 5.14). Platin/Rhodium-modifizierte Schichten, die hauptsächlich auf Co-Basislegierungen verwendet werden, weisen ähnliche Vorteile auf. Eine Dotierung der Alitierschichten mit anderen Elemente, wie Ta, Re, Hf, Y, Zr und Pd, wurde versucht, erbrachte jedoch keine Verbesserungen gegenüber den Pt-Al-Schichten [7.6].

7.1.4.2 Auflageschichten

Auflageschichten werden nach einem PVD-Verfahren oder thermischen Spritzverfahren aufgebracht, seltener durch Plattieren. Die Schichtdicke ist grundsätzlich unbegrenzt, sofern für eine gewisse Vorhaftung beim Beschichten und den Abbau von Eigenspannungen gesorgt wird.

Im Gegensatz zu den Diffusionsschichten bildet sich bei den Auflageschichten das Gefüge – abgesehen von Interdiffusionsvorgängen in einer schmalen Zone – unabhängig vom Grundwerkstoff aus. Dadurch lassen sich Schichtzusammensetzungen realisieren, die in weiten Grenzen variabel sind und für den jeweiligen Grundwerkstoff und die Korrosionsanforderungen angepasst werden können. Die Auflageschichten bestehen entweder aus einem Mischkristall, der nahezu frei von weiteren Phasen ist, oder – was meist der Fall ist – aus einem Mischkristall mit darin eingebetteten intermetallischen Reservoirphasen, in denen das Deckschicht bildende Element Cr oder Al angereichert ist. Schichtlegierungen auf der Basis M-Cr und M-Cr-Al sind gebräuchlich, wobei das Matrixhauptelement M aus Fe, Co oder Ni oder (Ni + Co) bestehen kann (Übersicht z. B. in [7.7]).

M-Cr-Schichtsysteme werden im Temperaturbereich bis rund 850 °C eingesetzt. **Bild 7.7** zeigt ein Beispiel im Ausgangszustand sowie nach vollständigem Verbrauch. Hohe Cr-Gehalte ab etwa 25 Ma.-% haben sich besonders unter stark sulfidierenden Korrosionsbedingungen und der Typ II-Heißgaskorrosion bewährt. Mit steigendem Cr-Gehalt nimmt der Anteil anderer Oxide in der Deckschicht ab, und die Gefahr eines selektiven Aufschlusses von NiO oder Co-Oxiden wird geringer. Als Basiselement wählt man unter diesen Bedingungen meist Fe oder Co; bei Ni könnte sich das Ni/Ni$_3$S$_2$-Eutektikum bilden, welches bei 637 °C schmilzt.

Als weiteres Legierungselement in M-Cr-Schichten dient vor allem Si, welches in Gehalten von etwa 4 bis 15 Ma.-% variiert wird. Man beobachtet durch Zugabe von Si besonders eine Verbesserung des Typ II-Heißgaskorrosionsverhaltens (Tabelle 5.14). Der Mechanismus beruht darauf, dass die Bildung einer reinen Cr$_2$O$_3$-Deckschicht gefördert wird und sich eventuell eine sehr dünne SiO$_2$-Zwischenschicht ausbildet, die resistent gegen sauren Aufschluss ist.

7.1 Hochtemperatur-Korrosionsschutzschichten

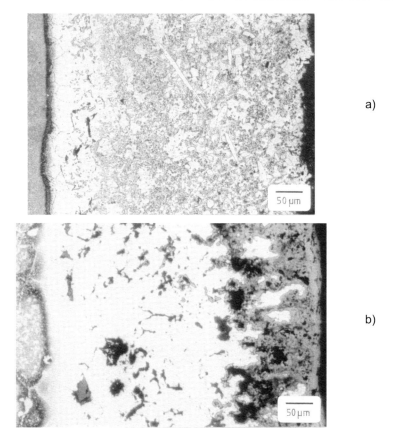

Bild 7.7 Ni-Cr-Si-B-C-Auflageschicht auf der Ni-Basislegierung *IN 738 LC*
  a) Ausgangszustand nach Wärmebehandlung
     Phasenaufbau: Ni-Cr-Si-Mischkristall mit Cr_7C_3 (weiß/länglich), Cr_3C_2 (weiß/rundlich) und Cr_3B_4 (dunkel/feiner)
  b) Vollständig verbrauchter Zustand nach Maschinenbetrieb mit dicker Deckschicht vorwiegend aus Cr_2O_3 und Ni-Cr-Spinell
     Die Cr-haltigen Reservoirphasen haben sich aufgelöst.

Beschichtungen auf M-Cr-Al-Basis bilden Al_2O_3-Deckschichten aus, sofern sie nach einem Verfahren aufgebracht wurden, bei dem das Al nicht bereits innerhalb der Schicht oxidiert vorliegt. Da den Beschichtungen meist Yttrium beigemischt ist, hat sich die Bezeichnung *MCrAlY-Schichten* eingeprägt. Sie werden vorwiegend im Temperaturbereich oberhalb etwa 850 °C eingesetzt. Auf Stählen werden meist FeCrAlY-Beschichtungen verwendet, die sich auch in hoch korrosiven Atmosphären verglichen mit anderen Schichttypen gut bewährt haben. NiCrAlY-, CoCrAlY- oder NiCoCrAlY-Schichten trägt man auf Ni- und Co-Basislegierungen auf.

Bild 7.8 zeigt eine NiCrAlY-VPS-Beschichtung mit dem typischen Gefügeaufbau. Aus den isothermen Schnitten des Phasendiagramms Ni-Cr-Al nach **Bild 7.9** können die sich einstellenden Gleichgewichtsphasen bei 850 °C und 1000 °C abgelesen werden. Der bei RT analysierte Phasenbestand weicht möglicherweise davon ab. Bei den üblichen NiCrAlY-Beschichtungszusammensetzungen können die Phasen γ-Ni-Mischkristall, α-Cr-Mischkristall, γ'-Ni$_3$Al sowie β-NiAl auftreten. In den intermetallischen Phasen werden die Hauptelemente teilweise substituiert. Das Aktivelement Y liegt meist als Oxid oder in einer intermetallischen Phase abgebunden vor. Bei der in Bild 7.8 gezeigten Ni-25Cr-5Al-0,5Y-Schicht werden bei RT die Phasen γ, γ', α-Cr und M$_5$Y (M = Ni+Cr+Al) analysiert, welche sich nach der letzten Wärmebehandlungsstufe des Grundwerkstoff/Schicht-Verbundes bei 850 °C bilden [7.8]. Bei Auslagerungen um 1000 °C läuft zeitabhängig folgende Phasenumwandlung ab [7.9]:

$$\alpha + \gamma' \leftrightarrow \beta + \gamma$$

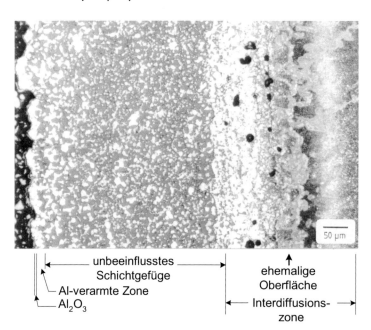

Bild 7.8 Vakuumplasmagespritzte NiCrAlY-Beschichtung auf der Ni-Basislegierung
IN 738 LC
Das unbeeinflusste Schichtgefüge besteht aus den Phasen γ-Ni-Mischkristall, α-Cr-Mischkristall, γ'-Ni$_3$Al sowie geringen Anteilen einer Y-haltigen Phase. Während der Aushärtungswärmebehandlung des Grundwerkstoffs an Luft
(850 °C/16 h) hat sich eine dünne Al$_2$O$_3$-Deckschicht gebildet.

7.1 Hochtemperatur-Korrosionsschutzschichten

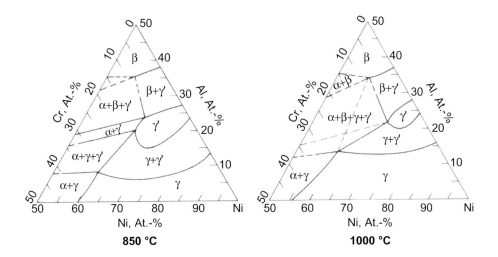

Bild 7.9 Isotherme Schnitte aus dem ternären Phasendiagramm Ni-Cr-Al [7.9]

Bei hohen Temperaturen oberhalb etwa 1000 °C liegen die Phasen β und γ im Gleichgewicht vor, während zu geringeren Temperaturen der Anteil an α und γ' zunimmt. Nach Abkühlung auf RT trifft man alle vier beteiligten Phasen an, weil die Zeit für die vollständige Rückumwandlung nicht ausreicht. Möglicherweise findet man bei RT auch überwiegend die beiden Hochtemperaturphasen (β + γ) vor. Da die Umwandlung mit einer Volumenänderung verbunden ist, stellt sich bei der thermischen Ausdehnung der Beschichtung eine Hysterese ein.

Das Cr/Al-Verhältnis von M-Cr-Al-Legierungen ist in Kap. 5.3.5 diskutiert (siehe auch Bild 5.12 und 5.13). Üblicherweise enthalten die Schichten > 17 Ma.-% Cr und > 5 Ma.-% Al. Mit steigender Temperatur nimmt der zur Unterstützung einer Al_2O_3-Deckschicht erforderliche Cr-Gehalt ab; der Al-Gehalt wird gleichzeitig angehoben, um den Schutzmechanismus über ausreichend lange Zeit aufrechtzuerhalten. Die Aktivelementzugabe verbessert die Deckschichthaftung und damit das zyklische Korrosionsverhalten entscheidend. Ersatzweise für Y verwendet man Zusätze von Zr, Hf oder Yb, jeweils maximal einige zehntel Ma.-%. Durch Legieren mit weiteren Hauptelementen werden das Korrosionsverhalten, das thermozyklische Werkstoffverbundverhalten sowie die Verträglichkeit mit dem Grundwerkstoff beeinflusst. Si-Zugaben in Mengen von ca. 1 bis 3 Ma.-% sowie Ta mit 3 bis 9 Ma.-% verbessern vorwiegend das Oxidationsverhalten (siehe Tabelle 5.14), [7.10].

MCrAlY-Schichten mit hohen Edelmetallanteilen, wie Ni-27Co-20Cr-8Al-10,5Re-1,5Si-0,3Y und Ni-21Co-17Cr-12,5Al-10Pt-0,5Y, zeigen nach [7.6] gute Oxidationsbeständigkeit sowie hohe Thermoermüdungsfestigkeit bei sehr hohen Spitzentemperaturen. Dem stehen neuere systematische Untersuchungen zum Einfluss von Re in NiCoCrAlY-Beschichtungen gegenüber [7.27], wonach dieses

Element zwar die Kriechfestigkeit erwartungsgemäß erhöht, die Thermoermüdungsfestigkeit jedoch vermindert. Dies wird mit der reduzierten Duktilität begründet, die neben der Festigkeit in die thermische Ermüdung eingeht (siehe Kap. 4.7.4). Selbstverständlich ist auch das Preis/Nutzen-Verhältnis bei der Verwendung hoher Edelmetallanteile zu beachten.

Um die Oxidationsbeständigkeit einer MCrAlY-Beschichtung weiter zu steigern und um den Al-Gradienten zum Grundwerkstoff allmählich anzupassen, werden Auflageschichten mit niedrigem oder mittlerem Al-Gehalt manchmal zusätzlich in einem CVD-Prozess überaliert Kap. 7.1.3.1). Verfahrenstechnisch ist dieses Vorgehen zwar sehr aufwändig, stellt aber die einzige Möglichkeit dar, um extrem hohe Oberflächentemperaturen in der Gegend von 1100 °C zu beherrschen.

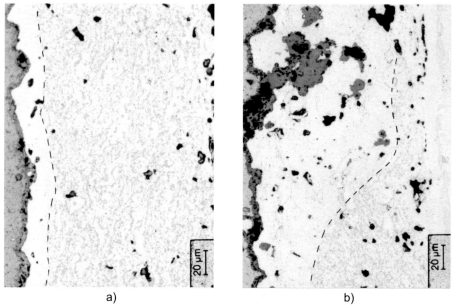

a)   b)

Bild 7.10 Verbrauch der Beschichtung Co-31Ni-27Cr-7,5Al-0,5Y-0,5Si nach 1000 h bei 900 °C unter Typ I-Heißgaskorrosionsbedingungen (Probe mit Na_2SO_4 bestrichen)
a) Wenig angegriffene Zone mit einer etwa 2 bis 4 µm dicken Oxiddeckschicht und einem ca. 20 µm breiten Al-verarmten Saum (gestrichelt: Übergang zum unbeeinflussten mehrphasigen Schichtgefüge)
b) Übergang zu einem Bereich mit starkem Angriff, entsprechend voluminösen Korrosionsprodukten und einer nahezu vollständigen Auflösung der Al-reichen Phase(n)

Der Schutzschichtverbrauch lässt sich bei den MCrAlY-Schichten durch die Auflösung der Al-haltigen Reservoirphasen β-MAl und γ'-Ni_3Al verfolgen, **Bild 7.10**. Sobald diese Ausscheidungen völlig aus dem Schichtgefüge verschwunden sind, ist der Al-Gehalt in der verbleibenden γ-Matrix so weit abgesunken, dass der Schutzmechanismus über eine Al_2O_3-Deckschichtbildung nicht mehr lange aufrechterhalten bleiben kann.

Der Cr-Gehalt liegt dann zwar möglicherweise noch nahezu am Ausgangswert, bei hohen Betriebstemperaturen würde jedoch die restliche Beschichtung rasch zerstört werden, so dass der Grundwerkstoff angegriffen werden könnte. Sobald sich in die Deckschicht größere Anteile anderer Korrosionsprodukte neben Al_2O_3 mischen, kann von einem weitgehenden Schutzschichtverbrauch ausgegangen werden. Die Deckschicht haftet dann meist nicht mehr so fest auf dem Substrat, und kleine Mengen lassen sich vorsichtig abkratzen, um sie z. B. anschließend röntgenographisch analysieren zu können.

Nicht nur der Verbrauch Deckschicht bildender Elemente nach außen bestimmt die Schichtlebensdauer, sondern auch die Interdiffusion mit dem Grundmaterial. Zum einen verarmt dabei die Beschichtung schneller an Elementen, die für den Korrosionswiderstand wichtig sind, und zum anderen werden die Zusammensetzung und das Gefüge des Substrates meist ungünstig verändert. Die mechanischen Eigenschaften, wie Zeitstand- und Ermüdungsfestigkeit, können merklich verschlechtert werden. Bei dünnwandigen Bauteilen kann die diffusionsbeeinflusste Zone einen erheblichen Teil der Wandstärke ausmachen, d. h. auch die Komponentenlebensdauer wird möglicherweise reduziert.

Bild 7.11 gibt ein Beispiel wieder mit Ermüdungsrissbildung an einer Turbinenschaufel aus *IN 738 LC*. Im Interdiffusionsbereich zwischen der Chromierbeschichtung und dem Grundwerkstoff haben sich spießige σ-Phasenausscheidungen gebildet, von denen aus Risse gestartet und tiefer in das Basismaterial gewachsen sind.

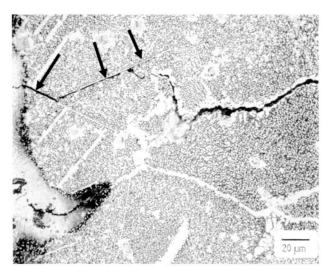

Bild 7.11 Ermüdungsrissbildung (Pfeile) entlang spießartiger σ-Ausscheidungen im Interdiffusionsbereich zwischen einer Inchromierbeschichtung und dem Ni-Basiswerkstoff *IN 738 LC*

Für Anwendungen bei sehr hohen Temperaturen, etwa oberhalb 1000 °C, wird die Interdiffusion zwischen Beschichtung und Grundwerkstoff so bedeutend, dass verschiedentlich Diffusionssperrschichten getestet wurden [7.6]. Zuverlässige und betriebserprobte Diffusionssperrschichten liegen bisher allerdings noch nicht vor.

7.1.5 Thermisch-mechanisches Verhalten beschichteter Bauteile

Eine hohe Korrosionsbeständigkeit allein macht ein Beschichtungssystem technisch nutzlos, falls es bestimmte mechanische Anforderungen nicht erfüllt. Der Werkstoffverbund Substrat/Schicht muss insgesamt mechanisch integer sein, was sich in erster Linie auf eine mögliche Rissbildung in der Schicht bezieht, wodurch nicht nur das Grundmaterial der unmittelbaren Korrosion ausgesetzt werden würde, sondern auch tieferes Risswachstum ausgelöst werden könnte. Schichtrisse entstehen hauptsächlich durch thermische oder durch hochzyklische Ermüdung. Ersteres wird ausführlicher diskutiert.

7.1.5.1 Wärmespannungen in Werkstoffverbunden

Für eine quantitative Analyse des thermozyklischen Verhaltens müssen die Dehnungen und Spannungen und deren zeitliche Veränderungen bekannt sein. Neben den Wärmespannungen aufgrund eines stationären und/oder transienten Temperaturgefälles, die unabhängig von einer Beschichtung immer auftreten, kommen bei Werkstoffverbunden Wärmespannungen aufgrund unterschiedlicher thermischer Ausdehnung hinzu. Letzterer Fall wird zunächst für rein elastische Verformungen berechnet, wie dies z. B. von Matrix/Faser-Verbunden her bekannt ist.

Bild 7.12 stellt den Fall der Abkühlung einer beschichteten Probe dar, wobei für die thermischen Ausdehnungskoeffizienten $\alpha_C > \alpha_M$ gewählt wurde (C: *Coating*, M: metallischer Grundwerkstoff). Um Biegung auszuschließen, möge es sich um eine beidseitig beschichtete Platte oder ein ringförmig geschlossenes Bauteil handeln. Der Übersicht halber ist in Bild 7.12 ein Schnitt gezeichnet mit Verformungen und Spannungen in nur einer Richtung. **Bild 7.13** zeigt den Körper räumlich mit den Verformungs- und Spannungsverhältnissen an der freigeschnittenen Schicht. Es soll ein ebener Spannungszustand vorliegen ($\sigma_z = \sigma_3 = 0$); die Ausdehnung senkrecht zur Schichtebene ist nicht eingeschränkt.

Bei der hohen Temperatur T_0 sei der Verbund frei von Wärmespannungen durch unterschiedliche Wärmedehnung, was dann einigermaßen zutrifft, wenn die Schicht bei dieser Temperatur die Spannungen vom vorherigen Zyklus so gut wie vollständig relaxiert hat. Folgende Randbedingungen ergeben sich:

1. Kräftegleichgewicht in x- und y-Richtung: $\quad \sigma_M \cdot A_M + 2\, \sigma_C \cdot \dfrac{A_C}{2} = 0 \quad$ (7.11 a)

2. Verformungskompatibilität: $\quad \varepsilon_C = \varepsilon_M \quad$ (7.11 b)

7.1 Hochtemperatur-Korrosionsschutzschichten

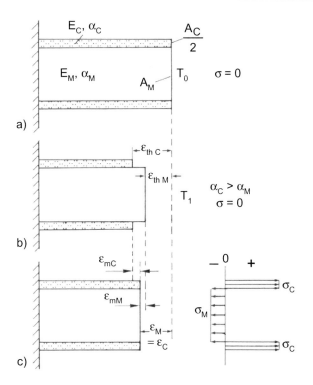

Bild 7.12 Schematische Darstellung der Vorgänge beim Abkühlen einer beschichteten Probe in einer Richtung
a) Spannungsfreier Zustand bei hoher Temperatur T_0
b) Gedachter Fall der unbehinderten thermischen Schrumpfung auf T_1 ohne gegenseitige Kraftübertragung von Grundwerkstoff und Schicht
c) Realer Fall der gegenseitigen thermischen Verformungsbehinderung bei Schrumpfung auf T_1 und Spannungsverlauf über dem Querschnitt (ε_m: mechanisch aufgebrachter Verformungsanteil)

Analog zu den Wärmespannungsberechnungen in Kap. 4.7.2 werden die Verformungen in den drei Achsen in ihre Einzelkomponenten zerlegt und anschließend summiert:

$$\varepsilon_C = \alpha_C \cdot \Delta T + \frac{\sigma_C}{E_C} - \nu_C \frac{\sigma_C}{E_C} \tag{7.12 a}$$

und

$$\varepsilon_M = \alpha_M \cdot \Delta T + \frac{\sigma_M}{E_M} - \nu_M \frac{\sigma_M}{E_M} \tag{7.12 b}$$

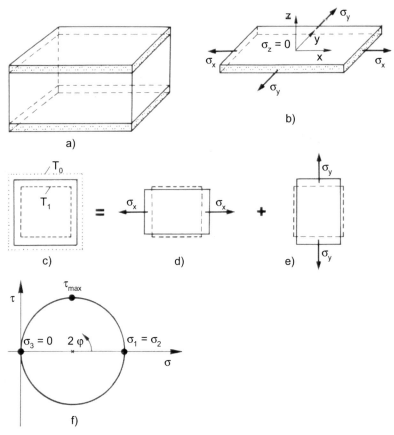

Bild 7.13 Ebener Spannungszustand in einer Schicht
a) Beidseitig beschichtete Platte nach Temperaturänderung
b) Freigeschnittene Schicht; bei isotropem Verhalten ist $\sigma_x = \sigma_y$. Dies sind auch die beiden Hauptnormalspannungen σ_1 und σ_2; σ_3 verschwindet: $\sigma_z = \sigma_3 = 0$. Im dargestellten Fall treten bei der thermischen Verformungsbehinderung Zugspannungen in der Schicht auf.
c) Spannungselement aus der Schichtoberfläche nach unbehinderter Schrumpfung von T_0 (punktiert) auf T_1 (gestrichelt); der durchgezogene Rahmen gibt die Kontur wieder, auf die sich der *Verbund* abkühlt.
d) Spannungselement aus der Schichtoberfläche ausschließlich unter der Wirkung der Spannung σ_x mit Querverformung in y-Richtung; gestrichelt: Kontur nach freier thermischer Schrumpfung auf T_1 (siehe c)
e) Wie d) unter der Wirkung der Spannung σ_y mit Querverformung in x-Richtung
f) Darstellung im Mohr'schen Spannungskreis; *in der Schichtebene treten nur Normalspannungen der Größe $\sigma_1 = \sigma_2$ auf.* Der Kreis gibt die $(\sigma; \tau)$-Wertepaare in geneigten Schnitten zur Schichtebene wieder (ein Schnittwinkel φ entspricht einem Drehwinkel 2φ im Kreis).

7.1 Hochtemperatur-Korrosionsschutzschichten

Hierbei wird vorausgesetzt, dass sich Grundwerkstoff sowie Schicht elastisch quasiisotrop verhalten, d. h. $\varepsilon_x = \varepsilon_y$ und $\sigma_{Mx} = \sigma_{My} = \sigma_M$ sowie $\sigma_{Cx} = \sigma_{Cy} = \sigma_C$. Der Mohr'sche Kreis für den ebenen Spannungszustand entartet hier zu einem Punkt bei σ_M und σ_C. In der (x, y)-Ebene, d. h. der Schichtebene, wirken somit auch keine Schubspannungen, wohl aber in dazu geneigten Ebenen, siehe Bild 7.13 f).

Durch Gleichsetzen nach Gl. (7.11 b) und mit Gl. (7.11 a) erhält man:

$$\sigma_C = \frac{\Delta T \cdot E_M (\alpha_M - \alpha_C)}{\frac{E_M}{E_C}(1-\nu_C) + \frac{A_C}{A_M}(1-\nu_M)} \quad (7.13\ a)$$

und

$$\sigma_M = \frac{\Delta T \cdot E_C (\alpha_C - \alpha_M)}{\frac{E_C}{E_M}(1-\nu_M) + \frac{A_M}{A_C}(1-\nu_C)} \quad (7.13\ b)$$

Bei Abkühlung ist $\Delta T < 0$, so dass sich für den Fall $\alpha_C > \alpha_M$ in der Schicht Zugspannungen (+) und im Grundwerkstoff Druckspannungen (−) einstellen, wie in Bild 7.12 c) in einer Achse schematisch gezeigt. Für $A_M \gg A_C$, d. h. einer dünnen Schicht auf einer vergleichsweise dicken Bauteilwand, wird $A_C/A_M \approx 0$, und Gl. (7.13 a) vereinfacht sich zu:

$$\sigma_C = \frac{\Delta T \cdot E_C (\alpha_M - \alpha_C)}{1 - \nu_C} \quad (7.14)$$

Der Nenner von Gl. (7.13 b) wird für diesen Fall groß, so dass $\sigma_M \approx 0$ gilt. Dieses Ergebnis bedeutet, dass die Schicht *vollständig* die thermische Bewegung des Substrates aufgezwungen bekommt und dass umgekehrt auf den Grundwerkstoff so gut wie keine Spannungen durch die Schicht übertragen werden. Dieser Grenzfall trifft bei den meisten Bauteilen ziemlich gut zu und wird im Folgenden auch stets angenommen. Die Verformung des Verbundes kann dann einfach aus der thermischen Dehnung des Substrates bestimmt werden:

$$\varepsilon_x = \varepsilon_y = \varepsilon_M = \alpha_M \cdot \Delta T \quad (7.15)$$

Setzt man in Gl. (7.14) Temperaturunterschiede von $\Delta T = 800\ °C$, wie sie bei vielen Hochtemperaturanwendungen vorkommen, und Differenzen in der thermischen Ausdehnung zwischen Substrat und metallischen Schichten von bis zu $5 \cdot 10^{-6}\ K^{-1}$ ein, so errechnen sich Schichtspannungen von über 1100 MPa ($E_C = 200$ GPa und $\nu_C = 0,3$ angenommen). Es ist also möglich, dass allein aufgrund des Unterschiedes in der Wärmedehnung die Streckgrenze in der Schicht, eventuell sogar die Zugfestigkeit überschritten wird. Eine Schichtauswahl hat diese Grundberechnung der mechanischen Verträglichkeit in jedem Fall zu berücksichtigen. Für Hochtemperaturanwendungen gilt als grobe Regel, dass $|\Delta \alpha_\ell| < 2 \cdot 10^{-6}$ K^{-1} betragen sollte. Mit obigen Zahlenwerten betragen die maximalen Schichtspannungen dann etwa 450 MPa.

Bei den metallischen Schichten sind für die üblichen Betriebstemperaturen stets inelastische Vorgänge zu berücksichtigen. Die mit Gl. (7.14) errechneten Wärmespannungen stellen Maximalwerte dar; die tatsächlichen Spannungen in der Schicht liegen tiefer aufgrund von spontaner plastischer Verformung und/ oder Kriechen und Relaxation. Der mechanische Dehnungsanteil in der Schicht $\varepsilon_{mC} = \Delta T (\alpha_M - \alpha_C)$ teilt sich in zeitlich veränderliche elastische und inelastische Beträge auf, wenn Erholungsvorgänge Kriechen und Relaxation ermöglichen.

7.1.5.2 Physikalische und mechanische Eigenschaften von Beschichtungen

Bestimmte Eigenschaften und Gesetzmäßigkeiten der Schichten müssen bekannt sein, um das thermisch-mechanische Verhalten des Verbundes rechnerisch erfassen und bewerten zu können, und zwar: $\alpha_\ell(T)$, $\lambda(T)$, $E(T)$, $R_e(T)$, eine Beschreibung des (σ; ε)-Verhaltens aus Zugversuchen bei verschiedenen Temperaturen, ein Kriechgesetz für den relevanten Hochtemperaturbereich sowie das Relaxationsverhalten bei Betriebstemperatur.

Die Bestimmung dieser Daten und Gesetze stößt auf diverse Schwierigkeiten. Mechanische Messungen an massivem Material können auf die dünnen Schichten nur mit gewissen Vorbehalten übertragen werden; aufgrund ihres hohen Oberfläche/Volumen-Verhältnisses verändern sich einige Eigenschaften der Schichten. Außerdem müssen wichtige Gefügemerkmale, wie Korngröße und Kornform sowie herstellungsbedingte Defekte (Porosität, Oxideinschlüsse), möglichst mit denen der Schichten unter Produktionsbedingungen übereinstimmen.

Um freistehende Diffusionsschichten herzustellen, beschichtet man dünne Bleche oder Folien aus dem Grundmaterial, so dass nach dem Beschichtungsvorgang ausschließlich der Phasenaufbau der Schicht erscheint. Besonders bei Alitierschichten auf Ni-Basislegierungen können außerdem gewisse Rückschlüsse auf das Beschichtungsverhalten aus den Eigenschaften der gut untersuchten intermetallischen Phase NiAl gezogen werden, welche in einer relativ breiten äußeren Zone als Hauptphase auftritt. Freistehende Auflageschichten sind einfacher herstellbar, weshalb von diesen Typen auch die meisten Daten vorliegen. Die zusätzlich erforderlichen Stoffgesetze stehen selten vollständig für die betreffende Schichtzusammensetzung zur Verfügung.

Tendenziell liegen die Wärmeausdehnungskoeffizienten von MCrAlY-Schichten etwas oberhalb derer von Ni-Basislegierungen, die von Aluminidschichten darunter, **Bild 7.14** (siehe auch Eigenschaften von NiAl in Kap. 6.10.4). Letztere zeigen allerdings einen flacheren Anstieg mit der Temperatur, so dass es zur Überschneidung kommen kann.

Die Wärmeleitfähigkeit von MCrAlY-Schichten wird meist mit der von entsprechenden Basislegierungen gleichgesetzt. Ni-Aluminidschichten weisen dagegen eine höhere Wärmeleitfähigkeit von ca. 70 W m^{-1} K^{-1} sowie eine höhere Temperaturleitfähigkeit auf. Dies bewirkt, dass sich im stationären Wärmeübertragungszustand ein flacheres Temperaturgefälle über der Aluminidschichtdicke einstellt. Bei transienten Vorgängen tritt dadurch ein steiler Temperaturgradient im Schicht/Substrat-Übergangsbereich auf, weil die Temperaturleitfähigkeit der üblichen Fe-, Co- und Ni-Basiswerkstoffe relativ gering ist.

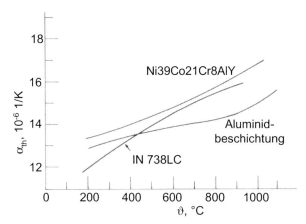

Bild 7.14 Wärmeausdehnungskoeffizient einer CoNiCrAlY-Beschichtung sowie einer Aluminidbeschichtung (beide aus [7.11]) im Vergleich zur Ni-Basislegierung *IN 738 LC* (aus [7.12])

Die Bruchdehnungen der Schichten werden üblicherweise im Verbund gemessen, indem bei Zugversuchen mit beschichteten Standardproben ermittelt wird, bei welcher Dehnung die ersten Schichtrisse auftreten. Die Proben werden meist induktiv oder widerstandserwärmt, so dass die Rissbildung mittels eines Mikroskopes oder einer hoch auflösenden Kamera direkt beobachtet werden kann. (Anm.: Bei der induktiven Erwärmung beschichteter Bauteile ist abhängig vom untersuchten System ggf. mit einer Umkehr des Temperaturprofiles (bezogen auf den Anwendungsfall) über der Schichtdicke zu rechnen.)

Bild 7.15 zeigt Ergebnisse an CoCrAlY- und NiCrAlY-Schichten mit unterschiedlichen Cr- und Al-Gehalten sowie an verschiedenen Aluminidschichten. Alle gängigen Beschichtungen zeichnen sich durch sprödes Verhalten bei tiefen Temperaturen mit Bruchdehnungen meist unter 1 % aus, während bei hohen Temperaturen ein markanter Anstieg zu höheren Werten stattfindet, teils mit superplastischem Verhalten. Dieser auch in Zugversuchen als Spröd/duktil-Übergang (*DBTT – ductile-brittle transition temperature*) bezeichnete Wechsel im Verformungsverhalten hat je nach Schicht unterschiedliche Ursachen.

Festigkeits- und Duktilitätsdaten von freistehenden Schichten aus Zugversuchen sind nur von *MCrAlY*-Typen bekannt. **Bild 7.16** zeigt ein Beispiel einer Ni-CoCrAlY-Schicht. Plasmagespritzte MCrAlY-Schichten weisen im Ausgangszustand eine extrem geringe Korngröße im Bereich von ca. 1 µm auf [7.14]. Dadurch und wegen des hohen Ausscheidungsanteils ist die Streckgrenze im Tieftemperaturbereich sehr hoch, sogar höher als die der meisten Superlegierungen. Die Bruchdehnung beträgt trotz des feinen Korns nur wenige Prozent oder unter 1 %, weil hauptsächlich die bei niedrigen Temperaturen kaum verformungsfähigen Anteile an γ'-, β- und/oder α-Cr-Phase nennenswerte plastische Deformation verhindern.

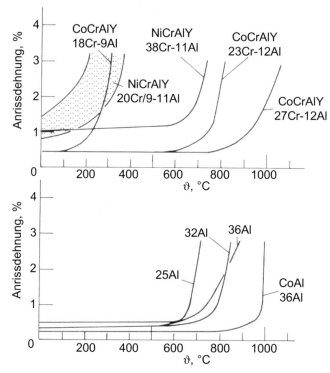

Bild 7.15 Temperaturabhängigkeit der Anrissdehnung verschiedener Beschichtungen im Zugversuch (geprüft im Verbund mit gebräuchlichen Superlegierungen), alle Gehalte in Ma.-% [7.13]
a) MCrAlY-Beschichtungen
b) Aluminidschichten auf Ni-Basis mit verschiedenen Al-Gehalten sowie einer Schicht auf Co-Basis (die Al-Gehalte in der äußeren Schichtzone sind genannt)

Mit steigendem Al-Gehalt und damit zunehmendem Anteil an γ'- und β-Phase nimmt die Festigkeit zu, die Duktilität ab und der Spröd/duktil-Übergang verschiebt sich zu höheren Temperaturen. Ebenso wirkt sich ein steigender Cr-Gehalt über den α-Cr-Anteil aus, siehe Bild 7.15.

Bei hohen Temperaturen kann demgegenüber das feinkörnige Gefüge zu superplastischem Verhalten aufgrund starken Korngrenzengleitens führen. Gleichzeitig nimmt die Festigkeit drastisch ab. Während des Betriebs findet eine Kornvergröberung statt – besonders im korrosionsbeeinflussten Schichtbereich, welcher wegen der oxidationsbedingten Al-Verarmung nur noch einphasig als γ-Mischkristall vorliegt. Außerdem vergröbert die krz-β-Phase ziemlich rasch, weil die Phasengrenzflächenenthalpie wegen der Inkohärenz zur Matrix relativ hoch ist. Dadurch verringert sich die Festigkeit der Beschichtung zusätzlich während des Betriebes.

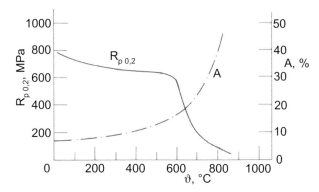

Bild 7.16 0,2 %-Dehngrenze und Bruchdehnung einer freistehenden NiCoCrAlY-Schicht in Abhängigkeit von der Temperatur [7.11]

Bei *Aluminidschichten* wird das Festigkeits- und Duktilitätsverhalten von der Aluminidphase MAl, also NiAl oder CoAl, dominiert. Entweder liegt diese Phase allein im äußeren Schichtbereich vor oder sie stellt die überwiegende Matrixphase mit eingelagerten Teilchen dar. Die mechanischen Eigenschaften der intermetallischen Phase NiAl sind grundsätzlich bekannt (Kap. 6.10.4, [7.15]). Ihre geringe Duktilität und Zähigkeit rühren hauptsächlich von den eingeschränkten Möglichkeiten des Versetzungsgleitens her, welches erst bei recht hohen Temperaturen erleichtert wird. Die Festigkeit von CoAl ist höher als die von NiAl und die Duktilität und Zähigkeit sind noch geringer [7.16], was die Befunde in Bild 7.15 bestätigen. Im Vergleich zu MCrAlY-Schichten ist zu beachten, dass Alitierschichten meist grobkörnig sind mit einer Korngröße, die einen hohen Anteil der Schichtdicke ausmacht, so dass anisotropes Schichtverhalten vorliegt [7.11].

Stoffgesetze zur Beschreibung des Verformungsverhaltens in Zug- und Kriechversuchen liegen nur vereinzelt vor (z. B. in [7.17, 7.18]). Eine wesentliche phänomenologische Erkenntnis aus dem Kriechverhalten von Schichten betrifft die Relaxation bei Betriebstemperatur. Aus Bild 7.15 lässt sich grob abschätzen, ab welcher Temperatur mit sehr weichem Schichtverhalten zu rechnen ist, weil der Duktilitätsanstieg etwa mit dem starken Abfall der Streckgrenze und der Kriechfestigkeit einhergeht (siehe Bild 7.16). Bei nahezu allen Schichttypen ist dies oberhalb 1000 °C der Fall. In den moisten Fällen bereits oberhalb ca. 850 °C. Spannungen werden daher in Minuten oder sogar Sekunden praktisch auf null relaxiert, mit der Folge, dass zusätzliche Kriechdehnung akkumuliert. Dies spielt besonders bei thermozyklischer Beanspruchung eine Rolle.

7.1.5.3 Thermozyklisches Verhalten

Das thermozyklische Verhalten des Grundwerkstoff/Schicht-Verbundes wird mit denselben Methoden geprüft wie für unbeschichtete Materialien (Kap. 4.7.3). Rasche und versuchstechnisch relativ wenig aufwändige Resultate erhält man aus Fließbettversuchen (Bild 4.25). Die mit dieser Technik ermittelte Zyklenzahl bis zu Anrissen oder Abplatzungen der Schicht dient vorwiegend zum Vergleich mit anderen Werkstoff/Schicht-Verbunden.

Die sich in der Beschichtung einstellenden Spannungen und Verformungen bei Temperaturänderungen können mit Finite-Element-Modellen berechnet werden. Hierzu müssen bei gegebener Probenform die Wärmeübergangszahl, die Temperaturleitfähigkeiten, die Wärmeausdehnungskoeffizienten sowie Stoffgesetze für den Grundwerkstoff und die Schicht bekannt sein. Während das Verformungsverhalten der kriechfesten Substratwerkstoffe verglichen mit der Schicht für kurze Zeiten näherungsweise als elastisch angenommen werden kann, muss für die Beschichtung ein Fließgesetz vorhanden sein, welches die inelastische Verformung in Abhängigkeit von Temperatur, Spannung und Zeit beschreibt. Im Folgenden wird ein Beispiel diskutiert, welches typisch für die Vorgänge bei vielen Beschichtungen im Hochtemperaturbereich ist.

Bild 7.17 gibt für eine NiCoCrAlY-Schicht die Verläufe der Hauptnormalspannung sowie der Hauptverformung in Abhängigkeit von Temperatur und Zeit wieder, wie sie entlang der Probenkanten von Doppelkeilproben für Fließbettversuche berechnet wurden [7.17]. Der (ε_m; T)-Zyklus kommt in etwa einem 135°-phasenverschobenen Zyklus gleich (siehe Bild 4.26 d). Gemäß Gl. (7.14) treten bei $\alpha_C = \alpha_M$, was in den Berechnungen angenommen wurde, keine Spannungen auf, sofern die Abkühlung von einem spannungsfreien Zustand aus startet und die Verformung rein elastisch ist.

Die geringe Druckspannung bei RT (Punkt C in Bild 7.17 a) rührt von der leichten inelastischen Verformung während der Abkühlung her: Bild 7.17 c). Vereinfachend ist dabei angenommen, dass das Substrat bei RT spannungs- und damit verformungsfrei ist. Wegen der Kompatibilität muss deshalb die geringe Kriechdehnung der Schicht von der Abkühlung durch eine gleich große, entgegengerichtete elastische Verformung kompensiert werden, so dass auch für die Schicht bei RT $\varepsilon = 0$ gilt. Es baut sich also die erwähnte leichte Druckspannung auf.

Für die maximale Spannung bei rund 400 °C von ca. 750 MPa wurde noch rein elastische Verformung angesetzt; viele Schichten verformen sich bei diesen (σ; T)-Werten jedoch bereits plastisch oder reißen sogar. Die maximale Druckspannung bei 700 °C von − 800 MPa überschreitet die Stauchgrenze sicher. Die inelastische Verformung der Schicht im Druckabschnitt ist in der Regel deutlich

7.1 Hochtemperatur-Korrosionsschutzschichten 517

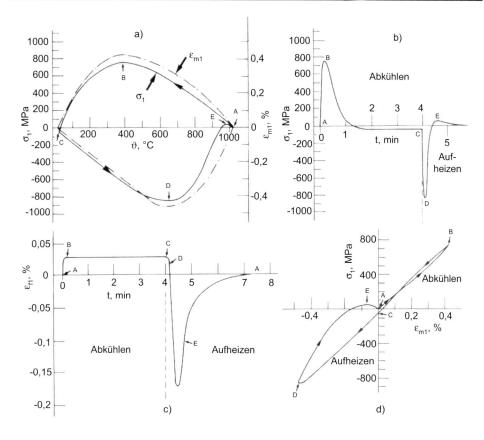

Bild 7.17 Spannungen und Verformungen einer NiCoCrAlY-Beschichtung auf Doppelkeilproben bei Temperaturwechseln in einer Fließbettanlage; hier angenommen: $\alpha_C = \alpha_M$ (nach [7.17])
a) Verlauf der größten Hauptnormalspannung σ_1 sowie der gesamten mechanischen Verformung ε_{m1} (entlang der Probenkante) über der Temperatur; markante Punkte A bis E sind in b), c) und d) wiederzufinden
b) Verlauf von σ_1 über der Zeit; ein halber Zyklus dauert 4 Minuten
c) Hauptkriechverformung ε_{f1} in Richtung der Probenkanten über der Zeit
d (σ_1; ε_{m1})-Hystereseschleife; ε_m beinhaltet die elastischen und inelastischen Verformungsanteile

höher als die unter Zug (Teilbild c), weil das Temperaturmaximum unter Druck höher liegt (Teilbild a).

Charakteristisch für MCrAlY-Beschichtungen ist ihre sehr rasche Spannungsrelaxation bei genügend hohen Temperaturen – im Beispiel Bild 7.17 bei 1020 °C – aufgrund der geringen Kriechfestigkeit. Der Abkühlungszyklus startet folglich, unabhängig von der Anzahl der vorangegangenen Zyklen, immer mit einem für die Schicht so gut wie spannungsfreien Zustand. Vom ersten Zyklus an bleibt die Zyklusform also in etwa gleich, abgesehen von Schädigungen in der Schicht sowie inelastischen Vorgängen im Grundwerkstoff aufgrund der Betriebsbelastung. In jedem Zyklus läuft Kriechverformung und eventuell auch spontane plastische Verformung ab, in der Summe als inelastische Verformung bezeichnet. Dadurch werden Schädigungsprozesse wirksam, die zur thermischen Ermüdung führen. Ein geeignetes Maß zur Beurteilung der Schädigung und damit der Anrisszyklenzahl ist die inelastische Verformung der Zyklen oder die Fläche $\oint \sigma \, d\varepsilon$ unter der Hystereseschleife (vergleiche Kap. 4.7.3 und Bild 4.27).

Zu beachten ist stets, dass auch die Deckschicht die Verformungen der Beschichtung mitzutragen hat. Eine vollständige Betrachtung des thermozyklischen Verhaltens müsste also eine dritte Komponente – die Deckschicht – einbeziehen. Da das Verformungsvermögen der vorwiegend oxidischen Deckschichten geringer als das ihrer metallischen Verbundpartner ist, reißen sie bevorzugt unter Zug und platzen unter Druck ab.

Der Übersicht halber sind in Bild 7.17 nur die Berechnungen für identische Wärmeausdehnungskoeffizienten von Grundwerkstoff und Beschichtung eingezeichnet. Bei $\alpha_C > \alpha_M$ verschieben sich alle Verläufe insgesamt nach oben, bei $\alpha_C < \alpha_M$ nach unten [7.17]. Wie aus den Berechnungen nach Gl. (7.14) hervorgeht, können bei $\alpha_C > \alpha_M$ so hohe Zugspannungen in der Schicht auftreten, dass die Streckgrenze und möglicherweise sogar die Zugfestigkeit überschritten wird. Im letztgenannten Fall wäre die Grundwerkstoff/Schicht-Kombination für eine technische Anwendung ungeeignet. Bei $\alpha_C < \alpha_M$ wird insgesamt mehr Kriechverformung in einem gesamten Zyklus akkumuliert als in den anderen Fällen.

Eine gezielte Regelung des zyklischen (ε; T)-Verlaufes von Grundwerkstoff/Schicht-Verbunden wird in der Weise realisiert, wie dies in Kap. 4.7.3 beschrieben ist. Die in Bild 4.26 gezeigten Zyklusformen werden angewandt, meist der 180°-OP-Zyklus. Ein In-Phase-Zyklus käme allenfalls für Bauteile infrage, die auf der kalten Seite beschichtet werden müssen. Wie aus dem in Bild 7.17 vorgestellten Beispiel hervorgeht, werden die realen Verhältnisse meist besser durch schleifenförmige Zyklen, z. B. mit 135° Phasenverschiebung, nachgebildet.

Die Einflüsse verschiedener Parameter, wie der Differenz der Ausdehnungskoeffizienten und des Verformungsverhaltens der Schicht, auf den zyklischen (σ; T)-, (ε; T)- und (σ; ε)-Verlauf lassen sich grundsätzlich berechnen. Damit ist jedoch noch keine mechanische Lebensdauerabschätzung der Beschichtung verknüpft, weil Schädigungsmodelle weitgehend fehlen [7.19]. Besonders herstellungsbedingte Schichtdefekte lassen sich kaum quantitativ in Bezug auf die Lebensdauer erfassen.

Tabelle 7.3 fasst zusammen, wie das thermozyklische Schichtverhalten verbessert werden kann. Prinzipiell gelten auch hier – werkstoff*un*abhängig – die allgemeinen Angaben gemäß Tabelle 4.5.

7.1 Hochtemperatur-Korrosionsschutzschichten

Tabelle 7.3 Einflüsse auf das thermozyklische Ermüdungsverhalten von Beschichtungen
(↑: Wert sollte möglichst hoch sein; ↓: Wert sollte möglichst niedrig sein)

Parameter		Begründung
maximale Temperatur	↓	Der Anteil der inelastischen Verformung nimmt mit fallender Temperatur ab. Ebenso wie bei der Erhöhung der Kriechfestigkeit der Schicht (siehe unten) nehmen die Zugspannungen in der Abkühlphase ab, wenn die Relaxation der Druckspannungen verzögert wird.
$\alpha_C > \alpha_M$		Die maximale Zugspannung beim Abkühlen nimmt zu gegenüber $\alpha_C = \alpha_M$. Dadurch kann die Streckgrenze oder sogar die Zugfestigkeit überschritten werden. *Aber*: Die maximale Druckspannung beim Aufheizen nimmt ab, so dass *weniger* inelastische Gesamtverformung auftritt. Optimum: $\Delta\alpha_\ell$ so anpassen, dass Verformung bei maximaler Zugspannung gerade eben nur elastisch ist.
$\alpha_C < \alpha_M$		Die maximale Zugspannung beim Abkühlen wird zwar verringert (dadurch möglicherweise keine plastische Verformung oder gar Reißen), die maximale Druckspannung beim Aufheizen jedoch vergrößert. Dadurch nimmt die inelastische Verformung und tendenziell auch die Schädigung zu.
Oberflächenrauigkeit	↓	Anrisse gehen meist von Oberflächenkerben aus. Außerdem wird die Wärmeeinbringung an einer glatten Oberfläche verringert, wodurch die Temperaturen sinken (Tabelle 1.6).
Schichtdefekte	↓	Anrisse können von inneren Schichtfehlern ausgehen, wie Poren oder Strahlgutrückständen an der ehemaligen Oberfläche
R_e	↑	Mit steigender Streckgrenze der Schicht nimmt der plastische Verformungsanteil ab.
Schichtduktilität	↑	Die Schichtduktilität muss bei allen Temperaturen ausreichen, die auftretenden Dehnungen zu ertragen.
chemische Verträglichkeit mit dem Grundwerkstoff		Durch Interdiffusion können Reaktionen zu unerwünschten Phasen entstehen, welche Ausgangsstellen für (Thermoermüdungs-) Risse darstellen (Bild 7.11).

Forts.

Tabelle 7.3, Forts.

Parameter	Begründung
Kriechfestigkeit der Schicht ↑	Die akkumulierte Kriechverformung („Kriechratcheting") nimmt mit steigender Kriechfestigkeit ab. Durch die Relaxation der Druckspannungen aus dem Aufheizzyklus *steigen* die Zugspannungen beim anschließenden Abkühlen. Kriechfestere Schichten reduzieren also die Zugspannungen.
Kriechfestigkeit des Grundwerkstoffes ↑	Das Risswachstum in den Grundwerkstoff hinein wird durch dessen Kriechfestigkeit beeinflusst.
Korrosionsbeständigkeit ↑	Rissbildung und -wachstum werden in der Regel durch Korrosion gefördert (Tabelle 5.15). Die mechanischen Schichteigenschaften werden durch korrosionsbedingte Gefügeveränderungen beeinflusst, z. B. verminderte Kriechfestigkeit durch Auflösung von Phasen.

7.2 Wärmedämmschichten

7.2.1 Funktion

Wärmedämmschichten reduzieren die Wärmeeinbringung von einem heißen Medium in ein Bauteil oder umgekehrt den Wärmeentzug aus einem heißeren Bauteil in ein kälteres Medium. Da in beiden Fällen weniger Verlustwärme auftritt, werden die Wirkungsgrade der Anlagen erhöht. In der Hochtemperaturtechnik nutzt man bei einigen Anwendungen die Wärmedämmung auf der heißen Seite, um höhere Prozesstemperaturen zu realisieren und/oder die Lebensdauer der Komponenten aufgrund abgesenkter Temperaturen zu verlängern. Im Flug- und Industrieturbinenbau wird der thermische Wirkungsgrad durch Erhöhung der Turbineneintrittstemperatur angehoben, was allerdings Kühlung und Wärmedämmung der thermisch höchst beanspruchten Brennkammereinbauten, Hitzeschilde und Schaufeln erforderlich macht. Während Kühlung immer Verlust bedeutet, stellen keramische Wärmedämmschichten, die eine geringe Wärmeleitfähigkeit aufweisen, ein sehr elegantes Mittel dar, um mit relativ geringem technischen Aufwand einen Wirkungsgradgewinn zu erzielen. Auch im Motorenbereich, z. B. auf Kolbenböden, Auslassventiltellern oder den Brennraumflächen des Zylinderkopfes, werden diese Beschichtungen teilweise eingesetzt, stehen aber in Konkurrenz zu anderen Werkstoffkonzepten, weil die Temperaturen deutlich niedriger liegen als im modernen Gasturbinenbau.

In Kap. 1.4.2 werden die grundlegenden Definitionen und Zusammenhänge der Wärmeübertragung anhand des Wärmedurchgangs durch eine einschichtige Wand behandelt. Bei beschichteten Bauteilen wirken sich zusätzlich die Wärmeleitfähigkeit und Dicke der Schicht auf die Temperaturen in der Wand aus, es ist also eine zweischichtige Wand (bei einseitiger Beschichtung) zu betrachten. Im

7.2 Wärmedämmschichten

stationären Wärmeübertragungszustand ist die Wärmeflussdichte durch die Wärmedämmschicht genauso groß wie die durch die anderen Zonen, so dass Gl. (1.20) folgendermaßen zu schreiben ist (C: *coating*; M: metallische Wand):

$$\dot{q} = \alpha_1 \cdot \Delta T_1 = \frac{\lambda_C}{s_C} \cdot \Delta T_C = \frac{\lambda_M}{s_M} \cdot \Delta T_M = \alpha_2 \cdot \Delta T_2 \tag{7.16}$$

Das gesamte Temperaturgefälle zwischen den beiden Medien $\Delta T = T_1 - T_2$ setzt sich aus der Summe der einzelnen Temperaturdifferenzen zusammen:

$$\Delta T = \sum_i \Delta T_i = \Delta T_1 + \Delta T_C + \Delta T_M + \Delta T_2 = \dot{q} \left(\frac{1}{\alpha_1} + \frac{s_C}{\lambda_C} + \frac{s_M}{\lambda_M} + \frac{1}{\alpha_2} \right) \tag{7.17}$$

Während bei metallischen Schichten die Unterschiede im λ-Wert zum Grundwerkstoff meist gering sind und sich die Temperaturen daher nur gemäß der Schichtdicke verändern, reduziert eine heißseitige keramische Schicht die Wandtemperaturen erheblich aufgrund ihrer niedrigen Wärmeleitfähigkeit.

Bild 7.18 zeigt die Verläufe für die beiden grundsätzlichen Fälle: *I.* gleich bleibende Mediumtemperatur auf der heißen Seite bei abgesenkten Bauteiltemperaturen und *II.* erhöhte Mediumtemperatur bei konstanten Bauteiltemperaturen im Vergleich zum unbeschichteten Werkstoff. Für die statische Festigkeitsauslegung nach Kriechen ist in der Regel die mittlere Metallwandtemperatur maßgeblich, welche bei linearem Temperaturverlauf $T_m = \frac{1}{2}(T_{M\,max} + T_{M\,min})$ beträgt. Für die Korrosion ist dagegen die maximale Metalltemperatur entscheidend. Die thermische Ermüdung wird durch das Temperaturgefälle ΔT_M sowie die absolute Höhe der Metalltemperaturen beeinflusst.

Selbstverständlich lässt sich der Wärmedämmeffekt im stationären Wärmeübertragungszustand nur ausnutzen, wenn ein Temperaturgefälle vorliegt, die Komponenten also zwangsgekühlt oder ausreichend stark natürlich gekühlt werden.

Tabelle 7.4 stellt ein Zahlenbeispiel vor, welches mit den Gln. (7.16) und (7.17) durchgerechnet wurde, um den bei einigen Anwendungen sehr gravierenden Effekt einer Wärmedämmschicht zu veranschaulichen. Die bei diesen Beschichtungen übliche metallische Haftschicht wird nicht gesondert berücksichtigt; sie wird in die Wanddicke des Bauteils einbezogen. Die Zahlenwerte kennzeichnen typische Verhältnisse für Industriegasturbinenschaufeln der ersten Leitreihe. Der Einfachheit halber werden gleiche α-Werte für die kalte und heiße Seite angesetzt; der Wert möge sich mit einer Keramikschicht nicht ändern, was bei etwa gleicher Oberflächenbeschaffenheit wie beim unbeschichteten Bauteil auch zutrifft. T_2 entspricht der Temperatur am Verdichterende einer Gasturbine, von wo die Kühlluft abgezweigt wird. Die λ-Werte entstammen Bild 7.24 für hohe Temperaturen.

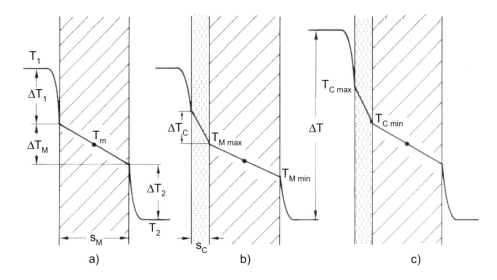

Bild 7.18 Wärmedurchgang durch eine ebene Wand; unbeschichtet sowie mit einer einseitigen Wärmedämmschicht (die α-Werte auf der heißen und kalten Seite sind als gleich angenommen)
a) Ohne Wärmedämmschicht
b) Grenzfall I: konstante Medientemperaturen, abgesenkte Metalltemperaturen
c) Grenzfall II: konstante Metalltemperaturen, erhöhte Mediumtemperatur auf der heißen Seite

Das Beispiel wurde für eine typische Keramikschichtdicke von 300 μm gerechnet. Die beiden oben genannten Grenzfälle werden gegenübergestellt. Im ersten Fall zeigt sich, dass bei konstanter Heißgastemperatur die maximale Metalltemperatur um 125 °C abgesenkt wird und die mittlere um 105 °C. Die Heißgastemperatur lässt sich dagegen um 275 °C anheben, wenn man von unveränderten Metalltemperaturen ausgeht ($\dot{q}$ = const., d. h. keine gleichzeitigen Änderungen an den α-Werten und am Kühlluftdurchsatz). Diese enormen Temperaturveränderungen sind in diesem Beispiel auf die hohe Wärmeflussdichte von ca. 1 MW/m^2 zurückzuführen, welche wiederum aus den recht hohen, an Turbinenschaufeln üblichen α-Werten resultiert. Für Motoranwendungen ergeben sich deutlich abweichende Kennwerte. Die Keramikschichtdicken müssen hier typischerweise im Bereich von 1 bis 2 mm liegen, um den Wärmefluss lohnenswert zu reduzieren.

Die Abhängigkeit der charakteristischen Temperaturen von der Beschichtungsdicke ist in **Bild 7.19** dargestellt. Aus den Gln. (7.16) und (7.17) ergeben sich die zugrunde liegenden Funktionen:

7.2 Wärmedämmschichten

Tabelle 7.4 Beispiel für die Auswirkungen einer Wärmedämmschicht (WDS) auf die stationären Temperaturen
Die technisch wesentlichen Veränderungen sind fett gedruckt ($\downarrow$: Wert nimmt ab; $\uparrow$: Wert nimmt zu).

	ohne WDS	mit WDS	
		T_1 = const.; $T_M \downarrow$	T_M, $\dot{q}$ = const.; $T_1 \uparrow$
$\alpha_1 = \alpha_2$ in W m^{-2} K^{-1} =	3000	3000	3000
s_M in mm =	3	3	3
λ_M in W m^{-1} K^{-1} =	20	20	20
s_C in mm =	–	0,3	0,3
λ_C in W m^{-1} K^{-1} =	–	1,2	1,2
$\dot{q}$ in MW/m^2 =	1,1	0,84	1,1
T_1 in °C =	1300	1300	**1575**
T_2 in °C =	400	400	400
$T_{M\,max}$ in °C =	933	**808**	933
T_m in °C =	850	**745**	850
$T_{M\,min}$ in °C =	767	**681**	767
$T_{C\,max}$ in °C =	–	1019	1208
$T_{C\,min}$ in °C =	–	808	933
$\Delta T = T_1 - T_2$ in °C =	900	900	1175
$\Delta T_1 = \Delta T_2$ in °C =	367	281	367
ΔT_M in °C =	166	**127**	166
ΔT_C in °C =	–	211	275

$$T_1(s_C) = T_1^o + \frac{T_1^o - T_2}{\lambda_C \left(\dfrac{1}{\alpha_1} + \dfrac{s_M}{\lambda_M} + \dfrac{1}{\alpha_2} \right)} \cdot s_C \tag{7.18}$$

T_1^o Mediumtemperatur T_1 ohne Wärmedämmschicht

$$T_{M\,max}(s_C) = T_1 - \frac{T_1 - T_2}{1 + \dfrac{\lambda_C(\alpha_1 \cdot \lambda_M + \alpha_1 \cdot \alpha_2 \cdot s_M)}{\alpha_2 \cdot \lambda_M(\lambda_C + \alpha_1 \cdot s_C)}} \qquad (7.19)$$

$$T_m(s_C) = T_1 - \frac{1 + \dfrac{\alpha_1 \cdot s_C}{\lambda_C} + \dfrac{\alpha_1 \cdot s_M}{2\,\lambda_M}}{1 + \dfrac{\alpha_1 \cdot s_C}{\lambda_C} + \dfrac{\alpha_1 \cdot s_M}{\lambda_M} + \dfrac{\alpha_1}{\alpha_2}} \cdot (T_1 - T_2) \qquad (7.20)$$

Gl. (7.18) beschreibt eine Gerade, d. h. T_1 steigt linear mit der Keramikschichtdicke, und zwar im gewählten Beispiel mit 0,9 °C/µm.

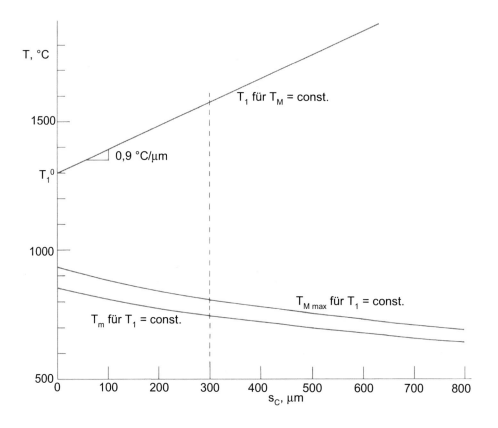

Bild 7.19 Änderung der charakteristischen Temperaturen in Abhängigkeit von der Wärmedämmschichtdicke (Parameter wie in Tabelle 7.4, gestrichelte Linie: Beispiel aus Tabelle 7.4)

Diese Berechnungen basieren ausschließlich auf Wärmeübertragung durch Konvektion und Wärmeleitung. In den meisten Anlagen wird ein zusätzlicher Anteil durch Wärmestrahlung übertragen. Die üblicherweise verwendeten hellen keramischen Schichten reflektieren die Wärmestrahlung besser als metallische Oberflächen. Der höhere Reflexionsgrad geht allerdings während des Betriebes teilweise wieder verloren, weil Ablagerungen die Oberfläche bedecken und die Strahlungsabsorption erhöhen.

7.2.2 Anforderungen

Tabelle 7.5 stellt die Anforderungen an keramische Wärmedämmschichten zusammen. Für die Wärmedämmwirkung ist die Wärmeleitfähigkeit entscheidend, welche bei den gängigen Schichttypen bei ca. 1 bis 1,5 W m^{-1} K^{-1} liegt. Das Betriebsverhalten und die Lebensdauer der Wärmedämmschicht werden im Wesentlichen durch folgende Anforderungen bestimmt:

- Die Keramikschicht muss thermisch „atmen" können, weil sie die thermischen Bewegungen des Substrates aufgezwungen bekommt.
- Die Haftung auf dem Untergrund muss ausreichen.
- Die Oxidationsbeständigkeit des angrenzenden metallischen Materials muss bei der Grenzflächentemperatur so hoch sein, dass die Keramikschicht während der geforderten Lebensdauer nicht abgesprengt wird.

Tabelle 7.5 Anforderungsprofil für Wärmedämmschichtsysteme

physikalisch/ thermisch	• niedrige Wärmeleitfähigkeit • möglichst geringe Differenz in der thermischen Ausdehnung zum Grundwerkstoff • thermisch stabiler Phasenaufbau
mechanisch	• ausreichende Mikrorissigkeit nach dem Aufbringen, die den effektiven E-Modul in der Schichtebene stark reduziert • ausreichende Haftung an der Grenzfläche Keramikschicht/ metallische Haftschicht • Erosionsbeständigkeit • glatte Oberfläche (geringe aerodynamische Verluste, geringe Wärmeübergangszahl α, geringe Kerbwirkung)
chemisch	• ausreichende Oxidationsbeständigkeit der metallischen Haftschicht • Korrosionsbeständigkeit der Keramikschicht in stark korrosiven Medien
ökonomisch	• ausreichende Lebensdauer (mindestens eine Revisionsperiode) • hohe Reproduzierbarkeit und Automatisierbarkeit des Beschichtungsprozesses

Setzt man in Gl. (7.14) den E-Modul für dichte Massivkeramik ein, errechnen sich so hohe Spannungen in der Keramikschicht, dass diese unter Zug reißen oder unter Druck durch Beulen abplatzen müsste. Die Fähigkeit, thermisch „atmen" zu können, resultiert aus einer sehr feinen Mikrosegmentierung der Schicht. Dadurch wird der effektive E-Modul in der Schichtebene erheblich reduziert.

7.2.3 Aufbringverfahren für Keramikschichten

Die keramischen Wärmedämmschichten werden üblicherweise nach dem EB-PVD-Verfahren oder durch atmosphärisches Plasmaspritzen (APS) aufgetragen. Die PVD-Methode besitzt den Vorteil, dass bei entsprechender Prozesskontrolle die Schichten epitaktisch aufwachsen, d. h. in ihrer Orientierung vorbestimmt sind durch die Körner des Substrates. Es entsteht eine kolumnare Kornstruktur senkrecht zur Schichtebene. Die Stängelkörner trennen sich durch Volumenschrumpfung größtenteils, so dass enge Spalte zwischen ihnen entstehen. Der effektive E-Modul in der Schichtebene liegt deshalb nahe bei null und die Schichten sind entsprechend dehnungstolerant. Das mögliche Eindringen korrosiver Bestandteile entlang der Stängelkristalle bis zur Haftschicht ist bei diesen Strukturen allerdings nachteilig.

APS-Keramikschichten lassen sich ebenso mit ausreichender Dehnungstoleranz erzeugen wie die PVD-Schichten, allerdings mit einer anderen Form der Mikrosegmentierung. Aufgrund der regellosen Orientierung der feinen Körner bildet sich beim Erstarren ein stark verzweigtes räumliches Rissnetzwerk. Dies behindert ein schnelles und direktes Vordringen korrosiver Substanzen.

Die Substrattemperatur ist beim Auftragen einer Keramikschicht besonders zu kontrollieren. Wird das Bauteil zu heiß, würde der recht große Unterschied in den thermischen Ausdehnungskoeffizienten dazu führen, dass sich beim Abkühlen in der Keramikschicht zu hohe Druckspannungen aufbauen, die Schicht dadurch beult und bereits nach dem Erkalten oder innerhalb der ersten Thermozyklen abspringt. Mit $\Delta\alpha_\ell \approx 5\cdot 10^{-6}$ K^{-1}, $E \approx 200$ GPa, $\nu = 0{,}25$ (typische Werte für teilstabilisiertes ZrO$_2$, [7.20]) und einer Temperaturdifferenz von 400 °C errechnen sich nach Gl. (7.14) Druckspannungen von rund -530 MPa. Aufgrund des Rissnetzwerkes, welches sich etwas komprimieren lässt, sind diese Werte tendenziell zu hoch angesetzt, zeigen aber, dass die Substrattemperatur durch Kühlung während der Beschichtung relativ niedrig gehalten werden muss, etwa in der Gegend von 300 °C. Während des Betriebes entstehen zwar viel höhere Temperaturdifferenzen als zwischen Beschichtungstemperatur und RT, dabei weitet sich jedoch das Rissnetzwerk nahezu kraftfrei auf, so dass die Spannungen nicht nach Gl. (7.14) berechnet werden dürfen.

7.2.4 Arten und Eigenschaften

Aufgrund der recht hohen Differenz in der thermischen Ausdehnung zwischen Metall und Keramik (Anhaltswert: $\Delta\alpha_\ell \approx 5\cdot 10^{-6}$ K^{-1}) hat man besonders in der

Vergangenheit gradierte Wärmedämmschichtsysteme bevorzugt. Diese bestehen aus einer rein metallischen Grundschicht, einer gemischt keramisch/metallischen Zwischenschicht (Cermet) sowie der keramischen Außenschicht. Über die Zwischenlage sollen die thermischen Ausdehnungsunterschiede allmählich angepasst werden. Die metallischen Partikel in dieser Übergangsschicht oxidieren jedoch stark, vergrößern ihr Volumen dabei und tragen somit zum Trennen der Lagen und letztlich zum Abplatzen bei. Dieser Aufbau hat sich deshalb nicht bewährt.

Standardwärmedämmschichten bestehen aus einer metallischen Haftschicht, meist einer M-Cr- oder MCrAlY-Schicht, sowie einer keramischen Außenschicht, in der Regel auf der Basis ZrO_2. **Bild 7.20** zeigt eine solche Duplexschicht mit einer APS-NiCrAlY-Haftschicht und einer ZrO_2-7 Ma.-% Y_2O_3 Keramikschicht.

Bild 7.20 Keramikschicht aus ZrO_2-7 Ma.-% Y_2O_3 auf einer NiCrAlY-Haftschicht im Ausgangszustand
Beide Schichten wurden atmosphärisch plasmagespritzt.

7.2.4.1 Keramikschichten

Bei den Hochtemperatur-Keramikschichten werden Zusammensetzungen auf der Basis von ZrO_2 verwendet (Übersicht z. B. in [7.21]). Reines ZrO_2 kann nicht eingesetzt werden, weil es Phasenumwandlungen im festen Zustand durchläuft, die mit Volumensprüngen verbunden sind:

$$\text{monoklin (M)} \underset{\substack{\text{martensitisch} \\ \approx 950°C \\ \Delta V \approx 3...9\%}}{\overset{\approx 1170°C}{\rightleftarrows}} \text{tetragonal (T)} \xleftrightarrow{2370°C} \text{kubisch (F)} \xleftrightarrow{2680°C} \text{flüssig}$$

Die im Anwendungsbereich relevante martensitische Transformation von der tetragonalen zur monoklinen Struktur muss durch stabilisierende Zusätze unterdrückt werden, was mit Y_2O_3, MgO, CaO und CeO_2 gelingt. Am weitesten verbreitet sind die ZrO_2-Y_2O_3-Systeme, **Bild 7.21**. Im Gleichgewicht werden ca. 17 Ma.-% Y_2O_3 zur vollen Stabilisierung der kubischen Phase benötigt, effektiv reichen etwa 12 %. Meistens verwendet man jedoch teilstabilisiertes ZrO_2 (*PSZ – partially stabilized zirconia*) mit 6 bis 8 Ma.-% Y_2O_3 (andere Mengenangaben: 3,4 bis 4,5 mol % Y_2O_3 oder 6,5 bis 8,6 mol % $YO_{1,5}$). Wie in Bild 7.21 angedeutet, bildet sich bei diesen Zusammensetzungen nach dem Abschrecken, wie es typischerweise beim Plasmaspritzen auftritt, eine metastabile tetragonale

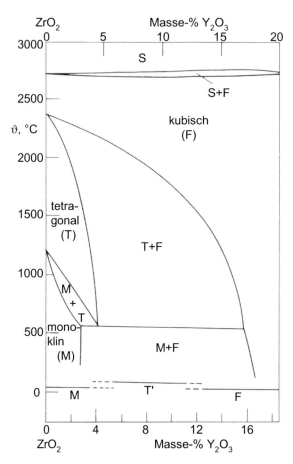

Bild 7.21 Ausschnitt des Phasendiagramms ZrO_2-Y_2O_3 [7.22]
Am unteren Rand ist angegeben, welche Phasen nach dem Abschrecken beobachtet werden, z. B. bei plasmagespritzten Schichten. T' ist eine hoch Y_2O_3-haltige, metastabile tetragonale Phase, die erst bei sehr hohen Temperaturen > ca. 1200 °C in die Gleichgewichtsphasen umwandelt.

7.2 Wärmedämmschichten

T'-Phase, zusätzlich mit geringen Anteilen der kubischen und monoklinen Phasen. Sie ist hoch Y_2O_3-haltig und stabil gegen die monokline Umwandlung. Bei sehr hohen Temperaturen > ca. 1200 °C wandelt diese Phase diffusionsgesteuert in die Gleichgewichtsphasen (T + F) um, wobei die T-Phase bei tieferen Temperaturen die martensitische Transformation vollzieht.

Mit rund 1200 °C ist also langzeitig eine obere Grenze für PSZ-Systeme gesetzt, um den metastabilen Zustand beizubehalten. MgO- und CaO-stabilisierte ZrO_2-Keramiken destabilisieren langzeitig oberhalb etwa 1000 °C.

Bild 7.22 lässt das Gefüge einer ZrO_2-7Y_2O_3-Schicht bei höherer Vergrößerung erkennen. Während übliche lichtmikroskopische Aufnahmen eine recht hohe Porosität suggerieren, erscheint die Schicht bei REM-Betrachtung deutlich dichter. Dies liegt an der stellenweise optischen Transparenz, die eine erhöhte Porosität vortäuscht. Bei hoher REM-Vergrößerung erkennt man das feine Rissnetzwerk. Dieses *Craquelé*, wie man es von der Glasur in Keramiken her kennt, verschafft der Keramikschicht die nötige Dehnungstoleranz, ohne dass durchgehende Risse entstehen und die Wärmedämmfunktion beeinträchtigt wird. Die Mikrosegmentierung entsteht beim Beschichten aufgrund von Schrumpf- und eventuell Umwandlungsspannungen. Unter Einhaltung bestimmter Beschichtungsparameter können Schichten im Millimeterbereich mit der geforderten thermozyklischen Lebensdauer aufgetragen werden, **Bild 7.23**.

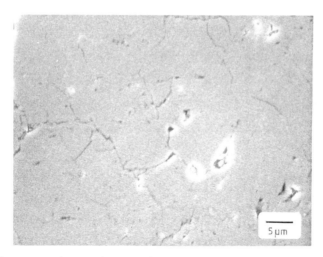

Bild 7.22 Mikrosegmentierung durch ein feines Rissnetzwerk in einer plasmagespritzten Keramikschicht aus ZrO_2-7 Ma.-% Y_2O_3, REM-Befund

Bild 7.24 stellt den Verlauf der Wärmeleitfähigkeit über der Temperatur vergleichend zwischen einer plasmagespritzten ZrO_2-8Y_2O_3-Schicht und der Ni-Basislegierung *IN 738 LC* gegenüber. Der Porositäts- und Mikrorissanteil in der Schicht beeinflussen diese Eigenschaft, ebenso wie der Umgebungsdruck, so dass Berechnungen mit typischen Tabellenwerten (wie z. B. in Tabelle 7.4) nur einen ersten Anhalt geben können.

Bild 7.23 1,1 mm dicke Keramikschicht aus ZrO_2-7 Ma.-% Y_2O_3 auf einer vakuumplasmagespritzten NiCrAlY-Haftschicht im Ausgangszustand

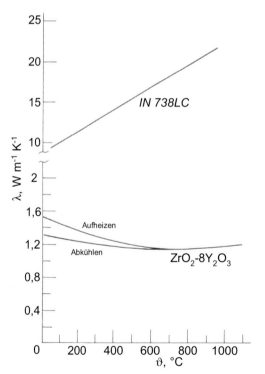

Bild 7.24
Wärmeleitfähigkeit einer plasmagespritzten ZrO_2-8Y_2O_3-Schicht [7.23] verglichen mit der Ni-Basislegierung *IN 738 LC* [7.24]

7.2 Wärmedämmschichten

Ein Vorteil der ZrO_2-Systeme liegt bei Anwendungen im Metall/Keramik-Verbund u. a. darin, dass ihr Unterschied in der thermischen Ausdehnung zu den gängigen Grundwerkstoffen vergleichsweise gering ist, **Bild 7.25**.

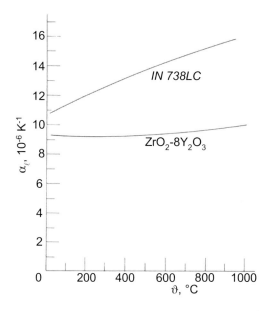

Bild 7.25
Mittlerer Wärmeausdehnungskoeffizient einer plasmagespritzten ZrO_2-$8Y_2O_3$-Schicht [7.23] verglichen mit der Ni-Basislegierung *IN 738 LC* [7.25]

Keramische Schichten bieten unter bestimmten Bedingungen auch einen Korrosionsschutz für das Grundmaterial – nicht nur aufgrund der abgesenkten Temperatur. Reines ZrO_2 ist recht resistent gegen Sulfidation und auch Reaktionen mit flüssigem V_2O_5 laufen relativ langsam ab. Beides sind Korrosionsvorgänge, welche in schwerölbetriebenen Anlagen vorkommen, beispielsweise Schiffsdieselmotoren. Die Beständigkeit wird jedoch von dem Stabilisatorzusatz, d. h. Y_2O_3, MgO oder anderen, reduziert, weil diese mit den korrosiven Substanzen stärker reagieren (Zusammenstellung in [7.21]). Ähnlich wie nach Gl. (5.22) kann es bei höheren SO_3-Partialdrücken im Brenngas, besonders also bei geringeren Temperaturen, zur Sulfatbildung durch sauren Aufschluss des Y_2O_3 kommen:

$$Y_2O_3 + 3SO_3(\text{in } Na_2SO_4) \rightarrow 2Y^{3+}(\text{in } Na_2SO_4) + 3SO_4^{2-}(\text{in } Na_2SO_4) \quad (7.21)$$

Der Stabilisator wird durch eine solche Reaktion aus der Schicht herausgelöst, die tetragonale T'-Phase wird instabil und wandelt martensitisch in die monokline um. Die Volumenänderungen führen zu Rissbildung und Abplatzungen. Auch mit flüssigem V_2O_5 und sogar mit festem $Mg_3V_2O_8$, welches sich bei MgO-Additivierung V-haltiger Brennstoffe bildet, laufen Destabilisierungsreaktionen ab, z. B.:

$$Y_2O_3 + V_2O_5 \rightarrow 2YVO_4 \quad (7.22)$$

MgO-stabilisiertes ZrO_2, bei dem etwa 20 bis 25 Ma.-% MgO benötigt werden, erweist sich als verhältnismäßig reaktionsträge und wird deshalb für Bauteile in Dieselmotoren bevorzugt, wo die Temperaturen nicht so hoch sind, dass dieses System thermisch destabilisieren könnte.

7.2.4.2 Haftschichten

Die Haftschicht erfüllt zwei wesentliche Funktionen:

- Durch eine rauere Oberfläche dieser Zwischenschicht im Vergleich zur üblicherweise glatten, unbeschichteten Bauteiloberfläche wird die Haftung der Keramikschicht verbessert. Ausschlaggebend ist die mechanische Verklammerung beider Lagen, die eine umso höhere Festigkeit aufweist, je zerklüfteter die Grenzfläche im Mikrobereich ist. Durch die größere Kontaktfläche wird auch die Anzahl der chemischen Bindungen vermehrt. Eine rein chemische Haftung auf einer glatten Oberfläche, die aus Gründen der Oxidation und der Kerbung wünschenswert wäre, erbringt nicht die nötige Grenzflächenfestigkeit.
- Die Oxidationsbeständigkeit der Haftschicht muss in der Regel besser sein als die des Grundwerkstoffs. Da die üblichen Keramikschichten sauerstoffdurchlässig sind – ZrO_2 ist stark sauerstoffdefizitär (Tabelle 5.4) – oxidiert die Zwischenschicht ähnlich wie ohne zusätzliche Außenschicht, allerdings bei der abgesenkten Temperatur. In realen Keramikschichten findet darüber hinaus Gasphasentransport über die Poren und Mikrorisse zur Grenzfläche statt. Damit voluminöse Korrosionsprodukte die Keramik nicht vorzeitig zum Abheben bringen, wird ein langsames und gleichmäßiges Oxidschichtwachstum gefordert, d. h. für Anwendungen bei sehr hohen Temperaturen muss es sich um einen Al_2O_3-bildenden Haftschichtwerkstoff handeln. Es kommt dabei auch zur Legierungsbildung zwischen der Oxiddeckschicht und der Keramik.

Für viele Anwendungsfälle werden M-Cr- oder MCrAlY-Haftschichten nach dem APS-Verfahren aufgebracht, siehe Bild 7.20. Die Rauigkeit dieser Schichten reicht für die Haftung aus, besonders wenn nicht zu feine Pulverkornfraktionen gespritzt werden. Da sie entweder kein Al enthalten oder ein großer Teil dieses Elementes bereits beim Beschichten oxidiert wird, können diese Schichten langzeitig nicht bei höheren Grenzflächentemperaturen als rund 850 °C betrieben werden.

Das Versagen von Wärmedämmschichten durch die Oxidationsvorgänge an der Grenzfläche einer luftplasmagespritzten NiCrAlY-Haftschicht zeigt **Bild 7.26**. Es bildet sich keine dichte Al_2O_3-Deckschicht, stattdessen entstehen voluminöse und ungleichmäßige Ni-Oxide und Cr-Ni-Spinelle sowie innere Al- und Cr-Oxide. Diese Oxide entstehen thermisch bedingt, weil Sauerstoff durch die keramische Wärmedämmschicht hindurchdiffundiert oder aufgrund von Rissen Zugang zur Haftschicht hat. In der englischsprachigen Literatur werden die thermisch gewachsenen Oxide als TGO bezeichnet (*thermally grown oxide*). Die TGO erzeugen Spannungen in der Keramikschicht, aus denen durchgehende senkrechte

Risse sowie Trennungen parallel zur Grenzfläche resultieren. Mit zunehmender Haltezeit bei Betriebstemperatur wird deshalb die Lebensdauer unter zyklischer Oxidation reduziert.

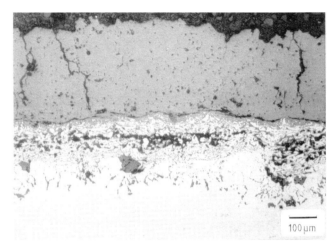

Bild 7.26 Starker Oxidationsangriff der atmosphärisch plasmagespritzten NiCrAlY-Haftschicht nach 1309 Zyklen an Luft (Zyklusdauer: 1 h; Pressluftabkühlung) Die Keramikschicht aus ZrO_2-$8Y_2O_3$ hebt durch die Volumenzunahme bei der Oxidation ab und reißt.

Für höhere Grenzflächentemperaturen kommen MCrAlY-Schichten infrage, die weitgehend oxidfrei aufgetragen werden, d. h. nach dem IPS-, VPS- oder PVD-Verfahren. Sie lassen fast reine, dünn aufwachsende Al_2O_3-Deckschichten entstehen mit guter Bindung zur Keramikschicht, **Bild 7.27**. Im Zweistoffsystem ZrO_2-Al_2O_3 gibt es keine Mischbarkeit dieser Komponenten; in Kombination mit anderen Elementen aus der Keramik- und der Haftschicht bilden sich im Grenzbereich beider Lagen jedoch weitere Oxidphasen.

Bei den IPS-, VPS- und PVD-Schichten kann es vorkommen, dass die Oberfläche für eine anschließende Keramikbeschichtung zu glatt ist. Dies muss verfahrenstechnisch verhindert werden, z. B. durch angepasste Prozessparameter beim letzten Überlauf oder gröbere Pulverkornfraktionen (beim Plasmaspritzen). CVD-Aluminidschichten weisen im Allgemeinen eine zu glatte Oberfläche als Haftvermittler auf. Man kann allerdings eine APS-MCrAlY-Schicht nach der CVD-Methode überalitieren, wodurch der freie Al-Gehalt angehoben, die Oberflächenrauigkeit aber kaum verändert wird. Platzt die Keramikschicht lokal ab, ändert sich die Temperatur an dieser Stelle bei thermischen Zyklen schneller als in der noch intakten Umgebung, und die maximale Metalltemperatur ist außerdem höher. Darüber hinaus wird die Strömung an diesen Stellen gestört und damit der Wärmeübergang zusätzlich erhöht. Solche *hot spots* sind daher prädestiniert für Rissbildung und starken Korrosionsangriff der Haftschicht und des Grundwerkstoffs. Die Korrosion unterwandert die Keramikschicht lateral und leitet somit großflächiges Versagen ein.

a) 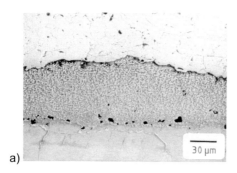 b)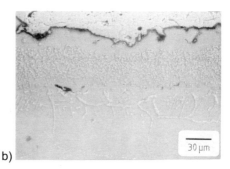

Bild 7.27 ZrO$_2$-8Y$_2$O$_3$-Keramikschicht auf einer vakuumplasmagespritzten Haftschicht aus Co-31Ni-27Cr-8Al-0,5Y-0,5Si; Grundwerkstoff: *IN 617* [7.26]
    a) Ausgangszustand mit nahezu oxidfreier Haftschicht
    b) Zustand nach Glühung 900 °C/250 h an Luft
    Die β-Phase der Haftschicht hat sich zum Teil im Grenzbereich zur Keramikschicht durch Oxidation aufgelöst. Die Al$_2$O$_3$-Deckschicht ist gleichmäßig gewachsen und hat keine Ablösung der Keramikschicht verursacht.

Weiterführende Literatur zu Kap. 7

R.A. Haefer: Oberflächen- und Dünnschicht-Technologie, Werkstoff-Forschung und -Technik, Bd. 5, Springer, Berlin, 1987

G. Kienel (Hrsg.): Vakuumbeschichtung 5, VDI-Verlag, Düsseldorf, 1993

G. Kienel, K. Röll (Hrsg.): Vakuumbeschichtung 2, VDI-Verlag, Düsseldorf, 1995

R. Kowalewski: Thermomechanische Ermüdung einer beschichteten, stängelkristallinen Nickelbasis-Superlegierung, Fortschr.-Ber. VDI, Reihe 18, Nr. 212, VDI-Verlag, Düsseldorf, 1997

E. Lang (Ed.): Coatings for High Temperature Applications, Appl. Sci. Publ., London, 1983

H. Simon, M. Thoma: Angewandte Oberflächentechnik für metallische Werkstoffe, Hanser, München, 1989

Verein Deutscher Ingenieure (Hrsg.): Beschichtungen für Hochleistungsbauteile, VDI-Berichte 624, VDI-Verlag, Düsseldorf, 1986

Verein Deutscher Ingenieure (Hrsg.): Prüfen und Bewerten von Oberflächenschutzschichten, VDI-Berichte 702, VDI-Verlag, Düsseldorf, 1988

8 Maßnahmen an betriebsbeanspruchten Bauteilen

8.1 Zustandsbeurteilungen

Die Werkstoffzustandsänderungen nach Tabelle 1.1 können die Gebrauchseigenschaften des Werkstoffes und damit den Gebrauchswert des Bauteils in vielfältiger Weise mindern, und zwar durch:

- Abnahme der Restlebensdauer
- Minderung des tragenden Querschnitts und damit Spannungsanstieg
- Verringerung der Korrosionsbeständigkeit
- Festigkeitsabnahme, z. B. Anstieg der Kriechgeschwindigkeit, Abnahme der Streckgrenze und Härte, geringere zyklische Festigkeitswerte
- Duktilitäts- und Zähigkeitsminderung
- Abbau gezielt eingebrachter Druckeigenspannungen
- Abweichen von der Maßhaltigkeit.

Nach einer gewissen Betriebsdauer oder in bestimmten Zeitintervallen stellt sich aufgrund der immer weiter voranschreitenden Schädigung und Minderung des Gebrauchswertes die Frage nach dem jeweils vorherrschenden Werkstoff- und Bauteilzustand. Folgende Ziele verfolgt man mit diesen Zustandsbeurteilungen:

- Der tatsächliche Lebensdauerverbrauch soll abgeschätzt und die Restlebensdauer ermittelt werden; Erstere ist mit der berechneten Erschöpfung zu vergleichen.
- Die Integrität des Bauteils ist nachzurechnen auf der Basis aktueller Daten und eventuell mit verfeinerten Rechenmethoden.
- Die Einflüsse etwaiger unvorschriftsmäßiger Betriebszustände sind festzustellen.
- Sicherheits- und/oder funktionsbeeinträchtigende Schädigungen sollen herausgefunden werden.
- Die Ursachen für Wirkungsgradverluste sind zu untersuchen und Maßnahmen für die Wiederherstellung des Wirkungsgrades zu ergreifen.
- Gegebenenfalls erforderlich werdende Rekonditionierungs- oder Austauschmaßnahmen sind durchzuführen.
- Für das Bauteil oder die Anlage ist eine zustandsgerechte Fahrweise festzulegen.

Tabelle 8.1 Zustandsbeurteilungen hochtemperaturbeaufschlagter Bauteile

1. Makroskopische Schädigungen		
Schädigungen/ Eigenschaften	**Untersuchungsmethoden**	**Aussagen**
a) Oberflächenfehler/ -risse	• Visuelle Prüfung • Rissprüfung • Vergrößerungshilfen (Lupe, Aufsatzmikroskop ...) • Endoskopie	• Fehlerlage, -größe (an Oberfläche), -häufigkeit • Fehlertiefenbestimmung nach Ausschleifen oder mittels Ultraschallprfg. • Entscheid über Weiterbetrieb oder zu treffende Maßnahmen
b) innere Fehler/Risse	• Ultraschallprüfung (seltener Röntgenprüfung)	• Fehlerlage, -größe und -häufigkeit • Grundlage für eventuelle bruchmechanische Nachrechnung • Entscheid über Weiterbetrieb oder zu treffende Maßnahmen
c) Maßänderungen/ Verformungen	• Vermessung und Vergleich mit Ausgangszustand	• Berechnung der bleibenden Verformung: zulässig/unzulässig?

Forts.

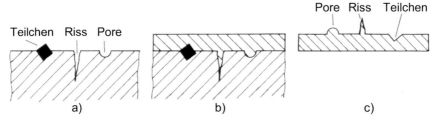

Bild 8.1 Schematische Darstellung der Oberflächenabbildung durch einen Folienabdruck (Replicatechnik)

Das Bauteil wird an der Oberfläche auf einer Fläche von bis zu wenigen cm^2 geschliffen, poliert und eventuell angeätzt.
a) Querschnitt durch das Bauteil
b) Aufgedrückte Spezialfolie
c) Abgezogener Folienabdruck
Die Folie wird auf einen Glasträger aufgeklebt, mit Gold bedampft und anschließend licht- und eventuell rasterelektronenmikroskopisch untersucht.

Tabelle 8.1, Forts.

2. Mikroskopische Schädigungen		
Schädigungen/ Eigenschaften	Untersuchungsmethoden	Aussagen
a) Thermische Gefügeveränderungen, z. B.: • Koagulation härtender Ausscheidungen • Bildung unerwünschter Ausscheidungen (z. B. σ-Phase) • Martensit- oder Bainitauflösung etc. • Kornvergröberung b) Termisch-mechanische Gefügeveränderungen: • Poren/Mikrorisse	a) zerstörungsfrei: • Metallographische Oberflächenabdrucktechnik (Replicatechnik) • Messung von Eigenschaften, die auf die Gefügeänderungen reagieren (elektr., magn., therm. Eigensch.)	• Gefügezustand in Oberflächennähe • Einordnung in Gefügeschädigungsklassen (für Zeitstandschädigung vorhanden) • Bei genügend vielen Vergleichsmessungen Aussage über Stadium der Gefügeänderungen
	b) zerstörend: Probenentnahme (Materialentnahme an repräsentativer Stelle oder Untersuchung eines repräsentativen Bauteils bei vielen beanspruchungsgleichen Teilen), u. a.: • metallograph. Unters. • REM/Feinbereichsanalyse • Feinstrukturuntersuchung	• verfeinerte Aussagen über Gefügezustand, auch im Werkstoffvolumen • beide Methoden liefern Aussagen über Weiterbetrieb oder zu treffende Maßnahmen

Forts.

Tabelle 8.1 gibt eine Übersicht über die zu untersuchenden Werkstoffschädigungen und -eigenschaften, die infrage kommenden Methoden sowie die aus den Untersuchungen resultierenden Aussagen.

Der zerstörungsfreien metallographischen Gefügeuntersuchung kommt im Rahmen wiederkehrender Prüfungen eine besondere Bedeutung zu. Mit der Replicatechnik, wegen der ortsunabhängigen Durchführbarkeit auch als ambulante oder Baustellenmetallographie bezeichnet, können die mikroskopischen Gefügeveränderungen im oberflächennahen Bereich erfasst werden, **Bild 8.1**. Dies betrifft die thermisch bedingten Gefügeveränderungen, wie die Vergröberung härtender Ausscheidungen oder die Umwandlung von Martensit oder Zwischenstufengefüge in weicheren Ferrit mit gröberen Karbiden oder eine eventuelle Kornvergröberung. Weiterhin können korrosionsbedingte Gefügeveränderungen registriert werden.

Im Hinblick auf die Abschätzung der verbrauchten Zeitstandlebensdauer und die zu erwartende Restlebensdauer eignet sich die Replicatechnik besonders zur Erfassung der temperatur-, zeit- und spannungsabhängigen Zeitstandschädigung in Form von Poren und Rissen. **Bild 8.2 a)** und **b)** zeigen Beispiele lichtmikroskopischer und rasterelektronenmikroskopischer Replicaaufnahmen. Im Vergleich zu mehr oder weniger groben Aussagen durch eine Schädigungsberechnung, z. B. nach der linearen Schadensakkumulationsregel, wird bei einer Bauteiluntersuchung der *tatsächliche* Werkstoffschädigungszustand bestimmt. Voraussetzung für eine belastbare Zustandsbeurteilung ist selbstverständlich die Auswahl der kritischen, lebensdauerrelevanten Untersuchungsstellen.

Tabelle 8.1, Forts.

| \multicolumn{3}{c}{**3. Korrosionsbedingte Schädigungen**} |

Schädigungen/ Eigenschaften	Untersuchungsmethoden	Aussagen
a) Minderung des tragenden Querschnittes, Oberflächenabtrag b) Mikroskopische Schädigungen: • Randzonenverarmung Deckschicht bildender Elemente (Cr, Al) • Bildung nicht (mehr) schützender Deckschichten • Randzonenverarmung korrosionsmindernder Elemente, z. B. Cr, Ta, Si, Y • innere Korrosion, trans- und/oder interkristallin: Oxidation, Aufkohlung, Aufstickung, Aufschwefelung	*a) zerstörungsfrei:* • Wanddickenmessung (z. B. mit Ultraschall) • Metallographische Oberflächenabdrucktechnik, uhrglasförmig in die Tiefe schleifen) • Analyse von Korrosionsprodukten (Probenentnahme und Analyse mittels Röntgenmikroanalyse, Röntgenfeinstruktur etc.) • Messung von Eigenschaften, die den Verbrauch Deckschicht bildender Elemente kennzeichnen, z. B. Anstieg der Permeabilitätszahl durch Cr-Verarmung in Fe-, Co- und Ni-Basislegierungen	• Unzulässige Minderung des tragenden Querschnittes? • Hinweis über den Gefügezustand in Randnähe • Zusammensetzung von Korrosionsprodukten und Deckschichten: Funktioniert der Deckschichtmechanismus noch? Welche Korrosionsmedien greifen an? • Bei genügend vielen Vergleichsmessungen Aussage über die Tiefe der korrosionsbeeinflussten Zone oder den Verbrauchszustand von Schutzschichten
	b) zerstörend: Probenentnahme, metallographische und analytische Unters. (wie unter 2.); evtl. auch mechanische Untersuchungen an korrosiv geschädigtem Material (wie unter 4.)	Genaue Aussagen über den Gefügezustand: * Korrosionstiefe und Tiefe der korrosionsbeeinflussten Zone * Beurteilung des verbleibenden Schutzpotenzials * Entscheid über Weiterbetrieb, Austausch oder zu treffende Maßnahmen

Forts.

Tabelle 8.1, Forts.

Schädigungen/ Eigenschaften	Untersuchungsmethoden	Aussagen
4. Verbleibende mechanische Eigenschaften		
Die mechanischen Eigenschaften haben sich durch die Betriebsbeanspruchung verändert. Die verbleibenden Eigenschaften sind zu bestimmen.	a) *zerstörungsfrei:* Schlaghärteprüfung (Poldihammer, „Equotip"...), Umwertung in HV oder HB	• grobe Aussage über die Härte • grober Anhalt über die Zugfestigkeit für C-Stähle durch Umwertung nach „Faustformel": $R_m \approx 3{,}5\ HV$
	b) *zerstörend:* Probenentnahme wie unter 2., mechanische Prüfungen (mangels Materials evtl. an Nicht-Standardproben), z. B.: • Zugversuch • Härteprüfung • Kerbschlagversuch • Bruchmechanikversuche • Zeitstandversuche • beschleunigte Zeitstandversuche (z. B. Iso-Stress- oder Larson-Miller-Methode)	• zuverlässige Aussagen über verbleibende mechanische Eigenschaften • ggf. Nachrechnung der Bauteilintegrität anhand der Ist-Werte • Entscheid über Weiterbetrieb oder zu treffende Maßnahmen

Ein verlässliches Urteil über den Werkstoffzustand und über die Abschätzung der Restlebensdauer setzt eine genaue Kenntnis der $(T;\ t;\ \sigma)$-Abhängigkeiten der Schädigungsentwicklung voraus. Derartige „Schädigung-Meisterkurven" sind sehr aufwändig zu erstellen und existieren deshalb nur für wenige Werkstoffe genügend zuverlässig. **Bild 8.3** zeigt ein Beispiel einer Kriechschädigungskurve für den martensitischen 12%-Cr-Stahl X22CrMoV12-1, welcher z. B. im Kraftwerksbau und für Chemieanlagen weit verbreitet eingesetzt wird. Die Schädigungserscheinungen entwickeln sich bis zum Bruch bei diesem und zahlreichen anderen Werkstoffen in der Reihenfolge (siehe auch Bild 3.39 und [8.1]):

- rein thermisch bedingte Gefügealterung........Gefügeklasse 1
- Mikroporen (*cavities*)........................Gefügeklasse 2
- Mikroporenketten ....Gefügeklasse 3
- Mikrorisse...................................Gefügeklasse 4
- Makrorisse..................................Gefügeklasse 5
- Bruch

Den Schädigungsbefunden werden *Gefügeklassen* zugeordnet, für die festgelegt wird, welche Maßnahmen an den Bauteilen zu treffen sind:

- Gefügeklasse 1 .... normaler Weiterbetrieb
- Gefügeklasse 2 .... überwachen und wiederkehrend prüfen;
- Gefügeklasse 3 .... Austausch vorbereiten, kontrollierter Weiterbetrieb;
- Gefügeklasse 4 .... sofortiger Austausch oder lokale Reparatur;
- Gefügeklasse 5 .... sofortiger Austausch oder lokale Reparatur.

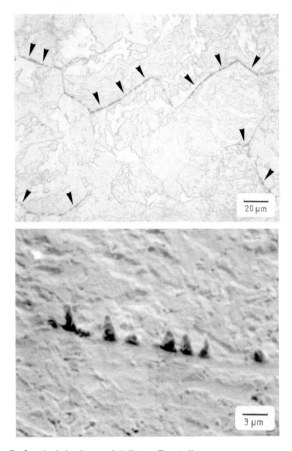

Bild 8.2 Replica-Befunde kriechgeschädigter Bauteile
    a)   Dampfeinströmstutzen aus GS-17 CrMoV 5 11 nach 170.000 Betriebsstunden einer Dampfturbine (Frischdampfdaten: 525 °C/165 bar)
        Das Gefüge besteht aus gealtertem Zwischenstufengefüge mit Ferritanteilen. An Korngrenzen haben sich Mikroporenketten gebildet (Pfeile), Gefügeklasse 3.
    b)   REM-Aufnahme eines Replicas
        Eine Mikroporenkette erscheint hier als aneinander gereihte Zipfel.

8.1 Zustandsbeurteilungen

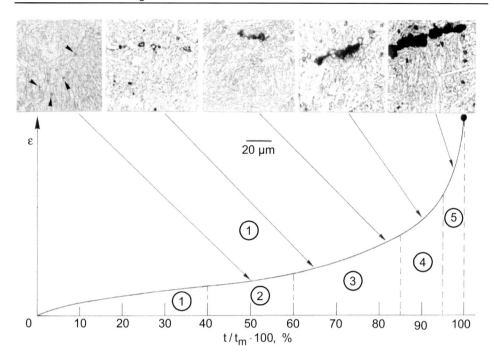

Bild 8.3 Entwicklung der Kriechschädigung im martensitischen 12%-Cr-Stahl X22CrMoV12-1 (nach [8.2])
Die Kurve stellt einen schematischen Kriechverlauf dar. Den Schädigungsuntersuchungen liegen Kriechversuche bei 550 °C im Spannungsbereich von 294 bis 131 MPa zugrunde, was Belastungsdauern bis zum Bruch von etwa 90 h bis 100.000 h entspricht. Die eingekreisten Ziffern geben die Gefügeklassen an. Bei den Gefügebildern handelt es sich um Replica-Befunde.

Diese Schädigungseinteilung hat sich bei vielen warmfesten und den martensitischen 12 %-Cr-Stählen in der Praxis bewährt. Die in Bild 8.3 gezeigte „Schädigung-Meisterkurve" sowie die Gefügeklassifizierung und die Zuordnung der zu treffenden Maßnahmen dürfen allerdings nicht bedenkenlos auf beliebige andere Werkstoffe übertragen werden. Beispielsweise wird bei vielen Ni-Basis-Superlegierungen deutliche Zeitstandschädigung erst in einem sehr späten Lebensdauerstadium beobachtet, welches oft bereits den Austausch der Komponente bedeutet.

Neben den klassischen metallographischen Methoden ist man bestrebt, die vielfältigen Werkstoffzustandsänderungen durch zerstörungsfreies Messen physikalischer Größen zu erfassen, die auf diese Abläufe reagieren. Elektrische, magnetische, thermische und akustische Eigenschaften kommen grundsätzlich für eine Korrelation zu den Werkstoffveränderungen infrage. Bislang existieren jedoch nur vereinzelt zuverlässige Zuordnungen zwischen den Messergebnissen und dem tatsächlichen Materialzustand. Dies liegt daran, dass zum einen sehr umfangreiche Vergleichsmessungen vorliegen müssen mit bekannten, zerstörend untersuchten Zuständen. Zum anderen gilt nahezu generell die Regel, dass der zu messende Effekt (für den dominierenden Teil der Lebensdauer) klein ist. In diesen Fällen ist das Ergebnis wenig belastbar. Außerdem überlappen sich oft mehrere der in Tabelle 1.1 aufgeführten Mechanismen und beeinflussen die Messwerte, so dass eine Trennung zwischen kritischen und weniger kritischen Vorgängen unmöglich werden kann.

Bei teuren und besonders bei sicherheitsrelevanten Bauteilen kann es über die gefügemäßigen Untersuchungen hinaus sinnvoll sein, eine Integritätsnachrechnung auf Basis der aktuellen Betriebsdaten, wie Temperatur/Belastung/Zeit-Verlauf sowie An- und Abfahrzyklen, vorzunehmen. Falls zudem noch Ergebnisse über verbleibende mechanische Eigenschaften vorliegen (siehe Punkt 4 in Tabelle 8.1), so lässt sich ein nahezu lückenloses Bild über den Werkstoff- und Bauteilzustand zeichnen. Damit wären zuverlässige Aussagen über die zu erwartende Restlebensdauer möglich.

Die erreichbare Lebensdauer kann sowohl geringer als auch höher als die Auslegungslebensdauer liegen. Letzteres beruht darauf, dass bei der Konstruktion von Bauteilen Daten aus dem Streuband nominell gleicher Werkstoffe berücksichtigt werden müssen – in der Regel die untere Streubandgrenze oder die untere Grenze eines bestimmten Vertrauensbereichs. Die tatsächlich eingesetzte Werkstoffcharge kann eine erheblich höhere Lebensdauer aufweisen. Der Faktor in der Zeitstandlebensdauer kann – je nach Spezifikationsgrenzen für den Werkstoff – bis zu 10 betragen, d. h. bei einer Auslegung auf z. B. 10^5 h kann die tatsächliche Lebensdauer einer optimalen Werkstoffcharge bis zu 10^6 h ausmachen. Mit einer Ist-Zustandsuntersuchung ist also u. a. ein erhebliches wirtschaftliches Potenzial verbunden.

In Zusammenhang mit Zustandsbeurteilungen existieren folgende Normen und Richtlinien:

- DIN 54 150: „Abdruckverfahren für die Oberflächenprüfung (Replicatechnik)"
- TRD 508, Technische Regeln für Dampfkessel: „Zusätzliche Prüfungen an Bauteilen, berechnet mit zeitabhängigen Festigkeitskennwerten".
- VGB Technische Vereinigung der Großkraftwerksbetreiber e.V. (Hrsg.), Richtreihen zur Bewertung der Gefügeausbildung und -schädigung zeitstandbeanspruchter Werkstoffe von Hochdruckrohrleitungen und Kesselbauteilen, VGB-TW 507, Essen, 1992

8.2 Rekonditionierungsmaßnahmen

Aus der Zustandsbeurteilung von Bauteilen können sich Empfehlungen oder Notwendigkeiten für eine teilweise oder unter Umständen sogar vollständige Wiederherstellung des Ursprungszustandes ableiten. Die Maßnahmen lassen sich grob unterteilen in:

- Wiederherstellen des Gefügeausgangszustandes und damit der mechanischen Volumeneigenschaften;
- Wiederherstellen der Korrosionsbeständigkeit;
- Wiederherstellen der Bauteilgeometrie und Funktion des Bauteils, einschließlich der Beseitigung von Rissen.

Tabelle 8.2 zeigt in einer Übersicht die verschiedenen Rekonditionierungsverfahren und die damit erzielbaren Eigenschaftsverbesserungen. Welche der möglichen Techniken auf Bauteile anwendbar sind, hängt zunächst davon ab, ob die Teile ausbaubar und transportierbar sind. Ist beides nicht gegeben, beschränken sich die Verfahren auf ambulante Instandsetzung, was in den meisten Fällen nur Schweißreparatur bedeutet. Der Rekonditionierungsumfang lässt sich erheblich erweitern, wenn die Komponenten unter Werkstattbedingungen handhabbar sind. Als Beispiel sei die weithin bekannte Instandsetzung von Flugturbinen genannt, bei denen sämtliche Teile im Rahmen von Revisionen bearbeitbar sind und wobei alle Verfahren nach Tabelle 8.2 zum Tragen kommen können.

Oft werden mehrere Verfahren miteinander kombiniert, so dass bei der Wiederinstandsetzung z. T. komplexe Abläufe entstehen, bei denen die Einzelschritte in ihrer Reihenfolge und gegenseitigen Beeinflussung sehr genau aufeinander abgestimmt werden müssen. Für jeden Bauteiltyp wird dies in Handbüchern festgelegt, wie sie z. B. aus der Luftfahrt bekannt sind. Die Rekonditionierungsmöglichkeiten hängen stark von den betrachteten Komponenten ab, so dass Tabelle 8.2 nur einen Überblick verschaffen kann, ohne Anspruch auf Vollständigkeit und Allgemeingültigkeit.

Tabelle 8.2 Rekonditionierungsmaßnahmen für Hochtemperaturbauteile

Werkstoff-/ Bauteilveränderung	Maßnahme/ Verfahren	Erläuterungen/ Bemerkungen	Ergebnis/ erreichter Zustand
1. Thermische Gefügeveränderungen	Regenerierende Wärmebehandlung	Die Lösungsglühung muss an den aktuellen Gefügezustand angepasst werden; Korrosionsprodukte und ggf. Beschichtungsreste sind vorher gründlich zu entfernen.	Vollständige oder nahezu vollständige Wiederherstellung des Ausgangsgefüges

Forts.

Tabelle 8.2, Forts. (GW: Grundwerkstoff)

Werkstoff-/ Bauteilveränderung	Maßnahme/ Verfahren	Erläuterungen/ Bemerkungen	Ergebnis/ erreichter Zustand
2. Kriechschädigung, innere Poren/Risse	Heißisostatisches Pressen (HIP)	Lösungsglühen bei hohem, allseitigen äußeren Gasdruck (ca. 100 bis 200 MPa). Oberflächenschädigung wird nicht beeinflusst; diese muss ggf. nach anderem Verfahren beseitigt werden, oder es muss eine „HIP-Schicht" aufgebracht werden, welche diese Schädigung nach außen abdichtet.	Vollständige oder nahezu vollständige Beseitigung innerer Trennungen; da Pkt. 1. zugleich stattfindet, wird praktisch ein Neuzustand hinsichtlich Gefüge und mechanischer Eigenschaften erreicht.
3. Geringere Oberflächenschädigung, kleinere Risse, Einschläge, Korrosion, Beschichtungsreste	Schleifen	Spröde oder durch Betrieb versprödete Werkstoffzustände neigen zu Schleifrissen; diese sind schwierig aufzufinden, falls sie durch Eigenspannungen zugedrückt sind (evtl. Rissöffnungsglühen o.ä. durchführen). Eigenfrequenzen können durch Schleifen verändert werden und damit das dynamische Bauteilverhalten.	Risse werden durch Ausrunden unkritisch gemacht, ohne die Bauteilfunktion zu beeinträchtigen; auch als Vorbereitung für weitere Verfahren
4. Größere Oberflächenrisse (besonders thermische Ermüdungsrisse)	• Hochtemperaturlöten • Schweißen • Schlickerfüllung	Löten: Risse vorher vollständig von Korrosionsprodukten befreien. Bei Schweißen und Schlickerfüllung werden die Risse vorher ausgeschliffen. Lot, Schweißzusatz oder Schlicker sowie Wärmebehandlung müssen an Grundwerkstoff angepasst sein; evtl. mit 2. kombinieren.	Größere Risse werden unkritisch gemacht; die Bauteilkontur wird wiederhergestellt. Die Festigkeit der reparierten Zone ist meist deutlich geringer als die des GW; daher Anwendung in geringer belasteten Bereichen.

Forts.

8.2 Rekonditionierungsmaßnahmen

Tabelle 8.2, Forts.

Werkstoff-/ Bauteilveränderung	Maßnahme/ Verfahren	Erläuterungen/ Bemerkungen	Ergebnis/ erreichter Zustand
5. Korrosionsangriff	Beschichtung oder Wiederbeschichtung	Die Oberfläche ist gründlich vorzubereiten: vollständige Beseitigung von Korrosionsprodukten, evtl. auch von Schichtresten. Die Diffusionszone einer früheren Beschichtung ist *nicht* zu entfernen, falls sie mit der nachfolgenden Beschichtung verträglich und nicht unzulässig tief ist. Die Bschichtungswärmebehandlung ist an den GW anzupassen.	Mit neuer Beschichtung wird praktisch die Korrosionsbeständigkeit des Neuzustandes wiederhergestellt. Wiederbeschichtungen sind meist mehrere Male möglich, bis die mechanische Bauteillebensdauer erschöpft ist.
6. Starker Materialabtrag durch Korrosion, Erosion	• Auftragschweißen • Schlickerauftrag • artgleicher Auftrag mittels Plasmaspritzens o. ä.	Großflächiger Materialauftrag mit tragender Funktion	Wiederherstellung der Kontur. Erreichbare Festigkeit hängt vom Verfahren ab; bei artgleichem Auftrag ist nahezu GW-Festigkeit möglich.
7. Ausgebrochene Teile oder stark beschädigte Bereiche a) lokal b) großflächig	a) Meist Rekonturieren durch Schweißen b) Passgenaues Einsetzen vorgefertigter Teile durch Diffusionslöten, Elektronenstrahlschweißen o. ä.	Rekonturieren durch Schweißen ist gängige Praxis. Das Einsetzen vorgefertigter Teile erfordert Maßarbeit und lohnt sich in der Regel nur bei vielen gleichartigen Schädigungen.	Wiederherstellung der Kontur. Die erreichbare Festigkeit hängt vom Verfahren ab. Die eingesetzten Teile haben Neuqualität. Wenn die Fügung ähnliche Eigenschaften wie der GW hat oder in weniger belastete Bereiche gelegt wird, hat die Komponente Neuqualität.
8. Makroskopische Bauteilverformungen	Richten	Richten kann Risskeime od. Risse erzeugen; Einbringen von Eigenspannungen. Meist ist anschließend Pkt. 1. oder 2. erforderlich	Wiederherstellung der funktionsgerechten Geometrie

Literatur

Kapitel 1

[1.1]   A. Seeger, H. Mehrer: Analysis of Self-Diffusion and Equilibrium Measurements, in: A. Seeger et al. (Eds.), Vacancies and Interstitials in Metals, Proc. Int. Conf. Jülich/Germany, 23–28 Sept. 1968, North-Holland Publ., Amsterdam, 1970, 1–58
[1.2]   D.A. Porter, K.E. Easterling: Phase Transformations in Metals and Alloys, Capman & Hall, London, 1992
[1.3]   L.S. Darken: Diffusion, Mobility and Their Interrelation through Free Energy in Binary Metallic Systems, Trans. Amer. Inst. of Mining and Metall. Engineers AIME New York, **175** (1948), 184–201
[1.4]   C. Herring: Diffusional Viscosity of a Polycrystalline Solid, J. Appl. Phys., **21** (1950), 437–445
[1.5]   J. Weertman: Dislocation Climb Theory of Steady-State Creep, Trans. Amer. Soc. Metals, **61** (1968), 681–693
[1.6]   G.M. Hood: An Atomic Size Effect in Tracer Diffusion, J. Phys. **F8** (1978), 1677–1689
[1.7]   P.G. Shewmon: Diffusion in Solids, McGraw-Hill, New York, 1963, 162
[1.8]   D.P. Pope: High Temperature Ordered Intermetallic Alloys, in: Mat. Res. Soc. Symp. Proc., **81** (1987), 3–11
[1.9]   A.B. Kuper, D. Lazarus, J.R. Manning, C.T. Tomizuka: Diffusion in Ordered and Disordered Copper-Zinc, Phys. Rev., **104** (1956), 1536–1541
[1.10] D.B. Miracle: The Physical and Mechanical Properties of NiAl, Overview No. 104, Acta metall. mater., **41** (1993), 649–684
[1.11] M.F. Ashby: On the Engineering Properties of Materials, Overview No. 80, Acta metall., **37** (1989), 1273–1293
[1.12] B. Cordero: Covalent radii revisited, Dalton Trans. (2008), 2832–2838

Kapitel 2

[2.1]   M.F. Ashby: The Deformation of Plastically Non-Homogeneous Materials, Phil. Mag. **21** (1970), 399–424
[2.2]   C.P. Jongenburger, Secondary Recrystallisation in Oxide-Dispersion Strengthened Nickel-Base Alloys, Thèse No. 773 (1988), École Polytechnique Fédérale de Lausanne/Schweiz
[2.3]   E. Hornbogen: Festigkeitssteigerung durch Ausscheidung, in: W. Dahl (Hrsg.), Grundlagen des Festigkeits- und Bruchverhaltens, Verlag Stahleisen, Düsseldorf, 1974, 86–100

[2.4] C. Wagner: Theorie der Alterung von Niederschlägen durch Umlösen (Ostwald-Reifung), Z. Elektrochemie **65** (1961), 581–591
[2.5] I.M. Lifshitz, V.V. Slyozov: The Kinetics of Precipitation from Supersaturated Solid Solutions, J. Phys. Chem. Solids, **19** (1961), 35–50
[2.6] C.H. White: Metallography and Structure, in: W. Betteridge, J. Heslop (Eds.), The Nimonic Alloys, Edward Arnold, London, 1974, 63–96
[2.7] A.J. Ardell, R.B. Nicholson: The Coarsening of γ' in Ni-Al Alloys, J. Phys. Chem. Solids, **27** (1966), 1793–1804
[2.8] R.A. MacKay, M.V. Nathal: γ' Coarsening in High Volume Fraction Nickel-Base Alloys, Acta metall. mater., **38** (1990), 993–1005
[2.9] U. Oestern, Diplomarbeit Fachhochschule Osnabrück, 1994
[2.10] B. Reppich: Negatives Kriechen, Z. Metallkd., **75** (1984), 193–202
[2.11] R.W. Fountain, M. Korchynsky: The Phenomenon of "Negative Creep" in Alloys, Trans. ASM, **51** (1959), 108–122
[2.12] K.-H. Kloos, J. Granacher, T. Preußler: Beschreibung des Kriechverhaltens von Gasturbinenwerkstoffen, Mat.-wiss. u. Werkstofftech., **22** (1991), 332–340
[2.13] K.H. Kloos, J. Granacher, T. Preußler: Beschreibung des Kriechverhaltens von Gasturbinenwerkstoffen, Mat.-wiss. u. Werkstofftech., **22** (1991), 399–407
[2.14] B. Reppich: Negatives Kriechen und Mikrogefüge langzeitexponierter Gasturbinenwerkstoffe, Z. Metallkd., **85** (1994), 28–38
[2.15] K.-H. Mayer, K.-H. Keienburg: Operating Experience and Life Span of Heat-Resistant Bolted Joints in Steam Turbines of Fossil-Fired Power Stations, in: Int. Conf. Engineering Aspects of Creep, Sheffield, 15.–19.9.1980, C 221/80, 133–142
[2.16] R. Bürgel, P.D. Portella, J. Preuhs: Recrystallization in Single Crystals of Nickel Base Superalloys, in: T.M. Pollock et al. (Eds.), Superalloys 2000, Proc. 9th Int. Symp. on Superalloys, Seven Springs/Pa., The Minerals, Metals & Materials Society, Warrendale/Pa., 2000, 229–238

Kapitel 3

[3.1] R. Bürgel: Long-Term Creep Behaviour of Austenitic Steel S–590 (X 40 CoCrNi 20 20), Mat.-wiss. u. Werkstofftech., **23** (1992), 287–292
[3.2] R.K. Penny, D.L. Marriott: Design for Creep, Chapman & Hall. London, 1995, 38 f.
[3.3] H.-J. Penkalla, M. Rödig, H. Nickel: Grundlagen des mehrachsigen Bauteilverhaltens bei hohen Temperaturen, Materialprüfung, **31** (1989), 304–310
[3.4] a) Anwendung von Festigkeitshypothesen im Kriechbereich bei mehrachsigen Spannungs-Formänderungszuständen, Abschlussbericht zum AIF-Vorhaben Nr. 6764, MPA Stuttgart, 1990
       b) S. Sheng: dto., Dissertation Staatliche Materialprüfanstalt (MPA) Universität Stuttgart, 1992
[3.5] K. Kußmaul, S. Sheng: Anwendung von Festigkeitshypothesen im Kriechbereich bei mehrachsigen Spannungszuständen, Steel Research, **62** (1991), 364–370
[3.6] K. Maile, H. Purper, H. Theofel: Innendruckversuche an Rohrbogen aus warmfesten Stählen mit zusätzlich aufgebrachten Biegemomenten bei Temperaturen im

Kriechbereich, Forschungsbericht MPA und Universität Stuttgart, Forschungsvorhaben 1500 727, 1995

[3.7] J. Weertman: Theory of Steady-State Creep Based on Dislocation Climb, J. Appl. Phys. **26** (1955), 1213–1217

[3.8] S. Takeuchi, A.S. Argon: Review Steady-State Creep of Single-Phase Crystalline Matter at High Temperature, J. Mat. Sci., **11** (1976), 1542–1566

[3.9] R. Bürgel: Zeitstandverhalten der Stähle X 10 NiCrAlTi 32 20 und X 50 NiCrAlTi 33 20 in Luft und aufkohlender Atmosphäre, Dissertation Universität Hannover, 1981

[3.10] O.D. Sherby, P.M. Burke: Mechanical Behavior of Crystalline Solids at Elevated Temperature, Progress in Materials Science, **13** (1967), 7, Pergamon Press, Oxford

[3.11] O.D. Sherby, A.K. Miller: Combining Phenomenology and Physics in Describing the High Temperature Mechanical Behavior of Crystalline Solids, J. Engg. Mat. Techn., 101 (1979), 387–395

[3.12] C.R. Barrett, O.D. Sherby: Influence of Stacking-Fault Energy on High-Temperature Creep of Pure Metals, Trans. Met. Soc. AIME, **233** (1965), 1116–1119

[3.13] H.E. Evans: Mechanisms of Creep Fracture, Elsevier Appl. Sci. Publ., London, 1984, 9

[3.14] M.F. Ashby: Boundary Defects, and Atomistic Aspects of Boundary Sliding and Diffusional Creep, Surface Science, **31** (1972), 498–542

[3.15] R. Raj, M.F. Ashby: On Grain Boundary Sliding and Diffusional Creep, Metall. Trans., **2** (1971), 1113–1127

[3.16] R.N. Stevens: Grain Boundary Sliding and Diffusional Creep, Surface Science, **31** (1972), 543–565

[3.17] J. Weertman, J.R. Weertman: Mechanical Properties, Strongly Temperature Dependent, Chapter 16, in: Physical Metallurgy, R.W. Cahn (Ed.), North-Holland Publ., Amsterdam, 1965, 793–819

[3.18] H.J. Frost, M.F. Ashby: Deformation-Mechanism Maps, Pergamon, Oxford, 1982

[3.19] M.F. Ashby, D.R.H. Jones, Engineering Materials 1, Pergamon, Oxford, 1991, 175

[3.20] M. F. Ashby: Strengthening Methods in Metals and Alloys, in: The Microstructure and Design of Alloys, Proc. 3rd Int. Conf. Strength of Metals and Alloys, Cambridge/Engl., 20–25 Aug. 1973, 8–42

[3.21] W.C. Leslie: Iron and Its Dilute Substitutional Solid Solutions, Met. Trans., **3** (1972), 5–26

[3.22] E.W. Ross, C.T. Sims: Nickel-Base Alloys, in: Superalloys II, C.T. Sims et al. (Eds.), John Wiley, New York, 1987, 104

[3.23] G. Schoeck, Creep and Recovery, Cleveland, Amer. Soc. for Metals ASM, 1957, 199

[3.24] G.S. Ansell, J. Weertman: Creep of a Dispersion-Hardened Aluminium Alloy, Transact. Met. Soc. AIME, **215** (1959), 838–843

[3.25] R. Lagneborg, B. Bergman: The Stress/Creep Rate Behaviour of Precipitation-Hardened Alloys, J. Met. Sci., **10** (1976), 20–28

[3.26] H. Gleiter, E. Hornbogen: Precipitation Hardening by Coherent Particles, Mater. Sci. Eng., **2** (1967/68), 285–302

[3.27] W. Hüther, B. Reppich: Interaction of Dislocations With Coherent, Stress-Free, Ordered Particles, Z. Metallkde., **69** (1978), 628–634

[3.28] B. Reppich: Ein auf Mikromechanismen abgestütztes Modell der Hochtemperaturfestigkeit und Lebensdauer für teilchengehärtete Legierungen, Z. Metallkd., **73** (1982), 697–705

[3.29] K. Schneider et al.: Advanced Blading for Gas Turbines, COST 501-II, W.P. 1, Review Febr. 1992, ABB Mannheim

[3.30] D.J. Srolovitz, M.J. Luton, R. Petkovic-Luton, D.M. Barnett, W.D. Nix: Diffusionally Modified Dislocation-Particle Elastic Interactions, Acta metall., **32** (1984), 1079–1088

[3.31] W. Blum, B. Reppich: Creep of Particle-Strengthened Alloys, in: B. Wilshire, R.W. Evans (Eds.), Creep Behaviour of Crystalline Solids, **3** (1985), Progress in Creep and Fracture, Pineridge Press, Swansea, 83–135

[3.32] E. Arzt, D.S. Wilkinson: Threshold Stresses for Dislocation Climb Over Hard Particles: The Effect of an Attractive Interaction, Acta metall., **34** (1986), 1893–1898

[3.33] T.M. Pollock, A.S. Argon: Creep Resistance of CMSX-3 Nickel Base Superalloy Single Crystals, Overview No. 95, Acta metall. mater., **40** (1992), 1–30

[3.34] T.M. Pollock, A.S. Argon: Intermediate Temperature Creep Deformation in CMSX-3 Single Crystals, in: Superalloys 1988, D. Duhl et al. (Eds.), The Metall. Soc., Warrendale/Pa., 285–294

[3.35] S. Straub, M. Meier, J. Ostermann, W. Blum: Entwicklung der Mikrostruktur und der Festigkeit des Stahles X 20 CrMoV 12 1 bei 823 K während Zeitstandbeanspruchung und Glühung, VGB Kraftwerkstechnik, **73** (1993), 744–752

[3.36] M.F. Ashby, C. Gandhi, D.M.R. Taplin: Fracture-Mechanism Maps and Their Construction For F.C.C. Metals and Alloys, Overview No. 3, Acta Met., **27** (1979), 699–729

[3.37] H. Riedel, Fracture at High Temperatures, Springer, Berlin, 1987, 242

[3.38] A.S. Argon: Intergranular Cavitation in Creeping Alloys, Scripta Met., **17** (1983), 5–12

[3.39] R. Raj: Crack Initiation In Grain Boundaries Under Conditions of Steady-State and Cyclic Creep, Transactions ASME, J. Engg. Mat. Tech., Apr. 1976, 132–139

[3.40] B.F. Dyson, M.J. Rogers: Prestrain, Cavitation, and Creep Ductility, Metal Sci. J., **8** (1974), 261–266

[3.41] M.S. Loveday, B.F. Dyson: Prestrain-Induced Particle Microcracking and Creep Cavitation in IN597, Acta Metall., **31** (1983), 397

[3.42] R.T. Holt, W. Wallace: Impurities and Trace Elements in Nickel-Base Superalloys, Int. Metals Rev., **21** (1976), March, 1–24

[3.43] Metals Technology, **11** (1984), gesamtes Oktober-Heft

[3.44] H. Riedel, Fracture at High Temperatures, Springer, Berlin, 1987, 121 ff.

[3.45] M.P. Seah: Adsorption-Induced Interface Decohesion, Acta Met., **28** (1980), 955–962

[3.46] R.H. Bricknell, D.A. Woodford: Cavitation in Nickel During Oxidation and Creep, in: Creep and Fracture of Engineering Materials and Structures, B. Wilshire, D.R.J. Owen (Eds.), Pineridge Press, Swansea, 1981, 249–262

[3.47] H. Riedel, Fracture at High Temperatures, Springer, Berlin, 1987, 135f.

[3.48] R.W. Evans, B. Wilshire: The Role of Grain Boundary Cavities During Tertiary Creep, in: Creep and Fracture of Engineering Materials and Structures, B. Wilshire, D.R.J. Owen (Eds.), Pineridge Press, Swansea, 1981, 303–314
[3.49] B.A. Wilcox, A.H. Clauer: The Role of Grain Size and Shape in Strengthening of Dispersion Hardened Nickel Alloys, Acta Metall., **20** (1972), 743–757
[3.50] R.F. Singer, E. Arzt: The Effect of Grain Shape on Stress Rupture of the Oxide Dispersion Strengthened Superalloy Inconel MA 6000, in: Superalloys 1984, M. Gell et al. (Eds.), The Metall. Soc. of AIME, Warrendale (PA), 1984, 367–376
[3.51] H. Zeizinger, E. Arzt: The Role of Grain Boundaries in High Temperature Creep Fracture of an Oxide Dispersion Strengthened Superalloy, Z. Metallkde., **79** (1988), 774–781
[3.52] F.C. Monkman, N.J. Grant: An Empirical Relationship Between Rupture Life and Minimum Creep Rate in Creep Rupture Tests, Proc. ASTM, **56** (1956), 593
[3.53] D. Lonsdale, P.E.J. Flewitt: Relationship Between Minimum Creep Rate and Time to Fracture for 2¼% Cr–1% Mo Steel, Met. Sci., **12** (1978), 264–265
[3.54] F. Larson, J. Miller: A Time-Temperature Relationship for Rupture and Creep Stresses, Trans. ASME, **74** (1952), 765–775
[3.55] D.J. Gooch, I.M. How (Eds.): Techniques for Multiaxial Creep Testing, Elsevier Appl. Sci. Publ., London, 1986
[3.56] M.S. Loveday, T.B. Gibbons (Eds.): Harmonisation of Testing Practice for High Temperature Materials, Elsevier Appl. Sci. Publ., London, 1992
[3.57] K.H. Kloos, H. Diehl: Größeneinfluss und Kerbwirkung an bauteilähnlichen Rundstäben unter Zeitstandbeanspruchung, Z. Werkstofftech., **9** (1978), 359–366
[3.58] C. Berger, J. Granacher, T.S. Mao: Vergleichende Ermittlung des Zeitstandverhaltens bauteilähnlicher Rundkerbproben durch Versuche, Rissgefügebeobachtungen und inelastische Finit-Element-Analysen, Schlussbericht zum Forschungsvorhaben DFG Kl 300/54-1 und 2, TU Darmstadt, 1999
[3.59] D.R. Hayhurst, F.A. Leckie, J.T. Henderson: Design of Notched Bars for Creep-Rupture Testing Under Tri-Axial Stresses, Int. J. mech. Sci., **19** (1977), 147–159
[3.60] D. McLean: Account of Creep Studies, COST 50, EEC Contract ref. no. ECI-1122-B7230-83-UK, 1985

Kapitel 4

[4.1] M. Klesnil, P. Lukáš, Fatigue of Metallic Materials, Elsevier, London, 1992, 180 ff.
[4.2] R. Danzer, Lebensdauerprognose hochfester metallischer Werkstoffe im Bereich hoher Temperaturen, Gebr. Borntraeger Berlin Stuttgart, 1988
[4.3] R. Bürgel, H. Rechtenbacher: Entwicklung betriebsrelevanter Werkstoffkennwerte und wirtschaftlicher Qualitätssicherungs- und Bearbeitungsverfahren für GT-Schaufeln, BMFT-Schlussbericht 0326 500 H, ABB Mannheim, 1993
[4.4] H. Wiegang, O. Jahr: Langzeiteigenschaften einiger warmfester und hochwarmfester Werkstoffe (Teil 2) — Ergebnisse aus Festigkeitsuntersuchungen bei verschiedenen Temperaturen, Z. Werkstofftech., **7** (1976), 212–219

[4.5] U. Pickert, Ermittlung betriebsrelevanter Werkstoffkennwerte an Proben aus Gasturbinenschaufeln, BMFT-Schlussbericht 0326 500 F, Siemens-KWU Mülheim, 1993

[4.6] U. Pickert, K.-H. Keienburg, R. Bürgel, K. Schneider: Advanced Blading for Last Stages of Heavy Duty Gas Turbines: A Joint German Action, Int. Gas Turbine and Aeroengine Congress and Exposition, Cologne, June 1-4, 1992, ASME, Paper 92-GT-340

[4.7] F. Merkel: Verhalten hochwarmfester Nickelbasislegierungen in Abhängigkeit des Wärmebehandlungszustandes, Dissertation TU München, 1998

[4.8] E. Haibach: Betriebsfestigkeit, VDI-Verlag GmbH, Düsseldorf, 1989

[4.9] ASME Boiler and Pressure Vessel Code, Section III, Case N47-14, Amer. Soc. Mechan. Engrs., New York (1978)

[4.10] S.S. Manson, G.R. Halford, M.H. Hirschberg: Creep-Fatigue Analysis by Strain-Range Partitioning, in: Design for Elevated Temperature Environment, Proc. 1st. Symp., Amer. Soc. Mechan. Engrs. (ASME), New York (1971), 12–24

[4.11] S.S. Manson, G.R. Halford, A.C. Nachtigall: Separation of the Strain Components for Use in Strainrange Partitioning, in: Advances in Design for Elevated Temperature Environment, Proc. Symp., Amer. Soc. Mechan. Engrs. (ASME), New York (1975), 17–28

[4.12] C.T. Sims, W.C. Hagel (Eds.): The Superalloys, Wiley, New York, 1972

[4.13] D.A. Spera, D.F. Mowbray (Eds.): Thermal Fatigue of Materials and Components, Amer. Soc. for Testing and Materials (ASTM), Philadelphia, Pa., 1975

[4.14] R.J.E. Glenny: Thermal Fatigue, in: P.R. Sahm, M.O. Speidel (Eds.), High-Temperature Materials in Gas Turbines, Elsevier, Amsterdam, 1974, 257–281

[4.15] A.R. Nicoll: A Survey of Methods Used for the Performance Evaluation of High Temperature Coatings, in: E. Lang (Ed.), Coatings for High Temperature Applications, Appl. Sci. Publ., London, 1983, 269–339

[4.16] H. Chen et al.: Cyclic Life of Superalloy IN738LC Under in-Phase and out-of-Phase Thermo-Mechanical Fatigue Loading, Z. Metallkd., **86** (1995), 423–427

[4.17] C.C. Engler-Pinto et al.: Thermo-Mechanical Fatigue Behaviour of IN738LC, in: D. Coutsouradis et al. (Eds.), Materials for Advanced Power Engineering 1994, Proc. Int. Conf. Liège 1994, Kluwer Acad. Publ., Dordrecht, 1994, 853–862

[4.18] D.N. Duhl: Directionally Solidified Superalloys, in: C.T. Sims et al. (Eds.), Superalloys II, John Wiley, New York, 1987, 189–214

[4.19] R.W. Neu, H. Sehitoglu: Thermomechanical Fatigue, Oxidation, and Creep: Part II. Life Prediction, Met.Trans.A, **20A** (1989), 1769–1783

[4.20] H.J. Maier, R.G. Teteruk, H.-J. Christ: Modeling thermomechanical fatigue life of high-temperature titanium alloy IMI 834, Metall.Mater.Trans. A, **31A** (2000), 431-444.

Kapitel 5

[5.1] T. Rosenquist, Thermochemical Data for Metallurgists, Tapir Forlag, 1970

[5.2] J.L. Smialek, G.M. Meier: High-Temperature Oxidation, in: Superalloys II, C.T. Sims et al. (Eds.), Wiley, New York, 1987, 293–326

[5.3] H. Hindam, D.P. Whittle: Microstructure, Adhesion and Growth Kinetics of Protective Scales on Metals and Alloys, Oxid. Met., **18** (1982), 245–284

[5.4] C. Wagner: Formation of Composite Scales Consisting of Oxides of Different Metals, J. Electrochem. Soc., **103** (1956), 627

[5.5] G.R. Wallwork, A.Z. Hed: Some Limiting Factors in the Use of Alloys at High Temperatures, Oxid. Met., **3** (1971), 171–184

[5.6] E. Scheil, E.H. Schulz: Hitzebeständige Chrom-Aluminium-Stähle, Arch. Eisenhüttenwes., **6** (1932), 155–160

[5.7] P. Tomaszewicz, G.R. Wallwork: Iron-Aluminium Alloys: A Review of Their Oxidation Behaviour, Rev. High Temp. Materials, **4** (1978), 75–105

[5.8] E. Lang (Ed.): The Role of Active Elements in the Oxidation Behaviour of High Temperature Metals and Alloys, Elsevier Appl. Sci., London, 1989

[5.9] H. Hindam, D.P. Whittle: Microstructure, Adhesion and Growth Kinetics of Protective Scales on Metals and Alloys, Oxid. Met., **18** (1982), 245–284

[5.10] A.M. Huntz: Effect of Active Elements on the Oxidation Behaviour of Al_2O_3-Formers, in: E. Lang (Ed.), The Role of Active Elements in the Oxidation Behaviour of High Temperature Metals and Alloys, Elsevier Appl. Sci., London, 1989, 81–109

[5.11] M. Steinhorst, H.J. Grabke: Untersuchungen zum Mechanismus des Korngrenzenzerfalls von $NbAl_3$ bei mittleren Temperaturen in oxidierenden Atmosphären („Pest"), Z. Metallkde., **81** (1990), 732–738

[5.12] J.J. Falco, M. Levy: Alleviation of the Silicide Pest in a Coating for the Protection of Refractory Metals Against High-Temperature Oxidation, J. Less-Common Metals, **20** (1970), 291–297

[5.13] Verein Deutscher Eisenhüttenleute (Hrsg.), Stahl-Eisen-Liste, Verlag Stahleisen, Düsseldorf, 1994

[5.14] Verein Deutscher Eisenhüttenleute (Hrsg.), Werkstoff-Handbuch Stahl und Eisen, Verlag Stahleisen, Düsseldorf, 1953, Kap. O 91-1

[5.15] J.F. Elliott, M. Gleiser: Thermochemistry for Steelmaking, AIME, New York, 1963

[5.16] R. Bürgel: Zeitstandverhalten der Stähle X 10 NiCrAlTi 32 20 und X 50 NiCrAlTi 33 20 in Luft und aufkohlender Atmosphäre, Dissertation Universität Hannover, 1981

[5.17] L. Singheiser, Habilitationsschrift, Universität Erlangen-Nürnberg, 1991

[5.18] S. Forseth, P. Kofstad: Metal Dusting Phenomenon During Carburization of FeNiCr-Alloys at 850–1000 °C, Werkst. Korros., **46** (1995), 201–206

[5.19] S. Mrowec, T. Werber, M. Zastawnik: The Mechanism of High Temperature Sulphur Corrosion of Nickel-Chromium Alloys, Corr. Sci., **6** (1966), 47–68

[5.20] R.L. Jones: Cobalt Oxide-SO_2/SO_3 Reactions in Cobalt-Sodium Mixed Sulfate Formation and Low Temperature Hot Corrsosion, in: High Temperature Corrosion, R.A. Rapp (Ed.), Nat. Association of Corrosion Engineers (NACE), Houston/Tx., **6** (1983), 513–518

[5.21] H.-J. Rätzer-Scheibe: Heißgaskorrosion in Flugtriebwerken, DFVLR-Mitt. 84-04, 1984

[5.22] P. Kofstad: High Temperature Corrosion, Elsevier Appl. Sci., London, 1988

[5.23] K. Schneider, R. Bauer, H.W. Grünling: Corrosion and Failure Mechanisms of Coatings for Gas Turbine Applications, Thin Solid Films **54** (1978), 359–367

[5.24] N.S. Bornstein, M.A. DeCrescente: The Role of Sodium in the Accelerated Oxidation Phenomenon Termed Sulfidation, Met. Trans., **2** (1971), 2875–2883

[5.25] R.A. Rapp, K.S. Goto, The Hot Corrosion of Metals by Molten Salts, in: Symp. on Fused Salts, J. Braunstein and J.R. Selman (Eds.), The Electrochem. Soc., Pennington, NJ, 1979, 159

[5.26] K.L. Luthra, J.H. Wood: High Chromium Cobalt-Base Coatings For Low Temperature Hot Corrosion, Thin Solid Films, **119** (1984), 271–280

[5.27] R. Bürgel: Coating Service Experience with Industrial Gas Turbines, Mater. Sci. Techn., **2** (1986), 302–308

[5.28] J.L. Smialek, G.H. Meier: High-Temperature Oxidation, in: Superalloys II, C.T. Sims et al. (Eds.), John Wiley & Sons, New York, 1987, 293–326

[5.29] F.S. Pettit, C.S. Giggins: Hot Corrosion, in: Superalloys II, C.T. Sims et al. (Eds.), John Wiley & Sons, New York, 1987, 327–358

[5.30] H.W. Grünling, B. Ilschner, S. Leistikow, A. Rahmel, M. Schmidt: Wechselwirkungen zwischen Kriechverformung und Heißgaskorrosion, Werkst. Korros., **29** (1978), 691–703

[5.31] R. Bürgel et al.: Development of a New Alloy for Directional Solidification of Large Industrial Gas Turbine Blades, in: K.A. Green et al. (Eds.), Superalloys 2004, Proc. 10th Int. Symp. on Superalloys, Seven Springs/Pa., The Minerals, Metals & Materials Society, Warrendale/Pa., 2004, 25–34

Kapitel 6

[6.1] T.B. Massalski (Ed.), Binary Alloys Phase Diagrams, ASM International, Materials Park/Ohio, 1990

[6.2] J. Falke, M. Regitz (Hrsg.), Römpp Chemie-Lexikon, Georg Thieme Verlag, Stuttgart, 1990

[6.3] G.R. Wallwork: The Oxidation of Alloys, Rep. Prog. Phys. **39** (1976), 401-485

[6.4] Stahl-Eisen-Liste, Stahlinstitut VDEh (Hrsg.), 11. Aufl., Stahleisen-Verlag, Düsseldorf, 2004

[6.5] M.J. Bennett, D.P. Moon: Effect of Active Elements on the Oxidation Behaviour of Cr_2O_3-Formers, in: The Role of Active Elements in the Oxidation Behaviour of High Temperature Metals and Alloys, E. Lang (Ed.), Elsevier Appl. Sci., London, 1989, 111–129

[6.6] J. Glen: Effect of Alloying Elements on the High-Temperature Tensile Strength of Normalized Low-Carbon Steel, J. Iron Steel Inst., **186** (1957), 21–48

[6.7] A. Rahmel: Beitrag zur Frage des Zunderverhaltens von Kesselbaustählen, Mitt. VGB, **74** (1961), 319–332

[6.8] H. Naoi et al.: Mechanical Properties of 12Cr-W-Co Ferritic Steels With High Creep Rupture Strength, in: D. Coutsouradis et al. (Eds.), Materials for Advanced Power Engineering 1994, Part I, Kluwer Academic Publ., Dordrecht, 1994, 425–434

[6.9] J.H. Davidson et al.: The Development of Oxidation-Resistant Fe-Ni-Cr-Al Alloys for Use at Temperatures up to 1300 °C, in: Behaviour of High Temperature Alloys in Aggressive Environments, I. Kirman et al. (Eds.), Proc. Int. Conf. Petten/The Netherlands, 15–18 Oct. 1979, The Metals Society, London, 1980, 209–224

[6.10] Y. Mishima, S. Ochiai, T. Suzuki: Lattice Parameters of Ni(γ), Ni$_3$Al(γ') and Ni$_3$Ga(γ') Solid Solutions With Additions of Transition and B-Subgroup Elements, Acta metall., **33** (1985), 1161–1169

[6.11] D.R. Coupland, C.W. Hall, I.R. McGill: Platinum-Enriched Superalloys, Platinum Metals Rev., **26** (1982), 146–157

[6.12] G. Frank: Mikrostrukturelle Ursachen des Negativen Kriechens von gegossenen Superlegierungen, Dissertation Universität Erlangen-Nürnberg, 1990

[6.13] T.M. Pollock, A.S. Argon: Directional Coarsening in Nickel-Base Single Crystals With High Volume Fractions of Coherent Precipitates, Acta metall. mater., **42** (1994), 1859–1874

[6.14] L. Müller, T. Link, M. Feller-Kniepmeier: Temperature Dependence of the Thermal Lattice Mismatch in a Single Crystal Nickel-Base Superalloy Measured by Neutron Diffraction, Scripta metall. mater., **26** (1992), 1297–1302

[6.15] H. Biermann: Röntgenographische Bestimmung von inneren Spannungen in der Nickelbasis-Superlegierung SRR 99, Fortschr.-Ber. VDI, Reihe 5, Nr. 325, VDI-Verlag, Düsseldorf, 1993, 64

[6.16] L.R. Woodyatt, C.T. Sims, H.J. Beattie Jr.: Prediction of Sigma-Type Phase Occurence from Compositions in Austenitic Superalloys, Trans. Met. Soc. AIME, **236** (1966), 519–527

[6.17] L. Pauling: The Nature of the Interatomic Forces in Metals, Phys. Rev., **54** (1938), 899–904

[6.18] L. Darken, R.W. Gurry: Physical Chemistry of Metals, McGraw-Hill, New York, 1953, 86

[6.19] M. Morinaga, N. Yukawa, H. Ezaki, H. Adachi: Solid Solubilities in Transition-Metal-Based F.C.C. Alloys, Phil. Mag. A, **51** (1985), 223–246

[6.20] M. Morinaga, N. Yukawa, H. Ezaki, H. Adachi: Solid Solubilities in Nickel-Based F.C.C. Alloys, Phil. Mag. A, **51** (1985), 247–252

[6.21] K. Matsugi, Y. Murata, M. Morinaga, N. Yukawa: Realistic Advancement for Nickel-Based Single Crystal Superalloys by the d-Electrons Concept, in: S.D. Antolovich et al. (Eds.), Superalloys 1992, Proc. 7th Int. Symp. on Superalloys, Seven Springs/Pa., The Minerals, Metals & Materials Society, Warrendale/Pa., 1992, 307–316

[6.22] Structures of Nimonic Alloys, Henry Wiggin & Comp. Ltd., Publication 3563, 1974

[6.23] A.K. Koul, R. Thamburaj: Serrated Grain Boundary Formation Potential of Ni-Based Superalloys and Its Implications, Metall. Trans., 16A (1985), 17–26

[6.24] U. Oestern, Diplomarbeit, FH Osnabrück, 1994

[6.25] R. Weigelt, Diplomarbeit, FH Osnabrück, 1995

[6.26] A.K. Koul, D.D. Morphy: Serrated Grain Boundary Formation in Nickel-Base Superalloys, Microstructural Science, **11** (1983), 79–88

[6.27] A.K. Koul, G.H. Gessinger: On the Mechanism of Serrated Grain Boundary Formation in Ni-Based Superalloys, Acta metall., **31** (1983), 1061–1069

[6.28] H. Loyer Danflou, M. Macia, T.H. Sanders, T. Khan: Mechanisms of Formation of Serrated Grain Boundaries in Nickel-Base Superalloys, in: R.D. Kissinger et al. (Eds.), Superalloys 1996, Proc. 8th Int. Symp. on Superalloys, Seven Springs/Pa., The Minerals, Metals & Materials Society, Warrendale/Pa., 1996, 119–127

[6.29] M. McLean: Directionally Solidified Materials for High Temperature Service, The Metals Society, London, 1983

[6.30] T.M. Pollock et al.: Grain Defect Formation During Directional Solidification of Nickel Base Single Crystals, in: S.D. Antolovich et al. (Eds.), Superalloys 1992, Proc. 7th Int. Symp. on Superalloys, Seven Springs/Pa., The Minerals, Metals & Materials Society, Warrendale/Pa., 1992, 125–134

[6.31] A.F. Giamei, B.H. Kear: On the Nature of Freckles in Nickel Base Superalloys, Metall. Trans., **1A** (1970), 2185–2192

[6.32] S.M. Copley, A.F. Giamei, S.M. Johnson, M.F. Hornbecker: The Origin of Freckles in Unidirectionally Solidified Castings, Metall. Trans., **1A** (1970), 2193–2204

[6.33] D. Goldschmidt: Einkristalline Gasturbinenschaufeln aus Nickelbasis-Legierungen, Mat.-wiss. u. Werkstofftech., **25** (1994), 311–320

[6.34] A. Lohmüller, W. Eßer, J. Großmann, M. Hördler, J. Preuhs, R.F. Singer: Improved Quality and Economics of Investment Castings by Liquid Metal Cooling – The Selection of Cooling Media, in: T.M. Pollock et al. (Eds.), Superalloys 2000, Proc. 9th Int. Symp. on Superalloys, Seven Springs/Pa., The Minerals, Metals & Materials Society, Warrendale/Pa., 2000, 181–188

[6.35] M.A. Taha, W. Kurz: About Microsegregation of Nickel Base Superalloys, Z. Metallkd., **72** (1981), 546–549

[6.36] D. Ma, P.R. Sahm: Einkristallerstarrung der Ni-Basis-Superlegierung SRR99, Teil2: Mikroseigerungsverhalten der Legierungselemente, Z. Metallkd., **87** (1996), 634–639

[6.37] W.S. Walston, J.C. Schaeffer, W.H. Murphy: A New Type of Microstructural Instability in Superalloys - SRZ, in: R.D. Kissinger et al. (Eds.), Superalloys 1996, Proc. 8th Int. Symp. on Superalloys, Seven Springs/Pa., The Minerals, Metals & Materials Society, Warrendale/Pa., 1996, 9–18

[6.38] E.W. Ross, K.S. O'Hara: René N4: A First Generation Single Crystal Turbine Airfoil Alloy with Improved Oxidation Resistance, Low Angle Boundary Strength and Superior Long Time Rupture Strength, in: R.D. Kissinger et al. (Eds.), Superalloys 1996, Proc. 8th Int. Symp. on Superalloys, Seven Springs/Pa., The Minerals, Metals & Materials Society, Warrendale/Pa., 1996, 19–25

[6.39] M. Konter, E. Kats, N. Hofmann: A Novel Casting Process for Single Crystal Gas Turbine Components, in: T.M. Pollock et al. (Eds.), Superalloys 2000, Proc. 9th Int. Symp. on Superalloys, Seven Springs/Pa., The Minerals, Metals & Materials Society, Warrendale/Pa., 2000, 189–200

[6.40] V. Sass, U. Glatzel, M. Feller-Kniepmeier: Creep Anisotropy in the Monocrystalline Nickel-Base Superalloy CMSX-4, in: R.D. Kissinger et al. (Eds.), Superalloys 1996, Proc. 8th Int. Symp. on Superalloys, Seven Springs/Pa., The Minerals, Metals & Materials Society, Warrendale/Pa., 1996, 283–290

[6.41] Y. Kondo et al.: Effect of Morphology of γ' Phase on Creep Resistance of a Single Crystal Nickel-Based Superalloy CMSX-4, in: R.D. Kissinger et al. (Eds.), Superalloys 1996, Proc. 8th Int. Symp. on Superalloys, Seven Springs/Pa., The Minerals, Metals & Materials Society, Warrendale/Pa., 1996, 297–304

[6.42] *Introducing Mechanical Alloying*, Huntington Alloys, Broschüre 77-310

[6.43] G.F. Hüttig: Experimentelle Grundlagen des Begriffes „Mahlungsgleichgewicht", Z. Metallkde., **48** (1957), 352–356

[6.44] C.P. Jongenburger, Secondary Recrystallisation in Oxide-Dispersion Strengthened Nickel-Base Alloys, Thèse No. 773 (1988), École Polytechnique Fédérale de Lausanne/Schweiz

[6.45] C. Jongenburger, R.F. Singer: Recrystallization of ODS Superalloys, in: E. Arzt, L. Schultz (Eds.), New Materials by Mechanical Alloying Techniques, DGM conf. Calw-Hirsau (FRG), 1988, DGM Informationsgesellschaft Verlag, Oberursel, 1989, 157–174

[6.46] J.D. Whittenberger: Properties of Oxide Dispersion Strengthened Alloys, in: E. Arzt, L. Schultz (Eds.), New Materials by Mechanical Alloying Techniques, DGM conf. Calw-Hirsau (FRG), 1988, DGM Informationsgesellschaft Verlag, Oberursel, 1989, 201–215

[6.47] R.A. Testin, B.A. Ewing, J.A. Spees: A High Performance Austenitic ODS Superalloy Sheet for Advanced Gas Turbine Applications, in: S.D. Antolovich et al. (Eds.), Superalloys 1992, Proc. 7th Int. Symp. on Superalloys, Seven Springs/Pa., The Minerals, Metals & Materials Society, Warrendale/Pa., 1992, 83–92

[6.48] R. Bürgel, B. Trück, unveröffentl. Ergebnisse, Brown Boveri & Cie. Mannheim, 1983

[6.49] W. Jakobeit: PM Mo-TZM Turbine Blades — Demands on Mechanical Properties, Int. J. Refractory & Hard Metals, **2** (1983), 133–136

[6.50] C.S. Barrett, T.B. Massalski: Structure of Metals, McGraw-Hill, New York, 1966

[6.51] M.H. Yoo et al.: Deformation and Fracture of Intermetallics, Overview No. 105, Acta metall. mater., **41** (1993), 987–1002

[6.52] G. Sauthoff: Intermetallics, VCH, Weinheim, 1995

[6.53] D.B. Miracle: The Physical and Mechanical Properties of NiAl, Overview No. 104, Acta metall. mater., **41** (1993), 649–684

[6.54] R. Darolia, W.S. Walston, M.V. Nathal: NiAl Alloys for Turbine Airfoils, in: R.D. Kissinger et al. (Eds.), Superalloys 1996, Proc. 8th Int. Symp. on Superalloys, Seven Springs/Pa., The Minerals, Metals & Materials Society, Warrendale/Pa., 1996, 561–570

[6.55] C.M. Austin, T.J. Kelly: Gas Turbine Engine Implementation of Gamma Titanium Aluminide, in: R.D. Kissinger et al. (Eds.), Superalloys 1996, Proc. 8th Int. Symp. on Superalloys, Seven Springs/Pa., The Minerals, Metals & Materials Society, Warrendale/Pa., 1996, 539–543

[6.56] Y.-W. Kim: Ordered Intermetallic Alloys, Part III: Gamma Titanium Aluminides, J. Metals, **46** (1994), No. 7, 30–39

[6.57] F.H. Froes, C. Suryanarayana, D. Eliezer: Review: Synthesis, Properties and Applications of Titanium Aluminides, J. Mat. Sci., **27** (1992), 5113–5140

[6.58] Werkstoffe u. Korr., **48** (1997), 1–78 (gesamtes Heft 1/97)

[6.59] F.H. Froes, C. Suryanarayana, D. Eliezer: Review: Synthesis, Properties and Applications of Titanium Aluminides, J. Mat. Sci., **27** (1992), 5113–5140

[6.60] D.M. Shah: MoSi$_2$ and Other Silicides as High Temperature Structural Materials, in: S.D. Antolovich et al. (Eds.), Superalloys 1992, Proc. 7th Int. Symp. on Superalloys, Seven Springs/Pa., The Minerals, Metals & Materials Society, Warrendale/Pa., 1992, 409–422

[6.61] E. Drost, H. Gölitzer, M. Poniatowski, S. Zeuner: Platinwerkstoffe für Hochtemperatur-Einsatz, Metall, **50** (1996), 492–498

[6.62] R.T. Holt, W. Wallace: Impurities and Trace Elements in Nickel-Base Superalloys, Int. Metals Review, **21** (1976), March, 1–24

[6.63] M. Kohno, M. Miyakawa, S. Kinoshita, A. Suzuki: Effect of Chemical Composition on Properties of High Purity 3.5NiCrMoV Steel Forging, in: Conf. on Advances in Materials for Fossil Power Plants, Chicago/IL, Am. Soc. Metals ASM, 81–88

[6.64] Metals Technology, **11** (1984), gesamtes Oktober-Heft

[6.65] M. McLean, A. Strang: Effects of Trace Elements on Mechanical Properties of Superalloys, Met. Technol., **11** (1984), 454–464

[6.66] C.H. White, P.M. Williams, M. Morley: Cleaner Superalloys Via Improved Melting Practices, Advanced Mat. & Proc., **137** (1990), April, 53–57

[6.67] N.A. Waterman, M.F. Ashby (Eds.): Elsevier Materials Selector, Vol. 2, Elsevier, London, 1991

[6.68] M.V. Nathal, S.R. Levine: Development of Alternative Engine Materials, in: S.D. Antolovich et al. (Eds.), Superalloys 1992, Proc. 7th Int. Symp. on Superalloys, Seven Springs/Pa., The Minerals, Metals & Materials Society, Warrendale/Pa., 1992, 329–340

[6.69] K. Komeya, M. Matsui: High Temperature Engineering Ceramics, in: R.W. Cahn, P. Haasen, E.J. Kramer (Eds.), Materials Science and Technology, Vol. 11, M.V. Swain (Vol. Ed.), VCH, Weinheim, 1994, 517–565

[6.70] J.C. Williams: Materials Requirements for High-Temperature Structures in the 21st Century, in: R.W. Cahn, A.G. Evans, M. McLean (Eds.), High-Temperature Structural Materials, Chapman & Hall, London, 1996, 17–31

[6.71] P. Caron: High γ' Solvus New Generation Nickel-Based Superalloys for Single Crystal Turbine Blade Applications, in: T.M. Pollock et al. (Eds.), Superalloys 2000, Proc. 9th Int. Symp. on Superalloys, Seven Springs/Pa., The Minerals, Metals & Materials Society, Warrendale/Pa., 2000, 737–746

[6.72] R. Bürgel, P.D. Portella, J. Preuhs: Recrystallization in Single Crystals of Nickel Base Superalloys, in: T.M. Pollock et al. (Eds.), Superalloys 2000, Proc. 9th Int. Symp. on Superalloys, Seven Springs/Pa., The Minerals, Metals & Materials Society, Warrendale/Pa., 2000, 229–238

[6.73] U. Klotz: Mechanische Eigenschaften und Gefügestabilität von warmfesten 9–12 % Chromstählen mit Mikroduplexstruktur, Dissertation ETH Zürich, 1999

[6.74] R. Bürgel, A. Volek, R.F. Singer: The Role of Cobalt in Nickel Base Superalloys, Veröffentlichung in Arbeit

[6.75] F. Pyczak, H. Mughrabi: An Overview of M_d-Number Calculations as a Tool for Phase Stability Prediction in Ni-Base Superalloys, in: D.G. Morris et al. (Eds.), Intermetallics and Superalloys, EUROMAT 99 – Vol. 10, Wiley-VCH/DGM, Weinheim, 2000, 47–51

[6.76] H. Biermann: Ursachen und Auswirkungen der gerichteten Vergröberung („Floßbildung") in einkristallinen Nickelbasis-Superlegierungen, Fortschritt-Berichte VDI, Reihe 5, Nr. 550, VDI Verlag, Düsseldorf, 1999

[6.77] F.D. Hull: Estimating Alloy Densities, Metal Progress, Nov. 1969, 139–140

[6.78] A. Volek et al.: Influence of Topologically Closed Packed Phase Formation on Creep Rupture Life of Directionally Solidified Nickel-Base Superalloys, Metallurgical and Materials Transactions A, **37A** (2006), 405–410

[6.79] N. Saunders, A.P. Miodownik: CALPHAD – Calculation of Phase Diagrams, a Comprehensive Guide, Pergamon, Oxford, 1998

[6.80] Landolt-Börnstein, Neue Serie, Gruppe III/Bd. 6: Strukturdaten der Elemente und intermetallischen Phasen, K.-H. und A.M. Hellwege (Hrsg.), Springer, Berlin, 1971, 471

[6.81] R. Bürgel et al.: Development of a New Alloy for Directional Solidification of Large Industrial Gas Turbine Blades, in: K.A. Green et al. (Eds.), Superalloys 2004, Proc. 10th Int. Symp. on Superalloys, Seven Springs/Pa., The Minerals, Metals & Materials Society, Warrendale/Pa., 2004, 25–34

[6.82] R. Bürgel, W. Eßer, M. Ott, D.-Y.F. Roan: Method for Restoring the Microstructure of a Textured Article and for Refurbishing a Gas Turbine Blade or Vane, US-Patent No. US 6,719,853 B2, Apr. 13, 2004

[6.83] A. Volek: Erstarrungsmikrostruktur und Hochtemperatureigenschaften rheniumhaltiger, stängelkristalliner Nickel-Basis-Superlegierungen, Dissertation Universität Erlangen-Nürnberg, 2002

[6.84] M.S.A. Karunaratne et al.: Modelling of the Microsegregation in CMSX-4 Superalloy and its Homogenisation During Heat Treatment, in: T.M. Pollock et al. (Eds.), Superalloys 2000, Proc. 9th Int. Symp. on Superalloys, Seven Springs/Pa., The Minerals, Metals & Materials Society, Warrendale/Pa., 2000, 263–272

[6.85] R. Bürgel, unveröffentlichte Ergebnisse

[6.86] T.B. Masalski (Ed.): Binary Alloys Phase Diagrams, 2nd ed., 1990, ASM International, Ohio

[6.87] K. Gebauer: Performance, tolerance and cost of TiAl passenger car valves, Intermetallics, **14** (2006), 355–360

[6.88] T. Tetsui: Development of an TiAl turbocharger for passenger vehicles, Mat. Sci. Engg., **A329-331** (2002), 582–588

[6.89] R.L. Kennedy: ALLVAC 718PLUS, Superalloy for the Next Forty Years, in: E.A. Loria (Ed.): Superalloys 718, 625, 706 and Derivatives 2005, The Minerals, Metals & Materials Soc., Warrendale/Pa., 2005, 1–14

[6.90] W.-D. Cao: Solidification and Solid State Phase Transformation of Allvac 718Plus Alloy, in: E.A. Loria (Ed.): Superalloys 718, 625, 706 and Derivatives 2005, The Minerals, Metals & Materials Soc., Warrendale/Pa., 2005, 165–177

[6.91] E. Erdös et al.: Gefügestabilität von hochwarmfesten Guss- und Schmiedelegierungen auf Ni-Basis, Schlussbericht COST-Aktion 50, Projekt CH 2/1, Gebr. Sulzer, 1977

[6.92] S. Walston et al.: Joint Development of a Fourth Generation Single Crystal Superalloy, in: K.A. Green et al. (Eds.), Superalloys 2004, Proc. 10th Int. Symp. on Superalloys, Seven Springs/Pa., The Minerals, Metals & Materials Society, Warrendale/Pa., 2004, 15–24

[6.93] S. Lohfeld, M.Schütze: Untersuchung der Eigenschaften von $MoSi_2$-Kompositen in korrosiven und oxidativen Atmosphären, Abschlussbericht BMBF-Projekt Nr. 03 N 2015 C1, DECHEMA, Frankfurt, 2001

[6.94] D. Blavette, P. Caron, T. Khan: An Atom-Probe Study of Some Fine Scale Microstructural Features in Ni-Base Single Crystal Superalloys, in: Superalloys 1988, D. Duhl et al. (Eds.), The Metall. Soc., Warrendale/Pa., 305–314

[6.95] T. Grosdidier, A. Hazotte, A. Simon : Precipitation and Dissolution Processes in γ/γ' Single Crystal Nickel-Based Superalloys, Mat. Sci. Engg., A256(1998), 183-196

[6.96] L.I. Duarte: Aspectos microestruturais da liga Ti-48Al-2Cr-2Nb, Ciência e Tecnologia dos Materials, **15** (2003), 105

[6.97] B. Zeumer, G. Sauthoff: Deformation Behaviour of Intermetallic NiAl–Ta Alloys With Strengthening Laves Phase for High-Temperature Applications III. Effects of Alloying With Cr, Intermetallics **6** (1998), 451–460

[6.98] P.J. Warren, A. Cerezo, G.D.W. Smith: An Atom Probe Study of the Distribution of Rhenium in a Nickel-Base Superalloy, Mat. Sci. Engg., **A250** (1998), 88-92

[6.99] A. Volek et al.: Partitioning of Re between γ and γ' Phase in Nickel-Base Superalloys, Scripta Mater., **52** (2005), 141–145

[6.100] P. Jéhanno et al.: Assessment of the high temperature deformation behaviour of molybdenum , Mater. Sci. Eng. A, **463** (2007), 216–223

[6.101] M. Krüger et al.: Mechanically alloyed Mo-Si-B alloys with a continous a-Mo matrix and improved mechanical properties, Intermetallics, **16** (2008), 933–941

Kapitel 7

[7.1] C. Duret, R. Pichoir: Protective Coatings for High Temperature Materials: Chemical Vapour Deposition and Pack Cementation Processes, in: E. Lang (Ed.), Coatings for High Temperature Applications, Appl. Sci. Publ., London, 1983, 33–78

[7.2] R.S. Parzuchowski: Gas Phase Deposition of Aluminium on Nickel Alloys, Thin Solid Films, **45** (1977), 349-355

[7.3] G. Kienel, P. Sommerkamp: Aufdampfen im Hochvakuum, in: G. Kienel, K. Röll (Hrsg.), Vakuumbeschichtung 2, VDI-Verlag, Düsseldorf, 1995, 20–106

[7.4] A. Sickinger, E. Mühlberger: Advanced Low Pressure Plasma Application in Powder Metallurgy, Powder Met. Int., **24** (1992), 91–94

[7.5] J.S. Smith, D.H. Boone, Platinum Modified Aluminides–Present Status, Gas Turbine and Aeroengine Congress and Exposition, June 11–14, 1990, Brussels, Amer. Soc. of Mech. Engineers ASME, New York, Paper 90–GT–319

[7.6] L. Peichl, D.F. Bettridge: Overlay and Diffusion Coatings for Aero Gas Turbines, in: D. Coutsouradis et al. (Eds.), Materials for Advanced Power Engineering 1994, Proc. Int. Conf. Liège 1994, Kluwer Acad. Publ., Dordrecht, 1994, 717–740

[7.7] R. Bürgel: Beschichtungen gegen Hochtemperaturkorrosion in thermischen Maschinen, in: Beschichtungen für Hochleistungsbauteile, Verein Deutscher Ingenieure (Hrsg.), VDI Berichte 624, VDI-Verlag, Düsseldorf, 1986, 185–240

[7.8] R. Kowalewski: Thermomechanische Ermüdung einer beschichteten, stengelkristallinen Nickelbasis-Superlegierung, Fortschr.-Ber. VDI, Reihe 18, Nr. 212, VDI-Verlag, Düsseldorf, 1997

[7.9] A. Taylor, R.W. Floyd: The Constitution of Nickel-Rich Alloys of the Nickel-Chromium-Aluminium System, J. Inst. Met., **81** (1952/53), 451–464

[7.10] F.J. Pennisi, D.K. Gupta: Tailored Plasma Sprayed MCrAlY Coatings for Aircraft Gas Turbine Applications, NASA CR-165234, 1981

[7.11] M.I. Wood: The Mechanical Properties of Coatings and Coated Systems, Mater. Sci. Eng., **A 121** (1989), 633–643

[7.12] Nimocast Alloys, Henry Wiggin & Co Ltd., Publ. 3610, 1974

[7.13] J. Stringer, R. Viswanathan: Gas Turbine Hot Section Materials and Coatings in Electric Utility Applications, in: V.P. Swaminathan, N.S. Cheruvu (Eds.), Advanced Materials and Coatings for Combustion Turbines, ASM International, Materials Park (OH), 1994, 1–18

[7.14] M.G. Hebsur, R.V. Miner: Stress Rupture and Creep Behavior of a Low Pressure Plasma-Sprayed NiCoCrAlY Coating Alloy in Air and Vacuum, Thin Solid Films, **147** (1987), 143–152

[7.15] D.B. Miracle: The Physical and Mechanical Properties of NiAl, Overview No. 104, Acta metall. mater., **41** (1993), 649–684

[7.16] G. Sauthoff: Intermetallics, VCH, Weinheim, 1995

[7.17] M.I. Wood, G.F. Harrison: Modelling the Deformation of Coated Superalloys Under Thermal Shock, in: R. Viswanathan and J.M. Allen (Eds.), Life Assessment and Repair Technology for Combustion Turbine Hot-Section Components, ASM International, Materials Park (OH), 1990, 197–204

[7.18] K.H. Kloos, J. Granacher, H. Kirchner: Mechanisches Verhalten des Schutzschicht-Grundwerkstoff-Verbundes von Gasturbinenschaufeln unter betriebsähnlicher zyklischer Beanspruchung, Mat.-wiss. u. Werkstofftech., **25** (1994), 209–217]

[7.19] T.E. Strangman: Thermal-Mechanical Fatigue Life Model for Coated Superalloy Turbine Components, in: S.D. Antolovich et al. (Eds.), Superalloys 1992, Proc. 7th Int. Symp. on Superalloys, Seven Springs/Pa., The Minerals, Metals & Materials Society, Warrendale/Pa., 1992, 795–804

[7.20] K. Komeya, M. Matsui: High Temperature Engineering Ceramics, in: R.W. Cahn, P. Haasen, E.J. Kramer (Eds.), Materials Science and Technology, Vol. 11, M.V. Swain (Vol. Ed.), VCH, Weinheim, 1994, 517–565

[7.21] R. Bürgel, I. Kvernes: Thermal Barrier Coatings, in: W. Betz et al. (Eds.), High Temperature Alloys for Gas Turbines and Other Applications 1986, Proc. Int. Conf. Liège 1986, D. Reidel Publ., Dordrecht, 1986, 327–356

[7.22] H.G. Scott: Phase Relationships in the Zirconia-Yttria System, J. Mater. Sci., **10** (1975), 1527–1535

[7.23] C.A. Andersson et al.: Advanced Ceramic Coating Development for Industrial/Utility Gas Turbine Applications, NASA Contractor Report CR 165619, Westinghouse Electric Corp., Febr. 1982

[7.24] R. Stickler, E. Kny: Summary of the Physical and Mechanical Property Data of IN-738, COST 50, Part 1 of 2nd Progress Report, University Vienna, 75-UW-COST-B6, 1975

[7.25] Nimocast Alloys, Henry Wiggin & Co Ltd., Publication 3610, 1974

[7.26] W. Mannsmann: Keramische Wärmedämmschichtsysteme, Dissertation Universität Karlsruhe, 1995

[7.27] U. Täck: The Influence of Cobalt and Rhenium on the Behaviour of MCrAlY Coatings, Dissertation, Technische Universität Bergakademie Freiberg, 2004

Kapitel 8

[8.1] VGB Technische Vereinigung der Großkraftwerksbetreiber e.V. (Hrsg.), Richtreihen zur Bewertung der Gefügeausbildung und -schädigung zeitstandbeanspruchter Werkstoffe von Hochdruckrohrleitungen und Kesselbauteilen, VGB-TW 507, Essen, 1992

[8.2] B. Trück, K. Schneider, R. Bürgel: Creep Damage Behaviour of 12 % Cr Steel, Nucl. Engineering and Design, **130** (1991), 7–11

Anhang 1

[A.1] R. Bürgel: Beitrag zum Ringversuch zur quantitativen Gefügecharakterisierung einer einkristallinen Nickelbasis-Superlegierung, 2002, unveröffentlicht

Anhang 1
Berechnung von Volumenanteilen der γ'-Phase

Bei hoch γ'-haltigen Ni-Basislegierungen, besonders bei den einkristallinen Varianten, stellt sich nach optimaler und vollständiger Wärmebehandlung eine einigermaßen gleichmäßige Verteilung von kubischen γ'-Ausscheidungen ein. Die quantitative Gefügeauswertung erfolgt in der Regel in Schnitten, die mehr oder weniger genau einer {100}-Ebene entsprechen. Die γ'-Würfel liegen mit ihrer Basisebene in dieser {100}-Ebene, so dass sie annähernd quadratisch in der Schliffebene erscheinen. Darin wird dann üblicherweise die mittlere γ'-Kantenlänge bestimmt sowie der {100}-Flächenanteil dieser Phase in der Legierung. **Bild A1** zeigt dazu ein Beispiel.

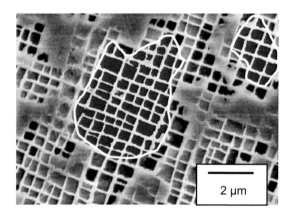

Bild A1
γ/γ'-Gefüge der Einkristalllegierung *CMSX-4* im voll wärmebehandelten Ausgangszustand (Binärbild zur quantitativen Auswertung)

Die Schliffebene entspricht etwa einer {100}-Ebene. Der umrandete Bereich dient zur Flächenauswertung (hier: 63 %).
Ätzung: Die γ'-Teilchen wurden herausgelöst (dunkel).

Die größeren Bereiche ohne γ'-Ausscheidungen in Bild A1 rühren daher, dass die Schlifffläche niemals exakt einer {100}-Ebene gleichkommt. Da gewöhnlich für diese Art der Auswertung eine so genannte Negativätzung angewandt wird, bei der die γ'-Teilchen herausgelöst werden und die γ-Matrix stehen bleibt, werden in gewissen Abständen γ-Kanäle unter einem spitzen Winkel angeschnitten. Diese erscheinen dann als scheinbar ausscheidungsfreie Inseln im Schliffbild. Sie werden nicht mit ausgewertet.

Üblicherweise wird in der Literatur der *Volumenanteil* der Teilchen genannt. Dieser ist bei der oben erwähnten Geometrie und Verteilung der Partikel nicht identisch mit dem Flächenanteil in der {100}-Ebene (dies wäre nur bei durchgehenden, faserförmigen Teilchen der Fall).

Im Folgenden wird ein Modell zur Umrechnung von {100}-Flächenanteilen in Volumenanteile vorgestellt, welches unter folgenden idealisierten Bedingungen zutrifft [A.1]:

Anhang 1 Berechnung von Volumenanteilen

- Die γ'-Teilchen sind kubisch und alle gleichmäßig groß.
- Die Verteilung der Teilchen ist gleichmäßig, so dass die γ-Kanalbreite überall gleich ist.

Bild A2 stellt eine solche Anordnung in einer {100}-Ebene schematisch dar. Die γ'-Kantenlänge wird als s bezeichnet und die γ-Kanalbreite als w. Es ist zweckmäßig für die nachfolgende Berechnung, den Quotienten aus Kantenlänge und Kanalbreite zu definieren:

$$Q = \frac{s}{w}$$

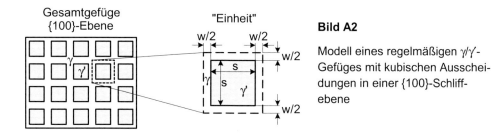

Bild A2

Modell eines regelmäßigen γ/γ'-Gefüges mit kubischen Ausscheidungen in einer {100}-Schliffebene

Unter den genannten Voraussetzungen stehen der Flächenanteil und der Q-Wert in eindeutigem Zusammenhang. Dieser wird im Folgenden hergeleitet.

Für die Modellrechnung kann man von einer „Einheit", bestehend aus *einem* Teilchen mit ringsherum halber Kanalbreite, ausgehen, weil sich diese Einheiten in der gesamten Fläche und dem gesamten Volumen gleichmäßig wiederholen. Der Flächenanteil der γ'-Phase in der {100}-Ebene beträgt demnach:

$$f_{\{100\}} = \frac{s^2}{(s+w)^2} = \frac{s^2}{s^2 + 2sw + w^2} = \frac{\frac{s^2}{w^2}}{\frac{s^2}{w^2} + \frac{2s}{w} + 1} = \frac{Q^2}{Q^2 + 2Q + 1}$$

$$f_{\{100\}} Q^2 + 2 f_{\{100\}} Q + f_{\{100\}} = Q^2$$

$$\left(f_{\{100\}} - 1\right) Q^2 + 2 f_{\{100\}} Q + f_{\{100\}} = 0$$

$$Q^2 + \frac{2 f_{\{100\}}}{f_{\{100\}} - 1} Q + \frac{f_{\{100\}}}{f_{\{100\}} - 1} = 0$$

Diese quadratische Gleichung wird nun nach dem bekannten Schema gelöst:

$$Q_{1,2} = -\frac{f_{\{100\}}}{f_{\{100\}}-1} \pm \sqrt{\frac{f_{\{100\}}^2}{(f_{\{100\}}-1)^2} - \frac{f_{\{100\}}}{f_{\{100\}}-1}}$$

$$= -\frac{f_{\{100\}}}{f_{\{100\}}-1} \pm \sqrt{\frac{f_{\{100\}}^2 - f_{\{100\}}^2 + f_{\{100\}}}{(f_{\{100\}}-1)^2}} = -\frac{f_{\{100\}}}{f_{\{100\}}-1} \pm \frac{\sqrt{f_{\{100\}}}}{f_{\{100\}}-1}$$

$$= \frac{-f_{\{100\}} \pm \sqrt{f_{\{100\}}}}{f_{\{100\}}-1}$$

Wegen $f_{\{100\}} < 1$ wird der Nenner stets negativ. Damit der Zähler ebenfalls negativ wird (Q ist selbstverständlich immer positiv), gilt für die Lösung nur das Minuszeichen:

$$Q = \frac{-f_{\{100\}} - \sqrt{f_{\{100\}}}}{f_{\{100\}}-1} = \frac{f_{\{100\}} + \sqrt{f_{\{100\}}}}{1 - f_{\{100\}}} \qquad (A1)$$

Für einen gemessenen Flächenanteil $f_{\{100\}}$ kann mit Gl. (A1) der Q-Wert bestimmt werden.

Eine ähnliche Rechnung wird nun für den Volumenanteil f_V angestellt:

$$f_V = \frac{s^3}{(s+w)^3} = \frac{s^3}{s^3 + 2s^2w + sw^2 + s^2w + 2sw^2 + w^3} \quad \Big| : w^3$$

$$f_V = \frac{Q^3}{Q^3 + 2Q^2 + Q + Q^2 + 2Q + 1} = \frac{Q^3}{Q^3 + 3Q^2 + 3Q + 1} \qquad (A2\,a)$$

In Normalform geschrieben:

$$Q^3 + 3Q^2 + 3Q + 1 - \frac{Q^3}{f_V} = 0$$

$$\left(1 - \frac{1}{f_V}\right)Q^3 + 3Q^2 + 3Q + 1 = 0 \qquad (A2\,b)$$

Für einen gegebenen Q-Wert lässt sich mit Gl. (A2 a) der Volumenanteil f_V errechnen.

Bild A3 stellt beide Funktionen, Gl. (A1) und Gl. (A2), graphisch dar. Man kann nun bei der quantitativen Auswertung eines {100}-Schliffes wie folgt vorgehen.

Man misst zunächst den Flächenanteil $f_{\{100\}}$ in Bereichen, in denen die oben genannten Voraussetzungen der gleichmäßigen γ'-Größe und -Verteilung so gut wie möglich erfüllt sind (siehe Bild A1). Durch Wahl mehrerer Auswerteflächen aus mehreren Bildern sollte ein statistisch einigermaßen abgesicherter $f_{\{100\}}$-Wert zustande kommen. Man sucht dann mit Hilfe des (f; Q)-Diagramms, Bild A3, den zugehörigen Volumenanteil f_V *bei gleichem Q* auf.

Bei einem tatsächlichen Teilchenvolumenanteil von beispielsweise 50 % müsste nach dem (f; Q)-Diagramm der Flächenanteil in der {100}-Ebene bei ca. 63 % liegen (Q = 3,85).

In der Literatur werden für hoch γ'-haltige Superlegierungen manchmal Volumenanteile von bis zu 70 % genannt. Dabei handelt es sich jedoch um *Flächen*anteile in der {100}-Ebene. Der errechnete Volumenanteil beträgt bei $f_{\{100\}} = 0,7$ nach dem vorgestellten Modell $f_V \approx 0,58 \triangleq 58$ %. Im Text dieses Buches wird daher von einem maximalen Volumenanteil der γ'-Phase von rund 60 % in Ni-Basislegierungen ausgegangen.

Selbstverständlich kann das hier verwendete Modell nur einen groben Anhaltswert liefern für den wahren Volumenanteil. Wenn von γ'-Anteilen die Rede ist, muss stets erwähnt werden, ob es sich um einen Flächen- oder Volumenanteil handelt und wie dieser ermittelt wurde.

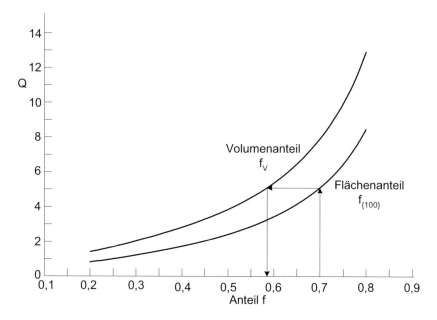

Bild A3 Vergleich von Volumenanteil und Flächenanteil in einer {100}-Schnittebene bei würfelförmigen, gleichmäßig verteilten Teilchen
Ablesebeispiel: Bei einem Flächenanteil von 70 % beträgt der Volumenanteil ca. 58 %.

Anhang 2: Chemische Zusammensetzungen

In den nachfolgenden Tabellen ist eine Auswahl von Hochtemperaturlegierungen auf Fe-, Co- und Ni-Basis sowie hochschmelzender Legierungen aufgeführt. Es werden typische und häufig verwendete Vertreter in den Gruppen genannt – ohne Absicht auf Vollständigkeit. Sofern vorhanden werden die in Deutschland gebräuchlichen Kurznamen, die Werkstoffnummern sowie die Handelsnamen angegeben.

Alle Werte stellen **Masse-%** *dar, und zwar handelt es sich um Mittelwerte nach ‚Stahl-Eisen-Liste', falls die Legierungen dort enthalten sind, ansonsten um Nennwerte der Hersteller oder aus der Literatur (ohne Toleranzangaben).*

Zahlreiche warmfeste Druckbehälterstähle sind in **DIN EN 10028-2**, *hochwarmfeste Stähle, Co- und Ni-Legierungen in* **DIN EN 10302** *sowie hitzebeständige Stähle und Ni-Legierungen in* **DIN EN 10095** *zu finden. Dort sind neben den Zusammensetzungen vor allem mechanische Eigenschaften, einschließlich langzeitiger Zeitstanddaten, aufgeführt.*

Tabelle A1 Hochtemperaturlegierungen auf Fe-Basis

Legierung	Ni	Cr	Co	Mo	W	Nb	Al	C	Mn	Si	andere
\multicolumn{12}{c}{Knetlegierungen}											
10CrMo9-10; 1.7380		2,25		1				0,1	0,5		
13CrMo4-5; 1.7335		0,9		0,6				0,13	0,7	0,25	
14MoV6-3; 1.7715		0,45		0,6				0,14	0,55	0,25	0,27 V
21CrMoV5-7; 1.7709		1,25		0,7				0,21	0,6	0,25	0,3 V
26NiCrMoV14-5; 1.6957	3,7	1,5		0,35				0,27	0,3	0,2	0,1 V
CrAl 14 4; 1.4725		14					4,3	0,05			
CrAl 25 5; 1.4765; Kanthal		23,5					5,3	0,05			
X45CrSi9-3, 1.4718; Silchrome # 1		9						0,45		3	
X85CrMoV18-2; 1.4748; Silchrome XB		17,5		2,25				0,85			0,45 V
P 92; NF 616		9		0,5	1,8	0,06		0,1	0,4		0,2 V; 0,002 B; 0,05 N
TR 1200	0,8	11,2		0,3	1,8	0,05		0,12	0,5	0,05	0,2 V; 0,06 N
HR 1200	0,5	11	2,3	0,2	2,6	0,06		0,12	0,5	0,02	0,2 V; 0,03 N; 0,02 B
X10CrMoVNb9-1 ; 1.4903 ; P 91/T 91	0,1	9		0,95		0,08		0,1	0,45	0,35	0,2 V ; 0,05 N
X11CrMoWVNb9-1-1 ; 1.4905; E 911	0,25	9		1	1	0,08		0,11	0,45	0,3	0,2 V; 0,07 N; 0,002 B
X12CrMoWVNbN10-1-1; 1.4906	0,6	10		1	1	0,05		0,12	0,75	0,3	0,2V; 0,05 N
X19CrMoNbVN11-1; 1.4913	0,4	11		0,7		0,4		0,2	0,65	0,3	0,2 V; 0,08 N
X22CrMoV12-1; 1.4923	0,5	12		1				0,2			0,3 V

Forts.

Tabelle A1, Forts.

Knetlegierungen

Legierung	Ni	Cr	Co	Mo	W	Nb	Al	Ti	C	Mn	Si	andere
X3CrNiMoN17-13; 1.4910	13	17		2,4					0,03	1	0,4	0,14 N; 0,003 B
X5NiCrTi26-15; 1.4980; A 286	26	15		1,2			0,3	2	0,08	1,3	0,5	0,25 V; 0,006 B
X5NiCrNbCe32-27; 1.4877; AC 66; NiCrofer 3228 NbCe	32	27				0,8			0,02			0.075 Ce
X8CrNiMoBNb16-16; 1.4986	16,5	16,5		1,8		0,7			0,07	0,75	0,45	0,08 B
X8NiCrAlTi32-21; 1.4959; Alloy 800 H; Nicrofer 3220 HT	32	21					0,4	0,4	0,08			
X12CrCoNi21-20; 1.4971; N 155	20	21	20	3	2,5	1			0,15	1,5	0,5	0,15 N
X12CrNiMoNb20-15; 1.4885	15	20,5		1,5		1,25			0,12	1	2	
X12CrNiWTiB16-13; 1.4962	13,5	16			2,8			0,5	0,12	0,5	0,25	0,004 B
X15CrNiSi25-20; 1.4841	20,5	25							0,15	1	2	
X 40 CoCrNi 20 20; 1.4977 (früher); S-590	20	20	20	3,8	3,8	4,5			0,4			
X 50 NiCrAlTi 33 20 (früher); Alloy 802	32	20					0,3	0,6	0,5			
X50CrMnNiNbN21-9; 1.4882	4,5	21				1,2			0,5	9		0,5 N
						2,2 Nb+Ta						
X53CrMnNiN21-9; 1.4871	4	21							0,53	9		0,45 N

Gusslegierungen

Legierung	Ni	Cr	Co	Mo	W	Nb	C	Mn	Si	andere
GS-17 CrMo 5 5; 1.7357		1,25		0,55			0,17	0,75		
GS-17 CrMoV 5 11; 1.7706		1,35		1			0,18	0,65	0,45	0,25 V
GX40CrSi29; 1.4776		28,5					0,4	0,75	1,75	
GX12CrNiMoCoVN12-3-2; 1.4928	2,9	12	1,7	1,8			0,12	0,85	0,3	0,35 V; 0,035 N
GX23CrMoV12-1; 1.4931	0,85	11,8		1,1			0,23	0,65	0,25	0,3 V
GX40CrNiSi25-20 ; 1.4848; HK 40	20	25					0,4	1	1,7	
GX30CrNiSiNb24-24; 1.4855; IN 519	24	24				1,5	0,3	0,75	1,25	
GX40NiCrSiNb35-25; 1.4852; HP 40 Nb; Manaurite 36 X	34	25				1,5	0,4	1	1,5	
GX15CrNiCo21-20-20; 1.4957	31,5	21,5	20	3	2,5	1	0,15	1,5	0,5	0,15 N

Tabelle A1, Forts.

Mechanisch legierte Eisenwerkstoffe					
Legierung	Cr	Al	Ti	Mo	Y_2O_3
Incoloy MA 956	20	4,5	0,5		0,5
Incoloy MA 957	14		1	0,3	0,3
Dour Metal ODM 751	16,5	4,5	0,6	1,5	0,5
PM 2000	19	5,5	0,5		0,5

Tabelle A2 Hochtemperaturlegierungen auf Co-Basis

Knetlegierungen											
Legierung	Fe	Ni	Cr	Mo	W	Ta	Nb	Al	Ti	C	B	andere
CM-7		15	20		15			0,5	1,3	0,01		
Haynes 188; 2.4683 ; CoCr22NiW	1,5	22	22		14					0,1	0,01	1 Mn; 0,35 Si; 0,04 La
L 605; 2.4964 ; CoCr20W15Ni	1,5	10	20		15					0,1		1,5 Mn; 0,2 Si
MAR-M 918		20	20			7,5				0,05		0,1 Zr
S-57		10	25			5		3				0,1 Y
S-816	4	20	20	4	4		4			0,35		1,2 Mn; 0,4 Si
UM Co-50; 2.4778; CoCr28	20		28,5							0,15		1 Mn; 1 Si

Gusslegierungen											
Legierung	Fe	Ni	Cr	W	Ta	Al	Ti	C	B	Zr	andere
AiResit 215			19	4,5	7,5	4,3		0,35		0,13	0,17 Y
FSX-414	1	10	29	7				0,25	0,01		
MAR-M 509		10	24	7	3,5		0,2	0,6		0,5	
MAR-M 302			21,5	10	9			0,85	0,005	0,2	
X 40; 2.4682; G-CoCr25NiW	1	10	25	8				0,50	0,01		
X 45	1	10	25	8				0,25	0,01		

Tabelle A3 Hochtemperaturlegierungen auf Ni-Basis

Knetlegierungen

Legierung	Fe	Cr	Co	Mo	W	Nb	Al	Ti	C	B	Zr	andere
Alloy 600; 2.4816; NiCr15Fe	8	15,5					0,2	0,2	0,07	0,003		
Alloy 601; 2.4851; NiCr23Fe	14	23					1,35	0,4	0,1	0,003		1 Mn; 0,5 Si
Alloy 690; 2.4642; NiCr29 Fe	9	29							0,03			
Allvac 718Plus	10	18	9,1	2,8	1	5,4	1,45	0,7	0,02	0,006		0,014 P
Cabot 214; 2.4646; NiCr16Al	2	16					4,5					0,01 Y
Hastelloy S	1	15,5		14,5			0,3			0,009		0,5 Mn; 0,4 Si; 0,05 La
Hastelloy X; Nicrofer 7720 Co; 2.4665; NiCr22Fe18Mo	18,5	22	1,5	9	0,6				0,07	0,006		0,5 Mn; 0,5 Si
Haynes 230	1,5	22	2,5	2	14		0,3		0,1			0,5 Mn; 0,4 Si; 0,02 La
Haynes 282		20	10	8,5			1,5	2,1	0,06	0,005		
IN 617; Nicrofer 5520 Co; 2.4663; NiCr23Co12Mo		22	12,5	9			1	0,3	0,07			
IN 625; 2.4856; NiCr22Mo9Nb	2,5	21,5		9		3,6	0,2	0,2	0,05			
IN 693	4	29				1	3,1	0,4	0,05			
IN 702	2	16					3					
IN 706	37	16				2,9	0,2	1,8	0,06	0,006		
IN 718; Nicrofer 5219 Nb; 2.4668; NiCr19NbMo	18,5	19		3		5,1	0,5	0,95	0,05	0,004		0,007 P
NiCr70-30; 2.4658	2,5	30,5	0,5				0,15		0,05			0,5 Mn; 1,3 Si
NiFe25Cr20NbTi; 2.4955	25	20				1,5	0,7	1,5	0,05	0,004		
Nimonic 75; 2.4951; Nicrofer 7520; NiCr20Ti	2,5	20					0,2	0,4	0,11	0,003		
Nimonic 80A; Nicrofer 7520 Ti; 2.4952; NiCr20TiAl		19,5					1,4	2,3	0,07	0,003	0,06	
Nimonic 91; IN 587		28,5	20			0,75	1,2	2,3	0,05	0,006	0,07	
Nimonic 101; IN 597		24	20	1,5		0,95	1,5	3	0,05	0,013	0,05	
Nimonic 105; 2.4634; NiCo20Cr15MoAlTi	0,5	15	20	5			4,7	1,2	0,15	0,006	0,07	
Nimonic 115; 2.4636; NiCo15Cr15MoAlTi		15	15	4			5	4	0,15	0,16	0,04	

Forts.

Tabelle A3, Forts.

Knetlegierungen

Legierung	Fe	Cr	Co	Mo	W	Al	Ti	C	B	Zr	andere
Nimonic 263; 2.4650; NiCo20Cr20MoTi		20	20	5,9		0,4	2,1	0,06	0,004		
Nimonic 901; 2.4662; NiCr13Mo6Ti3	36	12,5		5,7		0,2	2,9	0,04	0,015		
Nimonic PE 16	33	16,5	1	3,3		1,2	1,2	0,06	0,002	0,03	0,2 Mn; 0,3 Si
Udimet 500; 2.4666; NiCr18CoMo		18	19	4,2		3	3	0,07	0,007	0,05	
Udimet 520		19	12	6	1	2	3	0,05	0,005		
Udimet 700		15	17	5,3		4,2	3,3	0,07	0,02		
Udimet 710		18	15	3	1,5	2,5	5	0,07	0,02		
Udimet 720		18	14,5	3	1,3	2,5	5	0,03	0,03	0,03	
Waspaloy; 2.4654; NiCr20Co13Mo4Ti3Al		19,5	13,5	4,3		1,3	3	0,04	0,006		0,006 P

Mechanisch legierte Ni-Werkstoffe

Legierung	Fe[1]	Cr	Mo	W	Ta	Al	Ti	C	B	Zr	Y_2O_3
IN MA 754	1	20				0,3	0,5	0,05			0,6
IN MA 6000	1	15	2	4	2	4,5	2,5	0,05	0,01	0,15	1,1
IN MA 760	1	20	2	3,5		6		0,05	0,015	0,15	0,95
PM 1000		20				0,3	0,5				0,6
PM 3030		17	2	3,5	2	6					1

1 Geringe Fe-Gehalte rühren vom Verschleiß der Mahlkugeln her

Gusslegierungen (konventioneller Feinguss)

Legierung	Cr	Co	Mo	W	Ta	Nb	Al	Ti	C	B	Zr	andere
B 1914	10	10	3				5,5	5,2	0,01	0,1		
G-NiCr50; 2.4678	50								0,05			
GTD-111	14	9,5	1,5	3,8	2,8		3	4,9	0,1	0,01		
GTD-222	22,5	19		2	1	0,8	1,2	2,3	0,1	0,008		
IN 100; 2.4674; G-NiCo15Cr10AlTiMo	10	15	3				5,5	4,7	0,18	0,015	0,06	1 V
IN 713 LC; 2.4670; G-NiCr13Al6MoNb	12		4,5			2	6	0,7	0,05	0,01	0,1	
IN 738 LC	16	8,5	1,7	2,6	1,7	0,9	3,4	3,4	0,11	0,01	0,05	
IN 792	12,5	9	1,9	4	4		3,5	3,9	0,08	0,02	0,1	0...1,4 Hf
IN 939	22,5	19		2	1,4	1	1,9	3,7	0,15	0,009	0,1	
MAR-M 002	9	10		10	2,5		5,5	1,5	0,14	0,015	0,05	1,5 Hf
MAR-M 247	8,4	10	0,7	10	3		5,5	1	0,15	0,015	0,05	1,4 Hf
René 80	14	9,5	4	4			3	4,8	0,17	0,015	0,03	

Forts.

Tabelle A3, Forts.

Gusslegierungen (konventioneller Feinguss)

Legierung	Cr	Co	Mo	W	Ta	Nb	Al	Ti	C	B	Zr	andere
RJM 2012	12	9,5	1,7	3	3,5		3,5	3,7	0,1	0,015	0,04	4,6 Pt; 0,75 Hf
Udimet 500; 2.4666	18	19	4,2				3	3	0,07	0,007	0,05	
Udimet 700	15	17	5,3				4,2	3,3	0,07	0,02		

Bei den gerichtet erstarrten Legierungen (DS und SC) trennt die gestrichelte Linie die Cr$_2$O$_3$- (oben) von den Al$_2$O$_3$-Deckschicht bildenden Legierungen.

Legierungen für stängelkristallin gerichtete Erstarrung (DS)

Legierung	Cr	Co	Mo	W	Ta	Nb	Al	Ti	C	B	Zr	andere
ABB 16	13,2	4,1		1,9	5,1		3,7	5	0,07	0,015	0,016	
ABB 2 DS	12	9		9	5,5		3,5	2,3	0,07	0,015		
ExAl7	12	9	1.8	3,5	4		3,4	3,9	0,08			2,5 Re
GTD-111	14	9,5	1,5	3,8	2,8		3	4,9	0,10	0,01		
IN 6203	22	19		2	1,1	0,8	2,3	3,5	0,15	0,01	0,1	0,75 Hf
IN 792	12,5	9	1,9	4	4		3,5	3,9	0,08	0,02	0,1	0...1,4 Hf
René 80 H	14	9,5	4	4			3	4,8	0,08	0,015	0,02	0,75 Hf
CM 247 LC	8,1	9,2	0,5	9,5	3,2		5,6	0,7	0,07	0,01	0,01	1,4 Hf
MAR-M 002	9	10		10	2,5		5,5	1,5	0,15	0,015	0,05	1,5 Hf
MAR-M 200	9	10		12		1	5	2	0,14	0,015	0,08	2 Hf
MAR-M 247	8,4	10	0,6	10	3		5,5	1	0,15	0,015	0,05	1,4 Hf
René 142	6,8	12	1,5	4,9	6,4		6,1		0,12	0,015	0,02	2,8 Re; 1,5 Hf

Die Ni-Basis-Einkristalllegierungen teilt man in der Literatur in folgende Generationen auf:
  1. Generation: ohne Re
  2. Generation: ca. 3 % Re
  3. Generation: ca. 6 % Re
  4. Generation: ca. 6 % Re + ca. 3 % Ru

Legierungen für einkristallin gerichtete Erstarrung (SC, SX)

Legierung	Cr	Co	Mo	W	Ta	Nb	Al	Ti	Re	C	B	Zr	Hf
CMSX-11B	12,5	7	0,5	5	5	0,1	3,6	4,2					0,04
CMSX-11C	14,9	3	0,4	4,5	5	0,1	3,4	4,2					0,04
PWA 1483	12,2	9	1,9	3,8	5		3,6	4,1		0,07			
SC 16	16		3		3,5		3,5	3,5					
AM 3	8	5,5	2	5	3,5		6	2					
CMSX-4	6,5	9	0,6	6	6,5		5,6	1	3				0,1
CMSX-6	10	5	3		2		4,8	4,7			0,03	0,08	
CMSX-10K	2,3	3,3	0,4	5,5	8,4	0,1	5,7	0,3	6,3				0,03
CMSX-10Ri	2,65	7	0,6	6,4	7,5	0,4	5,8	0,8	5,5				0,06

Forts.

Tabelle A3, Forts.

Legierung	Cr	Co	Mo	W	Ta	Nb	Al	Ti	Re	C	B	Hf	andere
EPM-102	2	16,5	2	6	8,2		5,5		6	0,03	0,004	0,15	0,01 Y; 3 Ru
NASAIR 100	8,5		1,1	10	3,3		5,8	1,2					
PWA 1480	10	5		4	12		5	1,5					
PWA 1484	5	10	2	6	8,7		5,6		3			0,1	
René N4	9,75	7,5	1,5	6	4,8	0,5	4,2	3,5		0,05	0,004	0,15	
René N5	7	7,5	1,5	5	6,5		6,2		3	0,05	0,004	0,15	0,01 Y
René N6	4,2	12,5	1,4	6	7,2		5,75		5,4	0,05	0,004	0,15	0,01 Y
SRR 99	8,5	5		9,5	2,8		5,5	2,2		0,02			
SX 1	4,5	12,5		5,8	7		6		6,3			0,16	

Tabelle A4 Hochschmelzende Legierungen

Nb-Basislegierungen

Legierung	Mo	W	Ti	C	Zr	Hf
AS 30		20		0,1	1	
F 48	5	15		0,06	1	
SV 16	3	11		0,08		2
D 31	10		10	0,1		

Ta-Basislegierungen

Legierung	W	C	Hf
Ta–10W	10		
T 111	8		2
T 222	10	0,01	2,5

Mo-Basislegierungen

Legierung	W	Ti	C	Zr
MTC		0,5	0,02	
TZM		0,5	0,03	0,1
WZM	25		0,03	0,1

W-Basislegierungen

Legierung	Re	ThO$_2$
W–Re	3...26	
W–ThO$_2$		1...2

Anhang 3
Handelsnamen

ABB	Asea Brown Boveri Ltd.
Allvac	ATI Allvac, Allegheny Technologies Comp.
Cabot	Cabot Corp.
CM, CMSX	Cannon-Muskegon Corp.
GTD	General Electric Comp.
Hastelloy	Cabot Corp.
Haynes	Haynes International
Incoloy	International Nickel Comp. (jetzt Special Metals Corp.)
Inconel (IN)	International Nickel Comp. (jetzt Special Metals Corp.)
MAR-M	Martin Marietta Corp.
Nicrofer	Krupp VDM GmbH
Nimonic	International Nickel Comp. (jetzt Special Metals Corp.)
PM	Metallwerk Plansee GmbH
PWA	Pratt & Whitney Aircraft (United Technologies Corp.)
René	General Electric Comp.
RJM	Johnson Matthey & Co Ltd.
SRR	Rolls-Royce Ltd.
Udimet	Special Metals Corp.
Waspaloy	United Technologies Corp.

Werkstoffverzeichnis

Die Werkstoffe sind unter ihren Kurznamen, Werkstoffnummern und gebräuchlichen Handelsnamen aufgeführt, sofern vorhanden. Mehrfachbezeichnungen, die bei den folgenden Seitenangaben nicht berücksichtigt sind, gehen aus den Tabellen A1 bis A4 im Anhang hervor.

1.4718 566	1.7715 566
1.4725 566	2.4634 569
1.4748 566	2.4636 569
1.4765 566	2.4642 569
1.4767 354	2.4646 569
1.4776 567	2.4650 570
1.4841 567	2.4654 570
1.4848 567	2.4658 569
1.4852 567	2.4662 570
1.4855 567	2.4663 569
1.4871 567	2.4665 569
1.4876, siehe 1.4959 (Alloy 800 H)	2.4666 .... 570, 571
1.4877 567	2.4668 569
1.4882 567	2.4670 570
1.4885 567	2.4674 570
1.4903 566	2.4678 570
1.4905 566	2.4682 568
1.4906 566	2.4778 568
1.4910 567	2.4816 569
1.4913 566	2.4851 569
1.4923 566	2.4856 569
1.4931 567	2.4951 569
1.4957 567	2.4952 569
1.4959 567	2.4955 569
1.4962 567	2.4964 568
1.4971 567	10CrMo9-10 (1.7380) 175, 214, 215, 349, 356, 566
1.4977 567	13CrMo4-5 (1.7335) 349, 356, 566
1.4980 567	14MoV6-3 (1.7715) 349, 356, 566
1.4986 567	16Mo3 (1.5415) 356
1.6957 566	21CrMoV5-7 (1.7709) 190, 566
1.7335 566	26NiCrMoV14-5 (1.6957) 471, 566
1.7380 566	A 286 .... 85, 86, 156, 361, 567
1.7706 567	

Werkstoffverzeichnis

ABB 2 DS 571
ABB 16 571
AC 66 567
AiResit 215 568
Alloy 600 569
Alloy 601 569
Alloy 690 569
Alloy 800 H 74, 107–109, 112, 113, 164, 295, 296, 303, 334, 567
Alloy 802 .... 144, 156, 301, 302, 567
Allvac 718Plus 400, 569
AM 3 571
AS 30 572
B 1914 .... 400, 570
Cabot 214 .... 299, 569
CM-7 568
CM 247 LC 417, 571
CMSX-4 ... 377, 378, 391, 404, 406, 407, 411, 414, 431, 434–436, 562, 571
CMSX-6 571
CMSX-10K 571
CMSX-10Ri 571
CMSX-11B 392, 404, 571
CMSX-11C 571
Co-23Cr-13Al-0,6Y 497, 498
Co-31Ni-27Cr-8Al-0,5Y-0,5Si 534
CoCr20W15Ni (2.4964) 568
CoCr22NiW (2.4683) 568
CoCr28 (2.4778) 568
CrAl 14 4 (1.4725) 566
CrAl 25 5 (1.4765) 349, 566
D 31 572
Dour Metal ODM 751 568
E 911 566
EPM-102 572
ExAl7 .... 393, 571
F 48 572
FeAl 481
FeCrAl 20 5 354
FSX-414 568
G-CoCr25NiW (2.4682) 568
G-NiCo15Cr10AlTiMo (2.4674) 570
G-NiCr13Al6MoNb (2.4670) 570
G-NiCr50 (2.4678) 570
GS-17 CrMo 5 5 (1.7357) 349, 567

GS-17 CrMoV 5 11 (1.7706) 349, 540
GTD-111 .... 570, 571
GTD-222 570
GX12CrNiMoCoVN12-3-2 (1.4928).. 567
GX15CrNiCo21-20-20 (1.4957) 349, 567
GX23CrMoV12-1 (1.4931) 349, 357, 567
GX30CrNiSiNb24-24 (1.4855) 567
GX40CrNiSi25-20 (1.4848) 349, 567
GX40CrSi29 (1.4776) 349, 353, 567
GX40NiCrSiNb35-25 (1.4852).. 349, 567
Hastelloy S 569
Hastelloy X 569
Haynes 188 .... 364, 448, 568
Haynes 230 569
Haynes 282 569
HK 40 .... 335, 567
HP 40 Nb 567
HR 1200 .... 357, 566
IMI 834 346
IN 100 .... 404, 570
IN 519 567
IN 587 .... 155, 569
IN 597 .... 211, 218, 569
IN 617 .... 394, 534
IN 625 569
IN 693 .... 299, 569
IN 702 .... 299, 569
IN 706 569
IN 713 (LC) 308, 404, 412, 450, 451, 465, 570
IN 718 .... 399, 400, 569
IN 738 LC ... 77, 78, 82–84, 86, 146, 249, 319, 323, 377, 378, 388, 389, 401, 404, 406–410, 415, 446, 498, 500, 501, 503, 504, 507, 513, 529–531
IN 792 .... 220, 223, 404, 407, 409, 570, 571
IN 939 .... 85, 399, 570
IN 6203 571
Incoloy MA 956 .... 349, 353, 441, 447–449, 568
Incoloy MA 957 568
IN MA 754 .... 172, 441, 444–448, 570
IN MA 760 .... 146, 173, 441, 447, 570

IN MA 6000 .... 170, 172, 441, 444, 446–449, 570
Kanthal 283, 353, 447, 566
Kanthal D 354
Kanthal Super 468
L 605 568
Manaurite 36 X 567
MAR-M 002 .... 472, 474, 570, 571
MAR-M 200 571
MAR-M 247 .... 239, 465, 570, 571
MAR-M302 568
MAR-M 509 .... 366–368, 568
MAR-M 918 568
$MoSi_2$ 460, 462, 469, 478, 480, 481
MTC 572
N 155 567
Nasair 100 572
NF 616 .... 357, 566
Ni45–Al45–7,5Cr–2,5Ta 465
Ni-21Co-17Cr-12,5Al-10Pt-0,5Y 505
Ni-27Co-20Cr-8Al-10,5Re-1,5Si-0,3Y 505
Ni-39Co-21Cr-8Al-Y 496
Ni-25Cr-5Al-0,5Y 504
NiAl 25, 26, 151, 460, 463, 465, 478, 480, 481
Ni_3Al 462
NiCo15Cr15MoAlTi (2.4636) 569
NiCo20Cr15MoAlTi (2.4634) 569
NiCo20Cr20MoTi (2.4650) 570
NiCr13Mo6Ti3 (2.4662) 570
NiCr15Fe (2.4816) 569
NiCr16Al (2.4646) 569
NiCr18CoMo (2.4666) 570
NiCr19Co14Mo4Ti (2.4654) 570
NiCr19NbMo (2.4668) 569
NiCr20Ti (2.4951) 569
NiCr20TiAl (2.4952) 569
NiCr22Fe18Mo (2.4665) 569
NiCr22Mo9Nb (2.4856) 569
NiCr23Co12Mo (2.4663) 569
NiCr23Fe (2.4851) 569
NiCr29Fe (2.4642) 569
NiCr70-30 (2.4658) 569

Nicrofer 3220HT 567
NiCrofer 3228 NbCe 567
Nicrofer 5219 Nb 569
Nicrofer 5520 Co 569
Nicrofer 7520 569
Nicrofer 7520 Ti 569
Nicrofer 7720 Co 569
NiFe25Cr20NbTi (2.4955) 569
Nimonic 75 569
Nimonic 80 A 56, 87, 299, 404, 414, 569
Nimonic 91 .... 156, 569
Nimonic 101 ..... 218, 220, 222, 223, 569
Nimonic 105 .... 404, 569
Nimonic 115 .... 404, 569
Nimonic 263 .... 399, 404, 570
Nimonic 901 570
Nimonic PE 16 570
P 91 .... 357, 359, 566
P 92 .... 357, 566
PM 1000 .... 441, 570
PM 2000 .... 353, 441, 447, 568
PM 3030 .... 441, 447, 570
PWA 1480 .... 253, 435, 572
PWA 1483 571
PWA 1484 572
René 80 .... 385, 386, 404, 570
René 80 H 571
René 142 571
René N4 572
René N5 572
René N6 572
RJM 2012 .... 383, 571
S-57 568
S-590 .... 99, 111, 149, 156, 567
S-816 568
SAP-Aluminium 80, 439
SC 16 571
SiC 478–482
Silchrome #1 566
Silchrome XB 566
Si_3N_4 478–481
SRR 99 ..... 377, 378, 388, 428, 429, 438, 572
SV 16 572

Werkstoffverzeichnis

SX 1 .... 377, 378, 572
T 91 .... 357, 359, 566
T 111 572
T 222 572
Ta-10W 572
TD-Ni 80, 439
TD-NiCr 439
Ti-47Al-2Cr-2Nb 465
Ti-48Al-2Cr-2Nb 467
Timetal 1100 .... 347, 479
TiAl 151, 347, 460, 465–468, 477, 480
Ti$_3$Al 347, 467, 468, 477
TR 1200 566
TZM 450, 451, 572
Udimet 500 .... 404, 570, 571
Udimet 520 570
Udimet 700 .... 404, 570, 571
Udimet 710 570
Udimet 720 .... 57, 62, 63, 416, 570
UM Co-50 568
Waspaloy 404, 570
W-Re 572
W-ThO$_2$ 572
WZM 572
X3CrNiMoN17-13 (1.4910) 349, 567
X5NiCrTi26-15 (1.4980) 567
X5NiCrNbCe32-27 (1.4877) 349, 567
X6CrNi18-11 (1.4948) 349
X8CrNiMoBNb16-16 (1.4986) ... 349, 567
X8NiCrAlTi32-21 (1.4959) 349, 567
X10CrAl24 (1.4762) 349
X10CrMoVNb9-1 (1.4903) 349, 357, 566
X10NiCrAlTi32-20 (1.4876) 349
X11CrMoWVNb9-1-1 (1.4905) . 349, 566
X12CrCoNi21-20 (1.4971) 349, 567
X12CrMoWVNbN10-1-1 (1.4906) 357, 566
X12CrNiMoNb20-15 (1.4885) 567
X12CrNiWTiB16-13 (1.4962) 567
X15CrNiSi25-20 (1.4841) 300, 301, 349, 355, 567
X19CrMoNbVN11-1 (1.4913) 566
X22CrMoV12-1 (1.4923) 102, 349, 357–359, 539, 541, 566
X 40 (2.4682) 364, 568
X 40 CoCrNi 20 20 (1.4977) 99, 111, 149, 156, 567
X 45 .... 364, 367, 568
X45CrSi9-3 (1.4718) 307, 349, 352, 566
X50CrMnNiNbN21-9 (1.4882) .. 349, 567
X 50 NiCrAlTi 33 20 567
X53CrMnNiN21-9 (1.4871) 349, 567
X85CrMoV18-2 (1.4748) .. 349, 352, 566
ZrO$_2$ 480, 481
ZrO$_2$-7/8Y$_2$O$_3$ 527–531, 533, 534

Sachwortverzeichnis

A

Abdampfung
- Oxide 273, 282, 309, 500
- Vakuum 412

Abkühl-γ' 406, 410, 413

Additivierung (Brennstoffe) 328

Akkommodation 120, 121, 126, 166, 172

Aktivator (Beschichtung) 490

Aktivelemente (Oxidation) 281, 282, 287–291, 333, 464, 504, 505

Aktivierungsenergie (-enthalpie) 5, 6, 9–11
- Aufstickung 303
- Ausscheidung 70, 72
- CVD-Beschichtung 492
- Diffusion .. 12–15, 17, 18, 20, 22–26
- Kornvergröberung 59, 60
- Kriechen ... 112, 113, 114, 123, 134, 138, 176, 196
- Oxiddeckschichtwachstum 271
- Rekristallisation 52
- Teilchenvergröberung 81, 83

Aktivierungsentropie 14, 17

aliovalente Ionen 281

Alitieren 455, 491, 493, 502, 533

Alitierschichten 298, 433, 500–502, 512–515, 533

allotrope Umwandlung 19, 343–346, 364

Al$_2$Cu 67

Al$_2$O$_3$ (Dispersionen) 80, 439

γ-Al$_2$O$_3$ 320, 321

Al$_2$O$_3$-Deckschichten 9, 272–278, 281–285, 287–292, 297, 299, 304, 315, 317–322, 325, 329–333, 353, 355, 362, 369, 371, 372, 384, 418, 419, 433, 448, 462, 464, 467, 487, 500, 502–507, 532–534

Al$_4$C$_3$ 80, 439

AlN 303, 304, 350,

α-Cr 500, 501, 504, 514

α-Zahl, siehe Wärmeübergangskoeff.

Al$_2$S$_3$ 305–307

Aluminidschichten,
siehe Alitierschichten

anisotherme Dehnwechselversuche 245–250

anisothermes LCF,
siehe thermische Ermüdung

Anisotropie, siehe Elastizitätsmodul

Ankeimmethode 410, 422

Anlaufschicht 267

Anlassversprödung 350, 356, 470

Anrissdehnung (Beschichtungen) 514

Anrisszyklenzahl
- Definition 208
- von Beschichtungen 516–520

Anschmelzen 326, 373, 405–406, 410, 412, 435, 446

APS ... 489, 493, 498, 526, 527, 532, 533

Arrhenius-Funktion 10, 11, 14, 16, 17, 19, 24, 52, 60, 70, 71, 111, 112, 176, 178, 271, 276, 493

artgleicher Auftrag 545

Ashby-maps, siehe Verformungsmechanismuskarten

athermischer Spannungsanteil,
siehe innere Spannungen

atmosphärisches Plasmaspritzen,
siehe APS

Atomgrößenparameter 132, 133

aufgestickte Austenite 360

Aufkohlung 164, 260, 294–304, 312, 323, 334, 342, 354, 486, 538

Auflageschichten 487, 499, 502, 503, 506, 512

Aufschlussreaktionen 315–317, 320–322, 327–330, 332, 333, 502, 531

Aufschwefelung 260, 304–307, 326, 342, 353, 464, 538

Aufstaumodell 54

Aufstickung 260, 302–304, 342, 486, 538
Auftragschweißen 545
Ausgangswärmebehandlung (Ni-Leg.) 402–416
Aushärtung (Aushärtungsglühung, Ausscheidungshärtung)............64, 72, 347, 360, 364, 402, 413–415, 439, 440, 504
Ausscheidungsumlösung (-umwandlung) 64, 85, 86, 366, 393
Ausscheidungsvorgänge.........64–75, 85
- freie Aktivierungsenthalpie 70–72
- freie Volumenenthalpie.........68–71
- Keimbildung 9, 57, 64, 65, 67, 69–75
- Triebkraft..................... 67
Austenit-Ferrit-Mischverbindungen .. 252
Avrami-Johnson-Mehl-Funktion 45

B
B2-Phasen 368, 458, 463
Backside pinning.............................. 147
bainitisches Gefüge 356, 357
basischer Aufschluss 315, 321, 322, 327, 329, 330, 332
Basquin-Gesetz 209–212, 214, 215
Beschichtungswärmebehandlung ... 415, 493, 495, 498, 545
bidisperses Teilchengefüge 83, 385, 386, 414
bimodales Korngefüge 61, 62, 347, 444, 466, 467
bimodales Teilchengefüge 385, 386, 413
B-Legierungen 400
Boride 163, 198, 400, 415
Boudouard-Gleichgewicht 294
Breakaway-Oxidation, siehe Durchbruchoxidation
Breakaway-Sulfidation 333
Bridgman-Verfahren..................422, 423
Bruchmechanismuskarte...........165–168

Bruchzähigkeit
- intermetallische Phasen ... 460, 461
- Keramiken 463, 481
- $MoSi_2$... 469
- NiAl... 463
- Superlegierungen 463
- TiAl 467
Bruscato-Faktor................................ 471
Burner-rig-Versuche 342

C
$C11_b$-Phasen 468, 505
C14-Phasen 464
Cellular precipitation, siehe diskontinuierliche Ausscheidung
chemische Gasabscheideverfahren, siehe CVD
Chlor (Heißgaskorrosion) 310, 313, 314, 327–330, 332
Chromieren 490, 493, 500, 507
Chromierschichten, siehe Chromieren
Cladding.. 499
Class A-Verhalten 134, 135
Class M-Verhalten........................... 135
Cluster (Entmischung)..... 374, 381, 433
CMC, siehe Verbundwerkstoffe
CoAl 365, 368, 515
Coble-Kriechen 123, 124, 129, 130, 135, 154
Co–Cr-Legierungen.......... 306, 317, 319
Coffin-Manson-Gesetz 211, 212, 215–217, 228–230
- frequenzmodifiziert 217
Co-Basislegierungen 363–369, 477
- Legierungselemente 365, 366
CoCrAlY-Beschichtungen......... 503, 513
$CoCr_2O_4$ 366
CoNiCrAlY-Beschichtungen 513
$(Co, Fe)_7(Mo, W)_6$, siehe µ-Phase
Co_2M (Laves-Phase)...................... 364
$(Co, Ni)_3(Al, Ti)$ 369
$(Co, Ni)_3Ti$ 366
CoNiCrAlY-Schichten 513
CoO... 366
CoS 305, 306, 318

Co$_4$S$_3$ 305, 306, 318, 325, 326
Co$_9$S$_8$ 265, 318
Co$_2$Ti (Laves-Phase) 369
Co$_3$Ti 366, 369
Cottrell-Wolke 7, 131, 134, 135
Counter-clockwise diamond-Zyklus .. 248
Co$_7$W$_6$, siehe µ-Phase
(Co, Fe)$_7$(Mo, W)$_6$ 395
Cr$_3$B$_4$ 503
Cr$_3$C$_2$ 503
Cr$_7$C$_3$ 358, 503
Cr-Karbide 296, 300, 301, 334,
Cr$_{18}$Mo$_{42}$Ni$_{40}$, siehe P-Phase
CrMo-Stähle 175, 214, 215, 349, 350,
356, 357, 477
CrMoV-Stähle .. 189, 194, 349, 356–359,
477
CrN 302, 303, 360
Cr$_2$N 302, 303, 360
(Cr, Ni, Al)$_2$Ta 464
Cr$_2$O$_3$ (-Deckschichten) ... 262, 266, 270,
271, 273, 274, 276–278, 280–285,
287–293, 296, 297, 299–302, 315,
317–322, 325, 326, 329–333, 350,
353, 354, 365, 366, 369, 374, 384,
419, 487, 500, 502, 503
CrS 305, 320, 326
Cr$_3$S$_4$ 319, 325
Cup and cone-Bruch 153
CVD 487–493, 500, 501, 506, 533

D

D0$_3$-Phasen 458
D0$_{19}$-Phasen 458, 466, 468
D0$_{22}$-Phasen 399, 458, 459
D0$_{24}$-Phasen 399
D0$_a$-Phasen 400
Darken'sche Gleichung 20, 21, 134
Dauerschwingfestigkeit 201–205,
208–210, 212–214, 217, 219, 224, 342
Dauerschwingversuch 201
DBTT, siehe Spröd/duktil-Übergang
Debye-Frequenz 14
Deckschichthaftung 288–291
Deckschichtwachstum 273–278

Dehnungsanteilregel,
  siehe *Strain-Range Partitioning*
dehnungsgesteuerte LCF-Versuche
203, 205–208, 212, 215
Dehnungswechselermüdung 203
Dehnung-Wöhler-Schaubild 206, 211,
212, 215
δ-Phase 372, 378, 399, 400
Dendritenstammabstand 378, 379,
429, 430, 432
d-Energiekonzept 396, 398
Destabilisierung (Keramikschichten)
328, 529, 532
Detonationsflammspritzen 495
Diamond-Zyklus 246, 248
Dichte
  - Al 37
  - Al$_2$O$_3$ 37
  - austenitischer Stahl 37
  - Co-Basislegierungen 364
  - ferritischer Stahl 37
  - Hochtemperatur-Basismetalle
344–346
  - Mo 37, 451
  - MoSi$_2$ 460, 468
  - NiAl 460, 462
  - Ni$_3$Al 462
  - Ni-Basislegierungen ... 37, 374, 375
  - Oxide 271
  - refraktäre Metalle 451, 452
  - TiAl 460, 465
  - Ti$_3$Al 468
  - Ti-Legierungen 37
Dickschichten 485
dielastische Wechselwirkung 131–133
Diffusion 9–26
  - entlang von Korngrenzen 23–25,
57, 120, 121, 123–126
   - Aktivierungsenergie 23, 124
  - entlang von Versetzungen ... 22, 23,
128, 129
   - Aktivierungsenergie 22
  - in geordneten Gittern 25, 26,
  - in Mischkristallen .. 20–22, 134, 135

Diffusion, Forts.
- interstitielle D. 12–15
    - Aktivierungsenergie 14
    - freie Aktivierungsenthalpie 13, 14
    - Sprungabstand 14
    - Sprungfrequenz 13, 14
- reguläre Gitterdiffusion 15–20,
    22–26, 91
    - Aktivierungsenergie 17, 18
    - freie Aktivierungsenthalpie 16, 72
    - Sprungabstand 15, 18
    - Sprungfrequenz 16, 18
- Versetzungskerndiffusion.... 22, 23,
    130
Diffusionskoeffizient 11, 12, 14, 17,
    19–25, 36, 71, 72, 79–81, 108,
    114–116, 124, 125, 129, 132, 134–136,
    196, 270, 379
- effektiver D. 20–24, 124, 129,
    132, 136, 197, 270
- Gitterdiffusion 17–20, 22–24, 124
- intermetallische Phasen 151
- interstitielle Diffusion 14
- Korngrenzendiffusion ...23, 24, 124,
    125, 160, 165, 167, 198, 381
- Versetzungskerndiffusion.... 22, 23,
    130
Diffusionskriechen........20, 21, 108, 118,
    120–126, 130, 131, 135, 138, 148, 154,
    166, 173, 185, 197, 199, 291, 292
Diffusionslöten 545
Diffusionsschichten ...487, 499–502, 512
Diffusionssperrschichten 508
Diffusionszone (Beschichtungen).... 246,
    499, 545
direkte Aushärtung 414, 415
diskontinuierliche Ausscheidung 62,
    63, 416
Dispersionshärtung ..145–148, 197, 280,
    439–441, 447, 450, 453, 469
Dispersionslegierungen............... 80, 89,
    145–148, 280, 439–450
Donator (Beschichtung) 490, 491, 493
Doppeloxide 281
3d-Elektronenschale (Ni)................. 395

Druck-Elektroschlackeumschmelzen
    (DESU) 351
Dünnschichten 485
Durchbruchoxidation 294, 295, 298, 320
dynamische Erholung 2, 48
dynamischer Bruch.......................... 153
dynamisches Gleichgewicht (Verset-
    zungsdichte) 104, 105

E

EBCHR (Elektronenstrahlum-
    schmelzen) 475
ebener Spannungszustand 237,
    508–511
EB-PVD.................................. 494, 526
Edelmetalle 280, 347, 450, 505
Edelmetalllegierungen...... 347, 469, 470
effektiver Spannungsanteil 89, 90, 92,
    103
Eigenfrequenzen 465, 544
Eigenspannungen 42, 44, 181–183,
    187, 208, 232, 242, 248, 288, 291,
    338, 342, 535, 544, 545
- I. Art.......... 181, 187, 244, 409, 410
- II. Art................................. 44, 334,
- III. Art................................... 181
- Beschichtungen 495, 497, 502
Einkristalle 44, 54, 62, 63, 125, 155,
    173, 174, 199, 253–255, 407, 411,
    420–439, 472
- Herstellung 421–430
Einlagerungsphasen........................ 458
Einschnürung 97, 106, 107, 153, 154,
    169, 189, 190, 195, 211, 213
Einstein'sches Modell (Atomschwing.) . 3
elastischer Spannungskonzentrations-
    faktor, siehe Formzahl
Elastizitätsmodul
- Anisotropie 252–255, 420, 435,
    446
- Einfl. auf thermische Ermüdung
    252–255, 258, 420, 435
- $MoSi_2$ 46
- NiAl.. 463
- Ni-Legierungen 370

Elastizitätsmodul, Forts.
- refraktäre Metalle 451, 452
- TiAl 465
- Ti$_3$Al 468
elektrochemische Untersuchungen
  (Heißgaskorrosion) 314
Elektronenleerstellenzahl,
  siehe N$_V$-Zahl
Elektronenstrahlschweißen 545
Elektronenstrahlverdampfung ...494, 526
Elektronenverbindungen 456
Ellingham-Richardson-Diagramme
  261–266, 310
Energie
- Aktivierungsenergie, siehe dort
- Bindungsenergie 8
- chemische E. 7, 8, 57, 159
- kinetische E. 3, 4, 7, 8
- mechanische E. 7, 8, 39, 42, 44
- potentielle E. 4, 7, 8, 143
- Schwingungsenergie 3, 4, 8, 26
- thermische E. ..3, 4, 7, 8, 13, 26, 52
- Wärmeenergie = thermische E.
Energieniveaus (Atome) 3–5
Enthalpie/Energie 5, 7, 8
- Aktivierungsenergie 9
- Antiphasengrenzflächenenergie ... 8
- Gitterenergie 8, 25
- Gitterverzerrungsenergie 8, 42,
   44, 57, 58, 67–69, 75, 112,
   133, 163
- Korngrenzflächenenergie 39, 44,
   57, 58, 159, 160, 165
- Oberflächenenergie 73, 75, 159,
   160, 163, 165, 167, 337, 449
- Phasengrenzflächenenergie 68,
   69, 72, 79, 80, 163, 165, 198,
   361, 368, 382, 387, 449, 515
Entkohlung 301, 342
Entropie 5, 7–9, 16, 17, 25, 42, 131,
   151, 165, 261, 311, 457
Equivalent operating hours 225
epitaktisches Aufwachsen 526

Erholung 2, 25, 38, 39–44, 48–50,
   92–94, 104, 105, 116, 117, 129, 139,
   151, 181, 183, 197, 198, 341, 512
Erholungsgeschwindigkeit 25, 151
Erholungsglühung 40, 43, 437
erholungskontrolliertes Kriechen 104
Erholungstheorie 104, 137
Ermüdung 201–259
Ermüdungsbruch 201, 222, 223
Ermüdungserschöpfung 224, 225
Ermüdungsexponenten 209–211, 215
Ermüdungsschädigung 217, 250, 252
Erosion 315, 333, 342, 486, 525, 545
Erosion-Korrosion-Wechselwirkungen
   333
Erschöpfung 3, 225, 535, 545
   siehe auch Ermüdungserschöpfung
   und Zeitstanderschöpfung
Erstarrung 375–379, 426–430
ESU, ESR (Elektroschlackeum-
   schmelzen) 475
η-Phase, siehe Ni$_3$Ti
Extrapolationsmethoden (Zeitstand)
   174–179, 402

F

Faserbeschichtung 482
Faserverstärkung 479, 481, 482
Fatigue striations 222
FATT 471
Fe–Al-Legierungen... 307, 331, 491, 500
Fe$_3$C 75, 80, 357
(Fe, Co)$_7$(Mo, W)$_6$, siehe µ-Phase
Fe–Cr-Legierungen 306, 318,
Fe–Cr–Al-Legierungen 282–285, 304,
   307, 354, 362, 441, 447, 468, 478
FeCrAlY-Beschichtungen 503
Fe–Cr–Ni-Legierungen 297, 300
FeCr$_2$O$_4$ 359
Fehlpassung.... 65, 67–69, 80, 149, 163,
   361, 372, 374, 381, 387, 388
Fehlpassungsversetzungen 67, 69,
   182, 381
Feinkornhärtung 88, 89, 95, 118
Fe$_2$(Mo, W, Nb) 361

Fe–Ni-Legierungen 297–299
(Fe, Ni, Co)$_x$(Cr, Mo, W)$_y$,
   siehe σ-Phase
FeO (Wüstit) 271, 273, 276, 277, 357
Fe$_2$O$_3$ (Hämatit).......275, 277, 313, 357, 359
Fe$_3$O$_4$ (Magnetit) 277, 300, 357, 359
ferngeordnete Phasen.......151, 457–459
   siehe auch geordnete intermet. P.
Festigkeitshypothesen 103, 188
Festigkeitsschaubild............99, 101, 102
Fick'sches Gesetz (1.) ..11, 12, 270, 297
Flächenanteil (γ'), siehe γ'-Anteil
Flammspritzen 495, 496
Fließbeginn 97, 103, 192, 193
Fließbettversuche 245, 246, 516, 517
Floßbildung,
   siehe γ'-Phase/gerichtete Vergröberung
Flüssigmetall-Kühltechnik 430
Fluxing, siehe Aufschlussreaktionen
Folienabdrucktechnik,
   siehe Replicatechnik
Formzahl 190, 193, 195
Frank-Kaspar-Phasen,
   siehe TCP-Phasen
Freckles ...172, 372, 378, 425, 427, 428, 432, 434, 445
freie Aktivierungsenthalpie 5, 9–13, 59, 60, 72
freie Enthalpie 5, 7, 16, 67, 76, 159, 160, 166
freie Standardenthalpie.............261–266
   - Karbide..................... 263
   - Nitride....................... 264
   - Oxide........................ 262
   - Sulfide 265
Fremdatomwolke 89, 132
Fremddiffusion 12, 81
Frequenzeinfluss (Ermüdung)..202, 204, 208, 211, 216, 217, 219, 223, 225, 227
Funktionswerkstoffe 455, 487

G

γ-Mischkristall (Ni) 379–381
γ/γ'-Eutektikum......... 371, 373, 376, 401, 408, 409, 411, 412, 431, 434
γ/γ'-Gitterfehlpassung 387, 388, 391, 392, 436
γ'-Phase......57, 62, 63, 86, 87, 146, 148, 150, 323, 360, 361, 362, 369, 370, 372, 378, 381–392, 399–401, 404–414, 462, 504–506, 562–565
   - Anteil 382, 384, 385, 391, 406, 407, 414, 415, 435, 562–565
   - gerichtete Vergröberung.......... 386, 391, 392, 435
   - Gitterparameter 361, 372, 383, 384, 387, 388
   - Größe, Form, Anordnung . 385–387
   - Lösungstemperatur . 371, 372, 381, 404–413, 444
   - Vergröberung .. 77, 80, 82–84, 372, 387–392, 433, 434
   - Verteilungskoeffizient 382, 383
γ''-Phase.................................. 399, 400
GAR, siehe Kornstreckungsverhältnis
GCP-Phasen 381, 394, 457
Gefügeauswertung, quantitative
   562–565
Gefügeklassen (nach Betrieb).. 539–541
Gefügestabilität 25, 38–87, 151, 340, 433, 434
geordnete intermetallische Phasen ... 25, 85, 150, 151, 381, 457–460
   - Bindungskräfte .. 25, 151, 453, 454, 459
   - Diffusion 25, 26, 151, 459
   - Gittertypen........................ 458, 459
   - Kriechen 150, 151, 455
   - Mischungsenthalpie................. 151
   - Mischungsentropie 151
Gerber-Parabel 208, 217
gerichtete Erstarrung........ 170, 420–430
   - Gefügefehler..................... 424–430
gerichtete Kornstruktur 146, 170–173, 199, 420, 421

gerichtet erstarrte Werkstoffe ...170, 242, 378, 379, 411, 420–439, 472, 474, 477
gerichtete Vergröberung, siehe γ'-Phase
gerichtet rekristallisierte Werkstoffe 170, 439–450
geschiedenes Eutektikum 376
Gestaltänderungsenergiehypothese 103, 188
Getter-Effekt 283, 284, 433
gezackte Korngrenzen 119, 198, 404, 415, 416
Gibbs-Enthalpie 5
Gibbs'sche freie Enthalpie 5
Gießschalenreaktionen 291, 373, 431, 432
Gitterfehler 7, 8, 16, 22, 39, 276
Gitterparameter
  - γ-Mischkristall (Ni) 380
  - γ'-Phase 383, 384
Gitterreibung 90
Goodman-Gerade 208, 217, 221
Goss-Textur 39, 63
gradierte Beschichtungen 527
gravimetrische Messung ...267, 268, 293
Green rot, siehe Grünfäule
Grenzflächenverankerung (Versetzungen) 145, 146, 440
Grünfäule 300, 301, 304, 355
Gusslegierungen (Ni) .82, 401–439, 472, 477

H

Haftschicht (Wärmedämmschicht) 521, 525–527, 530, 532–534
Hägg-Phasen 459
Haigh-Schaubild............... 217, 219–221
Halbleiter
  - Oxide................................. 277, 278
  - Sulfide 306
Hall-Petch-Beziehung 43, 54, 58, 95, 118
Hämatit 357
HCF .201–204, 208, 213, 214, 217–223, 225, 255, 341, 342, 432, 486

Heißgasbrennerversuche 314
Heißgaskorrosion 260, 307–333, 337, 342, 350, 363, 464, 486, 500–502, 506
heiß-isostatisches Pressen, siehe HIP
Heißrissigkeit.................. 373, 431, 473
Heizleiterlegierungen......... 62, 283, 304, 353, 354, 362, 441, 447, 468, 478
Heusler-Phase 464
HfC.. 453
HfO_2 431
High Cycle Fatigue, siehe HCF
High strain fatigue, siehe LCF
HIP (*Hippen*) 401, 409, 416–418, 440, 443, 464, 475, 489, 499, 544
hitzebeständige Stähle 296, 297, 349, 352–356, 477, 478
Hochgeschwindigkeits-Flammspritzen 496
hochschmelzende Metalle/Legierungen, siehe refraktäre Metalle
Hochtemperatur-Basismetalle .. 344–348
Hochtemperatur-Heißgaskorrosion, siehe Typ I-Heißgaskorrosion
Hochtemperaturkorrosion 260–338
  - Einflüsse versch. Elemente 332, 333
Hochtemperaturlöten 443, 544
Hochtemperaturstähle 348
  - Legierungselemente 350, 351
Hochtemperaturwerkstoffe 340–482
  - Anforderungen................ 340–342
  - Anwendungen......................... 340
  - Beanspruchungen 340–342
  - Definition 340
hochwarmfeste Stähle..... 349, 357–362, 477
hochzyklische Ermüdung, siehe HCF
Homogenisierung .. 7, 21, 198, 378, 379, 402, 408, 410, 434
Hot corrosion, siehe Heißgaskorrosion
H-Phase 400, 401
HT-HCF 214–222, 225, 341
HT-LCF 214–217, 341
Hume-Rothery-Phasen.................... 456

Hystereseschleife (σ; ε)....204, 205, 207, 209, 212, 226, 227, 249, 517, 518

I

IMC, siehe Verbundwerkstoffe
Impftechnik..................................422, 424
Inchromieren, siehe Chromieren
Inchromierschicht,
siehe Chromierschicht
Incipient melting, siehe Anschmelzen
inelastische Dehnung (Definition).... 101, 214
Inertgasplasmaspritzen, siehe IPS
inhomogene Spannungsverteilung.... 87, 188–195
Inkubationszeit (Heißgaskorros.) 315, 317, 330, 331, 333
Innenbeschichtung............487, 488, 491
innere Korrosion...2, 260, 299, 308, 334, 337, 338, 341, 538
innere Nitrierung 260, 302
innere Oxidation.........80, 260, 279, 280, 282, 320, 470
innere Spannungen..........40, 89, 90, 92, 116, 181, 334
innere Sulfidation 260, 304–307, 311, 318, 322–326, 330
In-Phase-Zyklus 246–248, 518
instationärer Zustand (Wärmeübertragung)............................27, 36, 233
Intensivmahlen................................. 441
Interdiffusion 2, 20, 134, 246, 398, 449, 486, 489, 493, 495, 497–499, 502, 507, 508, 519
Interdiffusionskoeffizient...............20, 379
Interdiffusionszone,
siehe Diffusionszone
Interfacial pinning...............147, 197, 440
intermetallische Phasen (Werkstoffe)
453–469, 472, 476–478, 480
interstitielle Phasen.......................... 459
IPS 489, 497, 498, 533
Iso-stress-Methode 178, 179, 539

K

Kaltverformung............ 1, 38, 41, 42, 46, 49–53, 57, 58, 88, 89, 119, 126, 138, 139, 142, 154, 164
Karbide
- Arten u. Merkmale 352
- freie Standardenthalpien 263
Karbidumwandlung............. 86, 366, 393
Karbonitride...................................... 360
Karbosulfide 400, 401
katastrophale Aufkohlung,
siehe *Metal Dusting*
katastrophale Aufschwefelung.......... 305
katastrophale Oxidation... 272, 278, 304, 344, 345, 452, 453
Keilrisse........................... 155, 156, 158
Keimbildung
- Ausscheidungen........ 9, 57, 64, 65, 69–75
- heterogene K. .. 57, 67, 73–75, 351
- homogene K. 57, 67, 73, 75, 381, 385
- kohärente K. 72
- Rekristallisation . 39, 44, 45, 48–52, 54, 55
- Risse (auch Poren).. 157, 158, 160, 167–170
keramische Werkstoffe.... 259, 455, 476, 476–480
Kerben, Kerbempfindlichkeit ... 187–195, 400, 460, 519
Kerbfaktor, siehe Formzahl
Kerbfestigkeitsverhältnis .. 189, 193, 460
Kerbproben 188, 191
Kerbversprödung, siehe Kerbzeitstandentfestigung
Kerbzeitstandentfestigung....... 189, 190, 194, 195
Kerbzeitstandverfestigung....... 189, 190, 193, 195
Kerbzeitstandverhalten............. 187–195
Kerbzeitstandversuch...................... 193
Kirkendall-Porosität 449, 450
Kleinwinkelkorngrenzen..... 8, 38, 39, 42, 43, 75, 92, 93, 106, 182, 431

kletterkontrolliertes Kriechen 20, 104, 118, 129, 135
Kletterkraft 91
Klettern (Stufenversetzungen) 21, 42, 52, 91, 92–95, 104,112, 116, 129, 132, 134, 139, 140, 142–144, 147, 150, 170, 196, 341,
Knetlegierungen (Ni) 220, 401, 404, 405, 414, 418, 419, 472, 477
Koextrudieren 489, 499
Kohärenzspannungen 80, 149, 361, 387
konservative Versetzungsbewegung 129, 196
Konvektion 26, 27, 29, 30, 525
konventionelle plastische Verformung 129
Kornform, Einfluss auf Zeitstandeigenschaften 170–173, 435, 436, 439, 446
Korngrenzenbreite 23, 24, 119, 124
Korngrenzendiffusion, siehe Diffusion
Korngrenzengleiten 56, 118–121, 125, 126, 138, 158, 160–163, 165–168, 170–173, 197–199, 337, 381, 420, 431, 472, 514
Korngrenzenkriechen, siehe Korngrenzengleiten
Korngrenzenmobilität 60
Korngrenzensegregationen 470, 471
Korngrenzenviskosität 119, 160, 198
Korngrenzenwanderung 59
korngrenzenwirksame Elemente 24, 25, 165, 351, 361, 366, 373, 378, 400, 431, 439
Korngrenzenzerfall (*Pest*) 292, 469
Korngröße, Einflüsse auf:
- Diffusion 23, 24
- Diffusionskriechen 123–125, 127, 130
- HCF 220–222, 255
- Korngrenzengleiten ... 119, 120, 162
- Kriechschädigung 160, 162
- Versetzungskriechen 118

Korngröße, Einflüsse auf (Forts.):
- superplastische Umformung 120, 430
- Zeitbruchverformung 162
- Zeitstandfestigkeit 163, 222
Kornstreckungsverhältnis 170–172, 431, 446
Kornvergröberung . 2, 38, 39, 41, 43, 50, 51, 53, 57–63, 120, 353, 354, 443, 444, 514, 537
- diskontinuierliche K. 38, 61
- Einfluss Fremdelemente 61
- Einfluss Teilchen 62
- Triebkraft 39, 57, 58, 60
- unstetige K. 38, 61
Kornvergrößerung 62
Korrelationseffekt 25, 151
Korrosionseigenschaften (Leg.) 331, 418–420, 448–450
Korrosionsschutzschichten 485–520
k_p-Werte
- Oxidation 268–272, 277–282, 288, 289, 359
- Sulfidation...................... 306, 307
Kriechbruch 153–169
- interkristalliner K. 152–173
- transkristalliner K. ... 152–155, 161, 171–173
Kriechen, u.a. 1, 2, 20, 40, 42, 43, 88–199
Kriech-Ermüdung-Wechselwirkung 208, 217, 225–231
Kriechfestigkeit, siehe u.a. . 97, 107, 163
- verschiedene Einflussgrößen 195–199
Kriechkurve .95–100, 110, 111, 149, 150
Kriechrissbildung, siehe Kriechrissinitiierung und Kriechschädigung
Kriechrissinitiierung 158–169
Einflüsse von:
- Belastungsdauer 161, 162
- innerer Gasdruck 166
- Korngrenzenausscheidungen 163, 164, 386
- Korngröße 162, 163

Kriechrissinitiierung, Forts.
- Korngröße 162, 163
- Kriechrate 161, 162
- Spannung 161, 162
- Spurenelemente 165, 166
- Temperatur 160, 161
- Vorverformung 164, 165
Kriechrisswachstum 166–169
Kriechschädigung 107, 149, 150,
  154–173, 194, 216, 217, 537–542, 544
- interkristalline K. 155–169,
  170–173
- transkristalline K.   155, 170–173
kritische Ordnungstemperatur 25
kritische Risskeimgröße 159, 160
  siehe auch Keimbildung/Risse
Kugelstrahlbehandlung 42, 208

L

$L1_0$-Phasen 458, 465, 466
$L1_2$-Phasen 369, 381, 458, 459, 462
$L2_0$-Phasen 458
$L2_1$-Phasen 458
laminare Strömung 29, 30, 32
Langzeitversprödung 471
Larson-Miller-Diagramm ... 146, 175–180,
  448, 539
Larson-Miller-Extrapolation 175–179
Larson-Miller-Parameter 177
Laststeigerungsfaktor 193
Laves-Phasen .. 149, 156, 361, 364–366,
  371, 372, 394–396, 455–457, 464
LCF .. 201–217, 225–231, 254–256, 341,
  342, 347
Lebensdauerabschätzung
- Ermüdung 223, 225
- Kriechermüdung 225–231
- Zeitstand 174–181, 225
Leerstellen ... 7, 8, 15–18, 22, 39, 40, 75,
  91, 122, 123, 155, 158, 166–168, 170,
  182, 275, 277, 281, 288, 305, 306
- Bildungsenthalpie 17, 18, 122
Leerstellenkonzentration 16, 17, 122
legierte Edelstähle 348

legierungsinduzierter saurer Aufschluss
  327, 332
Lichtbogenspritzen 495
lineare Oxidation 268, 269, 272, 344,
  345, 452
lineare Schädigungsakkumulation
- Ermüdung 208, 223–225, 230
- Kriechen/Zeitstand ... 180, 181, 225
- Kriechermüdung 208, 225–231
LMC (*Liquid metal cooling*) 430
logarithmisches Oxidationsgesetz 268
Lösungsglühung (Ni-Leg.) 379, 393,
  394, 402–413, 434, 435
Low Cycle Fatigue, siehe LCF
Low strain fatigue, siehe HCF
Low-pressure plasma spraying (LPPS),
  siehe VPS
Lunker 416, 417

M

Magnetit 357
Mahlungsgleichgewicht 441, 443
MAI (Beschichtungen) 501, 506, 515
M–Al-Legierungen 319–321, 329, 331
martensitisches Gefüge 358, 359
martensitische Stähle 101, 102, 149,
  252, 348–350, 357–359, 477, 539, 541
Massenwirkungsgesetz 266
M_3B_2 400
MC 86, 352, 357, 360, 365–368, 372,
  392, 393, 404, 405, 409, 438
M_2C 357
M_6C 352, 360, 365–367, 392, 394,
  404, 409, 413, 415
M_7C_3 .... 295, 296, 298, 352, 360
$M_{23}C_6$ 86, 144, 295, 296, 350, 357,
  360, 365–368, 371, 392–394, 404,
  409, 413, 415
$M_{23}(C, B)_6$ 352, 400
M(C, N) 360, 392, 393, 405
M–Cr–Al-Legierungen 319–321, 329,
  331, 502, 503, 505
MCrAlY-Beschichtungen . 320, 420, 433,
  493, 495, 503–506, 512–515, 518,
  527, 532, 533

M–Cr-Legierungen 329, 331, 502, 527, 532
M_d-Parameter 396, 398
mechanisches Legieren 440–443, 469
mehrachsige Spannungszustände .. 103, 188–195
mehrstufige Lösungsglühung ... 410–413, 434
Metal Dusting 298–300
Metall/Sulfid-Eutektika
    - Schmelzpunkte 305, 307
Metallzerstäubung, siehe *Metal Dusting*
Methanzerfall 294
Mikrosegmentierung 526, 529
Mikroseigerung, siehe Seigerung
Miner-Regel, siehe lineare Schädigungsakkumulation/Ermüdung
minimale Kriechrate 150, 162, 258
Mischkristallhärtung 22, 88, 89, 130–136, 197, 350, 364, 371, 372, 374, 380, 381, 453, 469
Mischkristallreibung 131
Mischkristallseigerung, siehe Seigerung
Mischoxide 281, 308, 320
Misfit-Parameter, siehe Fehlpassung
mitschleppkontrolliertes Kriechen ... 134, 135
Mittel-/ Spannungsverhältnis ... 218, 219, 221–223
mittlere Wandtemperatur 34, 35
MMC, siehe Verbundwerkstoffe
Mo_2C 80, 350
Modulparameter 133
Mohr'scher Spannungskreis 192, 239, 241, 509, 511
Monkman-Grant-Beziehung 174–176, 178
monodisperses Teilchengefüge .. 82, 83, 385, 386, 390
monomodales Korngefüge 61, 444
monomodales Teilchengefüge . 385, 386, 414
MoO_3 .... 452, 469
$MoSi_2$ 292, 468, 469, 478, 480, 481

Müllverbrennung 307, 328, 340
Mushy zone 422
M_5Y 504
µ-Phase 364, 394–396, 457

N
Nabarro-Herring-Kriechen 123, 124, 126, 130, 135
Na–S–O-Phasendiagramm 312
Natriumsulfat-induzierte Heißgaskorrosion 311
$NbAl_3$ 292
NbC 350, 358
Nb_2SC 400
negatives Klettern 91
negatives Kriechen 85, 87
Neuber'sche Hyperbelregel 193
Neutronenbestrahlung 2, 166
Newton'sche Fluide 124
Newton'sches Fließen 124
NiAl (Beschichtung) 298, 455, 491, 501, 502, 512, 515
NiAl (Phase) 25, 26, 152, 362, 463, 464, 478, 480, 481, 504
Ni–Al-Legierungen 141, 282, 283, 331
Ni–Al-Zustandsschaubild 381, 382
Ni_2AlTi 464
Ni_3(Al, Ti), siehe γ'
Ni-Basislegierungen 369–450, 477
    - Legierungselemente 371–374
Nickel-Arsenid-Phasen 457
(Ni, Co)$_3$(Al, Ti), siehe γ'
NiCoCrAl-Legierung 289
NiCoCrAlY-Beschichtungen 503, 513, 515–517
Ni_2Cr 85
Ni–Cr–Al-Legierungen 280, 282–284, 324, 504, 505
NiCrAlY-Beschichtungen 503, 504, 513, 527, 530, 532, 533
Ni(Cr, Fe)$_2O_4$ 354
Ni–Cr-Legierungen 85, 281, 306, 317–319, 324, 325
NiCrSiBC-Beschichtung 503
Niederaktivitätsprozess (CVD) 491

Niedertemperatur-Heißgaskorrosion,
    siehe Typ II-Heißgaskorrosion
niederzyklische Ermüdung, siehe LCF
Ni_3Nb, siehe δ-Phase
Ni_3(Nb, Al, Ti), siehe γ''-Phase
Ni/Ni_3S_2-Eutektikum 305, 306, 325,
    326, 502
NiO.................................. 418
Ni_3Ti = η-Phase 361, 372, 385, 399
Nitriddeckschicht......................260, 302
Nitride
    - freie Standardenthalpien 264
Nitrierung, siehe Aufstickung
normale Valenzverbindungen 456
Normalspannungshypothese 103
Norton'sches Kriechgesetz 107, 108,
    110, 120, 129, 134, 183, 185, 194
N_V-Zahl 371–373, 396–398, 409, 433

O

ODS-Blechlegierungen 447, 448
ODS-Legierungen 80, 81, 146–148,
    170–173, 194, 351, 439–450, 478, 479
Ordnungsphasen, siehe geordnete
    intermetallische Phasen
Orowan-Mechanismus,
    siehe Umgehungsmechanismus
Orowan-Spannung............139, 140, 146
Ostwald-Reifung,
    siehe Teilchenvergröberung
Out-of-pack-Beschichtung................ 493
Out-of-phase-Zyklus 246–249, 254,
    516–518
Oxidation, u.a...........260, 262, 266–294,
    307–309, 331–333, 337, 342–347,
    506, 533
Oxide
    - Defektstrukturen................276–278
    - Dichten................................... 271
    - Diffusion in O. 274–278
    - freie Standardenthalpien ..261, 262,
        266
    - Kriechen...........................291, 292
    - Nichtstöchiometrie.................... 277

Oxide, Forts.
    - Defektstrukturen............... 276–278
    - Dichten 271
    - Diffusion in O. 274–278
    - freie Standardenthalpien . 261, 262,
        266
    - Kriechen 291, 292
    - Nichtstöchiometrie.................... 277

P

Packzementieren 488, 493, 500
Palmgren-Miner-Regel, siehe lineare
    Schädigungsakkumulation/Ermüdg.
parabolische Aufkohlung 297
parabolische Oxidation.... 268–278, 286,
    288, 292, 293, 341
parabolische Oxidationskonstante,
    siehe k_D-Wert
parabolische Sulfidation 305, 306
parelastische Wechselwirkung 131–133
Particle stimulated nucleation............ 55
Passierspannung.............................. 92
Pauling'sche Theorie................ 396, 397
Peach-Köhler-Kraft............................ 91
Pegging-Effekt................................. 290
Peierls-Nabarro-Spannung, Peierls-
    Spannung 90, 291, 459, 461, 463,
        465, 479
Pest (Oxidation) 292, 469
PHACOMP-Methode 396–398
Phasengrenzen
    - inkohärente P. .. 56, 65–69, 72, 74,
        138–140, 147, 163
    - kohärente P. 56, 65–69, 72, 74,
        83, 138–142, 147, 163, 197, 381
    - semikohärente P. 65–69, 139
Phasen(in)stabilität.. 394–398, 409, 410,
    433
physikalische Gasabscheideverfahren,
    siehe PVD
Pilling-Bedworth-Regel.... 273, 274, 276,
    288, 305
Pilling-Bedworth-Werte
    - Oxide 273, 274
    - Sulfide 305

Pipe diffusion 22
Plasmaspritzen 489, 495–499, 526,
528, 533, 545
Plastic constraint factor 193
plastischer Zwängungsfaktor 193
Plattieren 487, 489, 499, 502
Polygonisation 38, 42, 94
positives Klettern 91
Potenzgesetz-Kriechen 108
Power-law-breakdown 108, 129
P-Phase 386, 394, 420, 433, 434, 457
Primärbereich (Kriechen) ...96, 104, 106,
107, 148, 158
Primärkarbide 352
$PtAl_2$ 501, 502
Pt–Al-Schichten 501, 502
Pt-Legierungen 469, 478
Pulverkorngröße (Plasmaspritzen)... 496
Pulvermetallurgie 80, 440–443, 450,
451, 464, 469
PVD 487, 488, 494–496, 498, 501,
502, 526, 533
Pyrolyse 340, 354

Q
Querduktilität 439, 446
Quergleitspannung 90

R
Rafting, siehe γ′-Phase/gerichtete
Vergröberung
Ratcheting.205–207, 218, 230, 342, 520
Reaktionskinetik 9–11, 267
refraktäre Metalle 114, 250, 259, 272,
304, 327, 345–348, 450–453, 478, 487
regenerierende Wärmebehandlung..... 3,
418, 440, 493, 543
Reibungsspannung 112, 124, 131,
137, 138, 140, 197
Reifungskonstante 76–84, 390
Reinheitsgradverbesserung 198,
470–476
Reißlänge 102, 151, 347
Rekonditionieren ...3, 418, 535, 543–545
Rekonturieren 545

Rekristallisation 1, 2, 38–41, 43–58,
61, 88, 89, 164, 198, 341, 347,
358, 361
- Aktivierungsenergie 52
- dynamische R. ... 44, 153, 417, 444
- gerichtete R. 62, 170, 443–446
- gerichtet erstarrter Werkstoffe ... 54,
411, 425, 432, 435–439
- Inkubation 39, 44, 45, 48
- Keimbildung....... 39, 44, 45, 48–52,
54, 55
- Mindestumformgrad 43, 44, 47,
49–51, 436
- primäre R. 38, 39, 43–58, 61
- sekundäre R. 61–63, 172, 439,
443–446
- statische R. 2, 44
- Triebkraft 39, 44
- Versetzungsdichte 44
Einflüsse von:
- Ausgangskorngröße 46, 47,
49–51, 53, 54
- Fremdatome 54
- Subkörner 48, 49
- Teilchen 54–57
- Verformungsgrad 39, 46, 47, 49–51
Rekristallisationsgrad 45
Rekristallisationskorngröße ... 47, 50, 52,
53, 55, 61
Einflüsse von:
- Ausgangskorngröße . 47, 50, 53, 54
- Temperatur 47, 52
- Umformgrad 47, 50
Rekristallisationstemperatur 44, 47,
50–53, 55, 56
Einflüsse von:
- Ausgangskorngröße . 47, 51, 53, 54
- Fremdatome 47, 54
- Teilchen 47, 55, 56
- Umformgrad 47, 50, 51
Rekristallisationstextur 39, 63

Rekristallisationszeit, Einflüsse von:
- Ausgangskorngröße............ 47, 53
- Fremdatome................. 47
- Teilchen 47, 55
- Temperatur 52, 53
- Umformgrad 47, 51

Relaxation, siehe Spannungsrelaxation

Relaxationsversuch, siehe Spannungsrelaxation

Replicatechnik...........536–538, 540–542

Restgase.................470, 473, 475, 476

Restlebensdauer......174, 535, 537, 539, 542

Reverse partitioning..................374, 433

Reynolds-Zahl............. 29, 30

Richten....................164, 545

Rissbildung 2, 3, 120, 149, 153, 154, 159, 161, 163, 165, 169, 194, 201, 202, 215, 225, 231, 232, 244, 257, 291, 337, 473, 492, 507, 508, 513, 520, 531, 535
siehe auch Kriechschädigung

Robinson-Regel 180, 181, 225

Rohrleitungen (Wanddickenberechnung)........................ 188

Round-type cracks 152, 155

S

Salze
- Schmelzpunkte........... 311

Salzeutektika
- Schmelzpunkte........... 311

Salzsprühtest 313

Sauerstofflöslichkeit 343–346, 452

saurer Aufschluss 315, 317, 320–322, 327–330, 332, 502, 531

Schädigung, siehe auch Kriechschädigung 1, 3, 36, 97, 106, 150, 152, 154, 535–542

Schlickerauftrag/-füllung.............544, 545

Schleifen 44, 401, 432, 437, 536, 538, 544

Schleifrisse.......................401, 409, 544

Schmelztemperaturen
- Metalle............................ 343, 451
- Metall/Sulfid-Eutektika............... 305
- $MoSi_2$ 468
- NiAl........................ 463
- Ni_3Al........................ 462
- Oxide......................... 271
- Salze, Salzeutektika 311
- Sulfide 305
- TiAl........................ 465

Schneidmechanismus 138–144, 387, 433, 435, 440

Schneidspannung............... 90, 140, 142

Schraubenversetzungen
- Dipolbildung................ 92
- sprungbehaftete S. 39, 92, 93
- Quergleiten..... 42, 90, 91, 118, 446
- Wechselwirkung Fremdatome . 132, 133

Schubspannungshypothese 103, 188, 192

Schweißen 252, 345, 346, 443, 543, 544, 545

Schwellspannung 146, 161, 439

Segregation..................... 470, 471, 472

Seigerungen................ 1, 2, 7, 195, 198, 374–379, 408, 432

Sekundärbereich (Kriechen) 96–99, 104–107

sekundäre Kriechrate, siehe stationäre K.

Selbstdiffusion........ 12, 17–19, 112, 138
- Aktivierungsenergie..... 17, 18, 112, 138

selektive Aufschlussreaktion ... 317, 320, 329, 502

selektive Oxidation .. 279, 280, 289, 307, 308, 326, 332, 337, 469, 470, 502

selektive Sulfidation......................... 306

seltene Erden 289

Seltenerdmetalle 289

Serrated grain boundaries, siehe gezackte Korngrenzen

Shrouded plasma spraying (SPS), siehe IPS

SiC 478–482
σ-Phase ... 350, 355, 361, 364, 365, 374,
375, 394–398, 419, 457, 500,
507, 537
Silizidpest 292, 452, 469
Silizieren 452
Si_3N_4 478–481
SiO_2 (-Schichten) 271, 273, 275, 278,
287, 297, 332, 353–354, 452, 469,
487, 502
Slivers 425, 430
SO_2/SO_3-Gleichgewicht 310
Sonderkarbide 357
Spannungsarmglühung 165, 181, 183,
187
spannungsgesteuerte LCF-Versuche
205, 206, 216
Spannungsrelaxation 31, 85, 86, 93,
181–187, 193–195, 214, 215, 228,
232, 239, 242, 248–250, 255, 292,
341, 366, 410, 512, 515, 518, 519
- von Beschichtungen .. 512, 515–520
spezifische Wärmekapazität 30, 36,
37
- Al 37
- Al_2O_3 37
- austenitischer Stahl 37
- ferritischer Stahl 37
- Mo 37
- Ni-Basislegierungen 37
- refraktäre Metalle 451
- Ti-Legierungen 37
Spinelle 281, 283, 300, 317, 320, 331,
350, 354, 357, 359, 503, 533
Spröd/duktil-Übergang
- Beschichtungen 331, 513–515
- intermetallische Phasen 461
- $MoSi_2$ 469
- NiAl 463
- ODS-Ferrite 448
- TiAl 465
- Ti_3Al 468
- refraktäre Metalle 345, 452
Spurenelemente 160, 162, 165–167,
198, 470–476

SRP-Methode,
siehe *Strain-Range Partitioning*
Stabilisierung (ZrO_2) 528, 529, 531, 532
Stähle
- austenitische hitzebeständige S.
352–355, 477
- austenitische hochwarmfeste S.
360–362, 477
- ferritische hitzebeständige S. ... 349,
352–354, 477
- warmfeste S. ... 180, 252, 349, 356,
357, 471, 541
Standardzustand (Definition) 261
Stängelkorngefüge ... 421, 439, 443–445
- Herstellung 421–430
Stapelfehlerenergie 42, 89, 115–118,
125, 135, 136, 196, 197, 350, 360,
363–365, 372, 380
stationärer Kriechbereich 96, 99,
105–117, 148, 149
stationäre Kriechrate 96,
99, 105–117, 127, 137, 149, 150
Einflüsse von:
- Diffusionskoeffizient 114
- Elastizitätsmodul 115, 116, 124
- Korngröße 118
- Spannung 107–111
- Stapelfehlerenergie . 116–118, 125,
136
- Temperatur 111–114
stationärer Zustand
- Kriechen 96, 99, 105–107, 111,
127, 148–150
- Wärmeübertragung/Wärmespan-
nungen 27–36, 35, 235, 236,
238, 251, 252, 256, 257, 341,
342, 508, 513, 521, 523
- zyklische Verformung 209, 211,
248, 249
statische Erholung 40
Stickstoffaustenit 304
Strain-Range Partitioning 208, 216,
226–230, 256
Strangpressen 440–444
Streufähigkeit (CVD) 490, 491

Strichphasen 456, 469
Strukturberichtbezeichnungen .. 381, 459
Subkörner (-korngrenzen) 38, 42, 43,
   48, 49, 52, 54, 94, 105–107, 118, 358
   - diskontinuierliche Vergröberung 48
Subkornkoaleszenz 49
Subkornvergröberung 43, 54, 359
Substrukturhärtung 358, 359, 361
sulfatinduzierte Heißgaskorrosion ... 307,
   319, 323
Sulfidation, siehe Aufschwefelung
Sulfiddeckschicht 260, 305–307
Sulfide
   - Defektstrukturen 305, 306
   - freie Standardenthalpien 265
   - Nichtstöchiometrie 306
   - Pilling-Bedworth-Werte 305
   - Schmelzpunkte 305
Sulfidierung, siehe Aufschwefelung
Superclean-Stähle 471
Superlegierungen
   - Co-Basis 363–369, 477
   - Fe-Basis 357–362, 477
   - Ni-Basis 369–450, 477, 478, 480
superplastisches Verhalten (Beschichtungen) 513, 515
superplastische Umformung 120, 121,
   430
Super solutioning 410

T
$t^{1/3}$-Gesetz 65, 76–78, 389, 390
Tammann'sche Regel (Rekristallisation) 53
Tammann'sches Zundergesetz 269
Tarnishing 267
TCP-Phasen 87, 350, 355, 361, 364,
   365, 371–374, 378, 394–398,
   409–411, 419, 420, 430, 433, 457
Teilchenhärtung 3, 88, 89, 125, 130,
   136–151, 197, 440, 441, 453
Teilchenvergröberung 2, 3, 65–66,
   75–84, 143–145, 169, 388–392
   - Aktivierungsenergie 81–83
teilkohärente Ausscheidung 66, 67

Temperaturleitfähigkeit 36, 37, 241,
   251, 258, 259, 344, 360, 512,
   513, 516
   - Al 37
   - Al_2O_3 37
   - austenitischer Stahl 37, 251
   - ferritischer Stahl 37, 251
   - Keramiken 259
Temperaturleitfähigkeit, Fort.
   - Keramiken 259
   - Mo 37
   - Ni 451
   - NiAl 463, 512
   - Ni-Basislegierungen 37, 370
   - refraktäre Metalle 451
   - Ti (-Legierungen) 37, 344
Tertiärbereich (Kriechen)... 97, 106, 107,
   148, 154, 158, 169, 170, 174
Textur 39, 95, 170, 199, 254, 255,
   446
theoretische Festigkeit 127, 128
thermische Aktivierung 9, 13, 42, 52, 89,
   90–92, 104, 117, 118, 271, 276, 341
thermische Ermüdung . 27, 36, 202, 203,
   208, 217, 230–259, 285, 338, 341, 342,
   360, 364, 435, 452, 478, 521, 544
   - verschiedene Einflussgrößen
      250–259
   - von Beschichtungen 516–520
thermische Fluktuation 9–11, 48, 59,
   70, 90
thermischer Ausdehnungskoeffizient,
   siehe Wärmeausdehnungskoeff.
thermischer Spannungsanteil,
   siehe effektiver Spannungsanteil
thermische Spritzverfahren 487–489,
   495–499
thermodynamisches Potential 5
θ-, θ'-, θ"-Phase 67
thermogravimetrische Messung 268
thermomechanische Ermüdung 232,
   245–247, 420
thermomechanische Zyklusformen
   247–249, 516, 517

Thermoschock 202, 203, 235, 258, 259
thermozyklisches Verhalten
 - von Grundwerkstoff/Schicht-
  Verbunden 516–520
ThO_2 .... 80, 439, 453
Throwing power (CVD) 490
TiAl 151, 347, 465–467, 477, 480
Ti_3Al 347, 466–469, 477
Ti_2AlNb 468
Ti–Al-Phasendiagramm.................. 466
TiC 73, 74, 144, 361, 453
Ti(C, N) 447
Tiegelversuche (Heißgaskorrosion) 313, 314
Ti-Legierungen 36, 37, 346–348, 477
TiO 467
TiO_2 .... 273, 275, 277, 467
Titanbrand 344, 346
TMF, siehe thermomechanische Ermüdung
transienter Zustand (thermisch) .. 27, 32, 35, 36, 240–242, 252, 256, 508, 513
transkristalliner Bruch 153–155, 161, 170–173, 208, 222, 223, 225
Treibeffekt
 - Kohlenstoff 301
 - Schwefel 307, 326, 337
Trennfestigkeit 461, 463, 479
Tresca-Hypothese 188, 192
TSF, siehe Wärmespannungsermüdg.
turbulente Strömung 29, 30
Typ I-Heißgaskorrosion 316, 321–327, 329, 330, 332, 506
Typ II-Heißgaskorrosion ... 316–321, 327, 329, 330, 332, 363, 365, 418, 502
Typ I-Verhalten (Ermüdung) 201–203
Typ II-Verhalten (Ermüdung) 201–203
Typ N-Fehlpassung 391, 392, 436
Typ P-Fehlpassung 391

U
Überalitieren 493, 506, 533
Übergangsbereich, siehe Primärbereich
Übergangszyklenzahl 212, 213

Überklettern 92, 93, 139–144, 147, 150, 387, 388, 440
Überstruktur 7, 25, 85, 151, 381, 399, 457–459
Überstrukturphasen, siehe Überstruktur u. geordnete intermetallische Ph.
Umgehungsmechanismus 138–144, 146, 440
Umschmelzverfahren 475
Umwandlungsversetzungen 358

V
Vakuumglühung 267, 302, 346, 402, 412
Vakuumplasmaspritzen, siehe VPS
Vakuumschmelztechnik 475
vanadatinduzierte Heißgaskorrosion 308, 328
VAR (*Vacuum arc remelting*) 475
VC 350, 357, 358
Ventilstähle 352
Verbrennungsprozesse 30, 307, 309–312, 314–316, 322, 327–330, 333
Verbundwerkstoffe 476, 478–482
 - intermetallische Matrix (IMC) 479, 481, 482
 - Keramikmatrix (CMC) 479–482
 - Metallmatrix (MMC) 479
 - Ti-Matrix (TMC) 347, 479
Verfestigung 44, 94, 104, 105, 242
Verfestigungsmodell 54
Verformungsbänder 49
Verformungsbehinderung 192–194
Verformungsmechanismuskarte 126–130
Verformungstextur 39
Verformungsverfestigung 88, 89, 164
Vergleichsspannung. 103, 188, 192–194
Vergröberungskonstante (Teilchen), siehe Reifungskonstante

Sachwortverzeichnis

Versetzungen
- Aufspaltung 42, 91, 117
- Auslöschen 11, 39, 42, 92, 93, 104, 185
- geometrisch notwendige V. 49, 54, 55, 182
- Schneiden 90, 91, 118
- Spannungsfelder 42, 90, 92, 94, 104, 115, 131, 134, 142, 143, 147, 151, 255

Versetzungsdichte 2, 22, 23, 39, 40, 42–44, 48–50, 52, 54, 55, 92–94, 104, 105, 107, 112, 116, 122, 129, 130, 135, 139, 149, 151, 196

Versetzungsgleiten 90, 129, 291, 515

Versetzungskerndiffusion, siehe Diffusion/ - entlang von Versetzungen

Versetzungskriechen .20, 104–120, 124, 125, 129, 130, 136, 151, 166, 167, 170, 172, 173, 199, 291, 292, 439

Versprödungsfaktoren 471

Verteilungskoeffizient
- fest/flüssig 375–378
- γ'-Phase, siehe γ'-Phase

Verunreinigungen 470–476

VIM (*vaccum induction melting*) 475

Viscous-drag-controlled creep 134

viskoses Fließen 108, 124

viskoses Gleiten 132, 134, 197

Volumenänderungen
- gefügebedingte V., Umwandl. 2, 85–87, 149, 505, 531
- korrosionsbedingte V. 87, 333, 334, 338, 342

Volumenanteil (γ'), siehe γ'-Phase

Volumendiffusion, siehe Diffusion/- reguläre Gitterd.

von Mises-Hypothese 103, 188, 193

von Mises-Kriterium 291, 460, 462, 463, 465

Voroxidation 280, 292, 297, 315, 320, 321, 401, 414

Vorverformung 88, 160, 164, 165, 198

VPS 489, 497, 498, 504, 533

W

Wachstumsauslese 422–424

Wachstumsspannungen (Deckschichten) 274, 302, 305, 315, 338

Wagner-Hauffe-Valenzregel 281, 306

Wagner-Lifshitz-Slyozov-Gesetz, siehe $t^{1/3}$-Gesetz

Wagner'sches Modell (Deckschichtwachstum) ...274–276, 283, 284, 305

wahre Dehnung 96, 97, 110, 111, 150

wahre Spannung 98, 109

Wanddicke, Einflüsse auf:
- thermische Ermüdung 241, 256–258
- Wärmeübertragung 28, 29, 31, 33–36, 237, 259
- Zeitstandfestigkeit 173, 335
- Zeitbruchverformung 173

Wandtemperaturen 30–35, 251, 256, 257, 520–525

Wärmeausdehnungskoeffizient 31, 250, 287, 288, 360, 370, 518, 526
- Al_2O_3 288
- austenitischer Stahl 251, 288
- austenitische Werkstoffe 288
- Co-Legierungen 364
- Cr_2O_3 288
- ferritischer Stahl 288
- γ-Mischkristall (Ni) 388
- γ'-Phase 388
- *IN 738 LC* 513
- MCrAlY-Schichten 512, 513
- $MoSi_2$ 468
- NiAl 463
- NiAl-Beschichtung 513
- refraktäre Metalle 451
- SiC 478
- Si_3N_4 478
- Wärmedämmschichten 526
- ZrO_2–$8Y_2O_3$ 531

Wärmebehandlung (Ni-Legierungen) 401–418

Wärmedämmschicht.... 32, 33, 237, 259, 333, 485, 520–535

Wärmedehnungen.... 233–245, 508–512

Wärmedehnungsbehinderung 202, 232–244
Wärmedurchgang 27–37, 522
Wärmekapazität 30, 451
  siehe auch spezifische W.
Wärmeleitfähigkeit 28–34, 36, 251, 252, 342
  - Al 37
  - Al_2O_3 37
  - austenitischer Stahl 37, 251
  - Co-Legierungen 364
  - ferritischer Stahl 37, 251
  - *IN 738 LC* 530
  - MCrAlY-Schichten 512
  - Mo 37
  - $MoSi_2$ 469
  - NiAl 448
  - NiAl 463, 512
  - Ni-Basislegierungen 37
  - refraktäre Metalle 451
  - SiC 478
  - Si_3N_4 478
  - Ti-Legierungen 37
  - Wärmedämmschichten 485, 520, 523, 525
  - ZrO_2–$8Y_2O_3$ 529, 530
Wärmeleitung 3, 26, 27, 29, 30, 251, 525
Wärmespannungen 31–33, 35, 36, 87, 202, 228, 231–244, 248, 252, 256–258, 287, 341, 342
  - erzwungene W. 232, 235
  - in Beschichtungen 485, 508–512
  - nicht erzwungene W. 232, 235, 237, 256, 257
Wärmespannungsermüdung 232, 246
Wärmespannungsindex 258
Wärmestrahlung 26, 27, 525
Wärmestrom 27, 28, 287, 426
Wärmestromdichte 28, 31–33, 426, 521, 522
Wärmeströmung 26, 28, 36
Wärmeübergang . 27, 246, 250, 342, 534
Wärmeübergangskoeffizient 28–35, 257, 486, 516, 521–525

Wärmeübertragung 26–37, 237, 257, 259, 513, 520, 521, 525
Warmumformung 44, 108
Warmzugversuch 97
Wechselbeanspruchung 201
Wechselfestigkeit 203, 214, 219–222
Wechselwirkung Korrosion/mechanische Eigenschaften.......... 334–338
Wedge-type cracks 152, 155
wertigkeitsgerechte Verbindungen ... 456
Widmannstätten-Form 352, 395, 399, 433, 434
Wiederbeschichtung 485, 486, 545
Wöhler-Schaubild 201, 203–206, 210–212, 215, 218, 219, 224, 225
Wrinkles 425, 430
Wüstit 357

Y
$YAlO_3$ 439, 440, 446, 447
Y_2O_3 ... 81, 351, 374, 439, 440, 447, 469
  - Korrosionsreaktionen 531

Z
Zebras 425
10 %-Regel 230
Zeitbruchdehnung, siehe auch Zeitbruchverformung 101, 155, 157, 174, 189, 190, 230, 436, 474
Zeitbruchverformung, Einflüsse von:
  - Korngrenzenausscheidg... 163, 164
  - Korngröße 162, 163
  - Spannung 161, 162
  - Spurenelemente 165, 166, 472
  - TCP-Phasen 394
  - Temperatur 160, 161
  - verschiedene Einflussgrößen ... 196
  - Vorverformung 164, 165, 362
Zeitdehngrenze 95, 101, 103, 178
Zeitdehnlänge . 102, 103, 151, 199, 375, 460
Zeitdehnliniendiagramm 100
Zeitreißlänge 102, 151, 347, 374, 460
Zeitschwingfestigkeit 202–204, 209, 210, 223, 224

Zeitstanddiagramm 100, 146
Zeitstanderschöpfung 180, 181, 225
Zeitstandfestigkeit 50, 88, 89, 95, 97,
101–103, 121, 143, 163–165, 170,
173, 174, 177, 178, 188, 190, 219,
220–223, 258, 336, 341, 347, 348,
394, 395, 451
- verschiedene Einflussgrößen
195–199
Zeitstandfestigkeitsnachweis 180, 181
Zeitstand-Kerbfestigkeitsverhältnis
189, 193, 446
Zeitstandversuch 95, 187, 189, 193,
194, 539
zellförmige Ausscheidung, siehe
diskontinuierliche Ausscheidung
Zentrifugalspannung 103
Zintl-Phasen 457
Zonenglühen 62, 444–446
ZrC 453
ZrO_2 .... 273, 275, 277, 280, 469, 479,
481, 526, 527, 531–533
- Phasenumwandlungen 527–529

ZrO_2–Y_2O_3-Beschichtungen 527–535
(Zr, Ti)$_2$CS, siehe H-Phase
ZTU-Diagramm 72, 73
Zugversuch .. 97, 99, 101, 103, 126, 127,
152, 153, 155, 169, 192, 209–211,
512–515, 539
Zundergrenze 292, 293
Zunderkonstante, siehe k_D-Wert
Zunderung 267, 301, 357
Zustandsbeurteilungen 174, 231, 336,
535–543
zyklische Entfestigung 205, 207
zyklische Mittelspannungsrelaxation
205, 206, 248
zyklische Oxidation.. 285–289, 293, 332,
333, 353, 502
zyklisches Kriechen 205–207, 218
zyklische Verfestigung 205, 207

Umrechnungen von Einheiten

In der linken Spalte sind die SI-gerechten Einheiten angegeben.

Kraft Newton: $1\,N = 1\,kg\,m/s^2$	1 kp = 1 kgf	=	9,807 N
	1 dyn = 1 g cm/s^2	=	10^{-5} N
	1 lbf	=	4,45 N
Spannung, Druck Pascal: $1\,Pa = 1\,N/m^2$ $1\,MPa = 1\,N/mm^2$ $= 1\,MN/m^2$	1 kp/mm^2	=	9,807 MPa
	1 psi = 1 lbf/in^2	=	$6{,}9 \cdot 10^{-3}$ MPa
	1 ksi = 10^3 psi	=	6,9 MPa
	1 bar	=	10^5 Pa = 0,1 MPa
	1 at = 1 kp/cm^2 = 10 m WS	=	0,09807 MPa
	1 Torr = 1 mm Hg	=	$1{,}33 \cdot 10^{-4}$ MPa
	1 atm = 760 Torr = 1,013 bar	=	0,1013 MPa
Energie, Arbeit, Wärmemenge Joule: $1\,J = 1\,N\,m = 1\,W\,s$ $= 1\,kg\,m^2/s^2$	1 cal	=	4,187 J
	1 kp m	=	9,807 J
	1 kWh	=	$3{,}6 \cdot 10^6$ J
	1 eV	=	$1{,}602 \cdot 10^{-19}$ J
	1 erg = 1 dyn cm	=	10^{-7} J
	1 BTu	=	1055 J
	1 ft lbf	=	1,36 J
	1 ft tonf	=	3,037 kJ
	1 in lbf	=	0,113 J
Leistung Watt: $1\,W = 1\,J/s = 1\,N\,m/s$ $= 1\,kg\,m^2/s^3$	1 cal/s	=	4,187 W
	1 ft lbf/s	=	1,36 W
	1 in lbf/s	=	0,113 W
	1 PS	=	735,5 W
	1 hp	=	745,7 W
	1 BTu/h	=	0,293 W

BTu	British Thermal unit	kgf	kilogram–force
ft	foot (1 ft = 0,305 m)	ksi	kilopounds per square inch
ft lbf	foot pound–force	lb	pound (mass) (1 lb = 0,454 kg)
ft tonf	foot ton–force	lbf	pound–force
Hg	Quecksilbersäule	lbf/in^2	pound–force per square inch
hp	horse power	psi	pounds per square inch
in lbf	inch pound–force	WS	Wassersäule

Umrechnungen gängiger Einheiten in der Werkstofftechnik

In der linken Spalte sind die SI-gerechten Einheiten angegeben.

Größe			
Temperatur und Temperaturdifferenz Kelvin: K Grad Celsius: °C	T [K]	=	ϑ [°C]+273,2 °C
	T [°F]	=	1,8 ϑ [°C]+32
	ϑ [°C]	=	5/9(T[°F]–32)
	ΔT = 1 °F	=	0,5556 °C = 0,5556 K
	ΔT = 1 K = 1 °C	=	1,8 °F
	32 °F	=	0 °C = 273,2 K
Länge m	1 Å	=	10^{-10} m = 0,1 nm
	1 inch (in) = 1 "	=	25,4 mm
	1 mil = 10^{-3} inch	=	25,4 µm
	1 ft	=	0,305 m
Dichte kg/m^3	1 g/cm^3	=	10^3 kg/m^3
	1 lb/in^3	=	$2{,}77 \cdot 10^4$ kg/m^3
	1 lb/ft^3	=	16,02 kg/m^3
Gehalte	1 ppm	=	10^{-6} = 10^{-4} %
Verformungsrate s^{-1}	1 %/min	=	$1{,}67 \cdot 10^{-4}$ s^{-1}
	1 %/h	=	$2{,}78 \cdot 10^{-6}$ s^{-1}
spezifische Energien J/m^2 oder J/Menge	1 erg/cm^2	=	1 mJ/m^2 = 10^{-3} N/m
	1 kcal/mol	=	4,187 kJ/mol
	1 eV/Atom	=	96,47 kJ/mol
Wärmeleitfähigkeit W m^{-1} K^{-1}	1 cal cm^{-1} s^{-1} K^{-1}	=	418,7 W m^{-1} K^{-1}
	1 BTu ft^{-1} h^{-1} °F^{-1}	=	1,73 W m^{-1} K^{-1}
spezifische Wärmekapazität J kg^{-1} K^{-1}	1 cal g^{-1} K^{-1}	=	4,187 kJ kg^{-1} K^{-1}
	1 BTu lb^{-1} °F^{-1}	=	4,187 kJ kg^{-1} K^{-1}
Spannungsintensität MN m$^{-3/2}$ = MPa $\sqrt{m}$	1 ksi $\sqrt{in}$ = 10^3 psi $\sqrt{in}$ =		1,1 MPa $\sqrt{m}$ = 34,8 N mm$^{-3/2}$
parabolische Korrosionskonstante kg^2 m^{-4} s^{-1}	1 g^2 cm^{-4} s^{-1}	=	100 kg^2 m^{-4} s^{-1}
	1 g^2 cm^{-4} h^{-1}	=	$2{,}78 \cdot 10^{-2}$ kg^2 m^{-4} s^{-1}

Printed by Books on Demand, Germany